普通高等教育“十一五”国家级规划教材
普通高等教育光电信息科学与工程系列教材

光电测试技术

第3版

主编　刘国栋　赵　辉　浦昭邦
参编　蓝　天　庄志涛　陶　卫　胡　涛　屈玉福

机械工业出版社

本书为高等工科院校“测控技术与仪器”“光电信息工程”“光电子技术”等专业的“光电测试技术”课程通用教材。

本书首先系统地介绍了光电测量所必需的基础理论，即光度学的基本理论和常用的光学系统，然后深入、重点地讲述了光电测量的三大基本要素：光源、光电检测器件和光电检测电路。

在本书的下篇（应用技术篇），重点讲述了光电测量的核心技术：光学变换与光电变换技术及其测量系统，包括光载波的调制变换技术、非相干信号的光电变换与检测技术、相干信号调制变换与检测技术。介绍了现代三大热门测试技术，即激光测量技术、视觉检测技术和光纤测量技术，使读者对光电测试系统及其应用有了更深入的了解。

为了方便教学，本书配有免费教学课件。欢迎选用本书作为教材的教师登录 www. cmpedu. com 注册下载。

（责任编辑邮箱：jinacmp@ 163. com）

图书在版编目（CIP）数据

光电测试技术/刘国栋，赵辉，浦昭邦主编．—3 版．—北京：机械工业出版社，2018. 1（2025. 1 重印）

普通高等教育“十一五”国家级规划教材

ISBN 978-7-111-58564-0

Ⅰ.①光… Ⅱ.①刘… ②赵… ③浦… Ⅲ.①光电检测-测试技术-高等学校-教材 Ⅳ.①TN206

中国版本图书馆 CIP 数据核字（2017）第 291133 号

机械工业出版社（北京市百万庄大街 22 号　邮政编码 100037）

策划编辑：刘丽敏　责任编辑：刘丽敏　吉　玲

责任校对：肖　琳　封面设计：张　静

责任印制：郜　敏

北京富资园科技发展有限公司印刷

2025 年 1 月第 3 版第 5 次印刷

184mm×260mm · 22. 75 印张 · 552 千字

标准书号：ISBN 978-7-111-58564-0

定价：49. 80 元

电话服务	网络服务
客服电话：010-88361066	机　工　官　网：www.cmpbook.com
010-88379833	机　工　官　博：weibo.com/cmp1952
010-68326294	金　　书　　网：www.golden-book.com
封底无防伪标均为盗版	机工教育服务网：www.cmpedu.com

前　言

《光电测试技术》一书自出版以来，已得到许多使用本书的高等院校的好评。尤其是本书的光电器件与光电测试的一体化结构，不仅具有很好的系统性，更有利于读者的学习和应用。

光电测试技术的核心是“两个变换”，即测量信息对光信息的变换和光信息对电信息的变换。

光电探测器件是实现光信息对电信息变换（光电变换）的核心器件，在本书第2版强调光电器件基础理论（光电效应和光电特性）的基础上，第3版则加强了其实用性，尤其对应用越来越广泛的光电成像器件进行了内容扩展和使用举例。光电检测电路是光电器件应用的重要方面，第3版中以实用为准则，对内容重新编排，并增加了光电发光器件的电路内容。

测量信息对光信息的变换是光电测量的关键，本书将这部分内容统一在下篇论述。光载波的调制与变换是基础，非相干光与相干光信号的变换与测量是其主要方法，这种编排力求使光电测试技术的内容更加通俗易懂和实用。

本书由哈尔滨工业大学刘国栋教授、浦昭邦教授和上海交通大学赵辉教授主编。浦昭邦教授虽年事已高，但对本书的再版提出了许多宝贵意见，对本书体系的建立做了许多工作。参加编写的有哈尔滨工业大学刘国栋（第一～三章，第九章第一、二节），北京理工大学蓝天（第四章第一～五节），北京航空航天大学屈玉福（第四章第六～七节，第九章第三节），上海交通大学赵辉（第五章、第九章第四节），哈尔滨工业大学庄志涛（第六章），哈尔滨工业大学胡涛（第七章）和上海交通大学陶卫（第八章）。

全书由厦门大学黄元庆教授和北京信息科技大学吕乃光教授主审，由哈尔滨工业大学马晶月完成本书的统稿整理。

本书参阅了大量的参考资料，在此谨向有关作者表示衷心感谢。

由于编者水平有限，难免有疏漏和错误。恳请广大读者指正，以便进一步修订和完善。

编　者
2017年6月

目　录

下篇　应用技术篇

上篇

技术基础篇

第一章　光电测试技术概论

第一节　信息技术与光电测试技术

人类社会赖以生存的三大基础要素是物质、能量和信息。物质是基础，能量是物质运动的动力，而信息作用于物质和能量并与人的主观认识相结合，使人们能很好地认识物质与能量，并推动物质的发展和能量的运动。

信息具有可度量、可转换、可处理、可控制、可存储、可传递、可压缩、可再生、可利用和可共享等特征。从理论上来研究信息及其运动规律的科学称为信息科学；从工程应用上来研究信息的技术称为信息技术，它包括感测技术、通信技术、智能技术（计算机技术）和控制技术。因此信息技术是获取信息、传递信息、加工信息和再生信息的技术，主要包括电子信息技术、光学信息技术和光电信息技术等。

电子信息技术是以电子学方法来实现信息产生、传输、获取、处理、存储和显示的技术，在电子信息技术中应用最广泛的是微电子技术，它是通过控制微型集成芯片内电子微观运动来实现对信息的加工和处理，信号处理速度快、用途广，技术发展也最为成熟。但随着现代信息技术数据量越来越大，电子信息技术受带宽的限制也越来越明显。

光学信息技术是用纯光学方法实现信息的产生、传输、获取、处理、存储和显示的技术。它包括发光技术、光调制技术、光传输与变换技术、光探测技术、光信息处理技术等。自从激光和光纤发明以后，光信息技术得到了飞速发展。光互联、光交换、光存储、光计算等技术不断进步和完善。相对于电子信息技术，光学信息技术数据具有传输速度快、带宽宽、存储量大、处理速度快、无电磁干扰等不可比拟的优势，是未来信息技术发展的方向，但目前全光器件、全光计算技术的发展还不完备。

光电信息技术将电子学与光学有机结合，是一门光与电子转换及其应用的技术。它将光学技术与电子技术相结合以实现信息的产生、传输、获取、处理、存储与显示。从广义上讲光电信息技术就是在光频段的微电子技术。它将光的快速（世界上运动速度最快的物质是光）与电子信息处理的方便、快速相结合，因而具有许多独特的优势，现代信息技术越来越多地采用光电信息技术。

光电测试技术是光电信息技术的主要应用之一。光学测试具有精度高、速度快、非接触、信息量大等优点，而随着光电转换器件技术和电子信息技术的发展，现代光学测试系统中越来越多地采用光电转换器件，将光学信号转换为电子信号，然后通过电子技术手段进行信号处理、存储、传输与显示。由于光电测试技术兼具光学测试技术和电子处理技术的优势，因此它已经成为现代测试技术中最为重要、应用最为广泛的技术手段。

第二节　光电测试系统的组成

为了具体地阐述光电测试系统的原理，我们通过一个激光外径扫描仪例子进行说明。激光外径扫描仪的功能是通过光学方法实现圆柱目标的外径测量。图1-1所示是激光外径扫描仪原理图。采用半导体激光器2作光源，光源发出的光经过旋转多面体1进行调制，而形成交变的光载波，该扫描光束经过$f(\theta)$透镜3后形成平行光，扫描被测工件4。当光扫描至工件边缘时光通量发生变化，该变化的光通量被光电器件6转换为电信号，经过放大器和边缘检测而获得一个跳变的脉冲信号。当光继续扫描至被测工件4的另一个边缘时，光通量又出现一次跳变，该光通量变化又被光电器件转换为跳变的电信号，同样经过边缘检测而获得另一跳变脉冲，向两个跳变脉冲间填充测量脉冲便可测出光扫描工件上下边缘的时间Δt，若光扫描工件的线速度v不变，则可测出被测工件尺寸$D=v\Delta t$。

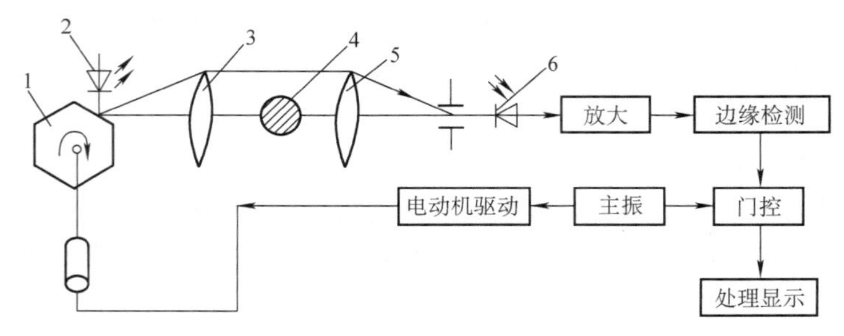

图1-1 激光外径扫描仪原理图

1—旋转多面体 2—半导体激光器 3—$f(\theta)$透镜 4—被测工件 5—物镜 6—光电器件

上述工作过程可用一个系统框图表示出来，如图1-2所示，在该系统中，光是信息传递的媒介，它由光源产生。光源与照明用光学系统一起产生测量所需的光载波，如各种形式的照明光、结构光、准直光、振幅调制光、频率调制光等。光载波与被测对象相互作用而将被测量加载到光载波上，通过接收光学系统接收光信号，称为光学变换。光学变换后的光载波上加载的被测信息，称为光信息。光信息经光电探测器件接收实现由光向电的信息转换，称为光电转换。然后通过电信号处理的方法提取被测信息，进行显示、存储及控制。

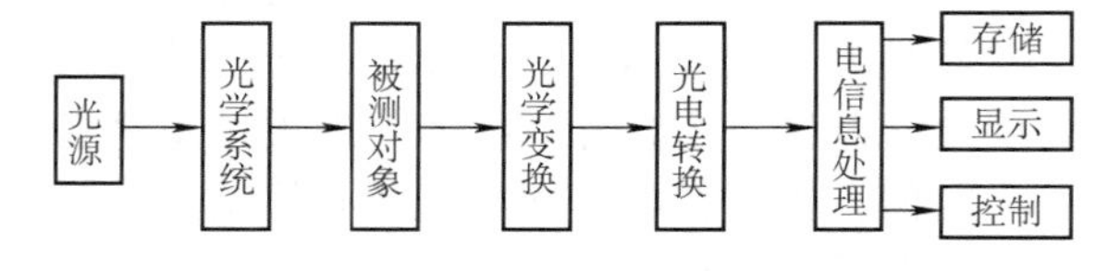

图1-2 光电系统框图

如图1-2所示，光学变换与光电转换是光电测量的核心部分。光学变换通常采用各种光学元件或光学系统来实现被测量向光参量的转换，常见的光学变换器件或系统有光学镜片、波片、光纤、码盘、光栅、调制器、成像系统、准直系统、投影系统、干涉系统、衍射系统等，光学变换常见的物理量如长度、位移、振动、面型、空间坐标、温度、压力、流量、成分等，变换成的光参量有发光强度、振幅、频率、相位、偏振态、光谱、传播方向变化等。光电转换是通过各种光电转换器件来完成的，如光伏器件、光电流器件、热敏器件、光电成像器件、光电倍增管、光电位置探测器件等。

第三节 光电测试技术的特点及其展望

光电测试技术的发展与新型光源、新型光电器件、新型光学系统以及微电子技术、计算机技术的发展密不可分。自从1960年第一台红宝石激光器与氦－氖激光器问世以来，由于激光光源的单色性、方向性、相干性和稳定性极好，人们在很短时间内就研制出各种激光干涉仪、激光测距仪、激光准直仪、激光跟踪仪、激光雷达等精密仪器，大大推动了光电测试技术的发展。1970 年贝尔实验室研制出第一个固体摄像器件（CCD），由于 CCD 的小巧、坚固、低功耗、失真小、工作电压低、重量轻、抗振性好、动态范围大和光谱范围宽等特点，使得视觉检测进入一个新的阶段，它不仅可以完成人的视觉触及区域的图像测量，而且使得人眼无法涉及的红外和紫外波段的成像与检测也变成了现实，从而把光学测量的主观性（靠人眼瞄准与测量）发展成客观的光电图像测量。光导纤维从 20 世纪 60 年代问世以来，在传递信息和检测技术方面又发展出一个新的天地，光纤通信已经风靡全球，而光纤传感几乎可以测量各种物理量，尤其在一些强电磁干扰、危及人的生命安全的场合可以安全地工作，而且具有高精度、高速度、非接触测量等特点。可以说，一个新的光源、一个新的光电器件的发明都大大推动了科学技术的发展。

光电测试技术用途十分广泛，既广泛存在于我们日常生活中，又在工业、农业、国防、医学生物等各个领域发挥着重要的作用。日常生活中如光电鼠标、电视遥控器、计算机光驱、超市条码扫描器、交通超速监测等都是光电测试技术的应用。工业中如零件的显微精密检测、激光三维检测、工业 CT、光谱分析等，农业中如种子和果实的外观检测、含水量检测、淀粉量检测，航天领域如激光制导、激光雷达、空间目标追踪、高分辨率对地观测、光电对抗，医学生物领域如 X 光成像、分子显微成像等。以上所列举只是光电测试技术应用的一部分，可以说，绝大多数的检测领域，都有光电检测的应用。图 1-3 所示为光电测试系统的应用案例。

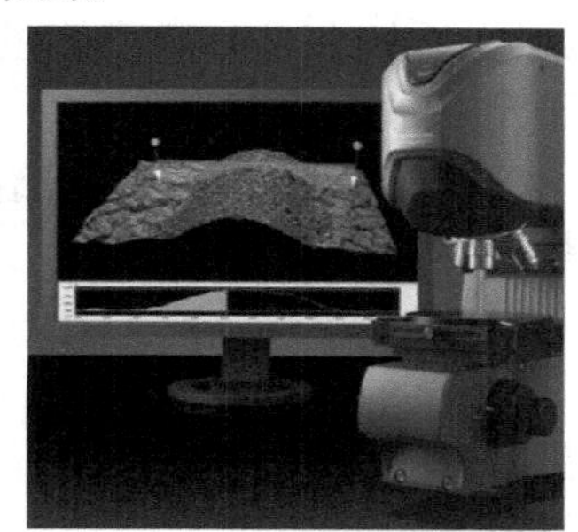

激光共聚焦显微镜

激光跟踪仪

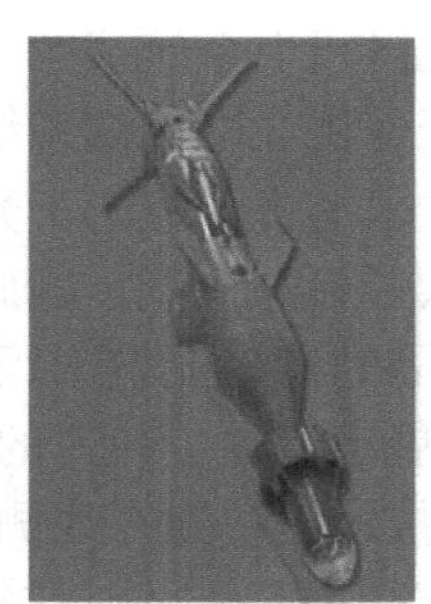

激光制导炸弹

图 1-3　光电测试系统的应用案例

光电测试技术具有以下特点：

1）精度高。因为光波是长度测量精度最高的基准，因此光电测量是各种测量技术中精度最高的一种。如用激光干涉法测量长度的精度可达 0.05μm/m；用光栅莫尔条纹法测角可达到 0.04″；用激光测距法测量地球与月球之间距离的分辨力可达到 1m。

2）速度快。光电测试以光为媒介，而光是各种物质中传播速度最快的，无疑用光学的方法获取和传递信息是最快的，目前飞秒激光的脉冲可以达到 10^{-15}s，光电探测器件响应速度可以达到 10^{-7}s，响应速度非常快，是各种测量方法中效率最高的一种。

3）既能实现超微观测量，又能实现超宏观测量。无论是微纳米尺度的探测，还是深空宇宙的探测，光电测试都发挥了极其重要的作用。

4）适应性强。长度、热、力学、电学等大多数的物理量都可以变换成光学量，然后进行光电转换，再通过电学量进行测量。

5）非接触测量。通过光学手段进行测试通常不需要与被测目标有机械接触，因此对被测目标无附加力，因此精度高、速度快，尤其适合对脆弱、易损目标（如半导体晶片）进行测量。

6）具有很强的信息处理和运算能力，可将复杂信息并行处理。用光电方法还便于信息的控制和存储，易于实现自动化，易于与计算机连接，易于实现智能化等。

7）寿命长。光波是永不磨损的，可以永久地使用。

近十几年来工程领域的加工精度已达到纳米级的水平，这对测量技术提出了更高的要求，迫切需要开拓新的手段，因此先后出现了各种纳米测量显微镜，如1982年隧道显微镜问世，它用测量电荷密度的方法测量分子和原子级的微小尺寸，但它只能用于测量导体表面。1986年原子力显微镜研制成功，它用测量触针与被测器件之间的原子力和离子力的方法来测量微小尺寸，因此它可用于导体或非导体的测量。根据原子力显微镜的思路，利用被测表面的不同物理性质对受迫振动悬臂梁的影响，通过测量其共振频率的变化测量被测表面，相继开发出激光力显微镜、静电力显微镜等。这些仪器都可以达到纳米甚至亚纳米级的分辨力。为了准确测出这些纳米尺度测量显微镜的精度，还必须溯源到光的波长上，因此迫切需要研制精度达到纳米和亚纳米级的干涉仪来实现纳米尺度的测量和校准，因而又相继出现了精度可达到0.1nm的激光外差干涉仪和精度可达0.01nm的X光干涉仪。

微电子技术的问世，不仅使计算机技术突飞猛进，也使光电测量技术有了更为广阔的应用空间。当前人们在生物、医学、航天、灵巧武器、数字通信等许多领域越来越多地需求微系统，因此微机电系统成为当前研究的一个热点。而微机电系统要求有微型测量装置，这样，微型光、机、电测试系统也就毫无疑问地成为重要研究方向。

科学技术的进步推动了光电测试技术的发展，而光电测试技术的发展无疑又给科学技术的发展注入了新鲜血液。因此，光电测试技术的发展趋势是：

1）发展纳米、亚纳米级高精度的光电测量新技术。

2）发展小型的、快速的微型光、机、电测试系统。

3）非接触、快速在线测量，以满足快速增长的商品经济的需要。

4）向微空间三维测量技术和大空间三维测量技术发展。

5）发展闭环控制的光电测试系统，实现光电测量与光电控制一体化。

6）向人们无法触及的领域发展。

7）发展光电跟踪与光电扫描技术，如远距离的遥控技术、遥测技术、激光制导、飞行物自动跟踪、复杂形体自动扫描测量等。

光电测试技术是现代科学、国家现代化建设和人民生活中不可缺少的新技术，是光、机、电、计算机相结合的新技术，是最具有潜力的信息技术之一。

由于光电测试技术的特点，本门课程的学习要求如下：

1）了解并掌握典型的光电器件的原理和特点，会正确选用光电器件。

2）学会根据光电器件的特点选择和设计光电检测电路和有关参数。

3）能根据被测对象的要求，设计光电检测系统。

复习思考题1

1. 试述光电测试技术与信息技术的关系。
2. 光电测试系统由哪几部分组成？何为光学变换与光电转换？

第二章　光电测量的光学基础

光是人们最熟知的物质，光以电磁波或粒子（光子）的形式传播能量，光能量的传播过程称为光辐射。就波长而言，一般认为光的波长在 10nm ~ 1mm 之间，光波频率在 $3\times(10^{11}\sim10^{16})$ Hz 范围内。按辐射波长和人眼的生理视觉效应又把光辐射分为 X 光、紫外光、可见光和红外光。而人们常说的“光”一般指的是可见光，即能对人眼刺激而产生“光亮”的电磁辐射，可见光的波长在 380 ~ 780nm 之间。当可见光进入人眼时，人眼的主观感觉有红、橙、黄、绿、青、蓝、紫等颜色，而不同色光波波长见表 2-1。紫外光波段在 100 ~ 380nm 之间，而 10 ~ 100nm 之间波段称 X 光。红外波段波长在 0.78 ~ 1000μm 之间，通常又分为近红外、中红外和远红外三部分。

表 2-1　光波波长

颜色	红外	红色	橙色	黄色	绿色	青色	蓝色	紫色	紫外	X 光
波长	0.78 ~ 1000μm	640 ~ 780nm	600 ~ 640nm	540 ~ 600nm	495 ~ 540nm	460 ~ 495nm	440 ~ 460nm	380 ~ 440nm	100 ~ 380nm	10 ~ 100nm

第一节　光度的基本物理量

光度学是研究光度测量的一门科学，而光度学量是电磁辐射能引起人眼刺激大小的度量，它在物理量上与电磁辐射的辐射度量是类似的。

光度学量既然是电磁辐射对人眼刺激大小的感觉，可见波段才有意义，为此先研究人眼对光的视觉效能（或称视见函数）。

一、光谱光视效能

人眼的视网膜上布满了大量的感官细胞，即杆状细胞和锥状细胞。杆状细胞灵敏度高，它能感受微弱光刺激；锥状细胞感光灵敏度低，但它有三种分别对红、绿、蓝主色产生响应的细胞，因而能很好地区别颜色和辨别被视物的细节。

视觉神经对不同波长光的感光灵敏度是不一样的，对绿光最灵敏，而对红、蓝光灵敏度最低。国际照明委员会（CIE）根据实验结果，确定了人眼对各种波长光的相对灵敏度，称为“光谱光视效能”，如图 2-1 所示。在明视情况，即光亮度大于 $3cd/m^2$ 时，人眼的敏感波长（即光谱光视效能峰值对应的波长）在 555nm 处，如图 2-1 中实线所示。在暗视情况下，即光亮度小于 $0.001cd/m^2$ 时，人眼的敏感波长在 507nm 处，如图 2-1 中虚线所示。

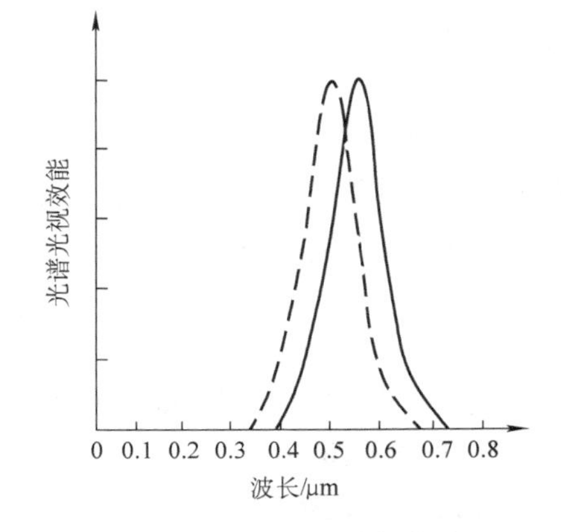

图 2-1　光谱光视效能曲线

二、光度的基本物理量

光波是电磁波的一种，因此光辐射的度量与电磁辐射的度量是类似的，为了研究光源辐射现象的规律，常用下面的一些基本参量来衡量光的辐射特性。

1. 光通量（Φ_v）

光通量又称为光功率，单位为流明（lm），它与电磁辐射的辐射通量 Φ_e 相对应，也可以说它是电磁辐射在可见光范围内的辐射通量，而 Φ_e 的单位是瓦（W），所以光通量的单位有时也用瓦。光通量与辐射通量之间的关系可以用式（2-1）来表示：

$$\Phi_v = K_m \int_{0.38}^{0.78} \Phi_e(\lambda) V(\lambda) d\lambda \tag{2-1}$$

式中，$V(\lambda)$ 是视见函数，其特征如图2-1所示；K_m 是光功当量，它表示人眼在明视条件下，在波长为555nm时，光辐射所产生的光感觉效能，按照国际温标IPTS－68理论计算值 K_m = 680lm/W。

2. 光量（光谱光能 Q_v）

光量是指光的能量，又称光能，它是与辐射能 Q_e 相对应的物理量。光量的单位是流明·秒（lm·s），而辐射能的单位是焦耳（J），光量是光源在某段时间内发出光的总和，是光通量 Φ_v 对时间的积分。

$$Q_v = \int_0^t \Phi_v dt \tag{2-2}$$

3. 发光强度（I_v）

发光强度定义：点辐射源在给定方向上的单位立体角内辐射的光通量，如图2-2所示。发光强度为

$$I_v = \frac{d\Phi_v}{d\Omega} \tag{2-3}$$

单位为坎德拉（cd，即 $lm \cdot sr^{-1}$）。1坎德拉相当于均匀点光源在单位立体角内发出1流明的光通量。

4. 光亮度（L_v）

光源在某方向的光亮度 L_v 是光源在该方向的单位投影面积上、单位立体角中发射的光通量，即

$$L_v = \Phi_v / (\Omega S \cos\theta) \tag{2-4}$$

由于光源在不同面元上，在各个方向上发光亮度不等，因而取微小面元 ds 和微小立体角 $d\Omega$，如图2-3所示，光源上某点处的面元在给定方向的发光强度为 I_v，那么光亮度 L_v 定义为发光强度 dI_v 与面元 dS 在垂直于发光强度方向平面上的投影面积之比，即

$$L_v = \frac{dI_v}{dS\cos\theta} = \frac{d^2\Phi_v}{d\Omega dS\cos\theta} \tag{2-5}$$

光亮度的单位：$cd \cdot m^{-2}$ 或者 $lm/sr \cdot m^2$。

5. 光出射度（M_v）

光出射度是指单位面积光源所辐射的光通量，即

$$M_v = d\Phi_v / dS \tag{2-6}$$

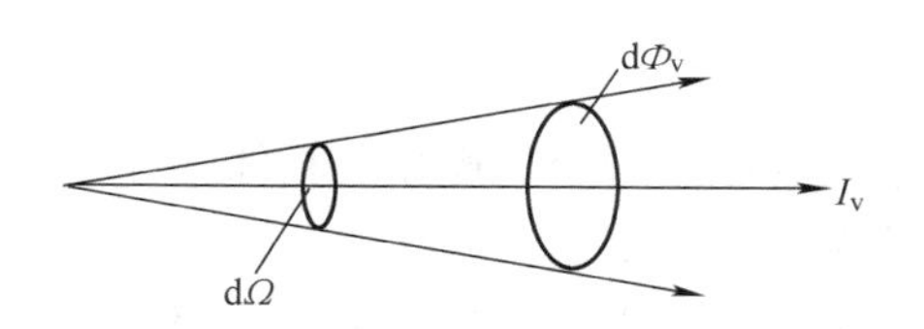

图 2-2　某方向的发光强度

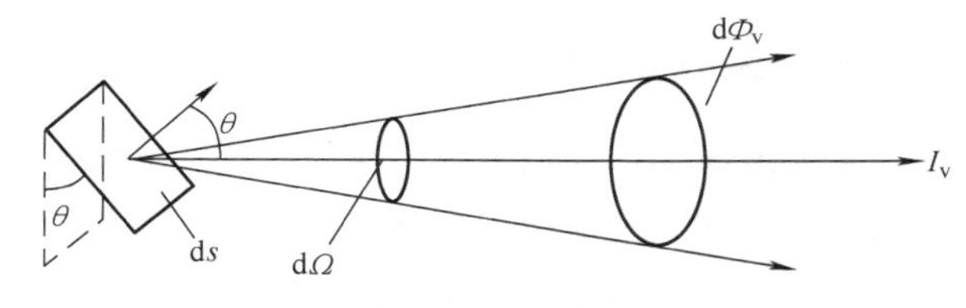

图 2-3　发光亮度

光出射度的单位为 $lm \cdot m^{-2}$。

以上 5 个光度参数都是光源向外发射光的特性参量。

6. 照度（E_v）

照度是投射到单位面积上的光通量。若辐射光通量为 $d\Phi_v$，接收面元的面积是 dA，那么照度为

$$E_v = d\Phi_v / dA \tag{2-7}$$

照度的单位为勒克斯 lx（或 $lm \cdot m^{-2}$）。

7. 曝光量（H_v）

曝光量是照度对时间的积分，即

$$H_v = \int_0^t E_v dt \tag{2-8}$$

曝光量的单位为 $lx \cdot s$。

以上光度参量大都与光源所辐射的波长有关，如白炽灯光源所辐射的光含有红、橙、黄、绿、青、蓝、紫等不同色光，即由不同波长的光所组成，因此可见光的光谱辐射通量 $\Phi_v = \int_{0.38}^{0.78} \Phi_v(\lambda) d\lambda$，其光谱辐射照度 $E_v = \int_{0.38}^{0.78} E_v(\lambda) d\lambda$ 等，即光谱的辐射参量是光波长的函数。对于波长不连续的光源，具有线光谱和带光谱的特征，其总辐射光通量为 $\Phi_v = \sum \Phi_v(\lambda) d\lambda$。

对光辐射的探测和计量存在着光度单位和辐射度单位两套体系，这两套体系之间的对应关系见表 2-2。

表 2-2　常用光度量和辐射量之间的对应关系

辐射度物理量				对应的光度量			
物理量名称	符号	定义或定义式	单位	物理量名称	符号	定义或定义式	单位
辐射能	Q_e	基本量	J	光量	Q_v	$Q_v = \int \Phi_v dt$	$lm \cdot s$
辐射通量	Φ_e	$\Phi_e = dQ_e/dt$	W	光通量	Φ_v	$\Phi_v = \int I_v d\Omega$	lm
辐射出射度	M_e	$M_e = d\Phi_e/dS$	W/m^2	光出射度	M_v	$M_v = d\Phi_v/dS$	lm/m^2
辐射强度	I_e	$I_e = d\Phi_e/d\Omega$	W/sr	发光强度	I_v	基本量	cd
辐射亮度	L_e	$L_e = dI_e/(dS\cos\theta)$	$W/(m^2 \cdot sr)$	（光）亮度	L_v	$L_v = dI_v/(dS\cos\theta)$	cd/m^2
辐射照度	E_e	$E_e = d\Phi_e/dA$	W/m^2	（光）照度	E_v	$E_v = d\Phi_v/dA$	lx

第二节　光度学基本定律

光电测量以光为传输信息的媒介，因此了解光辐射参量传输过程中的规律是很重要的。

一、余弦定律

余弦定律又称朗伯余弦定律，它描述光辐射在半球空间内照度的变化规律。具体描述为任意表面上的照度随该表面法线与辐射能传播方向之间的夹角余弦变化。

如图2-4所示，点光源 O 发出的光以立体角 Ω 向外辐射光通量，在面积 A 上的照度为 E，而与 A 夹角为 θ 面元 A'上的照度为 E'，则 $E=\Phi_v/A$，$E'=\Phi_v/A'$，由于在该立体角内点光源发出的光通量不随传输距离而变化，因而面元 A 与 A'上有相同的光通量，又因为 $A=A'\cos\theta$，因而有 $E'=E\cos\theta$。

当被光照的表面是理想漫反射表面时（朗伯辐射表面），则由该表面辐射的发光强度也服从余弦定律，即朗伯辐射表面在某方向辐射的发光强度随该方向和表面法线之间夹角余弦而变化，即

$$I_\theta = I_0\cos\theta \tag{2-9}$$

式中，I_0是理想漫反射表面法线方向上的发光强度；I_θ是与法线方向夹角为 θ 方向的辐射发光强度。

如图2-5所示，若辐射表面为 $\mathrm{d}A$，则法线方向辐射亮度 $L_0=I_0/\mathrm{d}A$，而与法线成 θ 角方向辐射亮度为 $L_\theta=I_\theta/(\mathrm{d}A\cos\theta)$。对于理想漫反射表面，即在任意发射方向（漫射或反射）上亮度不变的表面，有 $L_0=L_\theta$，因而有 $I_\theta=I_0\cos\theta$。

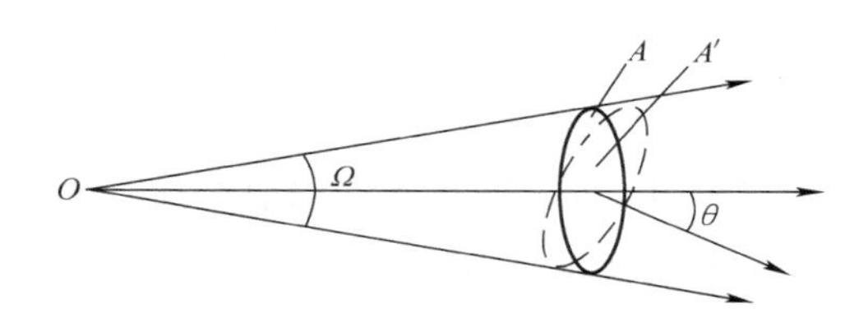

图2-4 余弦定律示意图

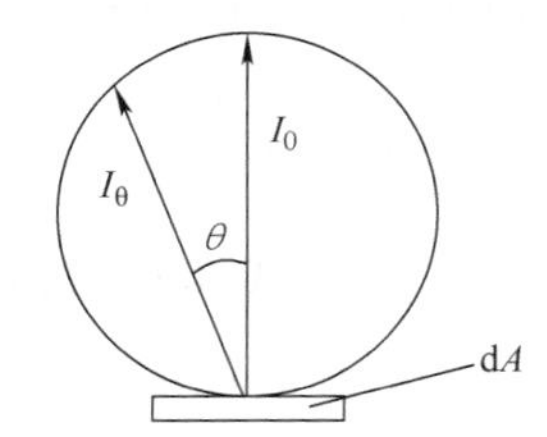

图2-5 朗伯定律

若以法线方向上的发光强度值为直径画一个圆球与表面 $\mathrm{d}A$ 相切，那么由 $\mathrm{d}A$ 中心向某角 θ 方向做的到球面交点的矢量长度就代表该方向的发光强度。

二、亮度守恒定律

当光束在同一种介质中传输时，沿其传输路径任取两个面元 $\mathrm{d}A_1$和 $\mathrm{d}A_2$，并使通过面元 $\mathrm{d}A_1$的光束也都通过面元 $\mathrm{d}A_2$，它们之间的距离是 r，面元法线与光传输方向夹角分别为 θ_1 和 θ_2（见图2-6）。则面元 $\mathrm{d}A_1$的辐射亮度为

$$L_1=\frac{\mathrm{d}I_1}{\mathrm{d}A_1\cos\theta_1}=\frac{\mathrm{d}^2\Phi}{\mathrm{d}A_1\cos\theta_1\,\mathrm{d}\Omega_1} \tag{2-10}$$

面元 $\mathrm{d}A_2$的辐射亮度为

$$L_2=\frac{\mathrm{d}^2\Phi}{\mathrm{d}A_2\cos\theta_2\,\mathrm{d}\Omega_2} \tag{2-11}$$

而 $\mathrm{d}\Omega_1=\dfrac{\mathrm{d}A_2\cos\theta_2}{r^2}$，$\mathrm{d}\Omega_2=\dfrac{\mathrm{d}A_1\cos\theta_1}{r^2}$，将 $\mathrm{d}\Omega_1$ 和 $\mathrm{d}\Omega_2$分别代入式（2-10）和式（2-11），

可得 $L_1=L_2$。从而可以得到如下结论：

光在同一种介质中传播时，若传输过程中无能量损失，则光能传输的任一表面亮度相等，即亮度守恒。

若光从一种介质传输到另一种介质，即所取两个面元分别处于不同介质中，并认为光在介质表面无反射和吸收损失，如图 2-7 所示。

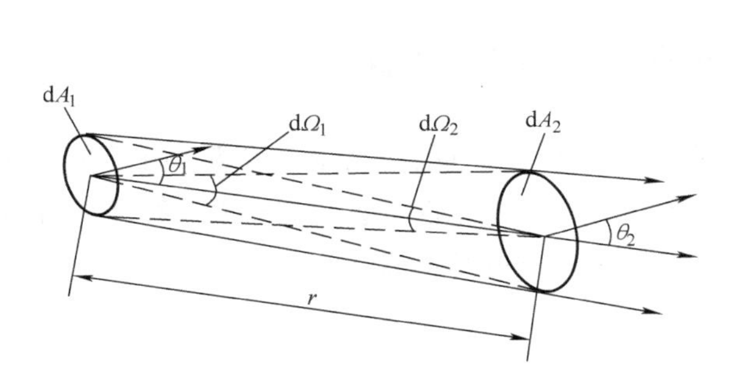

图 2-6　亮度守恒关系

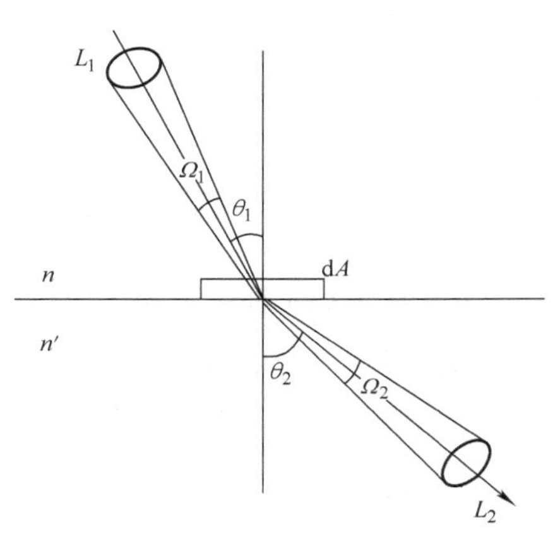

图 2-7　在不同介质中传输光的亮度守恒关系

再考虑折射定律 $n\sin\theta_1=n'\sin\theta_2$，则有

$$L_1/n^2=L_2/n'^2 \tag{2-12}$$

式中，n 和 n' 分别是两种介质折射率。

我们称 L/n^2 为基本辐射亮度。式（2-12）表明在不同介质中传播的光束，在无能量损耗情况下其基本辐射亮度是守恒的。

若光传输过程中有光学系统时，则光学系统会使光汇聚或发散，若光学系统的透射比为 τ，物面亮度为 L_1，像面亮度是 L_2，那么有

$$L_2=\tau\left(\frac{n_2}{n_1}\right)^2 L_1 \tag{2-13}$$

式中，n_1 和 n_2 分别为物空间和像空间的折射率。一般成像系统的 $n_1=n_2$，而 $\tau<1$，因而 $L_2<L_1$，所以像的辐射亮度不可能大于物的辐射亮度，即光学系统无助于亮度的增加。

三、照度与距离二次方反比定律

当均匀点光源向空间发射球面波时，则点光源在传输方向上某点的照度与该点到点光源距离的二次方成反比。

设在传输路径上光束无分束，也无能量损失，那么由点光源向空间任一锥立体角内辐射通量 Φ 是不变的，而由球心点光源发出的光所张的立体角所截的表面积与球半径的二次方成正比。我们研究如图 2-8 所示的点光源 O 所辐射的光对表面积 $\mathrm{d}A$ 的照度。由于点光源发出的是球面波，所以表面 $\mathrm{d}A$ 到点光源的距离是该球面波的半径 R，若 $\mathrm{d}A$ 对点光源所张的立体角是 $\mathrm{d}\Omega$，那么 $\mathrm{d}A=\mathrm{d}\Omega R^2$。因而 $\mathrm{d}A$ 上的照度为

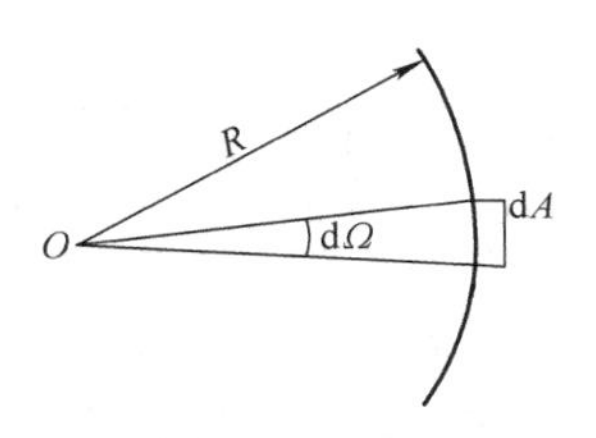

图 2-8　点光源的照度

$$E=\Phi/(\mathrm{d}\Omega R^2) \tag{2-14}$$

即照度 E 与距离的二次方（R^2）成反比。

实际的光源总有一定的几何尺寸，根据光能叠加原理，所求表面的照度实际上是该光源上各点贡献照度之和，若光源面积为 πR^2，而 $r \ll R$，则照度 E 可写成

$$E \approx \pi L \frac{r^2}{R^2} \tag{2-15}$$

式中，L 为光源的发光亮度。

第三节 光辐射在空气中的传播

光电测量中的光波大多在空气中和光学玻璃中传播，也有的在晶体中传播。由于在光电检测中通常以空气为信道，而大气构成成分的复杂性和不稳定性将会影响光束的特性，给测量带来一定影响，因此本节简要介绍一些光在空气中传输的基本概念。

一、大气衰减

光在空气中传播时，由于大气中存在的多种气体分子、尘埃、烟雾、湿气等而使部分辐射能量被吸收、被转换、被散射等，使辐射能衰减或改变原来的传播方向，导致测量精度降低或者无法进行测量。如激光干涉测长中，若在测量镜与参考镜之间有空气湍流，测量示值将发生改变。在远距离测量中，大气分子的光吸收、光散射等将严重影响测量范围。

1. 大气分子吸收

光波在大气中传播时，大气分子在光波电场作用下产生极化，并以入射光的频率做受迫振动，光波要克服大气分子内部阻力而消耗能量，表现为大气分子的吸收。当入射光的频率等于大气分子固有频率时，则发生共振吸收，这时大气吸收出现极值。

由于不同分子的结构不同，而表现出完全不同的光谱吸收特性。构成大气的分子有 N_2、O_2、CO_2、H_2、H_2O 等。其中 N_2、O_2 含量最多，但它们对可见光和红外光几乎不吸收，而对远红外和微波段才呈现出很大的吸收。大气中除包含上述分子外还有少量的 He、Ar、Xe、O_3、Ne 等，虽然这些分子在可见光的近红外区有可观的吸收谱线，但因为它们在大气中含量甚微，一般也不考虑其吸收作用。H_2O 和 CO_2 分子，特别是 H_2O 分子在近红外区和可见光区有宽广的振动结构，因此它是可见光和红外光最重要的吸收分子，是大气光学衰减的主要因素，其对近红外光主要吸收谱线的中心波长见表 2-3。

表 2-3 H_2O 和 CO_2 分子对近红外光主要吸收谱线的中心波长

吸收分子	主要吸收谱线的中心波长/μm														
H_2O	0.72	0.82	0.93	0.94	1.13	1.38	1.46	1.87	2.66	3.15	6.26	11.7	12.6	13.5	14.3
CO_2	1.4	1.6	2.05	4.3	5.2	9.4	10.4								

从表 2-3 可以看出，对某些特定波长，大气呈现出强烈的吸收，光波几乎无法通过。根据大气这种选择吸收特性，我们将透过率较高的波段称为“大气窗口”，即对可见光和红外光呈现弱吸收的窗口，目前常用的激光波长都处于这些窗口之内。

2. 大气分子散射

当光通过大气时，大气分子的吸收和散射都使透过光发光强度减弱，而光波的电场使大气分子产生极化，形成振动的偶极子，从而发出次波。若大气光学均匀，这些次波叠加的结果，使光只在折射方向继续传播，而在其他方向则因次波的干涉而相互抵消无光出现。但是大气的密度起伏将破坏大气的光学均匀性，会使一部分光向其他方向传播。又由于大气中存在灰尘、烟雾等微粒，也会导致光在各个方向散射。

由于大气分子的尺寸远小于可见光和红外光波长，所以在这一条件下的散射满足瑞利散射条件。根据瑞利散射经验公式，瑞利散射系数 σ_m 为

$$\sigma_m = 0.827NA^3/\lambda^4 \tag{2-16}$$

式中，N 为单位体积中的分子数；A 为分子散射截面积；λ 为光波波长。

式（2-16）表明分子散射系数与分子密度成正比，与波长的 4 次方成反比，可见波长越长，散射越弱，故可见光散射比红外光强烈。

此外空气中的尘埃、烟雾、盐粒、雨、雪、雾等都会对可见光产生散射和吸收。由于这些引起散射的粒子尺寸一般大于光的波长，这种散射叫作米氏散射。米氏散射与粒子尺寸、密度分布及折射率特性有关。

二、空气湍流效应

通常认为大气是一种均匀混合的单一气态流体，其运动形式分为层流和湍流。层流是一种有规则的稳定流动，在一个薄层内流速和流向均为定值，层间在运动过程中互不混合。而湍流是一种无规则的漩涡流动，质点运动轨迹十分复杂，空间每一点的运动速度随机变化。这种湍流状态将使光辐射在传播过程中随机地改变其光波参量，出现在光束截面内的光发光强度闪烁、光束弯曲和漂移、光束弥散畸变以及相干性退化等现象，这些统称为大气湍流效应。光束闪烁将使光信号受到随机寄生调制，使信噪比降低，这将使激光雷达的探测率降低，漏检率增加，使模拟调制的激光通信噪声增大，使数字激光通信误码率增加。光束抖动将使激光偏离接收孔径，降低信号强度。而光束相干性退化将使激光外差探测效率降低，甚至产生计数误差。

激光束是一种有限扩展的光束，大气湍流对光束传播的影响与光束直径 d 与湍流尺度 l 之比密切相关。当 $d >> l$ 时，光束截面内包含多个湍流漩涡，每个漩涡对照射在其上的光束独立的散射和衍射，从而造成发光强度在时间和空间上随机起伏，即发光强度闪烁。当 $d \approx l$，即光束直径与湍流的漩涡尺度大致相当时，湍流使波前发生随机偏折，致使接收透镜的像面上产生像点抖动。当 $d << l$ 时，湍流的作用是使光束整体随机偏折，在远处接收平面上，以光束投射中心为基准发生较快的随机性跳动，频率约为几赫兹到几十赫兹，称为光束漂移。若经过若干分钟后，发现光束平均方向明显变化，这种缓慢漂移称为光束弯曲。同时湍流还会使光束扩展和分裂，表现为光斑形状及内部花纹结构发生畸变、扭曲等变化。

由于光束在传播过程中其直径不断变化，而湍流尺度也在不断变化，故上述湍流效应总是同时发生，其总效果使光束相干性退化。

在精密光电测量中，为保证测量的稳定性，应尽量避免空气湍流的产生，如门的开启、人员走动、电风扇、空调机等造成的空气流动等都应尽量减小。必要时光束可在波导管、光纤中传输。

第四节　光电测试技术中常用的光学系统

在光电测量技术中，经常采用各种光学系统来实现物的光学变换，或用光学系统对光源进行变换以获得光电测量所需要的光载波。本章介绍光电测量技术中常用的光学系统原理和技术参数。相干变换的光学系统在本书第八章中叙述。

一、显微光学系统

显微光学系统在精密光电测量仪器中应用非常广泛，主要用于瞄准读数及观测测量。本节主要讨论显微镜的基本原理、基本组成和表征显微镜性能的技术参数。

1. 显微光学系统原理

显微光学系统主要由物镜、目镜组成，传统显微镜的成像光路原理如图2-9所示，图中物镜和目镜均用薄透镜简化表示。物 AB 放在物镜的1倍焦距和2倍焦距之间，经过物镜成放大、倒立的实像 $A'B'$，$A'B'$ 位于目镜物方焦平面上或焦平面以内很靠近的地方。目镜将实像再次成像为一正立、放大的虚像 $A''B''$，该虚像位于人眼明视距离附近供人眼观察。

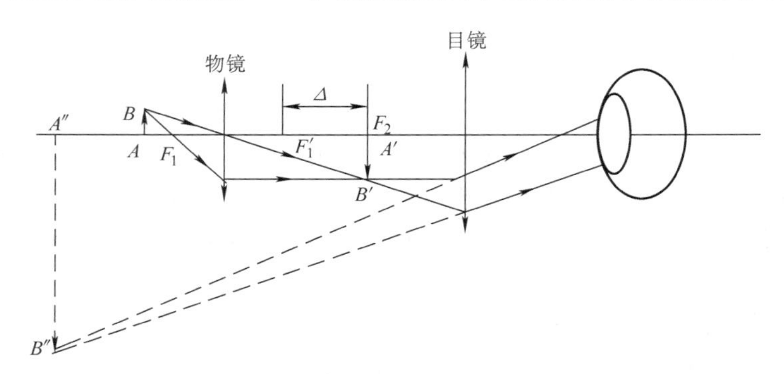

图2-9　显微镜光学系统光路原理图

显微镜的视觉放大倍率是显微物镜和目镜的放大倍率的乘积，即

$$\Gamma=\beta\times\Gamma_e=\frac{\Delta}{f_1'}\frac{250}{f_2'} \tag{2-17}$$

式中，Γ 为显微镜视觉放大倍率；β 为物镜垂轴放大倍率；Γ_e 为目镜视觉放大倍率；Δ 为显微镜的光学间隔，即 $F_1'F_2$，称为光学筒长，是物镜像方焦点距离目镜物方焦点的距离；f_1' 为物镜焦距；f_2' 为目镜焦距。

在目视计量显微光学系统中常常在物镜的像平面上放置一个透明的分划板，分划板上刻有标准的瞄准刻线和刻度，以实现瞄准和测量功能。在光电测量显微镜光学系统中，通常在显微物镜的像平面上放置数字摄像器件来获取物镜所成的图像，如图2-10所示是采用数码相机采集图像的

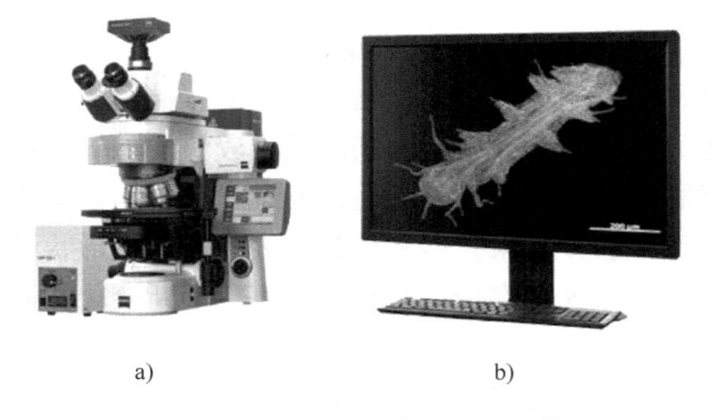

a)　　b)

图2-10　生物显微镜及生物图像
a）生物显微镜　b）生物图像

生物显微镜及采集到的生物图像。

2. 显微镜的分辨本领

成像光学系统的分辨本领又称为分辨力，是光学系统所成图像可以分清细节的能力。显微镜的分辨力以其能分辨的物方最近的两个点之间的距离来衡量。由于受光衍射效应的影响，点光源即使是经过理想的光学系统所成的像也不是点像，而是有一系列明暗相间的光环组成的衍射斑，中央的亮斑称为爱里斑，集中了总能量的 83.78%，第一级亮条纹的能量是总能量的 7.22%，其余能量逐渐减少地分布在其他级次的亮环上。当两个点光源逐渐靠近时，它们形成的爱里斑由分开逐渐重合，当爱里斑靠近到一定程度时，就难以区分两个像点，如图 2-11 所示。

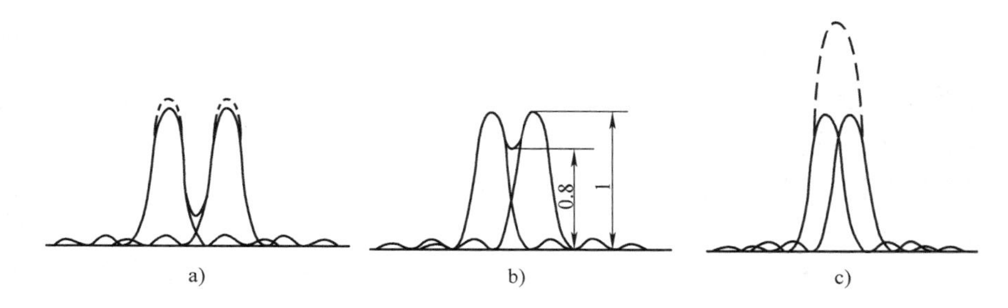

图 2-11　相邻衍射斑重叠时的分辨能力

a）能清楚分辨　b）刚能分辨　c）不能分辨

显微镜的分辨力计算有两个准则，分别是瑞利判据和道威判据。

根据瑞利判据，两个相邻像点的间隔等于爱里斑的半径时，这两个像点被认为刚好可以分辨。此时中央暗处的发光强度约为两边最大值的 80%。分辨力公式为

$$\sigma = \frac{0.61\lambda}{NA} \tag{2-18}$$

式中，λ 为照明光的波长（单位为微米）；NA 为显微物镜数值孔径，通常都在显微物镜上标出。

根据道威判据，两个相邻像点的间隔为 $0.85a/\beta$（a 为爱里斑半径，β 为显微物镜放大倍率）时能够分辨。分辨力公式为

$$\sigma = \frac{0.5\lambda}{NA} \tag{2-19}$$

实践证明，瑞利分辨力标准是比较保守的，因此通常以道威判据作为显微光学系统的理想分辨力。

由以上公式可知，显微物镜的分辨力只与物镜的数值孔径 NA 以及照明光的波长有关，而与目镜无关，数值孔径越大，分辨力越高。目镜的作用只是将物镜所成的像放大，便于眼睛观察。

需要说明的是，以上分辨力只适用于非相干系统视场中心的情况。显微系统视场通常较小，因此只考虑视场中心的分辨力。

显微物镜的放大倍率和数值孔径常常会在物镜上标注出来，如图 2-12 所示，显微物镜上“10×”代表放大倍率为 10 倍，“0.25”代表其数值孔径 $NA=0.25$。

3. 显微镜的有效放大率

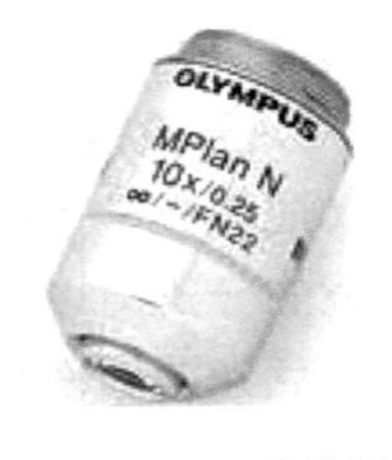

图2-12　显微物镜

采用数字摄像器件采集显微图像时，显微系统的分辨力主要取决于物镜的分辨率、放大倍率和数字摄像器件的像素分辨率。物镜的分辨力由数值孔径 NA 决定，如图2-13所示，设物镜分辨力为 σ，放大倍率为 β，数字摄像器件像素间距为 d，物上相距 σ 的两点经显微物镜放大后成像到数字摄像器件的光敏面上，当 $\beta\sigma\geqslant 2d$ 时能够分辨。根据道威判据得

$$\beta\frac{0.5\lambda}{NA}\geqslant 2d$$

即

$$\beta\geqslant\frac{4NAd}{\lambda} \tag{2-20}$$

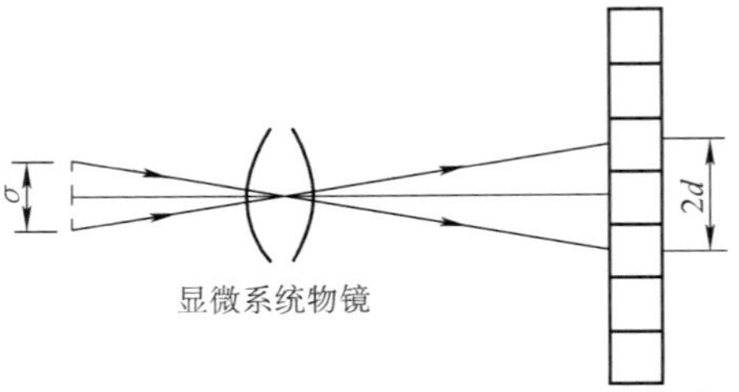

图2-13　显微光电摄像原理图

4. 显微系统的景深

景深是指光学系统同时清晰成像的物空间沿光轴方向的深度范围。显微镜的景深包括几何景深和物理景深。即

$$\Delta l=\Delta l_{\mathrm{g}}+\Delta l_{\mathrm{p}} \tag{2-21}$$

式中，Δl_{g}为几何景深；Δl_{p}为物理景深。

（1）几何景深

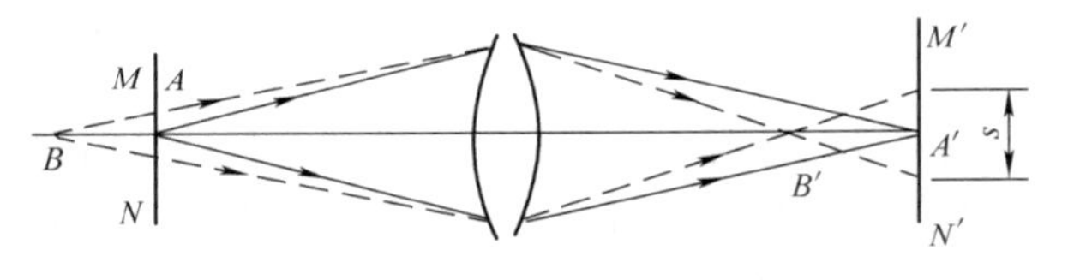

图2-14　几何景深原理图

几何景深的原理如图2-14所示。对于一个确定的显微光学系统，物平面 MN 和像平面 $M'N'$ 都已确定，MN 称为对准平面，$M'N'$ 称为像平面。设点 A 位于对准平面上，不考虑衍射效应时，在像平面上成一点像 A'。当物点偏离对准平面到 B 点时，经过光学系统成像于 B'点，在像平面上形成一个光斑，直径为 s。由于任何成像接收器件都有一定的尺寸，当光斑尺寸小于像接收器能分辨的最小尺寸时，接收器还认为 B 所成的是一个点像。B 沿轴前后移动还能成清晰像的范围称为光学系统的景深。

几何景深的公式为

$$\Delta l_{\mathrm{g}}=\frac{nz'}{\beta\cdot NA} \tag{2-22}$$

式中，n 为物空间折射率；z'为接收器允许的弥散斑直径；β 为光学系统的垂轴放大倍率。

可见显微光学系统的几何景深和物镜的放大率及数值孔径成反比。

（2）物理景深

由于光的衍射效应，一个点经过理想光学系统成像为一个衍射光斑。当物点偏离对准平面时，衍射光斑的能量分布将发生变化，当偏离量很小时，衍射光斑的能量分布是允许的。

物理景深的公式为

$$\Delta l_{\mathrm{p}}=\frac{n\lambda}{2(NA)^2} \tag{2-23}$$

5. 显微镜的几种重要光路

（1）物方远心光路

远心光路是经常采用的一种显微镜光路，分为物方远心光路和像方远心光路。

在用显微镜进行瞄准、读数和精密测量时，常常采用物方远心光路来消除调焦不准引起的测量误差。下面介绍一下物方远心光路的原理。

图 2-15a 是非远心显微镜光路图，在物镜的实像面上置一刻有标尺的透明分划板，标尺的分度值考虑了物镜的放大倍率，因此按标尺读得的像尺寸即为物体的长度。可以看出，当同样高度的物 A_1B_1 和 A_2B_2 因为调焦不准而与物镜距离不同时，在分划板上成像高度分别为 OB_1' 和 OB_2'，因此造成测量误差。

物方远心光路如图 2-15b 所示，在物镜像方焦平面 F' 处安置一个孔径光阑，它是物镜的出瞳，其入瞳位于物方无穷远处。物发出的经过入瞳中心的光线称为主光线。由于入瞳无穷远，所以物发出的主光线都平行于光轴，因此都经过物镜像方焦点。当物由 A_1B_1 移到 A_2B_2 处，成像的位置沿光轴方向上有位移，在分划板上形成了弥散斑像，但移动前后物体上同一点发出光束的主光线在分划板上的投影高度不变，因此克服了调焦不准带来的测量误差。

这个光学系统入瞳位于无限远，物方主光线平行于光轴，所以称为物方远心光路。

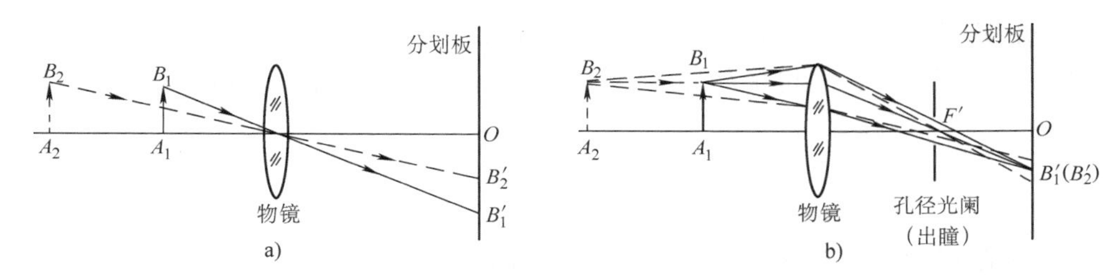

图 2-15　非远心光路和物方远心光路

a）非远心光路　b）物方远心光路

（2）像方远心光路

像方远心光路是将孔径光阑安置在整个光组的物方焦平面上形成的。常用于大地测量中的测距，以提高测距精度。原理如图 2-16 所示。

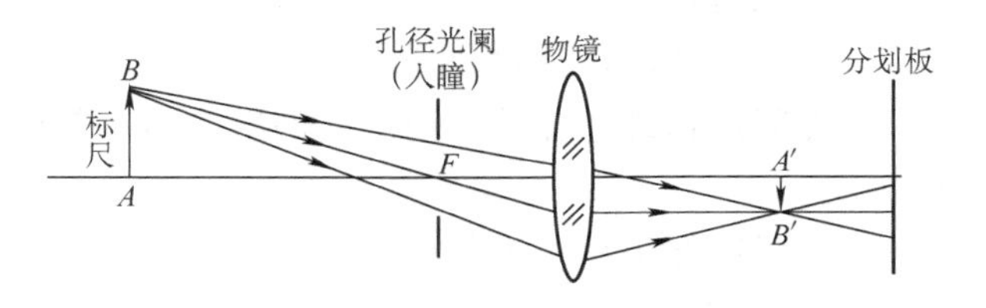

图 2-16　像方远心光路原理图

在大地测量中，物 AB 是带有刻度的标尺，其长度是已知的，将其安放在要测距离的地方。测距时通过调焦机构改变物镜和分划板之间的距离，使标尺 AB 的像与分划板重合，读出与固定间隔的测距丝所对应的标尺上的长度，就可以求出标尺到仪器的距离。当调焦不准时，标尺的像和分划板的刻线平面不重合，会引起读数误差，采用像方远心光路后，由于出瞳位于像方无穷远，因此所有的出射光束的主光线都平行于光轴，即使像与分划板不重合，在分划板上形成弥散斑，但物上同样高度的点在分划板上的主光线投影高度相同，因此消除了调焦不准带来的误差。

这种光学系统出瞳位于像方无限远处，平行于光轴的像方主光线在无限远处会聚于出瞳中心，因此称为像方远心光路。

像方远心光路也常用于照明系统中，以使它与成像光学系统的物方远心光路相配合。

图2-17a是双远心镜头，该镜头既采用物方远心光路，又采用像方远心光路。图2-17b是该镜头对一个内部带有键槽工件的成像效果，图2-17c是普通镜头对该工件的成像效果。对比两图可以看出，双远心镜头在景深范围内保持了放大倍率的恒定，因此有利于在目标距离有所变化时保持较高测量精度，而普通镜头对不同距离目标成像时，放大倍率明显不同。

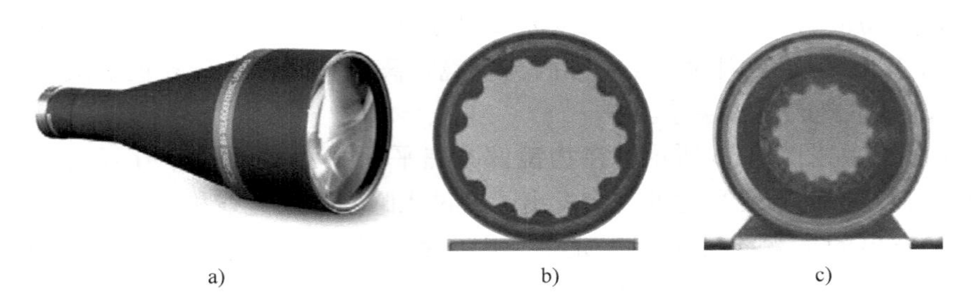

a)　　b)　　c)

图2-17　双远心镜头及成像效果

a）双远心镜头　b）双远心镜头成像　c）普通镜头成像

（3）无限远像距系统

无限远像距系统的光路如图2-18所示，物AB放在无限远物镜的物方焦平面上，无限远物镜将物成像到无穷远，因此称为无限远物镜。经过辅助物镜成像到其像方焦点上。其垂轴放大倍率为

$$\beta = \frac{-f'_2}{f'_1} \tag{2-24}$$

式中，f'_1为无限远物镜像方焦距；f'_2为辅助物镜像方焦距。

$\beta<0$，即该光学系统成倒像。

无限远物镜和辅助物镜之间是平行光路，所以存在一些突出的优点：

1）无限远物镜和辅助物镜之间为平行光线，当中装入分光镜的情况下，不产生双像重叠，也不会出现像的偏移和像散。

2）无限远物镜和辅助物镜之间抽出或插入平行平面波片（滤色片、偏振片）时，焦距不受影响。

3）无限远像距系统可获得均匀照度的像面视场，由于同倍率的无限远物镜的光束偏转角比有限筒长小，孔径边缘光线的入射角相对减少，在透镜表面损失减少，使像面照度较均匀。

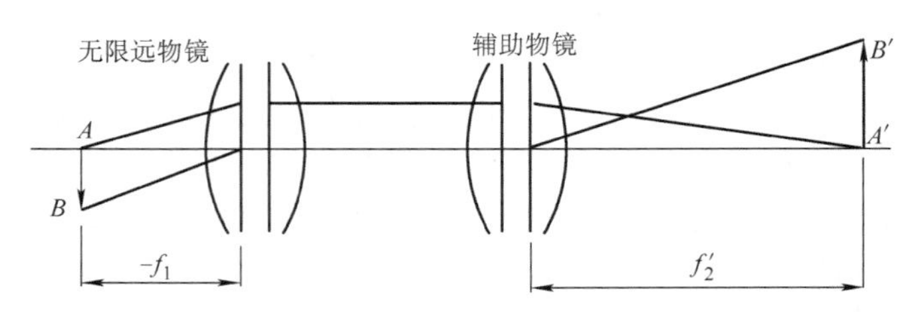

图2-18　无限筒长显微物镜

6. 显微物镜的选用

1）用于瞄准、读数和测量用的显微镜，对物镜放大率的准确性有严格要求，允差一般为（0.1～0.05）%，而用于观察的生物显微物镜和金相显微物镜的放大率允差为8%。

2）用于瞄准和读数的显微镜放大倍率不高，一般在1～50倍之间，而金相显微镜和生物显微镜因为要观察物的细节，放大倍率一般较大，约为100倍。

3）瞄准、读数和测量用的显微镜要严格地消像差，像质要求高。

4）瞄准和读数用显微镜的工作距和视场都较大；生物显微镜和金相显微镜的工作距和视场都较小，数值孔径较大，以提高分辨力。

二、摄影光学系统

摄影光学系统是指把空间或平面物体缩小成像于感光胶片或光电器件光敏面上的光学系统，它广泛应用于人们生活、科研摄影、高空摄影、大规模集成电路光刻机、印刷行业照相制版以及军事上的侦察摄影等。

1. 摄影光学系统的主要技术参数

摄影光学系统的光路原理如图2-19所示。

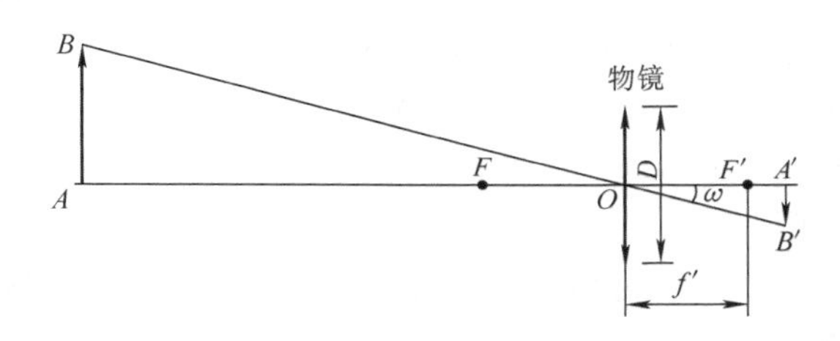

图2-19　摄影光学系统光路原理图

摄影系统的主要技术参数有物镜焦距f'，相对孔径D/f'（D为入瞳直径）或光圈数f'/D，视场角2ω。焦距决定了成像大小，相对孔径（或光圈数）决定了像面的照度，视场决定了成像范围。

（1）视场

视场的大小由物镜的焦距和接收器的尺寸决定。一般来说，焦距越长，像的尺寸越大。在拍摄远处物体时，成像在物镜的像方焦平面附近，像的大小为

$$y' = -f'\tan\omega \tag{2-25}$$

拍摄近处物体时，像的大小取决于物镜的垂轴放大率，即

$$y' = y\beta = yf'/x \tag{2-26}$$

式中，y为物的高度；x为物到物镜物方焦点的距离。

当接收器的尺寸一定时，物镜焦距与视场角成反比。焦距越长，视场角越小；焦距越短，视场角越大。短焦物镜称为广角物镜，长焦物镜称为远摄物镜。

当拍摄远方物体时，物方最大视场角为

$$\tan\omega_{\max} = L/2f' \tag{2-27}$$

式中，L为底片或其他感光元件的对角线长度。

（2）相对孔径和分辨力

相对孔径定义为入瞳直径（或物镜口径）与物镜焦距之比，即$\dfrac{D}{f'}$。相对孔径影响着物镜的鉴别率和像面照度。相对孔径的倒数称为光圈，即$F=\dfrac{f'}{D}$，又称为F数。

摄影系统的分辨力取决于物镜的分辨力和接收器的分辨力。分辨力用像平面上每毫米内能分开的线对数表示。设物镜的分辨力为N_L，接收器的分辨力为N_r，系统的分辨力为N，

则有

$$1/N = 1/N_{\mathrm{L}} + 1/N_{\mathrm{r}} \tag{2-28}$$

按瑞利判据，物镜的理论分辨力为

$$N_{\mathrm{L}} = \frac{1}{\sigma} = \frac{D}{1.22\lambda f'} \tag{2-29}$$

由此可见，摄影物镜的相对孔径越大，分辨力越高，并且像面照度越大。由于摄影物镜有较大的像差，而且存在衍射效应，所以物镜的实际分辨力要低于理论分辨力。此外物镜的分辨力还与被摄目标有关，同一物镜对不同对比度的目标分辨力也不同。更加科学地评价摄影物镜像质的方法是利用光学传递函数。

2. 摄影物镜

摄影物镜分为普通摄影物镜、大孔径摄影物镜、广角摄影物镜、远摄物镜和变焦物镜等。

普通物镜是应用最广的物镜。一般焦距在20～500mm，相对孔径$D/f'=1/9\sim1/2.8$，视场角可达到64°。图2-20是两种典型的摄影物镜。

a)

b)

图2-20　摄影物镜
a）变焦物镜　b）定焦物镜

大孔径物镜相对于普通物镜相对孔径大，因此相同照明情况下像面照度更大，分辨力也更高。

下面重点介绍一下远摄物镜、广角摄影物镜和变焦物镜。

（1）远摄物镜

在高空摄影等远距离成像中，要摄取远处物更丰富的细节，就要采用长焦物镜，其焦距可达3m以上，因此如果不采用特殊的光学结构，光筒的尺寸就非常大。另外，在我们前面讲的显微镜系统中，由于显微镜的焦距较小，物位于1～2倍焦距之间，因此物距较小，在测量中物镜容易碰到物。远摄光组解决了上述问题。

在介绍远摄光组之前我们首先介绍几个相关概念。

1）主平面和主点：如图2-21所示，平行于光轴的光线AB经光学系统后的出射光线经过焦点F'，CF'的反向延长线与入射光线AB交于M'点，过M'做垂直于光轴的平面交光轴于H'，H'称为光学系统的像方主点，过H'垂直于光轴的平面称为像方主平面。$H'F'$（f'）为光学系统的像方焦距。同样，经过光学系统的物方焦点做入射光线FD，其出射光线PQ平行于光轴，PQ的反向延长线和入射光线交于M点，过M做垂直于光轴的平面交光轴于H，H称为光学系统的物方主点，过H垂直于光轴的平面称为物方主平面，HF（f）为光学系统的物方焦距。

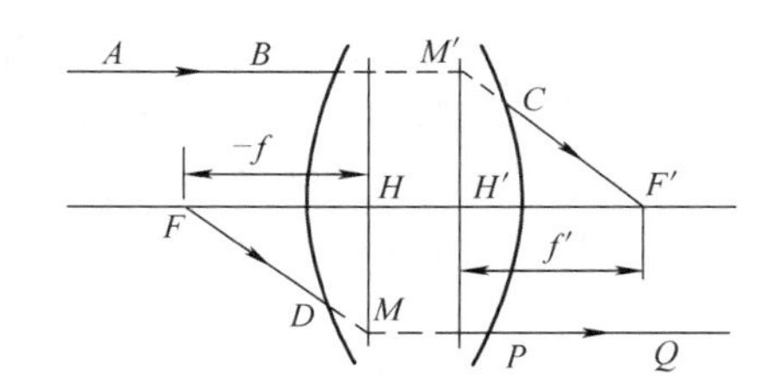

图2-21　主平面位置

2）物距：物方主平面到物的距离。

3）工作距：物镜的第一个表面到物的距离。

远摄光组原理：如图 2-22 所示，光学系统由一个正透镜 L_1 和一个负透镜 L_2 组成。根据主平面的定义，可以得到该系统的物方和像方主平面都位于正透镜的前面，像方焦距 f' 大于筒长 D，工作距 L_0 大于物距 L。因此远摄物镜在相同的工作距或相同的筒长下能得到较大的光学放大倍率。

（2）广角摄影物镜

广角摄影物镜主要是为了获得更大的视场，多为短焦物镜，常采用反远距物镜。反远距物镜与远摄物镜结构正好相反，即将图 2-22 中正、负透镜的顺序颠倒，因此光学特性也与远摄物镜相反。在相同筒长的情况下，反远距物镜比其他物镜的焦距更小，因此成像范围更大。

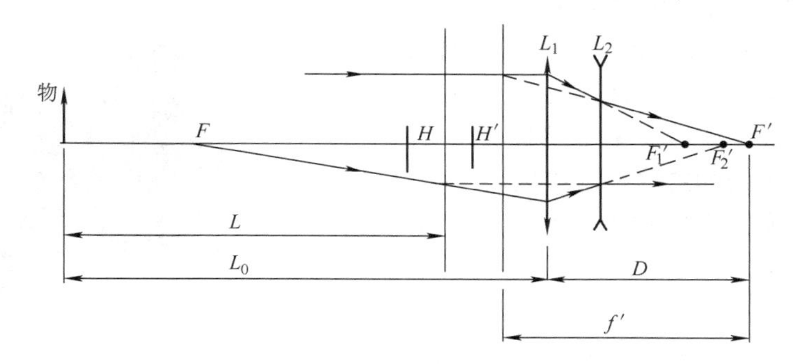

图 2-22　远摄物镜光路原理图

（3）变焦物镜

变焦物镜的焦距可以在一定范围内连续变化，对于一定距离的物体可以得到不同放大倍率的像，因此在摄影物镜中得到了广泛的应用。变焦系统一般由多个光组组成，通过轴向移动一个或多个子光组从而改变光学间隔来改变焦距。以两光组组合变焦系统为例，如图 2-23 所示。由几何光学知识可知，两光组 L_1、L_2 组合后的光学系统焦距为

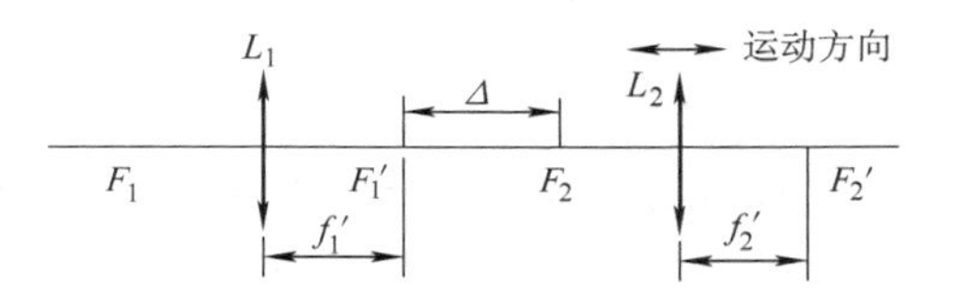

图 2-23　变焦物镜光路原理图

$$f' = \frac{f'_1 f'_2}{\Delta} \tag{2-30}$$

式中，Δ 为光学间隔。

前后移动后光组 L_2，改变光学间隔 Δ，则组合焦距改变。

三、投影光学系统

1. 投影光学系统原理

投影系统是通过透射光或反射光照明被测物体，以一定倍率的物镜将物成像到影屏或目标上的光学系统。幻灯机、照相放大机、测量投影仪、微缩胶片阅读仪等都属于投影系统。

原理如图 2-24 所示，物 y 被投影物镜放大，其放大的倒立像 y′可在影屏上度量。

工业上常常用投影仪测量形状复杂的高精度零件的轮廓，如测量曲线样板，先将曲线样板的实际尺寸和公差带按投影仪的放大率放大后，绘制成标准轮廓曲线，将其放在投影屏上，然后把加工出来的曲线样板放在工作台上，通过投影系统在投影屏上获得被测零件的清晰像，将它与绘制的标准样板的轮廓曲线进行比较，观察其是否在公差带内。如果在投影屏

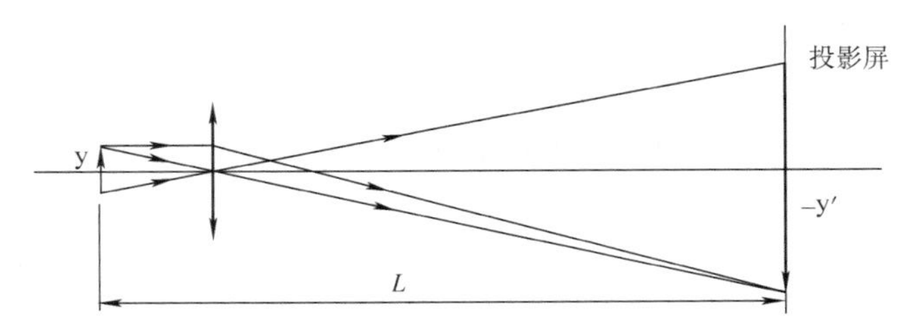

图2-24　投影光学系统光路原理图

位置放置光电检测器件，则可实现投影式光电测量。

在光学三维测量中，也经常需要将结构光条纹投射到被测目标上，通过条纹在目标表面上的变化来测量目标的三维信息。图2-25是一种投影物镜。

图2-25　投影物镜

2. 投影光学系统的主要技术参数

投影光学系统的主要技术参数有物镜垂轴放大率、视场、数值孔径等。

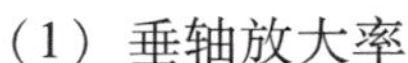

（1）垂轴放大率

物镜的垂轴放大率β一般是根据零件的测量精度和标准图样的绘制精度提出来的。设Δx为零件的允许测量误差，δ为标准轮廓的绘制精度，则垂轴放大率β为

$$\beta=\frac{\delta}{\Delta x} \tag{2-31}$$

垂轴放大率β与物镜焦距有关，若物镜焦距为f'，物像共轭距为L，则有

$$f'=-\frac{\beta L}{(\beta-1)^2} \tag{2-32}$$

（2）视场

物镜的视场一般用线视场表示，它决定了被测零件的尺寸范围。视场光阑是影屏框。其有效直径除以物镜放大率所得的商即为物方线视场。对于一台投影仪，其影屏大小是固定的，因此物镜倍率越大，线视场越小。从像质看，视场中间的部分要比边缘好，因此在测量时，要尽量用视场的中心部分。

（3）数值孔径

物镜的数值孔径影响分辨本领、影屏照度和景深。数值孔径与分辨本领的关系与显微镜一样，符合瑞利判据和道威判据。人眼通常在明视距离（250mm）观测投影仪，设人眼的分辨角为ε（单位为弧度）。则投影仪的分辨力放大β倍后应与人眼的分辨本领相适应，即

$$\sigma\beta=250\varepsilon \tag{2-33}$$

σ是物镜的分辨力，按道威判据公式，有

$$NA=\frac{\beta\lambda}{500\varepsilon} \tag{2-34}$$

四、反射式与折反式光学系统

在对红外、紫外目标进行探测的时候，由于光波透过大多数光学材料时吸收比较强烈，

因而折射式成像受到很大限制，另外在一些宽光谱成像系统中，如果采用折射成像方式，由于光学材料的折射率随波长的不同而不同，因此不同波长的光成像将产生较大色差，难以实现消色差设计，因此常常采用反射式或折反式光学系统。

反射式光学系统通过在球面、椭球面、抛物面、双曲面等面型上镀上反射层，利用反射成像原理实现成像。常见的有牛顿光学系统、卡塞格伦光学系统和格里高利光学系统。图 2-26 是几个反射式显微物镜。

图 2-26 反射式显微物镜

1. 牛顿光学系统

牛顿光学系统如图 2-27 所示。主镜是抛物面反射镜，次镜是平面反射镜，位于主镜焦点附近，且与光轴成 45°角。来自无穷远的光线经过抛物面反射镜反射，会聚到其焦平面上，平面反射镜将光线转折，将焦点 F'移到入射光线外部。由于主镜是抛物面，对于无限远轴上点没有像差，像质只受衍射限制，但轴外物点像差较大。因此常用于对像质要求较高的小视场光电系统中。该系统特点是结构简单、易于加工，但光遮挡大、镜筒长。

2. 卡塞格伦光学系统

卡塞格伦光学系统如图 2-28 所示。主镜是抛物面反射镜，次镜是凸双曲面反射镜，双曲面的一个焦点与抛物面的焦点重合，则双曲面的另一个焦点是整个物镜系统的焦点。该系统对无限远轴上物点没有像差。优点是镜筒短、焦距长，与牛顿系统相比，该系统挡光小，尺寸也较小，但加工比较困难。

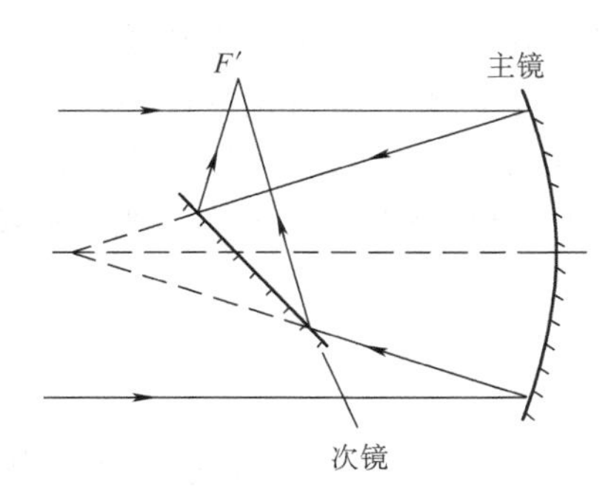

图 2-27 牛顿光学系统

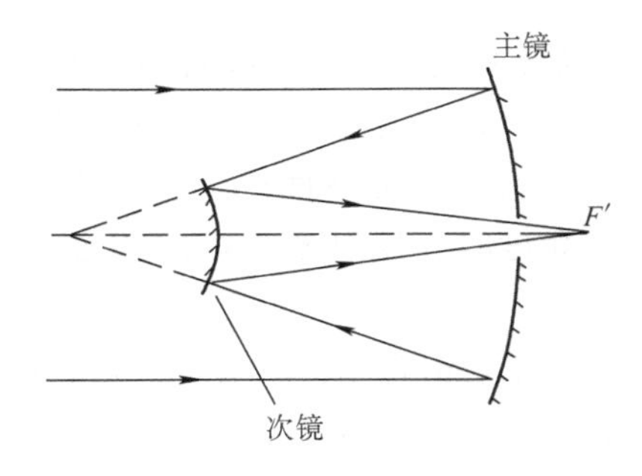

图 2-28 卡塞格伦光学系统

卡塞格伦光学系统还有其他多种结构形式，以消除不同的像差，如主镜用椭球面，次镜用球面，可消球差；主镜和次镜都用双曲面时，可同时消球差和彗差。

3. 格里高利光学系统

格里高利系统如图 2-29 所示，主镜是抛物面，次镜是椭球面，椭球面的一个焦点和抛物面的焦点重合，所以椭球面的另外一个焦点是整个系统的焦点。系统对无限远轴上点没有像差。该光学系统加工的难度介于牛顿系统和卡塞格伦系统之间。

反射式光学系统的特点是光能损失小，反射成像不存在色差，对材料的要求不是很高，成本较低，重量也比较轻。但中心有挡光，并且随着视场和相对孔径的变大，像质迅速变差，因此难以满足大视场、大孔径的成像要求。

4. 折反式光学系统

折反式光学系统结合了反射式和透射式系统的优点，通过采用补偿透镜的办法校正主镜的像差，从而获得较好的像质。典型的折反射光学系统有施密特光学系统和马克苏托夫光学系统。

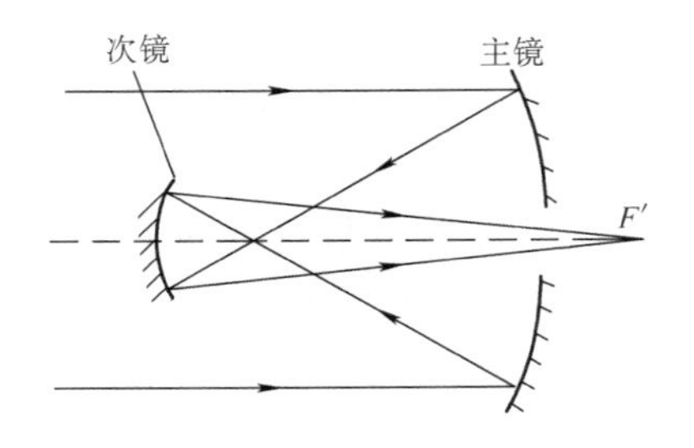

图2-29 格里高利光学系统

施密特光学系统如图2-30所示，主镜是球面反射镜，通过前面透射式校正板厚度的变化来校正球面镜的像差。这种系统的校正板加工困难，结构尺寸大。

马克苏托夫光学系统如图2-31所示，主镜为球面镜，采用负透镜校正球面镜的像差。

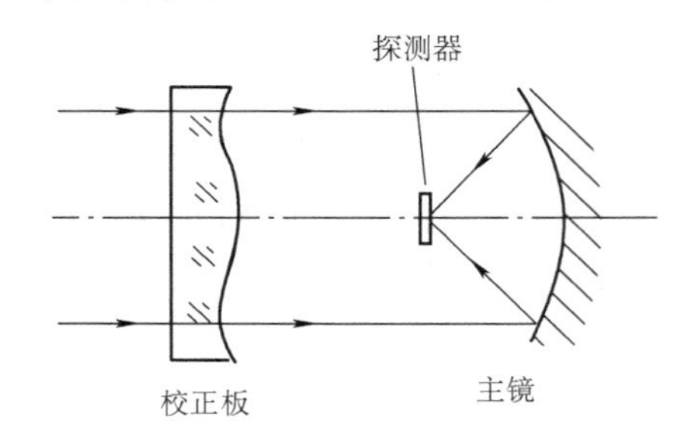

图2-30 施密特光学系统

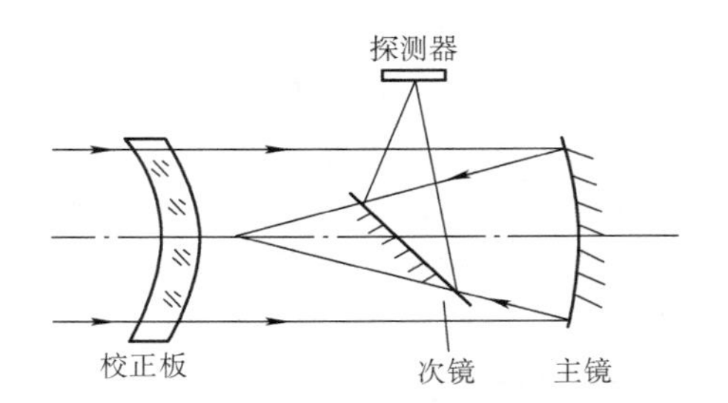

图2-31 马克苏托夫光学系统

五、自准直光学系统

自准直光学系统是通过测量发射的准直光和经目标反射镜反射回来的光之间的夹角实现角度测量的。其原理如图2-32所示。光源发出的光照亮针孔（针孔位于准直物镜的焦平面上），经分光棱镜后再由准直物镜准直成平行光，投射到反射镜上，反射镜的反射光经过准直物镜聚焦、分光棱镜分光后聚焦到CCD像面上形成一聚焦光点。当反射镜位于基准位置时（反射镜和光轴垂直），反射光聚焦于CCD像平面上的光点位置为坐标原点，当反射镜旋转一个角度时，反射光在CCD像面上聚焦位置偏离坐标原点，偏离距离为

$$d = f\tan(2\alpha) \tag{2-35}$$

式中，α反射镜转角；f为准直物镜焦距。

自准直系统的光学分辨力用极限分辨角φ表示，与显微系统一样也有两个判断准则，即瑞利判据和道威判据。

根据瑞利判据，有

$$\varphi = \frac{1.22\lambda}{D} \tag{2-36}$$

根据道威判据，有

$$\varphi = \frac{\lambda}{D} \tag{2-37}$$

式中，D为入射光瞳直径；λ为照明波长。

可见自准直系统的入瞳直径越大，光学分辨力越高。

自准直系统的分辨力主要由光学系统分辨力和成像CCD分辨力两方面决定，为了使自

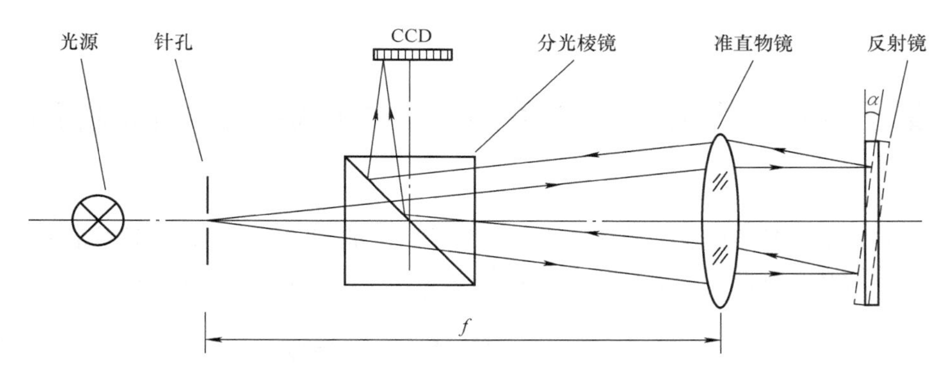

图 2-32　自准直系统光路原理

准直光学系统的光学分辨力可以得到充分利用，则应满足

$$d \leqslant f\varphi = \frac{f\lambda}{D} \tag{2-38}$$

式中，f 为自准直光学系统的焦距；d 为 CCD 像素间距。

图 2-33 是利用自准直仪测量导轨直线度。反射镜安装在一个桥板上，该桥板在被测花岗岩导轨上移动，自准直仪发出的准直光经直角棱镜转向后投射到反射镜上，反射镜的摆角与被测导轨的直线度相关，反射镜反射的光经自准直仪接收，通过测得反射镜的摆角可计算出导轨的直线度。

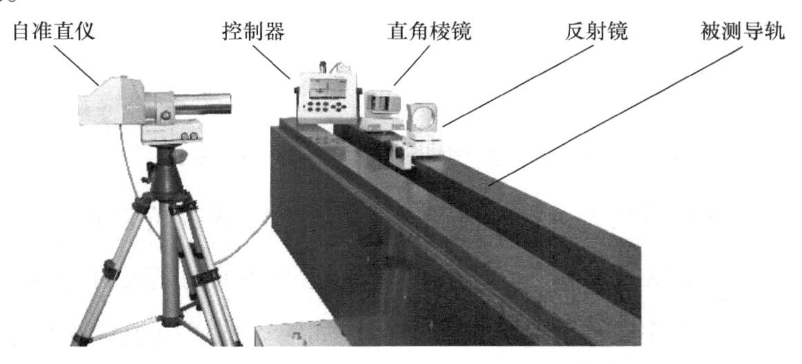

图 2-33　自准直仪测量导轨直线度

复习思考题 2

1. 试述光通量、发光强度、光亮度和光照度的定义和单位。

2. 试述余弦定律和朗伯定律的含义。

3. 说明显微镜的分辨本领、放大率及景深的概念。

4. 摄影物镜有哪几种，各有何特点？

5. 某光源功率为 100W，发光效率为 10lm/W，发散角为 90°，设光在发散角内均匀。求该光源的光通量，发光强度，距离光源 1m 处与光源指向垂直平面上的照度，该平面上 0.1s 时间内的曝光量。

6. 某显微光学系统数值孔径 $NA = 0.2$，垂直放大倍率为 10×，采用 CCD 相机采集图像，CCD 像元尺寸为 8μm×8μm，求该系统的分辨力。能否在提高分辨力的同时增大景深，为什么？

第三章　光电测量系统中的光源与光源系统

在光电测量中，光是信息的载体，光源及光源系统的质量对光电测量往往起着关键的作用。了解光源的基本特性、参数和特点，对设计光电测量系统是十分重要的。

第一节　光源的基本参数

一、发光效率

在给定的波长范围内，某一光源所发出的光通量 Φ_v 与产生该光通量所需要的功率 P_i 之比，称为该光源的发光效率，单位为 lm/W，表示为

$$\begin{aligned}\eta &= \frac{\Phi_v}{P_i} = \frac{K_m\int_{0.38}^{0.78}\Phi_e(\lambda)V(\lambda)\mathrm{d}\lambda}{P_i}\\ &= \frac{\int_{0.38}^{0.78}\Phi_e(\lambda)\mathrm{d}\lambda}{P_i}K_m\int_{0.38}^{0.78}V(\lambda)\mathrm{d}\lambda\\ &= \eta_v K\end{aligned} \tag{3-1}$$

式中，η_v 表示可见辐通量在输入功率 P_i 中所占的比例，$\eta_v = \dfrac{\int_{0.38}^{0.78}\Phi_e(\lambda)\mathrm{d}\lambda}{P_i}$。若 $\eta_v = 1$，则表示输入功率全部转换成可见光，一般情况下 $0 < \eta_v < 1$；K 是光源在可见光区的光谱能量分布系数，$K = K_m\int_{0.38}^{0.78}V(\lambda)\mathrm{d}\lambda$，$K$ 越大表示光谱光能落在可见光区的比例越大。

应用中宜采用发光效率较高的光源节省能源。如钨丝普通白炽灯在真空温度 2600K 时，发光效率为 15.3lm/W，卤钨灯约为 20lm/W；超高亮度的发光二极管发光效率可达 50lm/W。

二、寿命

光源的寿命是指灯及其电源无故障工作的时间，评价的指标有全寿命、平均额定寿命和有效寿命。从灯点燃到不能工作的时间称为灯的全寿命；而当有一半的灯不能工作时的点燃时间称为灯的平均额定寿命；当灯发出的发光强度下降到初始值的 0.7 时，所已点燃的时间称为有效寿命。

普通白炽真空灯泡或充气灯泡的全寿命为 1000h；冷光束卤钨灯寿命为 2000～3000h；而 LED（发光二极管）约为 20000～50000h。

三、光谱功率谱分布

光源输出的功率与光谱有关，即与光的波长 λ 有关，称为光谱的功率分布。常见的有

四种典型分布，如图 3-1 所示。

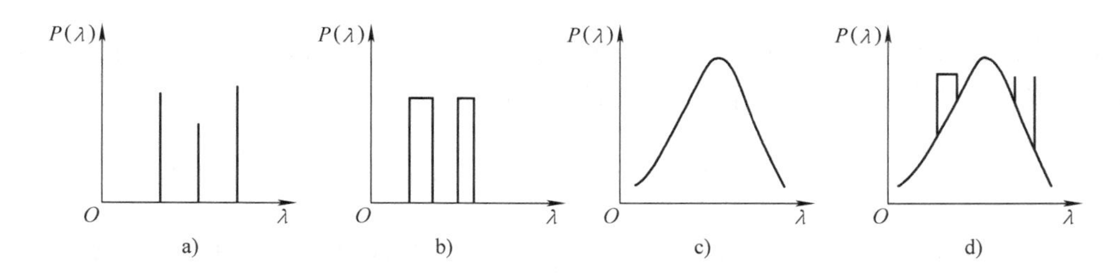

图 3-1　典型光源功率谱分布
a）线状光谱　b）带状光谱　c）连续光谱　d）复合光谱

图 3-1a 为线状光谱，如低压汞灯光谱；图 3-1b 为带状光谱，如高压汞灯光谱；图 3-1c 为连续光谱，如白炽灯、卤素灯光谱；图 3-1d 为复合光谱，它由连续光谱与线状、带状光谱组合而成，如荧光灯光谱。

在选择光源的时候，为了最大限度地利用光能，应选择光谱功率分布的峰值波长与光电器件的灵敏波长相一致：对于目视测量，一般可以选用可见光谱辐射比较丰富的光源；对于目视瞄准，为了减轻人眼的疲劳，宜选用绿光光源；对于彩色摄像，则应该采用白炽灯、卤素灯作光源；对于紫外和红外测量，宜选用相应的紫外灯（氙灯、紫外汞灯）和红外灯作光源。

四、空间发光强度分布特性

由于光源发光的各向异性，许多光源的发光强度在各个方向是不同的。若在光源辐射光的空间某一截面上，将发光强度相同的点连线，就得到该光源在该截面的发光强度曲线，称为配光曲线，图 3-2 所示为 HG500 型发光二极管的配光曲线。为提高光的利用率，一般选择发光强度高的方向作为照明方向，而光电接收器件的光敏面应在该方向对准。为了充分利用灯在其他方向的光，可以将灯泡设计成椭球型反射面或二次反射型灯壳。

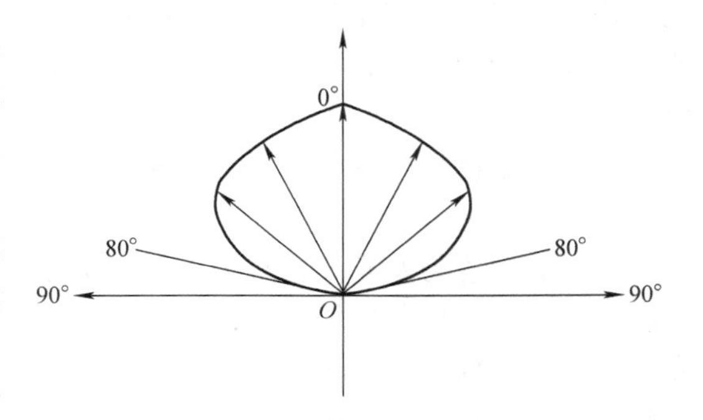

图 3-2　HG500 型发光二极管的配光曲线

五、光源光辐射的稳定性

光辐射的稳定性是指光源出射光的功率或者光的频率随时间保持恒定不变的能力。对于直接检测光功率的光电系统，光源光功率的变化将直接影响测量的结果。因此对于直接检测光功率的光电系统要求光源用稳定的直流电源供电或者采取稳功率的措施，使 $\Delta\Phi/\Phi$ 小。对于相干检测的光电系统是以波长为基准进行测量的，因而要求波长 λ 变动要小，即 $\Delta\lambda/\lambda$ 要小，而$\dfrac{\Delta\lambda}{\lambda}=-\dfrac{\Delta\nu}{\nu}$（$\nu=\dfrac{c}{\lambda}$，$\nu$ 为光波频率，c 为光速），所以相干检测系统一般要用稳频光源照明。

六、光源的色温和显色性

任何物体，只要温度在绝对零度（热力学零度）以上，就向外界发出辐射，称为温度辐射。黑体是一种完全的温度辐射体，其辐射本领表示为

$$M'_{\lambda b}(\lambda,T)=\frac{M'_{\lambda}(\lambda,T)}{\alpha(\lambda,T)} \tag{3-2}$$

式中，$M'_{\lambda}(\lambda,\ T)$为辐射本领，$M'_{\lambda}(\lambda,\ T)=\frac{\mathrm{d}\Phi_{e}}{\mathrm{d}\lambda\mathrm{d}A}$，它是辐射体表面在单位面积表面单位波长间隔内所辐射的通量；$\alpha(\lambda,\ T)$为吸收率，是波长λ到$\lambda+\mathrm{d}\lambda$间隔内被物体吸收的通量$\mathrm{d}\Phi'_{e}(\lambda)$与入射通量$\mathrm{d}\Phi_{e}(\lambda)$之比，即$\alpha(\lambda,T)=\frac{\mathrm{d}\Phi'_{e}(\lambda)}{\mathrm{d}\Phi_{e}(\lambda)}$。当$\alpha(\lambda,T)=1$时，物体称为绝对黑体。

黑体的温度决定了它的光辐射特性。对于一般的光源，它的某些特性常用黑体辐射特性近似地表示，其温度常用色温或相关色温表示。若辐射源发射光的颜色与黑体在某一温度下辐射光的颜色相同，则黑体的这一温度称为该辐射源的色温。由于一种颜色可以由多种光谱分布产生，所以色温相同的光源，它们的相对光谱功率分布不一定相同。若光源的色坐标点与某一温度下的黑体辐射的色坐标点最接近，则该黑体的温度称为该光源的相关色温。

在光电测量中，还应尽量减少光源温度对测量的影响，可采用冷光源系统（如发光二极管）照明，或者设置遮光罩、挡光板等，并应注意热源的辐射方向，尽量减少热变性。

作为照明光源往往要求具有良好的颜色。光源的颜色含有色表和显色性两方面的含义。色表是指人直接观察光源时所看到的颜色；显色性是指光源的光照射到物体上所产生的客观效果。如果光源照射到物体上的效果与标准光源照射时一样，则认为该光源显色性好（显色指数高）。

光源的颜色从根本上来说是由光谱能量分布决定的。光谱能量分布相同的光，其颜色必定相同。

光源的颜色与发光波长有关，复色光源（如太阳光、白炽灯、卤素灯、镝灯等）发光一般为白色，其显色性较好，适合于辨色要求较高的场合，如彩色摄像、彩色印刷等。单色光源，如He-Ne激光为红色，氪灯与钠灯发光为黄色，氘光为紫色……光的颜色对人眼的工作效率有影响，绿色比较柔和而红色则使人容易疲劳。用颜色来进行测量也是一门专门的技术。

第二节　光电测量的常用光源

一、热辐射光源

物体总具有温度，因而都能产生热辐射。只不过一般情况下人和物体的热辐射几乎全部是红外线，所以人眼不能直接观察到。当金属或某些物质加热到500℃以上时就会发出暗红色甚至白色的可见光，随着温度的升高，光会变得更亮、更白。

1. 太阳光

太阳光是热核聚变辐射产生的光，是复色光。太阳光的照度值在不同光谱区中所占的百分比是不同的，紫外区约占6.46%，可见光区占46.25%，红外光区占47.29%。由于有太阳光地球才有光明和生命，同时太阳光又是很好的光电测量的照明光源，它是被动光电测量的主要光源，又是很好的平行光源。

2. 白炽灯

白炽灯是热辐射光源，它靠电能将灯丝加热至白炽而发光。用作灯丝的材料应具有熔点高、蒸发率小（寿命长）、可见光谱区发射率高等特点。在所有适合做灯丝的材料中，钨不仅熔点高而且能满足其他方面的要求，是迄今为止最合适的灯丝材料，表3-1列出了钨的特性参数。从表3-1可以看出，随着灯丝真空温度的增加，亮度、出射度和发光效率都在增加，但钨的蒸发率也急骤增加，当灯丝工作温度从2400K增加到3000K时，蒸发率增加了约7600倍，寿命从1000h降到不足1h。因此必须设法减少钨的蒸发。大量实验表明，在灯泡中充入氩、氮等气体，可以有效地抑制钨的蒸发，可将灯丝的工作温度从约2500K提高到约2800K，相应的发光效率从大约10lm/W提高到17lm/W左右，而灯的寿命不减少。

表3-1　钨的特性参数

真空温度/K	亮度/(cd/cm²)	出射度/(W/cm²)	发光效率/(lm/W)	电阻率/(Ω/cm)
2000	21	20.95	3.15	55.7×10^{-6}
2400	165	51.2	10.1	69.3×10^{-6}
2800	726	105.7	21.6	83.5×10^{-6}
3200	2220	193.5	36	98.1×10^{-6}

灯丝的形状和尺寸决定了灯丝的工作温度、发光效率和寿命，综合考虑绝大多数的灯丝均做成螺旋状，而光电测量用钨丝白炽灯的灯丝大多为螺旋状的直灯丝，如图3-3所示。

图3-3　光电测量用的白炽灯

白炽灯的供电电压对灯的光参数（光通量Φ、发光效率η）和灯的寿命有着密切的关系，可用如下数学公式来表示：

$$\frac{\tau_1}{\tau_2}=\left(\frac{V_2}{V_1}\right)^d=\left(\frac{I_2}{I_1}\right)^u=\left(\frac{\eta_2}{\eta_1}\right)^b=\left(\frac{\Phi_2}{\Phi_1}\right)^a \qquad (3\text{-}3)$$

式中，τ_1、V_1、I_1、η_1、Φ_1分别为灯泡的寿命、电压、电流、发光效率和光通量的使用值；τ_2、V_2、I_2、η_2、Φ_2分别为其额定值。对于充气低压灯泡，$a=3.67$，$b=6.5$，$d=12.7$，$u=24.9$。例如额定电压为6V5W的白炽灯泡降压至4.5V使用，光通量降低至40%左右，而寿命延长30倍左右。这对于光电测量来说是十分重要的，因为延长灯的使用寿命意味着使光电系统的调整次数大为减少，可靠性增加。

3. 卤素灯

白炽灯内充气后，钨还是要蒸发的，只不过速度减慢而已。如果能将蒸发出来的钨再重新回到灯丝上去，形成一种产生钨的再生循环，就可以使灯的发光效率和寿命大大增加。经研究发现溴、碘、氯、氟各种卤素都能产生钨的再生循环，这种在灯泡中充有一定量卤素元素的灯就称为卤素灯。以碘钨灯为例，碘在常温下是固体，通常采用真空升华的方法将碘充入灯中。在碘钨灯中的主要反应是 $W+2I=WI_2$，也就是在灯丝处蒸发的W运动到灯泡壁区域与卤素I反应，形成挥发性的碘钨化合物 WI_2，当 WI_2 扩散到较热的灯丝周围区域时，被分解成I和W，释放出来的钨部分回到灯丝上，而I再继续扩散到温度较低的区域与钨化合，再次形成 WI_2 并且又向灯丝周围扩散，又分解成I和W，使W又沉积到钨丝上，如此循环，形成碘钨再生循环，延长了灯的寿命。实际上灯泡中还有少量的氧存在，它对碘钨再生循环有促进作用，在制作过程中，常常加入少量的氧。碘的化学性质活泼性较低，对灯丝的丝脚和支架等比较冷的部分腐蚀小，相应的碘对管壁上的沉积清除速度较慢，所以适用于灯丝工作温度不是很高，而寿命长（>2000h）的灯中。

在灯泡中充以溴（Br），制成溴钨灯。溴在室温下是液体，简化了灯的制造工艺，溴的化学性质比碘活泼得多，易造成灯丝丝脚和支架腐蚀，但对管壁上的清除能力比碘强，所以灯丝工作温度较高（>2800℃），光效优于碘钨灯，但寿命较短，一般不超过1000h。图3-4是立式溴钨灯的构成图。目前国内生产的大都是碘钨灯和溴钨灯。

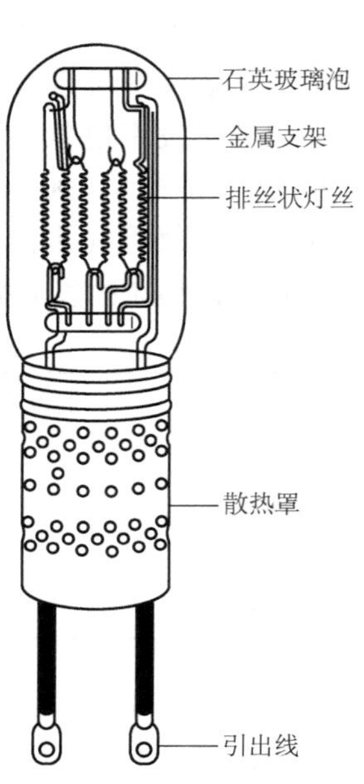

图3-4　立式溴钨灯

卤钨灯比白炽灯小而且结实；工作温度为2400~3250℃；发光效率更高，可达20~35lm/W。灯的功率为100~2000W，灯的寿命为1000~2000h。卤钨灯常用作一般照明、投影仪照明、放映照明、汽车前灯照明、舞台影视照明、复印机照明和光电测量中视觉检测照明等。图3-5a是复印机用管形卤钨灯的结构示意图。在这种灯中，发光的灯丝是多节型的，即多节发光灯丝用不发光的短路杆连接起来，每节灯丝都用支架支撑，保证同轴，使复印的原稿得以均匀照明。同时在灯的石英泡壳上采用浸渍法涂上多层 TiO_2-SiO_2 红外反射膜，可以使灯的发光效率提高15%，而在红外反射膜的外面又焙烧一层 SiO_2 膜，使光照更加均匀，如图3-5b所示。

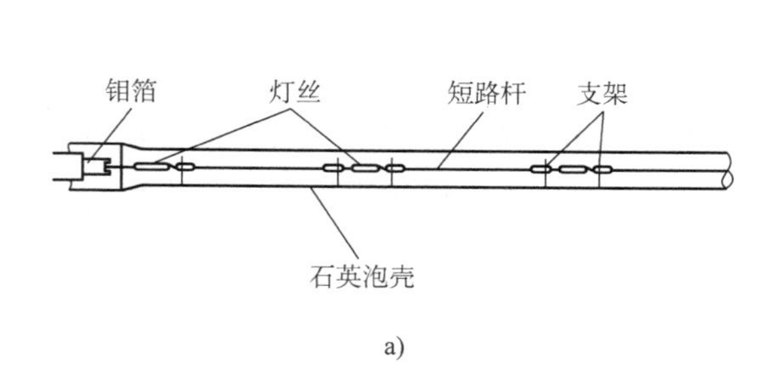

a)

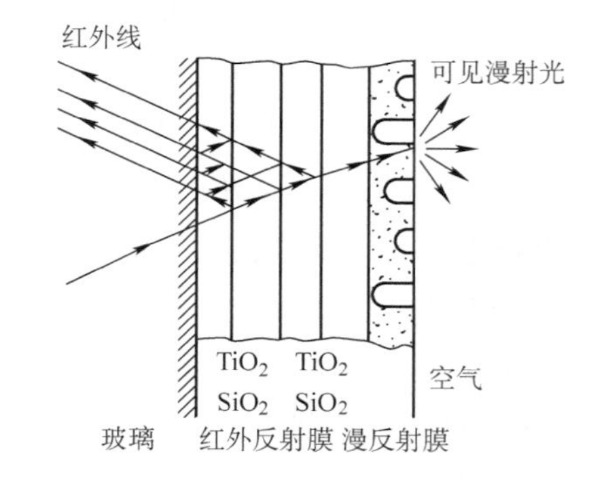

b)

图3-5　复印机用卤钨灯构造示意图
a）结构示意图　b）涂红外反射膜示意图

二、气体放电光源

利用气体放电原理来发光的光源称为气体放电光源。将氢、氘、氙、氪等气体或汞、钠、硫等金属蒸气充入灯中，在电场等能源的激励下，从灯的阴极发射出电子，电子将奔向具有正电位的阳极，由于阳极和阴极之间充满了气体或金属蒸气，所以电子在向阳极运动过程中不停地和气体原子发生碰撞，电子的动能就转交给原子使其激发。受激原子处于高能级是不稳定的，它力图放出能量返回基态，如果辐射以光的形式释放出来，就会发光。自由电子不断地被外电场加速，与气体的碰撞和电离不断地进行，就会实现气体的持续放电、发光。

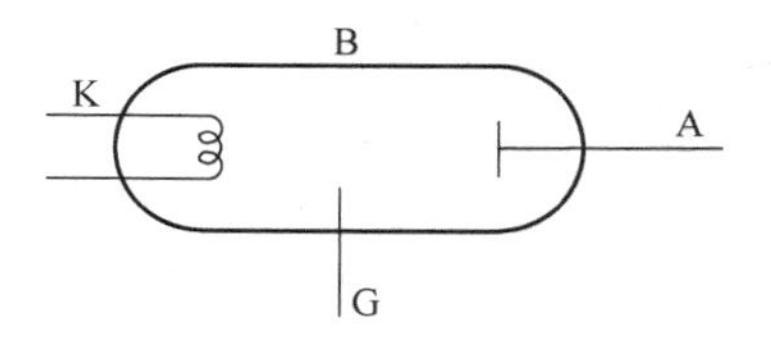

图 3-6　气体放电灯的结构示意图

图 3-6 是气体放电灯的结构示意图。图中 K 是阴极，用以发射电子。阴极一般用铝、镍、铜等材料制成，为了提高电子发射效率，在其表面上再涂以碱金属氧化物。A 是阳极，一般采用高熔点材料（如钨）制作。B 是灯的泡壳，它由透明的玻璃或石英加工而成。G 是灯中充的气体，这些气体应该不与泡壳和电极起反应。如果充气是氙则称氙灯；如果充气是汞蒸气则称为汞灯。由于汞是辐射波长为 253. 7nm 的紫外辐射，人眼观察不到，因此常在灯壳的内壁涂以荧光粉，将紫外辐射转换为可见光，这就是常见的荧光灯。

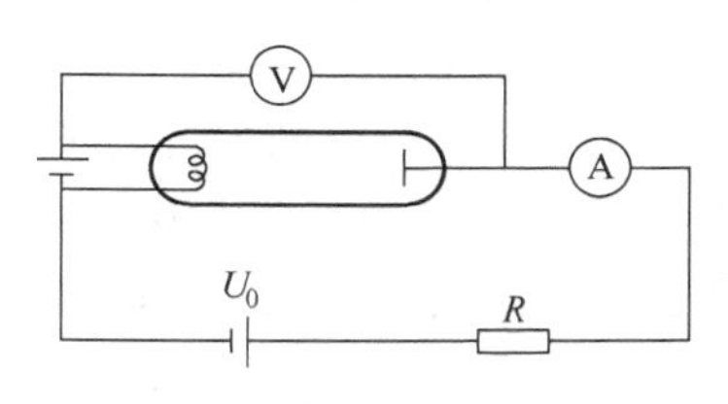

图 3-7　气体放电灯的电路

将气体放电灯接到如图 3-7 所示的电路中就会放电发光。如果灯工作在高电压、小电流下，阴极压降约 100V，会发生辉光放电；如果灯工作在低电压（阴极压降约 10V）、大电流下就会发生弧光放电。为了使气体放电灯稳定地工作，电源应加镇流电路，图 3-7 是直流供电，电阻镇流；在交流供电时可用电感或电容镇流。

气体放电光源有如下特点：

1）发光效率高，比白炽灯高 2～10 倍。因而可节省能源。

2）结构尺寸较大。

3）寿命长，是白炽灯的 2～10 倍。

4）光色范围宽，可从紫外光到红外光。

5）光源的功率稳定性较差。

由于以上特点，气体放电灯主要用于工程照明。在光电测量中主要用于对光源稳定性要求不太高的强光主动测量场合。

三、金属卤化物灯

为改善汞灯的颜色，除采用荧光粉外，人们试图将一些金属加到高压汞灯中来增加灯光的红色成分，但都不理想。后来在 20 世纪 60 年代用添加金属卤化物的方法实现了灯色的改善，同时发光效率也有很大的提高。金属卤化物灯是继白炽灯、荧光灯之后的第三代光源。

在金属卤化物灯中，管壁和电弧中心温度相差很大，金属卤化物会产生分解和再复合的循环过程，也就是在管壁的工作温度下，金属卤化物会大量蒸发，因浓度梯度而向电弧中心扩散，在电弧中心的高温区（4000～6000K），金属卤化物分子分解为金属原子和卤素原子，金属原子处于高能级时产生辐射，并参与放电。在电弧中心处金属原子和卤素原子因浓度高又向管壁区域扩散，在接近管壁处（低温区）又重新复合成金属卤化物分子，依次循环，不断地产生辐射而连续发光，同时又避免了金属在管壁上的沉积。

金属卤化物灯种类繁多，但大都是按照光谱特性选择几种强光谱线的金属卤化物，把它们加在一起得到白色或近似日光的白光。典型的例子是钠、铊、铟金属卤化物灯。这几种灯加入了碘化钠、碘化铊和碘化铟。碘化钠－碘化铊灯发光效率高、共振电位低，它们发出的强光谱线为589nm和535nm，都位于视见函数最大值附近，灯色带为黄绿色，比较柔和。为了进一步改进光色，再加入碘化铟（发出的强光谱线为451nm），使光线增加一点蓝色。为了产生高效的白光，三种卤化物的充气标准分别为：碘化铊（TlI）0.22mg/cm^3，碘化钠（NaI）为1.5～2.0mg/cm^3，碘化铟（InI_3）为0.02mg/cm^3。电极的材料常用氧化钍－钨电极作为电子发射材料。图3-8是400W金属卤化物灯的结构示意图。该灯外壳是椭球形的玻璃外壳，灯管两端做成锥形，并加保温涂层，涂料是二氧化锆（ZrO_2），以防止产生冷端；引出线上套上玻璃管进行屏蔽，使电极引出线远离放电管，可以减少灯内钠和其他金属的损失率。灯的寿命为10000h左右，发光效率为75～80lm/W，色温为5500K。该灯的缺点是灯的光色一致性差，且在寿命期内灯的光色有漂移，电源电压变化会引起灯的特性变化，所以一般用于强光照明场合。

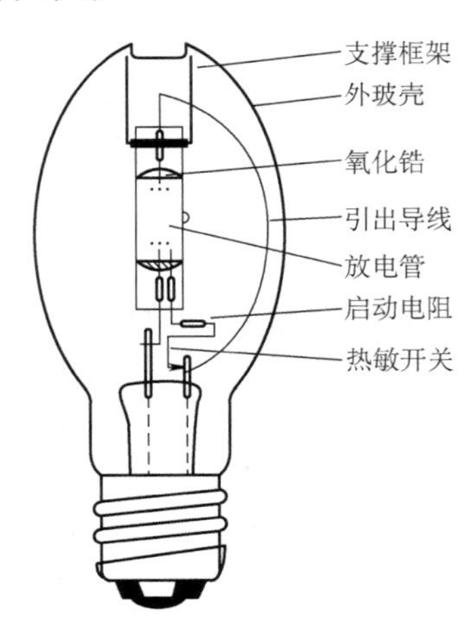

图3-8　金属卤化物灯的结构示意图

四、半导体发光器件

在电场的作用下使半导体的电子与空穴复合而发光的器件称为半导体发光器件，又称为注入式电致发光光源，如发光二极管（LED）和有机发光二极管（OLED）。

（一）发光二极管（LED）

1. 工作原理

由某些半导体材料做成的二极管，在未加电压时，由于半导体PN结阻挡层的限制，使P区比较多的空穴与N区比较多的电子不能发生自然复合，而当给PN结加正向电压时，N区的电子越过PN结而进入P区，并与P区的空穴相复合。由于高能电子与空穴复合将释放出一定的能量，即场致激发使载流子由低能级跃迁到高能级，而高能级的电子不稳定，总要回到稳定的低能级，这样当电子从高能级回到低能级时放出光子，即半导体发光。辐射光的波长决定于半导体材料的禁带宽度E_g，即

$$\lambda = 1.24\mathrm{eV}/E_g \tag{3-4}$$

不同材料的禁带宽度E_g不同，所以不同材料制成的发光二极管可发出不同波长的光。另外有些材料由于成分和掺杂不同，有各种各样的发光二极管。

图3-9a是半导体发光二极管原理图，图3-9b是其外观构造图，图3-10则是其电气符号。常用发光二极管材料及性能见表3-2。

表 3-2　常用发光二极管材料及性能

材料	光色	峰值波长/nm	光谱光视效能/($lm \cdot W^{-1}$)
$GaAs_{0.6}P_{0.4}$	红	650	70
$GaAs_{0.1}5P_{0.85}$	黄	589	450
GaP：N	绿	565	610
GaAs	红外	910	
GaAsSi	红外	940	

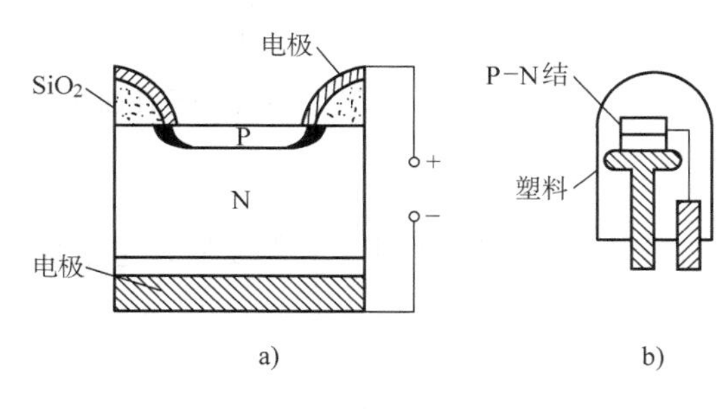

图 3-9　半导体发光二极管
a）原理图　b）外观构造图

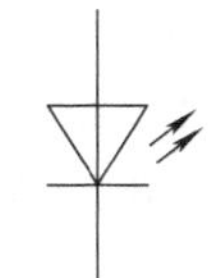

图 3-10　半导体发光二极管电气符号

2. 主要参数和特性

半导体发光二极管既是半导体器件也是发光器件，因此其工作参数有电学参数和光学参数，如正向电流、正向电压、功耗、响应时间、反向电压、反向电流等电学参数；辐射波长、光谱特性、发光亮度、发光强度分布等光学参数。这些参数可从光电器件手册中查到。

了解半导体发光二极管的特性，对于正确使用它有重要意义。

（1）伏安特性

LED 的伏安特性与普通半导体二极管相同，如图 3-11 所示。从特性曲线可以看出，正向电压较小时不发光，此区为正向死区，对于 GaAs 其开启电压约为 1V，对于 GaAsP 为 1.5V，对于 GaP（红）约为 1.8V，GaP（绿）约为 2V。*ab* 段为工作区，即大量发光区，其正向电压一般为 1.5～3V。

加反向电压时不发光，这时的电流称为反向饱和电流，当反向电压加至击穿电压的时候，电流突然增加，称为反向击穿，反向击穿电压为 5～20V。

（2）光谱特性

发光二极管发出的光不是纯单色光，其谱线宽度比激光宽，但比复色光源谱线窄。如 GaAs 发光二极管的谱线宽度约 25nm，因此可以认为是单色光。图 3-12 所示为其光谱特性曲线。GaP（红）的峰值波长在 700nm 左右，其半宽度约为 100nm。若 PN 结温度上升，则峰值波长向长波方向漂移，即具有正的温度系数。

（3）发光亮度特性

发光二极管的发光亮度基本上正比于电流密度，图 3-13 所示是几种 LED 的出射度与电流密度的关系曲线。可以看出大多数 LED 的发光亮度与电流密度成正比，但随着电流密度的增加，发光亮度趋于饱和，因此采用脉冲驱动方式是有利的，它可以在平均电流与直流相等的情况下有更高的亮度。

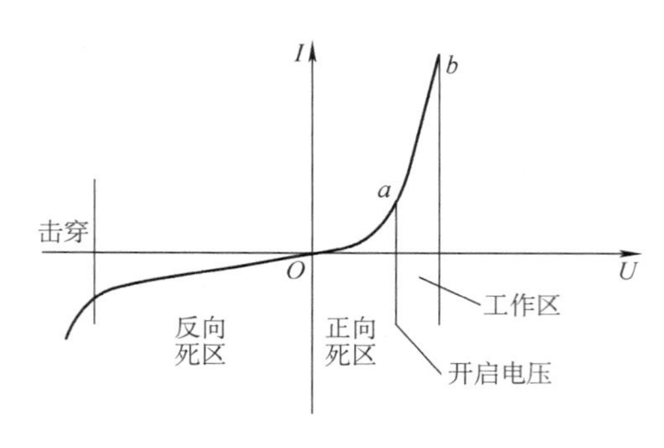

图3-11　LED的伏安特性

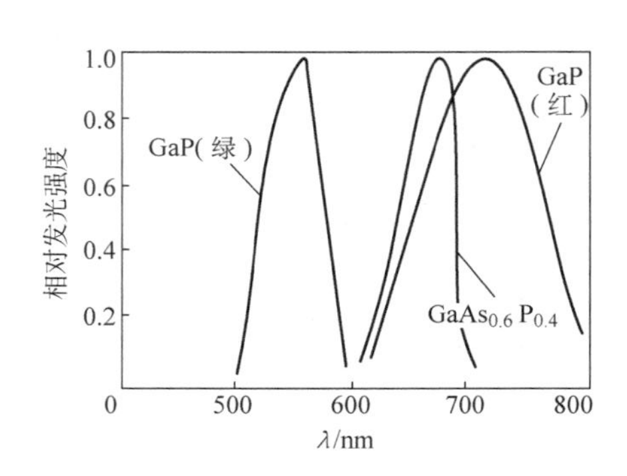

图3-12　几种LED光谱特性曲线

（4）温度特性

温度对LED PN结的复合电流是有影响的，PN结温度升高到一定程度后，电流将变小，发光亮度也减弱。电流与温度关系，如图3-14所示。

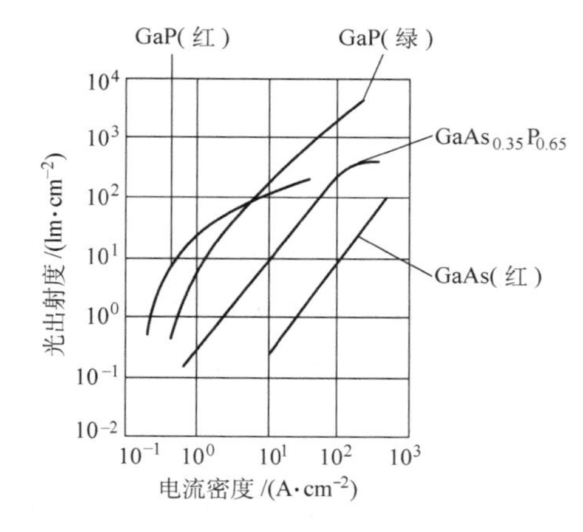

图3-13　光出射度与电流密度的关系曲线

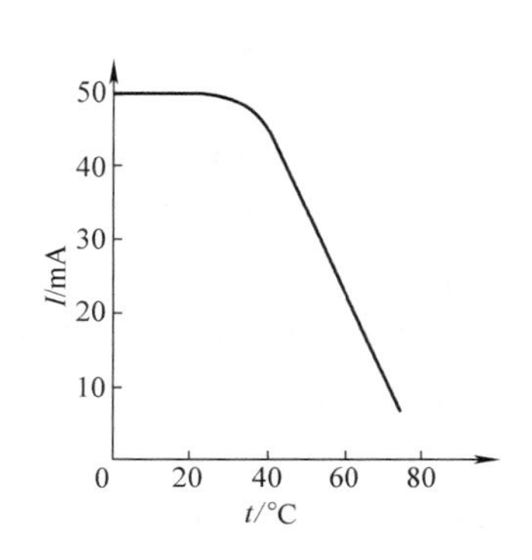

图3-14　发光电流与温度关系

（5）配光曲线

配光曲线即发光强度分布曲线，它与LED的结构、封装方式以及发光二极管前端装的透镜有关。有的发光二极管有很强的指向性，图3-2所示是HG500型发光二极管的配光曲线，它的发光角在±80°之间。

掌握发光二极管的电学参数（如工作电压、工作电流、开启电压和功耗）是十分重要的。开启电压和工作电压在伏安特性里已经介绍过。功耗 $P_F=U_FI_F$，其中 U_F是工作电压，而 I_F是工作电流。通常用 P_{FM}表示最大功耗，把20℃时的 P_{FM}定义为额定功耗，工作电流一般根据 P_{FM}来确定，通常 $I_F=0.6I_{FM}$。

发光二极管的响应时间是动态参数，是指LED开启与熄灭的时间延迟，通常用开启时间 t_r和下降时间 t_F来表征。

开启时间 t_r是指在接通电源后，发光亮度从10%开始到达90%所经历的时间，一般为4～10ns。下降时间 t_F是指在切断电源后，管子发光亮度从90%降到10%所经历的时间，一般为4ns到几十纳秒。可以看出发光二极管的响应时间很短，可工作于10～100MHz的动态场合。

发光二极管的寿命很长，在电流密度 I 为 $1A/cm^2$ 情况下，可以达到 10^5h 以上。当电流密度大时，发光亮度高，但寿命会很快缩短。在正常使用情况下，LED 的寿命大约是白炽灯泡的 30 倍，间歇使用的 LED 寿命可达 30 年。

LED 在光电测量中除了作为光源外，还可用作指示灯、电平指示、安全闪光、交替闪光、电源极性指示、数码显示等。

3. LED 的特点和应用

LED 的主要优点是低功耗和长寿命带来的经济效益，其次是体积小、坚固耐用、抗冲击和启动快。起初人们只用发光二极管作为各种电气和电子设备的彩色指示灯，随着发光二极管的高亮度化和多色化已发展到用作信号灯和通用照明灯。在光电测量中作为经久耐用的光源也得到广泛的应用。

在交通信号灯中，LED 的大规模应用已经带来了巨大的经济效益。传统的交通灯配备 135W 或 70W 的白炽灯，而 LED 交通信号灯功耗仅在 10W 左右，虽然 LED 的初始投入比较多，但其可稳定发光 10 年以上，而白炽灯泡则每年要换 2～3 次。目前汽车的车内外信号灯、车内照明灯和仪表照明都大量使用发光二极管；使用 LED 的制动灯能有效地提高行车安全性，因为 LED 响应时间仅为 60ns 而白炽灯为 160ms，这意味着高速行驶时能提前 5～6m 制动，可以减少车祸。用 LED 做的大屏幕显示屏在体育馆、广场、商场都已广泛应用。由于发光二极管的高效、长寿命、无汞害、不含紫外辐射和易于控制，已成为绿色照明的理想光源。

在光电测量中，由于 LED 体积小和几乎不发热，照明亮度也较高而得到越来越广泛的应用。用 LED 制作的平面照明和环形照明光源已经广泛地应用于机器视觉中。LED 光源以其易于控制的特点而成为自适应主动照明中的首选光源。

目前单盏 LED 灯的光通量还有待提高，而用多盏 LED 灯照明的价格仍是一个重要的瓶颈，所幸的是 LED 灯发光效率在不断地提高，而价格在逐步下降，LED 灯作为普通照明已成为现实。

（二）有机发光二极管（OLED）

有机发光二极管（Organic Light－Emitting Diode，OLED）又称为有机发光半导体。它具有自发光、广视角、几乎无穷高的对比度、较低耗电、极高反应速度等优点。有机发光二极管按色彩可分为单色、多彩及全彩等种类，其中，全彩有机发光二极管的制备最为困难；依驱动方式可分为被动式与主动式。

1. 工作原理

OLED 的基本结构是由一薄而透明具有半导体特性的铟锡氧化物（ITO）应用于阳极，与阳极引线相连，再加上另一个金属阴极，包成如三明治的结构。整个结构层中包括空穴传输层（HTL）、发光层（EL）与电子传输层（ETL），如图 3-15 所示。当加上适当电压时，阳极空穴与阴极电子就会在发光层中结合，产生光亮。

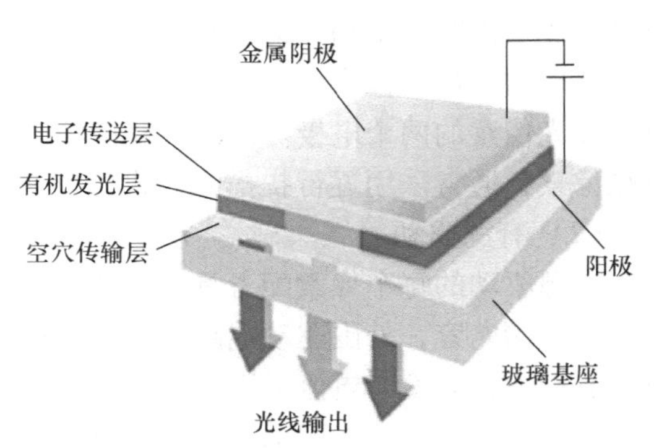

图 3-15　OLED 结构原理图

当电子的状态由激发态高能阶回到稳态低

能阶时，其能量将分别以光子和热能的方式放出，其中光子的部分被利用做发光功能，依其配方不同产生红、绿和蓝 RGB 三原色，构成基本色彩。OLED 的特性是自己发光，不需要背光，因此可视度和亮度均高，其次是电压需求低且省电效率高，加上反应速度快、重量轻、厚度薄、构造简单、成本低等特点，被视为 21 世纪最具前途的产品之一。由于有机材料及金属对氧气及水汽相当敏感，制作完成后，需经过封装保护处理。

2. 材料

有机材料的特性深深地影响元件的光电特性。在阳极材料的选择上，材料本身必须具有高功率函数与可透光性，所以具有 4.5 ~5.3eV 的高功率函数、性质稳定且透光的铟锡氧化物作为透明导电膜被广泛应用于阳极。在阴极部分，为了增加元件的发光效率，电子与空穴的注入通常需要低功率函数的 Ag、Al、Ca、In、Li 与 Mg 等金属或低功率函数的复合金属来制作阴极（例如：Mg - Ag 镁银）。

适合传递电子的有机材料不一定适合传递空穴，所以有机发光半导体的电子传输层和空穴传输层必须选用不同的有机材料。目前常被用来制作电子传输层的材料为荧光染料化合物，如 Alq、Znq、Gaq、Bebq、Balq、DPVBi、ZnSPB、PBD、OXD、BBOT 等。而空穴传输层的材料属于一种芳香胺荧光化合物，如 TPD、TDATA 等有机材料。

一般而言，OLED 可按发光材料分为两种：小分子 OLED 和高分子 OLED（也可称为 PLED）。小分子 OLED 和高分子 OLED 的差异主要表现在器件的制备工艺不同：小分子器件主要采用真空热蒸发工艺，高分子器件则采用旋转涂覆或喷涂印刷工艺。

3. 驱动方式

OLED 的驱动方式分为主动式驱动（有源驱动）和被动式驱动（无源驱动）。

（1）无源驱动

OLED 用作面照明器和发光显示器时，将 OLED 单元按矩阵排列，这时的驱动电路分为静态驱动电路和动态驱动电路。

1）静态驱动电路（采用静态驱动方式）：在静态驱动时，一般各有机电致发光像素的阴极是连在一起引出的，各像素的阳极是分立引出的，这就是共阴的连接方式。若要一个像素发光，只要让恒流源的电压与阴极的电压之差大于像素发光值的前提下，像素将在恒流源的驱动下发光；若要一个像素不发光，就将它的阳极接在一个负电压上，它将反向截止。静态驱动电路一般用于段式显示屏的驱动上。

2）动态驱动电路（采用动态驱动方式）：在动态驱动有机发光器件时，把像素的两个电极做成了矩阵型结构，即水平一组同一性质的电极是共用的，纵向一组相同性质的另一电极是共用的。如果像素可分为 N 行和 M 列，就可有 N 个行电极和 M 个列电极。行和列分别对应发光像素的两个电极。即阴极和阳极。在实际电路驱动的过程中，要逐行点亮或者逐列点亮像素，通常采用逐行扫描的方式。

（2）有源驱动

有源驱动的每个像素配备具有开关功能的低温多晶硅薄膜晶体管，而且每个像素配备一个电荷存储电容，外围驱动电路和显示阵列整个系统集成在同一玻璃基板上。由于 OLED 是电流驱动，其亮度与电流成正比。

有源驱动属于静态驱动方式，具有存储效应，可进行 100% 负载驱动，这种驱动不受扫描电极数的限制，可以对各像素独立进行选择性调节。

有源驱动无占空比问题，驱动不受扫描电极数的限制，易于实现高亮度和高分辨率。

有源驱动由于可以对亮度的红色和蓝色像素独立进行灰度调节驱动，这更有利于 OLED 实现彩色化。

有源矩阵的驱动电路藏于显示屏内，更易于实现集成度和小型化。另外由于解决了外围驱动电路与屏的连接问题，这在一定程度上提高了成品率和可靠性。

4. OLED 的特点和应用

OLED 除了具有自发光、广视角、高对比度、低耗电和高反应速度外，它很薄。有机发光二极管（OLED）技术在提振行业当前的不景气方面迈出了一大步，整个器件的厚度不到 0.2mm，而且柔软便于携带，这些特点使它在显示和照明领域开拓出许多高利润的应用。它的主要应用领域如下：

（1）小体积便携带光源

（2）在头戴显示器领域的应用

以视频眼镜和随身影院为重要载体的头戴式显示器得到了越来越广泛的应用和发展。其在数字士兵、虚拟现实、虚拟现实游戏、3G 与视频眼镜融合、超便携多媒体设备与视频眼镜融合方面有卓越的优势。

（3）在民用生活用品领域的应用

在手机、数码摄像机、笔记本式计算机、电视、随身听、MP3、汽车收音机、移动电话、掌上电动游乐器等民用生活用品上有广阔的应用前景。

（4）在航空和航天领域的应用

如带有 OLED 显示器的无窗飞机，机舱照明来自舱壁的 OLED 发光墙，为乘客营造独特的旅行氛围。采用 OLED 技术的柔性屏幕极其轻薄，高质量、灵活地嵌入到机身和座椅靠背衬板，有机地集成在一起，可以高清显示、播放从飞机外部摄像机捕捉的画面。这样不仅降低成本，使机身更轻、更坚固，座位宽敞，还减少了燃料消耗。同样，OLED 器件也可用于空间站等航天设备上。

五、激光光源

激光又称为受激发射光，它的单色性好、相干能力强，在光电测量中常用作相干光源；它的方向性好，在光电测量中常用作准直光源；它的能量大、亮度高，是远距离测量的理想光源。能激发出激光并能实现激光持续发射的器件称为激光器。

1. 激光器的组成与类型

激光器要实现光的受激发射，必须具有激光工作物质、激励能源和光学谐振腔三大要素。根据工作物质的不同，激光器分为固体激光器（工作物质为固体，如红宝石、钕钇铝石榴石、钛宝石等）、气体激光器（工作物质为 He－Ne、CO_2、Ar^+ 等）和半导体激光器（工作物质为 GaAs、GaSe、CaS、PbS 等）。激励系统有光激励、电激励、核激励和化学反应激励等。光学谐振腔用以提供光的反馈，以实现光的自激振荡，对弱光进行放大，并对振荡光束方向和频率进行限制，实现选频，保证光的单色性和方向性。

固体激光器一般用光泵激励形成受激辐射，辐射能量大，一般比气体激光器高出三个量级。激光输出的波长范围宽，从紫外到红外都得到了稳定的激光输出，可以输出脉冲光、重复脉冲光和连续光。常用于打孔、焊接、测距、雷达等。

气体激光器中的CO_2激光器输出功率大，能量转换效率高，输出波长为10.6μm的红外光，因此它广泛用于激光加工、医疗、大气通信和军事上。在光电测量中应用最多的是He-Ne气体激光器，因为He-Ne气体激光器发出的激光单色性和方向性都很好。

半导体激光器体积小、效率高、寿命长、携带与使用方便，尤其是可以直接进行电流调制而获得高内调制输出，但光束的发散角较大，单色性也较差，广泛用于光电测量、激光打印、光存储、光通信、光雷达等。

2. 激光的特点

了解激光的特点，对光电测量是十分重要的。

（1）光束特性

气体激光器和固体激光器大都采用两块具有共轴线的球面镜作为反射镜构成谐振腔，称为共轴球面腔；如果两个球面镜焦点重合，它们构成的腔称为共焦腔。有时谐振腔的一个球面反射镜用平面镜来代替，这种谐振腔是共轴球面腔的一个特例。激光在共焦腔中光斑的大小，在不同位置是各不相同的，如图3-16所示。

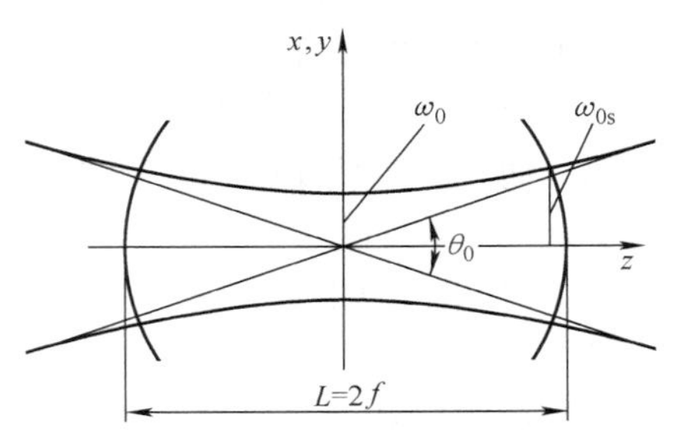

图3-16 高斯光束及束腰半径

光振幅分布由下式决定，即

$$|E_{00}(x,y,z)| = A_{00}E_0\frac{\omega_0}{\omega(z)}e^{-\left(\frac{x^2+y^2}{\omega^2(z)}\right)} \tag{3-5}$$

式中，A_{00}为与模的级次有关的归一化比例常数；E_0为与坐标无关的常量；$\omega(z)$为z处的基模光斑半径；ω_0为$z=0$处的光斑半径，此处的$\omega(z)$最小，称为束腰半径。

$$\omega_0 = \sqrt{\frac{f\lambda}{\pi}} \tag{3-6}$$

式中，f为球面镜焦距（对于共焦腔，$f=L/2$）；L为谐振腔腔长；λ为激光波长。

在球面镜表面上，即$z=L/2$处的光斑半径为$\omega\left(\frac{L}{2}\right)=\omega_{0s}=\sqrt{L\lambda/\pi}=\sqrt{2}\omega_0$

激光束的发散角为

$$\theta_0 = 2\sqrt{\lambda/f\pi} \tag{3-7}$$

共焦腔的光振幅分布是高斯分布，它是我们从理论上分析激光测量系统的重要依据。

对于半导体激光器产生的激光束，由于其PN结发光和平行平面腔式解理面的特点，光束截面不是圆形，而近似为矩形。它的发光有两个发散角，纵向发散角（5°~10°）和横向发散角（40°~60°）。光束的方向性并不太好，在两个方向上是各自近似的高斯光束。

（2）光的单色性

激光谱线频率宽度很窄，即波长变化范围很小，单色性很好。如He-Ne激光器发出的波长为632.8nm的红光，光频f为4.74×10^{14}Hz，而高精度稳频后的谱线宽度，即频率变化范围只有2Hz。普通光源的He-Ne气体放电管发出同样频率的激光，其谱线宽度为1.52×10^9Hz，可见He-Ne激光比He-Ne普通光的单色性高10^9倍。

半导体激光器因其体积小，功率较大，散热又不太好，由于PN结对温度很敏感，故其热稳定性较差，所以其谱线频率宽度（即单色性）远比He-Ne激光器差。

（3）方向性

普通光源发光大都是均匀地照向四面八方，因此，照射的距离有限，即使是定向性较好的探照灯其照射距离也只有几公里。在各种激光器中发射的激光方向性最好的是 He－Ne 激光，它的发散角可达到 3×10^{-4}rad，十分接近衍射极限（2×10^{-4}rad）。固体激光器的发散角略大，大约是 10^{-2}rad 量级；而半导体激光器纵向发散角为 $5°\sim10°$，其方向性较差。

利用 He－Ne 激光方向性好的特点可用于准直测量，而且测量距离也远。

（4）亮度

由于激光束方向性很好，在空间传播是一个立体角很小的圆锥光束。由于激光发散角 θ 很小，所以其发射立体角 Ω 很小（$\Omega=\pi\theta^2$），若角 θ 为 10^{-3}rad，那么 $\omega=\pi\times10^{-6}$sr。由亮度定义可知激光的亮度是极高的。若普通光源与某激光光源有相同的辐通量，但其发光立体角比激光大数百万倍，因此激光的亮度比普通光源高上百万倍。如气体激光器亮度可达 $10^4\sim10^8$W/(sr·cm^2)，固体激光器发光亮度为 $10^7\sim10^{11}$W/(sr·cm^2)，而太阳表面亮度为 2×10^3W/(sr·cm^2)，可见激光亮度比太阳表面亮度高出几个到几十个数量级。

光源的高亮度使光电测量的测量距离更远、信噪比更高，尤其适合于遥测和遥控。

（5）相干性

由于激光的单色性很好，所以它的相干性也非常好，它是目前发现的各种光源中相干性最好的光源，He－Ne 激光的时间相干长度达到几百公里。由于激光的单色性和方向性好，使之空间相干性也非常好，因而它也是散斑测量和全息测量的理想光源，但是在用激光干涉法测量长度和表面形貌时，也会由于激光相干性太好，而使干涉场内的干涉图出现散斑使干涉场散乱，给图像处理带来困难。

3. He－Ne 气体激光器及其使用要点

He－Ne 气体激光器单色性好、方向性也很好，尤其是其输出功率和频率能控制得很稳定，因此在精密计量中是应用最广泛的一种激光器。它的典型结构如图 3-17 所示，放电管 L 的外壳由玻璃或金属制成，其中心是毛细管 T，它是放电的主要区域。放电管的阳极 A 一般由钨棒或钼筒制成，阴极 K 为一金属圆筒，在 A 与 K 之间加以上千伏小电流的高压，作为激励能源。放电管内充有按一定比例混合的 He 和 Ne 气体，作为激光的工作物质。两端的反射镜 M_1 和 M_2 与光轴垂直安放，构成谐振腔。He－Ne 激光器以连续激励的方式工作，输出 632.8nm 和 1.5μm、3.39μm 三种波长的谱线。实践证明 He－Ne 气体激光器中所有激光谱线都是 Ne 原子产生的，而 He 原子起共振转移能量的作用，对激光器的输出功率影响很大。

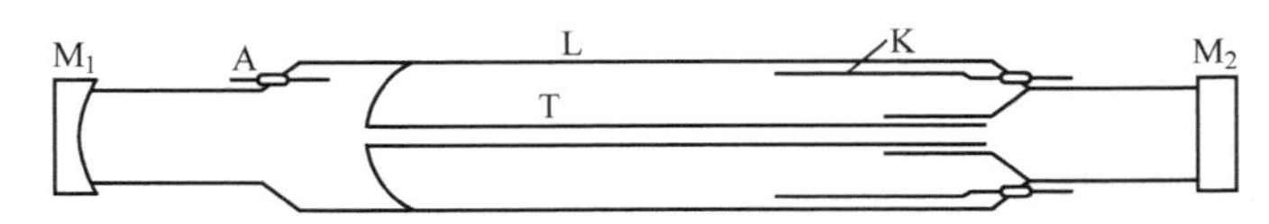

图 3-17　全内腔式 He－Ne 气体激光器结构

He－Ne 气体激光器输出功率在几毫瓦到十几毫瓦之间，在不加稳频的情况下，激光输出稳定度（$\Delta\lambda/\lambda$）约为 3×10^{-6}，这对于精密测量是远远不够的，因而应采用稳频的方法来提高激光频率或波长的稳定度。如采用兰姆下陷稳频法和塞曼效应稳频法，其频率稳定度可达到 $1\times10^{-10}\sim0.5\times10^{-8}$；用饱和吸收法，如碘吸收、甲烷吸收法等，其频率稳定度可达到 $10^{-14}\sim10^{-11}$。

在选择和使用 He－Ne 气体激光器时应注意以下几点：

1）要注意激光的模态。在用 He－Ne 气体激光器作光电测量的光源时，一般都选用单模激光。激光的模态记作 TEM_{mnq}，其中 q 为纵模序数，m、n 为横模序数。对于单模激光，其模态为 TEM_{00}。

激光的纵模是指在谐振腔内沿光轴方向形成谐振的振荡模式，这种振荡模式是由激光工作物质的光谱特性和谐振腔的频率特性共同决定的。谐振腔频率表达式为

$$\nu = \frac{c}{2nl}q \tag{3-8}$$

式中，c 为光速；n 为激光工作物质折射率；l 为谐振腔长；q 为正整数。

式（3-8）表明只有谐振腔的光学长度等于半波长整数倍的那些光波才能形成稳定的振荡，因此激光器输出激光的频率有多个，即多个纵模。为了获得单一的纵模输出，可通过选择谐振腔的腔长和在反射镜上镀选频波长的增强膜的方法来达到，单一纵模的激光工作稳定性较好。

观察激光输出的光斑形状发现，光斑形状较为复杂，如图3-18所示。图3-18a为一均匀的圆形光斑，图3-18b在 X 方向有一个极小值记作 TEM_{10}，图3-18c在 X 方向有一个极小值而在 Y 方向有三个极小值记作 TEM_{13}，图3-18d在 X 方向和 Y 方向各有一个极小值记作 TEM_{11}：产生这种发光强度分布不均匀的原因是由于谐振腔的衍射效应，或者是谐振腔内插入了元件，破坏了腔内的旋转对称性。在光电测量中选用的激光光斑形状应为一均匀的圆形光斑，即选 TEM_{00} 模。

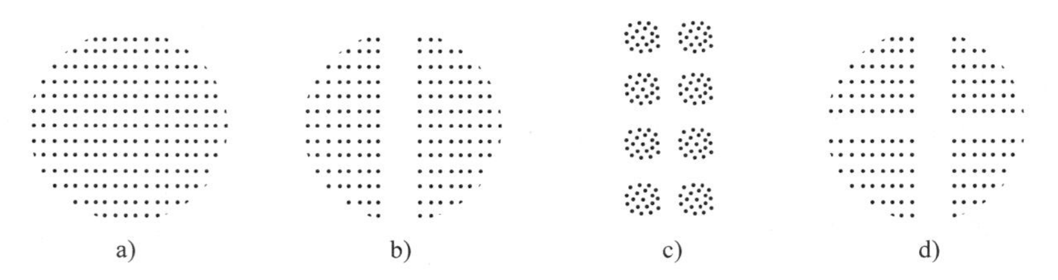

图3-18　激光的横模

a）TEM_{00} 模　b）TEM_{10} 模　c）TEM_{13} 模　d）TEM_{11} 模

2）功率。光电测量中所用的 He－Ne 激光光源功率一般在0.3毫瓦至十几毫瓦之间。如果测量系统需要多次分光，为保证干涉场具有足够的照度和信噪比可用光功率略大些的激光器。

3）稳功率和稳频。He－Ne 激光器输出的功率变化比较大，当它用作非相干测量的光源时，由于光电器件直接检测入射于其光敏面上的平均光功率，这时光源的功率波动对测量影响很大。如果 He－Ne 激光器用作相干检测的光源，光源的功率波动将直接影响干涉条纹的幅值检测。因此在精度较高的光电测量中，应对 He－Ne 激光器稳功率。此外，在相干测量中光的波长是测量基准，因此要求波长很稳定，而波长 λ 与光频率 ν 的关系为

$$\lambda = c/\nu \tag{3-9}$$

因而有 $\Delta\lambda = -\frac{c}{\nu^2}\Delta\nu = -\lambda\frac{\Delta\nu}{\nu}$，此式可写成

$$\frac{\Delta\lambda}{\lambda}=-\frac{\Delta\nu}{\nu} \tag{3-10}$$

因此，稳波长实质就是稳光频，即要采用稳频技术。在购置和采用具有稳频功能的激光器时，应注意其稳频精度。还要说明的是，稳频对稳功率也有作用。

4）激光束的漂移。虽然 He－Ne 激光具有很好的方向性和单色性，但它也是有漂移的，尤其是用作精密尺寸测量和准直测量时尤应注意。由于激光器的光学谐振腔受温度和振动的影响，使谐振腔腔长变化或使反射镜有倾角变化，从而造成输出激光束产生漂移，一般其角漂移达到1′左右，而光束平行漂移大约十多微米。当这种漂移对精密测量有较大影响时，应设法补偿或减小漂移的影响。

4. 半导体激光器及其使用要点

半导体激光器简称 LD，它是用半导体材料（ZnS、GaAs、GaAlAs、GaN、PbS、GaSe 等）制成的面结型二极管。半导体材料是 LD 的激活物质，在半导体的两个端面精细加工磨成解理面而构成谐振腔。给半导体施以正向外加电场，而产生电激励。在外部电场作用下，使半导体的 PN 结中 N 区多数载流子电子向 P 区运动，而 P 区的多数载流子空穴向 N 区运动。高能电子与空穴相遇产生复合，同时可将多余的能量以光的形式释放出来，由于解理面谐振腔的共振放大作用实现受激反馈，半导体激光器的输出功率和注入电流在一个很大范围内存在线性关系，若注入电流大于半导体激光器的阈值电流，则可实现定向发射而输出激光。图 3-19 所示是其工作原理图。

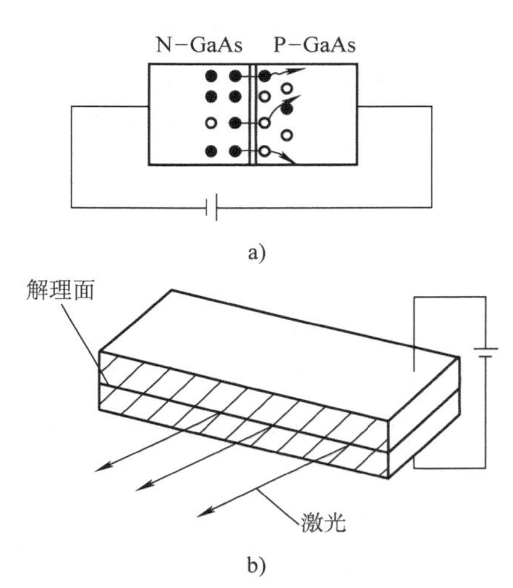

图 3-19　半导体激光器的原理图
a）半导体发光原理图
b）半导体激光器工作原理图

半导体激光器输出功率约几毫瓦到数百毫瓦，在脉冲输出时可达数瓦。由于结构和温度场的影响，它的单色性比 He－Ne 激光差，大约大 10^4倍，但比 LED 小 10^4倍左右。输出的波长范围与工作物质材料有关，从紫外到红外均可发光。

在使用半导体激光器时，应注意以下几点：

1）LD 发出的光束是近似高斯光束，光束截面与激活介质的横截面一样是矩形，发散角又较大，因此用 LD 作为平行光照明时应该用柱面镜将光束整形，再用准直镜准直。

2）频率稳定性。前面已经提到 LD 光的单色性远逊于 He－Ne 激光，因而其相干性也较差，因此用 LD 作相干光源且测量距离又较大时，必须对 LD 稳频。

LD 的稳频法主要有吸收法和电控法，吸收法稳频精度较高，可达 $10^{-10}\sim10^{-8}$，但复现性差、方法复杂，不宜常规使用。电控稳频法应用普遍，电流控制法的频率稳定度可达 $10^{-8}\sim10^{-7}$，主要是用电控法稳定谐振腔的腔长。由式（3-8）可知，频率 ν 与腔长 l 有关，而温度变化将引起 l 变化，因而有

$$\Delta\nu(T)=\frac{cq}{2l}\frac{\partial n}{\partial T}\Delta T+\frac{cq}{2n}\frac{\partial l}{\partial T}\Delta T=\frac{cq}{2}\left(\frac{1}{l}\frac{\partial n}{\partial T}+\frac{1}{n}\frac{\partial l}{\partial T}\right)\Delta T \tag{3-11}$$

而谐振腔的温度变化 ΔT 与半导体激光器的注入电流 Δi 有关，即 $\Delta T=R\Delta i$，其中 R 为谐振

腔的热阻，将 ΔT 代入式（3-11），则有

$$\Delta\nu(T)=\frac{cq}{2}\left(\frac{1}{l}\frac{\partial n}{\partial T}+\frac{1}{n}\frac{\partial l}{\partial T}\right)R\Delta i=\beta\Delta i \tag{3-12}$$

式中，β 为与电流和波长有关的调制系数。

可见控制 LD 的注入电流可以稳频。图 3-20 是一种 LD 稳频的框图，而图 3-21 则是稳频原理图。稳频的工作过程是先对 LD 的结电压进行采样，然后与参考电压相比较，其差值经 A－D 转换为数字量送到单片机做算法处理，再用 D－A 转换为模拟量，经功率放大后送给帕尔帖元件。帕尔帖元件是一种具有温差电效应的电流－温度变换器，通过帕尔帖元件经铝壳使 LD 的 PN 结发生温度变化，并引起 LD 的结电压变化。经过这种闭环电流－温度－结电压控制使 LD 输出频率保持稳定。

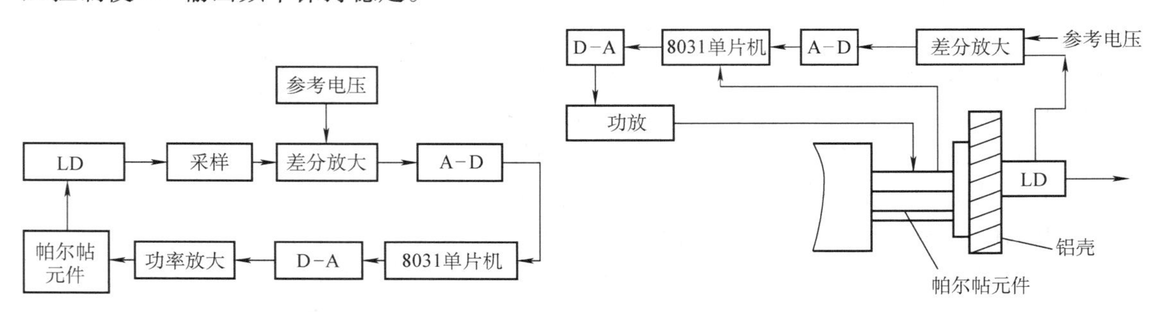

图 3-20　半导体激光器稳频框图　　　图 3-21　半导体激光器稳频原理图

3）调频。由式（3-12）可以看出改变 LD 的注入电流 Δi 会使 LD 的输出频率产生 $\Delta\nu$ 的变化。如果注入电流是按某一频率变化规律来变化，那么输出的激光将被调频。这种调频是在 LD 内部实现的，故称为内调制。由此原理制成的半导体激光器可用于外差测量。应注意的是以上调频的同时伴随着 LD 输出功率的改变，因此应注意功率变化对测量的影响。

第三节　照明系统

光源及光源光学系统称为照明系统。照明对光学系统的成像质量起着非常重要的作用，照明的种类繁多，用途也非常广泛。本节只介绍光电测量中常用的照明方式。

一、照明系统的设计原则

照明系统的设计应满足下列要求：

1）保证足够的光能。

2）有足够的照明范围，照明均匀。

3）照明光束应充满物镜的入瞳。

4）应尽量减少杂光进入物镜，以保证像面的对比度。

5）合理安排布局，避免光源高温的有害影响。

根据这些要求，照明系统设计应遵循两个原则：

1）光孔转接原则。即照明系统的出瞳应该与测量物镜的入瞳重合，否则照明光束不能充分利用。如图 3-22 所示，由于光瞳不重合，成像光束仅为照明光束的一部分，光束的阴

影部分被物镜的入瞳遮挡，不能参与成像。

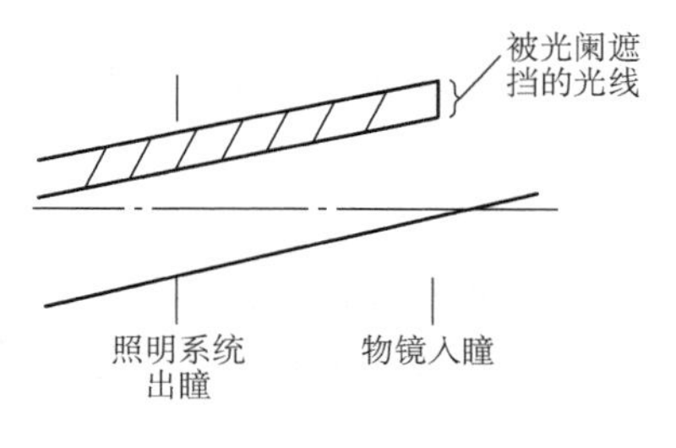

图 3-22 光孔转接示意图

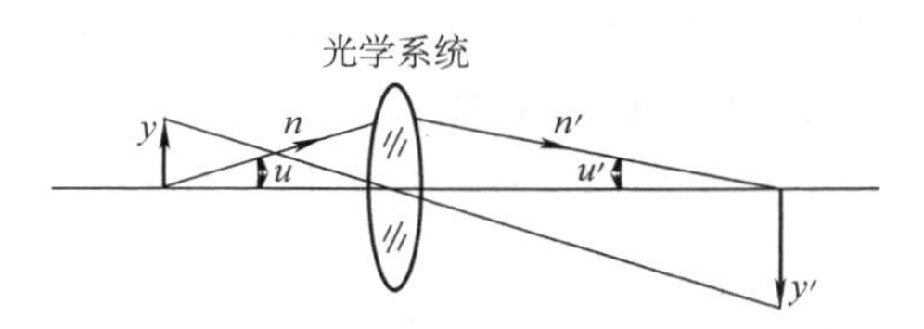

图 3-23 拉赫不变量示意图

2）照明系统的拉赫不变量应大于或等于物镜的拉赫不变量。

拉赫不变量是表征光学系统性能的一个重要参数。如图 3-23 所示，拉赫不变量的定义为

$$J = nyu = n'y'u \tag{3-13}$$

拉赫不变量表示光学系统在近轴区成像时，在物像共轭面上，物体的大小 y 成像光束的孔径角 u、物空间介质的折射率 n 的乘积为一常数。

在显微光学系统的照明系统设计中，按照要求 2），可得 $n_0y_0u_0 = nyu = n'y'u'$，如图 3-24 所示。

由于显微镜的放大倍率很高，成像光束的像方孔径很小，并且被观察的物体通常是不发光的，为了获得清晰的图像，必须保证充足的照明。

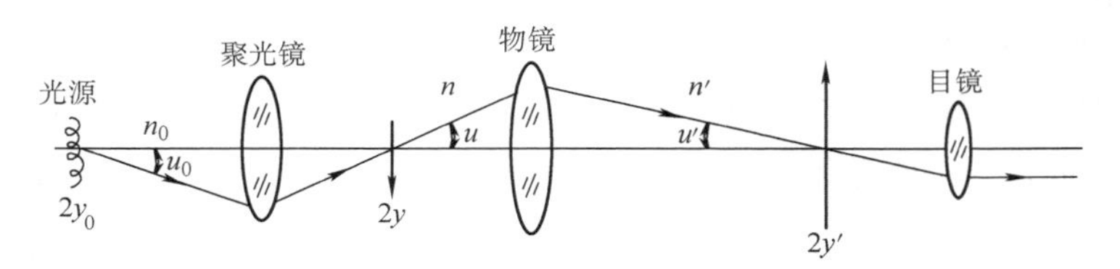

图 3-24 显微光学系统拉赫不变量示意图

二、照明的种类

（一）直接照明

直接照明按照明方法分为透射光亮视场照明、反射光亮视场照明、透射光暗视场照明和反射光暗视场照明，分别如图 3-25a、b、c、d 所示，图中阴影部分为照明光场。

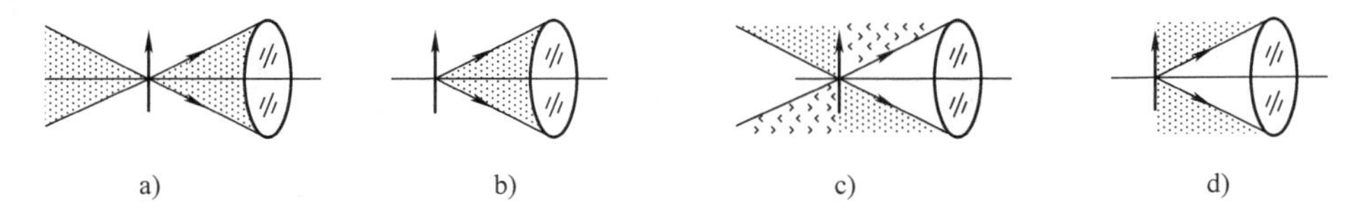

图 3-25 直接照明四种类型
a）透射光亮视场照明 b）反射光亮视场照明 c）透射光暗视场照明 d）反射光暗视场照明

1. 透射光亮视场照明

照明光源和物镜在物的两侧，物平面上各部分的透射率不同而调制照明光。当物体为无

缺陷的玻璃板时，得到均匀的亮视场。

2. 反射光亮视场照明

照明光源和物镜在物的同侧，物平面上各部分的反射率不同而调制照明光。当物体为无缺陷的漫反射表面时，得到均匀的亮视场。

3. 透射光暗视场照明

照明光源和物镜在物的两侧，倾斜入射的照明光束在物镜侧向通过，当物体为无缺陷的玻璃板时，无光线进入物镜成像，因此得到均匀的暗视场。当物体有缺陷时，光束通过物体内部结构的衍射、折射和反射射向物镜而形成物体缺陷的像。

4. 反射光暗视场照明

照明光源和物镜在物的同侧，从物镜旁侧入射到物体的照明光束经反射后在物镜侧向通过，当物体为无缺陷的反射镜面时，无光线进入物镜成像，得到均匀的暗视场。当物体有缺陷时，光束通过衍射和反射射向物镜而形成物体的像。

（二）临界照明

如图3-26所示，光源发出的光通过聚光镜成像在物面上或其附近的照明方式称为临界照明。在图3-26中，照明光源灯丝成像到物平面上，这种照明在视场范围内有最大的亮度，而且没有杂光。缺点是光源亮度的不均匀性将直接反映在物面上，并且不满足光孔转接原则。

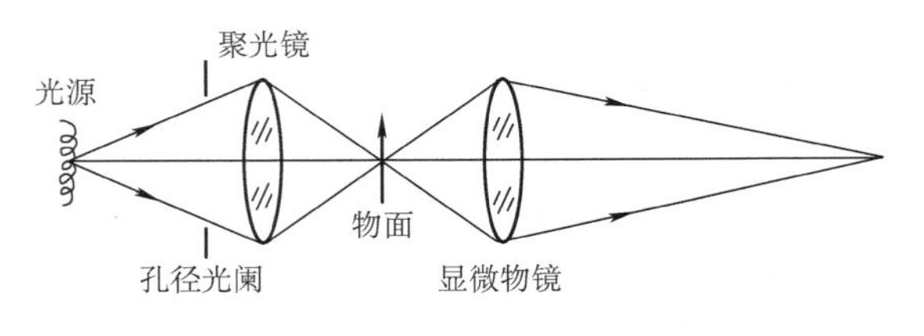

图3-26 临界照明

（三）远心柯勒照明

如图3-27所示，集光镜将光源成像到聚光镜的前焦面上，孔径光阑位于聚光镜的物方焦面上，组成像方远心光路，视场光阑被聚光镜成像到物面上。该照明系统消除了临界照明中物平面照度不均匀的缺点，孔径光阑大小可调，经聚光镜成像于物镜的入瞳位置，满足光孔转接原则，又充分利用了光能。孔径光阑的大小决定了照明系统的孔径角，也决定了分辨力和对比度，视场光阑控制照明视场的大小，避免杂光进入物镜。

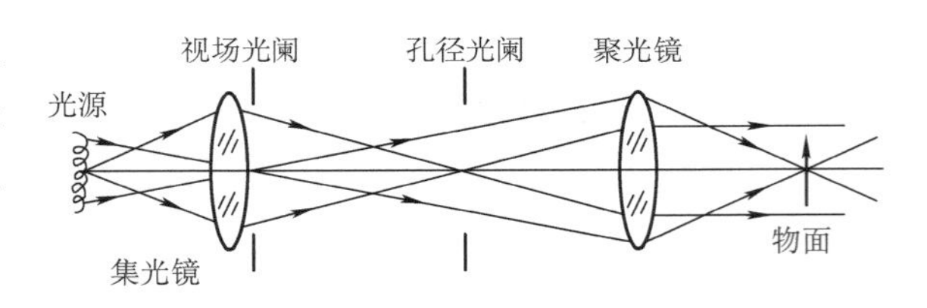

图3-27 远心柯勒照明

（四）光纤照明

光纤照明因照明均匀、亮度高、光源热影响小而得到广泛应用。根据照明光纤端部排列形式和光束出射方向，分为环形光纤照明和同轴光纤照明等。图3-28所示是一环形光纤照明光源的原理图，光源发出的光经过聚光镜耦合进入光纤束，光纤束在另一端分束，形成一环形光纤排。图3-29是光纤照明的实物图。光纤照明光能集中，能获得较均匀的高亮度照明区

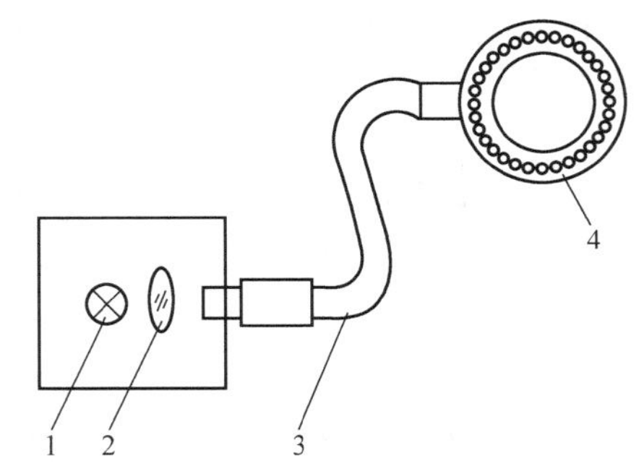

图3-28 环形光纤照明光源的原理图

1—光源 2—聚光镜 3—光纤束 4—环形光纤排

域。并且照明部分远离光源，解决了光源散热对被测物体的影响。

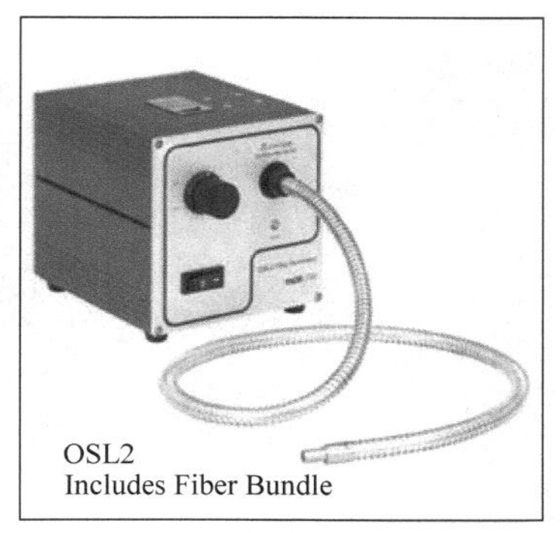

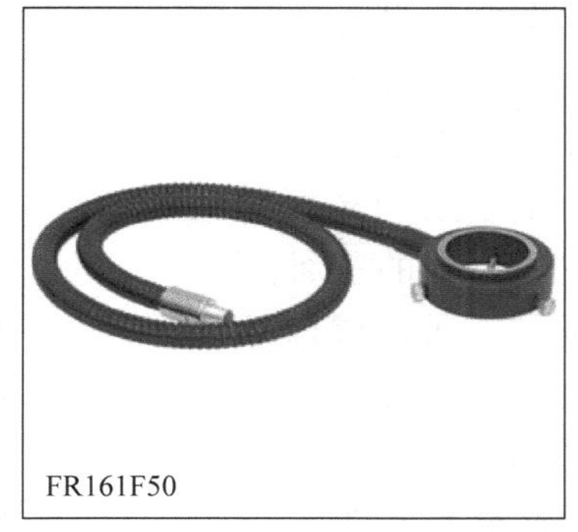

图 3-29　光纤照明的实物图

（五）同轴反射照明

如图 3-30 所示，光源发出的光经过物镜投射到物体上，物镜本身兼作聚光镜，物镜将物面成像到 CCD 光敏面上，这种照明系统可以检测被测物面上的缺陷。如果被测表面是镜面，则镜面的反射光线全部进入物镜成像，因此整个图像都是白色。当镜面上有腐蚀斑点或者污渍时，所产生的漫反射光线进入物镜的甚少，因此图像上将产生黑色的斑点。

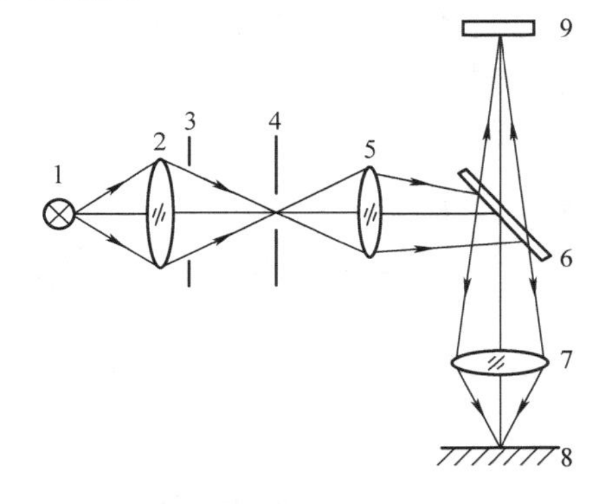

图 3-30　同轴照明

1—光源　2—集光镜　3—孔径光阑　4—视场光阑　5—聚光镜　6—分光镜　7—物镜　8—物面　9—CCD 像面

（六）视觉检测用的 LED 光源

光源是视觉检测系统的关键部分。最优光源选择取决于待检测零部件的形状、表面纹理、颜色和透明度及对光的反射、散射和衍射特性等。常用的有面形和环形 LED 阵列形光源，如图 3-31a、b 所示。面形光源可用于深度探测，倾斜安装可以避免强反射表面的影响；环形光源易于为小物体提供照明，可减少图像的凸起阴影，将光线集中在图像上，寿命一般在 5000h 以上。

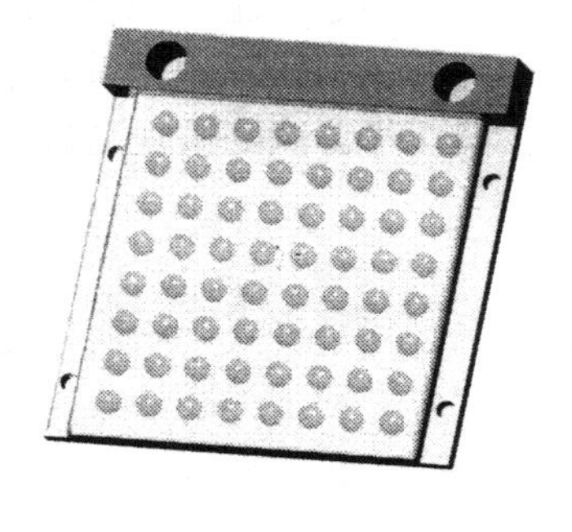

a)

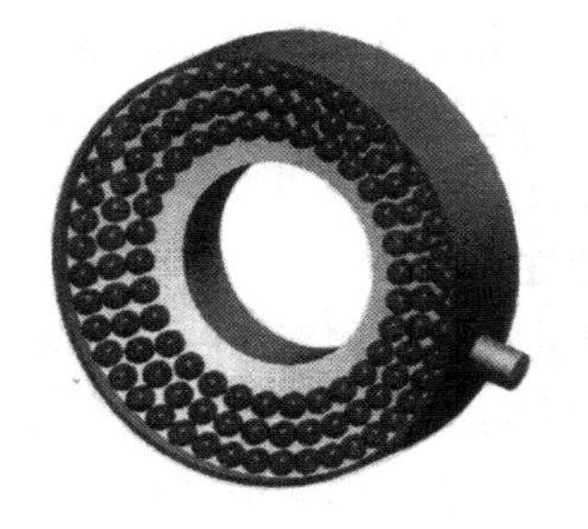

b)

图 3-31　LED 光源

a）面形 LED 光源　b）环形 LED 光源

（七）结构光光源

通过结构光投射到目标上实现三维形状检测是一种比较通用的检测手段。图3-32所示是通过将一组平行明暗相间的条纹结构光投射到被测目标上，被测目标的三维形状对结构光进行调制，通过成像系统采集变形的条纹，从而可以测量出被测目标的三维形状特征。

常见的结构光有单点型、点阵型、一字形、十字形、平行线形、网格形、同心环形等，如图3-33所示。投射结构光的光源有激光、LED、汞灯等。

图3-32 通过结构光实现三维测量

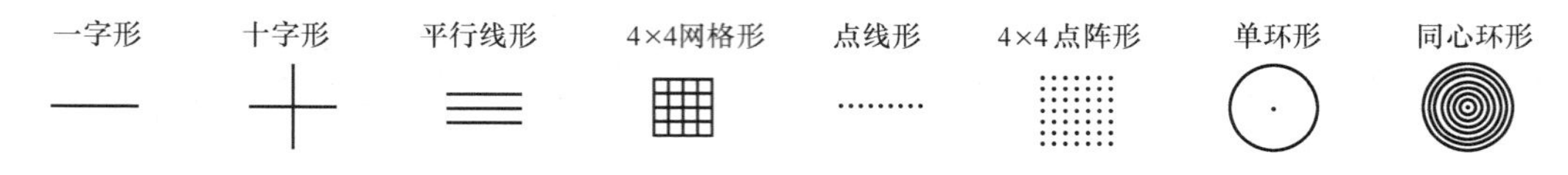

图3-33 常见的结构光图案

第四节 光源及照明系统的选择

正确地选择光源及照明系统是充分而又有效地满足仪器使用要求的必要条件。在选择时，一般应考虑以下几个方面的问题：

1. 光源的光谱能量分布特性

光源的光谱能量分布首先应满足使用上的要求。例如在干涉仪中，光源的波长是仪器的标准器，因此其单色性能应满足测量精度及测量范围的要求。在非相干照明中，光源的光谱分布应与接收器的光谱响应相匹配，这不仅是节省能量的问题，还是提高检测信号的信噪比的重要措施。若仪器中有几个不同的接收器共用一个光源，则光源的光谱分布要能兼顾各个接收器的响应。还要考虑到被测目标的波长反射特性，使光源照到被观测目标时能够将感兴趣特性凸显出来。

2. 光度特性

在精密测量中，被测对象一般都不是发光体，所以必须进行人工照明，使被测物体达到一定的照度。照明不仅要均匀，而且被测物体光照强度应有利于提高信噪比及后继电路的处理，要与光电接收器件的光电特性相匹配，使光电器件工作在线性区。总之，应根据使用要求及接收器的性能来考虑对光源的发光强度要求。

3. 发光面的形状、尺寸及光源的结构

在临界照明系统中是将灯丝（发光体）成像在被测物面上，因此灯丝发光面的形状与被测物体相似才能获得均匀而有效的照明。在柯勒照明中，灯丝的像成在系统的入瞳上，若使灯丝（发光面）的形状与入瞳相似，就能充分利用入瞳的孔径而传递更多的光能。因此设计时应根据被测物面的形状和入瞳形状来选择光源的发光面形状。LED 光源有很多种类，如环形光源、面光源、线形光源、点光源、同轴光源等，照明用途各不相同，实际应用中要根据被观测目标的不同而选择合适的光源，合适的光源常常会对观测结果产生奇妙的效果。

4. 波长特性

光源波长的选择既要考虑到探测器的响应波长，使之与探测器的敏感波段相匹配，又要考虑到被测目标的波长反应特性，使光源照到被观测目标时能够将感兴趣特征凸显出来。

5. 满足光电系统的功能要求

对于直接检测系统，主要检测信息的光功率，这时要求光源稳定性要好，因为光源的功率波动是影响系统精度的主要因素。

对于测距系统除了要求光源稳定性外，还对光源的光功率有严格要求，因为测距系统的功率波动是影响系统精度的主要因素。同时光功率直接影响作用距离。

对于相干检测系统，除了要求用相干光源外，还对光源的单色性、稳频性能、平行性及光源尺寸等有要求。

在选用光源时还应考虑光源的供电系统复杂与否、辐射热的影响及是否需要人工冷却、使用寿命、更换方便程度及价格等因素。

在光电仪器的设计中，光源及照明系统有着十分重要的地位，如用 CCD 的视觉精密测量系统，照明质量的不同对测量结果的影响是十分显著的，因而产生了自适应照明和脉宽可控照明。设计者应根据使用要求选择合适的光源和照明系统。新型光源的出现往往使光电仪器产生很大的变化，如激光光源的出现就产生了许多新的光电测量系统。

复习思考题 3

1. 表征光源质量的基本参数有哪些？
2. 光电测量用的白炽灯在使用时要注意哪些问题？
3. 卤素灯为什么比白炽灯寿命长、发光效率高？
4. 说明半导体发光器的工作原理。它有什么特点和应用？
5. 氦－氖激光器有什么特点及其使用要点？
6. 半导体激光器有什么特点及其使用要点？
7. 照明系统有哪些种类？各有何特点？
8. 选择光源和照明系统时要考虑哪些问题？

第四章　光 电 器 件

光电测试技术中常用的光电器件有光电探测器件、光电成像器件、光调制器件等。

光电探测器件工作的物理基础是各种光电效应。按工作机理可将光电探测器件分为两大类：一类为利用各种光子效应的光子探测器，另一类为利用吸收光辐射而导致温升产生温度变化效应并最终转化为电信号的热电探测器。热电探测器与光子探测器的最大不同是对光信号的响应无波长选择性。由于光电探测器件在光电系统中起着将光信号转化为电信号的核心作用，因此在光电系统中光电探测器件的选取和使用是否得当在很大程度上决定了光电系统的性能。

光电成像器件的本质也是利用各种光电效应工作的，它与光电探测器件的最大不同在于它能够输出图像或电视图像，因而其应用越来越多。

光调制器件是利用各种光电子物理学的方法（即各种物理效应）实现光的转换，以实现光的调制和扫描，是光电测试技术中的重要手段之一。

第一节　光电探测器件的性能参数

光电系统的设计一般都应考虑光电探测器件的性能，而光电探测器件（常简称为光电器件）的性能由一定工作条件下的一些参数来表征。为了便于选择和比较，这些参数需要注明其测量条件。下面是一些主要的性能参数。

一、光电器件的探测灵敏度（响应度）

光电器件的探测灵敏度又称为响应度，它定量描述了光电器件输出的电信号和输入的光信号之间的关系。它的定义为光电器件输出的方均根电压 U_S（或电流 I_S）与入射光通量 Φ（或光功率 P）之比，即

$$S_V=\frac{U_S}{\Phi} \tag{4-1}$$

$$S_I=\frac{I_S}{\Phi} \tag{4-2}$$

S_V和 S_I分别称为光电器件的电压灵敏度和电流灵敏度，单位为 V/W 和 A/W。测量光电器件灵敏度的光源一般选用 500K 的黑体。如果使用波长为 λ 的单色辐射源，则称为单色灵敏度，用 S_λ 表示。如果使用复色辐射源，则称为积分灵敏度。

单色灵敏度又叫作光谱灵敏度，它描述光电器件对单色辐射的响应能力，通常单色电压灵敏度用公式表示为

$$S_V(\lambda)=\frac{U(\lambda)}{\Phi(\lambda)} \tag{4-3}$$

单色电流灵敏度定义为

$$S_{\mathrm{I}}(\lambda)=\frac{I(\lambda)}{\Phi(\lambda)} \tag{4-4}$$

积分灵敏度表示探测器对连续入射光辐射的反应灵敏程度。对包含有各种波长的辐射光源，总的光通量为

$$\Phi=\int_{0}^{\infty}\Phi(\lambda)\mathrm{d}\lambda \tag{4-5}$$

光电器件输出的电流或电压与入射的总的光辐通量之比为积分灵敏度。由于光电器件输出的光电流（或光电压）是由不同的光辐射引起的，因此器件输出的总的光电流为

$$I_{\mathrm{S}}=\int_{\lambda_1}^{\lambda_0}I_{\mathrm{S}}(\lambda)\mathrm{d}\lambda=\int_{\lambda_1}^{\lambda_0}S(\lambda)\Phi(\lambda)\mathrm{d}\lambda \tag{4-6}$$

式中，$S(\lambda)$为光谱灵敏度；λ_1和λ_0分别为光电器件的长波限和短波限。

由式（4-5）和式（4-6）可得电流积分灵敏度为

$$S_{\mathrm{I}}=\frac{\int_{\lambda_1}^{\lambda_0}S(\lambda)\Phi(\lambda)\mathrm{d}\lambda}{\int_{0}^{\infty}\Phi(\lambda)\mathrm{d}\lambda} \tag{4-7}$$

由于采用不同的辐射源，甚至具有不同色温的同一辐射源所发射的光谱辐通量的分布也不相同，因此在表明具体数据时应指明采用的辐射源及其色温。

光谱灵敏度$S(\lambda)$随波长的变化关系称为光谱响应。由于相对光谱响应更容易测得，因此常用相对光谱响应来表示；即以最大光谱响应为基准来表示各波长的响应，以峰值响应的50%之间的波长范围定义光电器件的光谱响应宽度。图4-1以大面积InGaAs光敏二极管为例示出了光电器件的相对光谱响应。

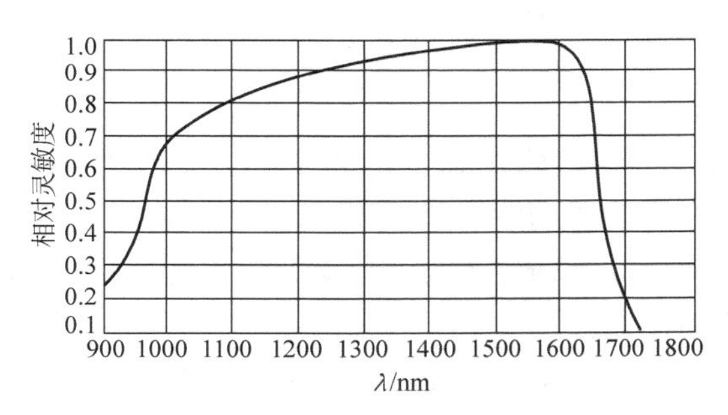

图4-1　大面积InGaAs光敏二极管的相对光谱响应

二、响应时间和频率响应

光电器件输出的电信号都要在时间上落后于作用在其上的光信号，即光电器件的电信号输出相对于输入的光信号要发生沿时间轴的扩展。其扩展特性可由响应时间来描述。光电器件的这种响应落后于作用光信号的特性称为惰性。由于惰性的存在，会使先后作用的信号在输出端相互交叠，从而降低了信号的调制度。如果探测器观测的是随时间快速变化的物理量，则由于惰性的影响会造成输出严重畸变。因此，深入了解光电器件的时间响应特性是十分必要的。

表示时间响应特性的方法主要有两种：一种是脉冲响应特性法，另一种是频率响应特性法。

（1）脉冲响应特性

如图4-2所示，如果用阶跃光信号作用于光电器件，则光电器件的响应从稳态值的

10%上升到90%所用的时间 t_r 叫作器件的上升时间，下降时间 t_f 定义为器件的响应从稳态值的90%下降到10%所用的时间。如果测出了光电器件的单位冲击响应函数（即对 δ 函数光源的响应），则可直接用其半值宽度（FWHM）来表示器件的响应特性。δ 函数光源可采用脉冲式发光二极管、锁模激光器等光源来近似。在通常的测试中，更方便的是采用具有单位阶跃函数形式亮度分布的光源，从而得到单位阶跃响应函数，进而确定器件的响应时间。

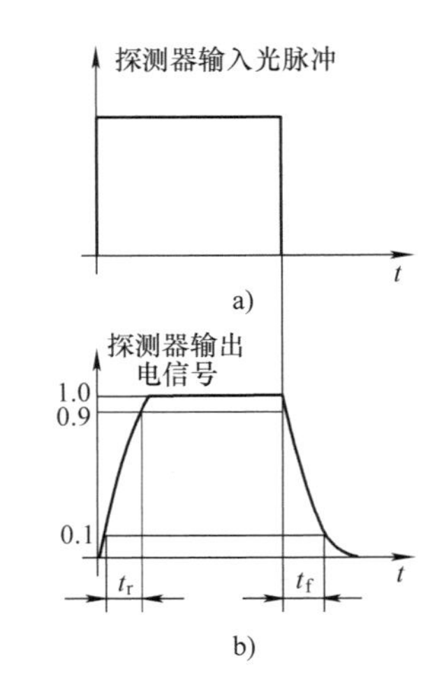

图4-2 光电器件的脉冲时间响应
a）探测器输入光脉冲 b）探测器输出电信号

（2）频率响应特性

由于光电器件的产生和消失都存在一个滞后过程，因此入射光辐射的调制频率对器件的灵敏度有较大影响。通常定义光电器件的响应灵敏度随入射光的调制频率而变化的特性为它的频率响应特性。许多光电器件具有如图4-3所示形式的频率响应特性，用公式表示为

$$S(\omega)=\frac{S(0)}{(1+\omega^2\tau^2)^{1/2}} \tag{4-8}$$

式中，$S(\omega)$ 表示器件的频率响应；$S(0)$ 为器件在零频时的响应灵敏度；ω 为信号的调制圆频率，$\omega=2\pi f$，f 为调制频率；τ 为器件的响应时间。

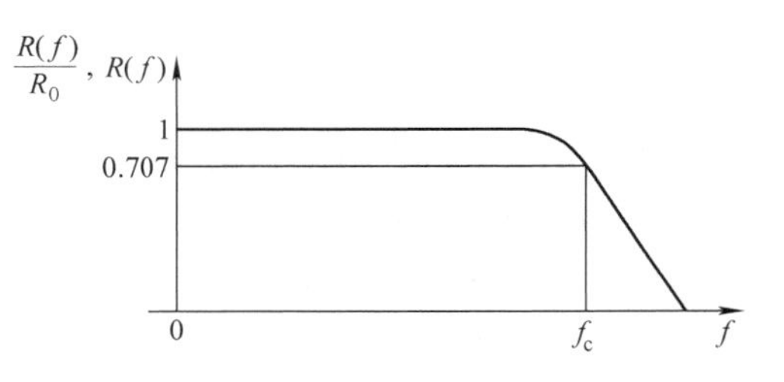

图4-3 光电器件的频率响应

当器件的输出信号功率降到零频时的一半，即信号幅度下降到零频的 $1/\sqrt{2}$ 时，$S(f)/S(0)=1/\sqrt{2}$，可得器件的上限截止频率为

$$f_c=\frac{1}{2\pi\tau} \tag{4-9}$$

实际上，截止频率和响应时间是在频域和时域描述器件时间特性的两种形式。

三、噪声等效功率（*NEP*）

噪声等效功率又称为最小可测功率，它定义为光电器件输出的信号电压的有效值等于噪声方均根电压值时的入射光功率，用公式表示则为

$$NEP=\frac{\Phi_s}{U_s/U_n}=\frac{U_n}{S_V} \tag{4-10}$$

式中，U_s/U_n 为器件的输出信噪比；Φ_s 为入射光功率；S_V 为光电器件的电压灵敏度；*NEP* 的单位为瓦（W）。实际测量中多是测出 S_V 和 U_n，然后计算出 *NEP*。

实验发现，许多光电器件的 *NEP* 与器件的面积 A 和测量系统的带宽 Δf 的乘积的二次方根成正比。因为面积大接收到的背景噪声功率也大。为了便于不同光电器件之间的性能比较，应该除去器件面积和测量带宽的影响。为此又引入归一化噪声等效功率

$$NEP^* = \frac{\Phi_s}{\frac{U_s}{U_n}(A\Delta f)^{1/2}} = \frac{U_n}{S_V(A\Delta f)^{1/2}} \tag{4-11}$$

四、探测度 D 与比探测度 D^*

显然噪声等效功率 NEP 越小，光电器件的性能越好。但参数 NEP 不符合人们的传统认知习惯。为此定义 NEP 的倒数为光电器件的探测度，作为衡量光电器件探测能力的一个重要指标。探测度 D 用公式表示为

$$D = \frac{1}{NEP} = \frac{U_s/U_n}{\Phi_s} = \frac{S_V}{U_n} \tag{4-12}$$

D 的单位是 W^{-1}。它描述的是器件在单位输入光功率下输出的信号信噪比，显然 D 值越大，光电器件的性能越好。

与归一化噪声等效功率相应的归一化探测度（又称为比探测度）D^* 表示为

$$D^* = \frac{1}{NEP^*} = \frac{(A\Delta f)^{1/2}}{NEP} = \frac{U_s/U_n}{\Phi_s}(A\Delta f)^{1/2} = \frac{S_V}{U_n}(A\Delta f)^{1/2} \tag{4-13}$$

光电器件光敏面积 A 的常用单位为 cm^2，带宽 Δf 的单位为赫兹（Hz），噪声电压 U_n 的单位为伏特（V），S_V 的单位为 V/W 时，D^* 的单位为 $cm \cdot Hz^{1/2}/W$。

D^* 后面常附有测量条件，如 D^*（500K，900，1）表示是用 500K 黑体作光源，调制频率为 900Hz，测量带宽 Δf 为 1Hz。对于长波红外光电器件，因环境辐射波长与信号波长十分接近，因此 D^* 的测量与背景温度及测量视场角有关。在没有特殊标注的情况下，通常是指视场立体角为 2π，背景温度为 300K。当光电器件的质量很高，内部噪声很低以至于可以忽略不计时，D^* 仅由背景噪声决定，这种器件称为达到背景限的探测器。

光谱探测度是在单位光谱功率下测得的，可以表示为

$$D^*(\lambda) = \frac{(A\Delta f)^{1/2}}{NEP(\lambda)} \tag{4-14}$$

五、量子效率

量子效率是描述光电器件光电转换能力的一个重要参数，它是在某一特定波长下，单位时间内产生的平均光电子数与入射光子数之比。波长为 λ 的光辐射的单个光子能量为 $h\nu = hc/\lambda$，设其光通量为 Φ，则入射光子数为 $\Phi/(h\nu)$，相应的光电流为 I_s，而每秒钟产生的光电子数为 I_s/q，q 为电子电荷，因此量子效率可以表示为

$$\eta(\lambda) = \frac{I_s/q}{\Phi/(h\nu)} = \frac{hcI_s}{q\lambda\Phi} = \frac{hc}{q\lambda}S_I(\lambda) \tag{4-15}$$

量子效率 η 可以视为微观灵敏度，它是一个统计平均量，通常小于 1。对于有增益的光电器件（如光电倍增管），常用增益或放大倍数来描述。

六、光电流

光电流是光电器件的重要参数，它是光电器件亮电流与暗电流之差。亮电流是指光电器件在工作偏压下，在受到光照时流过光电器件的电流，暗电流是指光电器件在工作偏压下，

在无光照时流过光电器件的电流。

第二节　光电发射器件

一、光电发射效应

若入射光辐射的光子能量 $h\nu$ 足够大，它和金属或半导体材料中的电子相互作用的结果使电子从物质表面逸出，在空间电场的作用下会形成电流，这种现象称为光电发射效应，也称为外光电效应。它是真空光电器件光电阴极工作的物理基础。

（一）外光电效应的两个实验规律

1. 光电特性

当照射到光阴极上的入射光频率或频谱成分不变时，在外加电压一定的条件下，光电流 I_k（即单位时间内发射的光电子数目）与入射光通量 Φ 成正比，即

$$I_k = S_k \Phi \tag{4-16}$$

式中，I_k为阴极光电流；Φ 为入射光通量；S_k为阴极对入射光的灵敏度。

光电流与入射光通量的关系称为阴极光电特性。

2. 阈值频率

实验发现，光电子的最大初始动能与入射光的频率成正比，而与入射光发光强度无关，可以表示为

$$E_{max} = \frac{1}{2}mv_{max}^2 = h\nu - h\nu_0 = h\nu - W_\Phi \tag{4-17}$$

式中，E_{max}为光电子的最大初动能；v_{max}为相应光电子的最大初速度；ν 为入射光频率；m 为电子质量；h 为普朗克常数；W_Φ为金属材料的电子逸出功，即电子从材料表面逸出时所需的最低能量，单位为 eV，是与材料性质有关的常数，也称为功函数。入射光子的能量至少要等于逸出功时，才能发生光电发射。ν_0 为产生光电发射的最低频率，即阈值频率，$\nu_0 = W_\Phi/h$，ν_0与材料的属性有关，与入射光发光强度无关。式（4-17）也称为爱因斯坦方程，爱因斯坦因发现光电效应于 1921 年获得诺贝尔物理学奖。密立根因从实验中得到式（4-17），即光电子初始动能与入射光频率之间的严格线性关系，由直线斜率测得普朗克常数而于 1923 年获得诺贝尔物理学奖。

如果用波长表示，则有

$$\lambda_0 = c/\nu_0 \leqslant hc/W_\Phi = 1.24(\mu m \cdot eV)/W_\Phi = 1240(nm \cdot eV)/W_\Phi \tag{4-18}$$

当入射光波长大于 λ_0时，不论入射光发光强度如何，以及照射时间多长，都不会有光电子产生。因此，由式（4-18）可知，如欲用红外光（$\lambda > 0.76\mu m$）发射电子，必须寻求逸出功 W_Φ 低于 1.63eV 的低能阈值材料。

（二）光电发射的基本过程

金属和半导体材料中的光电子发射大致可分为三个步骤进行：

（1）对光子的吸收

光射入物体后，物体中的电子吸收光子能量，从基态跃迁到能量高于真空能级（真空中自由电荷的最小能量）的激发态。

（2）光电子向表面的运动

受激电子从受激地点出发向表面运动，在此过程中因与其他电子或晶格发生碰撞而损失部分能量。

（3）克服表面势垒逸出材料表面

达到表面的电子，如果仍有足够的能量足以克服表面势垒对电子的束缚（即逸出功）时，即可从表面逸出。

可见，好的光电发射材料应该具备如下几个基本条件：①对光的吸收系数大，以便体内有较多的电子受到激发；②光电子由物体内向表面运动过程中能量损失小，使逸出深度大；③材料的逸出功要小，使到达真空界面的电子能够比较容易地逸出；④作为光电阴极，其材料还要有一定的电导率，以便能够通过外电源来补充因光电发射所失去的电子。

同时具备上述条件的材料才能具备高的量子效率。

（三）金属的光电发射

由于金属反射掉大部分入射的可见光（反射系数达90%以上），因此吸收效率很低。而且光电子在金属中与大量的自由电子碰撞，在运动中会散射损失很多能量。只有很靠近表面的光电子，才有可能到达表面并克服势垒逸出，即金属中光电子的逸出深度很小，只有几纳米。而且金属的逸出功大多大于3eV，对能量小于3eV（$\lambda > 413\text{nm}$）的可见光来说，很难产生光电发射。所以金属材料的光电子发射效率都很低，并且大部分金属材料的光谱响应都在紫外光区或者远紫外光区，只有铯（2eV逸出功）对可见光最灵敏，故可用于光电阴极。但纯金属铯的量子效率很低，小于0.1%，因为在光电发射前两个阶段能量损耗太大。

电子逸出功是描述材料表面对电子束缚强弱的物理量，在数量上等于电子逸出表面所需的最低能量，也可以说是光电发射的能量阈值。

金属的电子逸出功 W_Φ 定义为热力学温度 $T=0\text{K}$ 时真空能级与费米能级 E_F 之差，即

$$W_\Phi = E_0 - E_F \tag{4-19}$$

W_Φ 是材料的参量，可用作光电发射的能量阈值。E_F 是费米能级，它不代表电子占据的真实能级，只是一个参考能量，可视为表征电子占据某能级 E 的概率标尺。金属中没有禁带，费米能级以下基本上为电子所填满，费米能级 E_F 以上基本上是空的。

（四）半导体的光电发射

半导体材料的光电发射可以用电子亲和势描述。如图4-4所示，电子亲和势 E_A 指的是导带底上的电子向真空逸出时所需的最低能量，数值上等于真空能级（真空中静止电子能量 E_0）与导带底能级 E_c 之差，即

$$E_A = E_0 - E_c \tag{4-20}$$

图4-4　电子亲和势

它表征半导体材料在发生光电效应时，电子逸出材料的难易程度。电子亲和势越小，光电子就越容易逸出。

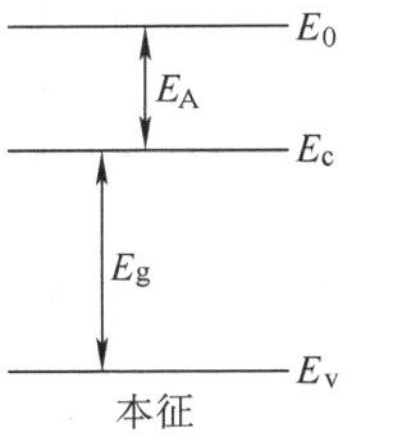

半导体内的自由电子较金属少，且存在有禁带，费米能级 E_F 一般都在禁带当中，且随掺杂情况和温度等条件变化，所以真空能级与费米能级之差不是材料参量。半导体电子逸出功定义为温度 $T=0\text{K}$ 时真空能级与电子发射中心的能级之差，因为电子发射中心的能级有时在价带顶，有时是杂质能级，有时在导带底，情况复杂，因此对于半导体很少用电子逸出功的概念。由于电子逸出功不管从哪里算起，其中都包含有亲和势，因此，为了表示光电发射的难易，对于半导体材料使用电子亲和势的概念比使用逸出功的概念更有实际意义。为了

表示半导体材料光电发射的能量阈值，可按真空能级与价带顶之差（亲和势 E_A 加上禁带宽度 E_g）来计算，即

$$E_{th} = E_g + E_A = E_0 - E_v \tag{4-21}$$

半导体无边界时，能带结构是平直的，有界时表面处破坏了晶格排列的周期性（势场），而且表面易氧化或被杂质污染，因而在禁带中引入附加的表面能级。由于表面能级的存在，在表面处引起能带弯曲，表面能带的弯曲对于体内的光电子发射常常是有影响的。

实用的光电阴极可以按照电子亲和势的数值分为常规光电阴极和负电子亲和势阴极两大类。常规光电阴极是沿用已久的光电阴极材料，其电子亲和势 $E_A > 0$；负电子亲和势阴极是近期出现的新型材料，其电子亲和势 $E_A < 0$。

常规光电阴极常用于真空光电器件中。根据国际电子工业协会规定，按照光电阴极材料出现的先后顺序，以及窗口材料的种类，以S为字头进行编号排成序列，从S-1到S-25有25个编号。常见光电阴极的编号及特性见表4-1。

表4-1　常见光电阴极的编号及特性

光谱响应编号	光电发射材料	窗材料	工作方式 半透为T 反射为R	峰值波长 $\lambda_{max}/\mu m$	积分灵敏度 $/(\mu A \cdot lm^{-1})$	λ_{max}处辐射响应度 $/(mA \cdot W^{-1})$	λ_{max}处量子效率（%）	25℃暗电流 $/(fA \cdot mm^{-2})$
S-1	Ag-O-Cs	石灰玻璃	T、R	0.800	30	2.8	0.43	900
S-3	Ag-O-Rb	石灰玻璃	R	0.42	6.5	1.8	0.53	—
S-4	Cs-Sb	石灰玻璃	R	0.400	40	40	12.4	0.2
S-5	Cs-Sb	9741玻璃	R	0.340	40	60	18.2	0.3
S-8	Cs-Sb	石灰玻璃	R	0.365	3	2.3	0.78	0.13
S-9	Cs-Sb	7052玻璃	T	0.480	30	20.5	5.3	0.3
S-10	Ag-Bi-O-Cs	石灰玻璃	T	0.450	40	20	5.5	70
S-11	Cs-Sb	石灰玻璃	T	0.440	70	66	15.7	3
S-13	Cs-Sb	熔凝玻璃	T	0.440	60	48	13.5	4
S-14	Ge	石灰玻璃	—	1.500	12400①	520①	43①	—
S-16	CdSe	石灰玻璃	—	0.730	—	—	—	—
S-17	Cs-Sb	石灰玻璃	R	0.490	125	83	21	1.2
S-19	Cs-Sb	石灰玻璃	R	0.380	40	65	24.4	0.3
S-20	Na-K-Cs-Sb	熔凝玻璃	R	0.420	150	64	18.8	0.3
S-21	Cs-Sb	9741玻璃	T	0.440	30	23.4	6.6	4
S-23	Rb-Te	熔凝石英	T	0.240	—	4	2	0.001
S-24	K-Na-So	7056玻璃	T	0.380	45	67	21.8	0.003
S-25	Na-K-Cs-Sb	石灰玻璃	T	0.420	200	43	12.7	1

① 带45V的起偏电压。

图4-5所示为常用光电阴极的光谱特性曲线。图中，S-4是Cs-Sb光电阴极的光谱响应特性曲线，其峰值波长为0.4μm；S-1为Ag-O-Cs光电阴极，它有两个峰值波长，分别为0.35μm和0.8μm。

（五）负电子亲和势（Negative Electron Affinity，NEA）光电阴极

电子亲和势指的是半导体导带底部到真空能级间的能量值，它表征材料在发生光电效应时，电子逸出材料的难易程度。电子亲和势越小，就越容易逸出。如果电子亲和势为零或负

值，则意味着电子处于随时可以脱离的状态，用电子亲和势为负值的材料制作的光电阴极，由光子激发出的电子只要能扩散到表面就能逸出，因此灵敏度极高。

如果对半导体表面进行特殊处理，使表面区域发生能带弯曲，如图4-6所示，设法使真空能级降到导带底之下，使得有效的电子亲和势成为负值，则可大大降低光电发射的阈值，提高材料的量子效率。这种采用特殊工艺处理的阴极称为负电子亲和势光电阴极。

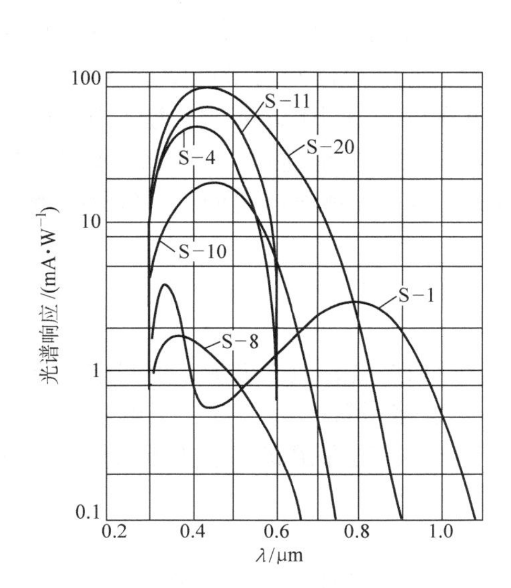

图4-5　常用光电阴极的光谱特性曲线

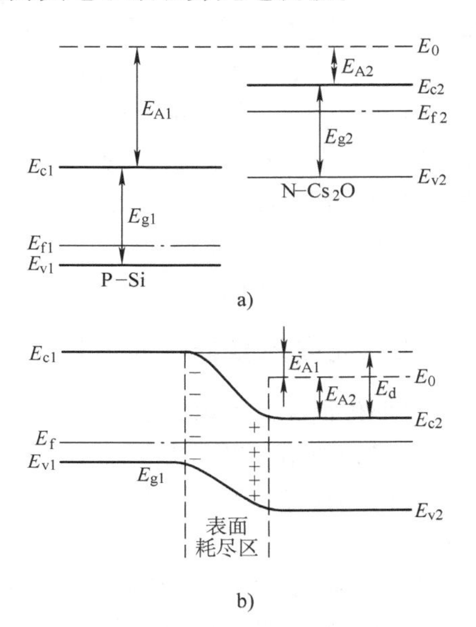

图4-6　负电子亲和势材料的表面能带弯曲
a）P－Si 和 N－Cs_2O 的能带图
b）P－Si 和 N－Cs_2O 结合后表面处能带的弯曲

例如在重掺杂的P型硅表面涂一层极薄的金属Cs，经过特殊处理形成N型的Cs_2O（厚度仅有几纳米），由于表面N型材料有丰富的自由电子，衬底P型材料有丰富的自由空穴，它们间因存在浓度差而互相扩散，形成表面电荷的局部耗尽，类似于PN结的情况，耗尽区内发生能带弯曲。图4-6a左、右分别为P－Si和N－Cs_2O的能带图，图4-6b为两种材料结合后表面能带的弯曲情况。

单纯P型硅材料的发射阈值为$E_{th1}=E_{g1}+E_{A1}$，见式（4-21）。价带电子受光激发进入导带后需要克服电子亲和势E_{A1}才能逸出表面。由于现在表面存在N型材料使耗尽区的电位下降，表面电位相对于体内降低了E_d，因此电子在表面附近受到耗尽区内建电场的作用很容易达到表面，此时电子只需克服E_{A2}就能逸出表面。在P－Si内产生的光电子需要克服的有效电子亲和势为

$$E_{Aeff}=E_0-E_{c1}=E_{A2}-E_d \tag{4-22}$$

如果掺杂浓度足够高，使得能带弯曲足够大，则可使能带弯曲度$E_d>E_{A2}$，形成负电子亲和势$E_{Aeff}<0$。

需要说明的是，负电子亲和势是指体内衬底材料的有效电子亲和势，而不是指表面材料的电子亲和势。NEA光电阴极发射体和常规光电发射体的表面电子状态是类似的，导带底上的电子能量都低于真空能级，其差值为E_{A2}，但两者体内的电子能量相对于真空能级则不

同。NEA光电阴极发射体导带底的电子能量高于真空能级，而经典发射体的电子亲和势仍是正的。

NEA光电阴极的量子效率高于正电子亲和势光电阴极，还可从其光电发射过程进行分析。价带中的电子吸收光子能量后跃迁到导带底以上，成为热电子（受激电子能量超过导带底的电子）。在向表面运动的过程中，由于碰撞散射而发生能量损失，故很快就落到导带底而变成冷电子（能量恰好等于导带底的电子）。热电子的平均寿命非常短，为10^{-14}～10^{-12}s。如果在这么短的时间内能够运动到真空界面，自然能够逸出。但是热电子的逸出深度只有几十纳米，绝大部分热电子来不及到达真空界面，就已经落到导带底变成冷电子了。而冷电子的平均寿命较长，为10^{-9}～10^{-8}s，且其逸出深度可达1000nm。因为体内冷电子能量仍高于真空能级，所以它们运动到真空界面时，可以很容易地逸出。因此NEA材料的量子效率比常规发射体高得多。负电子亲和势光电阴极还具有光谱响应延伸到近红外、光谱响应均匀、光电子能量集中等特点。

二、光电真空器件及其特性

早期依据光电发射效应制成的器件有真空光敏二极管和充气光敏二极管，但目前只在一些特殊场合使用。而同样是基于光电发射效应工作的光电倍增管，由于引入了电子倍增机构，因而具有灵敏度高、响应时间短的特点，因此在市场上一直保留有自己的市场份额，立于不败之地。

（一）光电倍增管（Photomultiplier Tube，PMT）

光电倍增管是一种建立在光电子发射效应、二次电子发射效应和电子光学理论基础上，能够将微弱光信号转换成光电子并获倍增效应的真空光电发射器件。

1. 光电倍增管的工作原理

光电倍增管是由光电发射阴极（光阴极）、聚焦电极、电子倍增极和阳极（电子收集极）组成的光电器件，管内抽成压强约10^{-4}Pa的真空。当具有足够能量的光子照射到光电阴极时，光电阴极上将发生光电效应，向真空中激发出光电子，这些光电子在聚焦极电场的作用下进入倍增系统，通过进一步的二次电子发射得到倍增放大。放大后的电子被阳极收集形成电流或电压信号输出。图4-7a为光电倍增管的工作原理图，图4-7b是国标规定的光电倍增管的图形符号。

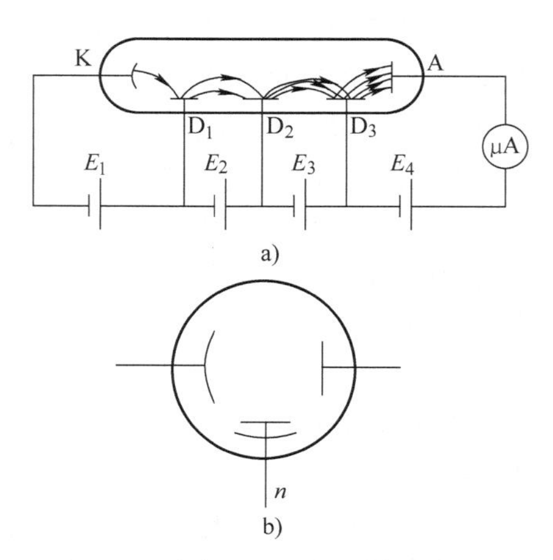

图4-7　端窗式光电倍增管示意图

a）光电倍增管的工作原理　b）图形符号

在可以探测到紫外、可见和近红外区的辐射能量的光电器件中，光电倍增管因为采用了二次发射倍增系统，因而具有很高的灵敏度和极低的噪声。光电倍增管还有响应快速、阴极面积大等特点。因此广泛应用于光子计数、闪烁计数和石油勘探等领域。

2. 光电倍增管的结构

光电倍增管由光窗、光电阴极、电子光学系统、电子倍增系统和阳极五个主要部分组成。

（1）光窗

如图4-8所示，光窗分侧窗式和端窗式两种，它是入射光的通道。一般常用的光窗材料有钠钙玻璃、硼硅玻璃、紫外玻璃、熔凝石英和氟镁玻璃等。由于光窗对光的吸收与波长有关（波长越短吸收越多），所以光电倍增管光谱特性的短波阈值一般取决于光窗材料。

（2）光电阴极

光电阴极多是由化合物半导体材料制作的，它接收入射光，向外发射光电子。所以倍增管光谱特性的长波阈值取决于光电阴极材料，同时光电阴极材料对光电倍增管灵敏度也起着决定性作用。

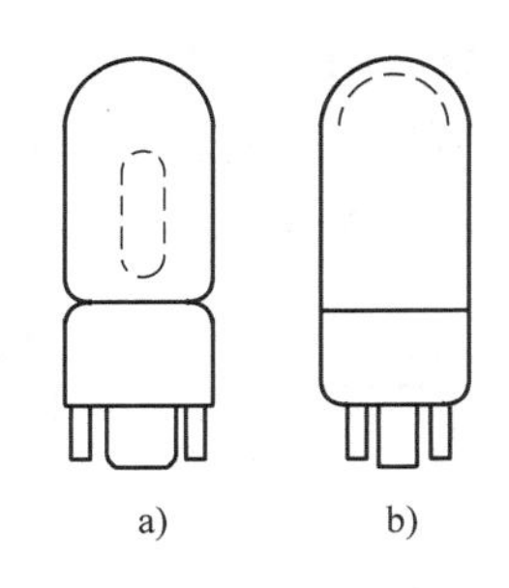

图 4-8　光电倍增管的结构示意图
a）侧窗式　b）端窗式

（3）电子光学系统

加入电子光学系统的目的是适当地设计电极结构，使前一级发射出来的电子尽可能没有散失地落到下一个倍增极上（即使下一级的收集率接近于1），并使前一级各部分发射出来的电子，落到后一级上所经历的时间尽可能相同（即渡越时间零散最小）。

（4）电子倍增系统

电子倍增系统是由许多倍增极组合而成的综合体，各倍增极均由二次电子倍增材料构成，具有使一次电子倍增的能力，因此电子倍增系统是决定光电倍增管灵敏度最关键的部分。通常用二次电子发射系数 δ 来表示材料二次发射能力的大小，它的定义为单个入射电子所产生的平均二次电子数，可用公式表示为

$$\delta=\frac{N_2}{N_1} \tag{4-23}$$

式中，N_1 为入射电子数；N_2 为发射电子数。

δ 又称为倍增系数，与材料的性质、电极的结构、形状、温度以及所加的电压有关，可以表示为

$$\delta=b\sqrt{U} \tag{4-24}$$

式中，U 为倍增极间所加的外加电压；b 是与材料的性质和结构有关的系数。

如果倍增管内有 n 个倍增极，且各倍增极的倍增系数相同，则阴极每激发出一个光电子，阳极就收集到 δ^n 个倍增后的电子。通常倍增极的个数为 9 ~ 14 个，δ 的值多为 3 ~ 6，因此，δ^n 多在 $10^5 \sim 10^8$ 之间。

常用的倍增极材料大致可分为以下四类：

1）含碱复杂面，主要是银氧铯和锑铯两种，它们既是灵敏的光电发射体，也是良好的二次电子发射体。

2）氧化物型，主要是氧化镁。

3）合金型，主要是银镁、铝镁、铜镁、镍镁和铜铍等合金。

4）负电子亲和势发射体。

这几类材料在低电压下有较大的倍增系数 δ 值，以便倍增管工作电压不至于过高；热发射小，暗电流和噪声小；二次电子发射稳定，在温度较高或一次电流较大时，长时间工作 δ 不下降；而且容易制作。

倍增极的结构可分为聚焦型和非聚焦型两类，所谓聚焦不是指使电子束会聚于一点，而是指电子从前一级倍增极飞向后一级倍增极时，在两电极间的电子运动轨迹，可能会有交

叉。非聚焦则是指在两电极间的电子运动轨迹是平行的。如图4-9所示，聚焦型又分为直瓦片式和圆瓦片式两种，非聚焦型分为百叶窗式和盒栅式两种。表4-2给出了每一种光电倍增管的结构分类和特点。

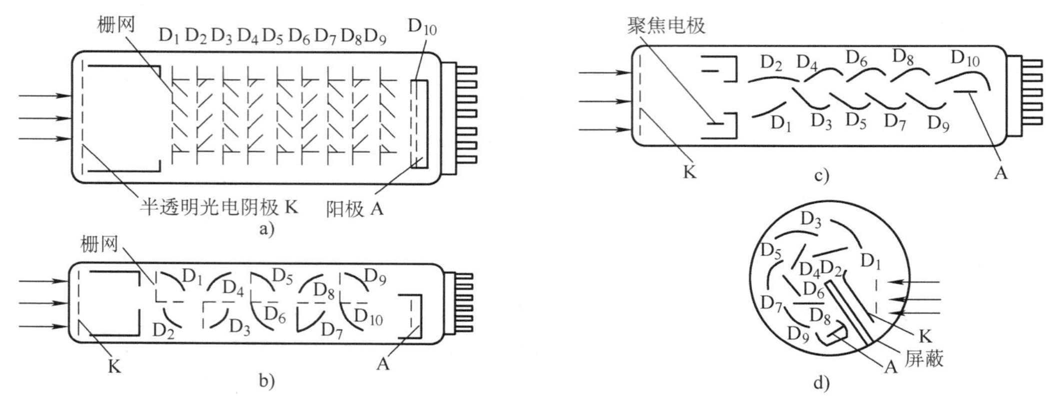

图4-9　光电倍增管的结构

a）百叶窗式　b）盒栅式　c）直瓦片式　d）圆瓦片式

表4-2　光电倍增管结构分类和特点

倍增极结构形式		特　　点
聚焦型	直瓦片式	极间电子渡越时间零散小，但绝缘支架可能积累电荷而影响电子光学系统的稳定性
	圆瓦片式	结构紧凑，体积小，但灵敏度的均匀性差些
非聚焦型	百叶窗式	工作面积大，与大面积光电阴极配合可制成探测弱光的倍增管，但极间电压高时，有的电子可能越级穿过，收集率较低，渡越时间零散较大
	盒栅式	收集率较高（可达95%），结构紧凑，但极间电子渡越时间零散较大

（5）阳极

阳极是采用金属网做的栅网状结构，把它置于靠近最末一级倍增极附近，用来收集最末一级倍增极发射出来的电子。

3. 光电倍增管的特性参数

光电倍增管的参量与特性是区分管子质量好坏的基本依据，分为基本参数（静态参数）、应用参数（动态参数）和运行特性（例行特性）等。

基本参数与倍增管的工作原理、结构特征、材料性质以及制造工艺有关。它包括灵敏度、量子效率、增益、暗电流、光谱响应等。

应用参数与倍增管的应用方法和探测对象有关，反映某种应用的特殊要求。它包括闪烁计数中的脉冲幅度分辨力、噪声能当量；光子计数中的暗噪声计数、单电子分辨力、峰谷比；快速光脉冲测量中的上升时间、半高宽、渡越时间、时间分辨力等。

运行特性与倍增管的运行条件和运行环境有关。它表征管子承受的外部条件和使用极限，包括稳定性、温度特性、最大线性电流、抗电磁干扰特性、抗冲击振动特性等。

下面介绍几个重要的特性参数。

（1）灵敏度

倍增管灵敏度可分为阴极灵敏度 S_K 和阳极灵敏度 S_A 两种。每一种灵敏度对于入射光又都有光谱灵敏度（对于单色光）与积分灵敏度（对于多色光或全色光）之分。

阴极灵敏度为

$$S_K = \frac{I_K}{\Phi} \tag{4-25}$$

式中，I_K为阴极发射电流。测试阴极灵敏度S_K时，以阴极为一极，其他倍增极和阳极都连到一起为另一极，相对于阴极加100～300V直流电压，照射到光电阴极上的光通量为10^{-5}～10^{-2}lm。

阳极灵敏度为

$$S_A = \frac{I_A}{\Phi} \tag{4-26}$$

式中，I_A为阳极出射电流。测试阳极灵敏度S_A时，各倍增极和阳极都加上适当电压，因为阳极灵敏度是整管参量，与整管所加电压有关，所以必须注明整管所加的电压。

积分灵敏度与测试光源的色温有关，一般用色温为2856K的白炽钨丝灯。色温不同时，即使测试光源的波长范围相同，各单色光在光谱分布中的组分不同时，所得的积分灵敏度也不同。

表4-3给出了光电倍增管各灵敏度的表达式。

表4-3　光电倍增管各灵敏度的表达式

灵　敏　度		公　　式	说　　明
阴极灵敏度	阴极光谱灵敏度	$S_K(\lambda) = I_{K\lambda}/\Phi_\lambda$	式中，S为灵敏度；λ为波长；I为光电流；Φ为光通量；下标K表示阴极；下标A表示阳极
	阴极积分灵敏度	$S_K = I_K/\Phi$	
阳极灵敏度	阳极光谱灵敏度	$S_A(\lambda) = I_{A\lambda}/\Phi_\lambda$	
	阳极积分灵敏度	$S_A = I_A/\Phi$	

（2）电流增益G

电流增益G定义为同样入射光通量下阳极电流与阴极电流之比，或阳极灵敏度与阴极灵敏度之比，即

$$G = I_A/I_K = S_A/S_K \tag{4-27}$$

若倍增管有n个倍增极，并且每个倍增极的倍增系数δ均相等，则有

$$G = \delta^n \tag{4-28}$$

因为δ是电压的函数，所以G也是电压的函数。

（3）光电特性

阳极光电流与入射于光电阴极的光通量之间的函数关系，称为光电倍增管的光电特性，如图4-10所示。对于模拟量测量，必须选取能保证光电流与光照在大范围内能保持线性关系的那些型号的光电倍增管，在工程上一般取特性偏离于直线3%作为线性区的上限。

（4）伏安特性

光电倍增管的伏安特性曲线分为表征阴极电流与阴极电压之间关系的阴极伏安特性曲线，及表征阳极电流与阳极和最末一级倍增极之间电压关系的阳极伏安特性曲线。图4-11所示为典型的阳极伏安特性曲线，在电路设计时，一般使用阳极伏安特性曲线来进行负载电阻、输出电流、输出电压的计算。

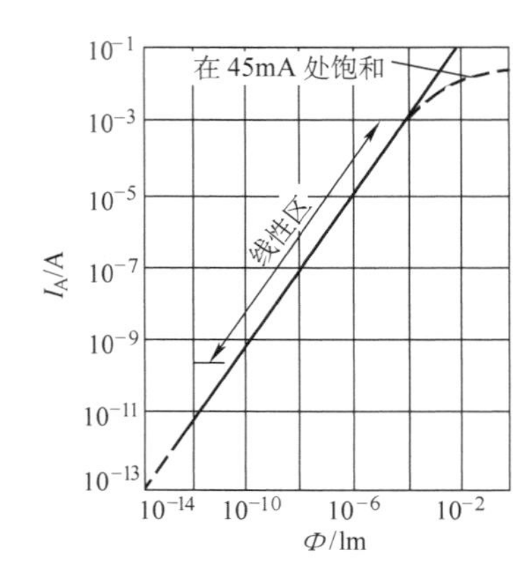

图4-10 光电倍增管的光电特性图

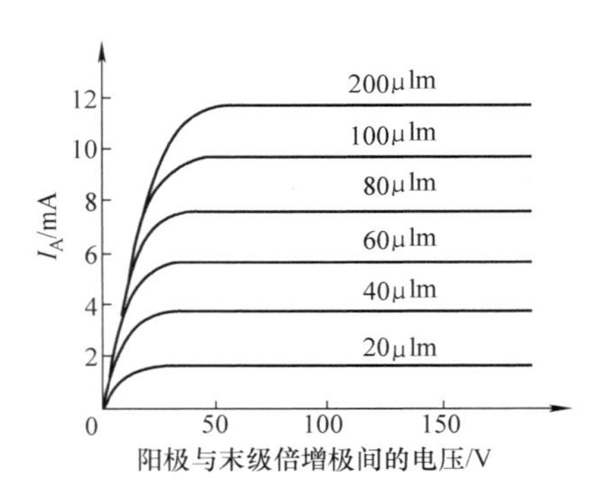

图4-11 典型的阳极伏安特性曲线

（5）暗电流

暗电流是在各电极都加上正常工作电压并且阴极无光照情况下阳极的输出电流。它限制了可测直流光通量的最小值，同时也是产生噪声的重要因素，是鉴别倍增管质量的重要参量。在弱光探测时应选取暗电流较小的管子。

光电倍增管中产生暗电流的因素较多，例如，阴极和靠近于阴极的倍增极之间的热电子发射；阳极或其他电极的漏电；由于极间电压过高而引起的场致发射；光反馈以及窗口玻璃中可能含有的少量的钾、镭、钍等放射性元素蜕变产生的β粒子，或者宇宙线中的μ介子穿过光窗时产生的契伦柯夫光子等都可能引起暗电流。

（6）噪声与噪声等效功率

光电倍增管的噪声主要是指由倍增管本身引起的输出偏离于平均值的起伏，主要来源是光电阴极光电发射的随机性和各倍增极二次电子发射的随机性，同时也与背景光或信号光中的直流分量有关。

噪声等效功率（*NEP*）又称为最小可探测功率，它定义为光电器件输出信号的信噪比为1时的入射光通量（光功率），可用式（4-10）来表示。

光电倍增管的 *NEP* 表征光电倍增管阳极信号电流 I_A 与噪声电流有效值 I_{nA} 之比等于1时，入射于倍增管光电阴极的光功率（或光通量）的有效值，即

$$NEP=\frac{\Phi}{I_A/I_{nA}}=I_{nA}/S_A \tag{4-29}$$

它描述了光电倍增管可能探测到的信号光功率（通量）的最小值。

4. 光电倍增管的供电电路

光电倍增管各电极要求直流供电，从阴极开始至各级的电压要依次升高，一般多采用电阻链分压法来供电。一般情况下，各级电压均相等，为80～100V，总电压为1000～1300V。供电电源电压要稳定，一般电源稳定性应优于0.01%，各倍增极电压由电阻链分压电阻产生。为使极间电压稳定，常在后几级倍增极的分压电阻上并联电容。

倍增管供电电路与其后续信号处理电路必须要有一个共用的参考电位，即接地点。倍增管的接地方式有两种：阴极接地和阳极接地。具体的供电电路请参阅第五章第二节。

5. 光电倍增管的使用要点

由上面介绍的光电倍增管的特性参数可得如下使用要点：

1）使用前应了解器件的特性。真空光电器件的共同特点是灵敏度高、惰性小、供电电压高、采用玻璃外壳、抗振性差，应注意防振和高压下的安全性。

2）使用时不可用强光照射。光照过强时，光电特性的线性会变差，而且容易使光电阴极疲劳（轻度疲劳经一段时间可恢复，重度疲劳不能恢复），缩短寿命。一般工作电流控制在0.1μA到几十微安。

3）工作电流不宜过大。工作电流过大时会烧毁阴极面，或使倍增极二次电子发射系数下降、增益降低、光电线性变差，缩短寿命。

4）测量交变光时，负载电阻不宜很大。因为负载电阻和管子的等效电容一起构成电路的时间常数，若负载电阻较大，时间常数就变大，频带将变窄，影响动态特性。

（二）微通道板（MCP）光电倍增管

加有微通道板的光电倍增管具有比通用的光电倍增管更高的灵敏度，能够代替后者用于需要高性能的场合。

微通道板是一种重要的二维电子图像倍增极，它是发展于20世纪60年代的新型电子倍增器件。它利用固体材料在电子的撞击下能够发射出更多电子的特性来实现电流倍增，具有高增益、低噪声、高分辨力、宽频带、低功耗、体积小、重量轻、寿命长以及自饱和效应等优点，被广泛应用在像管、像增强器、高速光电倍增管、摄像管和高速示波器及紫外探测器等领域。

1. 微通道板的结构和工作原理

微通道板是由上百万的微小单通道玻璃管（电子倍增器）彼此平行地集成为片状盘形薄板，如图4-12所示。每个单通道电子倍增器实际上是一块通道内壁具有良好二次发射性能和一定导电性能的微细空心通道玻璃纤维面板。这些微通道的单根通道直径一般为10～12μm，长度约为500μm，长度与孔径之比的典型值为50。在微通道板的两个端面（即微通道板的两个环面）镀有Ni层，形成输入电极和输出电极。在微通道板的外缘带有加固环。微通道通常不垂直于端面，而具有7°～15°的斜角。一块通道板包含数百万根通道管，即数百万像素，可以使图像的亮度增加几千乃至上万倍。

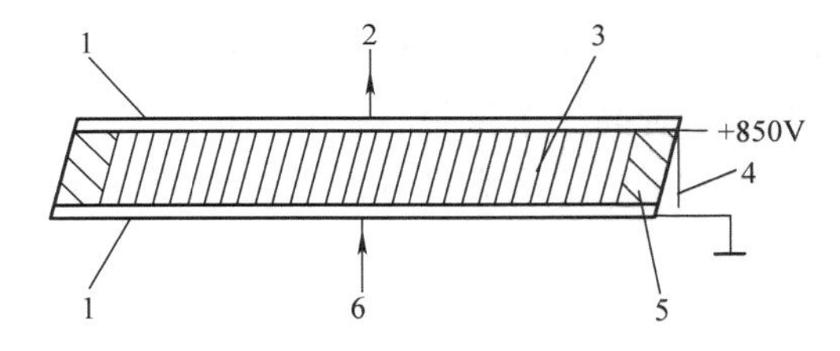

图4-12　微通道板的纵向剖面示意图
1—镍电极　2—输出电子　3—微通道面阵
4—通道斜面　5—加固环　6—输入电子

通常微通道板由含有铅、铋等重金属的硅酸盐玻璃拉伸成直径较小的玻璃纤维棒，再经烧结切成圆片而成。微通道的内壁具有半导体的电阻率（10^9～$10^{11}\Omega\cdot cm$）和良好的二次电子发射系数。这样，当两电极间加上电压时，管道内壁有微安量级的电流流过，使管内沿轴向建立起一个均匀的加速电场。当光电子以一定角度从管子一端射入时，射入通道的电子及由其碰撞管壁释放出的二次电子在这个纵向电场和垂直于管壁的出射角的共同作用下，将沿着管轴曲折前进，碰撞出几何级数增加的电子，如图4-13所示。每一次曲折就产生一次倍增。而在前后两次碰撞之间，电子又获得100～200V电压的加速，电子在细长的管内径中经多次曲折可获得10^7～10^8的增益。通道电子倍增器的电子增益与管壁内的电子发射材料有关，与通道的长径比有关，与通道所加电压有关，但与通道的大小无关，所以可以做的极小，将其并列起来组成阵列，就可以用来传递显示图像了。

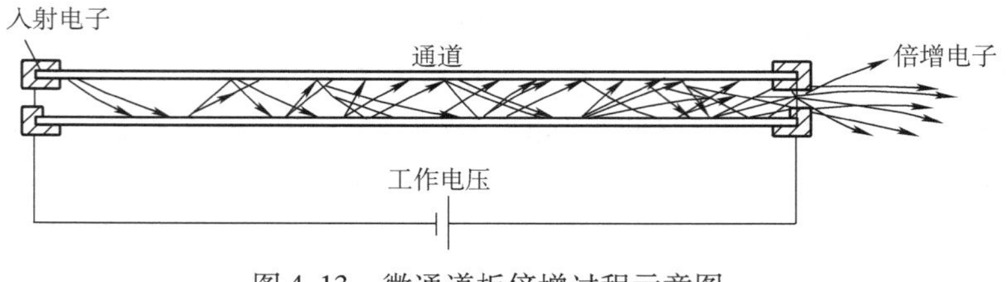

图 4-13 微通道板倍增过程示意图

2. 微通道板光电倍增管

微通道板光电倍增管将光电阴极、微通道板（MCP）和荧光屏做在一起，达到对微弱图像信号的放大作用。器件用置于输入窗口内表面的半透明光阴极把微弱光信号（或二维光图像）转换成光电子（或二维电子图像）发射出来，再经过电子透镜或均匀电场将其传输到微通道板的输入端，电子图像在输入端面被几百万个微通道分割成几百万个“像素”，在各个通道内进行彼此独立的传输放大，但图像的空间分布没有改变，于是在微通道的输出端得到被增强了的电子图像。这个电子图像再被均匀加速电场加速后入射到荧光屏上，于是在屏上就显示出清晰明亮的电子图像。

微通道板光电倍增管具有电流增益高、暗电流小、时间响应快等优点，广泛应用于激光光谱仪、荧光光谱仪、核物理研究、光学仪器、激光雷达、物理化学分析和通信等领域。

微通道光电倍增管具有比通用的光电倍增管更高的灵敏度，能够代替后者用于需要高性能的场合，且比任何分离电极的倍增极结构具有更快的时间响应。它的阳极灵敏度比通用的光电倍增管高一个量级，达到 10^7 A/W，暗电流降低两个量级。并且当采用多阳极输出结构时，在磁场中仍具有良好的一致性和二维探测能力。

第三节 光电导器件

一、光电导效应

光照变化引起半导体材料电导变化的现象称为光电导效应。它是光电导器件工作的物理基础。这种效应在大多数半导体和绝缘体中都存在，而金属由于本身已存在大量的自由电子，因此不产生光电导效应。

当光照射到半导体材料时，晶格原子或杂质原子的束缚态电子，吸收光子能量并被激发为传导态自由电子，引起材料的载流子浓度增加，因而导致材料的电导率增大。与上一节介绍的外光电发射效应不同，光子激发产生的载流子仍保留在材料内部，因此光电导效应是一种内光电效应。半导体材料对光的吸收分为本征吸收和非本征吸收两种，因此光电导效应也分为本征光电导效应和非本征光电导效应两类。

（一）本征光电导

本征光电导是指只有光子能量 $h\nu$ 大于材料禁带宽度 E_g 的入射光，才能激发出电子 - 空穴对，使材料产生光电导效应的现象，用公式表示为

$$h\nu > E_g \tag{4-30}$$

因此本征光电导材料的截止波长为

$$\lambda_0 = \frac{hc}{E_g} \tag{4-31}$$

亦即只有波长小于 λ_0 的入射辐射才能产生本征光电导。如果禁带宽度的单位为 eV，截止波长的单位为 μm，式（4-31）可以表示为

$$\lambda_0 = \frac{1.24}{E_g} \tag{4-32}$$

1. 稳态光电导

若取材料样品如图 4-14 所示，样品两端敷有电极，沿电极方向加有电场，当在垂直于电极方向有均匀光照入射到样品表面，且入射光通量恒定时，样品中流出的光电流称为稳态光电流。

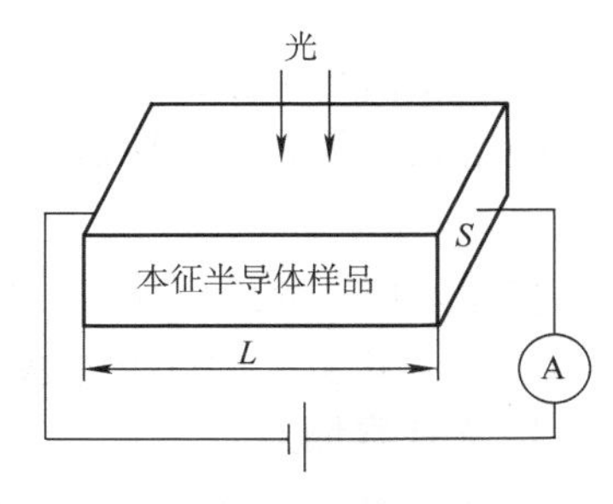

图 4-14　本征半导体光电导效应示意图

无光照时，半导体材料在常温下具有一定的热激发载流子浓度，此时材料处于暗态，具有一定的暗电导率，暗态下样品的电导可以表示为

$$G_d = \sigma_d \frac{S}{L} \tag{4-33}$$

式中，G 为样品的电导；下标 d 代表暗态；σ 为半导体材料的电导率；S 为样品横截面的面积；L 为样品电场方向的长度。

如果给样品外加电压 U，通过的电流为暗电流，可表示为

$$I_d = G_d U = \sigma_d SU/L \tag{4-34}$$

有光照时，样品吸收光子能量产生光生载流子，此时材料处于亮态，具有的亮电导为

$$G_l = \sigma_l S/L \tag{4-35}$$

亮态下，样品在外加电压下流出的电流称为亮电流，为

$$I_l = G_l U = \sigma_l SU/L \tag{4-36}$$

式中，下标 l 代表亮态。

亮电导 G_l 与暗电导 G_d 之差称为光电导 G_p，即

$$G_p = G_l - G_d = (\sigma_l - \sigma_d) S/L = \Delta\sigma S/L \tag{4-37}$$

式中，$\Delta\sigma$ 为光致电导率的变化量。

亮电流与暗电流之差称为光电流，即

$$I_p = I_l - I_d = (G_l - G_d) U = \Delta\sigma SU/L \tag{4-38}$$

2. 光电导弛豫过程

光电导效应是非平衡载流子效应，因此存在一定的弛豫现象，即光电导材料从光照开始到获得稳定的光电流需要经过一定的时间，同样，光照停止后光电流也是逐渐消失的。这种弛豫现象反映了光电导体对光照变化的反应快慢程度，亦称为惰性。

当用矩形光脉冲照射光电导体时，常用上升时间常数 τ_r 和下降时间常数 τ_f 来描述弛豫过程的长短。如图 4-15 所示，τ_r 表示光生载流子浓度从零增长到稳态值的 63% 时所需的时间，τ_f 表示从停光前的稳态值衰减到稳态值的 37% 所需的时间。图 4-15 所示为光电导的上升和

下降曲线。

当输入光功率按照正弦规律变化时，输出光电流（对应于光生载流子浓度）与光功率调制频率变化的关系是一个低通特性，说明光电导的弛豫特性限制了器件对调制频率高的光功率的响应。输出的光电流为

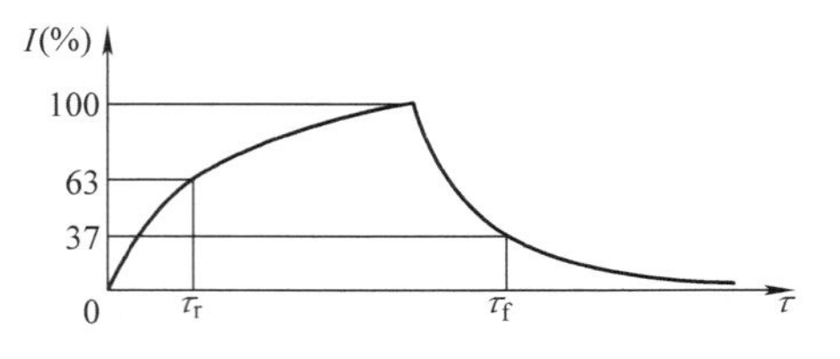

图4-15　矩形脉冲光照下光导样品弛豫过程图

$$I(\omega)=\frac{I_0}{\sqrt{1+(\omega\tau)^2}} \tag{4-39}$$

式中，I_0为低频时输出的光电流；ω 为调制圆频率，$\omega=2\pi f$；τ 为非平衡载流子的平均寿命，在这里又称为光电导器件的时间常数，它反映了光电器件对发光强度信号反应的快慢程度。

当 $\omega=1/\tau$ 时，$I=I_0/\sqrt{2}$，此时的调制频率 f_c 称为光电器件的上限截止频率或带宽，$f_c=1/2\pi\tau$。因此，时间常数决定了光电器件响应的带宽。

3. 光电导增益

光电导增益是表征光电导器件特性的一个重要参数，它表示长度为 L 的光电导体在两端加上电压 U 后，由光照产生的光生载流子在电场作用下形成的外电流与光生载流子在内部形成的光电流之比。理论分析表明，光电导增益可以表示为

$$M=\frac{\tau}{t_{dr}} \tag{4-40}$$

式中，M 为光电导增益；τ 为器件的时间响应；t_{dr}为载流子在两极间的渡越时间。

因此，光电导器件常做成如图4-16所示的梳状电极，光敏面做成蛇形，这样既可以保证有较大的受光表面，也可以减小电极之间的距离，从而既可减小载流子的有效极间渡越时间，也有利于提高灵敏度。

很多光电器件的光电增益与带宽之积为一常数，即 $M\Delta f=$常数。这表明材料的光电灵敏度与带宽往往是矛盾的：材料的光电灵敏度高，则带宽窄；反之，器件的带宽宽，则光电灵敏度低。此结论对光电效应现象有普适性。

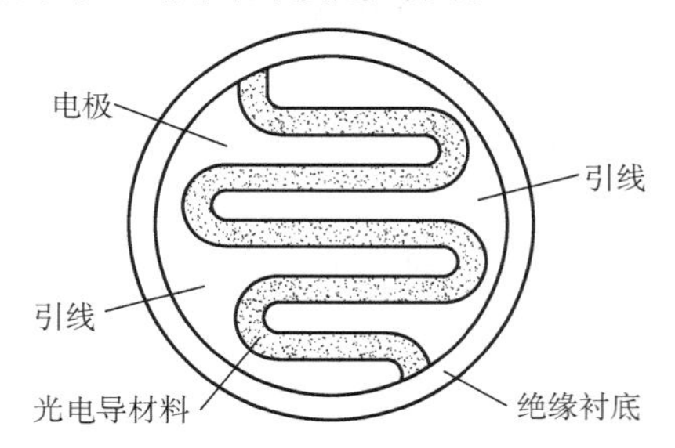

图4-16　光电导器件的梳状电极

（二）杂质光电导

杂质光电导是指杂质半导体中的施主或者受主吸收光子能量后电离，产生自由电子或空穴，从而增加材料电导率的现象。

由于杂质光电导器件中施主或受主的电离能比同材料的本征半导体的禁带宽度要小很多，因此响应波长也要比本征半导体材料的工作波长长很多。如用 E_I表示杂质半导体的电离能，则杂质光电导器件的截止波长可以表示为

$$\lambda_c=\frac{hc}{E_I} \tag{4-41}$$

因为杂质的电离能很小，为了避免热激发的载流子产生的噪声超过光激发的信号载流子，多数杂质半导体光电导器件都必须工作在低温状态，具体实现方法是将光电器件放在装有制冷剂的杜瓦瓶里。

目前使用的光电导材料有硅、锗掺杂和硅、锗合金掺杂等半导体材料，以及一些有机物等。表 4-4 给出了常见杂质光电导器件的性能参数和工作温度。

表 4-4　常见杂质光电导器件的性能参数和工作温度

光电导器件材料	峰值波长 $\lambda_p/\mu m$	峰值比探测度 $D^*/(cm \cdot Hz^{1/2} \cdot W^{-1})$	响应时间 τ/s	工作温度 T/K
Ge：Au	5.0	1×10^{10}	5×10^{-8}	77
Ge：Hg	10.5	4×10^{10}	1×10^{-9}	38
Ge：Cd	16	4×10^{10}	5×10^{-8}	20
Ge：Cu	23	5×10^{10}	$<10^{-6}$	4.2
Ge：Zn	35	5×10^{10}	$<10^{-6}$	4.2
$Hg_{0.8}Cd_{0.2}Te$	8 ~ 14	5×10^{10}	$<10^{-6}$	77
$Hg_{0.72}Cd_{0.28}Te$	3 ~ 5	1×10^{10}	$<10^{-6}$	195
$Hg_{0.61}Cd_{0.39}Te$	1 ~ 3	3×10^{11}	$<0.4\times10^{-6}$	295

二、光敏电阻及其特性

利用半导体光电导效应制成的器件称为光电导器件，由于电导率的变化也表现为器件电阻值的变化，因此光电导器件也常称为光敏电阻。

（一）常用光敏电阻材料及特性

常见的本征光电导材料多为半导体材料，其禁带宽度、光谱响应和峰值波长见表 4-5。

表 4-5　常用本征光电导材料

光电导器件材料	禁带宽度 E_g/eV	光谱响应范围 $\lambda_1 \sim \lambda_2/nm$	峰值波长 λ_p/nm
硫化镉（CdS）	2.45	400 ~ 800	515 ~ 550
硒化镉（CdSe）	1.74	680 ~ 750	720 ~ 730
硫化铅（PbS）	0.40	500 ~ 3000	2000
碲化铅（PbTe）	0.31	600 ~ 4500	2200
硒化铅（PbSe）	0.25	700 ~ 5800	4000
硅（Si）	1.12	450 ~ 1100	850
锗（Ge）	0.66	550 ~ 1800	1540
锑化铟（InSb）	0.16	1000 ~ 7000	5500
砷化铟（InAs）	0.33	1000 ~ 4000	3500

光敏电阻的结构是在一块半导体材料两端加上电极，在两端面接上电极引线，封装在带有窗口的金属或塑料外壳内，如图 4-17a 所示。光敏电阻的图形符号如图 4-17b 所示。

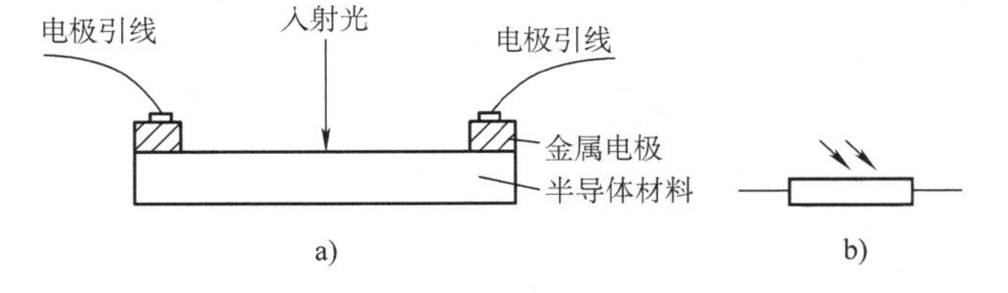

图 4-17　光敏电阻的结构示意图和图形符号

a）光敏电阻结构示意图　b）光敏电阻的图形符号

光敏电阻在实际工作时需要外加电源和负载电阻将光电流引出，但光敏电阻无极性之分，其实用电路见第五章第二节。

(二) 光敏电阻的特性

光敏电阻的重要特点是光谱响应范围宽、测光范围宽、灵敏度高、器件无极性之分。但由于材料不同，在性能上差别较大。下面是几个经常用到的特性

1. 光电特性和光照指数

按灵敏度定义（响应量与输入量之比），可得光敏电阻的光电导灵敏度 S_g 为

$$S_g = G_p/E \tag{4-42}$$

式中，G_p 为光敏电阻的光电导，单位为西门子（S 或 Ω^{-1}）；E 为照度，单位为 W/m^2 或勒克斯（lx）；S_g 的单位为 S/lx 或 $S \cdot m^2/W$。

光电流与照度的关系称为光电特性。光敏电阻的光电特性可以表示为

$$I_p = S_g E^{\gamma} U^{\alpha} \tag{4-43}$$

式中，I_p 为光电流；E 为光照度；α 为电压指数；S_g 为光电导灵敏度；U 为光敏电阻两端所加的电压；γ 为光照指数，与材料和入射光强弱有关，对于硫化镉光电导体，在弱光照下有 $\gamma=1$，在强光照下 $\gamma=1/2$，一般 $\gamma=0.5\sim1$。电压指数 α 与光电导体和电极材料之间的接触有关，欧姆接触时 $\alpha=1$，非欧姆接触时 $\alpha=1.1\sim1.2$。

图4-18所示为硫化镉光敏电阻的光电特性曲线。由图可见，硫化镉光敏电阻在弱光照下，I_p 与 E 具有良好的线性关系，在强光照下则为非线性关系，其他光敏电阻也有类似的性质。如果电压指数 $\alpha=1$，在弱光照射时，光电流与光照度的线性关系可以表示为

$$I_p = S_g E U \tag{4-44}$$

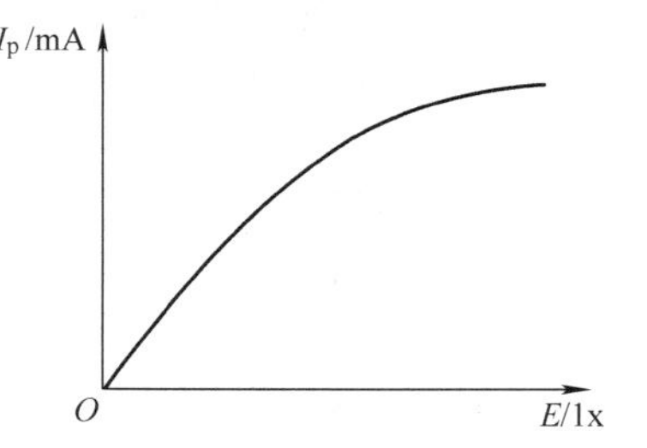

图4-18　硫化镉光敏电阻的光电特性曲线

2. 光谱特性

光谱特性多用相对灵敏度与波长的关系曲线表示。图4-19和图4-20分别为几种在可见光区和红外区灵敏的光敏电阻的光谱特性曲线，从这种曲线中可以直接看出灵敏范围、峰值波长位置和各波长下灵敏度的相对关系。

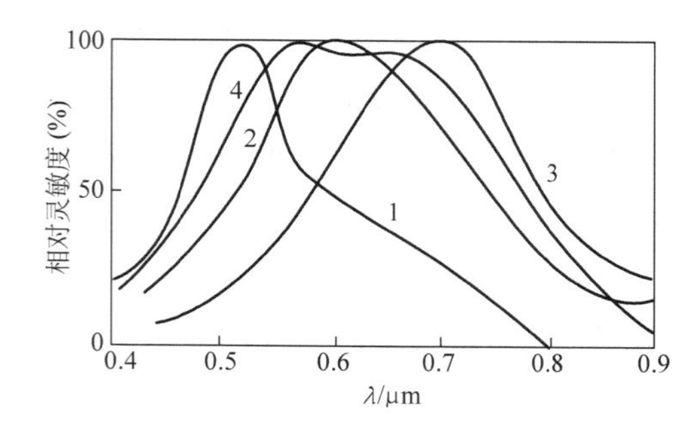

图4-19　在可见光区灵敏的几种光敏电阻的光谱特性曲线

1—硫化镉单晶　2—硫化镉多晶
3—硒化镉多晶　4—硫化镉与硒化镉混合多晶

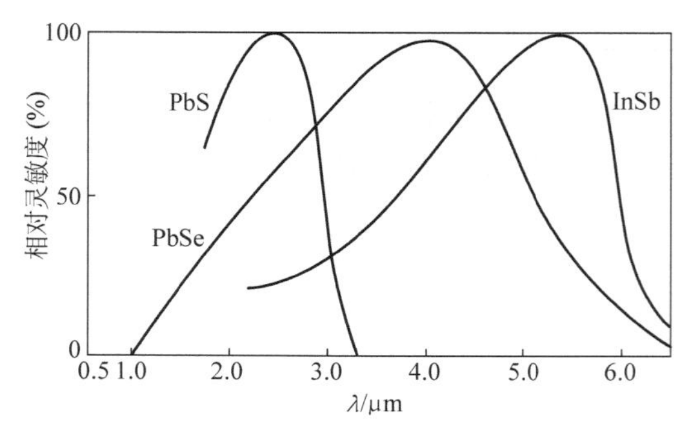

图4-20　在红外区灵敏的几种光敏电阻的光谱特性曲线

如图4-19所示，硫化镉单晶、硫化镉与硒化镉混合多晶、硫化镉多晶和硒化镉多晶几种光敏电阻的光谱特性曲线覆盖了整个可见光区，峰值波长在515～600nm之间。这与人眼的光谱光视效率$V(\lambda)$曲线的范围和峰值波长（555nm）是很接近的，因此可用于与人眼有关的仪器，例如照相机、照度计、光度计等。不过它们的形状与$V(\lambda)$曲线还不完全一致，如直接使用，与人的视觉还有一定的差距，所以必须加滤光片进行修正，使其特性曲线与$V(\lambda)$曲线完全符合，这样即可得到与人眼视觉相同的效果。

3. 频率特性

光敏电阻是依靠非平衡载流子效应工作的，非平衡载流子的产生与复合都有一个时间过程，这个时间过程在一定程度上影响了光敏电阻对变化光照的响应。光敏电阻采用交变光照时，其输出将随入射光频率的增加而减小。

图4-21所示为几种常用光敏电阻的频率特性曲线。它们的共同点是相对输出随光调制频率的增加而减小。由于每种材料的响应时间各不相同，因此存在各自不同的截止频率。

4. 伏安特性

在一定的光照下，加到光敏电阻两端的电压与流过光敏电阻的亮电流之间的关系称为光敏电阻的伏安特性，常用如图4-22所示的曲线表示。图中的虚线为额定功耗线。使用光敏电阻时，应不使电阻的实际功耗超过额定值。从图上看，就是不能使静态工作点居于虚线以外的区域。按这一要求，在设计负载电阻时，应不使负载线与额定功耗线相交。

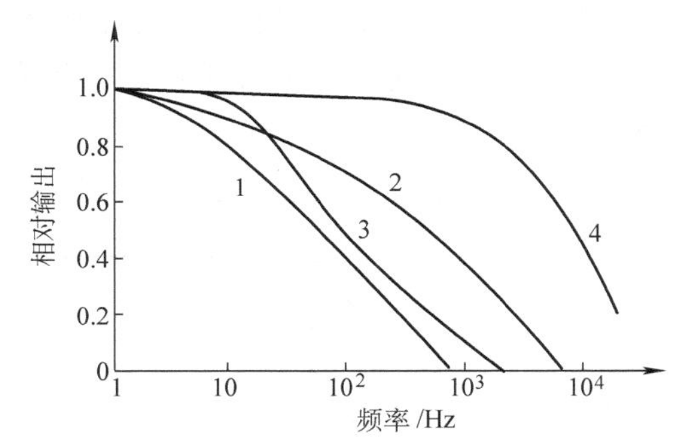

图4-21　几种常用光敏电阻的频率特性曲线
1—硒　2—硫化镉　3—硫化铊　4—硫化铅

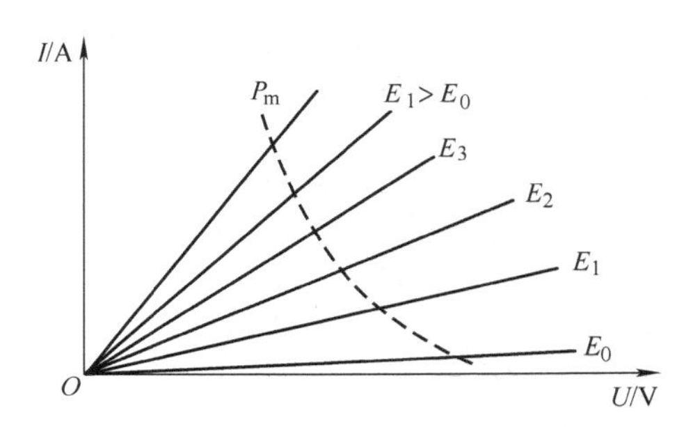

图4-22　光敏电阻的伏安特性曲线

5. 温度特性

光敏电阻的温度特性很复杂。在一定照度下，不同材料亮电阻的温度系数α有正有负，温度系数可以表示为

$$\alpha = (R_2 - R_1)/[R_1(T_2 - T_1)] \tag{4-45}$$

式中，R_1、R_2分别是与温度T_1、T_2相对应的亮电阻。

温度对光谱响应也有影响。一般来说，光敏电阻的光谱特性主要取决于光敏材料，材料的禁带宽度越窄则长波越灵敏。但禁带很窄时，半导体中的热激发也会使自由载流子浓度增加，使复合运动加快，灵敏度降低。因此，采取冷却灵敏面的办法来提高灵敏度往往是很有效的。

图4-23是硫化镉单晶和硫化镉多晶的温度特性曲线。由图可见，硫化镉单晶在0℃以下的温度系数为正，而在0°C以上则表现出负的温度系数。硫化镉多晶的温度系数则皆为正

值。并且在照度为1lx下的温度系数较100lx时要大。

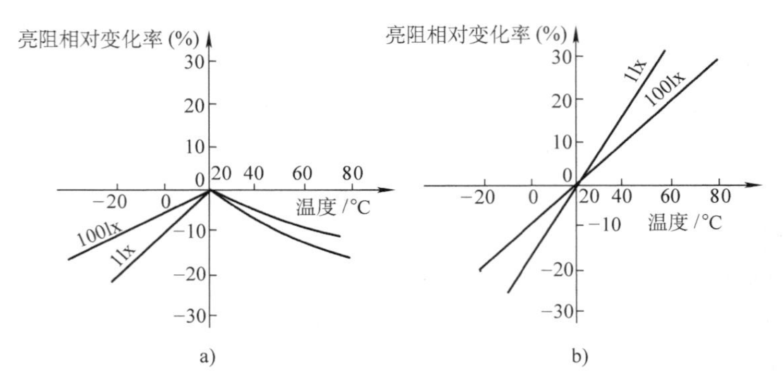

图4-23 硫化镉光敏电阻的温度特性曲线

a）硫化镉单晶 b）硫化镉多晶

图4-24是硫化铅光敏电阻在冷却到77K、195K和室温290K下的相对光谱灵敏度。其光谱响应曲线随制冷温度的降低而向长波方向移动。

6. 前历效应

前历效应是指光敏电阻的时间特性与工作前“历史”有关的一种现象。前历效应有暗态前历与亮态前历之分。

暗态前历效应是指光敏电阻在测试或工作前处于暗态。图4-25是硫化镉光敏电阻的暗态前历效应曲线。当它突然受到光照后表现为暗态前历越长，光电流上升越慢。一般来说，工作电压越低，光照度越低，则暗态前历效应就越显著。

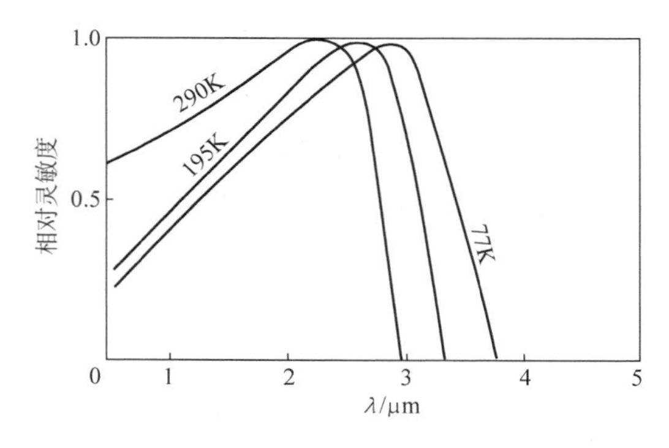

图4-24 硫化铅光敏电阻在冷却情况下相对光谱灵敏度的变化

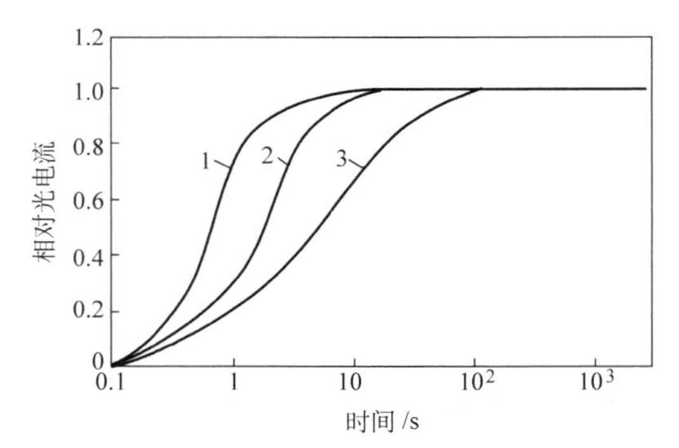

图4-25 硫化镉光敏电阻的暗态前历效应曲线

1—在黑暗中放置3min后 2—在黑暗中放置60min后 3—在黑暗中放置24h后

亮态前历效应是指光敏电阻在测试或工作前已处于亮态，当照度与工作时所要达到的照度不同时，所出现的一种滞后现象，其效应曲线如图4-26所示。一般来说，亮电阻由高照度状态变为低照度状态达到稳定值时所需的时间要比由低照度状态变为高照度状态需要的时间短。

由光敏电阻的特性，可总结出在使用中应注意的要点如下：

1）当用于模拟量测量时，因光照指数γ与光照强弱有关，只有在弱光照射下光电流与入射辐通量呈线性关系。

2）在用于光度量测试仪器时，必须对光谱特性曲线进行修正，保证其与人眼的光谱光视效率曲线相符合。

3）光敏电阻的光谱特性与温度有关，温度低时，灵敏范围和峰值波长都向长波方向移动，可采取冷却灵敏面的办法来提高光敏电阻在长波区的灵敏度。

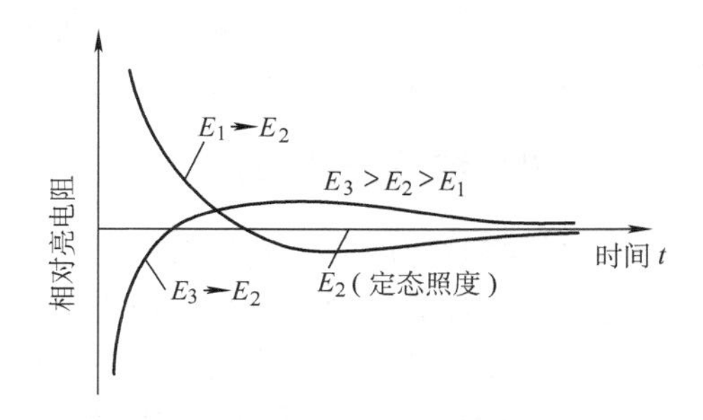

图 4-26　硫化镉光敏电阻亮态前历效应曲线

4）光敏电阻的温度特性很复杂，电阻温度系数有正有负，一般而言，光敏电阻不适于在高温下使用，特别是杂质光敏电阻在温度高时的输出将明显减小，甚至无输出。

5）光敏电阻的频带宽度都比较窄，在室温下只有少数品种能超过 1000Hz，而且光电增益与带宽之积为一常量，如要求带宽较宽，势必以牺牲灵敏度为代价。

6）设计负载电阻时，应考虑到光敏电阻的额定功耗，负载电阻值不宜很小。

7）进行动态设计时，应意识到光敏电阻的前历效应。

（三）光敏电阻的噪声

光敏电阻的噪声源主要有热噪声$\overline{i_{nT}^2}$、产生复合噪声i_{ng-r}^2和 $1/f$ 噪声$\overline{i_{nf}^2}$。总的方均根噪声电流可经过噪声分析得到，即

$$I_n = [\overline{i_{nT}^2} + i_{ng-r}^2 + \overline{i_{nf}^2}]^{1/2} \tag{4-46}$$

光敏电阻的噪声等效电路如图 4-27 所示，其中 R_d和 C_d为器件的暗电阻和等效电容，R_i和 C_i为后接放大器的输入电阻和电容。由噪声产生的机理可知，在低频段以 $1/f$ 噪声$\overline{i_{nf}^2}$为主，在中频段以 g－r 噪声i_{ng-r}^2为主，在高频段则以热噪声$\overline{i_{nT}^2}$为主。图 4-28 为对数坐标下典型光敏电阻的噪声功率谱，由图可见，低频噪声到产生－复合噪声的噪声谱转折点约在 1kHz 附近，而中频到高频噪声的转折点在 1MHz 左右。通常采用光敏电阻的光电系统选择调制频率在中频波段，即主要是产生－复合噪声，这时需要注意背景光的抑制，因为光激发产生电流的来源不仅有信号光，同时也有背景光。有关噪声的详细分析请参阅本书第五章第四节。

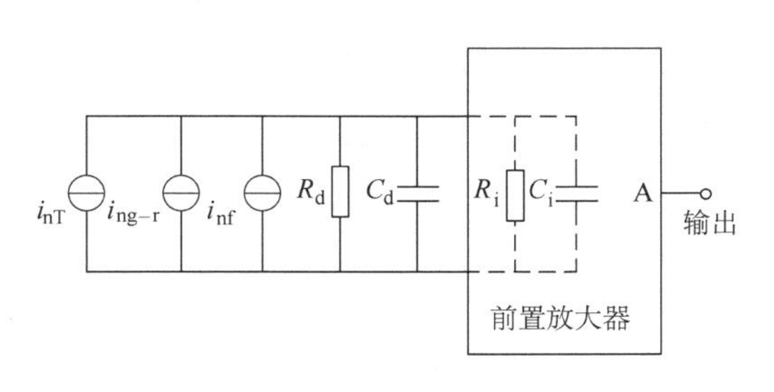

图 4-27　光敏电阻的噪声等效电路

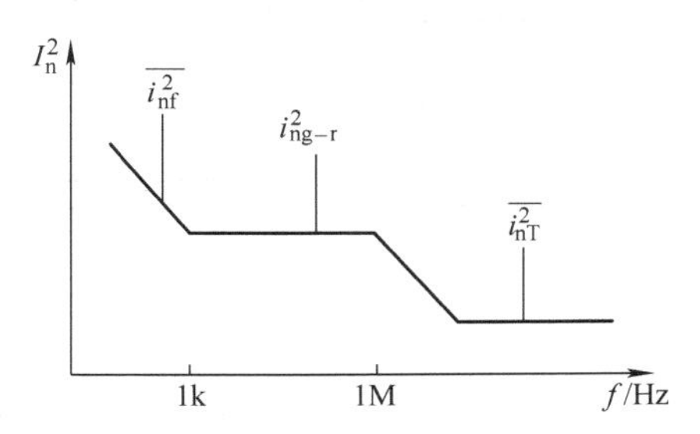

图 4-28　光敏电阻的噪声功率谱

第四节　光 伏 器 件

利用半导体 PN 结光伏（Photovoltaic，PV）效应制成的器件称为光伏器件，也称结型

光电器件。这类器件品种很多，其中包括各种光电池、光敏二极管、光敏晶体管、光敏PIN管、雪崩光敏二极管、阵列式光电器件、象限式光电器件和位置敏感探测器（PSD）等。

一、PN结及光伏效应

光生伏特效应简称为光伏效应，是指光照固体，尤其是半导体时，使不均匀半导体或半导体与金属组合的不同部位之间产生电位差的现象。产生这种电位差的机理有好几种，其中最主要的一种是势垒型光伏效应，下面以PN结为例加以说明。

（一）热平衡态下的半导体PN结

制作PN结的材料，可以是同一种半导体中掺杂突变形成的同质结，也可以是由两种不同的半导体材料接触形成的异质结，或金属与半导体结合形成的肖特基结。“结”指一个单晶体内部根据杂质种类和含量的不同而形成的接触区域，严格说来是指其中的过渡区。

结的种类有很多，常见的有PN结、PI结、NI结、P^+P结、N^+N结等。I型指本征型，P^+、N^+分别指相对于P型、N型半导体的受主、施主浓度更大些。

1. PN结的形成

同质结可用同一块半导体材料经掺杂成P区和N区而成。由于杂质的电离能ΔE很小，在室温下杂质几乎都电离成受主离子N_A^-和施主离子N_D^+，使得N区具有丰富的自由电子，P区则富含自由空穴。在PN结两区交界处因存在载流子的浓度差，故会发生载流子向浓度梯度减少的方向扩散，即电子由N区流入P区，空穴由P区流入N区。电子与空穴相遇又要发生复合，这样在原来是N区的界面附近剩下未经中和的施主离子N_D^+形成正的空间电荷。同样，P区留下不能运动的受主离子N_A^-形成负的空间电荷。在P区与N区界面两侧产生不能移动的空间电荷区（也称耗尽区、阻挡层），于是出现空间电荷层，形成由N区指向P区的内建电场。此电场对两区多子的扩散有抑制作用，而对少子的漂移有帮助作用，直到扩散流等于漂移流时达到热平衡，在界面两侧建立起稳定的内建电场。图4-29所示为热平衡下的PN结模型及其能带图。

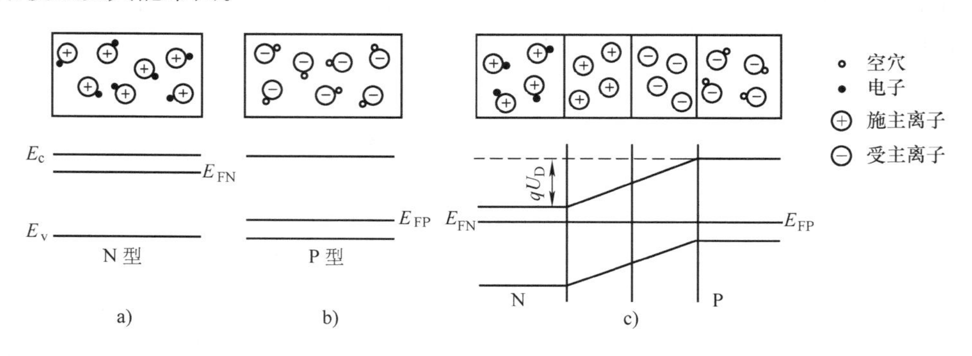

图4-29　热平衡下的PN结模型及能带图

2. PN结能带与接触电势差

在热平衡条件下，结区有统一的费米能级E_F；在远离结区的部位，E_c、E_F和E_v之间的关系与PN结形成前的状态相同。

从能带图看，N型、P型半导体单独存在时，N区费米能级E_{FN}与P区费米能级E_{FP}有一定差值。当N型与P型两者紧密接触时，电子要从费米能级高的一方向费米能级低的一方流动，空穴流动的方向则恰好相反，与此同时产生内建电场。在内建电场作用下，E_{FN}将连同整个 N 区能带一起下移，E_{FP}将连同整个 P 区能带一起上移，直至将费米能级拉平为 $E_{FN}=E_{FP}$，载流子停止流动为止。这时，结区导带与价带则发生相应的弯曲，形成势垒，电子在 N 区具有较低的势能，在 P 区具有较高的势能，空穴则反之。因此 N 区的电子和 P 区的空穴要想进入另一区都需要吸收能量。势垒高度等于 N 型、P 型半导体单独存在时的费米能级之差即

$$qU_D=E_{FN}-E_{FP}$$

由此得

$$U_D=(E_{FN}-E_{FP})/q \tag{4-47}$$

式中，q 为电子电量；U_D为接触电势差或内建电动势。

对于在耗尽区以外的状态，有

$$U_D=(kT/q)\ln(N_AN_D/n_i^2) \tag{4-48}$$

式中，k 为玻耳兹曼常数；T 为绝对温度；N_A、N_D、n_i分别为受主、施主和本征半导体中的载流子浓度。

可见 U_D与掺杂浓度有关。在一定温度下，PN 结两边掺杂浓度越高，则其接触电势差 U_D越大。对于禁带宽的材料，其 n_i较小，故 U_D较大。

3. PN 结电流方程

在热平衡条件下，由于 PN 结中的漂移电流等于扩散电流，故净电流为零。当外加偏置电压 U 时，结内平衡被破坏，理论分析表明，此时流过 PN 结的电流方程为

$$I_d=I_0e^{qU/kT}-I_0 \tag{4-49}$$

式中，第一项为正向电流，方向从 P 端经过 PN 结指向 N 端；第二项为反向饱和电流；I_d为 PN 结无光照时的电流，又称为暗电流。

（二）光伏效应

1. PN 结光电效应

如果 PN 结受到垂直于 PN 结面的光照射，并且光子能量大于材料的禁带宽度，则在结两边都可产生电子－空穴对，光照时少子的浓度可以发生很大变化，而多数载流子的浓度则近乎不变，此外，结区附近的少子很容易被结电场加速而进入另一区域，成为该区的多子，而多子都被势垒阻挡而不能过结。只有当 P 区的光生电子、N 区的光生空穴和结区的电子－空穴对（少子）扩散到结电场附近时才能在内建电场的作用下漂移过结。光生电子被拉向 N 区，光生空穴被拉向 P 区，即电子－空穴对被内建电场分离。这样，入射的光能就转变成流过 PN 结的电流，即为光电流。这导致在 N 区边界附近有光生电子积累，在 P 区边界附近有光生空穴积累。它们产生一个与热平衡 PN 结的内建电场方向相反的光生电场，其方向由 P 区指向 N 区。此电场使势垒降低，其减小量即光生电势差，P 端光生电势为正，N 端光生电势为负。

实际上，并非所产生的全部光生载流子都对光生电流有贡献。设 N 区中空穴在寿命 τ_p 的时间内扩散距离为 L_p，P 区中电子在寿命 τ_n 的时间内扩散距离为 L_n。$L=L_n+L_p$远大于 PN 结本身的宽度。故可以认为在结附近平均扩散距离 L 内所产生的光生载流子都对光电流有贡献。而产生的位置距离结区超过 L 的电子－空穴对，在扩散过程中将全部复合掉，对 PN 结光电效应无贡献。

2. 光照下的 PN 结电流方程

与热平衡时比较，有光照时，PN 结内将产生一个附加电流（光电流）I_p，其方向与 PN 结反向饱和电流 I_0 相同，一般 $I_p \geqslant I_0$。设由 P 区流向 N 区的电流为正，则此时流过 PN 结的总电流为

$$I = I_0(e^{qU/kT} - 1) - I_p \tag{4-50}$$

当光照下的 PN 结外电路开路时，P 端对 N 端的电压为开路电压 U_{oc}，即当 PN 结电流方程 $I_0 e^{qU/kT} - (I_0 + I_p) = 0$ 时，得到的电压为

$$U_{oc} = (kT/q)\ln(I_p/I_0 + 1) \approx (kT/q)\ln(I_p/I_0) \tag{4-51}$$

当光照下的 PN 结外电路短路时，从 P 端流出，经过外电路从 N 端流入的电流称为短路电流 I_{sc}，短路情况下光电流最大，即当式（4-50）中 $U = 0$ 时的 I 值称为短路电流，为

$$I_{sc} = -I_p = SE \tag{4-52}$$

式中，S 为光照灵敏度；E 为光照度。

图 4-30 是光照下 PN 结的伏安特性曲线。在一定的照度下，曲线在横轴的截距，代表该照度下的开路电压 U_{oc}。曲线在纵轴的截距，代表该照度下的短路电流 I_{sc}。U_{oc} 与 I_{sc} 是光照下 PN 结的两个重要参数。在一定温度下，U_{oc} 与光照度 E 成对数关系，但最大值不超过接触电势差 U_D。在弱光照下，I_{sc} 与光照度 E 呈线性关系。图中第一象限为 PN 结加正向电压时的状态，此时 PN 结的光电流远小于暗电流，因此第一象限不是光伏器件的工作区域。在第三象限，PN 结处于反偏状态，这时暗电流的数值很小，远小于光生电流，故光伏器件中的总电流 $I = I_0(e^{qU/kT} - 1) - I_p \approx -I_p$，此时工作可以得到显著的光电流，通常也称工作于这个区域的光伏器件为光导模式。在第四象限，外加偏压为零，流过器件的电流仍为反向光电流，但随着入射光功率的不同，器件的流出电流与电压呈现明显的非线性，这时光伏器件的输出电压就是外电路负载电阻上的电压。通常称这种工作模式为光伏工作模式。图4-31 分别给出了光伏和光导两种工作模式的等效电路。它可以视为一个暗电流为 I_d 的普通二极管与一个光电流为 I_p 的电流源并联，图中的 R_L 为负载电阻，U_b 为外接偏置电源。

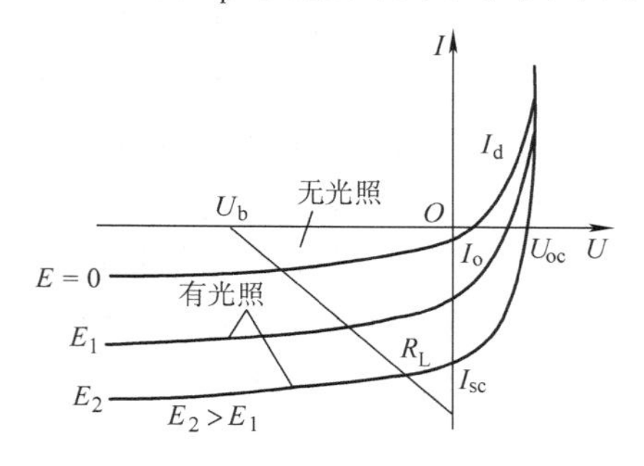

图 4-30　光照下 PN 结的伏安特性曲线

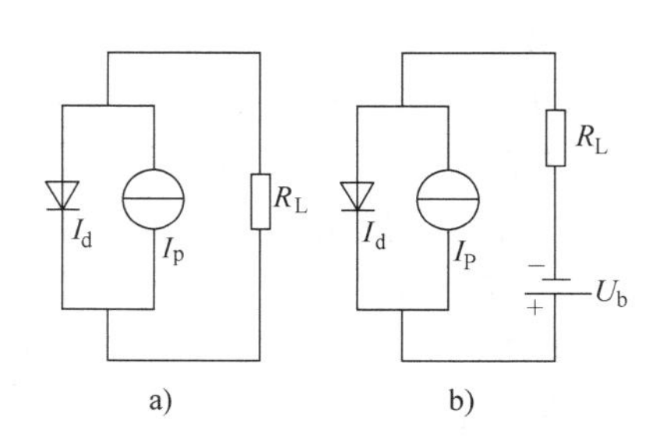

图 4-31　光伏探测器的两种工作模式等效电路
a）光伏模式　b）光导模式

当器件处于光伏工作模式时，器件内阻远低于负载电阻，相当于一个恒压源；在光导模式下时，器件内阻远大于负载电阻，此时器件相当于一个恒流源。

上述 PN 结的工作状态，可以用图 4-32 形象地表示出来。图 4-32a 为无光照时的热平衡态，PN 型半导体有统一的费米能级，势垒高度为 N 型和 P 型半导体单独存在时的费米能级之差，即 $qU_D = E_{FN} - E_{FP}$。图 4-32b 表示在稳定光照下的 PN 结外电路开路状态，由于光生

载流子的积累而出现光生电压 U_{oc}，此时不再有统一的费米能级，势垒高度为 $q(U_D - U_{oc})$。图4-32c 描述在稳定光照下 PN 结外电路短路状态，PN 结两端无光生电压，势垒高度为 qU_D，光生载流子被内建电场分离后流入外电路形成短路电流。图4-32d 为稳定光照时外电路有负载时的状态，一部分光电流在负载上建立起电压 U，另一部分光电流被 PN 结因正向偏压引起的正向电流抵消，势垒高度为 $q(U_D - U)$。

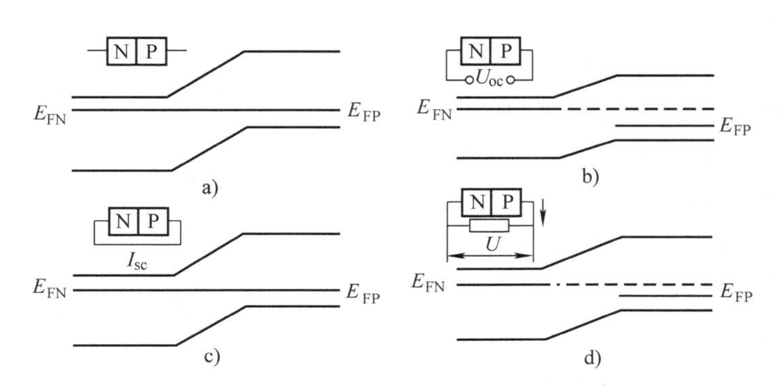

图4-32　不同状态下的 PN 结能带图

a）无光照时的热平衡状态　b）稳定光照时，外电路开路状态

c）稳定光照时，外电路短路状态　d）稳定光照时，外电路有负载状态

二、光电池

光电池是最简单的光伏器件，工作时无需外加偏压就能将光能转换为电能。光电池可分为将光能转换成电能的太阳能光电池和测量光辐射用光电池两类。

（一）光电池的结构特点

光电池的基本结构就是一个 PN 结。按材料分，有硅、硒、硫化镉、砷化镓和无定型材料等光电池；按结构分，有同质结和异质结等光电池。图4-33a 为硅光电池的结构示意图，图4-33b 是它的电气符号。

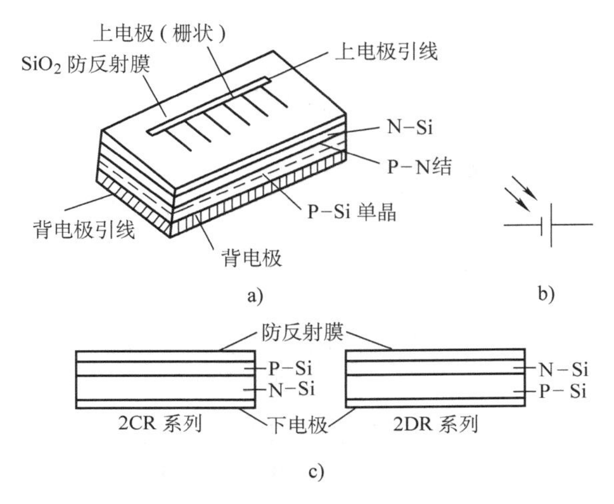

图4-33　硅光电池的结构示意图

a）结构示意图　b）电气符号　c）2CR 系列与2DR 系列光电池

光电池中最典型的是同质结硅光电池。国产同质结硅光电池因衬底材料导电类型不同而分成2CR 系列和2DR 系列两种，如图4-33c 所示。

2CR 系列硅光电池是以 N 型硅为衬底，P 型硅为受光面的光电池。受光面上的电极称为前极或上电极，为了减少遮光，前极多做成梳状。衬底面的电极称为后极或下电极。为了减少反射光，增加透射光，一般都在受光面上涂有 SiO_2、MgF_2、Si_3N_4、SiO_2-MgF_2等材料的防反射膜，同时也可以起到防潮、防腐蚀的保护作用。

光电池在光照下能够产生光生电动势，光电流在结内的流动方向为从 N 端指向 P 端，在结外部的流动方向为从P端流出，经过外电路，流入N端。如前所述，光生电动势与光照度E呈对数关系。当光电池短路时，短路电流I_{sc}与光照度呈线性关系。硅光电池的开路电压U_{oc}一般为0.45～0.6V，最大不超过0.756V，因为它不能大于PN结热平衡时的接触电势差。硅单晶光电池短路电流可达35～40mA/cm^2。

（二）光电池的特性与应用

1. 光电特性

光电池的开路电压和短路电流与入射光照度的关系如图4-34所示，由图可见，开路电压U_{oc}与入射光照度的对数成正比，在弱光情况下短路电流与入射光照度呈线性关系。

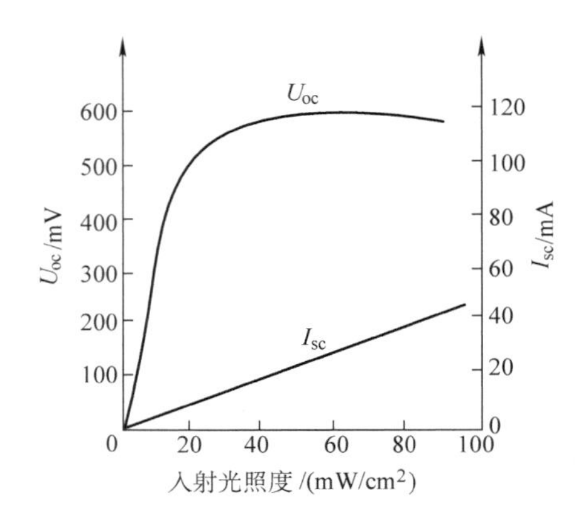

图4-34 光电池的开路电压和短路电流与入射光照度的关系

光电池的开路电压U_{oc}和短路电流I_{sc}与受光面积的关系曲线如图4-35所示，在光照度一定时，U_{oc}与受光面积的对数成正比，短路电流I_{sc}与受光面积成正比。光电池的输出电流在不同负载电阻下与入射光照度的关系如图4-36所示，由图可见，光电流在弱光照射下与光照度呈线性关系。在光照度增加到一定程度后，输出电流出现饱和。出现电流饱和的光照度与负载电阻有关，负载电阻大时，容易出现饱和；负载小时，能够在较宽的范围内保持线性关系。因此，如欲获得大的光电线性范围，负载电阻不能取得过大。

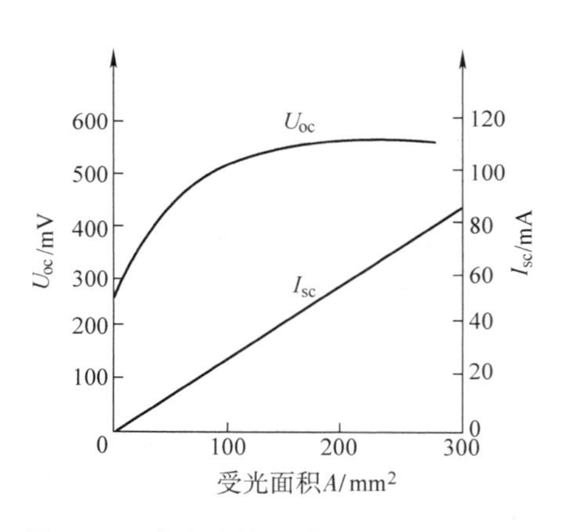

图4-35 光电池的开路电压和短路电流与受光面积的关系曲线

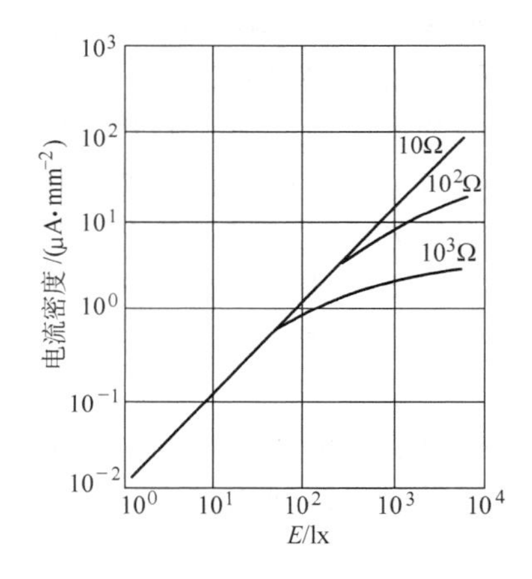

图4-36 输出电流在不同负载电阻下与入射光照度的关系

当光电池两端接某一负载R_L时，设流过负载的电流为I_L，其上的电压降为U_L，则光电流在R_L上产生的电功率为U_LI_L，电功率与入射光功率之间的比值称为光电池的量子效率η。图4-37为光电池的输出电压、输出电流和输出功率随负载变化的关系曲线，由图可见，U_L随R_L的增大而增大，当R_L为∞时，U_L等于开路电压U_{oc}；当R_L很小时，I_L趋近于短路电流I_{sc}；当$R_L=0$时，$I_L=I_{sc}$。光电池的输出电功率也随负载电阻的变化而变化。当$R_L=R_M$时，输出功率最大，为 P_{max}，R_M称为最佳负载。当光电池作为换能器件使用时，应考虑最大功率输出问题。最佳负载同时也是入射光照度的函数。

2. 伏安特性

光电池是工作在第四象限的器件，在如图 4-38 所示的伏安特性曲线上也可表示其输出功率的大小。R_L负载线就是斜率为 $\tan\theta = I_L/U_L = 1/R_L$的过原点的直线，该直线与伏安特性曲线交于 P 点，P 点在 I 轴和 U 轴上的投影为输出电流 I_L和输出电压 U_L，输出功率 $P_L = U_L I_L$在数值上等于边长分别为 OI_L和 OU_L的矩形面积。过开路电压 U_{oc}和短路电流 I_{sc}做特性曲线的切线，其交点 Q 与原点 O 的连线即为最佳负载线，此直线与特性曲线的交点为最大输出功率 P_M，此时流过负载 R_M上的电流为 I_M，在 R_M上的压降为 U_M。

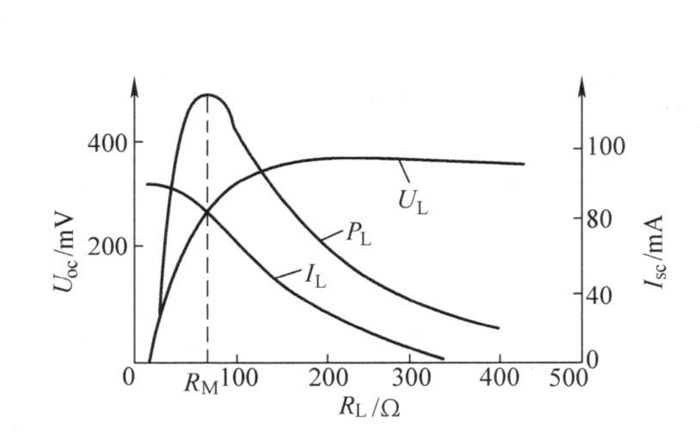

图 4-37 光电池的输出电压、输出电流和输出功率随负载变化的关系曲线

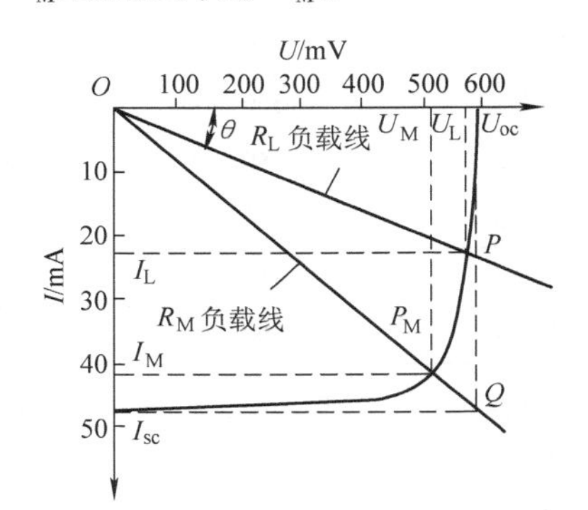

图 4-38 硅光电池的伏安特性

3. 频率特性

光电池作为光电探测器件在交变光照下使用时，由于载流子在 PN 结区内的产生、扩散、漂移与复合都需要一定的时间，所以当光照变化很快时，光生电流会滞后于光照变化。通常，用它的频率特性来描述光的交变频率与光电池输出电流的关系，如图 4-39 所示。在交变光照下，光电池的响应时间主要由电容和负载电阻 R_L的乘积决定，而结电容与器件的面积成正比，故在要求频率特性较高的测量电路中，选用小面积光电池较为有利。

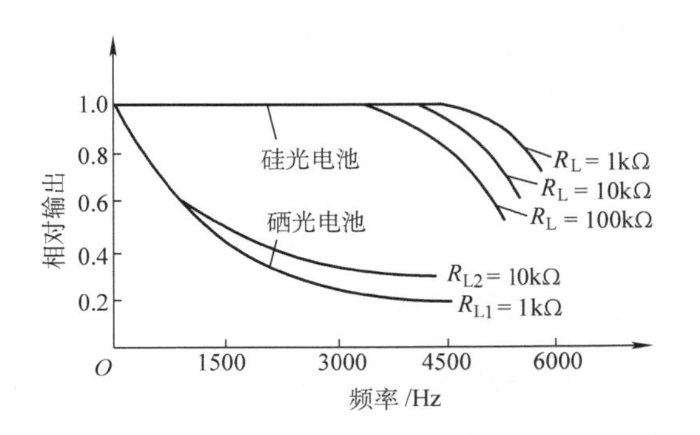

图 4-39 硅光电池的频率特性

光电池用作光电探测器件时，有着光敏面积大、频率响应较高、弱光照射时光电流随照度线性变化等特点。因此，既可用作光电开关，也可用于线性测量。

利用光电池将太阳能转换为电能，目前使用最多的是硅光电池，因为它能耐较强的辐射，转换效率也高于其他光电池。实际应用中，把硅光电池单体经串并联后组成电池组，与镍镉蓄电池配合，可作为卫星、微波站、野外灯塔、航标灯、无人气象站、微型计算器等无输电线区域的电源供给。

表4-6列出了几种国产硅光电池的特性参数。

表4-6 几种国产硅光电池的特性参数

参数名称单位	开路电压 /mV	短路电流 /mA	输出电流 /mA	转换效率 (%)	面积 /mm^2
测试条件 / 型号	$T=30℃$ $E\approx1000W/m^2$	$T\approx30℃$ $E\approx1000W/m^2$	$T\approx30℃$ $E\approx1000W/m^2$ 输出电压400mV以下		
$2CR_{11}$	460~600	2~4		>6	2.5×6
$2CR_{21}$	460~600	4~8		>8	6×6
$2CR_{31}$	460~600	9~15	6.5~8.5	6~8	5×10
$2CR_{32}$	550~600	9~15	8.6~11.3	8~10	5×10
$2CR_{41}$	460~600	18~30	17.6~22.5	6~8	10×10
$2CR_{42}$	500~600	18~30	22.5~27	8~10	10×10
$2CR_{51}$	450~600	36~60	35~45	6~8	10×20
$2CR_{52}$	500~600	36~60	45~54	8~10	10×20
$2CR_{61}$	450~600	40~65	30~40	6~8	$\left(\frac{17}{2}\right)^2\pi$
$2CR_{62}$	500~600	40~65	40~51	8~10	$\left(\frac{17}{2}\right)^2\pi$
$2CR_{71}$	450~600	72~120	54~120	>6	20×20
$2CR_{81}$	450~600	88~140	66~85	6~8	$\left(\frac{25}{2}\right)^2\pi$
$2CR_{82}$	500~600	88~140	86~110	6~10	$\left(\frac{25}{2}\right)^2\pi$
$2CR_{91}$	450~600	18~30	13.5~30	>6	5×20
$2CR_{101}$	450~600	173~288	130~288	>6	$\left(\frac{35}{2}\right)^2\pi$

三、光敏二极管

光敏二极管和光电池一样，其基本结构也是一个PN结。与光电池相比，它的突出特点是结面积小，因此它的频率特性非常好，光生电动势与光电池相同，但输出电流普遍比光电池小，一般为数微安到数十微安。按材料分，光敏二极管有硅、砷化镓、锑化铟（In）、碲（Te）化铅光敏二极管等许多种。因硅材料的暗电流温度系数小，工艺也最为成熟，因此在实际中使用最为广泛。按结构分，有同质结与异质结之分。其中最典型的还是同质结硅光敏二极管，下面以此为例加以介绍。

（一）光敏二极管的结构特点

国产硅光敏二极管按衬底材料的导电类型不同，分为2CU和2DU两种系列。2CU系列以N-Si为衬底，2DU系列以P-Si为衬底。2CU系列光敏二极管只有两个引出线，而2DU系列光敏二极管有三条引出线，除了前极和后极以外，还设有一个环极。它们的结构和电气符号如图 4-40 所示。

2DU 系列光敏二极管加环极的目的是减少暗电流和噪声。光敏二极管的受光面一般都涂有 SiO_2 防反射膜，而 SiO_2 中又常含有少量的钠、钾、氢等正离子。SiO_2 是电介质，这些正离子在 SiO_2 中是不能移动的，但是它们的静电感应却可以使 P－Si 表面产生一个感应电子层。这个电子层与 N－Si 的导电类型相同，可以使 P－Si 表面与 N－Si 连通起来。当管子加反偏压时，从前极流出的暗电流除了有 PN 结的反向漏电流外，还有通过表面感应电子层产生的漏电流，从而使从前极流出的暗电流增大。为了减小暗电流，设置一个 N^+－Si 的环，把受光面（N－Si）包围起来，并从 N^+－Si 环上引出一条引线（环极），把它接到比前极电位更高的电位上，为表面漏电流提供一条不经过负载即可达到电源的通路。这样，即可达到减小流过负载的暗电流、减小噪声的目的。如果使用时环极悬空，除了暗电流和噪声大些以外，其他性能均不受影响。

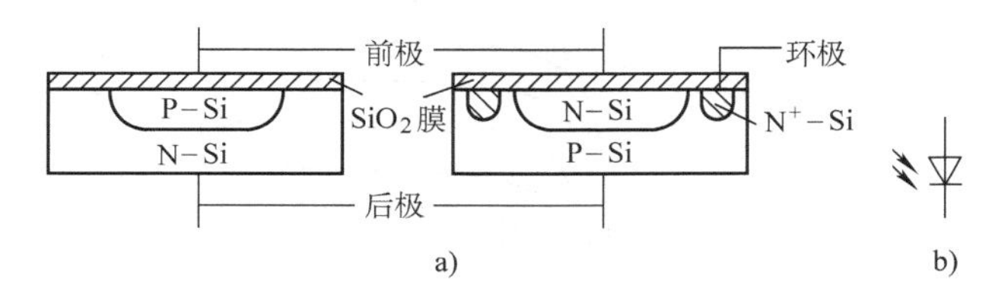

图 4-40　硅光敏二极管的结构和电气符号

a）光敏二极管的典型结构　b）光敏二极管的电气符号

2CU 系列光敏二极管是以 N－Si 为衬底，虽然受光面的 SiO_2 防反射膜中也含有少量的正离子，但它的静电感应不会使 N－Si 表面产生一个和 P－Si 导电类型相同的导电层，从而也就不可能出现表面漏电流，所以不需要加上环极。

硅光敏二极管的封装可以采用平面镜和聚焦透镜作入射窗口。凸透镜有聚光作用，有利于提高灵敏度，如图 4-41a 所示。图 4-41b 是硅光敏二极管在封装时采用透镜、平面镜和在裸片时的配光曲线，可见加透镜后的相对灵敏度分布最为集中。

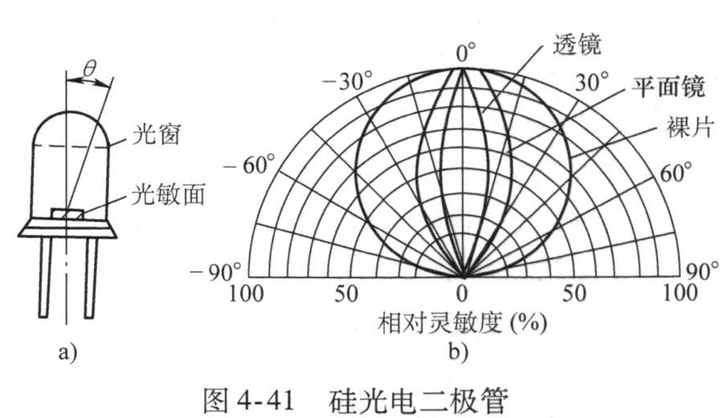

图 4-41　硅光电二极管

a）外形图　b）配光曲线

（二）光敏二极管的用法和特点

光敏二极管在多数场合都是加反向电压工作。如果加正向电压，它就与普通二极管一样，只有单向导电性，而表现不出它的光电效应，其伏安特性曲线如图 4-42a 所示。反向偏压可以减小载流子的渡越时间和二极管的极间电容，有利于提高器件的响应灵敏度和响应频率。但反偏压不能太高，以免引起雪崩击穿。光敏二极管在无光照时的暗电流就是二极管的反向饱和电流 I_0，光照下的光电流 I_p 与 I_0 同方向。不同光照度 E 下的硅光敏二极管的实用伏安特性曲线如图 4-42b 所示，图中 E 表示光照度。

图 4-42 所示光敏二极管的伏安特性曲线与硅光电池的伏安特性曲线图相比，有两点不同：一是把光伏器件的伏安特性曲线的第三、四象限旋转了 180°转换为图中的第一、二象限，变为图 4-42a，这里是以横轴的正向代表负电压，这样处理对于以后的电路设计很方便；二是因为开路电压 U_{oc} 一般都比外加的反向电压小很多，二者比较可忽略不计，所以实用曲线常画为图 4-42b 的形式。

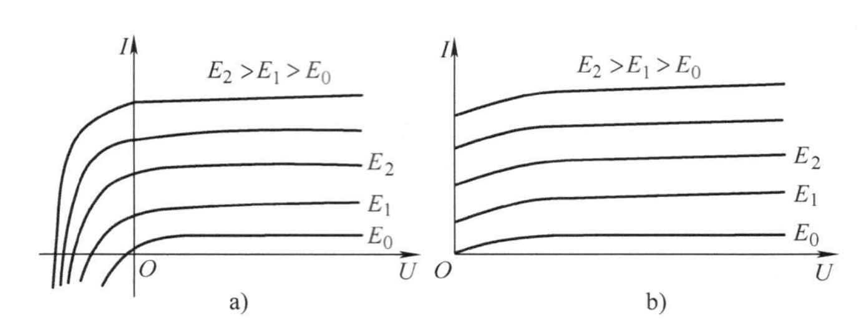

图4-42　光敏二极管的伏安特性曲线

a）光敏二极管的伏安特性曲线　b）光敏二极管的实用伏安特性曲线

如图4-42所示，在低反向电压下，光电流随反向偏压的变化较为明显，因为反向偏压增加使耗尽区变宽、结电场增强，从而提高了结区光生载流子的收集效率。当反向偏压进一步增加时，光生载流子的收集接近极限，光电流趋于饱和，此时可视作恒流源。这时，光电流仅取决于入射光功率，而与外加反向偏压几乎无关。

在较小的负载电阻下，光敏二极管光电流与入射光功率有较好的线性关系。硅光敏二极管的电流灵敏度多为0.4～0.5μA/μW量级。

2DU系列普通硅光敏二极管和经过锂漂移的硅光敏二极管2DUL的光谱特性曲线如图4-43所示。可以看出，它们的光谱响应从可见光一直延伸到近红外，在0.8～0.9μm波段的响应率最高，与砷化镓激光二极管和发光二极管的工作波长相匹配。对He－Ne和红宝石激光器也有较高的响应灵敏度。

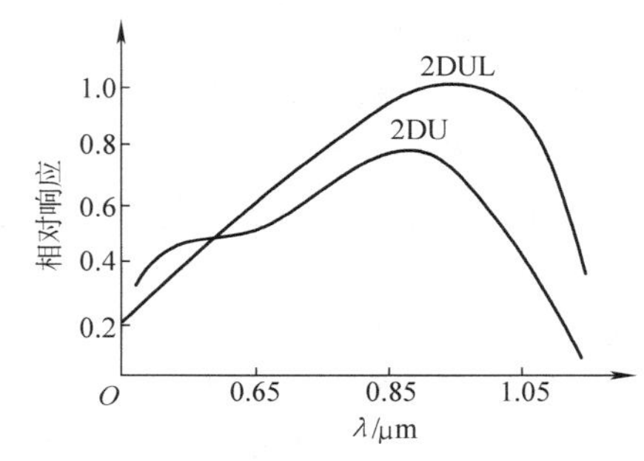

图4-43　2DU和2DUL系列光敏二极管的光谱特性曲线

由于光敏二极管的结电容很小，所以它的频率响应很高，带宽可达到100kHz以上。光敏二极管的等效电路如图4-44所示。图4-44a为实际工作电路；图4-44b为考虑到光敏二极管结构、功能后画出的交流等效电路，其中I_p为光电流恒流源，VD为理想二极管，C_j为结电容，R_g为漏电阻（即二极管的反向结电阻），R_s为体电阻，R_L为负载电阻；图4-44c是从图4-44b简化而来的，因为正常使用时，光敏二极管要加反向电压，R_g很大，R_s很小，所以图4-44b中的VD、R_g和R_s都可以忽略不计；图4-44d又是从图4-44c进一步简化来的，因为C_j很小，除了高频情况下要考虑它的分流作用外，在低频情况下，它的阻抗很大，可以忽略不计。因此具体应用时多用图4-44c和图4-44d两种形式。这样，流过负载的交变电流复振幅为

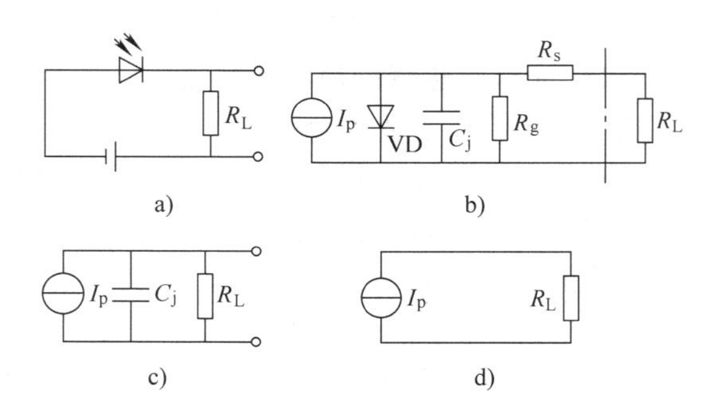

图4-44　光敏二极管的等效电路

a）实际工作电路　b）交流等效电路　c）高频时的简化电路　d）低频时的等效电路

$$I_L = \frac{I_p}{1 + j\omega\tau} \tag{4-53}$$

式中，ω 为入射光的调制圆频率，$\omega = 2\pi f$，f 为入射光的调制频率。

在频率 ω 较高时的响应时间为

$$\tau = R_L C_j \tag{4-54}$$

式（4-54）中已经忽略了二极管反向结电阻、接线分布电容和体电阻的影响。可见减小负载电阻有利于减小时间常数，提高响应频率。此外，提高反向偏压有利于减少结电容，有利于改善器件的频率响应。

由式（4-53）可得 I_L的模量为

$$I_L = \frac{1}{\sqrt{1 + \omega^2\tau^2}} | I_p | \tag{4-55}$$

可见，I_L是频率的函数，随着入射光调制圆频率的增加而减小。当 $\omega = 1/\tau$ 时，$I_L = I_p/\sqrt{2}$，这时有

$$f = \frac{1}{2\pi\tau} \tag{4-56}$$

式中，f 称为光敏二极管的上限截止频率，或称为带宽。

硅光敏二极管的噪声主要来自与暗电流 I_d和光电流（$I_p + I_b$）（信号光和背景光引起的光电流）相联系的散粒噪声 $I_{ns}^2 = 2qI\Delta f$，以及反向结电阻和负载电阻产生的热噪声 $I_{nT}^2 = \frac{4kT\Delta f}{R}$，即

$$I_n^2 = 2q(I_d + I_b + I_p)\Delta f + \frac{4kT\Delta f}{R} \tag{4-57}$$

因为通常反向结电阻 R_g远大于负载电阻 R_L，因此有 $R = R_g // R_L \approx R_L$。在弱光照射时，散粒噪声小于热噪声；在强光照射时，散粒噪声将大于热噪声。

光敏二极管输出的信号噪声功率比为

$$SNR = \frac{I_p^2}{2q(I_d + I_b + I_p)\Delta f + \frac{4kT\Delta f}{R_L}} \tag{4-58}$$

光敏二极管自身的电流噪声比负载电阻和后接放大器的噪声要小得多。因此，光敏二极管的探测能力常受负载电阻和放大器噪声的限制。表 4-7 为国外硅光敏二极管在无偏压下的噪声电流和探测度。

表 4-7 国外硅光敏二极管在无偏压下的噪声电流和探测度

型号	面积/mm²	结电阻 R_g/MΩ	噪声电流/A	NEP/W	探测度 D^*/(cm · Hz$^{1/2}$/W)
UV-040B	0.81	500	5.8×10^{-15}	89×10^{-15}	1.10×10^{14}
UV-100B	5.1	100	1.29×10^{-14}	1.98×10^{-14}	$\times 10^{14}$
UV-250B	21.0	75	1.49×10^{-14}	2.28×10^{-14}	$\times 10^{14}$
UV-300B	314.0	5	5.76×10^{-14}	8.86×10^{-14}	$\times 10^{14}$

表4-8和表4-9列出了几种国产2CU型和2DU型硅光敏二极管的特性参数。

表4-8 几种国产2CU型硅光敏二极管的特性参数

参数名称单位	最高工作电压 U_{max}/V	暗电源 I_d/μA	光电流 I_p/μA	电流灵敏度 /(A/W)	结电容 /pF	响应时间 /s
测试条件 / 型号	$I_d<0.2\mu A$ $E<1mW\cdot m^{-2}$	$U=U_{max}$	$U=U_{max}$	$U=U_{max}$ $\lambda=0.9\mu m$	$U=U_{max}$	$U=U_{max}$ $R_L=100\Omega$
$2CU_1A$	10	≤0.2	>80	>0.5	≤5	10^{-7}
$2CU_1B$	20	≤0.2	>80	>0.5	≤5	10^{-7}
$2CU_1C$	30	≤0.2	>80	>0.5	≤5	10^{-7}
$2CU_1D$	40	≤0.2	>80	>0.5	≤5	10^{-7}
$2CU_1E$	60	≤0.2	>80	>0.5	≤5	10^{-7}
$2CU_2A$	10	≤0.1	>30	>0.5	<5	10^{-7}
$2CU_2B$	20	≤0.1	>30	>0.5	<5	10^{-7}
$2CU_2C$	30	≤0.1	>30	>0.5	<5	10^{-7}
$2CU_2D$	40	≤0.1	>30	>0.5	<5	10^{-7}
$2CU_2E$	50	≤0.1	>30	>0.5	<5	10^{-7}

注：表中 U 为工作电压。

表4-9 几种国产2DU型硅光敏二极管的特性参数

参数名称单位	最高工作电压 U_{max}/V	中心暗电流 /μA	环电流 /μA	光电流 /μA	电流灵敏度 /(A/W)	响应时间 /μs	结电容 /pF	正向压降 /V
测试条件 / 型号		$U=-50V$	$U=-50V$	$U=-50V$ 在10^3lx照度下	$U=-50V$ $\lambda=0.9\mu m$	$U=-50V$ $R_L=100\Omega$	$U=-50V$ $f=1kHz$	正向电流 10mA
2DUAG	50	≤0.05	≤3	>6	>0.4	<0.1	2~3	≤3
$2DU_1A$	50	≤0.1	≤5	>6	>0.4	<0.1	2~3	≤5
$2DU_2A$	50	0.1~0.3	5~10	>6	>0.4	<0.1	2~3	≤5
$2DU_3A$	50	0.3~1.0	10~30	>6	>0.4	<0.1	2~3	≤5
2DUBG	50	≤0.05	≤3	>20	>0.4	<0.1	3~8	≤3
$2DU_1B$	50	≤0.1	≤5	>20	>0.4	<0.1	3~8	≤5
$2DU_2B$	50	0.1~0.3	6~10	>20	>0.4	<0.1	3~8	≤5
$2DU_3B$	60	0.3~1.0	10~30	>20	>0.4	<0.1	3~8	≤5

注：表中 U 为工作电压。

表4-10列出了几种红外光敏二极管的特性参数。

表4-10 几种红外光敏二极管的特性参数

材料	工作温度 /K	峰值波长 λ_p/μm	峰值探测度 D^*/ $(cm\cdot Hz^{1/2}\cdot W^{-1})$	响应时间 /s	探测度 D^* $(cm\cdot Hz^{1/2}\cdot W^{-1})$
InAs	196	3.2	5×10^{11}	10^{-6}	5×10^{9}
InAs	77	3.1	6×10^{11}	10^{-6}	1×10^{10}
InSb	77	5	1.5×10^{11}	10^{-6}	2×10^{10}
PbTe	77	4.4	1.4×10^{11}		1.6×10^{14}
HgCdTe	77	10	1.85×10^{10}	0.08×10^{-8}	
InGaAs	273	1.3		$<10^{-9}$	

光敏二极管的实用电路可参阅第五章。

四、PIN 光敏二极管

PIN 光敏二极管也是光伏器件中的一种。它的结构特点是在 P 型半导体和 N 型半导体之间夹着一层（相对）很厚的本征半导体（I 层）。这样，PN 结的内电场就基本上全集中于 I 层，从而使 PN 结空间电荷层的间距加宽，因此结电容变小。由式（4-54）和式（4-56）可知，$\tau = R_L C_j$，且 $f = 1/(2\pi\tau)$，结电容 C_j 变小，则响应时间 τ 变短，频带将变宽。因此，这种管子最大的特点是频带宽，可达 10GHz。另外，因为它的 I 层很厚，在反偏压下可承受较高的反向电压，因此管子的线性输出范围很宽。由耗尽层宽度与外加电压的关系可知，增加反向偏压会使耗尽层宽度增加，从而结电容要进一步减小，使频带宽度变宽。所不足的是虽然它的 I 层电阻很大，但其输出电流小，一般多为零点几微安至数微安。市场上已有将 PIN 光敏二极管与前置运算放大器集成在同一硅片上并封装于一个管壳内的商品出售。PIN 光敏二极管的电气符号与光敏二极管相同。PIN 光敏二极管的结构如图 4-45 所示。

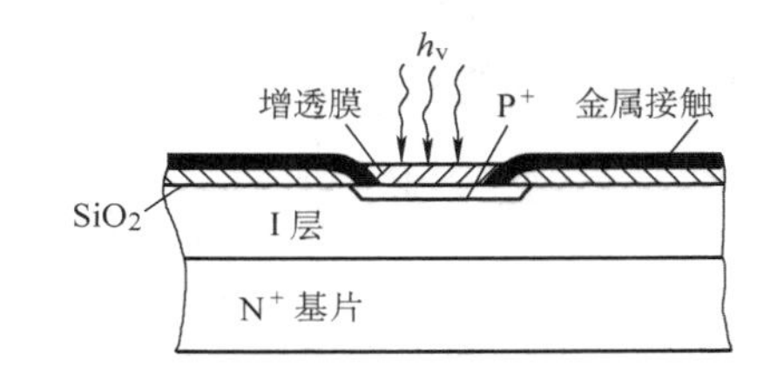

图 4-45　PIN 光敏二极管的结构示意图

五、雪崩光敏二极管（APD）

雪崩光敏二极管是利用 PN 结在高反向电压下产生雪崩效应来工作的一种光伏器件。它自身有电流增益，具有响应度高、响应速度快的特点，通常工作在很高的反偏状态下。

（一）雪崩光敏二极管的原理与结构

雪崩光敏二极管的工作原理和电气图形符号如图 4-46 所示，这种管子的工作电压很高，为 100 ~ 200V，接近于反向击穿电压。结区内电场极强，光生电子在这种强电场中可得到极大的加速，同时与晶格碰撞而产生电离雪崩反应。因此，这种管子有很高的内增益，可达到几百。当电压接近反向击穿电压时，电流增益可达 10^6，即产生所谓的自持雪崩。这种管子响应速度特别快，带宽可达 100GHz，是目前响应速度最快的一种光敏二极管。

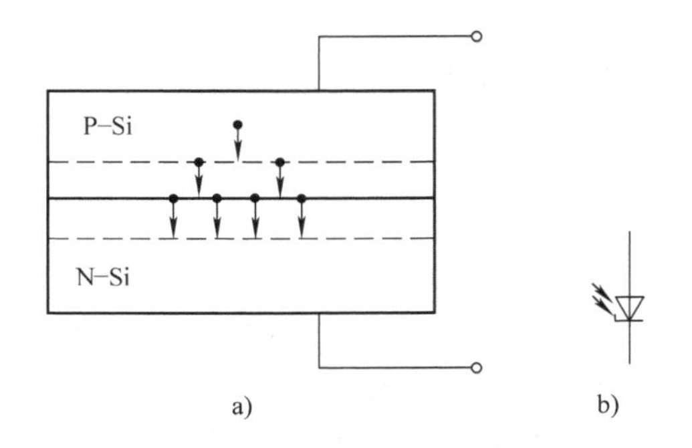

图 4-46　雪崩光敏二极管的工作原理图和电气图形符号
a）工作原理图　b）电气图形符号

图 4-47 所示为锗雪崩光敏二极管的电流 - 电压曲线。当外加电压较低时，雪崩光敏二极管的表现无异于普通的光敏二极管，没有电流倍增现象。当偏压增高以后就会出现电流倍增现象，当偏压增加到接近击穿电压 U_B 时，光电流得到很大的倍增。当偏压继续增加超过 U_B 以后，由于自身暗电流的雪崩电流急剧上升而使光电流急剧减小，噪声电流很大，此时器件会发生击穿。

目前这种管子的主要缺点是噪声较大。由于雪崩反应是随机的，特别是当工作电压接近或等于反向击穿电压时，噪声可增大到放大器的噪声水平，以至于无法使用。

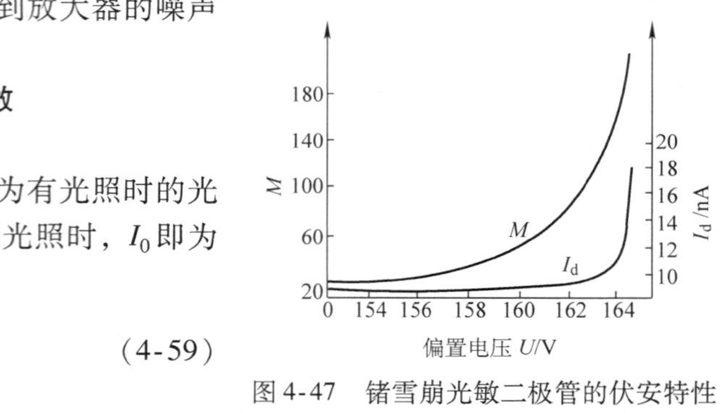

图4-47 锗雪崩光敏二极管的伏安特性

（二）雪崩光敏二极管的特性参数

1. 雪崩增益 M

雪崩光敏二极管的雪崩增益定义为有光照时的光电流 I_p 与无倍增时的光电流 I_0（当无光照时，I_0 即为二极管的反向饱和电流）之比，即

$$M=\frac{I_p}{I_0}=\frac{1}{\left(1-\frac{U}{U_B}\right)^n} \tag{4-59}$$

式中，U_B 为反向击穿电压；U 为管子的外加反向电压；n 是与材料、掺杂和器件结构有关的常数。

对于硅材料，$n=1.5\sim4$，锗器件的 $n=2.5\sim3$。反向击穿电压与器件的工作温度有关，当温度升高时，反向击穿电压会增大。这是因为温度升高使晶格的散射作用增强，因而减小了载流子的平均自由程，所以载流子在较短距离内要获得足够大的能量引起电离产生电子-空穴对，需要更强的电场，因而提高了反向击穿电压。一般雪崩光敏二极管的反向击穿电压在几十伏到几百伏之间。雪崩光敏二极管的偏压有低压和高压两种，低压在几十伏左右，高压在几十伏到几百伏之间。普通光敏二极管通常的工作电压小于几十伏。

2. 噪声特性

雪崩光敏二极管中除了有普通光敏二极管的散粒噪声和热噪声以外，还有因雪崩过程引入的附加噪声。雪崩光敏二极管的噪声为

$$i_n^2=2qIM^k\Delta f+\frac{4kT\Delta f}{R_L}=2q(I_d+I_p+I_b)M^k\Delta f+\frac{4kT\Delta f}{R_L} \tag{4-60}$$

式中，I_d 为暗电流；k 为与器件材料有关的系数，对于锗管，$k=3$，对于硅管，$k=2.3\sim2.5$。

在雪崩光敏二极管的倍增过程中，雪崩光敏二极管的输出信号噪声功率比为

$$SNR=\frac{I_p^2M^2}{2q(I_d+I_p+I_b)M^k\Delta f+\frac{4kT\Delta f}{R_L}} \tag{4-61}$$

雪崩光敏二极管的增益和噪声性能与工作电压密切相关，随着反向偏压的增加，增益 M 增大，信号功率增加，散粒噪声也增加，但热噪声不变，总的信噪比会增高。当反向偏压进一步增加后，散粒噪声增加很多，而信号功率的增加减缓，总的信噪比又会下降，因此存在一个最佳信噪比条件下的 M 值。最佳雪崩增益 M_{opt} 与热噪声水平相关，因此在确定 M_{opt} 时要考虑负载电阻和放大电路输入端等效电阻产生的噪声，通常由实验确定。

3. 响应时间

由于雪崩光敏二极管工作时加有很高的反向偏压，光生载流子在结区的渡越时间很短，结电容只有几个皮法，甚至更小，所以硅管的响应时间为0.5～1.0ns，频率响应可达几十吉赫兹。

与光电倍增管相比，雪崩光敏二极管具有体积小、工作电压低、使用方便等特点。但其

暗电流比光电倍增管的暗电流大，相应的噪声也大，故通常光电倍增管更适宜于弱光探测。但光谱在0.8～1.1μm区时，光电倍增管的量子效率低于雪崩光敏二极管，所以在这段光谱内，雪崩光敏二极管对窄脉冲响应有更好的探测度。

六、光敏晶体管

光敏晶体管和普通晶体管类似，也有电流放大作用。只是它的集电极电流不只是受基极电路的电流控制，也受光的控制。光敏晶体管有光窗、集电极引出线、发射极引出线和基极引出线（部分没有），制作材料一般为半导体硅，管型为NPN型的国产器件称为3DU系列晶体管；管型为PNP型的国产硅器件则称为3CU系列晶体管。

光敏晶体管的原理结构如图4-48所示，和普通的双极性晶体管一样，光敏晶体管由两个PN结（发射结和集电结）集成在一起。

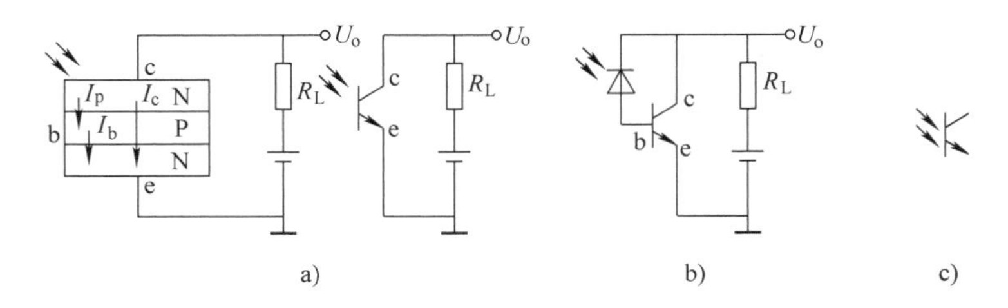

图4-48　光敏晶体管的原理结构及电气符号

a）结构原理　b）工作原理　c）电气符号

光敏晶体管的工作过程可以分为光电转换和光电流放大两个环节。光电转换过程是在集-基结内进行的，正常工作时，集电极加上相对于发射极为正的电压，而基极开路，此时集电结为反向偏置，发射结为正向偏置，集电结为光电结。当光照到集电结上时，产生光生载流子，光生电子在内电场作用下漂移到集电极，形成光生电流I_p，这一工作过程类似于光敏二极管。与此同时，光生空穴则留在基区，使基区的电位升高，发射极便有大量电子经基极流向集电极，在集电极电路中产生了一个被放大的电流$I_c=\beta I_p=\beta SE$，这里，β为光敏晶体管的电流放大倍数，S为晶体管的光电灵敏度，E为入射光照度。因此，光敏晶体管的电流放大作用等效于在普通晶体管的上偏流电路中接一个光敏二极管，如图4-48b所示。

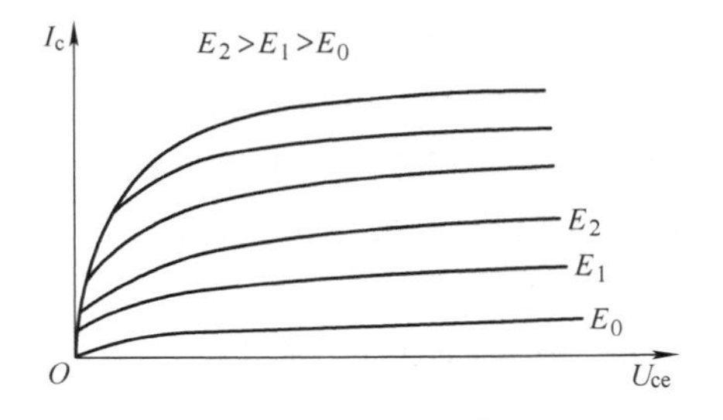

图4-49　光敏晶体管的伏安特性曲线

光敏晶体管的$U_{ce}-I_c$伏安特性曲线如图4-49所示。由图可见，光敏晶体管在偏压为零时，集电极电流为零。同样光照下，光敏晶体管的输出电流比光敏二极管的输出电流增大β倍。图中曲线还表明，在光照度等间距增加的情况下，输出电流并不等间距增加，这是由于电流放大倍数β随信号光电流的增大而变化所引起的。

光敏晶体管的灵敏度比光敏二极管高，输出电流也比光敏二极管大，多为毫安量级。但它的光电特性不如光敏二极管好，在较强的光照下，光电流与照度不呈线性关系。所以光敏晶体管多用作光电开关元件或光电逻辑元件。表4-11列出了几种国产3DU型光敏晶体管的典型特性参数。

表4-11　几种国产3DU型光敏晶体管的典型特性参数

参数名称单位	最高工作电压 U_{max}/V	暗电流 /μA	光电流 /mA	结电容 /pF	响应时间 /μs	集电极最大电流 /mA	最大功耗 /mW
测试条件 / 型号		$U=U_{max}$	$U=U_{max}$ $E=10^3$lx	$U=U_{max}$ $f=1$kHz	$U=10$V $R_2=100\Omega$		
3DU11	10	≤0.3	>0.5	≤10	10	20	150
3DU12	30	≤0.3	>0.5	≤10	10	20	150
3DU13	50	≤0.3	>0.5	≤10	10	20	150
3DU21	10	≤0.3	>1.0	≤10	10	20	150
3DU22	30	≤0.3	>1.0	≤10	10	20	150
3DU23	50	≤0.3	>1.0	≤10	10	20	150
3DU31	10	≤0.3	>2.0	≤10	10	20	150
3DU32	30	≤0.3	>2.0	≤10	10	20	150
3DU33	50	≤0.3	>2.0	≤10	10	20	150
3DU51A	15	≤0.2	>0.3	<5	10	10	50
3DU51B	30	≤0.2	>0.3	<5	10	10	50
3DU51C	30	≤0.2	>1.0	<5	10	10	50

注：表中 U 为工作电压。

七、光电位置器件（PSD）

光电位置器件（Position Sensitive Detectors，PSD），PSD是一种连续的模拟式光斑位置检测器件，其原理是利用光照情况下光敏二极管表面阻抗的变化来检测光斑的位置。PSD是利用离子注入技术制成的，有一维和二维两种。二维PSD当中还分表面分割型和两面分割型，后者的分辨力更高。当入射光呈一个小光斑照射到光敏面时，PSD的输出与光的能量中心位置有关。和象限光电器件相比较，这种器件的特点是，它对光斑的形状无严格要求，光敏面上无象限分隔线，对光斑位置可连续测量。PSD主要用在相机的自动对焦、光学测量和尺寸测量等领域。

1. 一维PSD工作原理

如图4-50所示，PSD的受光面为P-Si，同时它也是个均匀电阻层。设1、2两电极间距离为$2L$。如果入射光斑位于A点，则电极1、2输出的光电流I_1、I_2分别与A点至电极1、2的距离成反比，有

$$I_1 = I(L-x)/2L \tag{4-62}$$

$$I_2 = I(L+x)/2L \tag{4-63}$$

$$x = L(I_2 - I_1)/(I_2 + I_1) \tag{4-64}$$

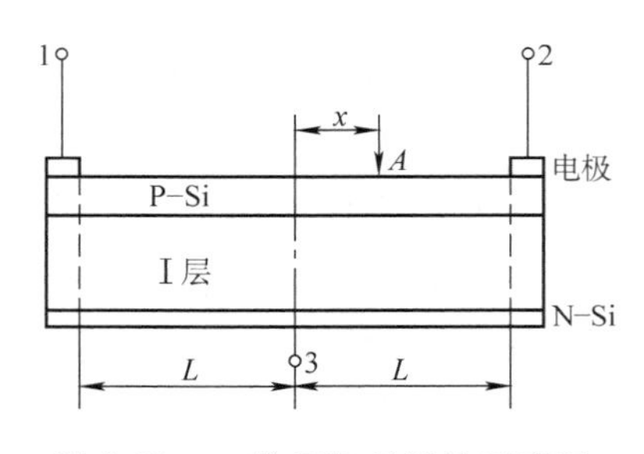

图4-50　一维PSD的结构示意图

式中，$I = I_1 + I_2$。

利用式（4-64）即可确定光斑能量中心相对于器件中心的位置。

2. 二维 PSD 工作原理

二维 PSD 有两种形式，一种是单面型，如图 4-51a 所示，在受光面上设有两对电极，A、B 为 x 轴电极，C、D 为 y 轴电极，E 为背面衬底共用电极，用它可对正面各电极进行反偏置。设 $I_A \sim I_D$ 为电极 A ~ D 的光电流，则光斑能量中心的位置坐标为

$$x = k(I_A - I_B)/(I_A + I_B) \tag{4-65}$$

$$y = k(I_C - I_D)/(I_C + I_D) \tag{4-66}$$

式中，k 为与探测器灵敏度、探测器电流放大倍数和器件几何尺寸有关的比例系数。

另一种是双面型，如图 4-51b 所示，正面与背面之间是一个 PN 结，正面和背面都是均匀电阻层。x 轴电极 A、B 安在正面的受光面上，y 轴电极 C、D 垂直于 x 轴安在背面。光斑产生的光电流分为正面与背面两部分。对于这种结构，反偏压是加在正面电极与背面电极之间的（信号电极与偏置电极不独立）。设 $I_A \sim I_D$ 分别为电极 A ~ D 的光电流，代入式（4-65）和式（4-66）即可求得光斑能量中心位置。

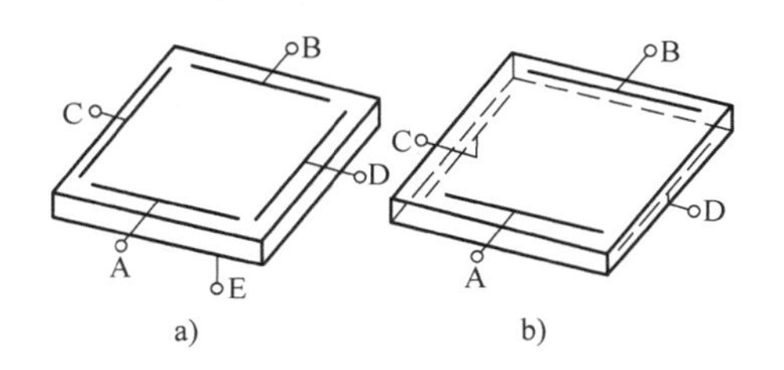

图 4-51　二维 PSD 的结构示意图

a）单面型　b）双面型

需要指出，上面的式子都是近似式，若求解的结果在器件中心附近则是正确的；若求解的结果距离器件中心较远或接近边缘部分时则表示误差较大。对于二维 PSD，双面型比单面型的位置误差小。这可能是 x、y 轴分开设置减少了彼此干扰的缘故。

八、光伏器件的特性与使用要点

各种结型光电器件的特性类似，因为这类器件在原理上都相同，所以在性质上也都类似。

1. 光电特性

光电特性一般是指光电流与光照度之间的函数关系，有时也表示为其他输出量与照度的函数关系。器件的光电特性主要取决于材料，同时也与结构和使用条件（负载大小、所加偏压高低等）有关。图 4-52 所示为 2DUA 型硅光敏二极管在零偏压下的光电特性曲线和反偏压为 15V 时的光电特性曲线。由图可见，器件的光电特件不仅与材料有关，同时也与光照范围、负载大小、外加电压等条件有关。一般来说，负载电阻一定时，当照度低时光电流与照度有良好的线性关系，当照度高时线性关系则变差；在相同照度范围内，负载电阻小比负载电阻大时的线性关系好；在其他条件都相同的情况下，加反偏压比不加反偏压时的线性范围宽。

2. 光谱特性

器件的光谱特性多用相对灵敏度与波长的关系曲线表示。图 4-53a 所示为硅和锗光敏二极管的光谱特性曲线；图 4-53b 所示为硒、砷化镓、硅和锗光电池的光谱特性曲线。由图可见，器件的光谱特性主要取决于材料。

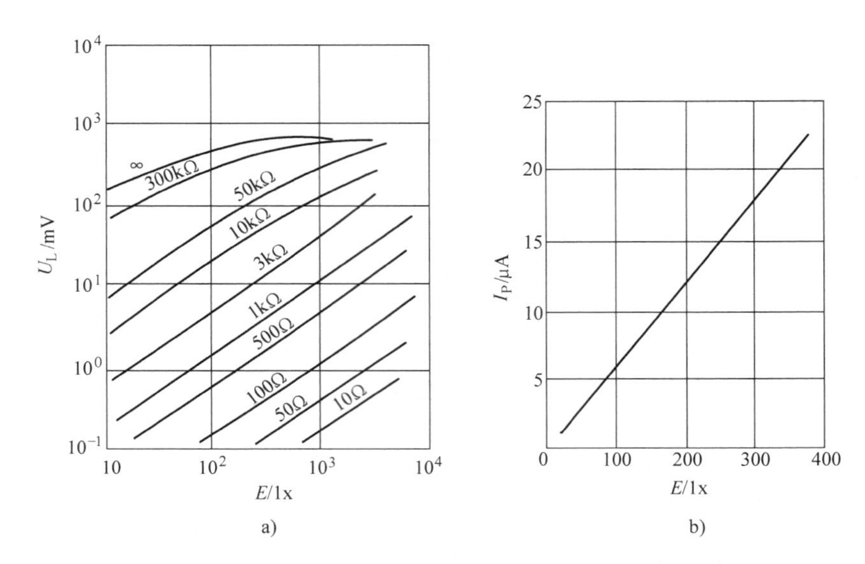

图 4-52　2DUA 型硅光敏二极管在零偏压下和反偏压为 15V 时的光电特性曲线

a）2DUA 型硅光敏二极管在零偏压下的光电特性曲线　b）2DUA 型硅光敏二极管在反偏压为 15V 时的光电特性曲线

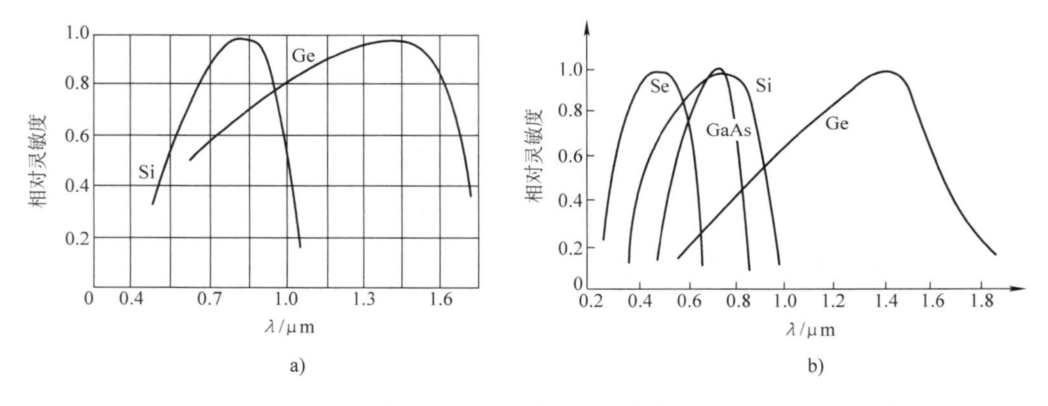

图 4-53　光敏二极管与光电池的光谱特性曲线

a）硅和锗光敏二极管的光谱特性曲线　b）几种硅光电池的光谱特性曲线

3. 温度特性

温度对器件的开路电压 U_{oc}、短路电流 I_{sc}、暗电流 I_d、光电流 I_p 及单色光灵敏度 S_λ 都有影响。图 4-54a 所示为光照度在 1000lx 时的不同温度下硅光电池的伏安特性曲线，图 4-54b为 2CU 型光敏二极管光电流随温度变化的曲线。由图可见，随着温度的升高，光电池的开路电压逐渐减小，而短路电流逐渐增大。

4. 频率特性

光伏器件的频率特性取决于结电容和负载电阻的大小，一般说来，光电池的带宽约为几千赫兹，光敏晶体管的带宽约为几十千赫兹，光敏二极管的带宽约为几百千赫兹，PIN 光敏二极管的带宽约为几吉赫兹。

5. 噪声、信噪比与噪声等效功率

（1）噪声

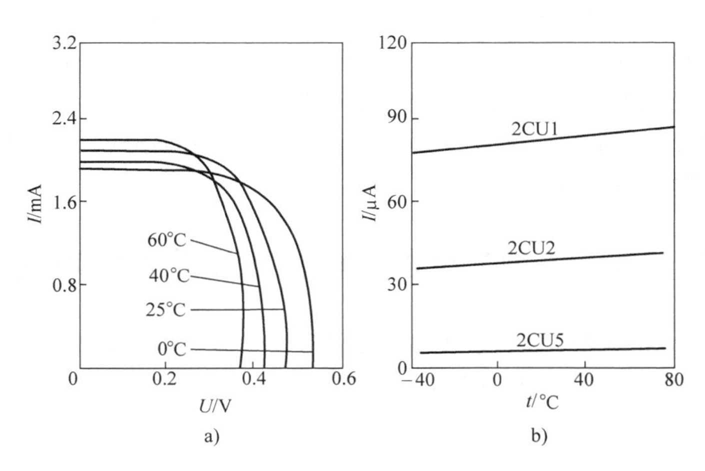

图 4-54　结型器件的温度特性

a）不同温度下硅光电池的伏安特性曲线（当照度在 1000lx 时）　b）2CU 型光敏二极管光电流随温度变化的曲线

结型光电器件的噪声主要是电流散粒噪声和电阻的热噪声，见式（4-57）。因此，为了减小散粒噪声，应减小暗电流 I_d、光电流 I_p 和背景光引起的电流 I_b，通常情况下，I_p 比 I_d 和 I_b 都要大许多，因此在满足工作要求的情况下，不要取过大的工作带宽。

由于 PN 结的漏电阻远大于负载电阻，所以噪声公式中的 R 值实际是 PN 结的负载电阻值。

（2）信噪比与噪声等效功率

一般情况下，光伏器件的散粒噪声都比热噪声大，如果只考虑电流的散粒噪声，则器件的信号与噪声有效值之比为

$$SNR = \frac{I_p}{\sqrt{I_n^2}} = \frac{S\Phi}{\sqrt{2qI\Delta f}} \tag{4-67}$$

式中，I_p 为光电流；S 为器件的电流灵敏度；Φ 为入射于器件的光通量。

噪声等效功率（NEP）为

$$NEP = \frac{\sqrt{2qI\Delta f}}{S} \tag{4-68}$$

6. 使用要点

1）光伏器件都有确定的极性，如要加电压使用时，光电结必须加反向电压，即 P 端与外电源的低电位相接。

2）使用时对入射光照度范围的选择应视用途而定。用于开关电路或逻辑电路时，光照可以强些；用于模拟量测量时，光照不宜过强。因为一般器件都有这样的性质：光照弱些，负载电阻小些，加反偏压使用时，光电线性好，反之则差。

3）灵敏度主要取决于器件，但也与使用条件和方法有关，例如光源和接收器在光谱特性上是否匹配，入射光的方向与器件光敏面法线是否一致等。

4）结型器件的响应速度都很快。这主要取决于负载电阻和结电容所构成的时间常数（$\tau = RC$）。负载电阻增大，输出电压增大，τ 变大，响应变慢；相反，负载电阻减小，输出电压减小，τ 变小，响应速度变快。

5）灵敏度与频带宽度之积为一常数的结论，对结型光电器件也适用。

6）器件的各种参量几乎都与温度有关，其中受温度影响最大的是暗电流。暗电流大的器件，容易受温度变化的影响，而使电路工作不稳定，同时噪声也大。

7）除了温度变化、电、磁场的干扰可引起电路发生误动作外，背景光或光反馈也是引起电路误动作的重要因素，应设法消除。

第五节　各种光电器件的性能比较和应用选择

前面几节介绍的光电发射器件、光电导器件和光伏器件等都是基于光子效应的光子探测器件。本节对它们的性能进行归纳和比较，以便于实际应用时选择。

一、接收光信号的方式

在光电系统中，光电器件接收光信号的方式可归纳为如下几种：

1. 判断光信号的有无

如光电开关、光电报警等。这类光电系统检测取决于被测对象造成的投射到光电器件上的光信号的通过或者截断。这时不关心光电器件的线性，而是关注其灵敏度。

2. 系统中的光信号按一定调制频率交替变化

这种光电系统中的发光强度信号被调制在一定的频带内，或者在某一调制频率下，此时需要使所选光电器件的截止频率（即阈值频率）大于光信号的调制频率，最好是能够工作在最佳工作频率下。

3. 检测光信号的幅度大小

当被测对象本身光辐射的强度发生变化，或者被测对象对光的反射率和透过率发生变化时，光电系统中的光电器件接收到的光照度亦随之发生变化。为准确检测出源信号的变化，需要选用灵敏度适当、线性好、响应快、动态范围合适的光电器件，例如光敏二极管或光电倍增管等。

4. 检测光信号的色度差异

当被测对象造成光电器件接收到光辐射的色温发生变化，或被检测物本身的表面颜色发生变化时，需要选择光谱特性合适的光电器件。

二、各种光电探测器件的性能比较

典型光电探测器件工作特性的比较见表4-12。由表可见，在时间响应和频率特性，即动态特性方面，以光电倍增管和光敏二极管，特别是PIN光敏二极管和雪崩光敏二极管为最好；在光电特性方面，光电倍增管、光敏二极管和光电池的线性都较好；在灵敏度方面，以光电倍增管、雪崩光敏二极管为最好，光敏电阻和光敏晶体管较好，需要说明的是，灵敏度高不一定就是输出电流大。输出电流大的器件有大面积光电池、光敏电阻、雪崩光敏二极管和光敏晶体管；所需外加偏压最低的是光敏二极管和光敏晶体管，光电池无需加电源便可工作；暗电流以光电倍增管和光敏二极管为最小，光电池不加电源时无暗电流，加反向偏压时暗电流比光电倍增管和光敏二极管都要大；在长期工作的稳定性方面，以光敏二极管和光电池为最好，其次是光电倍增管和光敏晶体管；在光谱响应方面，以光电倍增管和光敏电阻为最宽，并且光电倍增管的响应偏向紫外方面，光敏电阻的响应偏向红外方面。

表 4-12　典型光电探测器件工作特性的比较

	波长响应范围/nm			输入光通量范围	最大灵敏度	输出电流	光电特性直线性	动态特性		外加电压/V	受光面积	稳定性	外形尺寸	价格	主要特点
	短波	峰值	长波					频率响应	上升时间						
光电管	紫外		红外	10^{-9} ~ 1mW	20 ~ 50 mA/W	10mA（小）	好	2MHz（好）	0.1μs	50 ~ 400	大	良	大	高	微光测量
☆光电倍增管	紫外		红外	10^{-9} ~ 1mW	10^6 A/W	10mA（小）	最好	10MHz（最好）	0.1μs	600 ~ 2800	大	良	大	最高	快速、精密微光测量
CdS 光敏电阻	400	640	900	1μW ~ 70mW	1A/(lm·V)	10mA ~ 1A（大）	差	1kHz（差）	0.2 ~ 1ms	10 ~ 200	大	一般	中	低	多元阵列光开关输出电流大
CdSe 光敏电阻	300	750	1220	同上	同上	同上	差	1kHz（差）	0.2 ~ 10ms	10 ~ 200	大	一般	中	低	
☆Si 光电池	400	800	1200	1μW ~ 1W	0.3 ~ 0.65 A/W	1A（最大）	好	10kHz（良）	0.5 ~ 100μs	不要	最大	最好	中	中	象限光电池输出功率大
Se 光电池	350	550	700	0.1 ~ 70mW		150mA（中）	好	1kHz（差）	1ms	不要	最大	一般	中	中	光谱接近人的视觉范围
☆Si 光敏二极管	400	750	1000	1μW ~ 200mW	0.3 ~ 0.65 A/W	1mA 以下（最小）	好	200kHz ~ 10MHz（最好）	2μs 以下	10 ~ 200	小	最好	最小	低	高灵敏度、小型、高速传感器
☆Si 光敏晶体管	同上			0.1μW ~ 100mW	0.1 ~ 2A/W	1 ~ 50mA（小）	较好	50kHz（良）	2 ~ 100μs	10 ~ 50	小	良	小	低	有电流放大小型传感器

☆ 应用最典型。

三、光电探测器件的应用选择

在很多要求不太严格的应用中，可以采用任何一种光电探测器件，此时经济性和易用性往往成为选择考虑的基本原则。但在许多情况下，需要考虑输入光照的强弱和光谱范围，光子探测器件的光谱响应灵敏度、光电特性、频率特性、稳定性等。如当被检测光辐射强度很低，即信号微弱时，如果同时要求响应速率较高，则采用光电倍增管最合适，因其放大倍数可达 10^7 甚至更高，这样高的增益可以使其信号超过内部的噪声输出和放大电路中的噪声分量，使得对探测器的限制只剩下光阴极电流中的统计变化，因此在天文、激光测距和闪烁计数等弱光检测中得到广泛应用；又如，CdS 光敏电阻由于其成本低廉和性能稳定而在照相机自动快门和路灯自动控制等方面得到广泛应用；光电池是固体光电器件中光敏面积最大的光电器件，它除可用作探测器件外，还可作为太阳能变换器以及计算器的内部电源等；硅光敏二极管体积小、响应快、可靠性高，而且在可见光与近红外波段内有较高的量子效率，因此在多种工业控制中得到广泛应用；硅雪崩光敏二极管由于增益高、响应快、噪声小，因而在激光测距和光纤通信中被普遍采用。

在光电测试系统中，光电检测器件的选择要点归纳如下：

1）光电器件必须和辐射信号源以及光学系统在光谱特性上相匹配。如测量波长在紫外波段，则可选光电倍增管或专门的紫外半导体光电器件；如果信号是可见光，则可选光敏电阻、硅光电器件或光电倍增管；对于红外信号，可选光敏电阻；对于近红外波段可选硅材料光电器件或光电倍增管。

2）光电器件要与入射辐射能量在空间上对准。首先需要注意的是光电器件的光敏面要与入射辐射在空间上匹配好。如太阳电池具有大的感光面，一般用于杂散光或者没有达到聚焦状态光束的接收。又如光敏电阻相当于一个光调可变电阻，有光照的部分电阻降低，因此在光路和机械设计部分控制光照在两电极间的全部电阻体上，可以有效利用全部光敏面。光敏二极管和光敏晶体管的感光面只是结附近的一个极小面积，因此一般用透镜作为光的入射窗，所以要把透镜的焦点聚焦到感光的光敏点上。和其他光电器件相比，光敏面积大的光电池因照射光的晃动而产生的光电流抖动要小些。

3）光电器件的光电转换特性要与入射辐射相匹配。例如，通常要使入射辐通量的变化中心处于光电器件的线性范围内，以确保获得良好的线性检测。

4）对于微弱光信号，器件要有高的灵敏度，以保证一定的信噪比和足够强的输出电信号。

5）光电器件的响应特性要与光信号的信号频率、调制形式和波形相匹配，以保证输出波形没有频率失真且有良好的时间响应。这种情况下主要选择响应时间短或者上限频率高的器件，同时在电路上也要注意匹配好动态参数。

6）光电器件还应和后续电路在电特性上相互匹配，以保证最大的转换系数、线性范围、信噪比以及快速的动态响应等。

7）为使光电器件具有长期工作的可靠性，必须注意选好器件的规格和使用的环境条件。一般要求在长时间的连续使用中，能够保证在低于最大限额状态下正常工作。当工作条件超过最大限额时，器件的特性会急剧恶化，特别是超过电流容限值后，其损坏往往是永久性的。使用的环境温度和电流容限一样，当超过限定的环境温度后，往往会引起缓慢的特性恶化。总之，只有使器件在额定条件下使用，才能保证系统长期稳定可靠地工作。

第六节 热电探测器件

与光子探测器件不同，热电探测器件是基于光辐射与物质相互作用的热效应制成的器件。热电探测器件工作的物理过程是器件吸收入射光辐射功率产生温升，温升引起材料某种有赖于温度的参量发生变化，检测该变化，可以探知光辐射的存在和强弱。这一过程比较缓慢，因此一般热电探测器件的响应时间多为毫秒量级。另外，热电探测器件是利用热敏材料吸收入射光辐射的总功率产生温升来工作的，而不是利用某一部分光子的能量，所以各种波长的辐射对于响应都有贡献。因此，热电探测器件的突出特点是光谱响应范围特别宽，从紫外到红外几乎都有相同的响应，光谱特性曲线近似为一条平线。此外，工作时无需制冷是其另一特点。与光子探测器件相比，热电探测器件的主要缺点是灵敏度较低、响应时间较长。

热电探测器件可以分为温差电偶、热敏电阻和热释电器件等多种。历史上人们对热电探测器件的研究比光子探测器件开展得更早，并最早得到应用。目前，热释电探测器的灵敏度和响应速度比传统热电探测器件有了很大的提高，而且在波长大于 14μm 的远红外领域有着更广阔的应用。

本节首先讨论热电探测器件工作的一般原理，然后再分别介绍几种热电探测器件。

一、热电探测器件的一般原理

热电探测器件对光辐射转换的过程可分为两个阶段：第一阶段是按系统的热力学特性来确定入射辐射所引起的温度升高，这种分析对各种热电探测器件都适用；第二阶段是探测器件因温升引起器件物理特性的变化而输出各种电信号。

（一）热电探测器的温升规律

热电探测器温度上升的模型可由最简单的热回路图 4-55 来描述。图中热电探测器的热容量为 C_H，它定义为器件温度升高 1K 所需要吸收的热量，单位为焦耳/开尔文（J/K）。热电探测器与环境的热交换可用热导 G 表示，它表示在单位时间内由单位温差引起的能量损失，G 的单位为焦耳/(开尔文 · 秒)(J/(K · s) 或 W/K)。

设器件周围环境的热容为无穷大，即环境的温度 T_0恒定不变，当无辐射入射时器件的热平衡温度也为 T_0，吸收辐射后器件的温度上升到 $T = T_0 + \Delta T$。若入射光辐射的功率为 P，热电探测器的吸收率为 α，因探测器比环境温度高 ΔT 引起器件在单位时间内通过热导流向环境的热量流为 $G\Delta T$，则探测器的温升 ΔT 满足如下热平衡式

$$\alpha P = C_H \frac{d(\Delta T)}{dt} + G\Delta T \tag{4-69}$$

式中，C_H 为探测器的热容量。此式表明器件吸收的辐射功率等于器件在单位时间内温升所需要的能量和传导给环境损失的能量之和。

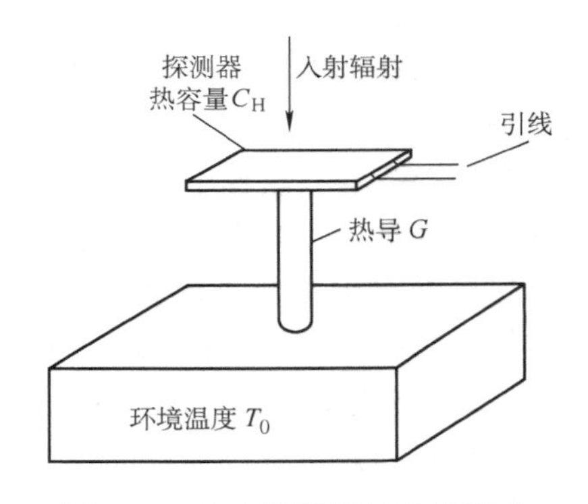

图 4-55　热电探测器的温升模型

通常投射到热电探测器件上的辐射功率是经过调制的，它分为与时间无关的直流分量和与时间相关的交变分量两部分，若直流分量为 P_0，交变分量简单表示为以圆频率调制的交变分量 $P_\omega \exp(i\omega t)$，则有

$$P = P_0 + P_\omega \exp(i\omega t) \tag{4-70}$$

将式（4-70）代入式（4-69），解微分方程求得的温升也相应地包含两个部分，即与时间无关的平均温升 ΔT_0和与时间有关的交变温升 ΔT_ω，即

$$\Delta T = \Delta T_0 + \Delta T_\omega \tag{4-71}$$

其中，平均温升为

$$\Delta T_0 = \frac{\alpha P_0}{G} \tag{4-72}$$

交变温升为

$$\Delta T_\omega = \frac{\alpha P_\omega}{G(1+\omega^2\tau_T^2)^{1/2}}\exp[i(\omega t+\phi)] \tag{4-73}$$

式中，

$$\phi = \arctan(\omega C_H / G) \tag{4-74}$$

为温升与辐射功率之间的相位差。

而

$$\tau_T = C_H / G \tag{4-75}$$

称为热电探测器件的时间常数，它具有时间的量纲，与光子探测器的响应时间相对应。τ_T的数量级为几毫秒至几秒，这比光子探测器件的时间常数要长。因此，热电探测器件在某些领域的应用中不如光电探测器件。但是，对系统中各种相互制约的因素进行综合考虑以后，这一缺点有时并不那么严重。增加热导 G 可减小 τ_T，但这又与提高温升需要降低 G 相矛盾。因此，减少热电探测器件的时间常数主要采用降低热容的方法，这就是多数热电探测器的光敏元做得小巧的原因。

在相同的入射辐射下，通常希望得到大的温升，就是说，探测器与外界的热交换和热容以及调制频率等要小，即使得 $\omega\tau_T \ll 1$，这点是热电探测器件与普通温度计的重要区别。二者虽然都有随温度变化的性能，但热电探测器件所需要的，不是要与外界有尽量好的热接触，必须达到热平衡，而是要与入射辐射有最佳的相互作用，同时又要尽量少地与外界发生热接触。

为使探测器的热容小，应尽量使探测器的结构小、质量小，同时要兼顾结构强度。后面提到的热释电器件就是一种灵敏度高和机械强度好的热电探测器。

热导 G 对于探测器灵敏度和时间常数的影响正好相反，G 越小，灵敏度越高，但响应时间越长。所以，在设计和选用热电探测器件时须采取折中方案。

（二）热电探测器的极限探测率

热导 G 对热电探测器件的探测极限亦有影响。热电探测器与外界的热交换，主要有辐射交换和热传导两种形式。其中，辐射交换的热导率最小。如果只考虑辐射交换，而不计因支架和引线等引起的热传导，热导率的极限值可根据斯忒藩－玻耳兹曼定律来估算。设探测器的光敏面面积为 A，发射率为 ε，当探测器与外界达到热平衡时，它所辐射的总通量为

$$M = A\varepsilon\sigma T^4 \tag{4-76}$$

式中，σ 为斯忒藩－玻耳兹曼常数；T 为绝对温度。

如果探测器温度有一个微小的增量 $\mathrm{d}T$，则只由辐射交换所产生的热导 G 为

$$G = \frac{\mathrm{d}M}{\mathrm{d}T} = 4A\varepsilon\sigma T^3 \tag{4-77}$$

此外，热电探测器与外界达到热平衡后，探测器围绕其平均温度存在着一定的温度起伏，由此引起的热电探测器输出信号的起伏称为温度噪声，它最终限制了热电探测器所能探测的最小辐射能量。根据热力学统计的结果，在工作带宽 Δf 下，热电探测器吸收的热功率 $W_{T(t)}$ 的起伏方均根值为

$$\Delta W_T = (4kT^2 G\Delta f)^{1/2} \tag{4-78}$$

式中，k 为玻耳兹曼常数；G 为热导；Δf 为测试系统的频带宽度。

实际上，ΔW_T 就是探测器因温度起伏所产生的噪声，称为温度噪声功率。

式（4-78）说明，温度噪声功率与器件的热导 $G^{1/2}$ 成正比，与器件的温度成正比。这表明，热导越大，热能的交换越快，因此探测器的温度变化越明显，由此带来的温度噪声越强；同样，温度越高，热运动越强，产生的温度噪声亦越大。

若式（4-78）中的 G 取最小值，即 $G=G_{\min}$，并取 $\Delta f=1\text{Hz}$，则 ΔW_{T} 将是可能取值中最小的，即

$$\Delta W_{\text{Tmin}}=(4kT^2G_{\min})^{1/2} \tag{4-79}$$

按最小可探测功率 NEP 的定义，即输出端信噪比为 1 时入射功率的有效值，并代入式（4-77）有

$$\varepsilon NEP=\Delta W_{\text{Tmin}}=(16kT^5A\varepsilon\sigma)^{1/2} \tag{4-80}$$

这里，用到了热平衡时的基尔霍夫定律 $\varepsilon=\alpha$。于是有

$$NEP=(16A\sigma kT^5/\varepsilon)^{1/2} \tag{4-81}$$

式中，$\sigma=5.67\times10^{-12}\text{W}\cdot\text{cm}^{-2}\cdot\text{K}^{-4}$；$k=1.38\times10^{-23}\text{K}^{-1}$。

式（4-81）表示了热电探测器件可能达到的最佳性能。如果所有的入射辐射全部为探测器所吸收，即 $\alpha=\varepsilon=1$，则式（4-81）简化为

$$NEP=(16A\sigma kT^5)^{1/2} \tag{4-82}$$

若假定探测器面积 $A=1\text{cm}^2$，温度 $T=290\text{K}$，测量带宽 $\Delta f=1\text{Hz}$，则有 $NEP=5.1\times10^{-11}\text{W}$。此值可作为衡量和比较实际热电探测器性能的比较基准。

二、温差电偶及其特性

温差电偶也叫作热电偶，是最早出现的一种热电探测器件。其工作原理是利用热能和电能相互转换的温差电效应。

（一）温差电偶的工作原理

在图 4-56a 所示的由两种不同的导体或半导体材料构成的闭合回路中，如果两个接头处的温度不同，则在两个接头间可产生温差电动势，这个电动势的大小和方向与该接头处两种不同的导体或半导体材料的性质和两接点处的温差有关。如果把这两种不同的导体或半导体材料接成回路，当两个接头处温度不同时，回路中即产生电流，这种现象称为温差电效应或塞贝克效应，产生热电流的电动势称为温差电动势或塞贝克电动势。通常用一个接头作测量端或热端，用于吸收辐射而升温；另一接头作参考端或冷端，维持恒温（例如冰点或室温）。为了提高吸收系数，一般在热端都装有涂黑的金箔。图 4-56b 是多个温差电偶串联起来构成的温差电堆。

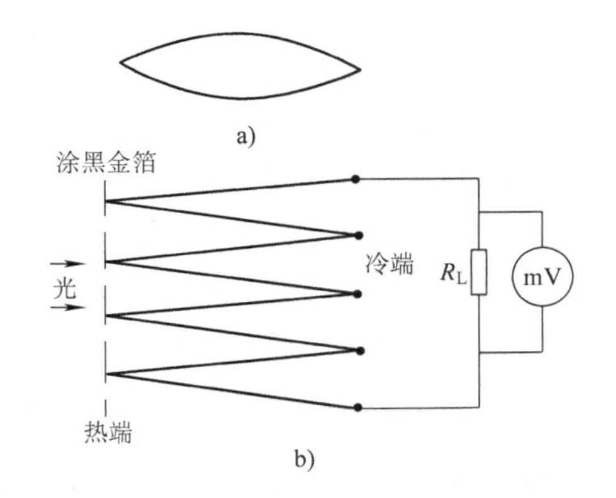

图 4-56　温差热电偶和温差电堆的原理性结构图
a）温差电偶　b）温差电堆

构成温差电偶的材料，可以是金属，也可以是半导体。在结构上可以是线、条状的实体，也可以是利用真空沉积技术或光刻技术制成的薄膜。实体型的温差电偶多用于测温；薄膜型的温差电堆（由许多个温差电偶串联而成）多用于测量辐射，例如，用来标定各类光源，测量各种辐射量，作为红外分光光度计或红外

光谱仪的辐射接收元件等。

图4-57是由半导体材料制成的温差电偶的工作原理图。其热端接收辐射产生温升，半导体中载流子动能增加。因此多数载流子要从热端向冷端扩散，结果P型材料因缺少多数载流子空穴而热端带负电，冷端带正电；而N型材料的情况则正好相反。当冷端开路时，开路电压为

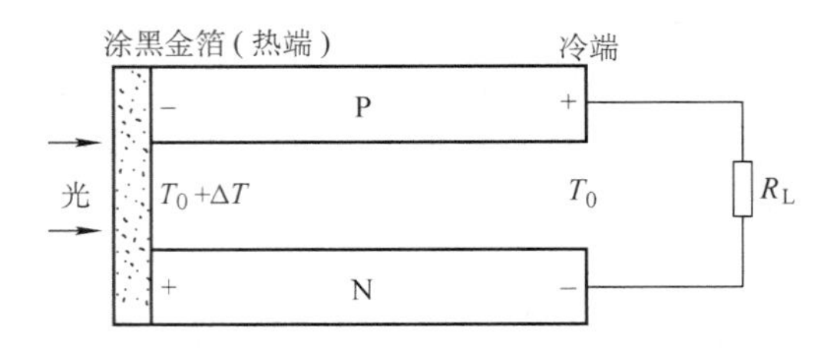

图4-57　温差电动势形成的物理过程

$$U_{oc}=\gamma\Delta T=\gamma\alpha P/G \tag{4-83}$$

式中，γ为比例系数（也称为塞贝克常数或温差电动势率），单位为V/℃；ΔT为温度增量；α为吸收率；P为入射光功率；G为热导。

因热导G与材料性质和周边环境有关，所以为了使G较小，常把温差电偶或温差电堆放在真空外壳里，使得热交换主要以辐射的方式进行，从而提高检测灵敏度，并使工作稳定。

（二）温差电偶的特性

真空温差电偶的主要参量有灵敏度（也叫作响应度）S、响应时间常数τ_T、噪声等效功率NEP和比探测度D^*等。

温差电偶的灵敏度为

$$S=U_L/\Phi \tag{4-84}$$

式中，U_L为冷端负载上所产生的电压降；Φ为入射于探测器的辐射通量。

要使温差电偶的灵敏度提高，应选用温差电动势大的材料，并增大吸收系数。同时，内阻要小，热导也要小。在交变辐射入射的情况下，调制频率低时比调制频率高时的灵敏度高。减小调制频率ω和减小时间常数τ_T都有利于提高灵敏度，可是ω与τ_T是矛盾的，所以，灵敏度与带宽之积为一常数的结论，对于温差电偶也同样成立。温差电偶的时间常数多为毫秒量级，带宽较窄。因此温差电偶多用于测量恒定的辐射或低频辐射，只有少数时间常数小的器件才适用于测量中、高频辐射。

热电探测器件最小可探测功率的主要限制因素是温度噪声和约翰逊噪声（热噪声）。目前理想热电探测器件的噪声等效功率的数量级为10^{-11}W。而温差电堆，在常温理想情况下噪声等效功率可达到10^{-9}W的数量级。

由于薄膜技术的发展，目前已经能够制作出价格低廉的温差电堆，它也可以制成各种复杂的阵列，而且性能可靠。例如用锑、铋材料薄膜制成的器件，不仅具有金属丝温差电堆的某些优点，还有较高的灵敏度。

图4-58给出了几种不致冷工作热电探测器的归一化探测度与调制频率的关系。由图可见，TGS热释电器件的性能是所有热电探测器中最好的，无论是探测度还是频率响应均处于领先地位。图中曲线2表示锑铋蒸发薄膜的温差电堆，它的性能虽然比热释电器件低，但由于它坚固，容易制作，既可以制成单个元件，也可以制成超过100个单元的探测器阵列。因此应用很广泛，已成功地应用于某些航天仪器，包括星际航行仪器。

由半导体材料制成的温差电堆，一般都很脆弱，容易破碎，使用时应避免振动；其次是额定功率小，入射辐射不能很强，应避免通过较大的电流，一般多为微安量级。需要注意的

是，在检验时不宜使用欧姆表测量，免得表内电源烧毁元件中的金箔；其次是保存时不要使输出端短路，以防因电火花等电磁干扰产生的感应电流烧毁元件；另外，器件工作时环境温度不宜超过60℃。

三、热敏电阻及其主要参数

热敏电阻是一种阻值随温度变化的电阻元件（由电阻温度系数大的导体或半导体材料制成），有正温度系数（PTC）和负温度系数（NTC）之分。制作热敏电阻灵敏面的材料多为金、镍、铋等金属薄膜和氧化锰、氧化镍、氧化钴等半导体金属氧化物。它们的主要区别是，金属热敏电阻的电阻温度系数多为正的，绝对值比半导体的小，它的电阻与温度的关系多为线性的，耐高温能力较强，所以多用于温度的模拟测量；而半导体热敏电阻的电阻温度系数多为负的，绝对值比金属的大十多倍，它的电阻与温度的关系是非线性的，耐高温能力较差，所以多用于辐射探测，例如防盗报警、防火系统、热辐射体的搜索和跟踪等。

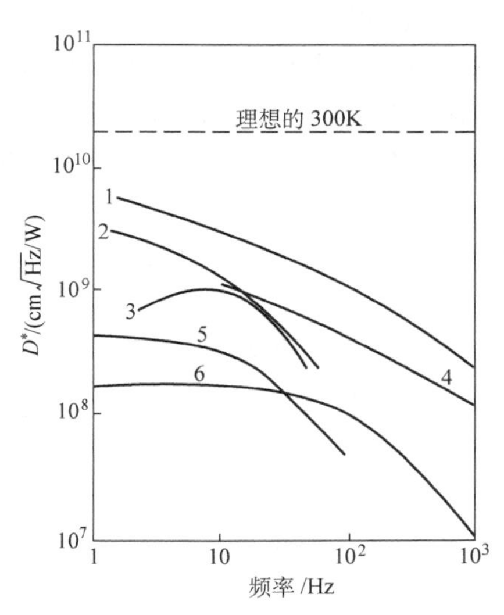

图4-58　几种不致冷工作热电探测器的归一化探测灵敏度与调制频率的关系

1—TGS样品（1.5mm×1.5mm，10μm厚）

2—光谱仪热电偶（$0.4\mathrm{mm}^2$，$\tau=40\mathrm{ms}$）

3—高莱元件　4—TGS（$0.5\times0.5\mathrm{mm}^2$）密封包装

5—薄膜热电偶（0.12mm×0.12mm，$\tau=13\mathrm{ms}$）

6—浸润的测辐射热器（0.1mm×0.1mm，$\tau=2\mathrm{ms}$）

热敏电阻的工作原理是吸收辐射，产生温升，从而引起材料电阻的变化。其机理很复杂，但对于由半导体材料制成的热敏电阻可定性地解释为，吸收辐射后，材料中电子的动能和晶格的振动能都有增加，因此，其中部分电子能够从价带跃迁到导带成为自由电子，从而使电阻减小，因而电阻温度系数是负的。对于由金属材料制成的热敏电阻，因其内部有大量的自由电子，在能带结构上无禁带，当吸收辐射产生温升后，自由电子浓度的增加是微不足道的。相反，晶格振动的加剧却妨碍了电子的自由运动，从而电阻温度系数是正的，而且其绝对值比半导体的要小。

图4-59a示出了热敏电阻的结构，它的灵敏面是一层由金属或半导体热敏材料制成的厚度约为0.01mm的薄片，粘在一个绝缘的衬底上，衬底又粘在一个金属散热器上。使用热特性不同的衬底，可使探测器的时间常数由大约1ms变到50ms。因为热敏材料本身不是很好的辐射吸收体，为了提高其吸收效率，灵敏面表面通常都要进行黑化。早期的热敏电阻是将单个元件接在惠斯顿电桥的一个臂上。现在的热敏电阻多为两个相同规格的元件装在一个管壳里，一个作为接收元件，另一个作为补偿元件（见图

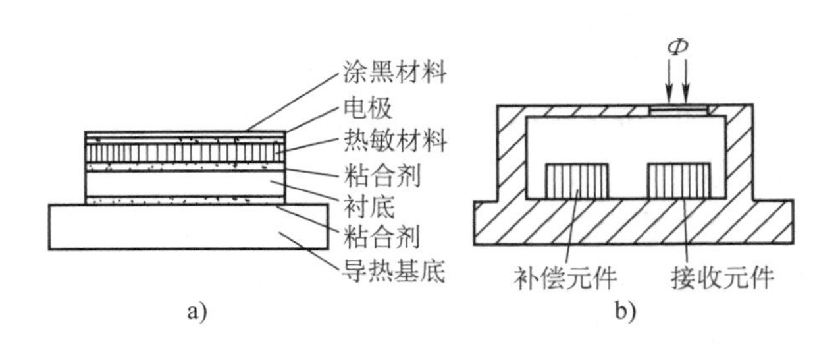

图4-59　热敏电阻结构示意图

a）热敏电阻的结构　b）带补偿元件的热敏电阻器

4-59b)，接到电桥的两个臂上，可使环境温度的缓慢变化不影响电桥的平衡。

热敏电阻工作时可按图4-60a接成桥路形式，或按图4-60b接成补偿形式。图中R_{T1}为热敏电阻，R_{T2}为补偿元件，$R_1\sim R_3$为普通电阻。在图4-60b中，如果入射辐射使热敏电阻的电阻值产生一微量变化dR_T，则产生的信号电压为

$$U_s = IdR_T \tag{4-85}$$

式中，I为流过热敏电阻的电流。

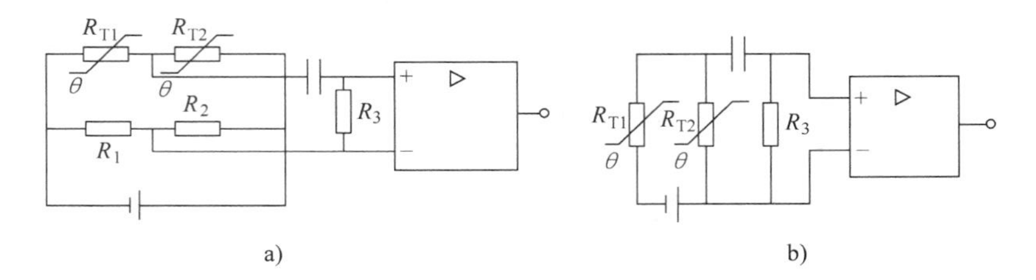

图4-60　热敏电阻的工作电路

如果入射辐射使元件产生的温升为ΔT，元件的电阻温度系数β为

$$\beta = (1/R_T)(dR_T/d\Delta T) \tag{4-86}$$

则由式（4-85）有

$$\Delta U_s = I\beta R_T \Delta T \tag{4-87}$$

将温升表达式（4-73）代入式（4-87），结合式（4-84），可得热敏电阻的电压灵敏度为

$$S_v = I\alpha\beta R_T/(G^2+\omega^2H^2)^{1/2} \tag{4-88}$$

由式（4-88）可知，要使热敏电阻的电压灵敏度大，则电流I、电阻温度系数β、热敏电阻R_T、吸收系数α都要大，而热导G、热辐射的交变频率ω和热容C_H都要小。但这些量常常彼此相互制约，实际中只能折中选取，而不能随意增减，选取数值的大小通常考虑如下：

1）由于要求放大器的输入阻抗要远大于R_T，这就限制了R_T不能任意地大。另外，假如R_T很大，那它和引线的杂散电容以及放大器输入电容等所构成的电路时间常数就有可能大于热电探测器件的时间常数。这将使器件的频率特性变坏，甚至难以工作。

2）电阻温度系数β取决于材料。对于大多数金属，$\beta\approx l/T$；对于大多数半导体，在某有限温度区间内$\beta\approx 3000/T^2$。所以，通过致冷可提高β。

3）为了提高吸收系数α，常常要使热电探测器灵敏面表面黑化，以保证在可见光区的充分吸收。

4）为了减小热导G，可使接收元件装在一个真空的外壳里。但G小会使热电探测器件的时间常数τ_T（$\tau_T=H/G$）变大，使得器件的频率特性变坏。有时为了提高频率特性，需要把热敏电阻粘在一块热导率很大的衬底上以取得小的时间常数。

5）电流I不能很大，因I若较大，产生的焦耳热会使元件温度提高，如果β是负值，还可能因为R_T变小而产生破坏性的热击穿。另外，电流I增大会增大噪声。

限制热敏电阻最小可探测功率的主要因素是与元件电阻有关的约翰逊噪声（热噪声）和与辐射吸收、发射有关的温度噪声。在室温情况下，热敏电阻的归一化噪声等效功率可达

$10^{-9} \sim 10^{-6}$ W · cm^{-1} · Hz$^{-1/2}$，在致冷到液氦温度（3K）时，可达到 $10^{-14} \sim 10^{-13}$ W · cm^{-1} · Hz$^{-1/2}$。

除了热敏电阻的测辐射热计外，还有超导测辐射热计、碳测辐射热计和锗测辐射热计等。

超导测辐射热计是利用某些金属或半导体从正常态变为超导态时，电阻发生巨大变化这一特性来工作的。超导材料多为铌、钽、铅或锡的氮化物，在 15 ~ 20K 时变为超导体。在转变期内的温度仅为几分之一热力学温度，但保持住转变期温度所需的致冷量很大，控制复杂，因此这种探测器目前还难以在实验室外使用。

碳测辐射热计已用于极远的红外波段的分光考察。灵敏元件是从碳电阻上切下来的一小块，致冷到 2.1K 时，其 D^* 要比热敏电阻测辐射热计高一个数量级。

锗测辐射热计的灵敏元件是锗掺镓单晶。致冷到 2.1K 时，其 D^* 比热敏电阻测辐射热计约高 1 ~ 2 个数量级，它的光谱响应可延伸致 1000μm 以外。

四、热释电器件

热释电器件是一种利用某些晶体材料的自发极化强度随温度变化而产生的热释电效应制成的新型热电探测器件。它相当于一个以热电晶体为电介质的平板电容器。热电晶体具有自发极化性质，自发极化矢量能够随着温度变化，所以入射辐射可引起电容器电容的变化，因此可利用这一特性来探测变化的辐射。

（一）热释电器件的工作原理

热电晶体是压电晶体的一种，具有非中心对称的晶体结构。在自然状态下，极性晶体内的分子在某个方向上的正负电荷中心不重合，从而在晶体中垂直于极轴的两个端面上出现一定量的极化电荷。当晶体的温度变化时，可引起晶体的正负电荷中心发生位移，因此在垂直于极轴的两个端面上的极化电荷即随之变化，出现微小的电位差，即电压。这就是热释电效应。

热电晶体的热释电效应如图 4-61 所示。当温度恒定时，因晶体表面吸附有来自周围空气中的异性自由电荷，因而观察不到它的自发极化现象。自发极化随温度变化的弛豫时间很短，为 10 ~ 12s。晶体内部自由电荷起中和作用的平均时间为

$$\tau_0 = \varepsilon / \sigma$$

式中，ε 为晶体的介电系数；σ 为晶体的电导率。

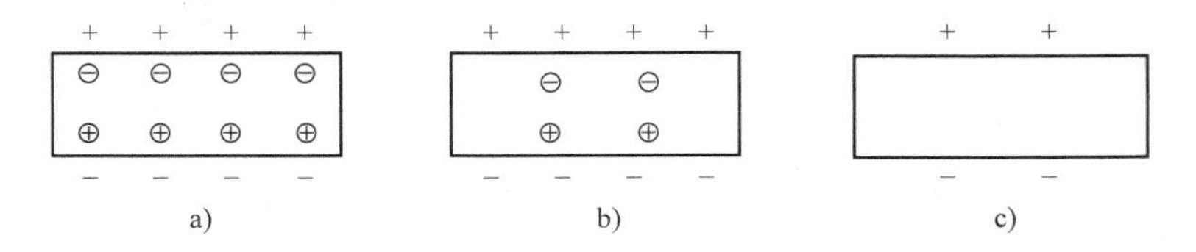

图 4-61　热电晶体的热释电效应

a）恒温下　b）温度变化时　c）温度变化时的等效表现

自由电荷中和极化电荷的时间根据环境中自由电荷的来源约为数秒到数小时。如果晶体的温度在极化电荷被中和掉之前因吸收辐射而变化，则晶体表面的极化电荷亦随之变化，它周围的吸附电荷因跟不上它的变化而使晶体表面失去电平衡，这时即显现出晶体的自发极化

现象。所以，当入射辐射是变化的，且仅当辐射的调制频率$f>1/\tau_0$时才有热释电信号输出，即热释电探测器是工作于交变辐射下的非平衡器件。

设晶体的自发极化矢量为$\boldsymbol{P}_s$，$\boldsymbol{P}_s$的方向垂直于电容器的极板平面。接收辐射的极板和另一极板的重合部分面积为A。辐射引起的晶体温度变化为ΔT。由此，引起表面极化电荷的变化为

$$\Delta Q = A\Delta \boldsymbol{P}_s \tag{4-89}$$

若使上式改变一下形式，则为

$$\Delta Q = A(\Delta \boldsymbol{P}_s/\Delta T)\Delta T = A\lambda\Delta T \tag{4-90}$$

式中，λ 为热释电系数，$\lambda=\Delta \boldsymbol{P}_s/\Delta T$。

（二）热释电器件的特性

按热释电器件的基本结构，其等效电路可表示为如图 4-62b 所示的恒流源I_s，图中R_s和C_s为晶体内部介电损耗的等效阻性和容性负载，R_L和C_L为外接负载电阻和电容。

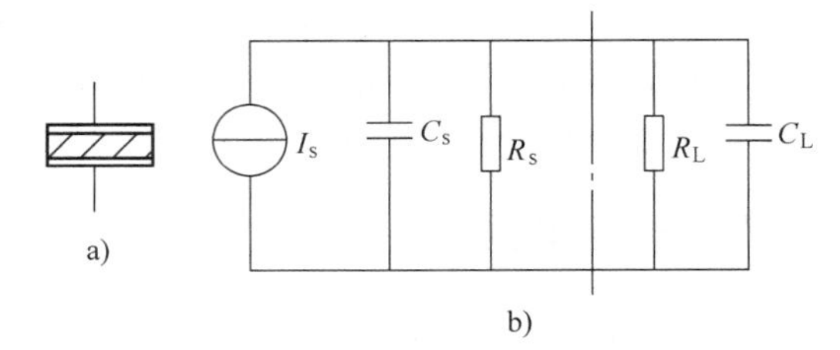

图 4-62　热释电器件的图形符号和等效电路
a）图形符号　b）等效电路

输出电流为

$$I_s = A\lambda\eta\Phi\omega/(G^2+\omega^2H^2)^{1/2} \tag{4-91}$$

输出电压为

$$U_s = \frac{A\alpha\lambda\Phi\omega R}{G(1+\omega^2\tau_T^2)^{1/2}(1+\omega^2\tau_e^2)^{1/2}} \tag{4-92}$$

式中，τ_T为热电探测器件的时间常数，$\tau_T = H/G$；τ_e为电路时间常数，$\tau_e=RC$，$R=R_s//R_L$，$C=C_s+C_L$，τ_e、τ_T的数量级为0.1～10s；A 为光敏面的面积；α 为吸收系数；λ 为入射辐射的波长；ω 为入射辐射的调制频率。

1. 电压灵敏度

由式（4-92）可得热释电器件的电压灵敏度为

$$S_v = \frac{A\alpha\lambda\omega R}{G(1+\omega^2\tau_T^2)^{1/2}(1+\omega^2\tau_e^2)^{1/2}} \tag{4-93}$$

式（4-93）表明，在低频段（$\omega<1/\tau_T$和$1/\tau_e$）时，$S_v\propto\omega$，$\omega\to0$时，$S_v\to0$；当$\tau_e\neq\tau_T$时，设$\tau_e<\tau_T$，在$\omega=1/\tau_T\sim1/\tau_e$范围内，$S_v$与$\omega$无关，为一常数；高频段（$\omega>1/\tau_T$和$1/\tau_e$）时，$S_v$则随$\omega^{-1}$变化，即灵敏度与信号的调制频率成反比。图 4-63 给出了不同负载电阻R_L下的灵敏度频率特性，由图可见，增大R_L可提高灵敏度，但可用的频带将会

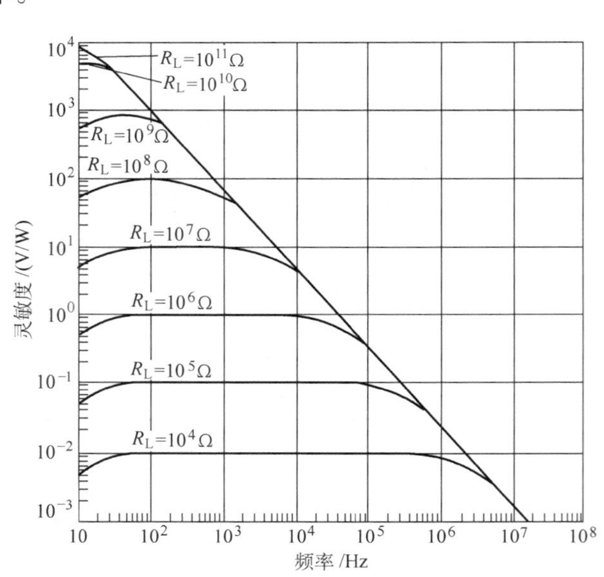

图 4-63　热释电探测器的频率响应随负载电阻的变化关系

变窄。

制作热释电器件的常用材料有硫酸三甘肽（TGS）晶体、钽酸锂（$LiTaO_3$）晶体、锆钛酸铅（PZT）类陶瓷、聚氟乙烯（PVF）和聚二氟乙烯（PVF_2）聚合物薄膜等。但无论哪种材料，都有一个特定温度——居里温度。当温度高于居里温度后，自发极化矢量减小为零，只有低于居里温度时，材料才有自发极化性质。所以在正常使用时，都要使器件工作于离居里温度稍远一点的温度区。

2. 噪声、信噪比和噪声等效功率

热释电器件的基本结构是一个电容器，因而输出阻抗很高，所以它后面常接有场效应晶体管，构成源极跟随器的形式，使输出阻抗降低到适当数值。因此在分析噪声的时候，也要考虑放大器的噪声。这样，热释电器件的噪声主要有电阻的热噪声、温度噪声和放大器噪声等。

电阻的热噪声来自晶体的介电损耗和与探测器相并联的电阻。如果其等效电阻为 R，则电阻热噪声电流的均方值为

$$I_{nT}^2 = 4kT_R\Delta f/R \tag{4-94}$$

式中，k 为玻耳兹曼常数；T_R 为灵敏元温度；Δf 为测试系统的带宽。

放大器噪声来自放大器中的有源元件和无源元件，以及信号源的源阻抗和放大器的输入阻抗之间噪声是否匹配等方面。如果放大器的噪声系数为 F，把放大器输出端的噪声折合到输入端，认为放大器是无噪声的，这时，放大器输入端附加的噪声电流均方值为

$$I_{nK}^2 = 4k(F-1)T\Delta f/R \tag{4-95}$$

式中，T 为背景温度。

温度噪声来自于敏感面与外界辐射交换的随机性，其噪声电流的均方值为

$$I_T^2 = \lambda^2 A^2 \omega^2 \overline{\Delta T^2} = \lambda^2 A^2 \omega^2 \frac{4kT^2\Delta f}{G} \tag{4-96}$$

式中，$\overline{\Delta T^2}$ 为温度起伏的均方值。

如果这三种噪声是不相关的，则总噪声为

$$\begin{aligned} I_n^2 &= 4kT_R\Delta f/R + 4kT(F-1)\Delta f/R + 4kT^2\lambda^2A^2\omega^2\Delta f/G \\ &= 4kT_N\Delta f/R + 4kT^2\lambda^2A^2\omega^2\Delta f/G \end{aligned}$$

式中，T_N 称为放大器的有效输入噪声温度，$T_N = T_R + (F-1)T$。

所以，噪声等效功率为

$$(NEP)^2 = (4kT^2G\Delta f/\alpha^2)\{1 + (T_N/T^2)[G/(A^2\lambda^2\omega^2R)]\} \tag{4-97}$$

由式（4-97）可以看出，热释电器件的噪声等效功率 NEP 具有随着调制频率的增加而减小的性质。

在使用以上介绍的温差热电偶、热敏电阻和热释电器件时，应注意如下几点：

热电器件的共同特点是光谱响应范围宽，对于从紫外到毫米量级的电磁辐射几乎都有相同的响应，而且响应灵敏度较高，但响应速度较低。因此，具体选用器件时，要扬长避短，综合考虑。

1）由半导体材料制成的温差电堆的响应灵敏度比热敏电阻和热释电器件要高，但机械强度较差，使用时要注意不要碰撞。它的功耗很小，测量辐射时，应对所测的辐射强度范围有所估计，不要因电流过大烧毁热端的黑化金箔。保存时，输出端不能短路，要防止电磁

感应。

2）热敏电阻的响应灵敏度不是很高，对灵敏面采取致冷措施后，灵敏度会有所提高。它的机械强度也较差，容易破碎，所以使用时要小心。与它相接的放大器要有很高的输入阻抗。流过它的偏置电流不能过大，免得电流产生的焦耳热影响灵敏面的温度。

3）热释电器件是一种比较理想的热电探测器，其机械强度、灵敏度、响应速度都不错。根据它的工作原理，它只能测量变化的辐射，入射辐射的脉冲宽度必须小于自发极化矢量的平均作用时间，辐射恒定时无输出。利用它来测量辐射体温度时，它的直接输出是背景与热辐射体的温差，而不是热辐射体的实际温度。所以，要确定热辐射体实际温度时，必须另设一个辅助探测器，先测出背景温度，然后再将背景温度与热辐射体的温差相加，即得被测物的实际温度。因各种热释电材料都存在居里温度，所以它只能在低于居里温度的范围内使用。

第七节　光电成像器件

光电成像器件是指利用光电效应将可见或非可见的辐射图像转换或增强为可观察、记录、传输、存储以及可进行处理的图像的器件系列的总称。它不仅用于光电成像与传输，而且还可以弥补人眼在灵敏度、响应波段、细节的视见能力以及空间和时间上的局限等方面的不足。最早的一种光电成像器件（光电析像管）出现于1931年。目前，各种类型的光电成像器件已广泛应用于天文学、空间科学、X射线放射学、夜间观察、高速摄影、安防监控、视觉测量以及科学实验中。

一、光电成像器件的类型和特点

光电成像器件按工作原理可分为像管、摄像管和固体摄像器件。像管是各种类型的变像管、像增强器的电子照相管的总称，它将可见或非可见的辐射图像转换或增强为可直接观察或记录的图像。摄像管是利用电子束对靶面扫描，把其上与光学图像相应的电荷潜像转换成一定形式的视频信号的器件的总称。

固体摄像器件是各种自扫描像敏器件和电荷耦合摄像器件的总称。固体摄像器件是在驱动脉冲的作用下完成信号电荷的传输的，它既具有与摄像管相一致的扫描制式，又具有其独特的时钟驱动特点（无需扫描电子束而自行产生视频信号）。与一般光电成像器件相比，它具有自扫描、大动态范围、高灵敏度、低噪声、对红外灵敏、无畸变、无滞后等优点。此外，它还有封装密度高（超小型）、速度快、功率低、成本低、简单可靠等特点。所以固体摄像器件是目前普遍采用的光电成像器件。常用的固体摄像器件有电荷耦合器件（Charge - Coupled Devices，CCD）、互补金属 - 氧化物 - 半导体（Complementary Metal Oxide Semiconductor，CMOS）器件和电荷注入器件（Charge - Injected Device，CID）等。

与真空摄像器件相比，固体摄像器件具有无灼伤、无滞后、体积小、功耗低、价格低和寿命长等优点。目前，在广播电视摄像机中，固体摄像器件已完全取代了真空摄像器件；在工业、军事和科学研究等领域，固体摄像器件更显示出其高分辨力、高准确度和高可靠性等优势。因为目前像管和摄像管等真空光电成像器件已很少使用，所以本书不再对这些器件进行介绍，下面主要介绍CCD、CMOS和CID固体摄像器件。

二、固体摄像器件

（一）CCD 成像器件

电荷耦合器件（Charge - Coupled Device，CCD）是 1970 年由美国贝尔实验室首先研制出来的新型光电成像器件。CCD 的突出特点在于它以电荷为信号。CCD 首先将光学信号转换为电荷和模拟电流信号，电流信号再经过放大和模 - 数转换，实现图像的获取、存储、传输、处理和复现。

CCD 成像器件按成像色彩分类可分为彩色 CCD 芯片和黑白 CCD 芯片两类；按像素的阵列分类可分为线阵 CCD 和面阵 CCD 两类；按成像光谱范围可分为紫外、可见光和近红外等几类；按电荷的转移形式可分为行间转移、帧转移和全帧型三类；按扫描方式可分为隔行扫描和逐行扫描两类；按光敏面大小可分为 1/3in、1/2in、2/3in、1in 等；按最低成像照度大小可分为普通型（1 ~ 3LUX）、月光型（0.1LUX）和星光型（0.01LUX）等。

1. CCD 成像器件的工作原理

CCD 成像器件的结构如图 4-64 所示，一般由微透镜阵列、网格滤光片和光敏像元上中下三层组成。微透镜阵列是为增加 CCD 每个成像像元的视场角，增大 CCD 每个像元收集光的能力。网格滤光片是为过滤掉其他不需要波长的光，只容许特定波长的光通过后射到 CCD 的光敏像元上，一般只有彩色 CCD 有网格滤光片，黑白 CCD 没有网格滤光片。

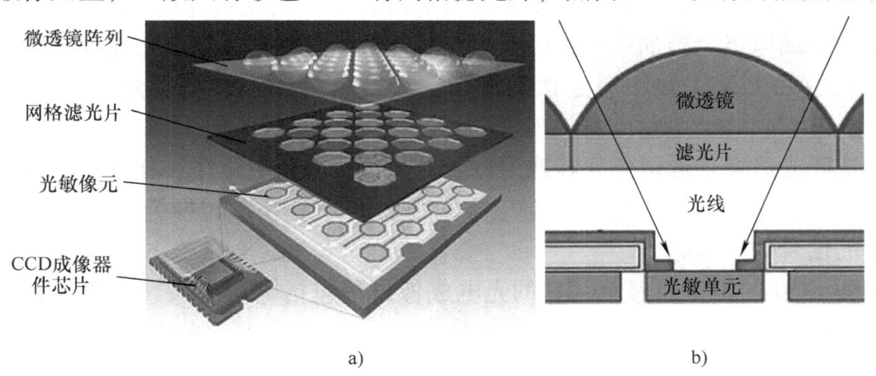

图 4-64　CCD 成像器件结构图
a）CCD 成像器件整体结构图　b）CCD 成像器件单像素结构图

光敏像元是 CCD 成像器件的核心元件，其基本单元是 MOS（Metal - Oxide - Semiconductor）电容器，这种电容器能存储电荷，其结构如图 4-65a 所示。在 P 型 Si 衬底表面上用氧化的办法生成一层厚度为 100 ~ 150nm 的 SiO_2，再在 SiO_2 表面蒸镀一金属层（多晶硅），在衬底和金属电极间加上偏置电压，就构成 MOS 电容器。在图 4-65a 中，金属电极为栅极，氧化物 SiO_2 为电介质，下极板为 P - Si 半导体。当栅极加上正向电压，并且衬底接地时，在电场力作用下，靠近氧化物层的 P 型硅区的空穴被排斥，或者说被“耗尽”，形成一个耗尽区，它对带负电的电子而言是一个势能很低的区域，称之为“势阱”，这种状态是瞬时的。当器件受到光照时（光可从各电极的缝隙间经过 SiO_2 层射入，或经衬底的薄 P 型硅射入），光子的能量被半导体吸收，产生电子 - 空穴对，这时出现的电子被吸引存储在势阱中，这些电子是可以传导的，而空穴则被电场排斥出耗尽区。光越强，势阱中收集的电子越多，光弱则反之，这样就把光的强弱变成电荷的数量，实现了光与电的转换。势阱中收集的电子处于存储状态，即使停止光照一定时间内也不会损失，这就实现了对光照的记忆。

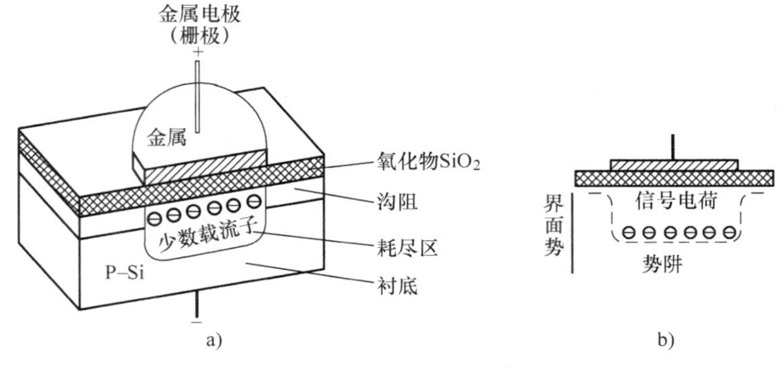

图4-65　CCD单元结构

a）MOS光敏元结构　b）光生电子

图4-65b为已存储信号电荷（光生电子）的形象示意图。实际上，电荷存在于SiO_2－Si界面处，而非从所谓势阱底向上堆积。势阱内所吸收的光生电子数量与入射到该势阱附近的发光强度成正比。这样一个MOS光敏元叫作一个像素，用来收集若干光生电荷的一个势阱叫作一个电荷包。在同一P型衬底连续生成的氧化层上沉积的金属电极相互绝缘，相邻电极仅有极小间距（沟阻），保证相邻势阱耦合及电荷转移。相互独立的MOS光敏元有几百至数千个，若在金属电极上施加一个正阶跃电压，就形成几百至几千个相互独立的势阱。如果照射在这些光敏元上是一幅明暗起伏的图像，那么就生成一幅与发光强度成正比的电荷图像。

器件完成曝光后光子通过像元转换为电子电荷包，电荷包顺序转移到共同的输出端，通过输出放大器将大小不同的电荷包（对应不同强弱的光信号）转换为电压信号，缓冲并输出到芯片外的信号处理电路。

综合上面CCD的工作原理，CCD的光电成像过程包括电荷注入、电荷存储、电荷转移和电荷读出四个步骤。

（1）电荷注入

当光照射到CCD硅片上时，在栅极附近的半导体体内产生电子－空穴对，当栅极加正电压时，其多数载流子（空穴）被栅极电压排开，少数载流子（电子）则被收集在势阱中形成信号电荷。光注入电荷为

$$Q_{IP}=\eta q\Delta n_{eo}AT_C \tag{4-98}$$

式中，η为材料的量子效率；q为电子电荷量；Δn_{eo}为入射光的光子流速率；A为光敏单元的受光面积；T_C为光注入时间。

由式（4-98）可以看出，当CCD确定以后，η、q及A均为常数，注入势阱中的信号电荷Q_{IP}与入射光的光子流速率Δn_{eo}及注入时间T_C成正比。注入时间T_C由CCD驱动器转移脉冲的周期T_{SH}决定，当所设计的驱动器能够保证其注入时间稳定不变时，注入势阱中的信号电荷只与入射辐射的光子流速率Δn_{eo}成正比。

（2）电荷存储

如图4-66a所示，在栅极G上施加电压U_G之前，P型半导体中的空穴（多数载流子）

分布是均匀的。当栅极施加小于或等于P型半导体阈值电压U_{th}的正电压U_G时，P型半导体中的空穴将开始被排斥，并在半导体中产生如图4-66b所示的耗尽区。电压继续增加，耗尽区将向半导体的体内延伸。当U_G大于U_{th}后，耗尽区的深度与U_G成正比，如图4-66c所示。

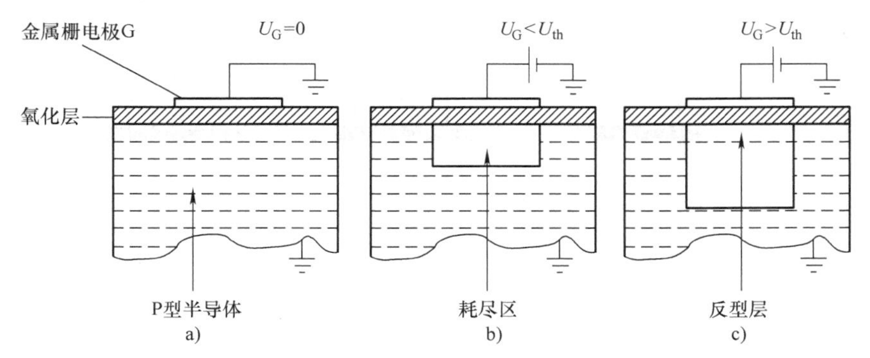

图4-66　CCD栅极电压变化对耗尽区的影响

a）栅极电压为零　b）栅极电压小于或等于阈值电压　c）栅极电压大于阈值电压

若将半导体与绝缘体界面上的电动势记为表面势，且用$\boldsymbol{\Phi}_s$表示，表面势$\boldsymbol{\Phi}_s$将随栅极电压U_G的增加而增加，它们的关系曲线如图4-67所示。图4-67描述了在掺杂的P型硅杂质浓度为10^{21}cm^{-3}，氧化层厚度为0.1μm、0.3μm、0.4μm和0.6μm的情况下，当不存在反型层电荷时，表面势$\boldsymbol{\Phi}_s$与栅极电压U_G的关系曲线。从表面势$\boldsymbol{\Phi}_s$与栅极电压U_G的关系曲线中可以看出，氧化层的厚度越薄，曲线的直线性越好；在同样的栅极电压U_G作用下，不同厚度的氧化层有着不同的表面势。

图4-68表示在栅极电压U_G不变的情况下，表面势$\boldsymbol{\Phi}_s$与反型层电荷密度Q_{INV}之间的关系。可以看出，表面势$\boldsymbol{\Phi}_s$随反型层电荷密度Q_{INV}的增加而线性减小。依据图4-67与图4-68的关系曲线，很容易用半导体物理的“势阱”概念来描述，即电子之所以被加有栅极电压的MOS结构吸引到半导体与氧化层的交界面处，是因为那里的势能最低。

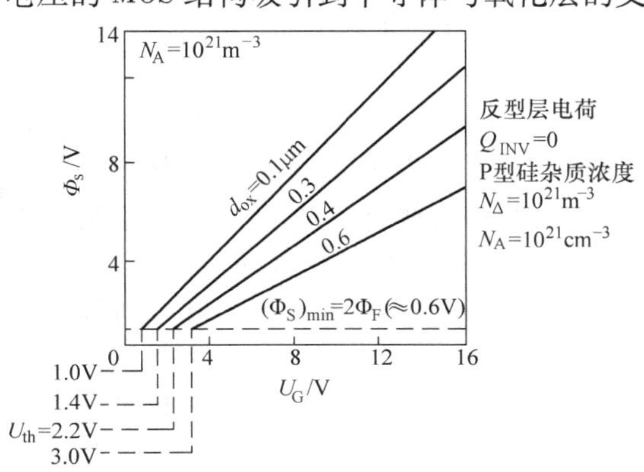

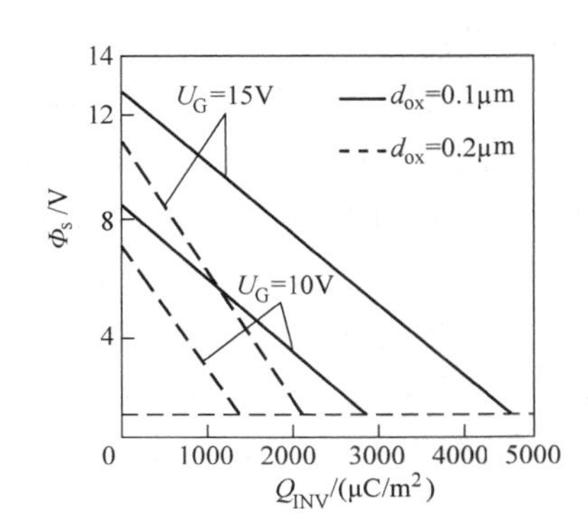

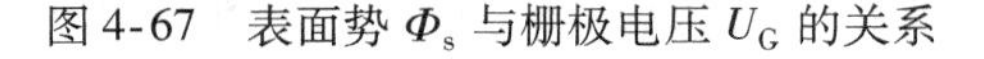

图4-67　表面势$\boldsymbol{\Phi}_s$与栅极电压U_G的关系

图4-68　表面势$\boldsymbol{\Phi}_s$与反型层电荷密度Q_{INV}的关系

在不存在反型层电荷时，势阱的“深度”与栅极电压U_G的关系恰如$\boldsymbol{\Phi}_s$与U_G的关系，如图4-69a所示的空势阱情况。当以光注入或电注入的方式注入电子后，则空穴会在表面电场作用下被驱赶到体内耗尽区外，因为要始终保持极板上的正电荷电量等于势阱中的自由电荷与负离子的总和，所以势阱深度将随之变浅，图4-69b所示为电荷填充1/3势阱时表面势收缩的情况，表面势 Φ_s 与电荷密度 Q_{INV} 的关系如图4-68所示。当电荷继续增加，如图4-69c所示，电子产生饱和或“溢出”现象。显然，在电子不出现“溢出”现象的情况下，可以用表面势作为势阱“深度”的量度。

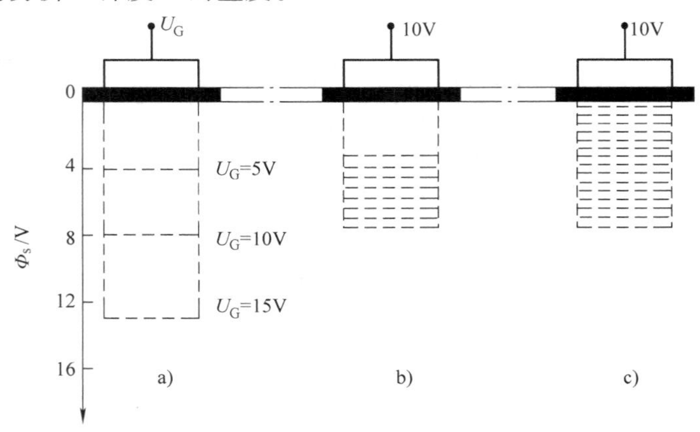

图4-69 势阱深度与填充状况的关系

a）空势阱 b）填充1/3的势阱 c）全满势阱

表面势与栅极电压 U_G 及氧化层的厚度 d_{ox} 有关，氧化层的厚度 d_{ox} 直接影响MOS电容结构的分布电容。势阱中存储电荷的容量应为势阱的横截面积 A、分布电容 C_{ox} 与栅极电压 U_G 的乘积，即

$$Q = AC_{ox}U_G \tag{4-99}$$

式（4-99）表明电子势阱存储信号电荷的能力，可以看作一个普通的电容器来处理。要提高信号电荷的存储容量，可以通过增加栅极电压来实现，但这要受到 SiO_2 层耐压强度的制约。一般情况下，MOS电容的最大存储电荷面密度为 $10^9\,\mu C/cm^2$。虽然理论上增加电极面积 A 也可以提高电荷存储量，但这会影响器件的频率特性和集成度。

（3）电荷转移

在获取电荷后，CCD需要将势阱的电荷包有规律地传递出去，称为电荷转移。电荷包的转移是利用各极板下面势阱不对称和势阱耦合来实现的。CCD的电荷转移是利用势阱耦合原理，即根据MOS电容上加的栅极电压越高，产生的势阱越深的事实，通过控制相邻MOS电容栅压的高低来控制势阱的深浅，使信号电荷由势阱浅的位置流向势阱深的位置。此外，CCD中的电荷转移还必须按照确定的方向进行。为此，MOS电容器列阵上所加的电位脉冲必须严格满足相位时序要求，使得任意时刻势阱的变化总是朝着一个方向进行。

图4-70给出了三相CCD转移过程的原理图和电位脉冲的时序波形图。如图可见，当电荷从左向右转移时，在任意时刻，当存储有信号电荷的势阱升起时，与之相邻的右侧势阱总比该势阱深，这样才能确保电荷始终向右侧转移。因此可用相位各差120°的三相驱动脉冲进行移位控制。

下面根据图4-70具体分析三相CCD的电荷转移过程。当 $t = t_0$ 时，CR1 = V，CR2 = CR3 = 0，势阱位于第1、4、7、10电极下面，而且第1、4、7、10电极下面分别有4、2、

1、3个电荷；当$t=t_1$时，$CR1=\frac{2}{3}V$，$CR2=V$，$CR3=0$，此时存储于电极1、4、7、10下的电荷分别有2、1、0、1个转移到电极2、5、8、11下面，各有1个电荷转移到7和8、10和11之间；当$t=t_2$时，$CR1=\frac{1}{3}V$，$CR2=V$，$CR3=0$，CR1下的势阱进一步变浅，CR2下的势阱深度不变，与CR1对应的电极下存储的电荷进一步向相邻右侧的CR2电极下转移；当$t=t_3$时，$CR1=0$，$CR2=V$，$CR3=0$，CR1下的所有电荷全部转移到相邻右侧的CR2下。三相CCD的时钟波形刚好互相错开$T/3$周期，且每过$T/3$个周期，电荷包就向右转移一个电极距离，如此循环，从时钟脉冲t_1到t_9构成一个周期T。在一个周期内，电荷包向右转移了三个电极间距，即一位。

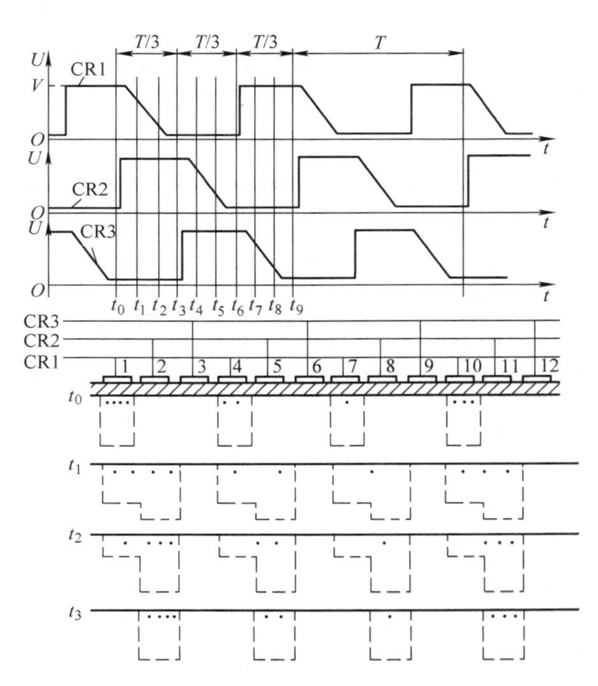

图4-70　三相CCD的电荷包转移过程

由上例可见，为确保CCD的转移功能，对时钟脉冲的要求如下：

1）三相时钟脉冲有一定的交叠，在交叠区内，电荷包的源势阱与接收势阱同时共存，以保证电荷在这两个势阱间进行充分转移。

2）时钟脉冲的低电平必须保证沟道表面处于耗尽状态。

3）时钟脉冲幅度选取得当。

除了有三相CCD外，还有两相和四相CCD。图4-71是一个两相CCD。两相CCD的时钟波形对称，但金属栅极下的氧化层（SiO_2）厚度不均匀，所以在极板下面的势阱深度也不均匀，因此电荷包会沿着表面从电势能高的地方向电势能低的地方流动。对于两相CCD，时钟电压波形每变化$T/2$，电荷包将转移一个电极间距；每变化一个周期，则转移两个电极间距（一位）。由此可见，CCD具有移位寄存器的功能。有兴趣的读者可参照三相CCD的电荷转移过程，分析两相CCD的电荷转移。

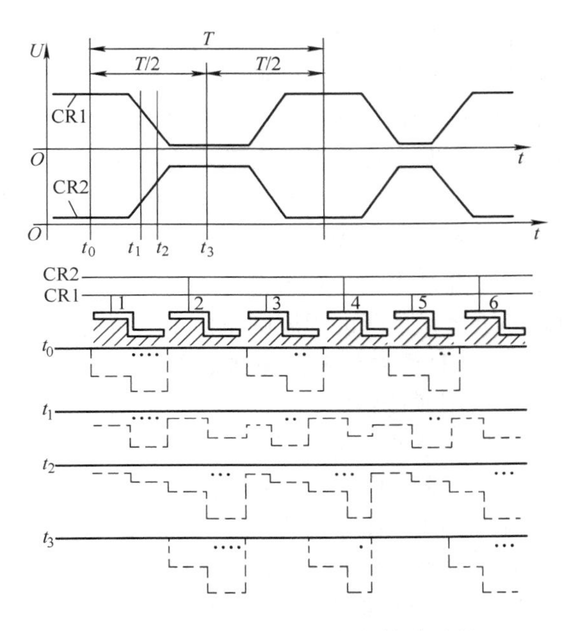

图4-71　两相CCD的电荷包转移过程

两相时钟方法在结构上和外围的时钟驱动电路上都很简单，因此受到用户的欢迎。和三相 CCD 相比，它由于厚的氧化层下不能存储电荷，加之势阱的势垒差减小，所以能够存储在势阱中的信号电荷比三相 CCD 要少。

（4）电荷读出

1）利用二极管的信号输出。CCD 电荷包输出机构的形式很多，其中最简单的是利用二极管的输出机构。图 4-72 为利用二极管的输出机构示意图。

在图 4-72 中，与 CR1 ~ CR3 相连的电极称为栅极，与 OG 相连的电极称为输出栅，输出栅的右边就是输出二极管。输出栅和其他栅极一样，当加正电压时，它下面的半导体表面也产生势阱，它的势阱介于 CR3 的势阱和输出二极管耗尽区之间，能够把二者连通起来，因此可以通过改变 OG 上所加的电压来控制它下面的通道。例如，电荷包已由 CR2 转入 CR3，当 CR3 下的势阱由深变浅的同时，OG 下的势阱正好也比较深，这时 CR3 势阱中的电荷包就能够通过 OG 下的势阱流入输出二极管的耗尽区。因输出二极管是反偏置的，内部有很强的自建电场，因此电荷包一进入二极管的耗尽区，即可被迅速地拉走，成为输出回路的电子流。因此，在没有电荷包输出时，a 点为高电平，而有电荷包输出时，因为电子流通过负载电阻要产生电压降，a 点则为低电平。a 点电压降低的程度正比于电荷包所携带的电量，这个电压变化正好反映了输出信号的大小。

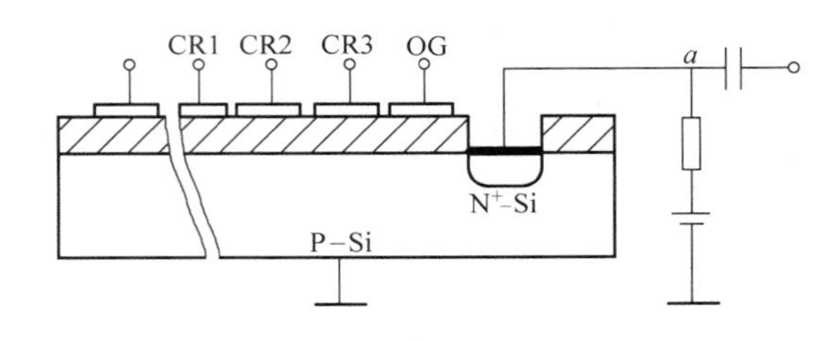

图 4-72　利用二极管的输出机构

2）选通电荷积分型输出机构。常用的电压输出法还有选通电荷积分型输出机构，如图 4-73 所示。图中，VF_1为复位管，R_1为限流电阻，VF_2为输出管，R_L为负载电阻，C 为等效电容。电荷包输出前，要先给 VF_1的栅极加一窄的复位脉冲 Φ_R，这时，VF_1 导通，C 被充电到电源电压，VF_2管的源极 S_2的电压也跟随上升接近于电源电压。Φ_R变为低电平以后，VF_1截止，但 VF_2在栅极电压的控制下仍为导通状态。当电荷包经过输出栅 OG 流过来时，C 被放电，VF_2的源极电压也跟随下降，下降的程度则正比于电荷包所携带的电量，即构成输出信号。

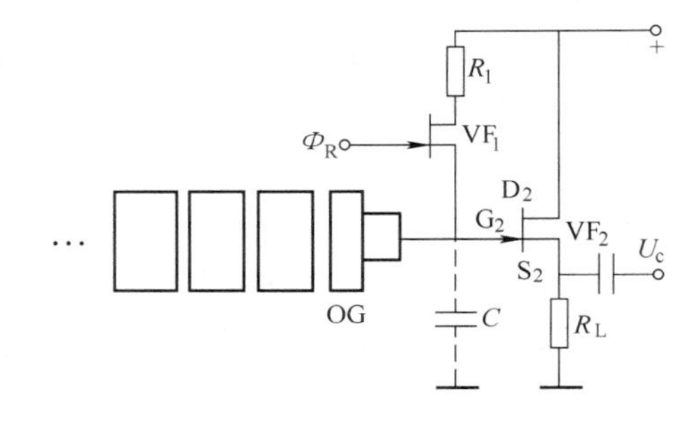

图 4-73　选通电荷积分型输出机构

2. CCD 图像传感器阵列结构

CCD 图像传感器有一维与二维之分，通常将一维 CCD 图像传感器称为线阵 CCD 或线阵 CCD 图像传感器，将二维 CCD 图像传感器称为面阵 CCD 图像传感器。

（1）线阵 CCD 图像传感器

线阵 CCD 图像传感器的光敏单元紧密地排成一行，它具有传输速度快、密集度高与信息提取方便等一系列优点，广泛应用于复印机、扫描仪、工业非接触尺寸的高速测量和大幅面高精度食物图像扫描等工业现场检测、分析与分选领域。线阵 CCD 图像传感器又有单沟道与双沟道之分，下面就以单沟道线阵 CCD 为例，介绍线阵 CCD 的基本工作原理。

1）单沟道线阵 CCD。

TCD1209D 器件是一种很典型的单沟道线阵 CCD 图像传感器，掌握它的原理、结构、特性参数对学习类似器件非常重要。

① 基本结构。

图 4-74 所示为 TCD1209D 器件结构原理图，它只有一行水平模拟移位寄存器，是典型的单沟道结构。它由光敏单元（简称像元）阵列、转移栅阵列、水平模拟移位寄存器阵列（沟道）及信号输出单元等部分组成。光敏单元阵列位于器件的中心部位；转移栅由脉冲 SH 控制；水平模拟移位寄存器阵列为两相结构，由驱动脉冲 CR1 与 CR2 驱动；信号输出单元接于模拟移位寄存器的最末极 CR2B 之后，在复位脉冲 RS 与嵌位脉冲 CP 的作用下由 OS 端输出各个像元的模拟脉冲信号。

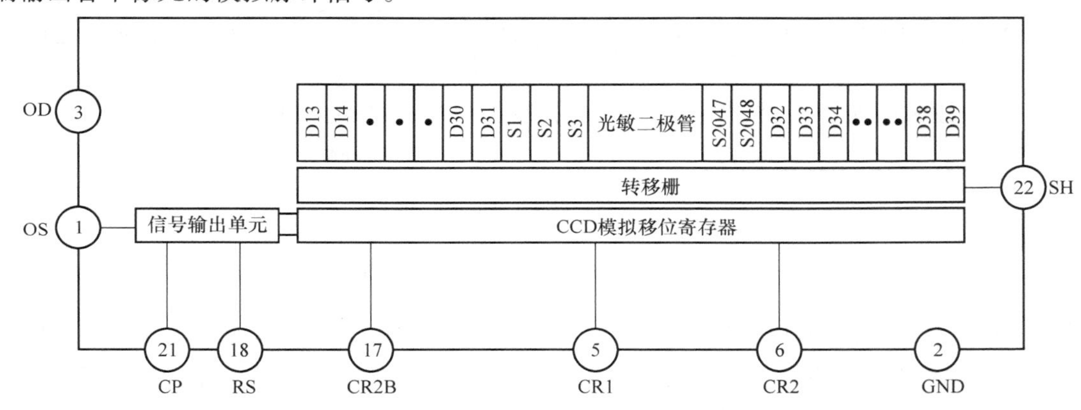

图 4-74　TCD1209D 器件结构原理图

TCD1209D 的光敏单元阵列由 2075 个光敏二极管构成，其中有 27 个光敏二极管（前边 D13 ~ D31 和后边的 D32 ~ D39）被遮蔽，中间的 2048 个光敏二极管为有效的光敏单元。每个光敏单元的尺寸为 14μm × 14μm，相邻两个像元的中心距为 14μm。光敏单元阵列的总长度为 28. 672mm。

② 工作原理。

TCD1209D 的驱动脉冲波形如图 4-75 所示。它由转移脉冲 SH、驱动脉冲 CR1 和 CR2、复位脉冲 RS 和时钟脉冲 CP 这 5 路脉冲构成。转移脉冲 SH 为周期很长的脉冲，低电平时间远远长于高电平时间。SH 与驱动脉冲 CR1 之间的相位关系如图 4-75 所示，即在 SH 为高电平期间 CR1 也必须为高电平，而且必须保证 SH 的下降沿落在 CR1 的高电平上，以确保所有光敏区的信号电荷能够并行地转移到模拟移位寄存器 CR1 电极下方形成的深势阱里。完成信号电荷的并行转移后，SH 变为低电平，它下方形成的浅势阱（势垒）使光敏区与模拟移位寄存器隔离。在光敏区进行电荷积累的同时，模拟移位寄存器在驱动脉冲 CR1 与 CR2 的作用下，将并行转移到模拟移位寄存器 CR1 电极下方势阱中的信号电荷向左转移，如图 4-74 所示，信号电荷经输出电路转换为被发光强度调制的序列脉冲电压信号从 OS 端口输出。

SH 的周期称为行周期，行周期应大于等于 2088 个转移脉冲 CR1 的周期 T_{CR1}。只有行周期大于 2088T_{CR1}，才能保证 SH 在转移第二行信号时第一行信号能全部移出器件。当 SH

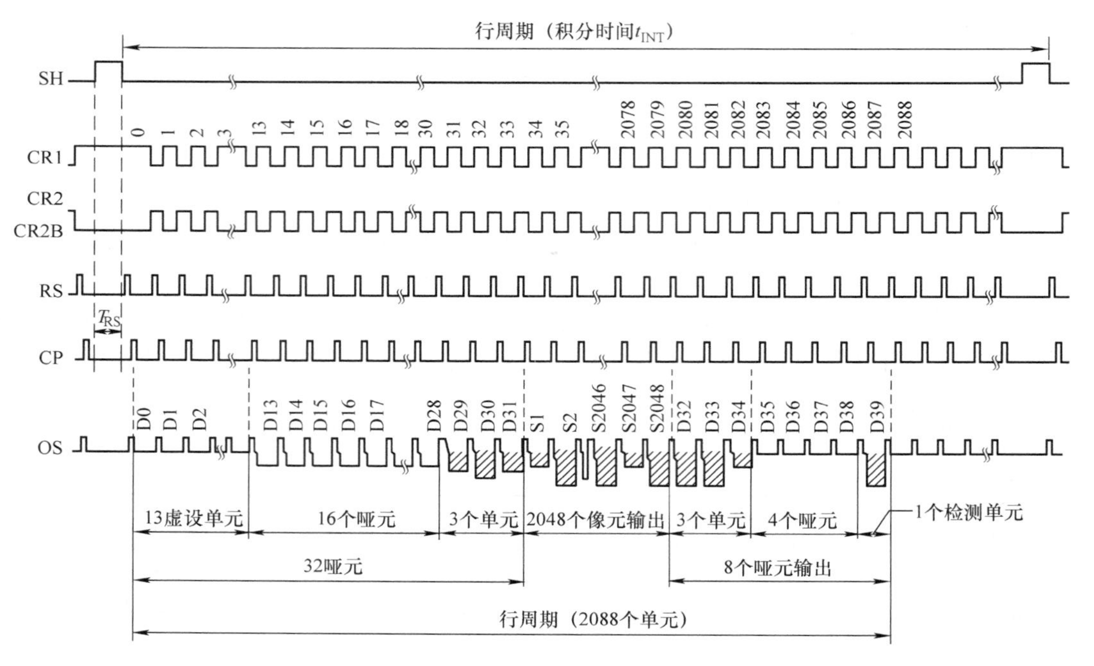

图4-75　TCD1209D驱动脉冲波形图

由高变低时，OS端进行输出。如图4-75所示，OS端首先输出13个虚设单元的信号（所谓虚设单元是没有光敏二极管与之对应的CCD模拟寄存器的部分），然后输出16个哑元信号（哑元是指被遮蔽的光敏二极管与之对应的CCD模拟寄存器的信号），再输出3个信号（这3个信号可因光的斜射而产生输出，但这3个信号不能被用作信号）后才能输出2048个有效光敏单元（像元）信号。有效信号前面的虚设单元信号和哑元信号属于同步信号，告诉后续处理电路这是一列新的有效信号的开始。有效光敏单元信号输出后，再输出8个哑元信号（其中包括1个用于检测一个周期结束的检测信号），告诉后续处理电路有效信号传输完毕。这样，行周期总共2088个单元，行周期应该大于或等于这些单元输出的时间（即$2088T_{CR1}$）。

2）特殊线阵TDI。

TDI（Time Delayed and Integration，时间延迟积分）CCD是近几年发展起来的一种新型光电传感器。TDI-CCD基于对同一目标的多次曝光，通过延迟积分的方法，大大增加了光能的收集。它允许在限定发光强度时提高扫描速度，或在常速扫描时减小照明光源的亮度，减小了功耗，降低了成本。与一般线阵CCD相比，它具有响应度高、动态范围宽等优点。在光线较暗的场所它也能输出一定信噪比的信号，可大大改善因环境条件恶劣引起信噪比太低这一不利因素。在空间对地面的遥感中，采用TDI-CCD器件作为焦平面探测器可以减小相对孔径，从而可减小探测器重量和体积。因此TDI-CCD器件一出现，便在工业检测、空间探测、航天遥感、微光夜视探测等领域中得到了广泛的应用。

TDI-CCD的结构近似一个长方形的面阵CCD器件，但在功能上是一个线阵CCD器件，列数是一行的像元数，行数为延迟积分级数N。TDI-CCD采用了特殊的扫描方式，其成像原理如图4-76所示。

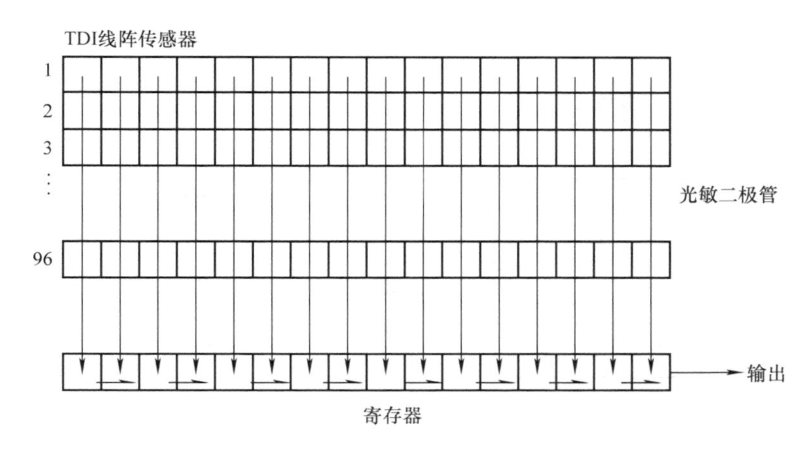

图 4-76 TDI－CCD 的工作原理图

某一列上的第一个像元在第一个曝光积分周期内收集到的信号电荷并不直接输出，而是与同列第二个像元在第二个积分周期内收集到的电荷相加，相加后的电荷移向第三行，以此类推，CCD 最后一行（第 N 行）的像元收集到的信号电荷与前面 $N-1$ 次收集到的信号电荷累加后移到水平模拟移位寄存器中，按普通线阵 CCD 器件的输出方式进行读出。可见线阵 CCD 输出信号的幅度是 N 个像元积分电荷的累加，即相当于一个像元 N 倍积分周期所收集到的信号电荷，输出幅度扩大了 N 倍，而信噪比增加了 $\sqrt{N}$ 倍。在 TDI－CCD 中积分级数 N 可分为 16，32，…，最大可达 256，行周期相同时，TDI－CCD 比普通 CCD 的响应度大为提高。

TDI－CCD 的工作原理与普通线阵 CCD 的工作原理有所不同，它要求行扫速率与目标的运动速率严格同步，否则就不能正确地提取目标的图像信息。

（2）面阵 CCD 图像传感器

目前，商用面阵 CCD 图像传感器已有了长足的发展，最高成像分辨率可达 5010 万个像素（美国柯达公司，KAF－50100，8304（宽）×6220（高）个像素）；最高拍摄速度高达 10 亿帧/s（德国 PCO 公司，hsfc pro 型号相机）。为能清楚说明面阵 CCD 的结构和工作原理，这里以最简单的 DL32 型面阵 CCD 为例进行介绍。

1）DL32 型面阵 CCD 的基本结构。

DL32 型面阵 CCD 为 N 型表面沟道、三相三层多晶硅电极、帧转移型面阵器件。器件主要由像敏区、存储区、水平移位寄存器和输出电路四部分构成。如图 4-77 所示，像敏区和存储区均由 256×320 个三相 CCD 单元构成，水平移位寄存器由 325 个三相交叠的 CCD 单元构成。其输出电路由输出栅 OG、补偿放大器和信号通道放大器构成。

像敏区和存储区 CCD 单元的结构尺寸如图 4-78 所示，其沟道区长为 20μm，沟阻区长为 4μm。在垂直方向上，它由三层交叠多晶硅电极构成，每层电极的宽度为 8μm，一个 CCD 单元的垂直尺寸为 24μm，可见某一电极光积分时的有效光敏区域为 8μm×20μm，光敏区总区域为 7.7mm×6.1mm，对角线长度为 9.82mm。

水平移位寄存器的 CCD 单元尺寸如图 4-79 所示，水平方向长 18μm，沟道宽度为 36μm。每个电极处理电荷的实际区域为 6μm×36μm。

2）DL32 型面阵 CCD 的工作原理。

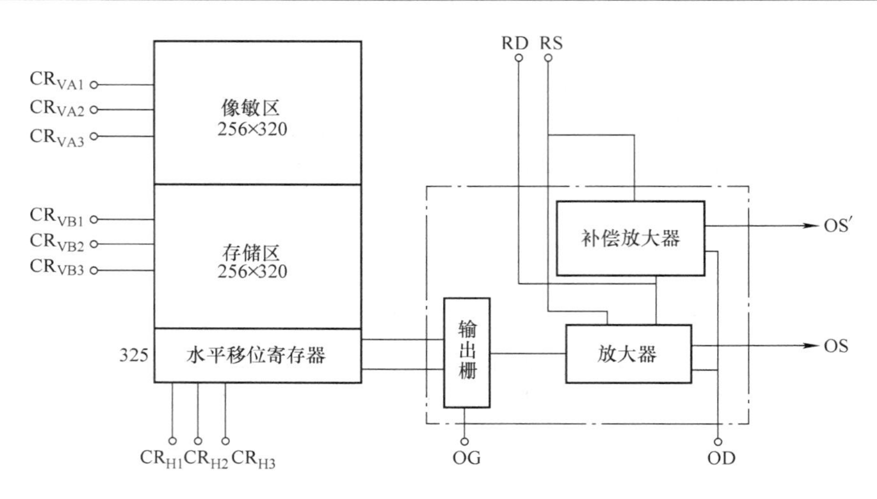

图 4-77　DL32 型面阵 CCD 结构图

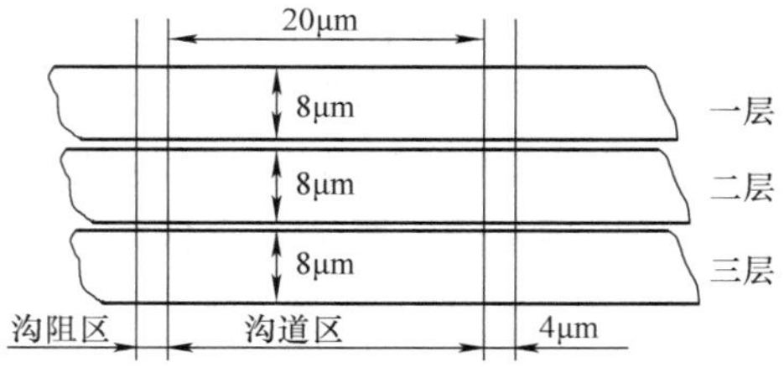

DL32 型面阵 CCD 正常工作需要 11 路驱动脉冲和 6 路直流偏置电平。11 路驱动脉冲为像敏区的三相交叠脉冲 $CR_{VA1} \sim CR_{VA3}$，存储区的三相交叠脉冲 $CR_{VB1} \sim CR_{VB3}$，水平移位寄存器的三相交叠脉冲 $CR_{H1} \sim CR_{H3}$，胖零注入脉冲 CR_{is}和复位脉冲 RS。6 路直流偏置电平为复位管及放大管的漏极电平 U_{OD}，直流复位栅电平 U_{RD}，注入直流栅电平 U_{G1} 和 U_{G2}，输出直流栅电平 U_{OG}和衬底电平 U_{BB}。这些直流偏置电平对于不同的器件，要求亦不相同，要做适当的调整。各路驱动脉冲的时序如图 4-80a 所示。

图 4-78　像敏区和存储区 CCD 单元的结构图

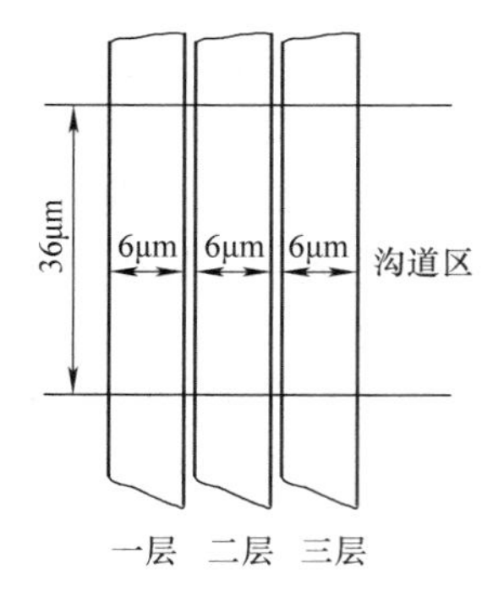

图 4-79　水平移位寄存器 CCD 单元尺寸

当像敏区工作时，像敏区三相电极中的一相为高电平，处于光积分状态，其余两相为低电平，起到沟阻隔离作用。水平方向有沟阻区，使各个像敏单元成为一个个独立的区域，各区域之间无电荷交换。这样，各个像敏单元进行光电转换，信号电荷（电子）存储在相应单元的势阱里，即完成光积分过程。从图 4-80 中看出，当第一场 CR_{VA3}处于高电平时，CR_{VA1} 和 CR_{VA2}处于低电平，凡是接 CR_{VA3} 的 256×320 个单元均处于光积分状态。当第一场光积分结束后，像敏区和存储区均处于帧转移脉冲的工作状态。它们在帧转移的高速脉冲驱动下，将像敏区的 256×320 个单元的信号电荷平移到存储区，在存储区的 256×320 个单元中暂存起来。像敏区驱动脉冲在帧转移脉冲后，处于第二场光积分时间。由图 4-80 可见，此时 CR_{VA2}处于高电平，而 CR_{VA1}和 CR_{VA3}处于低电平，故凡是接 CR_{VA2}的 256 ×320 个电极均处于第二场光积分过程。当像敏区处于第二场光积分时，存储区的驱动脉冲处于行转移脉冲。在整个光积分周期中，存储区进行 256 次行转移，每次行转移脉冲驱动存储区各单元将信号电荷向水平移位寄存器平移一行。第一个行转移脉冲将第一行信号平移入水平移位寄存器中，水平移位寄存器在水平三相交叠脉冲的驱动下快速地将这一行的320个信号经输出电路输出。这一行全部输出后，存储区又进行一次行转移，各行信号又步进一行，第二行信号进入水平移位寄存器，再由水平驱动脉冲使之输出。这样，在像敏区进行第二场光积分期间，存储区和水平移位寄存器在各自的驱动脉冲作用下，将第一场的信号逐行输出。第二场光积分结束，第一场的输出也完成，再将第二场的信号送入存储区暂存。接下去，在第三场光积分的同时输出第二场信息。显然，由奇、偶两场组成一帧图像，实现隔行扫描。

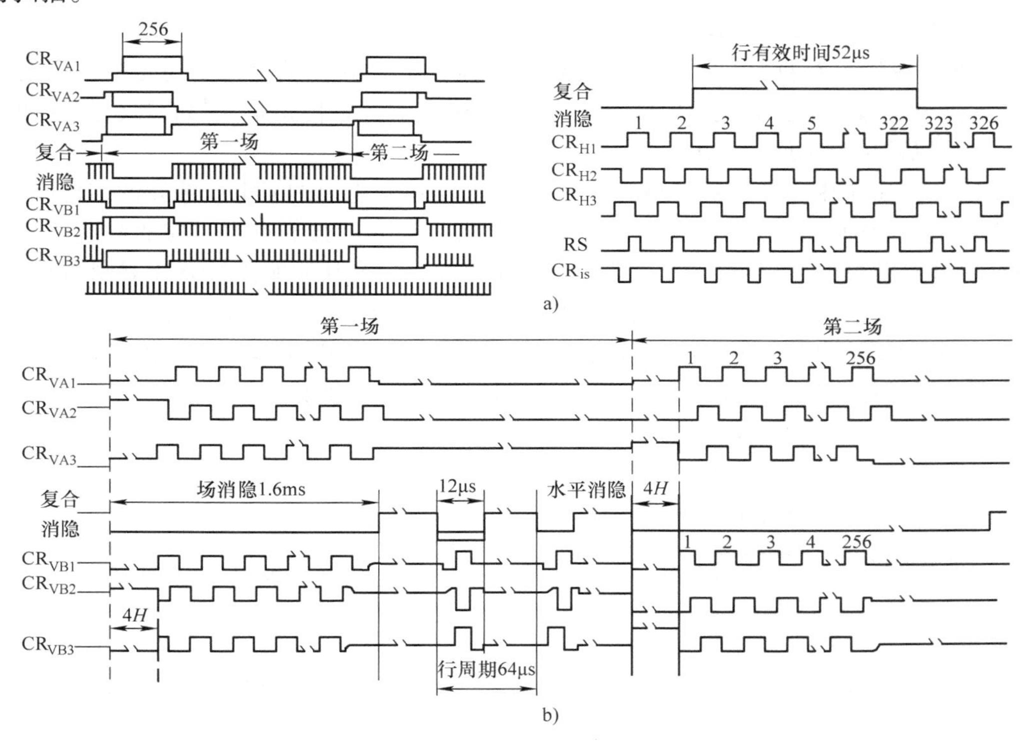

图4-80　DL32型CCD的工作原理图

a）驱动脉冲时序图　　b）DL32的光积分和帧转移过程

由图4-80可见，将像敏区中的电荷包信号转移到存储区，是在场消隐期间完成的；而将存储区中的信号并行地向水平移位寄存器中一行行的转移也都是在行消隐期间完成的。即在场正程期间，面阵CCD的像敏区处于光电转换、光积分工作状态，存储区则处于并行转换工作状态，水平移位寄存器总是处于不停的水平高速转移工作状态；在场逆程期间像敏区与存储区在高速三相交叠脉冲的驱动下，将像敏区中的电荷包信号转移到存储区。

在行正程期间，水平移位寄存器将在水平三相驱动脉冲 CR_{H1} ~ CR_{H3} 的作用下，将并行转移到水平移位寄存器内的一行电荷包信号转移出来。在行逆程期间，水平移位寄存器的驱动脉冲处于初始状态，如图4-80中 CR_{H1} ~ CR_{H3} 波形的前部和后部所示，CR_{H1} 低，CR_{H2} 高，CR_{H3} 低，一行电荷信号并行地转移到水平移位寄存器中的 CR_{H2} 电极下的势阱里。

（二）CMOS成像器件

互补金属-氧化物-半导体（CMOS）器件是基于CMOS工艺的CMOS成像器件，较

CCD具有可在芯片上进行系统集成、随机读取和低功耗、低成本等优势。最早出现的CMOS成像器件是无源像素结构（Passive Pixel Structure，PPS），有低灵敏度和高噪声等缺点。随着CMOS技术和制造工艺技术的发展，通过改进结构、采用光敏二极管型有源像素单元电路和光栅型有源像素单元电路等，使得它在当前的单片式彩色摄像机中得到了广泛应用，各种规格的CMOS成像器件已经普遍应用于数码相机和摄像机商品中。基于目前CMOS的性能已超越了CCD的性能，日本索尼公司于2017年3月停止了现有的CCD传感器生产线，只专注于CMOS传感器的生产。

1. CMOS芯片的工作原理

CMOS图像传感器的光电转换原理与CCD基本相同，其光敏单元受到光照后产生光生电子。而信号的读出方法却与CCD不同，每个CMOS源像素传感单元都有自己的缓冲放大器，而且可以被单独选址和读出。

图4-81给出了由一个光敏二极管和一个MOS晶体管组成的CMOS像元的结构原理图。在光积分期间，MOS晶体管截止，光敏二极管随着入射光的强弱产生对应的载流子并存储在MOS晶体管源极的PN结部位上。当积分期结束时，扫描脉冲加在MOS晶体管的栅极上，使其导通，光敏二极管复位到参考电位，并引起视频电流流过负载，其大小与入射光发光强度对应。图4-82给出了一个具体的像元结构，由图可知，MOS晶体管的源级PN结起光电转换和载流子存储作用，当栅极加有脉冲信号时，视频信号被读出。

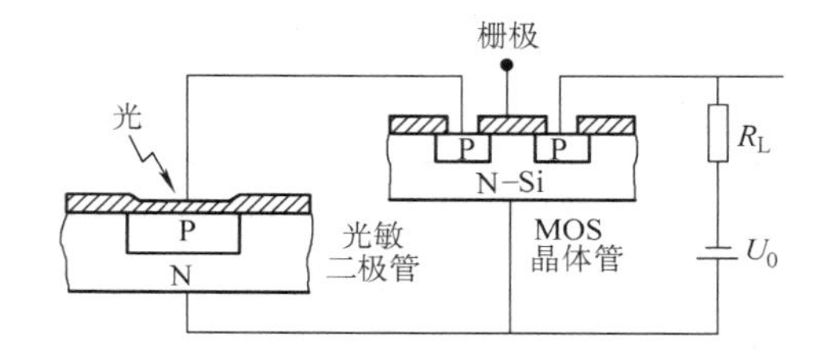

图4-81　CMOS像元的结构原理图

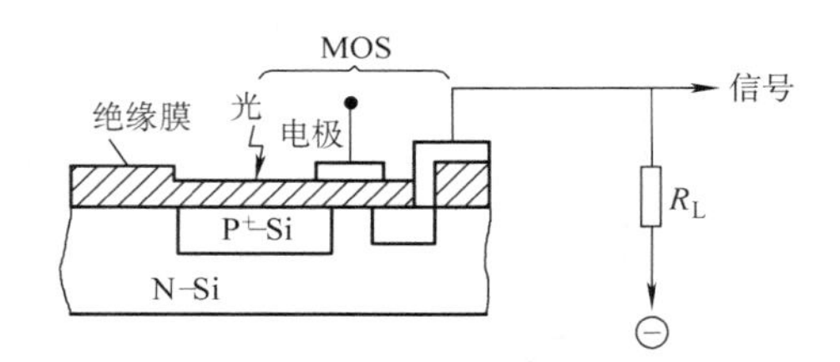

图4-82　CMOS像元结构示意图

如果将上述的多个像元集成在一块，便可以构成自扫描CMOS型一维摄像传感器件，如图4-83所示。它由光敏二极管阵列和对光敏二极管寻址的MOS场效应晶体管组成，MOS场效应晶体管的栅极连接到移位寄存器的各级输出端上。在这种情况下，光敏二极管是起开关作用的MOS场效应晶体管的源浮置。为说明这种CMOS一维摄像传感器的工作过程，考察图4-83中的光敏二极管VL_2，当VD_2接通时，反偏置的PN结VL_2电容上充电至电荷饱和。经过一个时钟周期后，VD_2断开，VL_2的一端浮置。在这种状态下，若无光照射到光敏二极管VL_2上，则在下一个扫描周期中，即使VD_2再次接通也没有充电电流流过。但若此时有光照射PN结，将产生电子-空穴对，在VL_2上有放电电流流过，VL_2中存储的电荷将与入射光量成比例地减少。也就是说，到下一次VD_2接通为止的一个扫描周期内，失去的电荷量与入射光量成比例。为了弥补上述电荷损失，在VD_2下一次接通时，将有充电电流流过，此充电电流即为视频信号。

由于MOS场效应晶体管栅-漏电容和加扫描或加时钟的母线与视频输出线之间有寄生电容存在，这造成输出信号中有尖峰噪声。不过，对应于一个光敏二极管需要两个MOS场效应晶体管开关。由于噪声限制，这种器件不宜工作在高速扫描情况下。

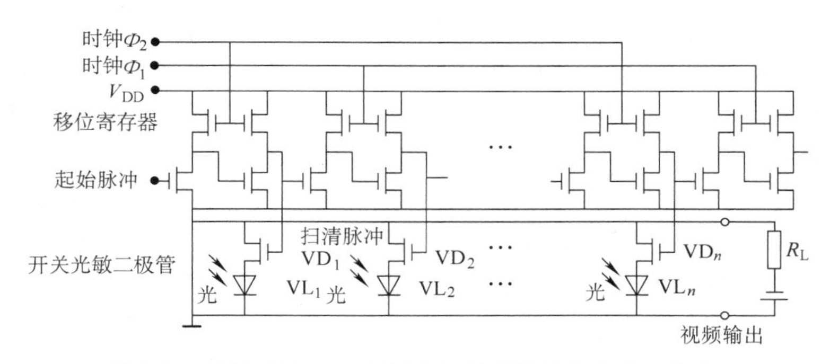

图 4-83　CMOS 型一维图像自扫描摄像器件的基本电路

2. CMOS 图像传感器阵列结构

图 4-84 所示是 CMOS 像敏元件阵列结构，它由水平移位寄存器 2、垂直移位寄存器 1 和 CMOS 像敏元阵列 5 等组成。如前所述，各 MOS 晶体管在水平和垂直扫描电路的脉冲驱动下起开关作用。水平移位寄存器 2 从左至右顺次地接通起水平扫描作用的 MOS 晶体管，也就是起寻址列的作用，垂直移位寄存器 1 顺次地寻址阵列的各行。每个像元由光敏二极管和起垂直开关作用的 MOS 晶体管组成，在水平移位寄存器 2 产生的脉冲作用下顺次地接通水平控制 MOS 开关晶体管 3，在垂直移位寄存器 1 产生的脉冲作用下接通垂直开关 4，于是顺次给像元的光敏二极管加上参考电压（偏压）。被光照的二极管产生的载流子使结电容放电，这就是积分期间信号的积累过程。而上述接通偏压的过程同时也是信号的读出过程。在负载上形成视频信号的大小正比于该像元上的发光强度。图 4-85 是 CMOS 成像器件的原理框图。

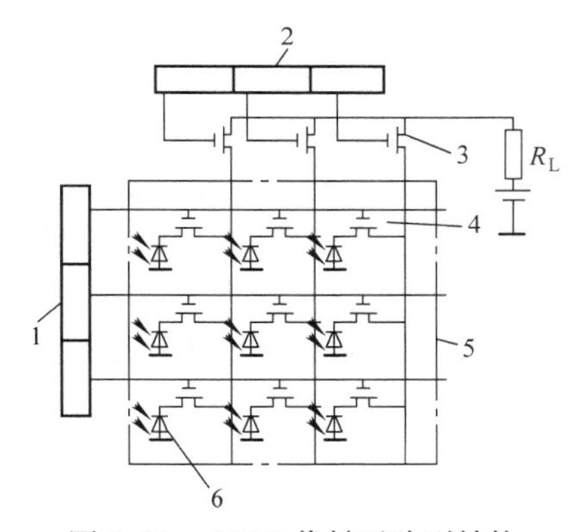

图 4-84　CMOS 像敏元阵列结构

1—垂直移位寄存器　2—水平移位寄存器　3—水平控制 MOS 开关晶体管　4—垂直开关　5—CMOS 像敏元阵列　6—光敏二极管

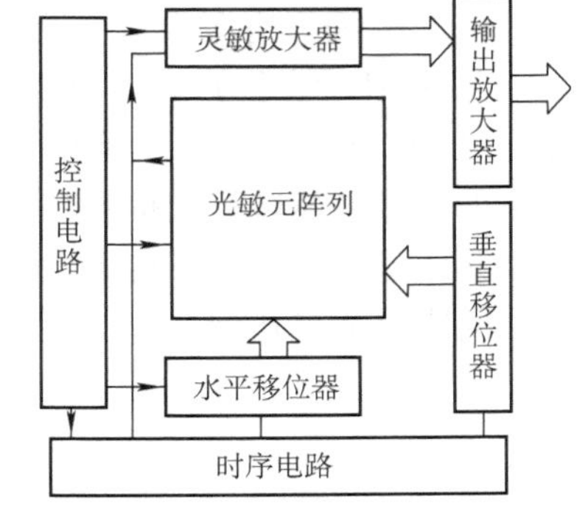

图 4-85　CMOS 成像器件原理框图

3. CMOS 像敏元的单元电路

CMOS 成像器件的像元电路分为无源像素和有源像素两类。有源像素式引入一个有源放大器，它又分为光敏二极管型和光栅型有源像素结构两类。

（1）光敏二极管无源像素单元电路（PD Passive Pixel Sensor，PD－PPS）

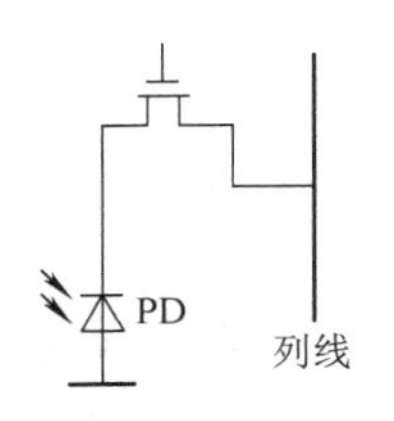

图 4-86　光敏二极管无源的像素结构图

PD－PPS 结构，如图 4-86 所示，由一个反向偏置的光敏二极管和一个开关管构成。当开关管开启时，光敏二极管与垂直的列线连通，位于末端的电荷积分放大器读出电路保持列线电压为一常数，并减小噪声。当光敏二极管存储的信号电荷被读出时，其电压被复位到列线电压水平。与此同时，与光信号成正比的电荷由电荷积分放大器转换为电压输出。PD－PPS结构的像素可以设计成很小的像元尺寸，它的结构简单、填充系数高（有效光敏面积和单位面积之比），由于填充系数大及没有覆盖一层类似于在CCD中的硅栅层（多层硅叠层），因此量子效率很高。

PD－PPS的致命弱点是由于传输线电容较大而读出噪声较高，主要是固定噪声（FPN）大，一般比商业型CCD的噪声大一个数量级。而且PD－PPS不利于向大型阵列发展，不能有较快的像素读出率，这是因为这两种情况都会增加线容，若要更快地读出就会导致更高的噪声。为解决PPS的噪声问题，可以通过在芯片上集成模拟信号处理和用双关取样电路的列并行微分结构来消除寄生电流的影响。

（2）光敏二极管型有源像素单元电路（PD Active Pixel Sensor，PD－APS）

图4-87所示是有源光敏二极管型CMOS像素单元电路，它由一个光敏二极管和三个晶体管放大器组成。因为每个放大器仅在读出期间被激发，故CMOS有源像素成像器件的功耗比CCD小。由于光敏面没有多晶硅叠层，因而它的量子效率很高。它的读出噪声受复位噪声限制，小于PD－PPS的噪声典型值。PD－APS结构在像素里引入至少一个晶体管，实现信号的放大和缓冲，改善PD－PPS的噪声问题，并允许用更大规模的图像阵列。起缓冲作用的源跟随器可加快总线电容的充放电，因而允许总线长度增长，增大阵列规模。另外像素里还有复位晶体管（控制积分时间）和行选通晶体管。虽然晶体管数目增多，但PD－APS像素和PD－PPS像素的功耗相差并不大。典型的像元间距为15×最小特征尺寸，适应于大多数中低性能应用。

（3）光栅型有源像素单元（PG Active Pixel Sensor，PG－APS）

PG－APS结合了CCD和X－Y寻址的优点，其结构如图4-88所示。光生信号电荷积分在光栅PG下，输出前，浮置扩散点A复位（电压为V_{DD}），然后改变光栅脉冲，收集在光栅下的信号电荷转移到扩散节点。复位电压水平与信号电压水平之差就是传感器的输出信号。光栅型有源像素结构每个像元采用5个晶体管，典型的像元间距为20×最小特征尺寸。像元间距目前可达到5μm。读出噪声比光敏二极管型有源像素结构要小一个数量级。

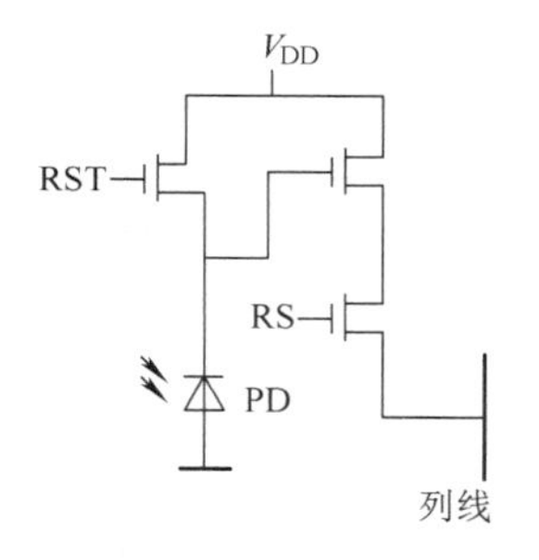

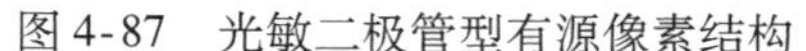
图4-87　光敏二极管型有源像素结构

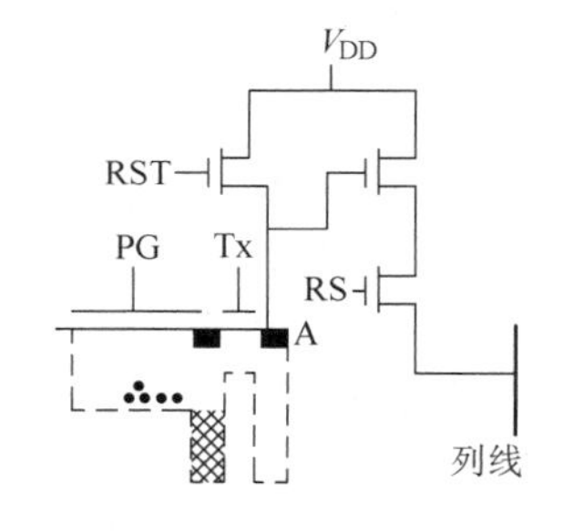

图4-88　光栅型有源像素结构

有源像素式成像器件通常比无源像素式成像器件有更多的优点，包括读出噪声低、读出速度高和能在大的阵列中工作。但是由于像素和晶体管数目的增多，恶化了阈值匹配和增益一致性，引发了固定噪声问题。为解决固定噪声问题，可通过采用双关取样（CDS）加以解决。

有源像素式成像器件还有其他形式的特殊结构，如对数传输型、浮栅放大器型等。在考虑灵敏度、噪声、像素大小以及线性度的情况下，每种类型都有各自的优缺点，可根据不同的应用做出不同的选择。

（三）CID 电荷注入器件

1. CID 电荷注入器件的结构和原理

电荷注入器件（Charge - Injected Device，CID）的基本结构与 CCD 相似，也是一种 MOS 结构。当栅极上加上电压时，其表面形成少数载流子（电子）的势阱，入射光子在势阱邻近被吸收后，产生的电子被收集在势阱里，如图 4-89a 所示。其光积分过程与 CCD 一样。读出时，可利用电荷转移时的感应电动势，也可以在衬底、阵列线和驱动电路所组成回路里的任何地方来探测注入时所产生的信号电荷。这样，在 CID 单元与单元之间的信号电荷实际上是并行流通的；而 CCD 通常是将信号电荷包沿着通道链串行地转移到公共输出端，在阵列的边缘处读出。因此，对于 CCD 的长链式串行工作，若有一个单元缺陷，就会影响一个长链，甚至影响整个阵列的信号输送。CID 成像器件是采用 X - Y 寻址方式读出存储电荷的光敏阵列。它的机理结构简单，可以允许少量的工艺缺陷。由于电荷转移次数少，对电荷转移效率要求不高。CID 阵列里每个单元有两个耦合在一起的 MOS 电容，光生信号电荷可以在这两个电容里依据 X、Y 驱动电压的高低相互转移。通常，行电压 V_x的值大于列电压 V_y，以防止信号电荷存储在被驱动的列线非寻址的位置上。图 4-89 所示为 CID 的基本单元结构：图 4-89a 是靠中间沟道耦合的单层多晶硅电极结构，在两个相邻电容间隙扩散一个 P^+ 区，以便沟通相邻的两个势阱；图 4-89b 是双层多晶硅电极结构，依靠电极的重叠使两个势阱耦合在一起。

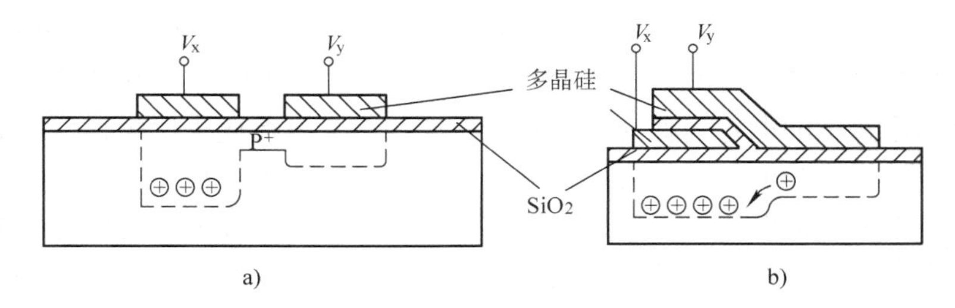

图 4-89　CID 的基本单元结构

a）靠中间沟道耦合的单层多晶硅电极结构　b）双层多晶硅电极结构

CID 的信号读出方法有衬底接电阻以微分方式读出、衬底接电容以积分方式读出和平行注入方式读出等。下面以平行注入方式读出为例说明 CID 信号的读出。

图 4-90 为 CID 的平行注入方式读出电路原理图，这时信号电荷的探测和注入两种功能可以分开。由于电荷的探测和电荷的注入在时间上是错开的，所以注入驱动时势阱的消失和建立所产生的位移电流不会干扰信号的探测。光生电荷的探测是利用行扫描时，单元内部电荷转移引起列线电位变化来实现的，而在列线回扫期间，被选读行线的所有光生电荷一齐被注入衬底，此时列线信号依次早已读完。

CID 与 CCD 的主要区别在于信号的读出过程。在 CCD 中，信号电荷必须经过转移才能读出，信号一经读出即刻被复位消失。而在 CID 中，信号电荷无需转移，而是直接注入体内通过形成电流来读出的。CID 的每个像元中积累的光生电荷可以多次反复读出，增加读出

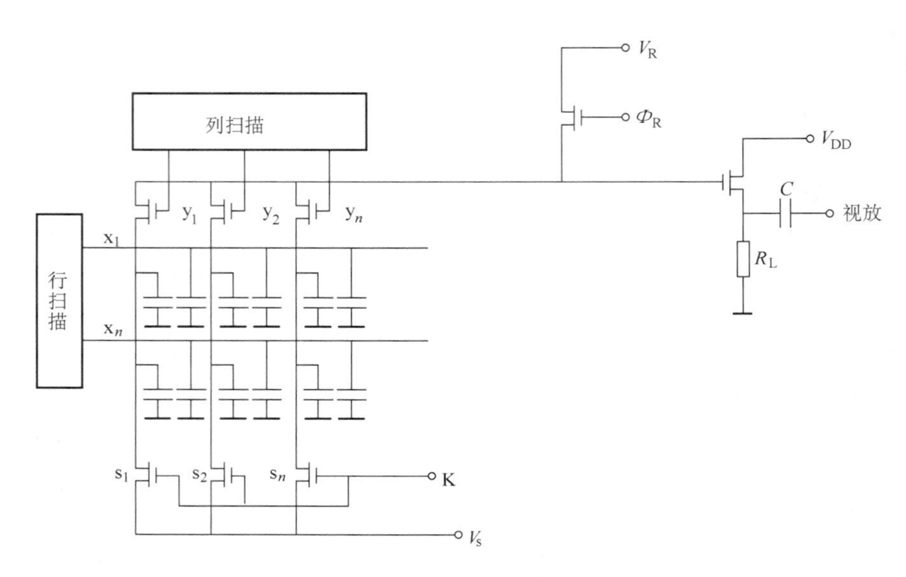

图4-90　CID的平行注入方式读出电路原理图

次数可提高采集数据的信噪比，即每当积分结束时，去掉栅极上的电压，存储在势阱中的电荷少数载流子（电子）被注入到体内，从而在外电路中引起信号电流，这种读出方式称为非破坏性读出（Non-Destructive Read Out，NDRO）。CID的NDRO特性使它具有优化指定波长处信噪比（S/N）的功能，同时CID可寻址到任意一个或一组像素，因此可获得如“相板”一样的所有元素谱线信息。非破坏性读出是CID优于CCD的显著特点。

CID阵列上的每个像素可以单独通过行列电极的标定指数来寻址。不像CCD在读出时需将像素中收集的电荷转移，即电荷不会在CID阵列中发生点到点的转移。当电荷信息包在独立所选择的像素中的电容间移动时，和所存储的信息电荷成正比的移位电流被读出，移位电流被放大，转换成为电压，作为部分复合视频信号或者数字信号输出。由于信号电平被测定以后电荷完整无缺地保留在像素中，所以其读数是非破坏性的。若要对新的帧进行清除阵列，每个像素上的行和列电极就会即刻切换到接地释放，或者“注射”电荷到底层。

2．CID电荷注入器件的特点和应用

1）CID的非破坏性读取能力使其具有高度曝光控制到静物的低光度观察。通过悬置电荷注射，使用者可以初始化多帧积分（延时曝光）同时能够在找到最佳曝光时再来观看图像。积分可以从几毫秒延到几个小时（此时需要额外冷却检测器用来阻止由热所产生的暗电流的累积）。控制积分对于科学监测和照相应用（特别是天文学）非常有用。

2）CID更能容忍强光，抗“溢出”和“拖尾”能力比CCD好。由于CCD图像在信号读数时电荷会从过度饱和的单元溢出到邻近的像素或者位移寄存器（电荷转移原理），使得部分图像模糊。相反，CID图像更能够容忍强光，这是由于光学过载在被照亮的像素上受到控制，电荷不会从像素集电极输出，因为其结构不提供“溢出”电荷的路径。这种固有的抗溢出能力保证了即使是在极端照明的条件下都可以得到精确的图像，因此CID照相机已经被有效地用于导弹追踪、半导体图形鉴别，以及光学过载的明亮物体的图像检测中。

3）CID阵列中的像素毗邻结构不损失图像细节，从而使图像更加精确。这一点对于在测试精度要求高的场合非常有用，特别是检查、测试、定位和追踪物体的边缘测定等应用领域。CID 目前普遍用于精度要求达到 0.5μm 的计量设备中。

4）CID 器件可提供宽的光谱响应，从 200 nm 到 1100 nm，允许捕捉从紫外到近红外光源产生的图像。辐射稳定的 CID 目前用于核能、工业 X 射线、科学以及空间方面的应用，同时也用于一些军工项目。

5）由于 CID 中的每个像素都可以单独寻址，因此可以弹性地读数和选择处理。例如，循序扫描读数允许通过去除用于结合奇偶场（2∶1 交错扫描）的延迟来实时处理。相反，顺序读取行（1、2、3、4 等）允许图像处理器在继续读取下一行的时候分析最近一行的视频信息。

6）循序扫描和快速扫描是 CID 的另一特点。在不需要全帧分辨但是需要更快捕捉图像中的某些目标时，“帧复位”使使用者可以降低垂直帧尺寸而取得更高的帧速率。对于在任意给定的时间内需要注意观看很小的区域时，“快速扫描”功能允许用户隔离感兴趣的多个区域或“窗口”而以正常的速率读数，同时在“窗口”之间以非常高的速度扫描。这种选择性的数据提取加速了读数，降低了数据容量，方便了高速处理。这种功能对于单独追踪几个不同的物体，同时以速度高达每秒几百帧图像通过观察场的时候非常有用，如在生产线上高速观察制药瓶的盖帽定位或标签代码等。

7）任意存取 CID 阵列（RACID）进一步拓宽了它的应用，通过软件控制提供在最大的扫描速率下以任意顺序选择性的读数来寻址规定的像素。RACID 已经成功地应用于恒星追踪、天体导航以及对指定星体定位引导的读取和处理。

8）CID 的“冻结帧”能力使其能够精确地捕捉并读取不同的高速事件。

（四）固体摄像器件的特性

1. 像元尺寸

像元尺寸指芯片像元阵列上每个像元的实际物理尺寸，一般也指相邻两个像元的中心距，通常的尺寸包括 14μm、10μm、9μm、7μm、6.45μm、3.75μm 等。像元尺寸从某种程度上反映了芯片对光的响应能力，像元尺寸越大，能够接收到的光子数量越多，在同样的光照条件和曝光时间内产生的电荷数量也越多。对于弱光成像而言，像元尺寸是芯片灵敏度的一种表征。固体摄像器件的像元尺寸较小，可感测及识别精细物体，即图像分辨率高。

2. 填充因子（Fill Factor）

固体摄像器件每个像素并不是 100% 的面积都可以用于感光，每个像素除了有能够感光的区域以外，还有一部分面积用来安排放大器、连线等，这部分不能用于感光。固体摄像器件的填充因子等于有效感光面积与像素总面积的比值。提高填充因子的主要方法如下：

1）减小放大器和连线所占的面积，把尽可能多的面积留给感光区。

2）在光敏单元前面增加聚光透镜，将照射到传感器像素总面积内的光都聚集到像素的有效感光面积上。

3）采用背照式传感器来提高填充因子，传感器的背面是感光面，正面安排放大器和连线等，这样填充因子就可达到 100%。

3. 光电灵敏度

光电灵敏度，又称响应度，是固体摄像器件的重要参数。对于给定芯片尺寸的固体摄像器件来说，灵敏度单位可用 nA/lx 表示。在有的文献中也用 mV/lx 表示固体摄像器件的灵敏度，这是考虑了固体摄像器件的光积分效应。也可以称其为固体摄像器件的响应度，指单位曝光量固体摄像器件像元输出的信号电压。它反映了固体摄像器件对可见光的灵敏度。

固体摄像器件的灵敏度还与以下因素有关：

（1）填充因子

填充因子对灵敏度影响很大。

（2）感光单元电极形式和材料

感光单元电极形式和材料对进入固体摄像器件内的光量和固体摄像器件的灵敏度影响较大。例如，多晶硅吸收蓝光，电极多和面积大都会影响光的透过率。

（3）固体摄像器件内的噪声

固体摄像器件内的噪声也影响灵敏度。

（4）坏点数

由于受到制造工艺的限制，对于有几百万像素点的传感器而言，所有的像元都是好的情况几乎不太可能，坏点数是指芯片中坏点（不能有效成像的像元或相应不一致性大于参数允许范围的像元）的数量，坏点数是衡量芯片质量的重要参数。

（5）光谱响应范围

光电灵敏度随波长变化的响应曲线称为光谱响应曲线。目前广泛应用的固体摄像器件是以硅为衬底的器件，其光谱响应范围均为400～1100nm。红外固体摄像器件用多元红外探测器阵列替代可见光固体摄像器件的光敏元部分，光敏元部分主要的光敏材料有InSb、PbSnTe和HgCdTe等，其光谱范围延伸至3～5μm和8～14μm。在选择固体摄像器件时，需要注意固体摄像器件的光谱响应与照明光源和检测对象的光谱匹配。

（6）动态范围

固体摄像器件的动态范围取决于势阱能收集的最大电荷量与受杂波限制的最小电荷量之差，也可表示为器件的饱和信号与信号阈值电压的比值。势阱能收容的最大电荷量与固体摄像器件的结构、电极上所加电压大小以及时钟脉冲的驱动方式等因素有关，随着结构的改进和杂波的不断减小，目前固体摄像器件的动态范围可达120dB。

（7）暗电流

固体摄像器件的暗电流是由热激励产生电子－空穴对形成的，它使得固体摄像器件单元在没有光入射时，也会积累电荷。而且固体摄像器件内的暗电流是不均匀的，在个别固体摄像器件单元损坏的地方还会出现暗电流峰值。通常暗电流会在图像上产生一个固定的干扰图形，称为固定图形杂波，简称黑斑。

通过精心选择半导体内的掺杂物，减小光敏单元内特殊部分的电场，以及改进固体摄像器件的内部结构，可有效地减少固定图形杂波，再加上在电路上配合补偿（称黑斑补偿）的措施，使得在通常亮度的图像上看不出黑斑。

（五）光电成像器件的比较和选择

CMOS与CCD成像器件相比，具有功耗低、成像系统尺寸小、可将图像处理电路与MOS图像传感器集成在一个芯片上等优点，CMOS的图像质量（特别是低亮度环境下）与CCD相比目前已基本差不多。

CID成像器件的非破坏性读取能力使其具有高度曝光控制到静物的低光度观察。通过悬置电荷注射，使用者可以初始化多帧积分（延时曝光）同时能够在找到最佳曝光时再来观看图像。积分可以从几毫秒延到几个小时（此时需要额外冷却探测器用来阻止由热所产生的暗电流的累积）。CID 成像器件更能容忍强光，抗“溢出”和“拖尾”能力比 CCD 成像器件好。

CMOS 成像器件适合于大规模批量生产，适用于要求小尺寸和低价格的应用，如保安用小型/微型相机、手机、视频会议系统、条形码扫描器、传真机、玩具、生物显微计数等大量商用领域。CCD 与 CMOS 摄像器件相比，具有较好的图像质量和灵活性，仍然保持着高端的摄像技术应用，如天文观测、卫星成像、高分辨数字相片、广播电视、高性能工业摄像、部分科学与医学摄像等应用。目前，在高端成像应用领域，CCD 也有被 CMOS 取代的趋势。而 CID 成像器件多用于导弹追踪、半导体图形的鉴别以及光学过载的明亮物体的图像检测中。

在动态范围方面，在可比较的环境下，CCD 的动态范围较 CMOS 高两倍。主要由于 CCD 通过电荷耦合将电荷转移到共同的输出端几乎没有噪声，使得 CCD 器件的噪声可控制在极低的水平，而 CID 的动态范围居于 CCD 与 CMOS 之间。

标准 CMOS 具有较大的暗电流密度（$1nA/cm^2$，最低 $100pA/cm^2$）；而精心设计制作的 CCD 的暗电流密度小到 $2\sim10\ pA/cm^2$；CID 成像器件的暗电流比 CCD 大，比 CMOS 小。

由于大部分相机电路可与 CMOS 在同一芯片上制作，因而信号及驱动传输距离缩短，电感、电容及寄生延迟降低。它的信号读出采用与 CID 相似的 X－Y 寻址方式，CMOS 图像传感器工作速度优于 CCD。CCD 信号读出速率通常不超过 70Mpixels/s，CMOS 可达 1000Mpixels/s。

CMOS 成像器件与 CID 成像器件还具有可以读出任意局部画面的能力，这使它们可以提高感兴趣小区域的帧或者行频，这种功能可用于在画面局部区域进行高速瞬时精确目标的跟踪。CCD 由于其顺序读出信号结构决定它在画面开窗口的能力受到限制。

CCD、CMOS 和 CID 成像器件性能比较见表 4-13。

表 4-13 CCD、CMOS 和 CID 成像器件性能比较

性能指标	图像	灵敏度	成本	集成度	信噪比	功耗	反应速度	感兴趣区域定址	制造	电源	填充系数	动态范围
CCD	顺次扫描	较高	高	低	优	高	慢	无	专业生产线	15V、5V、9V	80%	大
CMOS	同时读取	低	低	高	良	低	快	有	通用生产线	3.3V	20% ~30%	小
CID	同时读取	高	高	高	优		快	有				中

复习思考题 4

1. 请比较光电器件的光谱灵敏度与积分灵敏度，探测度与比探测度的定义与异同点。

2. 写出爱因斯坦方程，并说明其物理意义。

3. 探测器的 $D^* = 10^{11}\text{cm}\cdot\text{Hz}^{1/2}\cdot\text{W}^{-1}$，探测器的光敏面的直径为 0.5cm，用 $f = 5\times10^3$ Hz 的光电仪器，它能探测的最小辐射功率为多少？

4. 为什么负电子亲和势光电阴极材料的量子效率高？而且光谱范围可扩展到近红外区？

5. 试述光电倍增管的工作原理。设倍增管中有 n 个倍增极，每个倍增极的二次电子发射系数均为 δ，试证明电流增益 $G=\delta^n$。

6. 光电倍增管的暗电流对信号检测有何影响？在使用时如何减少暗电流？

7. 什么是光电发射效应？光电发射和二次电子发射有何不同？

8. 设光电倍增管有10个倍增极，每个倍增极的二次电子发射系数均为$\delta = 4$，阴极灵敏度$S_K = 20\mu A/lm$，在阳极电流不超过$100\mu A$时，试估算入射于阴极光通量的上限。

9. 什么是光电导效应？写出光电导在光照下产生光电流的表达式，并说明其物理意义。

10. 使用光敏电阻时应注意哪些问题？

11. 针对光敏电阻的温度特性，在使用中可采用哪些方法来减少温度的影响？

12. 已知CdS光电导探测器的最大功耗为50mW，光电导灵敏度$S_g = 0.5 \times 10^{-6}S/lx$，暗电导$g_0 = 0$，若给CdS光电导探测器加偏置电压25V，此时入射到CdS光电导探测器上的极限照度为多少勒克斯？

13. 什么是光伏效应？给出光伏探测器的光伏和光导模式，并比较其特点。

14. 写出光照下光伏器件的PN结电流方程，并给出短路电流与开路电压的表达式。

15. 光伏器件工作于零偏下有哪些主要优点？若工作于反向偏压下应注意哪些问题？

16. 光伏器件的响应时间主要受哪些因素影响？常用光伏器件的响应时间可以达到多少数量级？要减少光伏器件的响应时间有哪些常用的方法？PIN光敏二极管为什么频率响应很高？

17. 分析光伏器件的主要特性，可总结出哪些使用要点？

18. 在选择光电探测器时应考虑哪些重要问题？

19. 什么是温差电效应？说明半导体温差电偶的工作原理。

20. 光敏电阻与热敏电阻有哪些相同与不同点？

21. 试分析热释电器件的电压灵敏度与哪些参数有关。

22. 在低频情况下，温差电偶的电压灵敏度S_V与热电偶材料的塞贝克系数γ和吸收率α成正比，而与总热导G成反比，试从物理上对此加以解释。为了提高温差电偶的电压灵敏度可以采取什么措施？

23. 比较光电探测器与热探测器的特性区别和产生原因。

24. 试说明帧转移CCD的信号电荷是如何从像敏区转移出来成为视频信号的。

25. 若两相线阵CCD的像敏单元为1024个，器件总的转移效率为0.94，则它每个转移单元的最低转移效率是多少？CCD的时钟频率上、下限如何选择？

26. CMOS成像器件与CCD成像器件的区别在哪里？同样用Si材料制成的两种摄像器件在光谱响应方面会有差别吗？为什么？

27. CID与CCD的信号读出过程有何区别？CID的平行注入方式信号读出机理是什么？

第五章　光电器件电路

光电器件电路是指光电系统中各种光电器件所需的相关电路，主要包括发光器件的驱动电路以及光电检测器件的输入电路。

第一节　光电器件电路的作用和种类

一、光电器件电路的作用

几乎所有的光电器件均需要配用相应的电路，没有接入相应电路的光电器件是不能工作的。电路的作用不可小觑，有时甚至是决定性的。

具体而言，光电器件电路的作用如下：

（1）提供能量

为光电器件提供能量，使之可靠工作，这是大多数光电器件电路的主要功用。如果没有相应的电路提供能量，光电器件就不能正常工作。

（2）提供基准

为光电器件提供信号基准，使得信息的传递与转换具有稳定且恒定的基准。这对各种光电检测器件尤为重要，而且必不可缺。

（3）保证性能

由于各种光电器件的工作与其电路密不可分，因此电路的性能好坏将直接影响光电器件的性能与稳定性，进而影响整个光电检测系统的可靠性、稳定性和动态性能。

二、光电器件电路的种类

光电检测系统中主要存在着两类光电器件，即光电发光器件和光电检测器件。光电发光器件将电能转换为光能，为整个系统提供照明；而光电检测器件负责将光信号转换成为电信号，进行被测信息的检测。因此，光电器件电路也相应地分为光电发光电路和光电检测电路两类。

对于光电发光电路而言，它主要完成电能向光能的转换，提供具有足够功率的恒定而又稳定的光能。

对于光电检测电路而言，由于光电器件种类繁多、差异显著，所以光电检测电路也有所不同。具体而言，光电检测器件可细分为光电子器件、成像器件、热电器件等几个类型，相应地其电路也分为光子探测器件电路、成像器件电路、热电器件电路等。

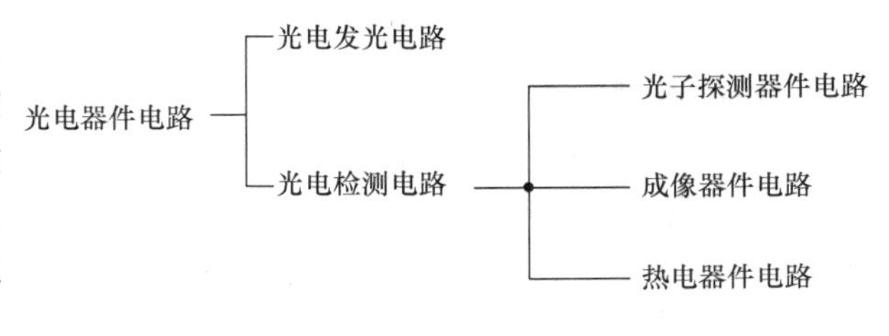

图 5-1　常用光电器件电路的分类

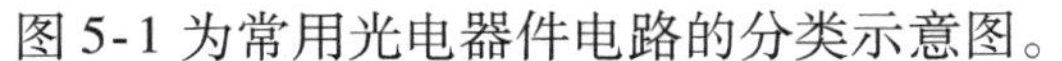
图 5-1 为常用光电器件电路的分类示意图。

第二节 光子探测器件的输入电路

光子探测器件是指利用光电转换效应制成的各种功能器件，它是实现光电转换的核心器件，是沟通光学量和电子系统的接口环节。光子探测器件的应用范围十分广阔，从军用产品扩展到民用产品，如摄像、工业检测、军事目标探测、医学检测、安防等，其应用是一个巨大的产业。

光电转换效应可以简单分为外光电效应和内光电效应两大类，由此派生出不同的光子探测器件，主要有光电倍增管、光敏电阻、光敏晶体管、光电池等。为了实现对光子探测器件输出信号的精确检测，前置放大及耦合电路是电信号必须经过的一个重要环节，输入电路是连接光子探测器件和前置放大及耦合电路的前置环节，它不仅为光电器件提供正常的电路工作条件，并且同时完成与前置放大及耦合电路的匹配。

光电检测电路的设计方法主要包括静态设计与动态设计两个方面。

光电检测电路静态设计主要是指各种典型光电器件输入电路的静态工作点设计。由于不同的光电检测器件具有不同的特性和技术指标，因此与之相配的输入电路也各不相同。

光电检测电路的动态设计对整个检测系统的动态性能具有直接的影响。由于光电检测器件自身的惯性和检测电路的耦合电容、分布电容等非电阻性参数的存在，光电检测电路需要一个过渡过程才能对快速变化的输入光信号建立稳定的响应。其综合动态特性不仅与光电器件本身有关，而且还取决于电路的形式和阻容参数，需要进行合理的设计才能充分发挥器件的固有性质，达到预期的动态要求。

一、光子探测输入电路的设计要求

为了保证光电检测系统的各种光电转换器件处于最佳的工作状态，光电电路应满足以下技术要求：

（1）光电转换能力强

将光信号转换为适合的电信号是实现光电转换的先决条件。所以光电转换能力的强弱对整个光电检测系统具有至关重要的影响和作用，直接决定了系统的测量灵敏度。因此，具备较强的光电转换能力是对光电检测电路的最基本要求。通常采用光电灵敏度（或称传输系数、转换系数等）作为表示光电转换能力强弱的参数，即单位输入光信号的变化量所引起的输出电信号的变化量。

一般而言，希望给定的输入光信号在允许的非线性失真条件下有最佳的信号传输系数，即光电特性的线性范围宽、斜率大，从而可以得到最大的功率、电压或电流输出。

（2）动态响应速度快

随着对检测系统与器件的要求不断提高，对检测系统每个环节动态响应的要求也随之提高。一般情况下，光电检测电路应满足信号通道所要求的频率选择性或对瞬变信号的快速响应。

（3）信号检测能力强

信号检测能力主要是指光电检测电路输出信号中有用信号成分的多少，常用信噪比、功率等参数表征。通常要求光电检测电路具有可靠检测所必需的信噪比或最小可检测信号功率。

（4）稳定性、可靠性好

光电检测器件的输入电路在长期工作的情况下应该稳定、可靠，特别是在一些特殊场合下，其对稳定性、可靠性的要求会更高。

二、光敏电阻输入电路的静态设计

光敏电阻是最为常用的半导体光电导性器件，其基本光电特性、光谱特性、频率特性、伏安特性和温度特性详见第四章第三节。光敏电阻的响应速度并不快，一般在毫秒量级到秒量级之间。比较常用的光敏电阻工作电路有简单式和电桥式两种。

1. 简单式光敏电阻工作电路设计

图 5-2a 是一个简单式光敏电阻工作电路。它是一个线性电路，建立负载线就可以确定对应于输入光照度变化的负载电阻上的输出信号。

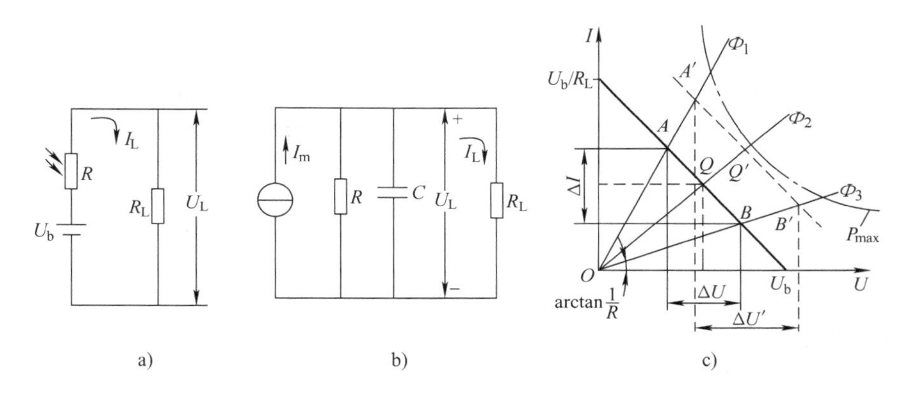

图 5-2　简单式光敏电阻工作电路及其图解曲线

a）光敏电阻电路　b）微变等效电路　c）电路图解曲线

由于每一个光敏电阻都有允许的最大耗散功率 P_{max}（这一数值可以从产品目录中查出），工作时如果超过这一数值，光敏电阻就容易损坏。因此光敏电阻在任何光照度下工作都必须满足的条件是

$$IU \leqslant P_{max} \tag{5-1}$$

$$或\ I \leqslant P_{max}/U \tag{5-2}$$

式中，I 和 U 分别为通过光敏电阻的电流和它两端的电压。因 P_{max}的数值一定，因此计算电路静态工作点的图解曲线如图 5-2c 所示，P_{max}曲线的左下部分为允许的工作区域。电路的工作状态可以用解析法按线性电路规律计算。

由图 5-2a 有

$$I_L = \frac{U_b}{R + R_L} \tag{5-3}$$

$$U_L = \frac{R_L}{R + R_L} U_b \tag{5-4}$$

在一定范围内光敏电阻的阻值 R 不随外电压改变，仅取决于入射光照度 E，并且有

$$R=\frac{U}{I}=\frac{1}{G_p+G_d} \tag{5-5}$$

式中，G_p 是亮电导，$G_p=S_gE$，S_g是光电导灵敏度；G_d是暗电导。

当输入光照度变化时，通过光敏电阻的变化 ΔR 引起负载电流的变化 ΔI。将式（5-3）对 R 微分，则有

$$\Delta I=\frac{-U_b}{(R+R_L)^2}\Delta R \tag{5-6}$$

其中 ΔR 的值由式（5-5）得到，即

$$\Delta R=\frac{-S_g\Delta E}{(G_p+G_d)^2}=-R^2S_g\Delta E$$

所以

$$\Delta I=\frac{R^2U_bS_g}{(R+R_L)^2}\Delta E \tag{5-7}$$

$$\Delta U=\Delta IR_L=\frac{R^2U_bS_g}{(R+R_L)^2}R_L\Delta E \tag{5-8}$$

式（5-7）和式（5-8）给出了由于入射光照度的变化 ΔE 引起的负载电流和电压的变化量。从式中可以看出，当照射到光敏电阻上的光照度增加时，负载电阻的电流和电压相应增大。

图5-2a所示光敏电阻输入电路的微变等效电路如图5-2b所示。设入射到光敏电阻的辐射为正弦形式，有

$$E=E_0+E_m e^{j\omega t} \tag{5-9}$$

式中，E 为入射光照度；ω 为调制辐射的圆频率。

则流过光敏电阻的光电流 I 为

$$I=I_0+\frac{I_m}{1+j\omega\tau}e^{j\omega t} \tag{5-10}$$

式中，I_0 为电流 I 的直流分量，$I_0=S_gE_0U$，S_g为光电导灵敏度；U 为加到光敏电阻两端的电压；$I_m/(1+j\omega\tau)$ 为微变光电流的幅值，$I_m=S_gE_mU$，τ 为时间常数。

令

$$i=\frac{I_m}{1+j\omega\tau} \tag{5-11}$$

由式（5-11）可以看出，流过光敏电阻 R 的微变光电流 i 相当于电流源 I_m 在 RC 并联电路中被 C 分流后流过电阻的电流。图5-2b中的 C 是按光敏电阻的属性而引入的等效电容，$C=\tau/R$；R 为与直流辐射分量相对应的光电阻。

在光敏电阻输入电路设计中，负载电阻 R_L和电源电压 U_b是两个关键参数，需要慎重选择。

（1）负载电阻 R_L的确定

根据负载电阻 R_L和光敏电阻 R 的大小关系，可确定电路的三种工作状态：

1）恒流偏置。当输入电路中的负载电阻比光敏电阻大得多（即 $R_L>>R$）时，负载电流 I_L由式（5-3）简化为

$$I_L = \frac{U_b}{R_L} \tag{5-12}$$

这表明负载电流与光敏电阻值无关，并且近似保持常数。这种电路称作恒流偏置电路。随入射光照度 ΔE 的变化，负载电流的变化 ΔI 变为

$$\Delta I = SU_b\left(\frac{R}{R_L}\right)^2 \Delta E \tag{5-13}$$

式（5-13）表明输出信号电流取决于光敏电阻和负载电阻的比值，与偏置电压成正比。在这种工作状态下，恒流偏置的电压信噪比较高，因此适用于高灵敏度的测量。但是由于 R_L很大，为使光敏电阻正常工作所需的偏置电压很高，有时达 100V 以上，这给使用带来不便。为了降低偏置电压，通常采用晶体管作恒流器件来代替 R_L。

2）恒功率偏置。将式（5-8）对 R_L微分，有

$$\frac{\mathrm{d}\Delta U}{\mathrm{d}R_L} = U_b S_g \frac{R^2(R - R_L)}{(R + R_L)^3}\Delta E \tag{5-14}$$

当负载电阻 R_L与光敏电阻 R 相等时，表示负载匹配，$\frac{\mathrm{d}\Delta U}{\mathrm{d}R_L} = 0$。此时探测器的输出功率最大，称它为匹配状态。$R$ 为对应于某光照度的光敏电阻值，此时输出功率为

$$P = I_L U_L \approx \frac{U_b^2}{4R_L} \tag{5-15}$$

3）恒压偏置。当光敏电阻在较高的频率下工作时，除选用高频响应较好的光敏电阻外，负载电阻 R_L必须取较小的数值，否则时间常数较大，对高频响应不利。所以在较高频率下工作时，电路往往处于失配状态。当负载电阻 R_L 比光敏电阻 R 小得多（即 $R_L << R$）时，负载电阻两端的电压为

$$U_L \approx 0 \tag{5-16}$$

此时，光敏电阻上的电压近似与电源电压相等。这种光敏电阻上的电压保持不变的偏置称为恒压偏置。信号电压变为

$$\Delta U = S_g U_b R_L \Delta E \tag{5-17}$$

式中，$S_g\Delta E = \Delta G$ 是光敏电阻的电导变化量，是引起信号输出的原因。

式（5-17）表示恒压偏置的输出信号与光敏电阻阻值无关，仅取决于电导的相对变化。因此，检测电路在更换光敏阻值时对电路初始状态影响不大，这是这种电路的一大优点。

（2）电源电压 U_b的选择

由式（5-8）可以看出，信号电压 ΔU 随 U_b的增大而增大。如图 5-2c 所示，当 R_L不变时，U_b增大后负载线由 AQB 变为 $A'Q'B'$。由于 $A'B' > AB$，所以 $\Delta U' > \Delta U$。当 U_b增大时，光敏电阻的损耗将增加，靠近但不能超过允许功率曲线 P_{max}，否则光敏电阻将损坏或性能下降。

光敏电阻的允许最大耗散功率 P_{max}在产品目录中给出，电源电压 U_b也受 P_{max}限制，即

$$U_b \leqslant \sqrt{4P_{max}R_L} \tag{5-18}$$

因此，当负载电阻 R_L确定后，电源电压 U_b由式（5-18）限定，不能超过此值，否则其工作时的损耗有可能超过 P_{max}。另外，其使用时也不应超过光敏电阻参数中给出的极限工

作电压值。如果为了电源设备简单，电路可以公用一个电源 U_b，则负载电阻必须满足

$$R_L \geqslant \frac{U_b^2}{4P_{max}} \tag{5-19}$$

此外，为了得到大的电流变化，当 $R_L=0$ 时，有

$$U_b \leqslant \sqrt{P_{max}R} \tag{5-20}$$

式中，R 为光照度最大时的光敏电阻值。

有时从信噪比的角度出发选择电源电压。光敏电阻的信号电压随电源电压增大而增大。在低偏置电压下，光敏电阻的噪声主要是热噪声；当偏置电压升高时，流过光敏电阻的电流增加，电流噪声将起主要作用，并且噪声电压增加的速度比信号电压增加的速度要快。所以探测器输出信号与噪声信号之比（S/N）随偏置电压（或电流）的变化有一最佳值（见图5-3）。光敏电阻的工作点应选在信噪比最大的偏置电压（或电流）下最为合适。从信噪比出发决定电源电压 U_b后，应校验一下电压或功率是否超过该光敏电阻的允许值，并要适当留有余地。

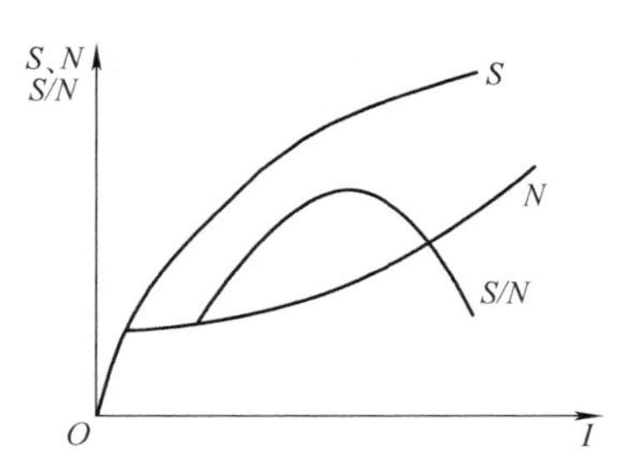

图5-3 偏置电流 I 与信噪比关系曲线

在实际工作中还应根据不同的需要和工作情况，选择合适的电源电压 U_b和负载电阻 R_L。

2. 电桥式光敏电阻工作电路设计

为了减小光敏电阻受环境温度的影响而引起灵敏度变化，经常采用如图5-4所示的电桥电路作为工作电路。选择性能相同的两个光敏电阻 R_{T1}和 R_{T2}作为电桥测量臂的电阻；普通电阻 R_1和 R_2作为补偿臂电阻，外加电源电压 U_b。在无光照时，调节补偿电阻 R_2，使电桥平衡。此时 $R_{T1}R_2=R_{T2}R_1$，电桥输出信号为 $U_o=0$。当有光照射到光敏电阻 R_{T1}上时，光照度变化 ΔE 引起电阻的改变为

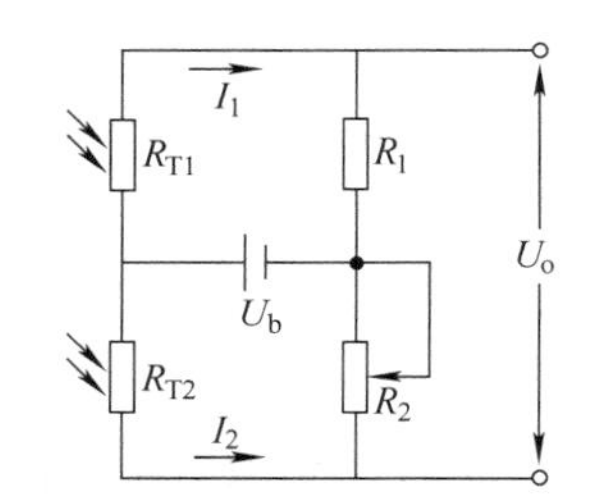

图5-4 光敏电阻电桥电路

$$R_{T1}=R_{01}+\Delta R \tag{5-21}$$

式中，R_{01}为光敏电阻 R_{T1}的暗电阻。此时电桥平衡破坏，开路电压 U_o为

$$U_o=\frac{U_b(R_{01}+\Delta R)}{R_{01}+R_1+\Delta R}-\frac{U_bR_{T2}}{R_{T2}+R_2}=\frac{U_bR_2\Delta R}{(R_{01}+R_1+\Delta R)(R_{T2}+R_2)} \tag{5-22}$$

式中，R_0是 R_{T2}的暗电阻。

在弱发光强度作用下有 $\Delta R \ll R_{01}+R_1$，取 $R_1=R_2=R$ 和 $R_{01}=R_{02}=R_0$，则式（5-22）为

$$U_o=\frac{U_bR}{(R_0+R)^2}\Delta R \tag{5-23}$$

可见，输出电压 U_o与光敏电阻的变化量 ΔR 成比例，并与补偿臂负载电阻 R 有关。令 $\mathrm{d}U_o/\mathrm{d}R=0$，可计算出当 $R=R_0$时，U_o所取最大值为

$$U_{omax}=\frac{U_b}{4}\frac{\Delta R}{R_0} \tag{5-24}$$

三、光电倍增管电路的静态设计

光电倍增管是基于外光电效应工作的光电器件，它具有灵敏度高、增益大、动态响应快等特点。其具体的光电特性、伏安特性详见第四章第三节。

1. 光电倍增管的基本电路

光电倍增管的工作特性与它的工作电路密切相关，其工作电路的设计必须保证输出电流与入射光照度之间呈线性关系。最基本光电倍增管的工作电路如图 5-5a 所示，总的工作电压 U 通过分压电阻网络 $R_1 \sim R_{11}$ 加到各相应的电极上，各电极的电位按照阴极 K、第一倍增极 D_1，…，阳极 A 的次序递增，以形成依次递增的电场，这些电场使光电倍增管中的光电子加速。图 5-5a 中，R_L是负载电阻，C_1、C_2、C_3是旁路电容。

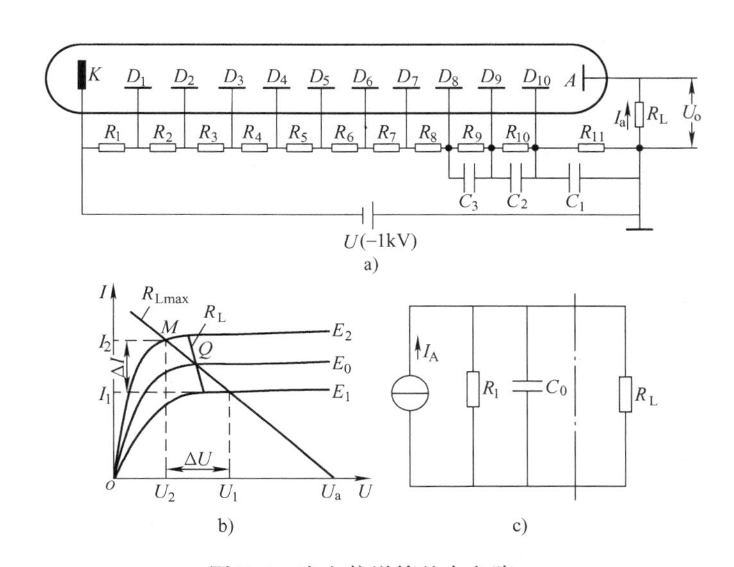

图 5-5　光电倍增管基本电路

a）供电电路原理图　b）伏安特性曲线　c）微变等效电路

图 5-5b 是光电倍增管的伏安特性曲线，利用该曲线可以用图解法求解光电倍增管的工作电路。设拐点 M 对应的电压为 U_2，阳极电压为 U_a，则当光照度为 E_2时的最大负载电阻为

$$R_{\mathrm{Lmax}} = \frac{U_a - U_2}{S_a E_2} \tag{5-25}$$

式中，S_a为阳极灵敏度系数。

当光照度由 E_1变到 E_2时，其输出电流和电压的增益值表示为

$$\begin{cases} \Delta I = S_a(E_2 - E_1) \\ \Delta U = S_a R_L(E_2 - E_1) \end{cases} \tag{5-26}$$

从倍增管阳极伏安特性曲线来看，最大光照度所对应的曲线拐点以右，基本上是平直均匀分布的，一般使用倍增管时也都是利用这一区域的特性，因此在交流微变电路中可以把倍增管看成是电流源，并考虑阳极电路的电容效应。光电倍增管的微变等效电路可以表示成图

5-5c，其中 I_A 为阳极电流，C_0 为等效电容，R_1 为直流负载，R_2 为下级放大器的输入电阻。

2. 光电倍增管电路的参数选取

对于光电倍增管电路，需要注意以下几个参数的选取：

（1）稳压电源

光电倍增管许多参量都与电压有关，如果电源电压不稳，必然要引起与之有关的各参量的变化，特别是电流增益的变化，将直接影响输出特性。因此电路对电源电压的稳定性要求较高。

根据光电倍增管的特性知道，其电流增益为

$$M=\delta^n \tag{5-27}$$

因 δ 是极间电压 U_D 的函数，一般具有如下形式：

$$\delta=cU_D^k \tag{5-28}$$

式中，c、k 为与倍增极材料有关的两个系数。例如

锑铯倍增极 $$\delta=0.2U_D^{0.7} \tag{5-29}$$

银镁倍增极 $$\delta=0.025U_D \tag{5-30}$$

将式（5-28）代入式（5-27），并求 M 与 U_D 的相对变化率得

$$\frac{\Delta U_D}{U_D}=\frac{1}{nk}\frac{\Delta M}{M} \tag{5-31}$$

设倍增管有10个倍增极，即 $n=10$，要求 $\Delta M/M\leqslant 0.1\%$，由式（5-31）知，对于由锑铯倍增极构成的倍增管有

$$\frac{\Delta U_D}{U_D}\leqslant\frac{1}{10\times0.7}\times0.1\%=\frac{1}{0.7}\times0.01\% \tag{5-32}$$

对于由银镁倍增极构成的倍增管有

$$\frac{\Delta U_D}{U_D}\leqslant\frac{1}{10\times1}\times0.1\%=0.01\% \tag{5-33}$$

从这两个例子可以看出，极间电压相对变化率差不多要比电流增益相对变化率小一个数量级，这样才能保证给定的电流增益相对变化率的要求。

（2）分压电阻网络

分压电阻网络的作用是按一定比例将电源电压分压，为各倍增极提供工作电压。静态下流过分压网络的电流 $I_R=U/\sum_{i=1}^{n}R_i$，各倍增极的工作电压 $U_n=I_RR_n$。通常情况下，$\sum_{i=1}^{n}R_i$ 为几兆欧，R_i 为 100～500kΩ。

在探测弱信号时，可适当提高第一倍增极与阴极之间的电压，这样既可以提高第一倍增极对光电子的收集效率，也可以使第一倍增极有较高的二次发射系数，因而可提高信噪比；此外，对于脉冲信号的探测，适当提高第一倍增极对阴极的电压，有利于缩短输出脉冲的上升时间。

提高第一倍增极和阴极之间电压的方法是增大分压电阻 R_1，R_1 可由下式计算：

$$R_1=\frac{U_1}{I_R} \tag{5-34}$$

式中，U_1 为选定的第一倍增极和阴极间的电压；I_R 为流过分压电阻网络的电流。

各电极之间接的分压电阻，可以根据不同的管型和不同的使用情况进行选择。

（3）旁路电容

当光脉冲入射时，最后几级倍增极的瞬间电流很大，使分压电阻 $R_9 \sim R_{11}$ 上的电压降有明显的突变，导致阳极电流过早的饱和，使检测灵敏度下降。为了使 $R_9 \sim R_{11}$ 电阻上的分压稳定，常在最后三级分压电阻上并联旁路电容器 $C_1 \sim C_3$，其容量可在 0.02 ~ 0.05μF 之间选取。

（4）负载电阻

光电倍增管后接的放大器常采用电压输入，因此需要用负载电阻将输出电流变换为电压。负载电阻的选择应考虑它的压降不能过大，否则将影响阳极的接收特性，使管子偏离线性工作范围。负载电阻上的压降一般限制在几伏以内。

四、光电池输入电路的静态设计

光电池是典型的光生伏特效应器件，其基本光电特性、伏安特性、频率特性和温度特性详见第四章第四节。

光电池的工作电路主要有基本电路和太阳电池电路两种形式。

（一）光电池的基本电路

光电池的基本工作电路为无偏置电路，如图 5-6a 所示，光电池直接和负载电阻连接。图 5-6b 给出了基本电路的等效电路，光电池可以表示为一个大小为 I_p 的电压源和一个流过电流大小为 I_d 的二极管并联，其中 I_p 表示光电流，I_d 表示暗电流。图 5-6c 给出其计算图解。

对图 5-6a 的回路建立电路方程，有

$$U_L = I_L R_L \text{ 和 } I_L = I_p - I_0(e^{U_L/U_T} - 1) \tag{5-35}$$

式中，$U_T = KT/q$。

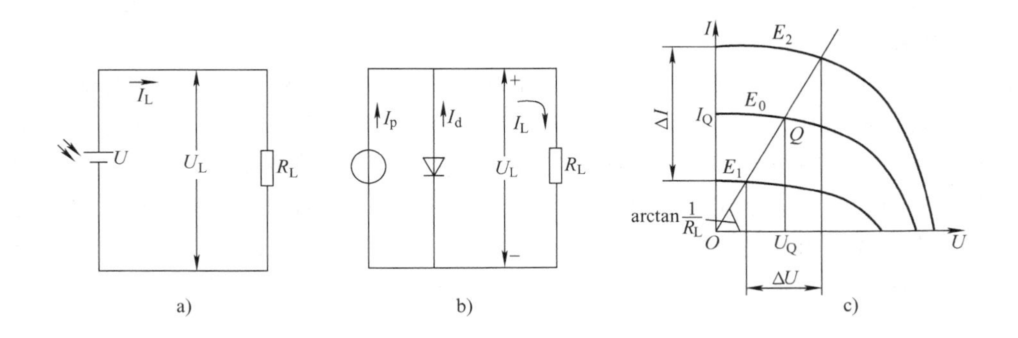

图 5-6　简单光电池输入电路

a）光电池的基本电路　b）输入等效电路　c）图解曲线

利用图解计算法，对于给定的光照度 E_0，只要选定负载电阻 R_L，工作点 Q 即可利用负载线与光电池相应的伏安特性曲线的交点确定。该点处的电流电压值 I_Q 和 U_Q 即为 R_L 上的输出值。相对 E_0 的光照度变化 ΔE 将形成对应的电流变化 ΔI 和电压变化 ΔU。

由于光电池的伏安特性是非线性的（见图 5-7），当光电池接上不同的负载电阻时，电流和电压随着光照度变化的情况是不同的。因此，负载电阻的选择会影响光电池的输出信号。当负载电阻较小（比如 R_{L1}）时，随着光照度的变化，输出的电流值变化较大，而电压值变化较小。例如短路状态下（$R_{L0}=0$），输出的电流值最大，电压值为零。随着负载电阻 R_L 的增大，电流逐渐变小，输出电压随之增大。

根据选用负载电阻的数值，光电池的工作状态可以分为以下几种：

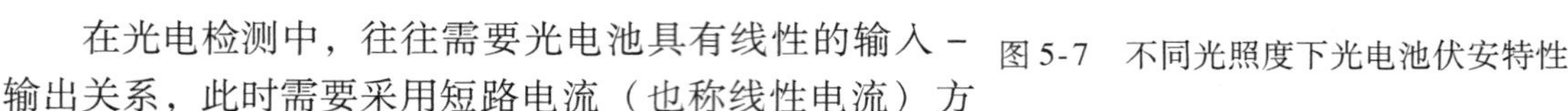

图5-7　不同光照度下光电池伏安特性

1. 短路电流方式

在光电检测中，往往需要光电池具有线性的输入－输出关系，此时需要采用短路电流（也称线性电流）方式。这时只要找出光电池工作中的最大光照度（见图5-7中的 E_5）的伏安特性，然后把该特性的拐点 A 与原点 O 相连成直线，就是需要的负载线。在此负载电阻下，既能使光电池同时得到最大的电流和电压输出，又能使之随光照度成比例地变化，这是线性工作的临界状态，负载电阻为 R_S。OA 线的左边就是光电池的线性放大工作区。为了使后续电流放大级作为负载从光电池中取得较大的电流输出，要求负载电阻或后续放大器的输入阻抗尽可能得小。电阻越小，电流的线性越好。极限情况是 $R_{L0}=0$，这种状态是短路工作状态。接近这种状态的输出电流接近于短路电流。其工作区域为图5-7中的区域Ⅰ，它与入射光照度有良好的线性关系，即

$$I_L=I_p-I_0\left(e^{\frac{I_LR_L}{U_T}}-1\right)\Bigg|_{R_L\to 0}=I_{SC}=SE \tag{5-36}$$

$$\Delta I=S\Delta E \tag{5-37}$$

另外，在短路状态下器件的噪声电流较低，信噪比得到改善，因此适合于弱光信号的检测。在此状态下工作的光电池相当于电流源，它与放大器连接时，应采用电流放大器。

2. 开路电压方式

在光电检测中，有时需要光电池具有简单的通断（即光开关）功能，此时需要采用开路电压（亦称空载电压）方式。光电池的开路电压通常为0.45～0.6V，当入射光发光强度做跳跃式变化，如从零跳变到某一值而不要求电压随光照度线性变化时，可工作于非线性电压变换状态，适合于开关电路或继电器工作状态。这种状态下可以简单地利用开路电压组成控制电路，不需要增加任何偏置电源。其工作区域为图5-7中的区域Ⅳ，此时光电池应通过高输入阻抗变换器与前级放大电路连接，相当于输出开路。开路电压可表示为

$$U_{oc}=\frac{KT}{q}\ln\left(\frac{I_p}{I_0}+1\right) \tag{5-38}$$

当光照度较大时，即 $\frac{I_p}{I_0}\gg 1$，则式（5-38）可写成

$$U_{oc}\approx U_T\ln\frac{I_p}{I_0}=U_T\ln\frac{SE}{I_0} \tag{5-39}$$

式（5-39）表明，开路电压与入射光照度的对数成正比。

通过给定入射光功率（光照度 E_0）下的开路电压值 U_{oc0}，可以求出其他入射光功率

（光照度 E）下的开路电压 U_{oc}，即

$$U_{oc}-U_{oc0}=U_T\ln\frac{SE}{I_0}-U_T\ln\frac{SE_0}{I_0}$$

因此有

$$U_{oc}=U_{oc0}+U_T\ln\frac{E}{E_0} \tag{5-40}$$

在这种状态下，对于较小的入射光照度，开路电压输出变化较大，有利于弱光电信号的检测。但是这种工作状态下的开路电压随光照度的变化为非线性关系。在此状态下工作的光电池相当于电压源，当它与放大器相连时应采用高输入阻抗放大器或采用阻抗变换器。

3. 线性电压输出

当光电池的负载电阻很小甚至接近于零的时候，电路工作在短路及线性电流放大状态。而当负载电阻稍微增大，但小于临界负载电阻 R_S时，电路就处于线性电压输出状态，如图5-7 中的区域Ⅱ。这种工作状态在串联的负载电阻上能够得到与输入光照度近似成正比的信号电压。增大负载电阻有助于提高电压，但会引起输出信号的非线性畸变。

由式（5-35）有

$$I_L=I_p-I_0(e^{U_L/U_T}-1)=I_p-I_0(e^{I_LR_L/U_T}-1) \tag{5-41}$$

令最大线性允许光电流为 I_S，相应的光照度为 E_S，则可得到输出最大线性电压的临界负载电阻 R_S为

$$R_S=\frac{U_S}{SE_S} \tag{5-42}$$

对于交变信号情况，对应 $E_S\pm\Delta E$ 的输入光照度变化，负载上的电压信号为

$$\Delta U=R_S\Delta I_p=\frac{U_S}{SE_S}S\Delta E=U_S\frac{\Delta E}{E_S} \tag{5-43}$$

在线性关系要求不高的情况下，可以利用图解法找到图 5-7 中的 OA 曲线，简单地确定临界电阻 R_S的值。此时 U_S大约为 $0.6U_{oc}$，因此，有

$$R_S\approx\frac{0.6U_{oc}}{I_p}=\frac{0.6U_{oc}}{SE_S} \tag{5-44}$$

式中，U_{oc}为对应 E_S时的开路电压。

工作在线性电压放大区的光电池在与放大器连接时，宜采用电压放大器。

（二）太阳电池电路

当光电池用作太阳电池时，是把太阳光的能量直接转换成电能供给负载，此时需要最大的输出功率和转换效率。但是，单片光电池的电压很低，输出电流很小，因此不能直接用作负载的电源。一般是把多个光电池作串并联连接，组装成光电池组作为电源使用。为了保证在黑夜或光线微弱的情况下仍能正常供电，往往把光电池组和蓄电池组装在一起使用，通常把这种组合装置称为太阳能电源，如图 5-8a 所示。电路中的二极管 VD 是为了防止蓄电池经过光电池放电。

前面我们介绍过，当负载不同时，光电池输出的电压 U、电流 I 及功率 P 是不同的。为使太阳电池输出的功率最大，必须选择合适的负载。在某种光照度下，使电压和电流的乘积 UI 最大的负载电阻 R_M称为最佳负载。从图 5-7 可以看出，它的工作点一般在特性曲线的弯

曲处，例如对于光照度 E_5 在 A 点附近，因为弯曲处 A 点的电流和电压值都比较大，它们的积 UI 才有可能最大。在不同的光照度下，伏安特性的弯曲位置各不相同，因而使 $P=UI$ 为最大的最佳负载 R_M 也不同。R_M 与光照度 E 的关系如图5-8b所示。作为太阳能转换器时，要求负载随着光照度随时改变是困难的，因此只能根据具体情况选择一个较为合适的负载。

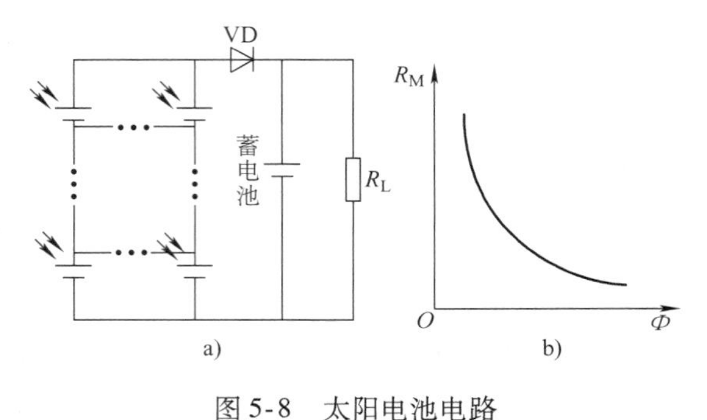

图5-8 太阳电池电路

a）光电池电路 b）最佳负载与光照度的关系

光电池作为测量元件使用时，后面一般接有放大器，并不要求输出最大功率，重要的是输出电流或电压与光照度成比例变化。因此在选择负载电阻时，在可能的情况下应选小一些，这样有利于线性变化及改善频率响应。

五、光敏二极管与光敏晶体管输入电路设计

（一）光敏二极管输入电路静态设计

静态设计是指在被测光信息是直流或缓慢变化信号时，确定输入电路的主要参数的方法。

由光敏二极管的特性可知，光敏二极管工作时需加反向偏压，图5-9a给出了在反向偏置电压作用下光敏二极管的基本输入电路。图中 U_b 是反向偏置电压，R_L 是负载电阻，R_L 两端输出的电压信号 U_L 与输入的光照度成正比。U_b、R_L 和光敏二极管VD串联连接。在实际应用中，通常由光敏二极管产生的光电流（或信号电压）比较小，一般不能直接用于测量或控制，可在其后设置放大器。图5-9b为输入电路的等效电路，图中 C 为耦合电容，r_i 为放大器输入阻抗，R_S 为光敏二极管内阻。若忽略 C 和 R_S，总的负载电阻 $R'_L=R_L/\!/r_i$，则输出电压信号为

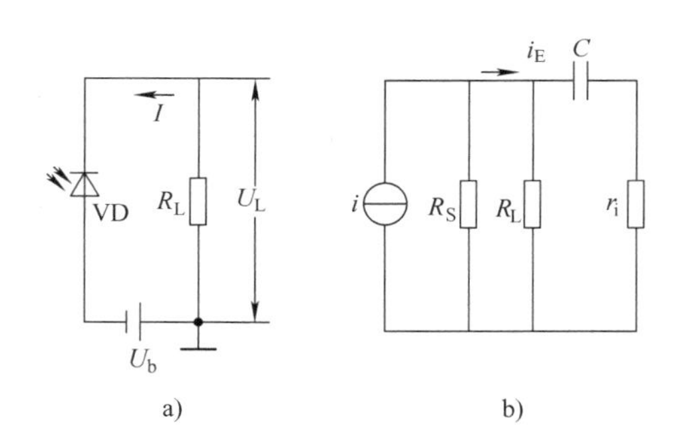

图5-9 光敏二极管输入电路

a）基本电路 b）输入等效电路图

$$U_L=i_E R'_L=i_E\frac{R_L r_i}{R_L+r_i} \tag{5-45}$$

当 $r_i>>R_L$ 时，$R_L\approx R_L$，输出电压信号最大。所以光敏二极管后接的前置放大及耦合电路应具有很高的输入阻抗，如果采用运算放大器，则应选择场效应晶体管型的运算放大器。

从光敏二极管的伏安特性曲线可以看出，光敏二极管具有恒流源特性，这是光敏二极管输入电路计算的基础。

1. 图解法

用图解法计算光敏二极管的输入电路，可以合理地选择电路参数，同时又能保证不使光敏二极管超过其最大工作电流、最大工作电压和耗散功率，方法简单且容易实现。用 $U(I)$

表示光敏二极管上的电压，对于图 5-9a 所示的简单电路可列出回路方程为

$$U_b = U(I) + IR_L$$

$$U(I) = U_b - IR_L \tag{5-46}$$

式中，$U(I)$是非线性函数。

式（5-46）可以利用图解法计算，如图 5-10 所示，在伏安特性上画出负载线 $U_b - IR_L$，该直线的斜率为 $-1/R_L$，通过 $U = U_b$点与纵轴相交于 U_b/R_L点上。由于串联回路中流过回路各元器件的电流相等，负载线和对应于输入光照度为 E_0时的器件伏安特性曲线的交点 Q 即为输入电路的工作点。当输入光照度由 E_0改变 $\pm\Delta E$ 时，在负载电阻 R_L上会产生 $\mp\Delta U$ 的电压信号输出和 $\pm\Delta I$ 的电流信号输出。

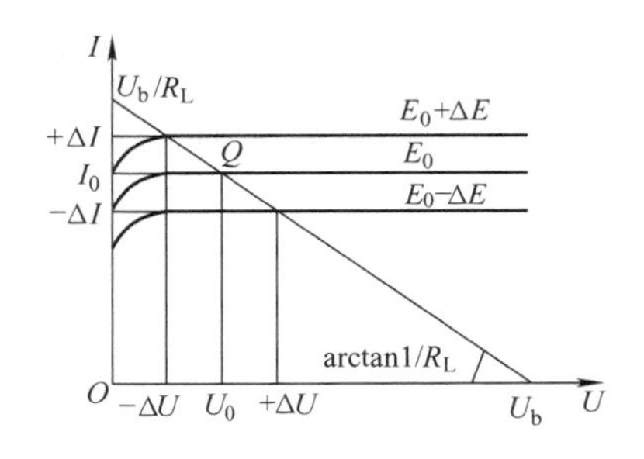

图 5-10　光敏二极管图解曲线

下面举例说明。

例 5-1　如图 5-11a 所示的电路中，设电源电压 $U_b = 9V$，光敏二极管的伏安特性曲线如图 5-11b 所示，光敏二极管上的光照度在 0 ~ 150lx 之间变化。若光照度在此范围内做正弦变化，要使输出交变电压的幅值为 3V，求所需的负载电阻 R_L，并做出负载线。

解　由图 5-11b 可以看出，光敏二极管的暗电流为 2μA，光照度为 150lx 时的光电流为 17μA，因此光电流变化量为

$$\Delta I = (17 - 2)\mu A = 15\mu A$$

交变光电流的幅值为 $\frac{1}{2}\Delta I = 7.5\mu A$，因此所需负载电阻为

$$R_L = \frac{\Delta U}{\Delta I} = \frac{3}{7.5 \times 10^{-6}}\Omega = 400k\Omega$$

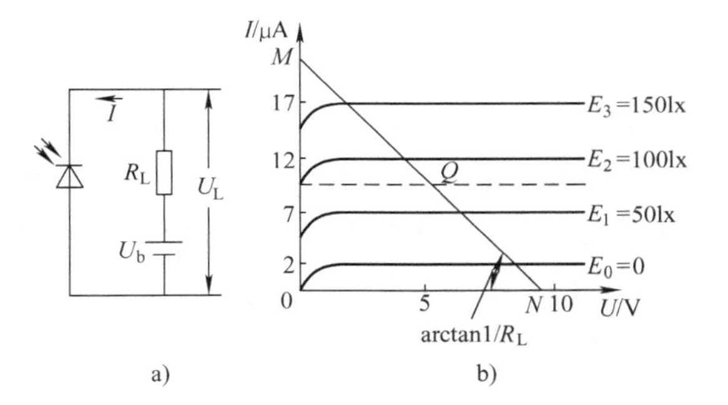

图 5-11　光敏二极管输入电路及其伏安特性
a）电路　b）曲线

通过 N 点（9，0）做一条与 U 轴成 $\alpha = \arctan\frac{1}{R_L}$角的直线，与 I 轴交于 M 点，则 MN 即为所求的负载线，Q 为电路的工作点。

2. 解析法

输入电路参数的计算也可以采用解析法，这要利用折线化伏安特性，如图 5-12 所示。折线化特性曲线的近似画法视伏安特性形状而异，通常是在转折点 M 处将曲线分作两个区域。在图 5-12a 的情况下是做直线与原曲线相切；在图 5-12b 的情况下是过转折点 M 和原点 O 连线，得到折线的线性工作部分。在输入光照度变化范围 $E_{min} \sim E_{max}$为已知的条件下，用解析法计算输入电路的工作状态可按下列步骤进行：

（1）确定线性工作区域

由对应最大输入光照度 E_{max}的伏安特性曲线弯曲处即可确定转折点 M。相应的转折电压 U_0 和初始电导值 G_0 可由图 5-13a 中所示的关系决定。其在线段 MN 上的关系为

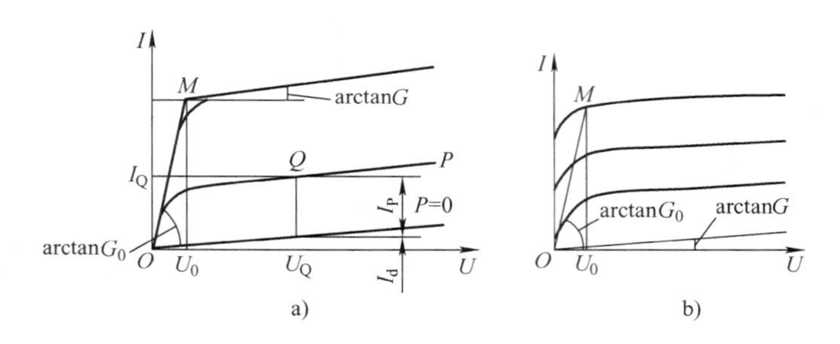

图 5-12 伏安特性的分段折线化

a）折线化一 b）折线化二

$$G_0U_0 = GU_0 + SE_{max} \tag{5-47}$$

由此可解得

$$U_0 = \frac{SE_{max}}{G_0 - G}$$

或

$$G_0 = G + \frac{SE_{max}}{U_0} \tag{5-48}$$

折线化伏安特性可以用 U_0、G_0、G 和 S 四个基本参数表示，式（5-48）给出了这四个参数之间的关系。式中，U_0 为转折电压，即曲线转折点 M 处的电压值；G_0 为初始电导，表示非线性区近似直线的初始斜率；G 为结间漏电导，是线性区内各平行直线的平均斜率；S 表示光电器件的光电灵敏度。

（2）计算负载电阻和偏置电压

为保证最大线性输出条件，负载线和与 E_{max} 对应的伏安曲线的交点不能低于转折点 M。设负载线通过 M 点，此时由图 5-13a 中的图示关系可得

$$(U_b - U_0)G_L = G_0U_0$$

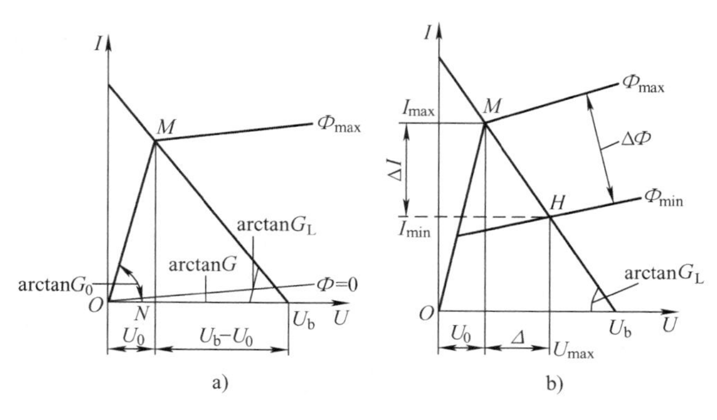

图 5-13 用解析法计算输入电路参数

a）确定线性区 b）计算输出信号

当已知 U_b 时，可计算出负载电导（阻）$G_L(R_L)$为

$$\begin{cases} G_L = G_0 \dfrac{U_0}{U_b - U_0} = \dfrac{SE_{max}}{U_b\left(1 - \dfrac{G}{G_0}\right) - \dfrac{SE_{max}}{G_0}} \\ R_L = 1/G_L = \dfrac{U_b(1 - G/G_0)}{SE_{max}} - \dfrac{1}{G_0} \end{cases} \tag{5-49}$$

当 $R_L = 1/G_L$ 已知时，可计算偏置电源电压 U_b 为

$$U_b = \frac{SE_{max}(G_L + G_0)}{G_L(G_0 - G)} \tag{5-50}$$

（3）计算输出电压幅度

由图 5-13b 可得，当输入光照度由 E_{min}变化到 E_{max}时，输出电压幅度为 $\Delta U = U_{max} - U_0$，其中 U_{max}和 U_0 可由图中 M 和 H 点的电流值计算得到。

在 H 点：$G_L(U_b - U_{max}) = GU_{max} + SE_{min}$

在 M 点：$G_L(U_b - U_0) = GU_0 + SE_{max}$

解以上两式得

$$U_{max} = \frac{G_L U_b - SE_{min}}{G + G_L}$$

$$U_0 = \frac{G_L U_b - SE_{max}}{G + G_L}$$

所以

$$\Delta U = S\frac{(E_{max} - E_{min})}{G + G_L} = S\frac{\Delta \Phi}{G + G_L} \tag{5-51}$$

式（5-51）表明输出电压幅度与输入光照度的增量和光电灵敏度成正比，与结间漏电导和负载电导成反比。

（4）计算输出电流幅度

由图 5-13b 可得，输出电流幅度为

$$\Delta I = I_{max} - I_{min} = \Delta U G_L$$

将式（5-51）代入，可得

$$\Delta I = \Delta U G_L = S\frac{E_{max} - E_{min}}{1 + G/G_L} \tag{5-52}$$

通常 $G_L >> G$，式（5-52）可简化为

$$\Delta I = S(E_{max} - E_{min}) = S\Delta E \tag{5-53}$$

（5）计算输出电功率

由功率关系 $P = \Delta I \Delta U$ 可得

$$P = G_L \Delta U^2 = G_L\left(\frac{S\Delta E}{G + G_L}\right)^2 \tag{5-54}$$

（二）光敏晶体管电路静态设计

由光敏晶体管的伏安特性可以看出，它与一般晶体管类似，差别为前者由光照度 E 控制光电流，后者则由基极电流 I_b控制集电极电流 I_c。因此，只要用光敏晶体管的灵敏度 S 代

替晶体管的电流放大系数β，就可以采用与晶体管放大器相类似的方法对光敏晶体管电路进行分析和计算（此处不再做详细分析）。

需要注意的是，光敏晶体管有一个明显的缺点是暗电流比较大，温度稳定性差。因此，在设计光敏晶体管电路时，还应考虑暗电流的影响。

暗电流是一种噪声电流，光照射时的光电流和光遮断时的暗电流之比为信噪比。信噪比是表示元器件性能好坏的参数之一，信噪比越大越好。暗电流一般随着温度升高而增大，这一点对于半导体光电器件来说比较明显。在环境温度变化较大的情况下，为了使电路能稳定地工作，必须把暗电流对输出特性的影响减到最小，这是设计光电检测电路的重要问题之一。下面介绍几种光敏晶体管减小暗电流影响的措施。

图5-14所示为光敏晶体管的桥式补偿工作电路，它利用两只型号和性能完全相同的光敏晶体管，其中VT_1接收光信号，VT_2处在黑暗状态，该桥路与图5-4介绍的光敏电阻电桥电路原理相同。由于两个光敏晶体管处在同一温度变化下，暗电流随温度的变化相同，两者互相抵消，所以电桥输出受温度的影响减小了，这种电路的温度补偿性能较好，但要挑选两只暗电流随温度变化性能相同的光敏晶体管比较困难。

图5-15给出了选用负温度系数的热敏电阻R_T进行补偿的电路。当温度升高时，光敏晶体管VT_1的暗电流增加，相当于电阻下降，与此同时，热敏电阻R_T的阻值也下降，所以晶体管VT_2的基极电流或电压仍然不变，放大器的输出也没有改变，因此实现了温度补偿。

对于有基极引出线的光敏晶体管，可采用图5-16所示的方法进行补偿。图5-16a在基极与发射极之间接入电阻R_b，使基极与发射极间的电压减小并趋于稳定，可使暗电流随温度变化的影响减小。但是当阻值R_b太小时，在光照度较小的情况下产生光电流就较难，光照度与光电流间的线性关系变差，所以应该选择合适的阻值R_b。图5-16b利用二极管VD_1、VD_2电压的负温度系数特性进行温度补偿，发射极电阻R_e作负反馈用。

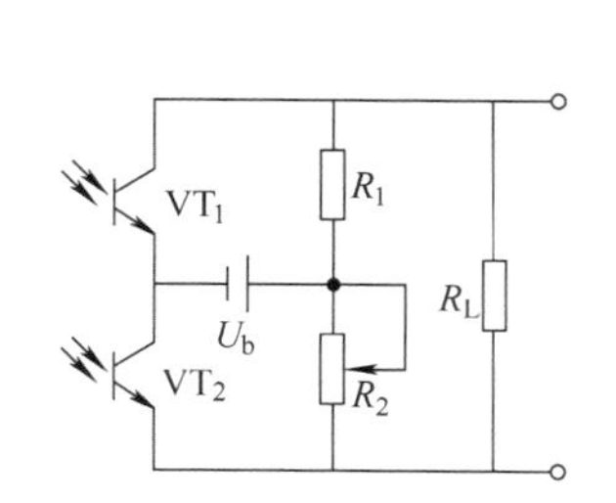

图5-14 用电桥法减小暗电流的影响

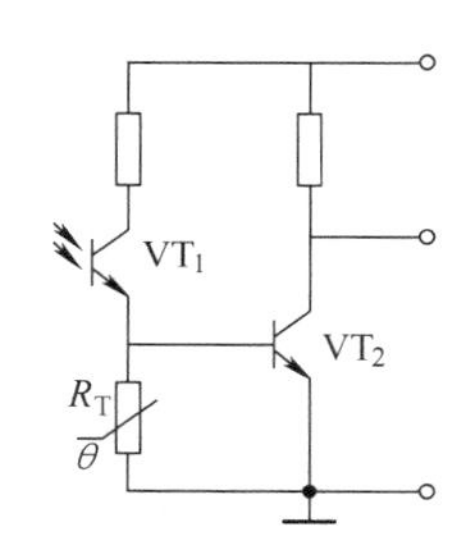

图5-15 用热敏电阻减小温度的影响

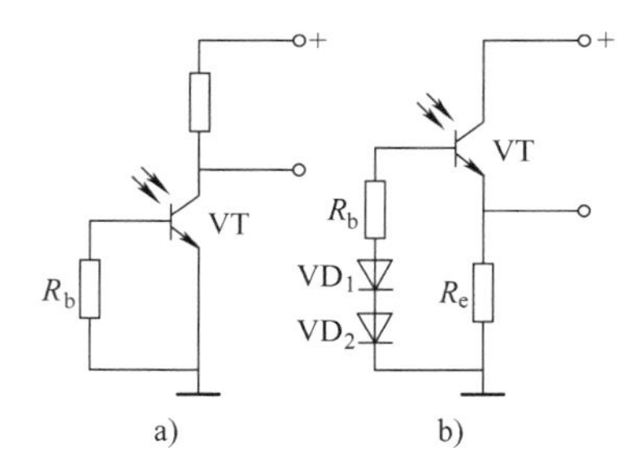

图5-16 有基极引出线的光敏晶体管减小暗电流的方法
a）方法一 b）方法二

第三节 光电检测器件电路的动态参数设计

在输入光信息是交变的动态信号情况下，如何保证所需检测灵敏度的前提下获得最好的线性不失真和频率不失真是光电检测电路设计的两个基本要求，前者属于静态设计的基本内容，后者是检测电路频率特性设计需要解决的问题。通常，快速变化的复杂信号可以看作是若干不同谐波分量的叠加，对于确定的环节，描述它对不同谐波输入信号响应能力的频率特性是唯一确定的，对于多数检测系统，可以用其组成单元的频率特性间的简单计算得到系统的综合频率特性，这有利于复杂系统的综合分析。在光子检测器件的电路设计中如何保证其频率不失真，称之为动态设计。

信号的频率失真会使某些谐波分量的幅度和相位发生变化导致合成波形的畸变。因此，为避免频率失真，保证信号的全部频谱分量不产生非均匀的幅度衰减和附加的相位变化，检测电路的通频带应以足够的宽裕度覆盖住光信号的频谱分布。

光电检测电路频率特性的设计大致包括以下三个基本内容：

1）对输入光信号进行傅里叶频谱分析，确定信号的频率分布。

2）确定多数光电检测电路的允许通频带宽和上限截止频率。

3）根据级联系统的带宽计算方法，确定单级检测电路的阻容参数。

一、光电检测电路的高频特性

大多数光电探测器对检测电路的影响突出表现在对高频光信号响应的衰减上。因此，我们首先讨论光电检测电路的高频特性。现以图 5-17a 所示的反向偏置光敏二极管交流检测电路为例。图 5-17b 给出了该电路的微变等效电路图。这里忽略了耦合电容 C_c 的影响，因为对于高频信号 C_c 可以认为是短路的。该电路的电路方程为

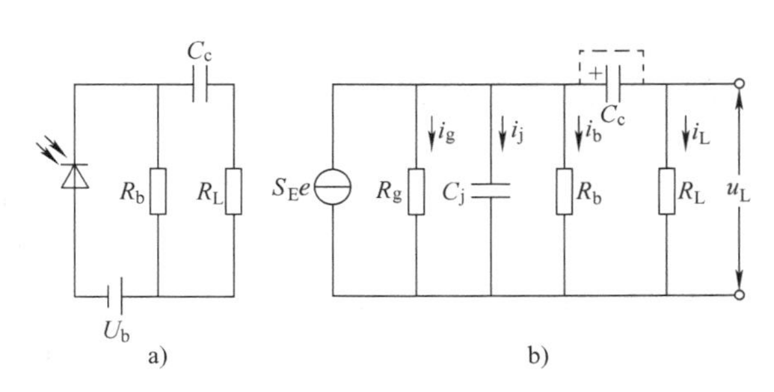

图 5-17　反向偏置光敏二极管交流检测电路及微变等效电路

a）检测电路　b）微变等效电路

$$\begin{cases} i_L + i_g + i_j + i_b = S_E e \\ \dfrac{i_g}{G_g} = \dfrac{i_j}{j\omega C_j} = \dfrac{i_L}{G_L} = \dfrac{i_b}{G_b} = u_L \end{cases} \tag{5-55}$$

式中，S_E为光电灵敏度；e 是入射光照度，$e = E_0 + E_m \sin(\omega t)$；$S_E e$ 是输入光电流；i_L是负载电流；i_b是偏置电流；i_j是结电容电流；i_g是光敏二极管反向漏电流。
式中，各光电量均是复数值。

求解式（5-55）可得

$$u_L = \frac{S_E e}{G_g + G_L + G_b + j\omega C_j} \tag{5-56}$$

$$i_L = \frac{u_L}{R_L} \tag{5-57}$$

式（5-56）可以改写成下述形式：

$$u_L = \frac{\dfrac{S_E e}{G_g + G_L + G_b}}{1 + j\omega\left(\dfrac{C_j}{G_g + G_L + G_b}\right)} = \frac{\dfrac{S_E e}{G_g + G_L + G_b}}{1 + j\omega\tau} \tag{5-58}$$

式中，τ_0为检测电路的时间常数，$\tau_0 = C_j/(G_g + G_L + G_b)$。

由式（5-58）可见，检测电路频率特性不仅与光敏二极管参数 C_j 和 G_g 有关，而且还取决于放大电路的参数 G_L 和 G_b。

对应检测电路不同工作状态，频率特性式（5-56）可有不同的简化形式。

1）给定输入光照度，在负载上取得最大功率输出时，要求满足 $R_L=R_b$ 和 $G_g<<G_b$，此时

$$u_L=\frac{\frac{R_L}{2}S_E e}{1+j\omega\tau} \tag{5-59}$$

时间常数和上限频率分别为

$$\tau_0=\frac{R_L}{2}C_j \tag{5-60}$$

$$f_{HC}=\frac{1}{2\pi\tau}=\frac{1}{\pi R_L C_j} \tag{5-61}$$

2）电压放大时希望在负载上获得最大电压输出，要求满足 $R_L>>R_b$（如 $R_L>10R_b$）和 $G_b>>G_g$，此时

$$u_L=\frac{S_E e R_b}{1+j\omega\tau} \tag{5-62}$$

时间常数和上限频率分别为

$$\tau_0=R_b C_j \tag{5-63}$$

$$f_{HC}=\frac{1}{2\pi R_b C_j} \tag{5-64}$$

3）电流放大时希望在负载上获取最大电流，要求满足 $R_L<<R_b$ 且 G_g 很小，此时

$$u_L=\frac{S_E e R_L}{1+j\omega\tau} \tag{5-65}$$

时间常数和上限频率分别为

$$\tau_0=R_L C_j \tag{5-66}$$

$$f_{HC}=\frac{1}{2\pi R_L C_j} \tag{5-67}$$

由式（5-59）~式（5-64）可以看出，为了从光敏二极管中得到足够的信号功率和电压，负载电阻 R_L 和 R_b 不能很小，但阻值过大又会使高频截止频率下降，降低了通频带宽度。因此负载电阻的选择要根据增益和带宽要求综合考虑，只有在电流放大的情况下才允许 R_L 取得很小，并通过后级放大得到足够的信号增益。因此，常常采用低输入阻抗高增益的电流放大器使检测器件工作在电流放大状态，以提高频率响应。而放大器的高增益可在不改变信号通频带的前提下提高信号的输出电压。

二、光电检测电路的综合频率特性

前面的讨论中为了强调说明负载电阻对频率特性的影响，忽略了电路中直流电容和分布电容等的影响，而这些参数又是确定电路通频带的重要因素。因此应研究光电检测电路的综合频率特性。

图5-18a 是一个光电检测电路，图5-18b 是它的等效电路。图5-18b 中 C_0 是电路的布线

电容，C_i是放大器的输入电容，C_c是级间耦合电容。输入电路的频率特性可表示为

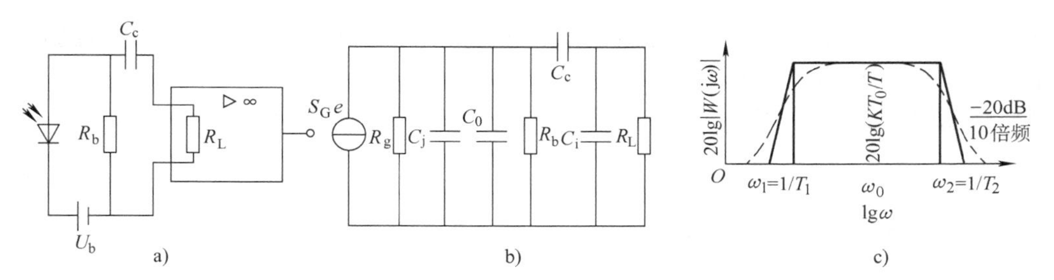

图 5-18　光敏二极管交流检测电路及等效电路和对数频率特性

a）检测电路　b）等效电路　c）对数频率特性

$$W(j\omega)=\frac{U_L(j\omega)}{E(j\omega)}=\frac{Kj\omega T_0}{(1+jT_1\omega)(1+jT_2\omega)}\tag{5-68}$$

式中

$$K=\frac{S_E R_g R_b}{R_g+R_b}\tag{5-69}$$

当 $R_g >> R_b$时，有

$$K\approx S_E R_b$$

$$T_1=\frac{1}{\omega_1}，\ \omega_1\text{为下限截止频率}$$

$$T_2=\frac{1}{\omega_2}，\ \omega_2\text{为上限截止频率}$$

$$T_0=C_0 R_L$$

$$KT_0\approx S_E R_b R_L C_0$$

输入电路的振幅频率特性可表示为

$$|W(j\omega)|=\frac{KT_0\omega}{\sqrt{(1+T_1^2\omega^2)(1+T_2^2\omega^2)}}\tag{5-70}$$

将式（5-70）用对数表示，可得对数频率特性为

$$20\lg|W(j\omega)|=20\lg(KT_0\omega)-20\lg(KT_1\omega)-20\lg(KT_2\omega)\tag{5-71}$$

式（5-71）的图解表示如图 5-18c，图中的虚线表示实际的对数特性，折线是规整化的特性。

从图 5-18c 可看出，综合频率特性可分为三个频段：

1）低频段（$\omega<\omega_1=1/T_1$）：此频段内的频率特性可简化为

$$W_L(j\omega)=\frac{Kj\omega T_0}{1+jT_1\omega}\tag{5-72}$$

相应对数频率特性曲线以 20dB/(10 倍频）的斜率上升，在 $\omega=\omega_1=1/T_1$处曲线变平，曲线数值比中频段下降 3dB，称作下限截止频率，这是检测电路可能检测的低频信号极限。

2）中频段（$\omega_1<\omega<\omega_2$）：此频段中心频率为 ω_0，频段满足 $\omega T_1>>1$ 和 $\omega T_2<<1$，相应频率特性为

$$W_M(j\omega)=\frac{kT_0}{T_1}=常数 \tag{5-73}$$

这表明在中频范围内输入电路可以看作是理想的比例环节。通常将 $\omega_1=1/T_1$ 到 $\omega_2=1/T_2$ 之间的频率区间称为电路的通频带，它的传递系数为 KT_0/T_1。

3）高频段（$\omega>\omega_2=1/T_2$）：在此频段内，频率特性可简化为

$$W_H(j\omega)=\frac{KT_0/T_1}{1+jT_2\omega} \tag{5-74}$$

对应的对数频率特性以 -20dB/（10 倍频）的斜率下降，在 $\omega=\omega_2=1/T_2$ 处下降为 3dB，该频率称作上限截止频率。

下面通过一个实例具体介绍频率特性的设计方法。

例 5-2 用2DU1 型光敏二极管和两级相同的放大器组成光电检测电路。被测光信号的波形如图 5-19a 所示，脉冲重复频率 $f=200\text{kHz}$，脉宽 $t_0=0.5\mu s$，脉冲幅度 1V，设光敏二极管的结电容 $C_j=3\text{pF}$，输入电路的分布电容 $C_0=5\text{pF}$，求设计该电路的阻容参数。

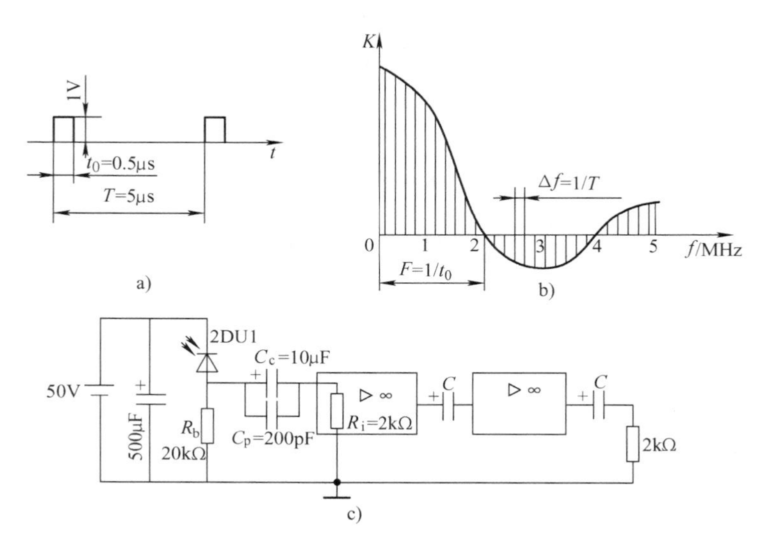

图 5-19 光敏二极管检测电路

a）信号波形 b）信号频谱 c）电路

解 （1）分析输入光信号的频谱，确定检测电路的总频带宽度

根据傅里叶变换函数表，对应图 5-19a 的时序信号波形，可以得到如图 5-19b 所示的频谱分布图。周期为 $T=1/f$ 的方波脉冲时序信号，其频谱是离散的，谱线的频率间隔为

$$\Delta f=1/T=200\text{kHz}$$

频谱包络线零值点的分布间隔为

$$F=1/t_0=2\text{MHz}$$

选取频谱包络线的第二峰值作为信号的高频截止频率，如图 5-19b 所示对应第二波峰包含 15 个谐波成分，高频截止频率 f_{HC} 取为

$$f_{HC}=200\text{kHz}\times15=3\text{MHz}$$

此时可以认为是不失真传输。

取低频截止频率为 200Hz，则检测放大器的总频带宽为 $f_H=3MHz$，$f_L=200Hz$，带宽近似为 $\Delta f\approx 3MHz$。

（2）确定级联各级电路的频带宽度

根据设计要求，检测电路由输入电路和两级相同的放大器级联组成。设三级带宽相同，根据电子学中系统频带宽度的计算公式，相同 n 级级联放大器的高频截止频率 f_{nHC} 为

$$f_{nHC}=f_{HC}\sqrt{2^{(1/n)}-1} \tag{5-75}$$

式中，f_{HC} 是单级高频截止频率。

将 $f_{nHC}=3MHz$ 和 $n=3$ 代入式（5-75），可算出单级高频截止频率 f_{HC} 为

$$f_{HC}=\frac{3}{\sqrt{2^{1/3}-1}}MHz=\frac{3}{0.51}MHz\approx 6MHz$$

即单级高频截止频率为 6MHz。

类似地，单级低频截止频率和多级低频截止频率之间的关系为

$$f_{nLC}=\frac{f_{LC}}{\sqrt{2^{(1/n)}-1}} \tag{5-76}$$

对于 $f_{nLC}=200Hz$，可计算出 $f_{LC}=102Hz$。

（3）计算输入电路参数

带宽为 6MHz 的输入电路应采用电流放大方式，此时利用上述有关公式可得

$$R_L=\frac{1}{2\pi f_{HC}(C_j+C_0)}=\frac{1}{2\pi\times 6\times 10^6\times 8\times 10^{-12}}\Omega\approx 3.3k\Omega$$

R_L 选为 2kΩ，此处为后级放大器的输入阻抗，为保证 $R_L << R_b$，取 $R_b=(10\sim 20)R_L$，即 $R_b=10R_L=20k\Omega$。

耦合电容 C 值是由低频截止频率决定的，即

$$f_{LC}=\frac{1}{2\pi(R_L+R_b)C} \tag{5-77}$$

将 $f_{LC}=102Hz$ 代入式（5-77），计算 C 值为

$$C=\frac{1}{6.28\times 22\times 10^3\times 10^2}F=0.07\mu F$$

取 $C=1\mu F$，对于第一级耦合电容可适当增大 10 倍，取电容值为 10μF。

（4）选择放大电路

选用二级通用的宽带运算放大器，放大器输入阻抗 R_i 小于 2kΩ，放大器通频带要求为 6MHz，取为 10MHz。

按上述估算得到的检测电路如图 5-19c 所示。图中，输入电路的直流电源电压为 50V，低于 2DU1 型光敏二极管的最大反向电压。并联的 500μF 电容用以滤除电源的波动。为减少 C_c 电解电容寄生电感的影响，并联了 $C_p=200pF$ 的电容。

第四节　光电发光器件的驱动电路

光电发光电路主要是指其所需的驱动电路。由于各种发光器件的工作原理与特性不同，所需驱动电路也有所不同，需要分别进行设计。本节主要介绍光电测试系统中较为常用的几

种发光器件的驱动电路，具体包括发光二极管（LED）驱动电路、激光二极管（LD）驱动电路等。

一、光电发光电路的设计要求

为了保证光源系统的各种光电发光器件正常工作，并达到稳定可靠的状态，相应的光电发光电路必须满足一定要求，具体如下：

（1）充足的能量

作为发光器件，产生足够照度的光束是最基本的要求。因此，光电发光电路本身必须具有足够的能量提供给光源器件，使之发出足够照度的光。为了保证发光强度，驱动电路应具有足够的功率。

（2）出色的稳定性

对于光电测试系统而言，光源功率的稳定性直接影响测量精度。因此，常要求光电发光电路具有很高的功率稳定性。

（3）较高的效率

光电发光电路应具备高效性，即光电转换效率高。这不仅减小能源消耗，而且还减小发热，有利于提高测量精度。

（4）良好的调光性

在许多应用场合下，都需要对光源的照度进行调节，以适应测量环境的变化，获得最佳的测量效果。

（5）可靠的保护性能

为了保护光源系统的发光器件不会损坏，驱动电路应该具有各种保护功能，包括过电压、过电流、过热等保护功能。

二、发光二极管驱动电路

发光二极管（LED）照明以高光效、长寿命、高可靠性和绿色无污染等优点正在逐步取代白炽灯、荧光灯等传统光源。在光电测量中，发光二极管光源的使用也越来越多，除了具有高光效、寿命长、可靠性高之外，它还是一种冷光源，对保证光电测量系统的温度稳定性有较好的效果。

1. 简单LED驱动电路

简单的LED驱动电路是直接直流驱动方式，主要用于近照明场合，如图5-20a所示，供电电源通过电阻R_I限流来使得LED工作。但是，这种LED简单驱动电路存在一个致命的缺点：限流电阻R_I是必须存在的，而且限流电阻R_I上的有功损耗直接影响了系统的效率，有时系统效率有可能小于50%；另一方面，当电源电压存在变动时，流过LED的电流也将变化，从而导致发光亮度产生波动（见图5-20b），无法实现精确的恒亮照明，进而影响测量精度。

2. 恒流LED驱动电路

为了实现LED的恒亮发光，驱动电路就需要采用恒流驱动方式。对于LED而言，一方面应尽可能保持恒流特性，尤其在电源电压发生±15%的变动时，一般要求仍应能保持输出电流在±10%的范围内变动；另一方面，应保持驱动电流处于LED的正常工作范围中，以

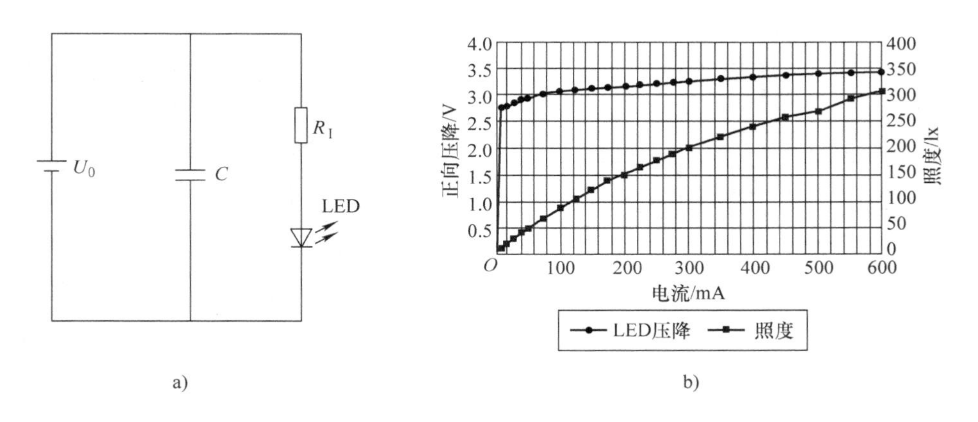

图 5-20　简单 LED 驱动电路

a）驱动电路　b）LED 正向压降和照度随电流变化曲线

保持较低的功耗，这样才能使 LED 的系统效率保持在较高水平。

可以采用稳压器与运放相结合的恒流驱动方式来实现 LED 的驱动。图 5-21 所示为基于降压型稳压器 LM2734X 的恒流驱动电路，利用 LM321 运算放大器获取采样电阻 R_4 上的电压，结合其他电阻和电容就可以构成一个完整、高效率的大功率 LED 恒流驱动电路。

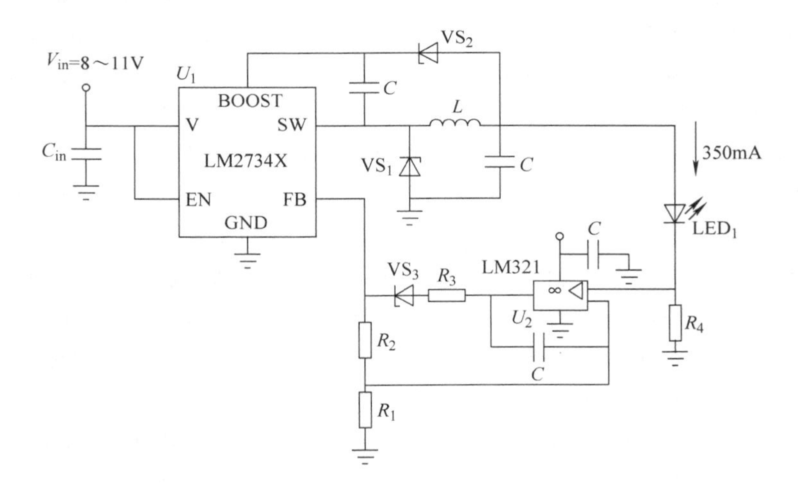

图 5-21　基于 LM2734 的恒流驱动电路

也可以直接采用专用的恒流源 LED 驱动芯片。图 5-22 是采用集成恒流源 NUD4001 的 LED 驱动电路，这一电路的显著特点是当电源电压在 ± 15% 的范围内变动时，输出波动 ≤1% ，可称为恒功率驱动电路。另外，这一集成电路（IC）可在很低的串联分压下工作（即 1 脚与输出的各引脚之间的电压在≥2. 8V 时尚能工作），所以可保证在几乎恒功率输出的情况下，保持 1 脚与输出引脚之间的电压在 2. 8V 左右就能使系统效率达 70% 左右。这一 IC 的输入电源可采用工频交流，但最好采用卤钨灯电子变压器作为前级，这样能保证谐波和电源端子干扰都符合标准的要求。

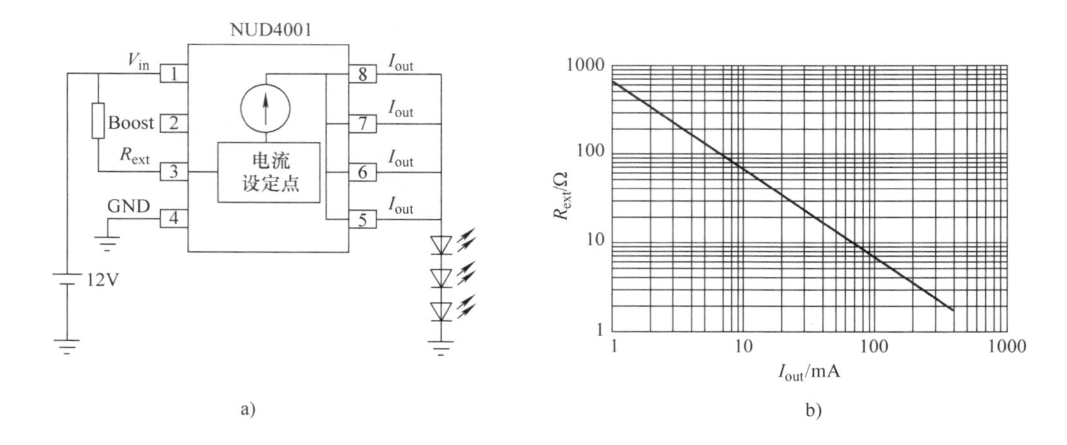

图 5-22 采用集成恒流源 NUD4001 的 LED 驱动电路

a）12V 应用（LED 阵列系列） b）输出电流（I_{out}）和外部电阻（R_{ext}）

3. 可调节 LED 驱动电路

许多采用 LED 为光源的测试系统都需要进行光度调节，可采用两种调光方法：模拟调节与脉冲调宽（PWM）。模拟调节，即通过向 LED 施加 50% 的最大电流可实现 50% 的亮度调节范围。这种方法的缺点是会出现 LED 颜色偏移并且需要采用模拟控制信号，因此使用率一般不高。以更低占空比向 LED 施加满电流可实现 PWM 调光，在 50% 忙闲度施加满电流可达到 50% 亮度。为确保 PWM 脉冲不致影响测量，PWM 信号的频率必须远高于被测信息的变化频率。最大 PWM 频率取决于电源启动与响应时间。为提供最大的灵活性以及集成简易性，LED 驱动电路一般应能够接受高达 50kHz 的 PWM 频率。

恒流 LED 驱动器可采用多种过电压保护方法。其中一个方法是使齐纳二极管与 LED 并联。这种方法可以将输出电压限制到齐纳击穿电压和电源的参考电压。在过电压条件下，输出电压会提高到齐纳击穿点并开始传导，输出电流会通过齐纳二极管，然后通过电流检测电阻器接地，在齐纳二极管限制最大输出情况下电源可连续产生恒定的输出电流。更佳的过电压保护方法是监控输出电压并在达到过电压分界点时关闭电源。如果出现故障，在过电压条件下关断电源可降低功耗并延长便携式仪器系统的电池使用寿命。

图 5-23 为一个典型 LED 驱动应用，其驱动 4 个 LED，正向电流为 20mA，输入电压范围为 1.8 ~6.0V。整个电路是由控制 IC、2 个陶瓷电容 C_{in}和 C_o、1 个电感器 L_1、1 个二级管 VS 和 1 个电流传感电阻 R_S组成。这种紧凑、高度集成的电路说明了利用当今的 LED 驱动器可以实现高水平集成。利用控制 IC 和 5 个小表面贴装无源元器件就可以实现主要电源功能和辅助功能，如负载断开、过电压保护、PWM 调光等。其中 VS 为稳压二极管，负责对 LED 进行保护。

三、半导体激光器驱动电路

半导体激光器（LD）不仅具有一般激光器高单色性、高相干性、高方向性和准直性的特点，还具有尺寸小、重量轻、低电压驱动、直接调制等特性，因而广泛应用于国防、科研、医疗、光通信等领域，也是光电测试系统的常用单色光源。然而，由于 LD 是一种高功

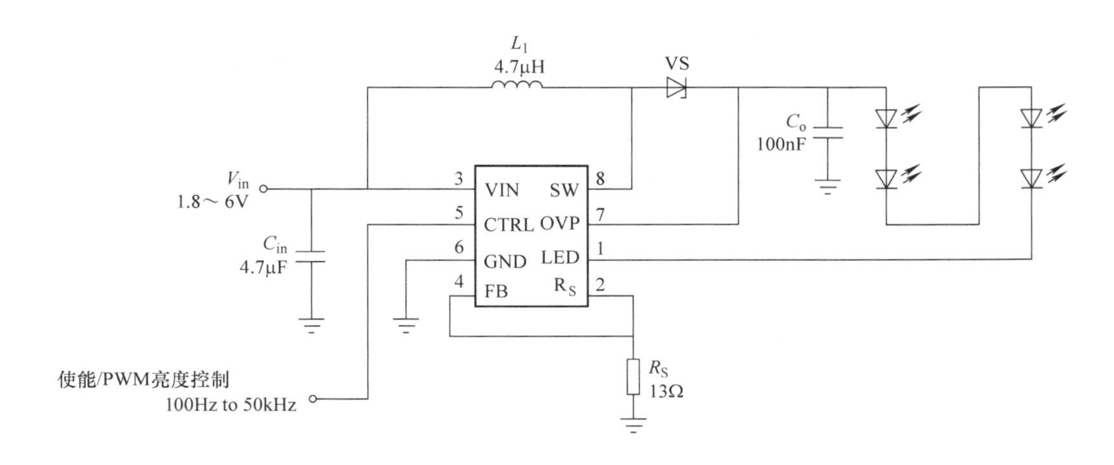

图 5-23 基于 TPS61042 的 LED 驱动电路

率密度并具有极高量子效率的器件，对于电冲击的承受能力差，微小的电流波动将导致光功率输出的极大变化和器件参数的变化。而这些变化还直接危及器件的安全使用，因而在实际应用中对驱动电源的性能和安全保护有着很高的要求。因此在 LD 驱动电源的设计过程中，还应考虑对 LD 的安全保护，如防止浪涌冲击及慢启动等问题。

一般而言，LD 驱动电路有 LD 恒流驱动电路、半导体激光器的自动功率控制电路等几种形式。

1. LD 恒流驱动电路

LD 是依靠载流子直接注入而工作的，注入电流的稳定性对激光器的输出有直接、明显的影响，电流微小的变化将导致激光波长、输出光功率、噪声、模式稳定度等参数的变化。因此，LD 驱动电源需要为 LD 提供一个纹波小、毛刺少的稳恒电流。

一般 LD 恒流驱动电路的组成结构框图如图 5-24a 所示。它由基准电流源、误差放大、调整电路、取样电路等几个部分组成。

2. 半导体激光器的自动功率控制电路

除了受驱动电流影响明显之外，激光二极管的 PN 结受温度影响也很大。温度的微小变化将不仅影响到半导体激光器的出射波长、输出功率及阈值电流等特性，还会增大激光输出噪声，甚至影响激光器的正常工作。另外，随着 LD 的逐渐老化，其发光效率也会随之逐渐降低，从而导致 LD 发光功率（即出射光的亮度）也会逐渐下降。因此，仅仅保持 LD 驱动电流的恒定还是不够的，应该进一步控制 LD 的发光功率。

自动功率控制（Automatic Power Control，APC）电路就是在恒流驱动电路的基础上，引入发光强度负反馈环节，根据输出光功率的变化，自动调节激光器的偏置电流，使激光器输出功率恒定，也称恒功率驱动电路。

图 5-25 为一种自动功率控制电路，它依靠激光器内部的光敏二极管（PD）来检测 LD 的输出光功率，并以 PD 的输出作为功率（发光强度）反馈信号来实现自动控制。其中 PD 是激光器内部的背光检测二极管，由采样电阻将电流转换电压，再由差动放大器放大，经比例积分控制器来调节激光器偏置电流。

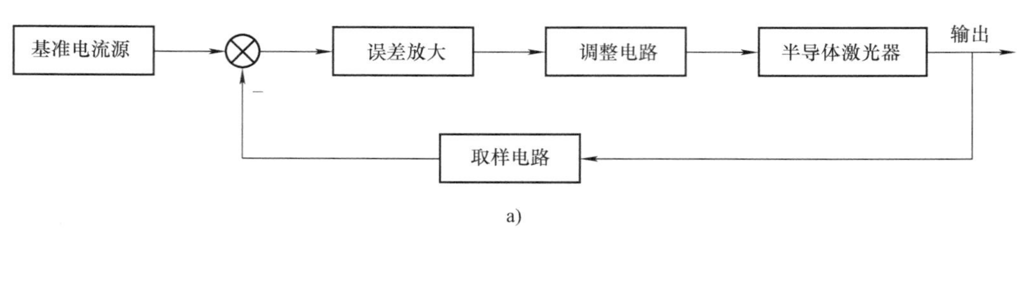

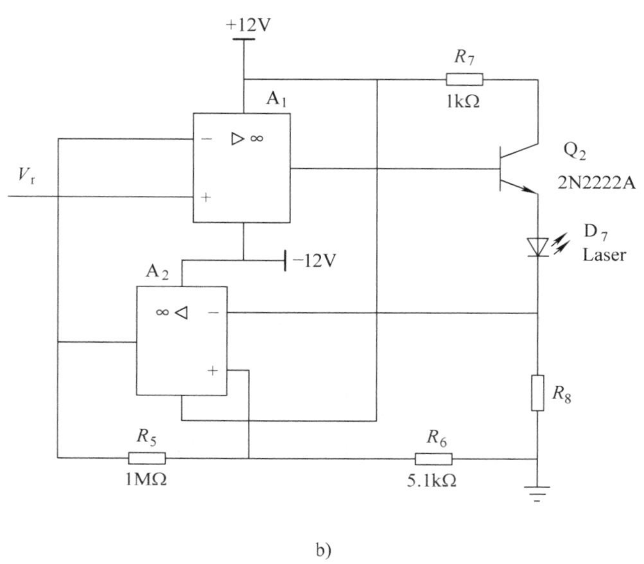

图5-24　半导体激光器恒流驱动电路

a）组成结构框图　b）实际电路

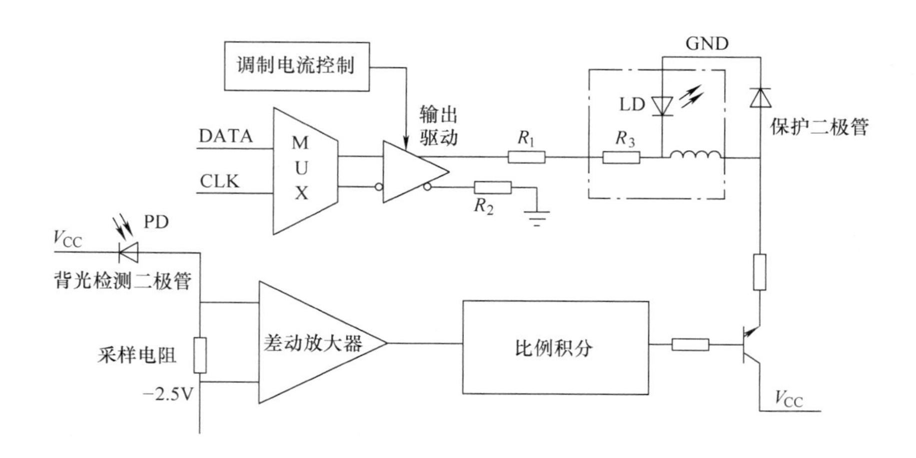

图5-25　一种自动功率控制（APC）电路

对于要求更高的LD驱动电路，可以采用恒温控制技术，可参见相关资料。

第五节　光电成像器件电路

常用的成像器件主要包括 CCD 和 CMOS 两种，每种器件又可分为线阵和面阵两种形式，相应的电路也有所不同。光电成像器件电路主要是指其驱动电路与输出电路，具体原理已经在第四章第六节进行了介绍，本节主要从设计角度分析几个问题。

一、CCD 光电成像器件的驱动电路

1. 线阵 CCD 器件驱动电路

CCD 驱动电路的作用，一是为 CCD 提供驱动时序信号，二是将 CCD 输出的串行模拟信号进行放大，三是将模拟视频信号转换为数字信号。因此，CCD 驱动电路可以分为时序控制电路、放大电路、模 - 数转换电路几个部分（见图 5-26）。

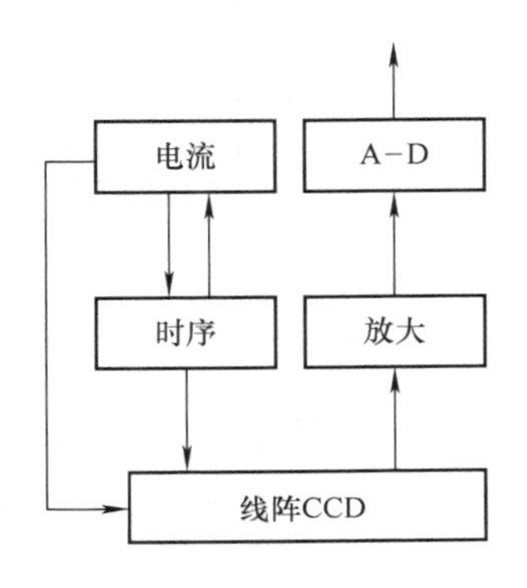

图 5-26　线阵 CCD 驱动电路组成

（1）时序控制电路

CCD 要完成信号电荷的产生、存储、传输和检测，需要相应时序的配合以保证 CCD 稳定工作。因此，线阵 CCD 的时序控制电路必须按照 CCD 的时序要求来进行可靠控制，其中包括转移脉冲、采样脉冲、复位脉冲、驱动脉冲等。

图 5-27 为东芝 TCD1710 线阵 CCD 的引脚定义图、驱动时序图及其控制电路示意图。TCD1710 的驱动信号主要有转移脉冲 SH、复位脉冲 RS 与驱动脉冲 F1A1、F1A2、F2A1、F2A2、F2B 等构成。其中转移脉冲 SH 控制转移栅电极，当 SH 的电位为高电平时，光敏单元下积累的信号电荷通过转移栅向移位寄存器转移。转移到模拟移位寄存器的信号电荷由移位脉冲转移到输出，在移位脉冲信号 F1A1、F1A2、2F2A1、F2A2 的驱动下，信号电荷分为奇偶两列从两列模拟移位寄存器逐位移出。采样脉冲 SP 是为了使信号变得稳定平滑，以适应后续处理。复位脉冲 RS 的作用是控制复位场效应晶体管，在一个读周期结束后，释放输出二极管深势阱中的信号电荷。

线阵 CCD 的时序电路可以独立设计，也可以由处理模块产生。前者可以采用 FPGA、CPLD 等可编程逻辑器件来实现，便于调整和升级；后者可以直接利用测控系统已有的微处理器，以降低电路系统复杂程度。

（2）放大电路

线阵 CCD 的输出信号为每个像敏单元积累的电荷量，以电压的形式输出，且接收发光强度越大，输出越小。如果将这样的信号直接输入模 - 数转换器（ADC），首先不符合“发光强度越强，输出信号越大”的后续数据处理系统的一般性要求，其次 CCD 输出的电压范围常常与后续 ADC 的工作范围并不完全一致。所以，线阵 CCD 的输出信号必须通过一个运放来完成反向、放大和调整零点等处理后再输入 ADC 进行模 - 数转换。

运放的选型主要考虑以下几个因素：

1）转换速度：由于线阵 CCD 工作频率很高（一般为几十兆赫），为了配合该 CCD，运放和后续的 ADC 也需要有很高的工作频率。

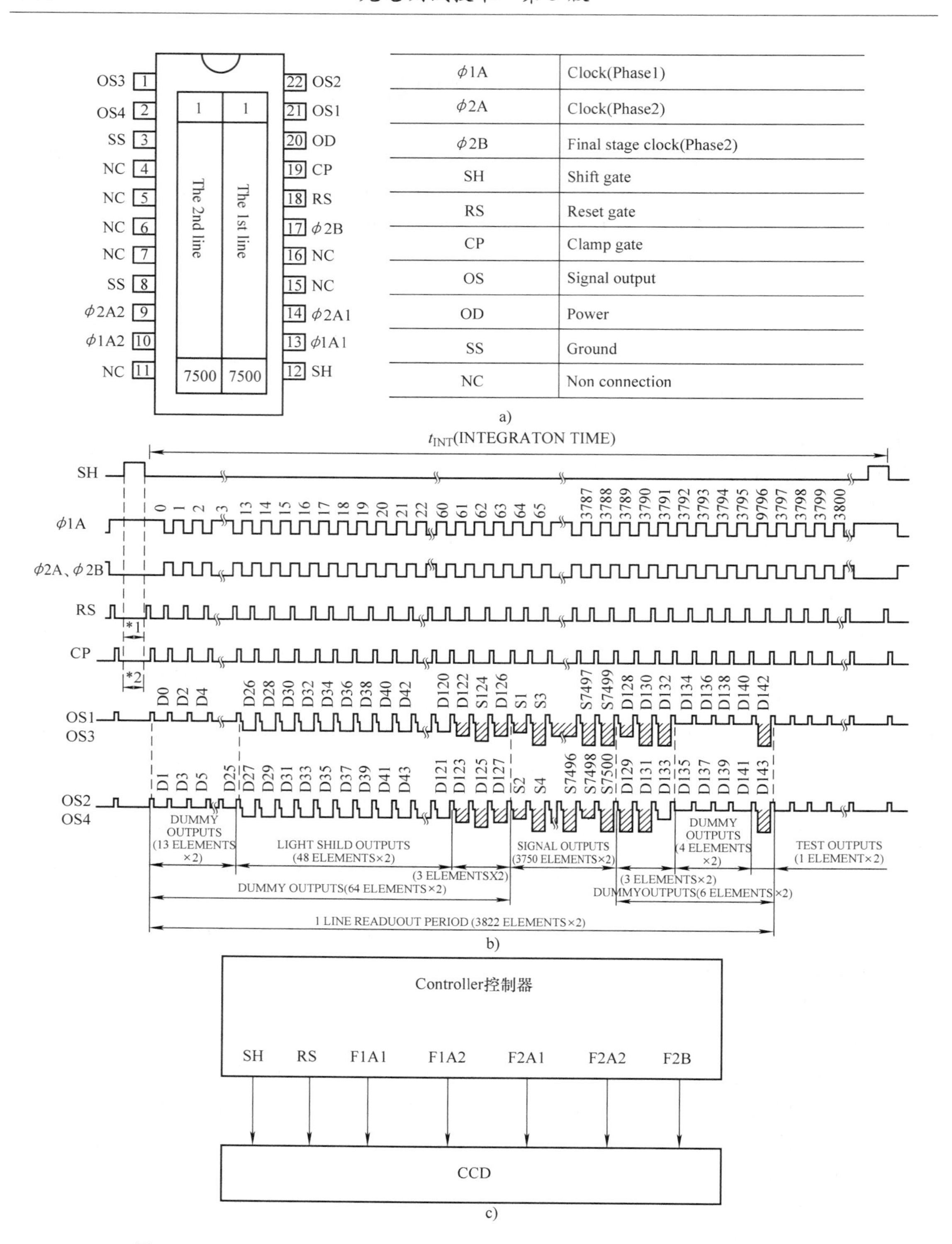

图5-27 TCD1710线阵CCD的引脚定义图、驱动时序图及其控制电路示意图

a）TCD1710的引脚定义图 b）TCD1710的驱动时序图 c）时序控制电路示意图

2）通道数量：因为有些线阵 CCD 是多通道输出的（例如 TDC1710 就是双通道输出），所以运放和 ADC 需要具有多个通道将所有的像元信息分通道输出，以便后续电路可以同时对多个通道的输出信号进行处理，提高处理速度。

3）功耗：数据采集系统部分的电源由数据处理系统通过电缆传输，数据采集系统内的元器件数量比较多，因此需要各元器件的功耗尽可能小，以减小因数据采集系统的元器件发热而带来的传感器精度下降，同时避免电缆传输太大的电流。

以上述 TDC1710 为例，可以选用的运放芯片是 TI 的双通道、低功耗、单电源、宽带运放 OPA2830（见图 5-28）。OPA2830 是高速电压反馈运放，它具有高带宽和灵活的电源范围。

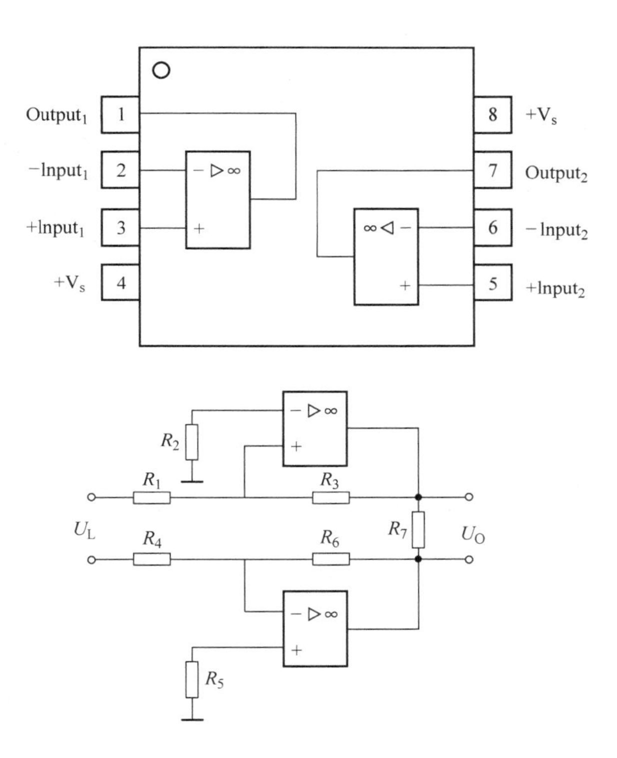

图 5-28　OPA2830 双运放及其典型应用电路

（3）模 - 数转换电路

模 - 数转换器（ADC）主要功能是完成由运放输出的 CCD 信号的模 - 数转换。ADC 的选型需要考虑的因素主要有：

1）精度：为了使模 - 数转换有较高的精度，ADC 需要具有足够高的位数。

2）速度：为了配合线阵 CCD 的时序，ADC 也需要有很高的工作频率。

3）功耗：高速、高精度的 ADC 往往有较大的功耗，大功耗将带来数据采集系统和处理系统之间大电流的传输以及芯片本身的发热，影响其他器件。因此我们需要比较选择较小功耗的。

以上述 TDC1710 为例，可以选用的 ADC 是 TI 的双通道、12 位、采样频率 20MHz 的 ADC 芯片 ADS2806。它拥有可调整的输入范围 2Vp - p 或 3Vp - p，内部或者外部的参考电平。图5-29为ADS2806原理图及其相关电路。

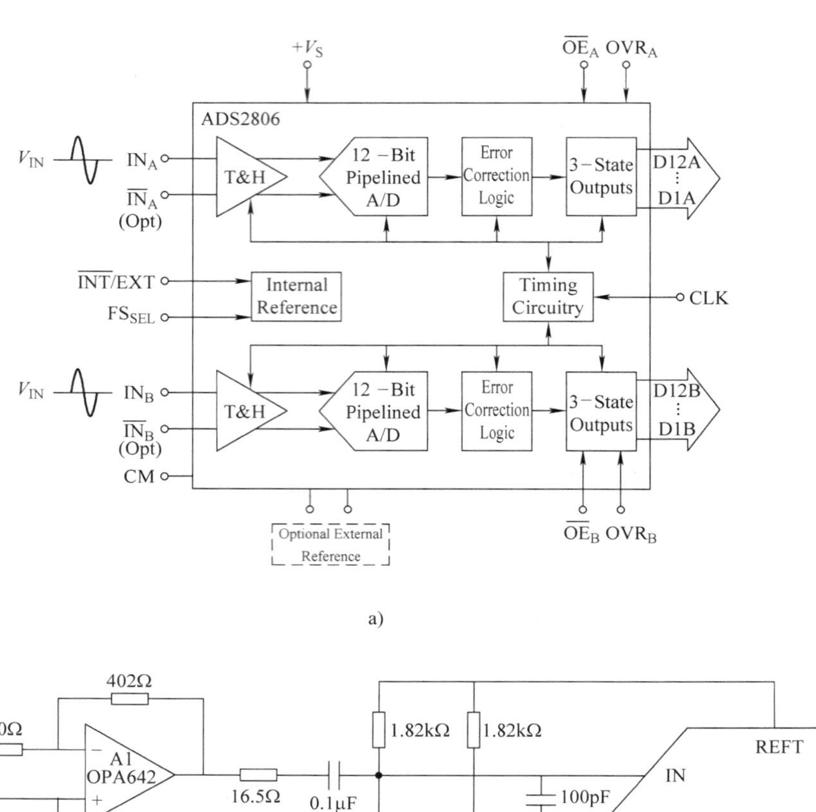

a)

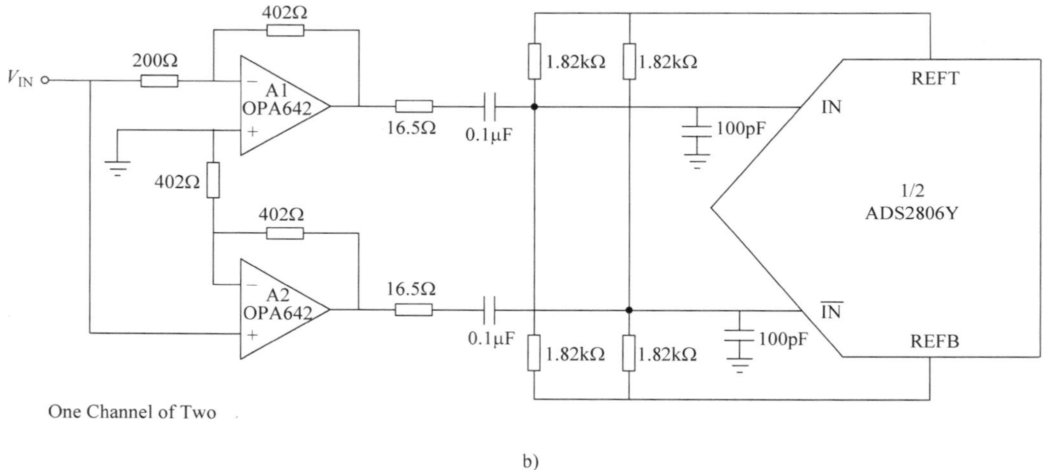

b)

图5-29 ADS2806原理图及其相关电路

a）ADS2806原理图 b）ADS2806相关电路

2. 面阵CCD驱动电路

面阵CCD的结构要比线阵CCD复杂得多，它由很多光敏单元排列成一个方阵，并以一定的形式连接成一个器件。它获取信息量大，能处理复杂的图像。

面阵CCD驱动电路的组成原理框图如图5-30所示，它由电源模块、时序产生及驱动模块、视频信号预处理模块等几个单元组成。

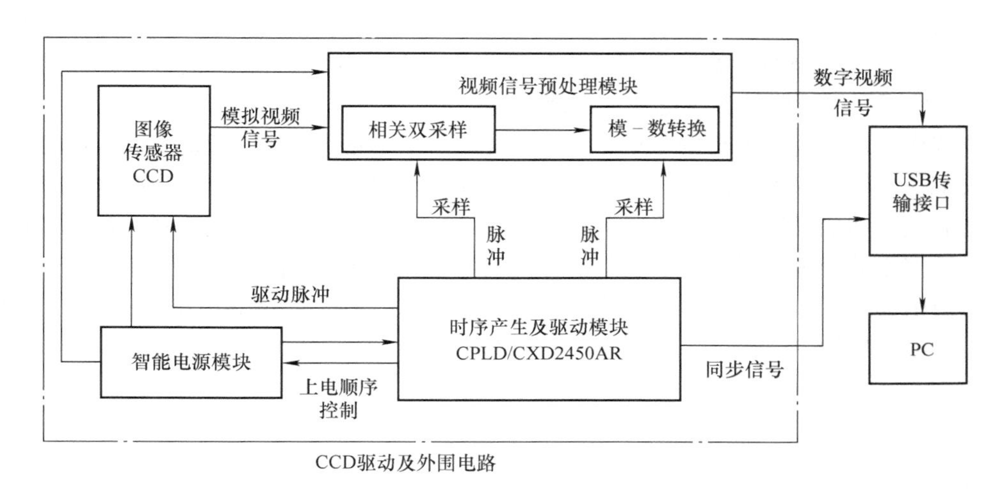

图 5-30 面阵 CCD 驱动电路的组成原理框图

（1）时序产生与驱动模块

时序产生与驱动模块是整个驱动电路的核心单元，其功能主要是产生 CCD 所需要的最基本的逻辑时序，它包括时钟管理、时序产生、占空比控制和上电顺序等几个部分。

CCD 驱动脉冲产生电路的设计可以有很多种方法，主要有直接数字电路驱动法、EPROM 驱动法、单片机驱动法、可编程逻辑器件驱动法和专用集成芯片驱动法。前两种方法偏重硬件的实现，存在逻辑设计复杂、调试困难、灵活性较差的缺陷。单片机驱动法虽编程灵活，但由于时序的产生完全依赖程序指令的延时来实现，而目前的单片机时钟频率较低，因此由指令产生多路脉冲时，其最高频率不过几百千赫，要达到兆赫级驱动频率则无能为力。为了高速、可靠地完成整个 CCD 驱动电路的设计，常常采用复杂可编程逻辑器件（例如 PFGA、CPLD 等）驱动法和专用集成驱动芯片两种方法驱动面阵 CCD。

（2）相关双采样模块

相关双采样（CDS）单元主要用于从 CCD 输出的模拟信号中提取出真正的视频信号，并去除相关噪声。CCD 模拟信号包含很多噪声，其中最主要的有复位噪声、输出放大器的白噪声和 $1/f$ 噪声等成分，这些相关噪声附着在 CCD 模拟信号电平上，所以采用 CDS 技术可以很好地滤除这些噪声。CDS 是在每个像素周期内对参考电平和信号电平各采样一次，其模式如图 5-31 所示，其中 SHP 为上升沿采样 CCD 输出信号的参考电平，SHD 为上升沿采样 CCD 输出信号的信号电平，将两次采样值相减，就抑制了视频信号中复位噪声等相关噪声，两次采样之差就是视频信号的真实成分。相关双采样单元的采样时序 SHP 和 SHD 均由控制器产生，两者的采样位置要求很严格，如果采样位置偏差很大，则会影响到 CCD 图像的质量。

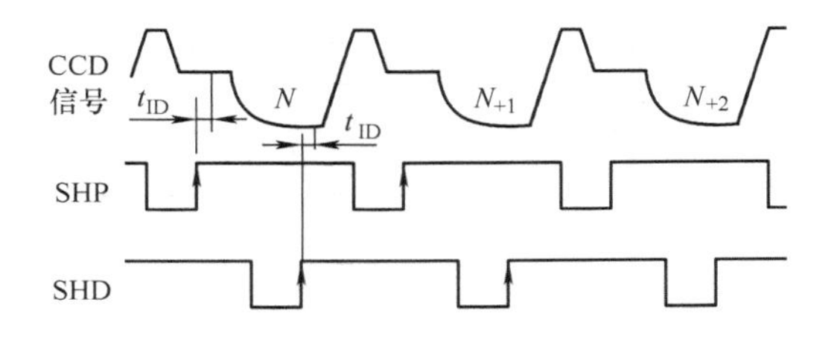

图 5-31 相关双采样原理

（3）专用 CCD 驱动芯片

成熟的专用CCD驱动芯片，不仅可以实现CCD时序的精确控制，而且还可以具有相关双采样技术CDS提取图像信息，具有良好的输入信号钳位和CDS输入偏移校正性能，同时为A-D转换器提供精确的参考电平，性能较好。

例如选用SONY公司推出的CXA2006Q，其内部结构框图如图5-32所示，它的内部集成了相关双采样、自动增益控制（Automatic Gain Control，AGC）、亚像元钳位、暗像元钳位、低通滤波等功能模块。为了适应不同亮度的目标，防止信号过弱或饱和，信号通路上包含一个增益控制的处理单元，用于控制信号的增益。CXA2006Q的增益范围为8～38dB，增益的大小由引脚AGCCONT控制，当引脚AGCCONT电压为0V时增益最小（8dB）；当AGCCONT引脚电压为3V时增益达到最大值（38dB）。

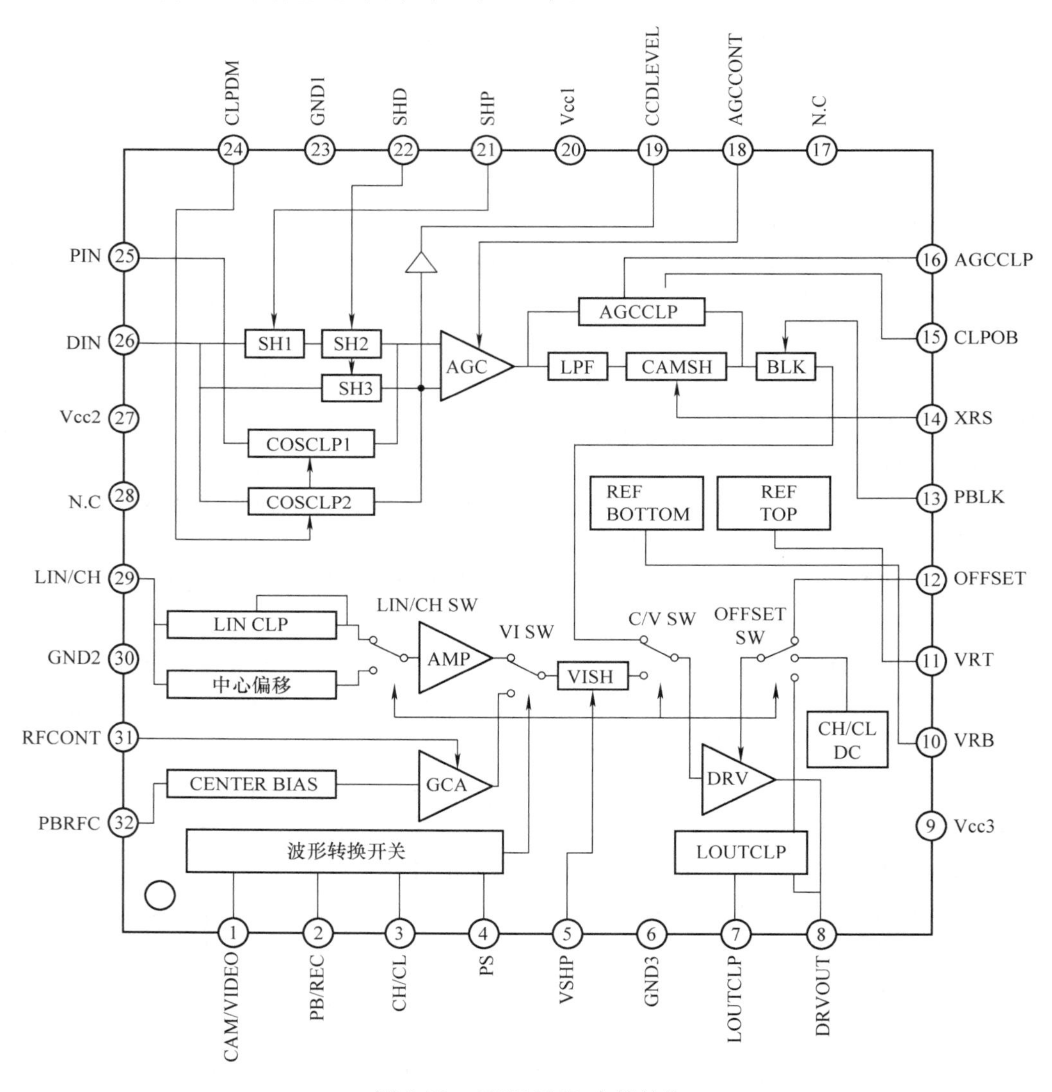

图5-32 CXA2006Q内部结构

图5-33为CXA2006Q工作时序图。其核心是两级采样保持：一级采集复位电平（Precharge Level）记为 SH1，即复位脉冲与信号电荷包之间的一段很短时刻的电平；另一级采集像元信号电平（Signal Level），记为 SH3。时序图中，SHP、SHD 分别为第一级和第二级采样保持电路的时钟。为达到相关双采样的最佳效果，两个采样脉冲的设计在时序上严格与 CCD 的实际输出信号时序相对应。将 SH1 移位到信号电平位置得到 SH2，然后将两次采集的电平 SH3 和 SH2，在 AGC 电路内相减得到实际信号电平（AGC Output），由此滤除了复位噪声。

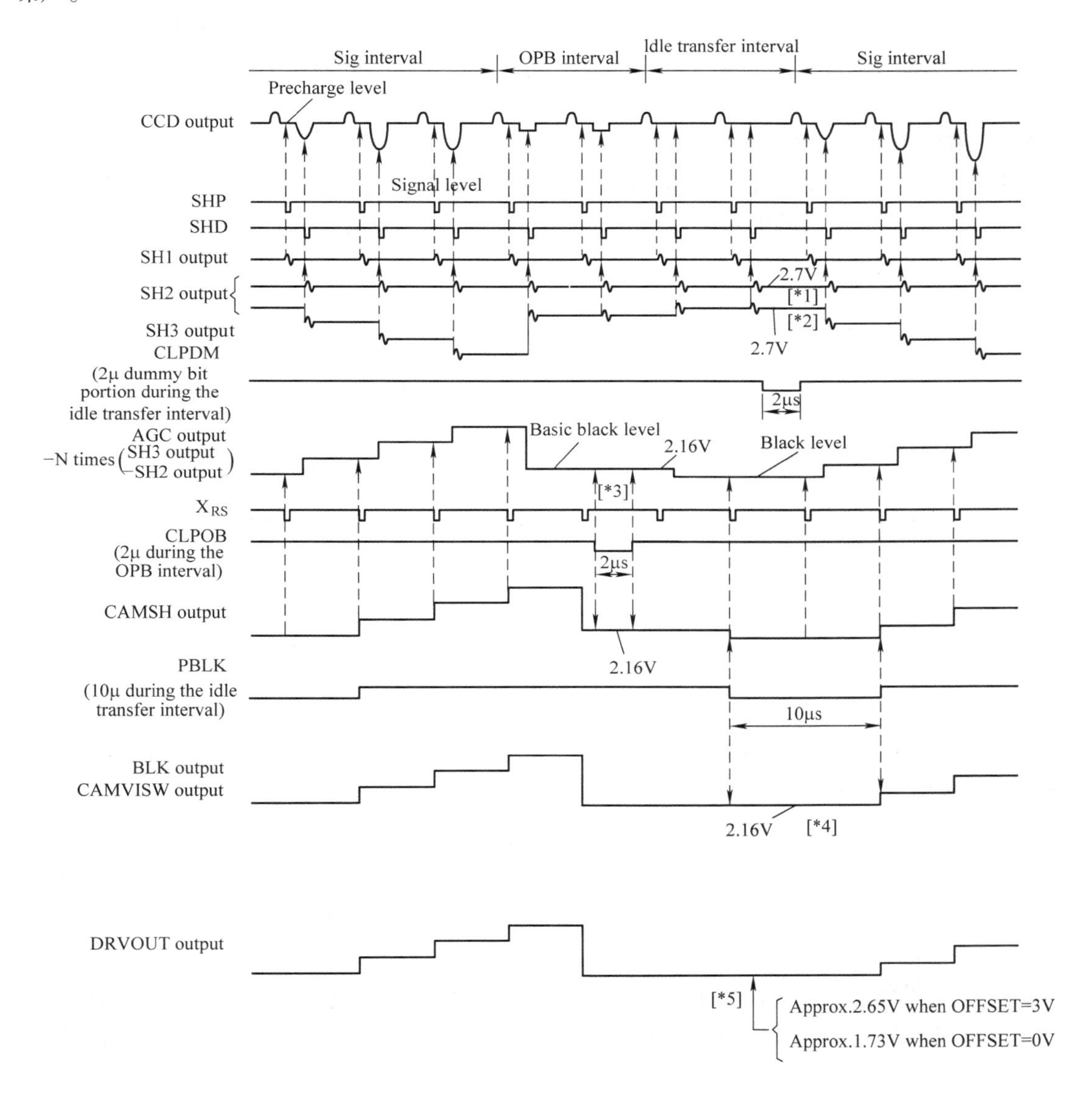

图 5-33　CXA2006Q 工作时序图

进入 CDS 的信号是电容耦合过来的，去掉了直流分量。输入钳位的目的就是为了恢复直流偏置。在亚像元期间，输入电平被钳位到内部参考电压上。当 SHP 和 CLPDM 都为有效时，亚像元钳位功能开始有效。CXA2006Q 有暗电平自动校正回路，利用 CCD 暗像元输出的信号来建立参考暗电平。在有效像元间隔内，CCD输出信号的参考电平被暗电平钳位回路钳位到暗电平。回路的时间常数由片外引脚AGCCLP上的电容决定，一般推荐电容为0.1～0.22μF。

二、CMOS器件电路

CMOS图像传感器是一种典型的固体成像传感器，它与CCD有着共同的历史渊源。CMOS图像传感器通常由像敏单元阵列、行驱动器、列驱动器、时序控制逻辑、A－D转换器、数据总线输出接口、控制接口等几部分组成，而且这几部分通常都被集成在同一块硅片上，从而形成了高集成度的单芯片数字式器件。

1. CMOS驱动电路的组成

CMOS驱动电路在形式上与CCD驱动电路具有很多的类似之处。针对CMOS图像传感器的固有特性，CMOS驱动电路可以分为控制与处理模块、通信模块、数据传输模块以及电源模块等几个单元（见图5-34）。

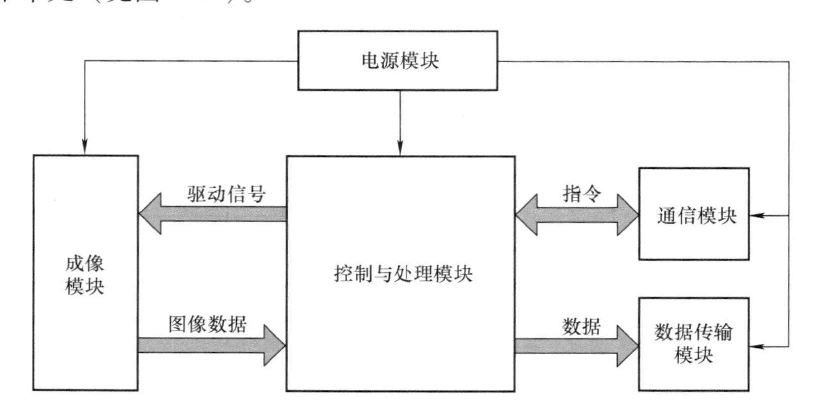

图5-34 CMOS驱动电路组成示意图

控制与处理模块是整个电路的核心模块，它为CMOS图像传感器提供驱动时序，控制CMOS图像传感器的工作模式、积分时间、帧频等，并对采集到的数字化图像数据进行处理后发送到数据传输模块，协调整个电路系统的工作。

数据传输模块基于数据传输芯片，将数字化图像数据按照指定的通信协议传输到主控系统。充分利用数据传输芯片的性能和优势，建立与主控系统实时通信，实现数字化图像数据的实时传输与显示。

通信模块实现成像系统控制指令接收和工作状态反馈，负责接收主控系统下发的控制命令，指导控制与处理模块工作模式；同时把控制与处理模块等的工作状态反馈给主控系统，用于监视成像系统运行状态。

电源模块基于电源转换芯片，为成像模块、控制与处理模块、通信模块、数据传输模块提供准确和稳定的工作电压，保证成像系统的稳定运行。

2. CMOS的时序控制

CMOS的时序控制有两种：并行式曝光方式和滚筒式曝光方式。它们都利用了积分时间来处理和输出数据，从而使帧频得到很大的提高，但是过程略有不同。并行式曝光方式是指像素阵列中所有像素单元同时复位，同时进行积分，积分完成后，缓存一帧图像信息，然后逐行处理和输出，同时，启动下一帧图像的复位和积分；滚筒式曝光方式是指逐行启动像素阵列中像素单元的复位和积分，逐行缓存、处理和输出图像信息。

两种曝光方式对像素单元结构的要求有所不同。由于并行曝光中所有的像素单元同时进行复位和积分，因此它必须能缓存一帧，即每一个像素单元中都必须有采样保持电容。相比之下，若采用滚筒式曝光方式，由于它是逐行缓存（采集）、处理和输出数据，可以实现一列像素单元共用采样保持电容。显然，采用滚筒式曝光方式可以减少像素单元的尺寸（填充因子不变时），或提高像素单元的填充因子（像素单元尺寸不变时）。

比较而言，并行式曝光方式一帧同时曝光，适合拍摄高速物体，且时序关系简单；滚筒式曝光为帧内行间曝光，有延迟，不适合拍摄高速物体，且时序关系相比较繁琐。但是，并行式曝光的高速是以复杂的像素单元结构和面积为代价的，采用并行式曝光方式像素单元的结构比采用滚筒式曝光方式像素单元的结构复杂得多。

以并行式曝光为例，当主时钟一定时，一帧图像信息的处理时间是一定的，而积分时间却可以根据需要进行相应调整，因此我们以不变量为界，分别讨论“积分时间大于或等于一帧图像信息的处理时间”和“积分时间小于一帧图像信息的处理时间”这两种情况：

（1）当积分时间大于或等于一帧图像信息处理时间

图5-35给出了当积分时间大于或等于一帧图像信息的处理时间时并行式曝光的时序关系。

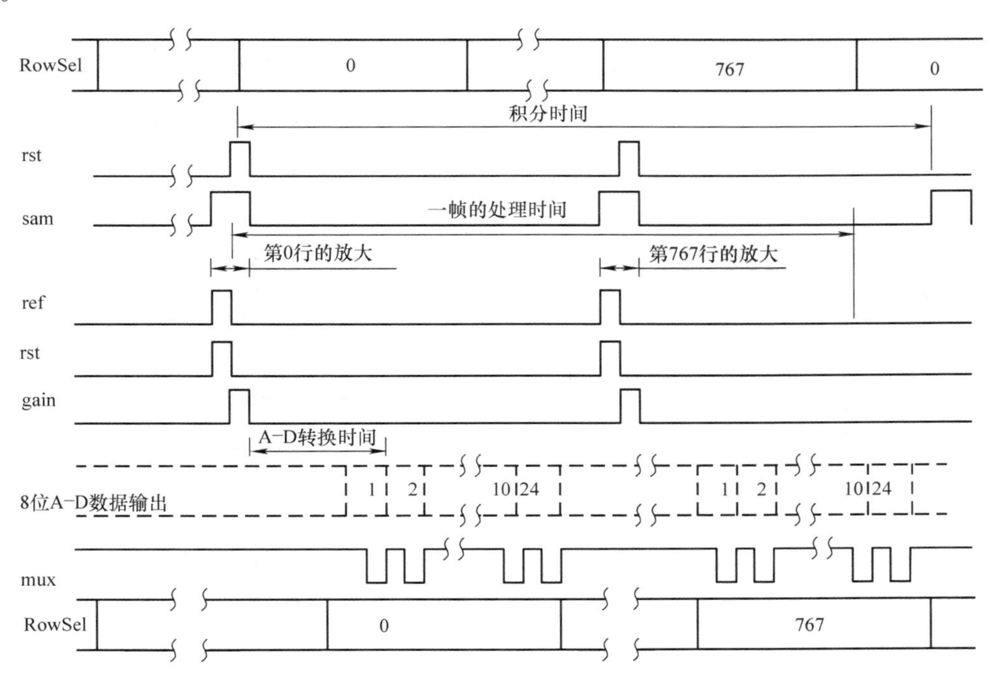

图5-35　当积分时间大于或等于一帧图像信息处理时间的并行式曝光的时序

由于rst（Reset，复位信号）负责启动积分，而sam（Sample，采样信号）负责启动rst，所以我们一开始便令sam有效，所有像素单元将采集到的伪图像信息（之所以称为伪图像信息，是因为像素未经曝光而直接进行了采样，这样所得的图像信息是无效的）存入各自的采样电容中，然后 rst 有效，复位所有像素单元；当 rst 为无效时，所有的像素单元就开始第一帧图像采集的积分。同时 RowSel（Row Select，行选信号）选通第 0 行，gain（放大信号）有效并进行放大，A－D 转换和逐列选通一行数据输出（注意这里选通的是上一行，即第 767 行的数据）。然后，RowSel 选通下一行，重复以上操作，直至完成一帧（共计 768 行）的数据处理和输出。在完成一帧图像的数据处理后，由于下一帧图像的积分时间还没有结束，因此系统转入等待状态，当积分时间到了后，sam 有效，所有像素单元将采集到的图像信息存入各自的采样电容中（此时，存放的是第一帧有效图像的积分信息）。接下来，与上一帧图像处理一样，启动第二帧的积分，同时逐行处理这一帧的图像信息。

（2）当积分时间小于一帧图像信息处理时间

当积分时间小于一帧图像信息的处理时间时，我们需要在进行图像信息逐行处理的时候，每隔一定的时间（一帧图像信息的处理时间），在一定的位置（一帧图像信息的处理时间－积分时间）插入复位信号，启动下一帧图像的积分。图 5-36 给出了当积分时间小于一帧图像信息的处理时间时并行式曝光的时序关系。

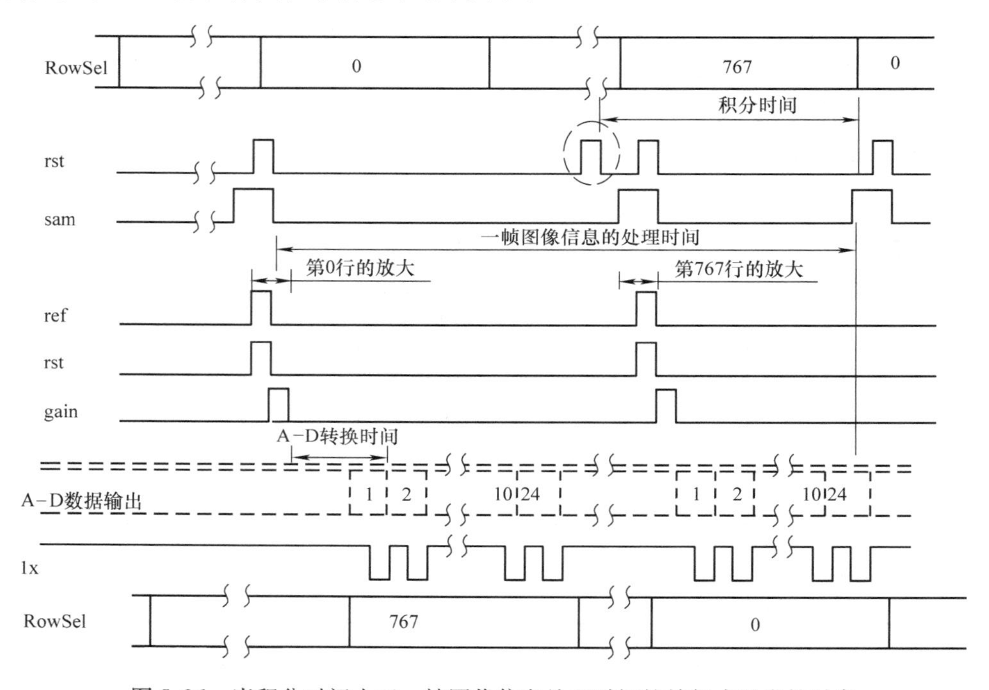

图 5-36　当积分时间小于一帧图像信息处理时间的并行式曝光的时序

显然，积分时间小于一帧图像信息处理时间的时序关系与积分时间大于或等于一帧图像信息处理时间的时序关系相比，二者的不同之处就是在积分复位信号的位置（见图 5-30 中的虚线圈所标示）系统是否进入等待。

第六节　热电器件电路

热电器件主要包括热电偶器件、热敏电阻器件、热释电器件等。

一、热电偶器件电路

热电偶是一种广泛用于温度测量的简单元件。但是，将热电偶产生的电压转换成精确的温度读数并不是件轻松的事情，还有一些具体问题需要解决：

（1）微弱信号放大与滤波

一般而言，热电偶输出的电压信号太弱（其电压变化幅度为几十 μV/℃量级），信号调理电路一般需要100左右的增益。这本身是相当简单的信号调理，但是棘手的事情是如何识别实际信号和热电偶引线上的拾取噪声。特别是热电偶引线较长，经常穿过电气噪声密集环境，引线上的噪声可轻松淹没微小的热电偶信号。

一般结合两种方案来从噪声中提取信号。第一种方案使用差分输入放大器（如仪表放大器）来放大信号。因为大多数噪声同时出现在两根线上（共模），差分测量可将其消除。第二种方案是低通滤波，消除带外噪声。低通滤波器应同时消除可能引起放大器整流的射频干扰（1MHz以上）和50Hz/60Hz（电源）的工频干扰。在放大器前面放置一个射频干扰滤波器（或使用带滤波输入的放大器）十分重要。50Hz/60Hz 滤波器的位置无关紧要——它可以与 RFI 滤波器组合放在放大器和 ADC 之间，作为Σ－ΔADC 滤波器的一部分，或可作为均值滤波器在软件内编程。

（2）冷端补偿

要获得精确的绝对温度读数，必须知道热电偶参考接合点的温度。当第一次使用热电偶时，这一步骤通过将参考接合点放在冰池内来完成。但对于大多数测量系统而言，将热电偶的参考接合点保持在冰池内不切实际，故大多数系统改用一种称为参考接合点补偿（又称为冷接合点补偿）的技术。参考接合点温度使用另一种温度敏感器件来测量——一般为IC、热敏电阻、二极管或 RTD（电阻温度测量器），然后对热电偶电压读数进行补偿以反映参考接合点温度。必须尽可能精确地读取参考接合点，即将精确温度传感器保持在与参考接合点相同的温度。任何读取参考接合点温度的误差都会直接反映在最终热电偶读数中。

（3）非线性校正

热电偶响应曲线的斜率随温度而变化，因此热电偶的温度－电压关系呈非线性。对于精度要求不高的小范围测温而言，可以选择曲线相对较平缓的一部分并在此区域内将斜率近似为线性，这是一种特别适合于有限温度范围内测量的方案。对于精度要求较高的场合，将查找表存储在内存中，查找表中每一组热电偶电压与其对应的温度相匹配。然后，使用表中两个最近点间的线性插值来获得其他温度值。

一种简单的模拟集成硬件解决方案，是使用一个专用 IC 将直接热电偶测量和参考接合点补偿结合在一起。图5-37所示为K型热电偶测量电路示意图，它使用了 AD8495 热电偶放大器，该放大器专门设计用于测量K型热电偶。微弱的热电偶信号被 AD8495 放大122的增益，形成5mV/℃的输出信号灵敏度（200℃/V）。高频共模和差分噪声由外部 RFI 滤波器消除，低频率共模噪声由 AD8495 的仪表放大器来抑制，再由外部后置滤波器解决任何残余噪声。由于包括一个温度传感器来补偿环境温度变化，AD8495 必须放在参考接合点附近以保持相同的温度，从而获得精确的参考接合点补偿。通过校准，AD8495 在K型热电偶曲线的线性部分获得5mV/℃输出，在－25～400℃温度范围内的线性误差小于2℃。这种模拟解决方案为缩短设计时间而优化：它的信号链比较简洁，不需要任何软件编码。

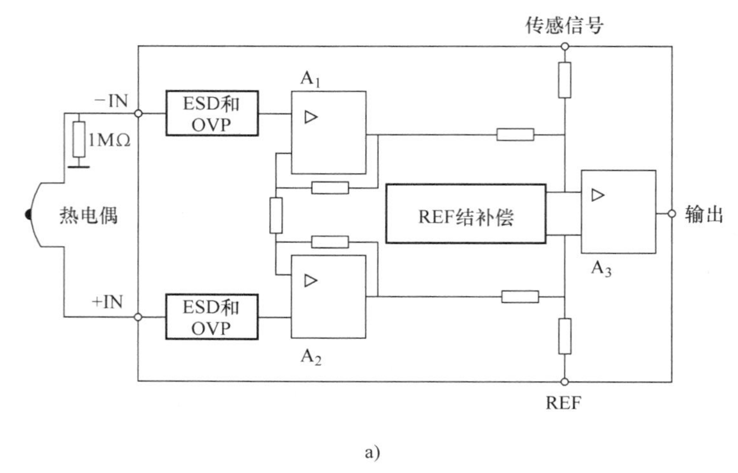

a)

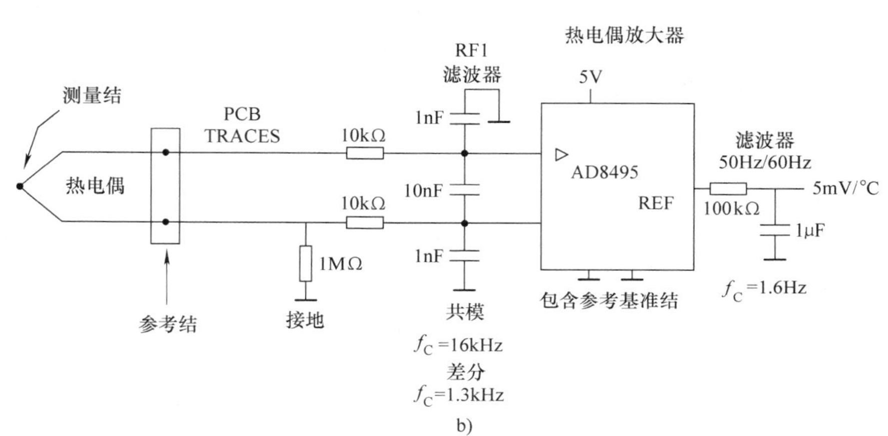

b)

图5-37　基于AD8495的简单热电偶模拟集成电路

a）AD8495功能框图　b）电路组成

图5-38所示是一种高精度测量J、K或T型热电偶的电路示意图。它使用一种高精度、低功耗模拟前置放大器AD7793来测量热电偶电压。热电偶输出经过外部滤波后连接到一组差分输入AIN1（+）和AIN1（-）。信号然后依次经过一个多路复用器、一个缓冲器和一个仪表放大器（放大热电偶小信号）发送到一个ADC，它将该信号转换为数字信号。ADT7320在充分靠近参考接合点放置时（在-10～+85℃温度范围内）参考接合点温度测量精度可达到±0.2℃。片上温度传感器产生与绝对温度成正比的电压，该电压与内部基准电压相比较并输入至精密数字调制器。该调制器输出的数字化结果不断刷新一个16位温度值寄存器。然后通过SPI接口从微处理器回读温度值寄存器，并结合ADC的温度读数一起实现补偿。ADT7320在整个额定温度范围（-40～+125℃）内呈现出色的线性度，不需要用户校正或校准。因而其数字输出可视为参考接合点状态的精确表示。

此外需要注意的是，热电偶制造商在测量接合点上设计了绝缘和接地三种尖端（见图5-39a），由此形成三种不同的结构形式。在设计热电偶信号调理时，应在测量接地热电偶时避免接地回路，还要在测量绝缘热电偶时具有一条放大器输入偏压电流路径。此外，如果热电偶尖端接地，放大器输入范围的设计应能够应对热电偶尖端和测量系统地之间的任何接地差异（见图5-39b）。

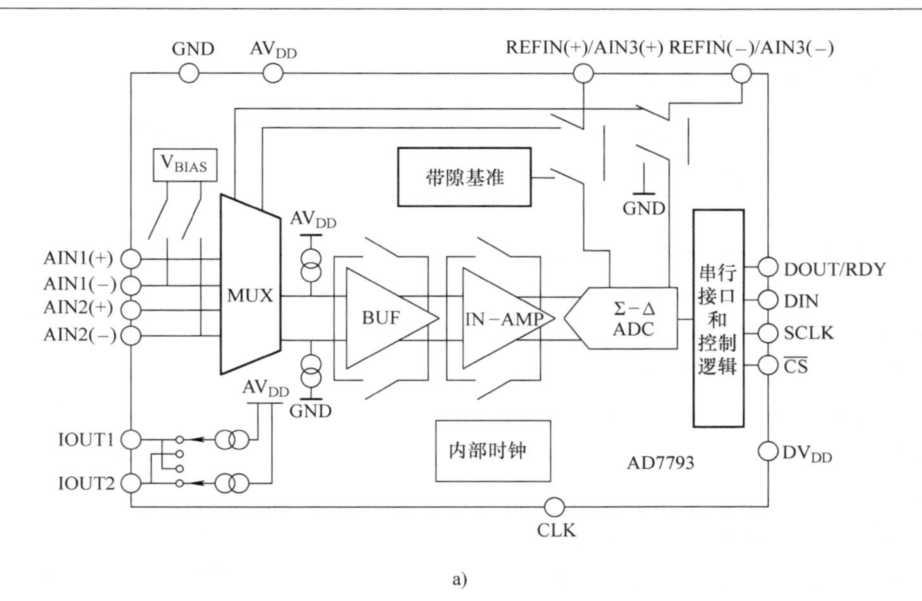

a)

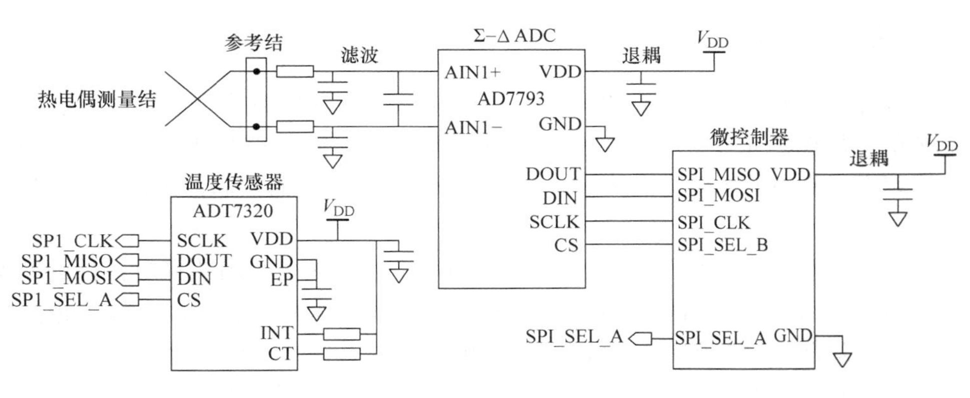

b)

图 5-38　基于 AD7793 的高精度热电偶模拟集成电路

a）AD7793 功能框图　b）电路组成

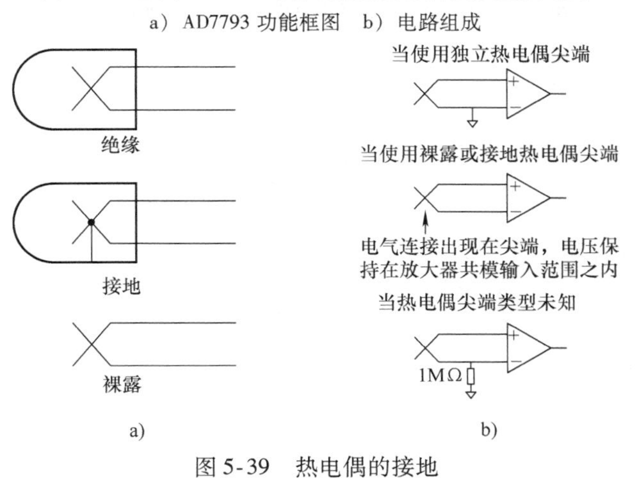

a)　　b)

图 5-39　热电偶的接地

a）三种形式的热电偶尖端　b）相应的接地方法

二、热敏电阻器件电路

热敏电阻是一种广泛使用的热电器件，具有灵敏度高、成本低、体积小、性能稳定、使用简单等特点，主要用于一般精度的温度检测场合。

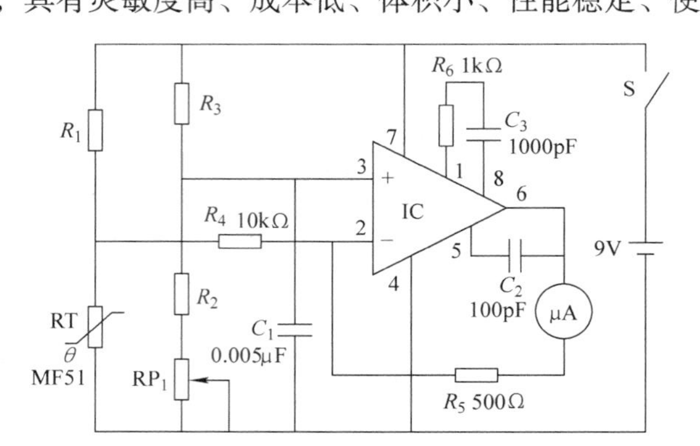

图5-40　简单的热敏电阻电路

简单的热敏电阻电路如图5-40所示，常采用运算放大器组成T－V变换电路。这类电路虽然简单，但误差大、线性不好。在温度为20℃时，选择R_1、R_3并调节RP_1，使电桥平衡。当温度升高时，热敏电阻RT的阻值变小，电桥处于不平衡状态，电桥输出的不平衡电压由运算放大器放大，放大后的不平衡电压引起接在运算放大器反馈电路中微安表的相应偏转。

三、热释电器件电路

热释电器件是一种由高热电系数的压电材料（如锆钛酸铅系陶瓷、钽酸锂、硫酸三甘钛等）制成的热敏探测元件，并由探测元件将探测并接收到的红外热辐射转变成微弱的电压信号，经装在探头内的场效应晶体管放大后向外输出。这种器件非常适合检测人体等红外目标。

热释电器件等效电路（见图4-62）可等效为一个恒流源I_s。因热释电器件的基本结构是一个电容器，输出阻抗特别高，所以它后面常接有场效应晶体管，构成源极跟随器的形式，使输出阻抗降低到适当数值。因此，在分析噪声的时候，也要考虑放大器的噪声。这样，它的噪声主要有电阻的热噪声、温度噪声和放大器噪声三个分量。

图5-41所示的一种热释电电路，主要由带通滤波、两级高增益放大、比较电路三个部分组成。图中热释电传感器D端和5V电源间串联10kΩ电阻，用于降低射频干扰，G端接

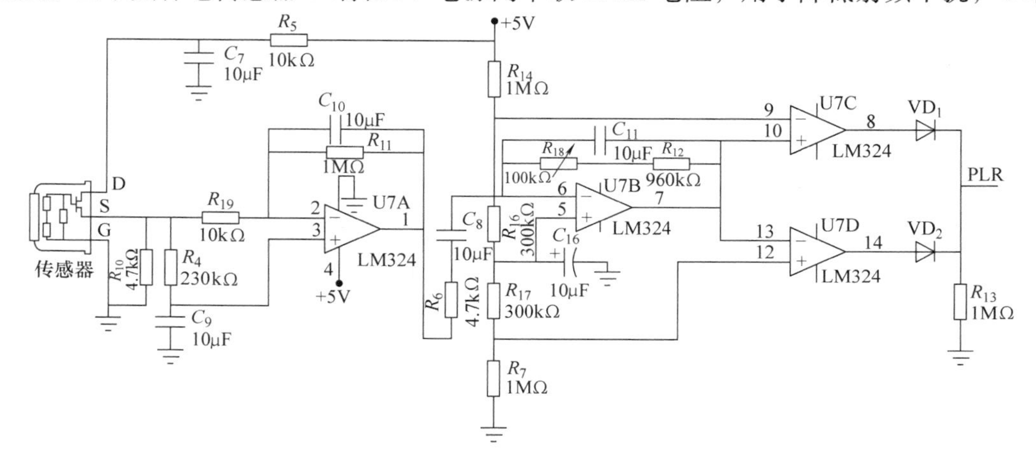

图5-41　一种热释电器件电路

地，S 端接 47kΩ 负载电阻，偏置电压约为 1V。传感器输出直接耦合到低噪声运放（LM324）构成的带通滤波和第一级放大电路的反相输入端，再由电阻 $R6$、电容 $C8$ 耦合到第二级反向放大电路进行进一步滤波、放大。

第七节　光电器件电路应用实例

不同光电器件有许多实用的光电检测电路；如生活中常用的光电自动开关和报警电路；各种静止或移动的视觉显示电路；由红外光发生器和远距离放置的探测器实现遥控作用及弱光检测电路等。下面就结合实际给出几种实用的光电检测电路。

一、光电报警电路

1. 遮光报警电路

图 5-42 所示为光电遮光报警电路。图中 CL5M4 为光敏电阻，它对照射光线的极微量变化有极高的灵敏度。通常，街道照明灯透过窗户照来的光线就能提供足够的环境照度。在本设备 3.1m 之内如有闯入者活动，则光线减弱，光敏电阻阻值增大，引起晶闸管 SCR 的门极脉冲幅度增加，于是晶闸管开始再生放大，从而使继电器吸合，声音报警器报警。

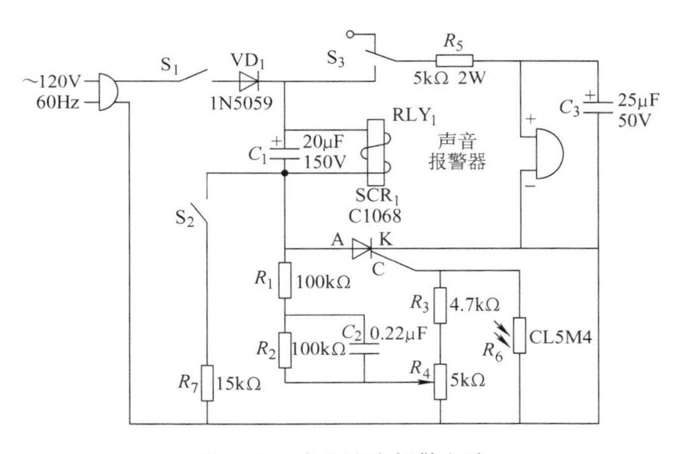

图 5-42　光电遮光报警电路

本电路的晶闸管不是作为开关器件使用。电位器 R_4 用来控制灵敏度，调节 R_4，使晶闸管能接收到来自交流电源线的正脉冲，但其脉冲幅度又不致使晶闸管产生再生效应。如果 S_2 断开，报警器在光线不发生变化时即停止报警。如果 S_2 闭合，报警器处于自锁状态，只有切断 S_1 才能使报警器不再发声。

2. 红外线防盗报警电路

图 5-43 所示为一个红外线防盗报警电路，由发射电路（见图 5-43a）和接收电路（见图 5-43b）组成。其特点是灵敏可靠、抗干扰、可在强光下工作。在发射电路中，由 F_1、F_2、R_1 和 C_1 组成多谐振荡器产生 1 ~ 15kHz 的高频信号，经 VT 放大后驱动红外发光二极管 VL 发出高频红外光（IR）信号。在接收电路中，当发射头前方有人阻挡或通过时，由发射机发出的高频 IR 信号被人体反射回来一部分，光敏二极管 VD 接收到这一信号后，经 VT_1、

VT_2、VT_3及阻容元件组成的放大电路放大IR信号，然后送入音频译码器LM567进行识别译码，在IC_1的8号引脚产生一低电位，使VT_4截止。电源经R_9、VD_1向C_7充电，IC_2 TWH8778立即导通，使音响电路发出报警声。这时，即使人已通过“禁区”，光敏二极管VD无信号接收，使VT_4导通、VD截止，但由于C_7的放电作用，仍可在10s时间内维持IC_2导通，实现报警的记忆。

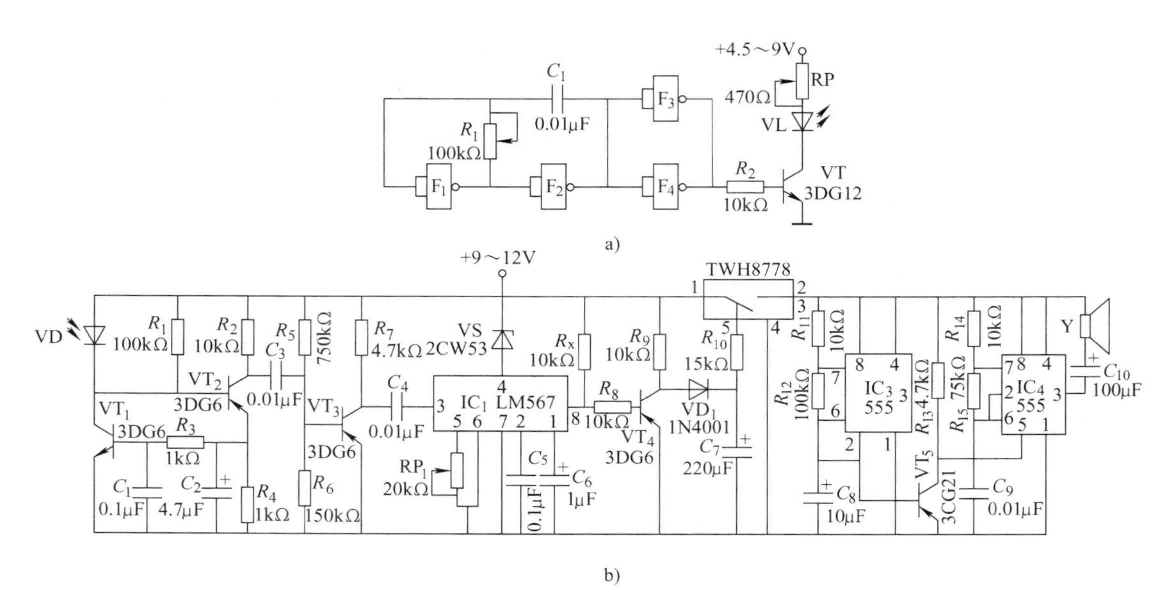

图5-43 红外线防盗报警电路

a）发射电路 b）接收电路

二、光电开关电路

1. 光控定时路灯电路

图5-44为照明灯在傍晚自动开启后工作若干小时后自动熄灭的光控定时路灯的电路图。天黑后，在光电开关作用下，VT_4导通，IC_1等构成的振荡电路启振，IC_1第3脚有脉冲不断输出。由于C_3的充电时间常数较大，且振荡电路的振荡周期$T \ll R_7C_3$，故刚开始工作时C_3上的电压等于$1/3V_{CC}$，IC_2的第3脚输出为高电压，触发双向晶闸管SCR导通，灯泡EL两端得电发光。此后，C_3在充电脉冲作用下，只要振荡电路满足充电时间T_1大于放电时间T_2，且$T_2+T_2 \ll R_7C_3$即可使电容C_3上的电压在充－放电的过程中逐步上升，且上升速度可通过适当调整T_1、T_2时间常数和R_7C_3的参数得到改变。当C_3上的电压升到大于$1/3V_{CC}$时，IC_2等构成的触发电路即会翻转，当输出由高电平转为低电平时，SCR失去触发电压而阻断，电灯熄灭。

2. 夜视标杆电路

如图5-45所示，VT_4和L_1组成间隔振荡器，将6V直流电变为220V交流电，点燃3W冷阴极荧光灯管，作为夜视标杆的光源。灯管可根据需要分别采用红、白、绿3种颜色。VT_3为开关管，受振荡器控制，使灯管产生闪光。S_2是工作转换开关，当需要灯管常亮时，

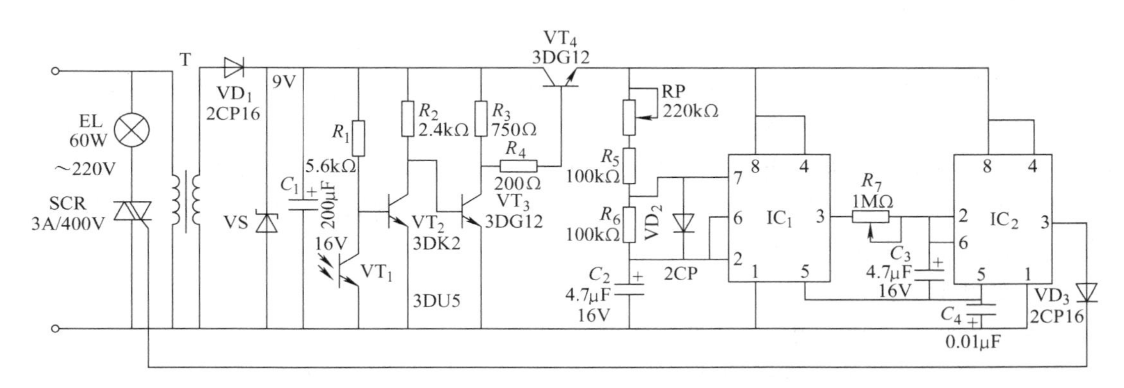

图 5-44　光控定时路灯的电路图

可将 S_2 断开。该标杆的夜间可视距离不小于 500m，使用 4 节 2 号电池可连续工作 30h 以上，可用于夜间直线测量，或用作信号标示器材。

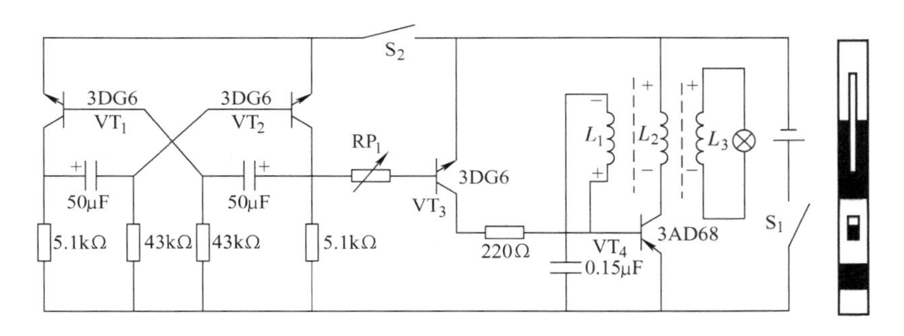

图 5-45　夜视标杆电路

三、弱光检测电路

光信号测量中常常会出现背景噪声或干扰很大而待测信号却十分微弱、几乎被噪声淹没的情况。例如，对于空间物体的检测，常常伴随着强烈的背景辐射；在光谱学测量中特别是吸收光谱的弱谱线更是容易被环境辐射或检测器件的内部噪声所淹没。这样就使得通过光电探测器转换后得到的光电信号的信噪比（S/N）很小，这时，仅有一个低噪声的前置放大及耦合电路是不够的，还要设法将淹没信号的噪声尽量地减小，以便从噪声中将信号或信号所携带的信息提取出来，这就需要采取一些特殊的技术从噪声中提取、恢复和增强被测信号。

通常的噪声在时间和幅度变化上都是随机发生的，分布在很宽的频谱范围内。它们的频谱分布和信号频谱大部分不重叠，也没有同步关系。因此降低噪声、改善信噪比的基本方法可以采用压缩检测通道带宽的方法。当噪声是随机白噪声时，检测通道的输出噪声正比于频带宽的二次方根，只要压缩的带宽不影响输出就能大幅降低噪声输出。此外，采用取样平均处理方法可使信号多次同步取样积累。由于信号的增加取决于取样总数，而随机白噪声的增加却仅由取样数的二次根决定，所以可以改善信噪比。根据这些原理，常用的弱光信号处理可分为下列几种方式，即锁相放大器、取样积分器和光子计数器。

1. 锁相放大器

锁相放大器是一种对交流信号进行相敏检波的放大器。它不仅利用信号的频率特性，同时还抓住信号的相位特点，即“锁定”信号的频率和相位。这样，噪声的频率既要落在信号通带之内，又要和信号的位相相同才能有响应，而这样的概率是非常小的。此外，锁相放大等效噪声带宽很小，因此能大幅度抑制无用噪声，改善检测信噪比。此外，锁相放大器有很高的检测灵敏度，信号处理比较简单，因此是弱光信号检测的一种有效方法。利用锁相放大器可以检测出噪声比信号大 $10^4 \sim 10^6$ 倍的微弱光电信号。

（1）锁相放大原理

下面介绍两个弱光检测用锁相放大器实例。

图5-46给出了锁相放大器的基本组成。它由三个主要部分组成：信号通道、参考通道和相敏检波。信号通道对混有噪声的初始信号进行选频放大，对噪声做初步的窄带滤波；参考通道通过锁相和移相提供一个与被测信号同频同相的参考电压；相敏检波由混频乘法器和低通滤波器组成，输入信号 U_s 与参考信号 U_r 在相敏检波器中混频，得到一个与频差有关的输出信号 U_o，U_o 经过低通滤波器后得到与一个输入信号幅度成比例的直流输出分量 U'_o。

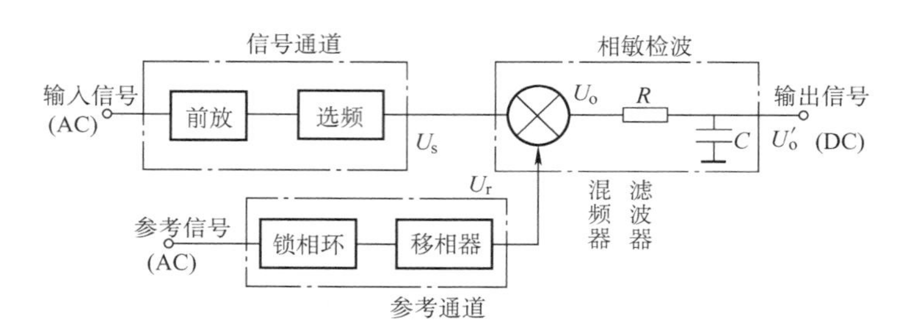

图5-46 锁相放大器的组成框图

设乘法器的输入信号 U_s 和参考信号 U_r 分别有下列形式

$$U_s = U_{sm}\cos[(\omega_0 + \Delta\omega)t + \theta] \tag{5-78}$$

$$U_r = U_{rm}\cos(\omega_0 t) \tag{5-79}$$

则混频器输出信号 U_o 为

$$U_o = U_s U_r = \frac{1}{2}U_{sm}U_{rm}\{\cos(\theta + \Delta\omega t) + \cos[(2\omega_0 + \Delta\omega)t + \theta]\} \tag{5-80}$$

式中，$\Delta\omega$ 是 U_s 和 U_r 的频率差；θ 为相位差。

由式（5-80）可见，通过输入信号和参考信号的相关运算后输出信号的频谱由 ω_0 变换到差频 $\Delta\omega$ 与和频率 $2\omega_0$ 的频段上。这种频谱变换的意义在于可以利用低通滤波器得到窄带的差频信号。同时，和频信号分量 $2\omega_0$ 被低通滤波器滤除，于是，输出信号 U'_o 变为

$$U'_o = \frac{1}{2}U_{sm}U_{rm}\cos(\theta + \Delta\omega t) \tag{5-81}$$

式（5-81）表明：输入信号中只有那些与参考电压同频率的分量才使差频信号 $\Delta\omega = 0$。此时，输出信号是直流信号，它的幅值取决于输入信号幅值并与参考信号和输入信号相位差有关，并有

$$U'_o = \frac{1}{2}U_{sm}U_{rm}\cos\theta \tag{5-82}$$

当 $\theta=0$ 时，$U'_0=\frac{1}{2}U_{sm}U_{rm}$；当 $\theta=\frac{\pi}{2}$时，$U'_o=0$；也就是说，在输入信号中由于只有被测信号本身和参考信号有同频锁相关系，因此能得到最大的直流输出。其他的噪声和干扰信号或者由于频率不同，造成 $\Delta\omega\neq0$ 的交流分量，被后接的低通滤波器滤除；或者由于相位不同而被相敏检波器截止。虽然那些与参考信号同频率同相位的噪声分量也能够输出直流信号并与被测信号相叠加，但是这种概率是很小的，这种信号只占白噪声的极小部分。因此，锁相放大能以极高的信噪比从噪声中提取出有用信号来。

（2）相敏检波电路

为使相敏检波器工作稳定、开关效率高，参考信号采用间隔相等的双极性方波信号，中心频率锁定在被测信号频率上。这种相敏检波器也称为开关混频器，其工作原理如图 5-47 所示。这个开关电路输出信号的极性是随着输入信号和参考信号的相位差而变化的。当 U_s 和 U_r同相或反相（$\Delta\varphi=0°$或 180°）时，输出信号是正或负的脉动直流电压；当 U_s和 U_r正交（$\Delta\varphi=\pm90°$）时，输出信号为零。不同条件下输出信号的形状如图 5-48 所示，图中还分别给出了相应输出电压的有效值 U。这种等效开关电路可用场效应晶体管开关电路实现。参考电压的选取可以借助于对输入待测信号的锁相跟踪，也可以利用参考信号对被测信号进行斩波或调制，使被测信号和参考信号同步变化，后者是在光电检测电路中常用的方法。

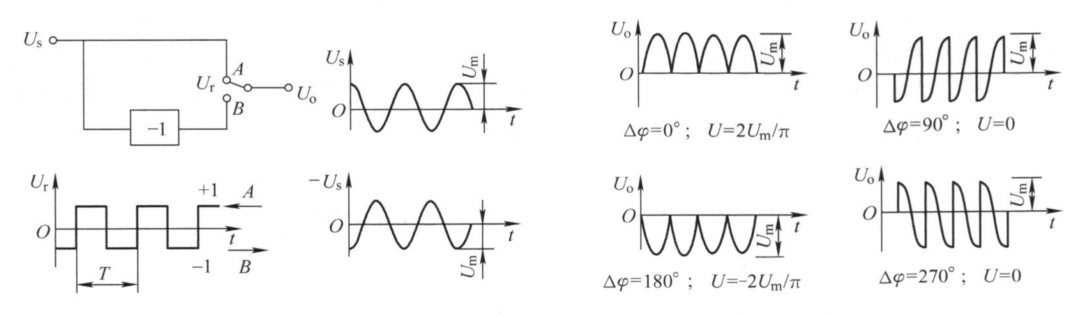

图 5-47　方波控制的相敏检波器的工作原理　　图 5-48　方波控制的相敏检波器的输出信号

检波后的低通滤波器用来滤波差频信号。原则上，滤波器的带宽与被测信号的频率无关，因为在频率跟踪的情况下，差频很小，所以带宽可以做得很窄。采用一阶 RC 滤波器，其传递函数为

$$K=\frac{1}{\sqrt{1+\omega^2R^2C^2}} \tag{5-83}$$

对应的等效噪声带宽为

$$\Delta f_e=\int_0^\infty K^2\mathrm{d}f=\int_0^\infty\frac{\mathrm{d}f}{1+\omega^2R^2C^2}=\frac{1}{4RC} \tag{5-84}$$

取 $\tau_0=RC=30\mathrm{s}$，有 $\Delta f_e=0.008\mathrm{Hz}$。对于这种带宽很小的噪声，似乎可以用窄带滤波器加以消除。但是带通滤波器的频率不稳定限制了滤波器的带宽 $\Delta f_e=f_r/(2Q)$值（式中 Q 为品质因数，f_r为中心频率），使可能达到的 Q 值最大限制只有 100，因此，实际上单纯依靠压缩带宽来抑制噪声是有限度的。但是，由于锁相放大器的同步检相作用，只允许和参考信号同频同相的信号通过，所以它本身就是一个带通滤波器。它的 Q 值可达 10^8，通频带宽可达

0.01Hz。因此锁相放大器有良好的改善信噪比的能力。对于一定的噪声，噪声电压正比于噪声带宽的二次方根。因此，信噪比的改善可表示为

$$SNIR=\frac{SNR_{\mathrm{o}}}{SNR_{\mathrm{i}}}=\frac{\sqrt{\Delta f_{\mathrm{i}}}}{\sqrt{\Delta f_{\mathrm{o}}}} \tag{5-85}$$

式中，SNR_{o}和SNR_{i}是锁相放大器的输出、输入信噪比；Δf_{o}、Δf_{i}是对应的噪声带宽。

当$\Delta f_{\mathrm{i}}=10\mathrm{kHz}$和$\tau_0=1\mathrm{s}$时，有$\Delta f_{\mathrm{o}}=0.25\mathrm{Hz}$，则信噪比的改善为200倍（46dB）。目前锁相放大器的可测频率从十分之几到1MHz，电压灵敏度达$10^{-9}\mathrm{V}$，信噪比改善可达1000倍以上。

综上所述，锁相放大技术包括下列四个基本环节：

1）通过调制或斩波，将被测信号由零频范围转移到设定的高频范围内，检测系统变成交流系统。

2）在调制频率上对有用信号进行选频放大。

3）在相敏检波器中对信号解调。同步调制作用截断了非同步噪声信号，使输出信号的带宽限制在极窄的范围内。

4）通过低通滤波器对检波信号进行低通滤波。

将光照度测量方法和锁相放大器相结合，能组成各种类型的弱光检测系统。

图5-49给出了采用锁相放大器的补偿法双通道测量光透过率的装置示意图。该系统具有自动补偿光源强度波动的源补偿能力。图中还给出了光束交替转镜（光束斩波器）的形状及锁相放大器的输入波形。输出直流电压控制伺服电动机带动可变衰减器运动，当系统平衡时，读出可变衰减器的透过率就等于被测样品的透射率。

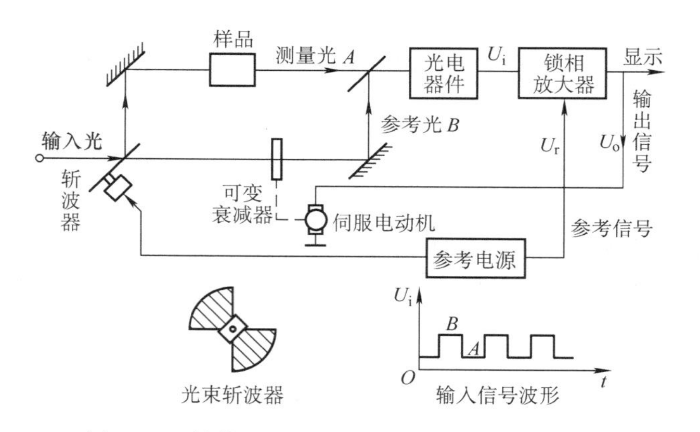

图5-49　补偿法双通道测光装置的锁相放大器

图5-50是另一种双光束系统，该系统采用双频斩光器，它是具有两排光孔的调制盘，在转动过程中给出两种不同频率的光照度，分别经过测量通道和参考通道后由同一光电倍增管接收。光电倍增管的输出含有两种频率的信号，采用两个锁相放大器，分别采用不同频率的参考电压，这样测得测量光束和参考光束光照度的数值，再用比例计算得两束光束的比值，得到了归一化的被测样品透过率值。该系统的测量结果与输入光发光强度的变化无关，能同时补偿照明光源和检测器灵敏度的波动。

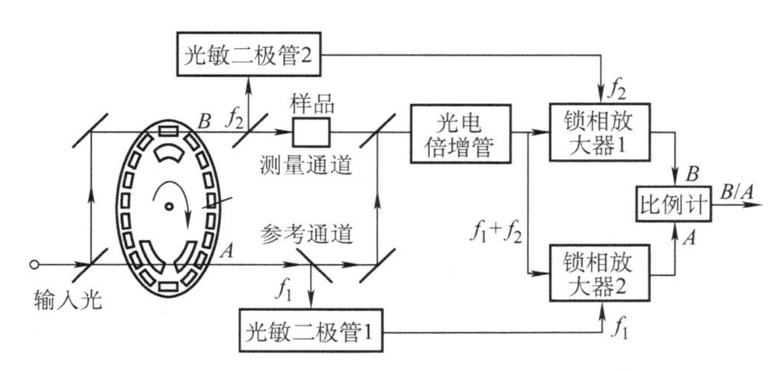

图 5-50　采用两个锁相放大器的双频双光束系统

因此，锁相放大器的特点如下：

1）要求对入射光束进行光调制，适用于调幅信号的检测。

2）极窄带高增益放大器，增益可高达10^{11}（220dB），滤波器带宽可窄到0.0004Hz，品质因数Q值达10^8或更大。

3）交流信号——直流信号变换器。相敏输出正比于输入信号的幅度和它与参考电压的相位差。

4）可以补偿光检测中的背景辐射噪声和前置放大及耦合电路的固有噪声，信噪比改善可达1000倍。

5）光调制器的旋转速度应该恒定。

2. 取样积分器

取样积分器是测量噪声中微弱周期性重复信号的一种有力工具，是利用取样和平均化技术测定深埋在噪声中的周期性信号的测量装置。在微弱信号检测中，往往希望得到消除了噪声影响后的原始信号波形，而不仅仅是某段时间内信号的平均值、幅值等。取样积分器利用一个与信号重复频率一致的参考信号，对含有噪声的信号进行取样处理。利用相关原理，信号经过多次重复提取，使噪声的统计平均趋于零，获得“干净”的、无噪声的信号。

如果取样脉冲和输入信号延迟固定，则取样积分器检测信号波形上某固定点的瞬时值；如果逐渐改变取样点的延迟时间，并对整个波形进行扫描，则可监测整个波形。这种方法称为Boxcar方法，因此取样积分器又称为Boxcar。

（1）取样积分原理

取样积分器抑制噪声的基础是取样平均原理。设输入信号$F(t)$由有用信号$S(t)$和噪声$N(t)$组成。其中$S(t)$为重复信号，即

$$F(t)=S(t)+N(t) \tag{5-86}$$

$$S(t)=S(t+nT)\quad (n=1,2,\cdots) \tag{5-87}$$

式中，T为信号重复周期。噪声$N(t)$为随机量，其大小由二级统计平均的均方值给出，即

$$N(t)=\sqrt{\overline{N}^2(t)} \tag{5-88}$$

当对输入信号$F(t)$进行m次采样并叠加，总累积值将为

$$F_0=\sum_{n=1}^{m}F(t+nT)=\sum_{n=1}^{m}S(t+nT)+\sum_{n=1}^{m}N(t+nT)=mS(t)+\sqrt{m}N(t) \tag{5-89}$$

其中对$N(t+nT)$的求和为二级统计求和，即

$$\sum_{n=1}^{m} N(t+nT) = \sqrt{\overline{N}^2(t+T) + N^2(t+2T) + \cdots} = \sqrt{m\,\overline{N}^2(t)} = \sqrt{m}N(t) \tag{5-90}$$

计算信噪改善比为

$$SNIR = \frac{SNR_{o}}{SNR_{i}} = \frac{mS(t)}{\sqrt{m}N(t)} \frac{N(t)}{S(t)} = \sqrt{m} \tag{5-91}$$

式中，SNR_{i}为输入信号的信噪比；SNR_{o}为输出信号的信噪比。

可见输出端信噪比已经得到了改善，其改善程度与取样平均次数的二次方根（即$\sqrt{m}$）的大小成比例。

取样积分器就是根据上述原理设计的一种仪器，它以窄脉冲取样门对伴有噪声的周期信号逐点移动取样，并对每一点的取样平均值做积分平均，即可以检测输入信号中特定点的瞬时值。当取样点足够时，可使信号得到精确恢复。

取样积分器利用一个与信号重复频率相同且不含噪声的参考信号，对含有噪声的信号进行采样处理，实际上是利用互相关检测原理给出一级统计信号，经过多次重复积分平均后，噪声统计平均权重趋于零，从而提取出有用信号。

（2）测量方式

取样积分器根据被测信号的形式可以分为两种基本的工作方式：测量连续光脉冲信号幅度的稳态测量方式和测量信号时序波形的扫描测量方式。

1）稳态测量方式。图5-51给出了稳态测量的取样积分器及工作波形图。输入信号经前级放大输入到取样开关，开关的动作由触发信号控制，它是由调制辐射光照度的调制信号形成的。触发输入经延时电路按指定时间延时，控制脉宽控制器产生确定宽度的门脉冲加在取样开关上。在开关接通时间内，输入信号通过电阻 R 向存储电容 C 上充电，得到信号积分值。由取样开关和 RC 积分电路组成的门积分器是取样积分器的核心。

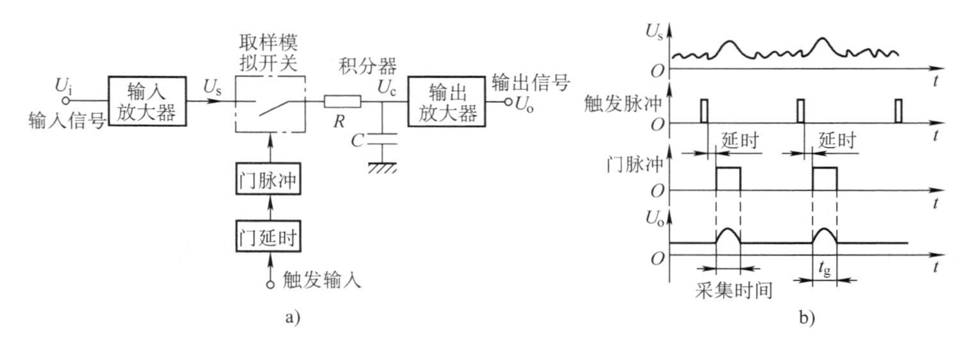

图5-51　稳态测量的取样积分器及工作波形

设积分器的充电时间常数 $\tau_0 = RC$，则经过 N 次取样后，电容 C 上的电压值 U_c为

$$U_c = U_s\left[1 - \exp\left(\frac{t_g}{\tau_0}N\right)\right] \tag{5-92}$$

式中，U_s为信号电压；t_g是开关接通的时间。

当 $t_g N >> \tau_0$时，电容 C 上的电压能跟踪输入信号的波形，得到 $U_c = U_s$的结果。门脉冲宽度 t_g决定输出信号的时间分辨率。t_g越小，分辨率越高，比 t_g更窄的信号波形将难以分辨。

在这种极限情况下，t_g和输入噪声等效带宽Δf_{ei}之间的关系为

$$t_g=\frac{1}{2\Delta f_{ei}} \tag{5-93}$$

或

$$\Delta f_{ei}=\frac{1}{2t_g} \tag{5-94}$$

门积分器输出的噪声等效带宽等于低通滤波器的噪声带宽，即$\Delta f_{eo}=\frac{1}{4RC}$，所以对于单次取样的积分器，其信噪比改善为

$$SNIR=\frac{SNR_o}{SNR_i}=\frac{\sqrt{\Delta f_{ei}}}{\sqrt{\Delta f_{eo}}}=\sqrt{\frac{2RC}{t_g}} \tag{5-95}$$

式中，SNR_i为输入信噪比；SNR_o为输出信噪比。

对于N次取样平均器，积分电容上的取样信号连续叠加N次，这时，信号取样是线性相加的，而随机噪声是矢量相加的。因此，信噪比得到改善。若单次取样信噪比为SNR_1，则多次取样的信噪比SNR_N为

$$SNR_N=\sqrt{N}SNR_1 \tag{5-96}$$

即信噪比改善随N增大而提高。

2）扫描测量方式。在上述测量方式中，取样脉冲在连续周期性信号的同一位置采集信号，积分器工作于稳态方式或称为定点方式。另一方面，若门延迟的时间借助慢扫描电压缓慢而连续地改变，使取样脉冲和相应触发脉冲之间的延时依次增加，于是对每一个新的触发脉冲，取样脉冲缓慢移动，扫描整个输入信号的过程。这种情况下积分器的输出变成信号波形的复制，称作扫描测量取样积分器。图5-52给出了这种积分器的装置示意图和工作波形，图中触发脉冲同时控制门延时电路，产生延时间隔随时间线性增加的取样脉冲串；另一个区别是在每次取样之后要用开关将放电电容C短路，使积分器复原，准备下一个数据的采集。扫描测量方式的工作波形如图5-52b所示。

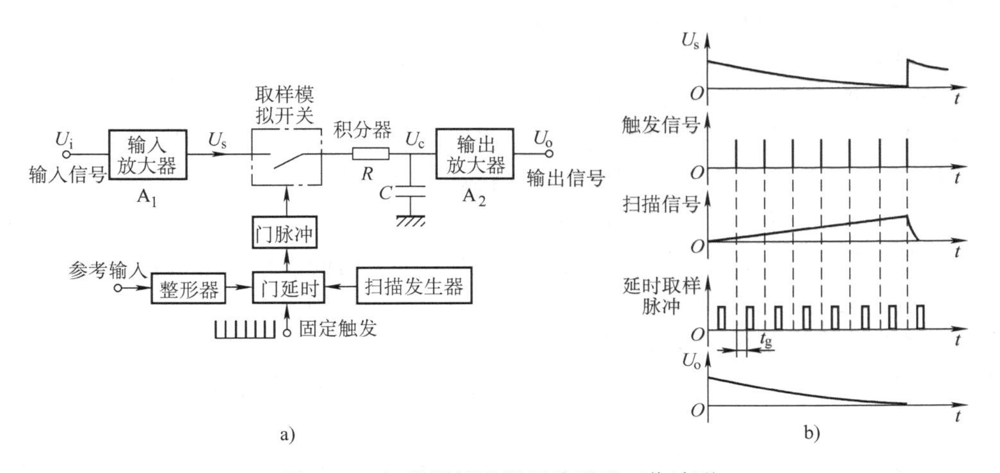

图5-52　扫描测量取样积分器及工作波形

a）框图　b）波形

综上所述，用取样积分器检测弱光电信号包括以下几个测量步骤：

① 用低噪声光电检测器对调制后的周期性弱光信号或脉冲进行光电检测。

② 利用产生光脉冲的激励源取得和输入光脉冲同步的触发电信号。

③ 取样积分器设置门延迟和门脉冲宽度控制单元，以便形成与触发脉冲具有恒定延时或延时与时间呈线性关系的可调脉宽取样脉冲串。

④ 取样脉冲控制取样开关，对连续的周期性变化信号进行定点取样或扫描取样。

⑤ 积分器对取样信号进行多次线性累加或重复采集，经滤波后获得输出信号。

图5-53是利用取样积分器组成的测量发光二极管余辉的装置示意图，图中采用脉冲发生器作激励源，驱动发光二极管工作。用光电倍增管或其他检测器接收，进而用取样积分器测量。脉冲发生器给出参考信号，同时控制积分器的取样时间，通过扫描测量记录余辉的消失。

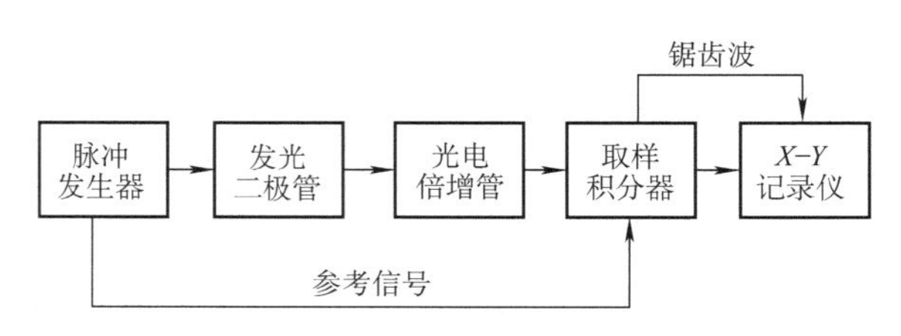

图5-53　取样积分器组成测光系统

单路取样积分器的缺点在于效率低，而且不利于低重复率信号的恢复。为了适应不同的应用需要还发展了双通道积分器和多点信号平均器。图5-54给出了一个激光分析计的原理图，它用来测量超导螺线管中样品透过率随磁场变化的函数。图中脉冲激光器用脉冲发生器触发，同时提供一个触发信号给取样积分器。当激光器工作时，激光光束通过单色器改善光束单色性。为了消除激光能量起伏的影响，选用双通道测量。激光束分束后一束由B检测器直接接收，另一束通过置于超导螺旋管中的样品由A检测器接收。A、B通道信号由双通道取样积分器检测后，经比例器输出，可得到相对于激光发光强度的归一化样品透射率。

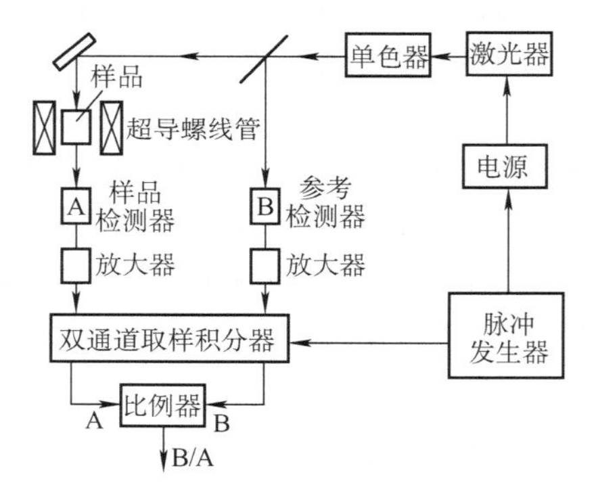

图5-54　使用双通道取样积分器的激光分析计

近年来，一种多点数字取样积分器也得到了发展。采用许多并联的存储单元代替扫描开关，将输入波形各点的瞬时值依次写入到各存储单元中去，从而可以再现输入波形。根据需要再将这些数据依次读出。在低频光信号处理的情况下，这种方法比取样积分器的测量时间要短。在数字式取样积分器中，RC单元的平均化作用由数字处理代替，可以进行随机寻址存储，并且能长时间保存。这些装置在激光器光脉冲、磷光效应、荧光寿命以及发光二极管的余辉等测试中得到应用。

总之，用取样积分器测量弱光电信号具有以下特点：

① 适用于由脉冲光源产生的连续周期性变化的信号波形测量或单个光脉冲的幅度测量。需要与光脉冲同步而与噪声不同步的激励信号。

② 取样积分器在每个信号脉冲周期内只取一个输入信号值。可以对输入波形的确定位置做重复测量，也可以通过自动扫描再现出整个波形。

③ 在多次取样过程中，门积分器对被测信号的多次取样值进行线性叠加，而对随机噪

声是矢量相加的，所以，对信号有恢复和提取的作用。

④ 在测量占空比小于50%的窄脉冲发光强度的情况下，它要比锁相放大器有更好的信噪比。

⑤ 用扫描方式测量信号波形时能得到100ns的时间分辨力。

⑥ 双通道系统能提供自动背景和辐射源补偿。

3. 光子计数器

弱光检测中，当光微弱到一定程度时，光的量子特征便开始突出出来。高质量的光电倍增管具有较高的增益、较宽的通频带、低噪声和高量子效率。当可见光的辐射功率低于10^{-12}W，即光子速率限制在10^9/s以下时，光电倍增管的光电阴极发射出的光电子就不再是连续的。因此，在倍增管的输出端会产生有光电子形式的离散信号脉冲。可借助于电子计数的方法检测到入射光子数，实现极弱光发光强度或光照度的测量。

（1）光子计数系统

微弱光信号检测一般以光电倍增管为检测器，光子计数系统就是利用光电倍增管能检测单个光子能量的功能，通过光电子技术测量极微弱光脉冲信号的系统。为了改善动态响应和降低器件噪声，光电倍增管的供电电路和检测电路应该合理设计，并需装备有制冷作用的特种外罩。

根据对外部扰动的补偿方式，光子计数系统可分为三种类型：基本型、辐射源补偿型和背景补偿型。

1）基本的光子计数系统。

图5-55给出了基本的光子计数系统及工作波形图。入射到光电倍增管阴极上的光子引起输出信号脉冲，经放大器输送到一个脉冲峰值鉴别器上。由放大器输出的信号除有用的光子脉冲之外还包括器件噪声和多光子脉冲。后者是由时间上不能分辨的连续光子集合而成的大幅度脉冲。峰值鉴别器的作用是从中分离出单光子脉冲，再用计数器计数光子脉冲数，计

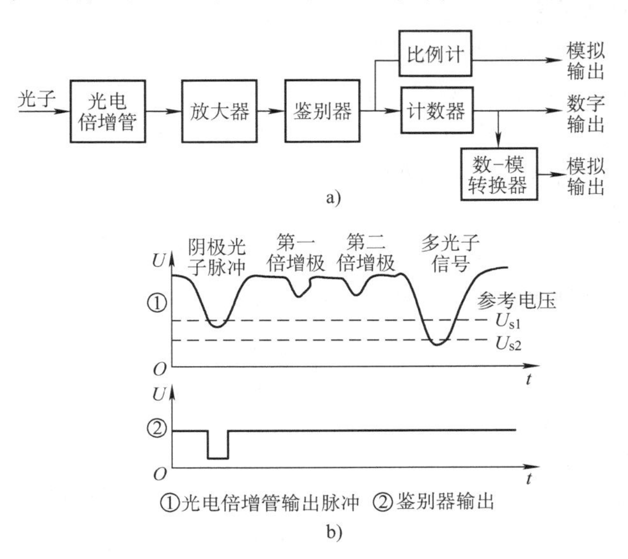

图5-55　基本的光子计数系统及工作波形
a）原理示意图　b）波形

算出在一定时间间隔内的计数值，以数字和模拟信号的形式输出。比例计用于给出正比于计数脉冲速率的连续模拟信号。

下面对脉冲峰值鉴别器的工作做进一步的说明。由光电阴极发射的每一个电子被倍增系统放大，设平均增益为 10^6，则每个电子产生的平均输出电荷为 $q = 10^6 e$。这些电荷是在 $\tau_0 = 10\text{ns}$的渡越时间内聚焦在阳极上的。因而，产生的阳极电流脉冲峰值 I_p可用矩形脉冲的峰值近似表示，即

$$I_p = \frac{q}{\tau_0} = \frac{10^6 \times 1.6 \times 10^{-19}}{10 \times 10^{-9}} \text{A} = 16\mu\text{A}$$

式中，τ_0为光子的寿命；$e = 1.6 \times 10^{-19}$为电子电量。

检测电路转换电流脉冲为电压脉冲。设阳极负载电阻 $R_a = 50\Omega$，分布电容 $C = 20\text{pF}$，则 $\tau = 1\text{ns} \ll \tau_0$。因此，输出脉冲电压波形不会畸变，其峰值为

$$U_p = I_p R_a = 16 \times 10^{-16} \times 50\text{V} = 0.8\text{mV}$$

这是一个光子引起的平均脉冲峰值的期望值。

实际上，除了单光子激励产生的信号脉冲外，光电倍增管还输出热发射、倍增极电子热发射和多光子发射以及宇宙线和荧光发射引起的噪声脉冲，如图 5-55b 所示。其中，多光子脉冲峰值最大，其他脉冲的峰值相对要小些。因此为了鉴别出各种不同性质的脉冲，可采用脉冲峰值鉴别器。简单的单电平鉴别器具有一个阈值电平 U_{s1}，调整阈值位置可以除掉各种非光子脉冲而只对光子信号形成计数脉冲。对于多光子大脉冲，可以采用有两个阈值电平的双电平鉴别器，它仅仅使落在两电平间的光子脉冲产生输出信号，而对高于第一阈值 U_{s1}的热噪声和低于第二阈值 U_{s2}的多光子脉冲没有反应。脉冲峰值的鉴别作用抑制了大部分的噪声脉冲，减少了光电倍增管由于增益随时间和温度漂移而造成的有害影响。

光子脉冲由计数器累加计数。图 5-56 给出了光子计数系统的计数器的原理示意图。它由计数器 A 和定时器 B 组成。利用手动或自动启动脉冲，使计数器 A 开始累加从鉴别器来的信号脉冲。计数器 C 同时开始计数由时钟脉冲源来的计时脉冲。计数器是一个可预置的减法计数器，事先由预置开关置入计数值 N。设时钟脉冲频率为 f_C，则计时器预置的计数时间是

$$t = N/f_C \tag{5-97}$$

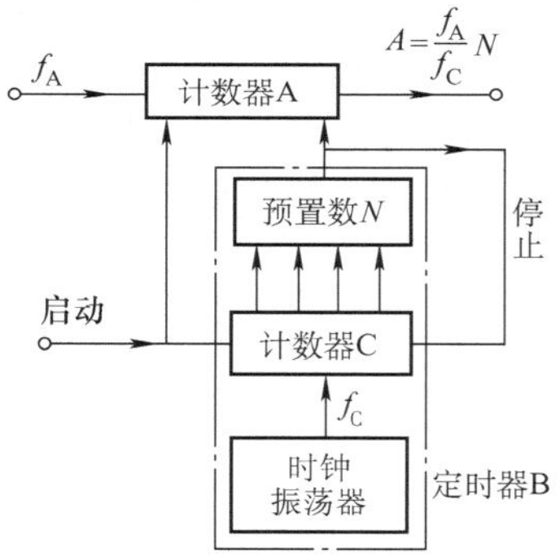

图 5-56 光子计数系统的计数器

于是在预置的测量时间 t 内，计数器 A 的累加计数值为

$$A = f_A t = \frac{f_A}{f_C} N \tag{5-98}$$

式中，f_A是平均光脉冲计数率。

2）辐射源补偿的光子计数系统。

在光子计数系统中，为了补偿辐射源变化的影响，采用了如图 5-57 的双通道系统。在参考通道中用同样的放大鉴别器测量辐射源的发光强度，输出计数率 f_C只由光源变化决定。如果在计数器中用源输出 f_C去除信号输出 f_A，将得到源补偿信号 f_A/f_C，为此采用如图 5-58 所示的比例输出电路。它与图 5-52 所示的电路相似，只是用参考通道的源补偿信号 f_C作为

外部时钟输入，当源强度增减时，f_A和f_C随之同步增减，这样在计数器A的输出计数值中有

$$A = f_A t = f_A N/f_C = \frac{f_A}{f_C}N \tag{5-99}$$

比例因子f_A/f_C仅由被测样品透过率决定而与源强度变化无关。可见，比例技术提供了一个简单而有效的辐射源补偿方法。

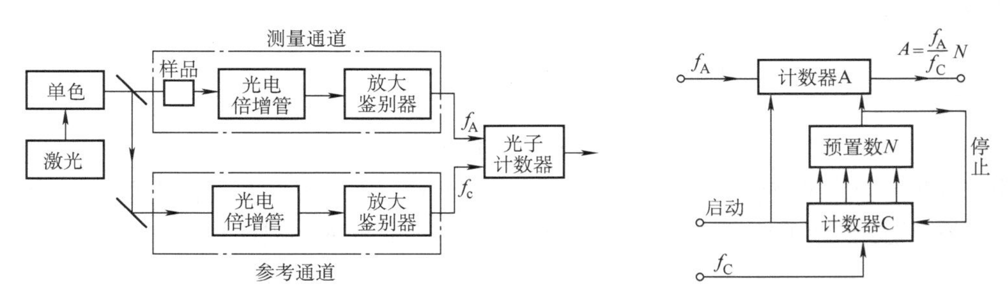

图5-57　辐射源补偿的光子计数系统　　图5-58　辐射源补偿用光子计数器

3）背景补偿的光子计数系统。

当光子计数系统中的光电倍增管受杂散光或温度的影响引起比较大的背景计数率时，应该把背景计数率从每次测量中扣除。为此采用了如图5-59的背景补偿的光子计数系统。这是一种利用斩光器的同步计数方式。斩光器用来通断光束，分别产生交变的“信号＋背景”和“背景”的光子计数率，同时为光子计数器A、B提供选通信号。当斩光器叶片挡住输入光线时，放大鉴别器输出的是背景噪声N，这些噪声脉冲在定时电路的作用下由计数器B收集。当斩光器叶片允许入射光通向倍增管时，鉴别器的输出包含了信号脉冲和背景噪声$(S+N)$，它们被计数器A收集。

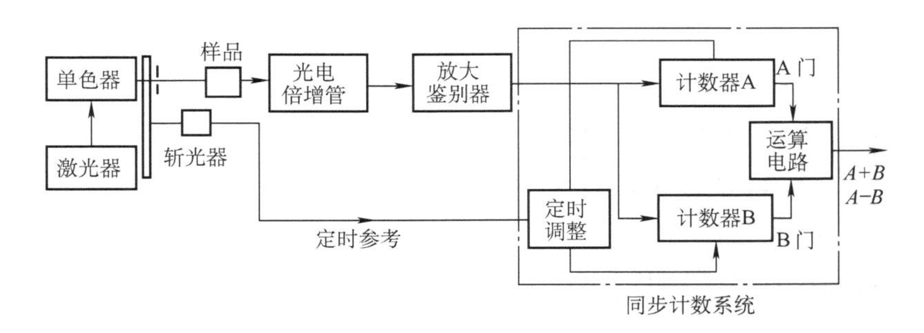

图5-59　背景补偿的光子计数系统

这样在一定的测量时间内，经多次斩光后计算电路给出了两个输出量，即

$$信号脉冲\ A - B = (S + N) - N = S$$

$$总脉冲\ A + B = (S + N) + N$$

对于光电倍增管，随机噪声满足泊松分布，其标准偏差为

$$\sigma = \sqrt{A + B}$$

于是信噪比即为

$$SNR = \frac{信号}{\sqrt{总计数}} = \frac{A - B}{\sqrt{A + B}}$$

根据式（5-78）~式（5-80）可以计算出检测的光子数和测量系统的信噪比。例如：在 $t = 10\text{s}$ 时间内，若分别测得 $A = 10^6$ 和 $B = 4.4 \times 10^5$，则可计算为

被测光子数： $S = A - B = 5.6 \times 10^5$

标准偏差：

$$\sigma = \sqrt{A + B} = \sqrt{1.44 \times 10^6} = 1.2 \times 10^3$$

信噪比：

$$SNR = S/\sigma = 5.6 \times 10^5 / 1.2 \times 10^3 \approx 467$$

图5-60中给出了有斩光器的光子计数器工作波形。在一个测量时间内包括 M 个斩光周期 $2t_\text{p}$。为了防止斩光叶片边缘散射光的影响，使选通脉冲的半周期 $t_\text{s} < t_\text{p}$，并且满足

$$t_\text{p} = t_\text{s} + 2t_\text{D}$$

式中，t_D 为空程时间，为 t_p 的 2% ~3%。

（2）光子计数器工作状态选择

光子计数器用光电倍增管应当工作在最佳工作电压下，以获得最好的信噪比。工作电压过低，光电子脉冲在光电倍增管内不能得到足够放大，不能很好地抑制低幅噪声；工作电压过高，则可使光电倍增管疲劳、损坏。最佳工作电压的选择一般由实验方法给出，随所用管子不同而有所不同，一般阴极负高压在 -1250 ~ -1300V 范围内。

光子计数器存在一个最佳鉴别电平。在弱光条件下，光子计数器输出信噪比 SNR 与下鉴别电平 U_{s2}（见图5-55）的关系如图5-61所示。可以看出，SNR 在 U_{s2} 接近2.0处得到最大值。下鉴别电平过低不利于噪声的抑制，过高则有可能使有用信号被减弱。在强干扰不很严重的情况下，上鉴别电平 U_{s1} 的设置不一定对信噪比的改善有太大的好处，因此也可以不用设置。

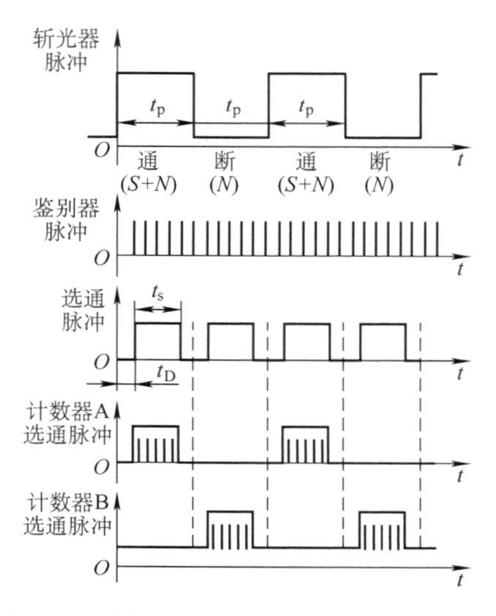

图5-60 有斩光器的光子计数器工作波形

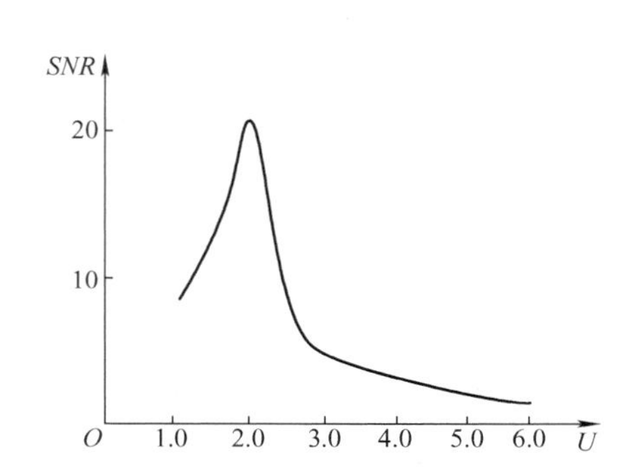

图5-61 探测器信噪比与鉴别电平的关系

根据上述说明，光子计数的基本过程可描述如下：

① 用光电倍增管检测弱光的光子流，形成包括噪声信号在内的输出光脉冲。

② 利用脉冲峰值鉴别器鉴别噪声脉冲和多光子脉冲，只允许单光子脉冲通过。

③ 利用光子脉冲计数器检测光子数，根据测量目的，折算出被测参量。

④ 为补偿辐射源或背景噪声的影响，可采用双通道测量方法。

从以上分析可以看出，光子计数法只适合于极弱光的测量，光子的速率限制在大约 10^9/s，相当于 1nW 的功率，不能测量包含许多光子的短脉冲强度。而且不论是连续的、斩光的或者脉冲的光信号都可以使用，本方法能取得良好的信噪比。它还在荧光、磷光测量、喇曼散射测量、夜视测量和生物细胞分析等微弱光测量中得到了广泛应用。

复习思考题 5

1. 光电检测电路设计时有哪些技术要求？

2. 光敏电阻输入电路在设计时应考虑什么问题？

3. 光敏电阻 R 与 $R_L=2k\Omega$ 的负载电阻串联于 $U_b=12V$ 的直流电源上，无光照时负载上的输出电压为 $U_1=20mV$，有光照时负载上的输出电压 $U_2=2V$，若光敏电阻的光电导灵敏度 $S_g=6\times10^6 S/lx$，求光敏电阻所受的照度。

4. 已知 CdS 光敏电阻的最大功耗为 40mW，光电导灵敏度 $S_g=0.5\times10^{-6}S/lx$，暗电导 $G_0=0$，若给 CdS 光敏电阻加偏置电压 20V，此时入射到光敏电阻 CdS 上的极限照度是多少？

5. 某光敏电阻的特性曲线如图 5-62 所示，用该器件控制一个继电器。使用 30V 的直流电源，器件在 400lx 的照度下有 10mA 电流即可使继电器吸合，无光照时释放。试画出控制电路，计算所需串联的电阻和暗电流。

6. 具有如图 5-62 所示特性的光敏电阻，用于图 5-63 所示的电路中，若光照度为 $E=[400+50\sin(\omega t)]lx$，求流过 R_2 的微变电流有效值和 R_2 所获得的信号功率。

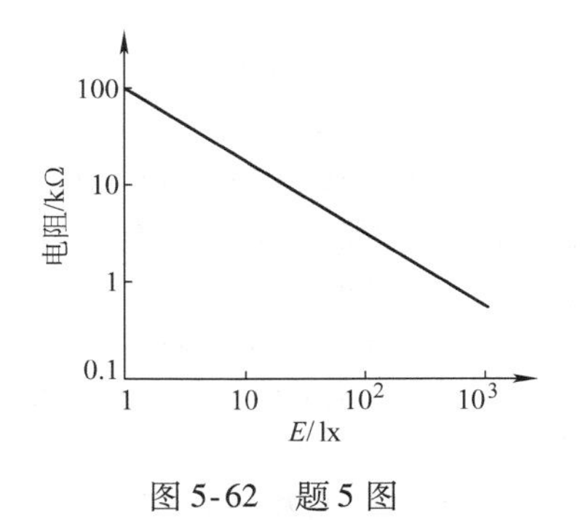

图 5-62　题 5 图

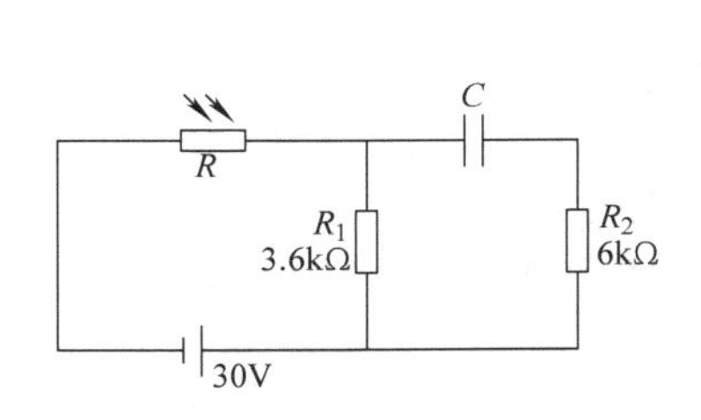

图 5-63　题 6 图

7. 已知 CdS 光敏电阻的暗电阻 $R_0=10M\Omega$，在照度为 100lx 时亮电阻 $R=5k\Omega$，用此光敏电阻控制继电器，其原理电路如图 5-64 所示，如果继电器的线圈电阻为 4kΩ，继电器吸合电流为 2mA，问需要多少照度时才能使继电器吸合？如果需要在 400lx 时继电器吸合，问此电路需要做如何改进？

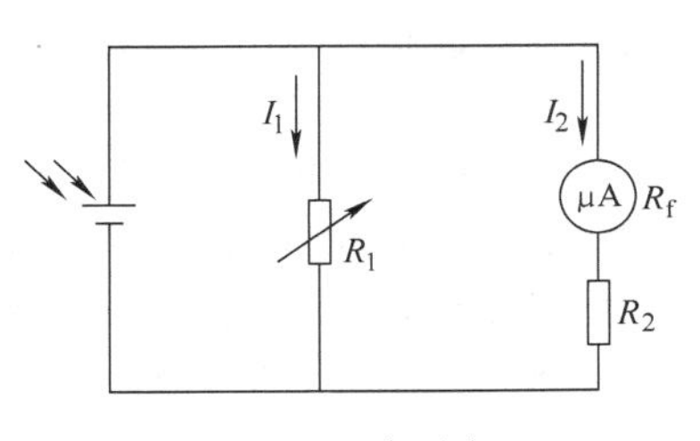

图 5-64　题 7 图

8. 画出具有 11 级倍增极，负高压 1200V 供电，均匀分压的光电倍增管的工作原理图，分别写出各部分名称。若倍增管的阴极灵敏度 $S_K=20\mu A/lm$，阴极入射光的照度为 0.1lx，阴极有效

面积为 2cm^2，各倍增极二次发射系数均相等（$\delta=4$），光电子收集率为0.98，各倍增极的电子收集率为0.95，计算放大倍数和阳极电流。

9. 具有如图5-5b所示伏安特性曲线的光电倍增管，若阳极特性 $\Phi=4\times10^{-5}\text{lm}$ 时，$I_a=200\mu\text{A}$，拐点电压 $U_M=60\text{V}$，阳极电压 $U_a=90\text{V}$，要求在线性区内的负载电阻获得最大的输出电压，求：①直流负载 R_L；②入射光由最大光照度 $\Phi_2=4\times10^{-5}\text{lm}$ 缓慢变化为 $\Phi_1=2.5\times10^{-5}\text{lm}$ 时，输出电压的变化 ΔU。

10. 现有12级倍增极的光电倍增管，若要求正常工作时放大倍数的稳定度为1%，则电源电压的稳定度应多少？

11. 已知2CR太阳能光电池的参数为 $U_{oc}=0.54\text{V}$，$I_{sc}=50\text{mA}$，要用若干个这样的光电池组合起来对0.5A、6V蓄电池充电，应组成怎样的电路？需要多少这样的光电池（充电电源电压应比被充电电池的电压高1V左右）？

12. 某光敏二极管的结电容为5pF，要求带宽为10MHz，求允许的最大负载电阻。

13. 如图5-65所示，用2CU管接收激光信号。2CU的特性为：$S=0.4\text{A/W}$（不计暗电流），$\Phi=400\mu\text{W}$ 时伏安特性曲线拐点电压 $U_M=10\text{V}$，3DG6的 $\beta=50$，电源电压 $U_b=18\text{V}$，求：①管子工作在线性区获得最大功率输出时 R_e 的值；②当入射辐射通量由 $400\mu\text{W}$ 减小到 $350\mu\text{W}$ 时，输出电压的变化量为多少？

14. 图5-66所示为一理想运算放大器，对光敏二极管2CU2的光电流进行线性放大，若光敏二极管未受光照时，运放输出电压 $U_0=0.6\text{V}$。在 $E=100\text{lx}$ 光照下，输出电压 $U_1=2.4\text{V}$。求：①2CU2暗电流；②2CU2的电流灵敏度。

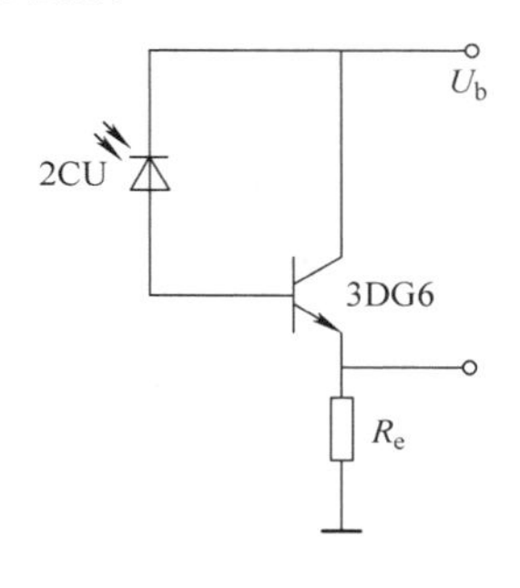

图5-65　题13图

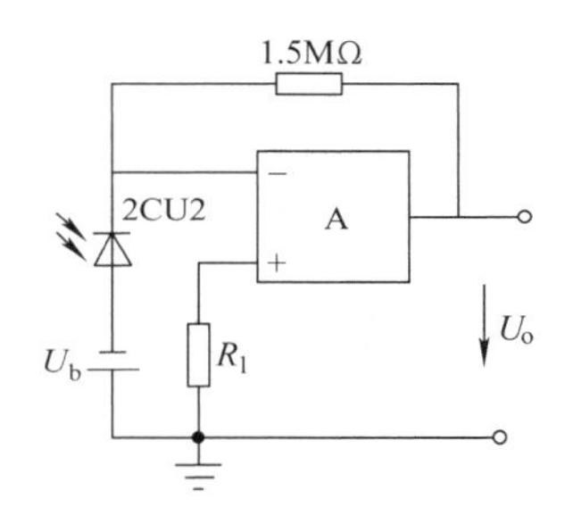

图5-66　题14图

15. 光敏二极管2CU2E，其光电灵敏度 $S=0.5\mu\text{A}/\mu\text{W}$，结间电导 $G=0.005\text{S}$，拐点电压 $U_M=10\text{V}$，输入辐射功率 $P=[5+3\sin(\omega t)]\mu\text{W}$，偏置电压 $U_b=40\text{V}$，信号由放大器接收。求取得最大功率时的负载电阻 R_L 和放大器的输入电阻 R_i 的值，以及输入给放大器的电流、电压和功率值。

16. 如图5-66所示，用2CU型光敏二极管接收辐射通量变化为 $\Phi=[20+5\sin(\omega t)]\mu\text{W}$ 的光信号，其工作偏压 $U_b=60\text{V}$。2CU的参数是：光电灵敏度 $S_\Phi=0.5\text{A/W}$，$\Phi=25\mu\text{W}$ 时伏安特性曲线的拐点电压 $U_M=10\text{V}$，结电容 $C_j=3\text{pF}$，引线分布电容 $C_0=7\text{pF}$，忽略结间漏电导。要求计算：①管子工作在线性区并获得最大输出功率时，$R_b=$？输出电压有效值 $U_L=$？②若输出电压有效值为2mV，$R_b=$？上限截止频率 $f_H=$？

17. 光敏晶体管在使用时有什么问题需要注意？如何解决？

18. 光电检测电路的带宽如何选取？

19. 光电检测系统的噪声有哪些类型？如何处理？

20. 影响光电检测电路高频特性的因素有哪些？

21. 光电器件与运算放大器的连接有哪几种方式？各有何特点？

22. 图5-67示出了用光耦合器隔离的一种高压稳压电路，试说明它的工作原理及对该光耦合器的要求。

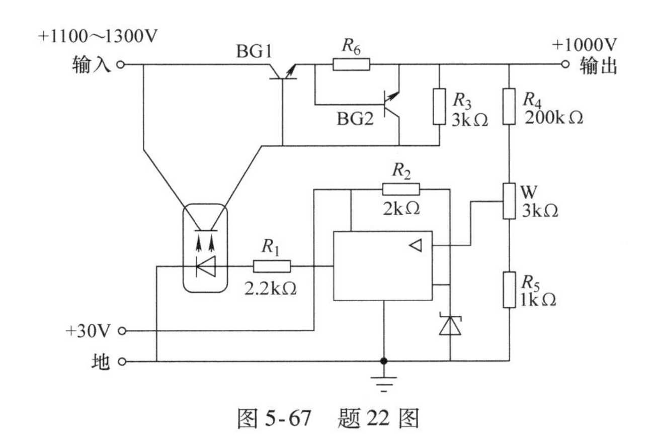

图 5-67　题 22 图

23. 设计一个用光耦合器组成的双刀双掷开关电路。

24. 弱光检测的特点是什么？有哪些检测方法？

下　篇

应用技术篇

第六章　光载波的调制变换

第一节　光载波调制变换的概念及方法

在光电测试技术中常利用光波作为信息传递的载波。我们知道，单纯产生、传播和接收光波没有多少意义，在光通信与光信息处理时，若想把所得到的信息传递出去，就必须把所要传递的信息加载到光载波上，并使光的参量发生变化，这个过程称为光载波的调制变换。

一、光载波调制变换的概念与目的

1. 光载波调制变换的基本概念

光载波调制变换是指用某些方法改变光载波参量的过程。调制变换可以使光载波携带信息，使其具有与背景不同的特征。光载波分为相干光波和非相干光波，而光载波所具有的特征参量是光功率、振幅、频率、相位、脉冲时间、传播方向、偏振方向、光学介质的折射率等。

2. 光载波调制变换的目的

光载波调制变换的目的是对所需处理的光载波信号或被传输的信息做某种形式的变换，以便于提高测试系统的探测能力和分辨力、抑制背景光的干扰、抑制系统中各个环节的固有噪声和减少外部电磁场的干扰、提高系统在信息传递和测试过程中的稳定性和测量精度。

二、光载波调制变换的方法

光载波通常具有谐波的形式，可用函数表示为

$$\Phi(t)=\Phi_0+\Phi_m\sin(\omega t-\varphi) \tag{6-1}$$

式中，Φ_0是光载波的直流分量，通常不含有任何信息；Φ_m是光载波交变分量的振幅；ω 是角频率；φ 是光载波初始相位。

因为光载波不可能是负值，所以光载波交变分量总是叠加在直流分量之上。

经被测信号调制后，载波一般具有如下形式：

$$\Phi(t)=\Phi_0+\Phi_m[X(t)]\sin\{\omega[X(t)]t-\varphi[X(t)]\} \tag{6-2}$$

式中，$X(t)$是由被测信息信号决定的调制函数；$\Phi_m[X(t)]$为载波的振幅，即振幅调制（AM）；$\omega[X(t)]$为载波的频率，即频率调制（FM）；$\varphi[X(t)]$为载波的初始相位，即相位调制（PM）。

1. 振幅调制变换

振幅调制变换就是光载波的振幅随调制变换信号的规律而变化，即用低频调制变换信号直接控制高频载波振幅的过程，而频率、相位均保持不变称为振幅调制，简称调幅。而式（6-2）中的$\Phi_m[X(t)]$可表示为

$$\Phi_m[X(t)]=[1+mX(t)]\Phi_m \tag{6-3}$$

此时，式（6-2）就可写为

$$\Phi(t)=\Phi_0+[1+mX(t)]\Phi_m\sin(\omega t) \tag{6-4}$$

式中，m 为调制度或调制深度，它表示 $X(t)$ 对载波幅度的调变能力，用下式表示：

$$m=\frac{\Delta\Phi_m}{\Phi_m}=\frac{\text{调制波的幅度变化量}}{\text{载波幅度}}\leqslant 1 \tag{6-5}$$

若调制函数 $X(t)$ 是正弦函数，被测信息按单一谐波规律变化（见图6-1a），即为

$$X(t)=\sin(\Omega t+\varphi)$$

式中，Ω 是被测信息的谐波变化角频率，$\Omega=2\pi F$；F、φ 是相应的频率和初相位。

在初始相位 $\varphi=0$ 时的载波信号表达式为

$$\Phi(t)=\Phi_0+[1+m\sin(\Omega t+\varphi)]\Phi_m\sin(\omega t) \tag{6-6}$$

式（6-6）所对应的波形如图6-1b所示。将式（6-6）展开可以得到单一正弦调制函数的调制波频谱，即

$$\Phi(t)=\Phi_0+\Phi_m\sin(\omega t)+m\Phi_m\sin(\omega t)\sin(\Omega t+\varphi) \tag{6-7}$$

再用数学三角公式展开就得到式（6-8），其相应的频谱如图6-1c所示。

$$\Phi(t)=\Phi_0+\Phi_m\sin(\omega t)+\frac{1}{2}m\Phi_m\{\cos[(\omega-\Omega)t-\varphi]-\cos[(\omega+\Omega)t+\varphi]\} \tag{6-8}$$

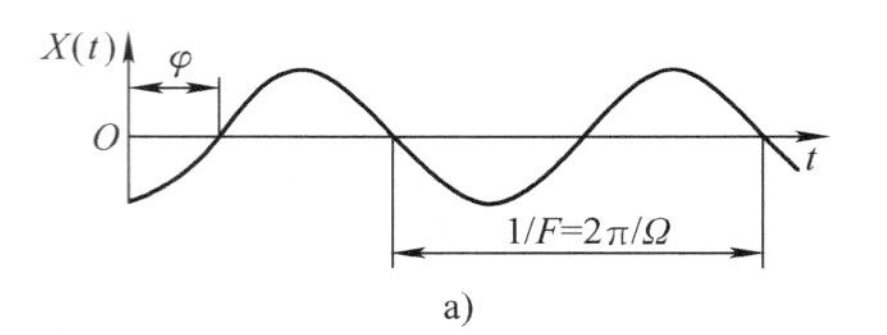

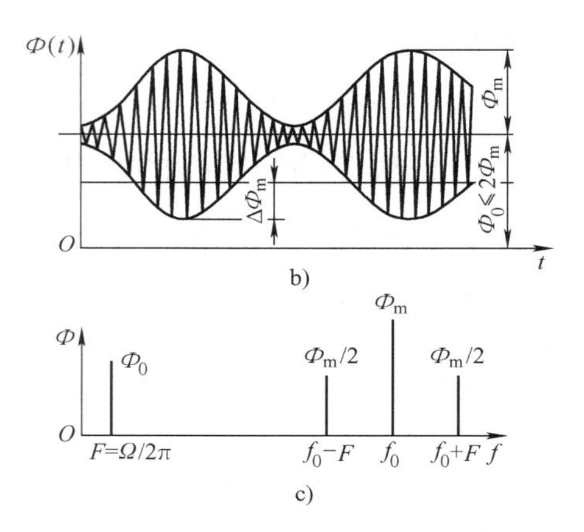

图6-1 调幅波的波形和频谱
a）正弦调制函数 b）对应的调幅波形 c）调幅波频谱

由图6-1c或式（6-8）可见，正弦调制函数的调幅信号除了零频率分量 Φ_0 外还包含有三个谐波分量：以载波频率 f_0 为中心频率的基频分量和以振幅为基波振幅一半、频率分别为中心频率与调制频率（F）的和频（f_0+F）和差频（f_0-F）的两个分量。与正弦调制函数的单一谱线相对比，就可发现调幅波的频谱由低频向高频移动，而且又增加了两个边频。

对于频谱分布在 $F\pm\Delta F(\Omega=2\pi F)$ 范围内的任意函数 $X(t)$，它所对应的调幅波频谱由以载波频率 f_0 为中心的一系列边频组成。若调制信号具有连续的带宽 F_{max}，则调幅波的频带是 $f_0\pm F_{max}$，带宽为 $B_m=2F_{max}$，其中 F_{max} 是调制信号的最高频率。

确定调制光载波的频谱是选择检测通道带宽的依据。例如载波频率为 $f_0=5\text{kHz}$，调制信号频率为 $F=100\text{Hz}$，则调幅后的载波频谱分布在 $f_L=(5-0.1)\text{kHz}=4.9\text{kHz}$ 和 $f_H=(5+0.1)\text{kHz}=5.1\text{kHz}$ 之间，也就是调幅波的带宽为 $B_m=0.2\text{kHz}$。这样就可使检测通道有选择地滤波，减少噪声和干扰的影响，有利于提高信噪比。

2. 频率调制变换

频率调制变换是指将光载波的频率调制成按调制信号的幅度来改变，使调制变换后的调频波频率瞬间偏离原有的载波频率，而瞬间偏离值与调制信号幅度瞬时值成正比，简称为调频。

式（6-2）中的 $\omega[x(t)]$ 项可以写成如下式子：

$$\omega[X(t)]=\omega_0+\Delta\omega X(t) \tag{6-9}$$

当 $|X(t)|=1$ 时，载波频率的变化最大，为 $\omega_0\pm\Delta\omega$。此时式（6-2）变为

$$\Phi(t)=\Phi_0+\Phi_m\sin\left(\omega_0 t+\Delta\omega\int_0^t X(t)\mathrm{d}t\right) \tag{6-10}$$

若有余弦调制函数的情况，即

$$X(t)=\cos(\Omega t+\varphi)$$

式中，Ω 是调制角频率，$\Omega=2\pi F$。于是，式（6-10）就可写成

$$\Phi(t)=\Phi_0+\Phi_m\sin\left[\omega_0 t+\frac{\Delta\omega}{\Omega}\sin(\Omega t+\varphi)\right] \tag{6-11}$$

令 m_f 为频率调制指数，$m_f=\dfrac{\Delta\omega}{\Omega}=\dfrac{\Delta f}{F}$，则

$$\Phi(t)=\Phi_0+\Phi_m\sin[\omega_0 t+m_f\sin(\Omega t+\varphi)] \tag{6-12}$$

式中，Δf 为偏频；F 为调制频率；m_f 表示单位调制频率引起偏频变化的大小，$m_f>1$ 称为宽带调频，$m_f<1$ 称为窄带调频。调频信号的波形如图 6-2 所示。

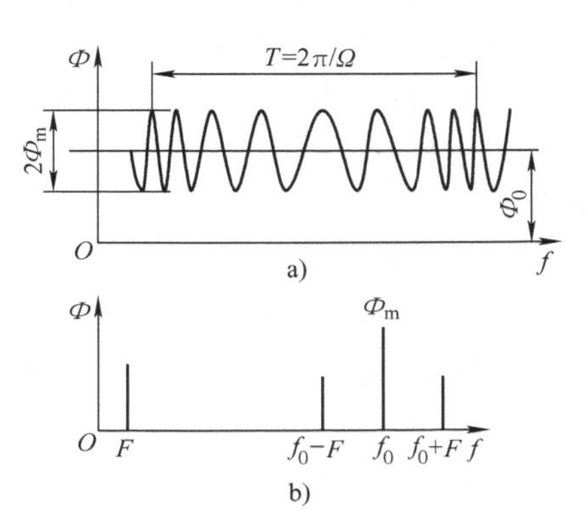

图 6-2　调频信号波形和频谱

a）调频信号波形　b）调频信号频谱

现将式（6-12）展开成下式：

$$\Phi(t)=\Phi_0+\Phi_m\{\sin(\omega_0 t)\cos[m_f\sin(\Omega t+\varphi)]+\cos(\omega_0 t)\sin[m_f\sin(\Omega t+\varphi)]\} \tag{6-13}$$

在窄带调频的情况下，式（6-13）中的

$$\cos[m_f\sin(\Omega t+\varphi)]\approx 1$$

$$\sin[m_f\sin(\Omega t+\varphi)]\approx m_f\sin(\Omega t+\varphi)$$

则式（6-13）可写成

$$\begin{aligned}\Phi(t)&=\Phi_0+\Phi_m[\sin(\omega_0 t)+\cos(\omega_0 t)m_f\sin(\Omega t+\varphi)]\\&=\Phi_0+\Phi_m\sin(\omega_0 t)+\frac{1}{2}m_f\Phi_m\{\sin[(\omega_0+\Omega)t+\varphi]-\sin[(\omega_0-\Omega)t-\varphi]\}\end{aligned}$$

式中，ω_0 为频谱基波频率，$\omega_0+\Omega$ 和 $\omega_0-\Omega$ 为组合频率。

一般情况下，当调制信号形式比较复杂时，调频的频谱是以载波频率为中心的一个带宽域，带宽随 m_f 而异。窄带调频时的带宽为 $B=2F$，宽带调频时的带宽为 $B=2(\Delta f+F)=2(m_f+1)F$。

3. 相位调制变换

相位调制变换就是使光载波的相位角随着调制变换信号的变化规律而变化的振荡信号。调频和调相两种调制变换波最终都表现为总相角的变化。

相位调制变换是式（6-2）中的相位角 φ 随调制信号的变化规律而变化，调相波的总相位角为

$$\varphi(t)=\omega t-\varphi=\omega t-[k_\varphi\sin(\omega_m t)+\varphi_c] \tag{6-14}$$

则调相波的表达式可写为

$$\Phi(t)=\Phi_0+\Phi_m\sin\{\omega t-\varphi[X(t)]\}=\Phi_0+\Phi_m\sin\{\omega t-[k_\varphi\sin(\omega_m t)+\varphi_c]\} \quad (6\text{-}15)$$

式中，k_φ 为相位比例系数；φ_c为相位角。

4. 偏振调制变换

偏振调制变换主要是利用外界因素来改变光载波的偏振特性，通过测量光偏振态的变化（即偏振面的旋转）来检测各种物理量信息。偏振调制变换中常用的物理效应有法拉第磁光效应、克尔电光效应以及光弹效应。

法拉第磁光效应和克尔电光效应将在后面有介绍，这里只介绍光弹效应。

光弹效应又称为应力双折射，其原理如图6-3所示。沿 MN 方向存在压力或张力时，则 MN 方向的折射率和其他方向有所不同。设对应 MN 方向上偏振光的折射率为 n_0，这时折射率的变化与外加压强 p 的关系为

$$\Delta n=n_0-n_e=kp \quad (6\text{-}16)$$

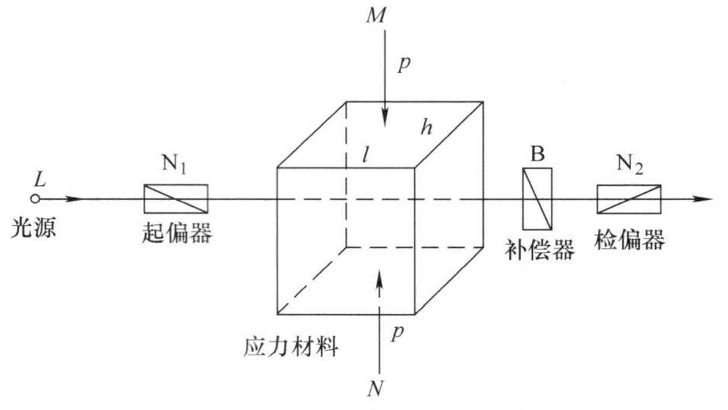

图6-3　光弹效应原理

式中，k 为应力材料的压强光学系数；n_e 为施加外加压强 p 后的偏振光折射率。

若光波通过的物质厚度为 l，则产生的光程差为

$$\Delta=(n_0-n_e)l=kpl \quad (6\text{-}17)$$

由此引起的相位差为

$$\Delta\varphi=\frac{2\pi}{\lambda}(n_0-n_e)l=\frac{2\pi kpl}{\lambda} \quad (6\text{-}18)$$

此时出射光发光强度为

$$I=I_0\sin^2\left(\frac{\pi kpl}{\lambda}\right) \quad (6\text{-}19)$$

利用透明材料的光弹效应可以制成相应的光电调制器。

5. 脉冲调制变换

以上几种调制方式所得到的调制波都是一种连续振荡波，称为模拟调制。目前，还广泛地采用一种不连续状态下进行调制的脉冲调制。

如将直流信号用间歇通断的方法调制，就可以得到不连续的脉冲载波，如图6-4b所示。若使载波脉冲的幅度、相位、频率、脉宽及其他的组合按调制变换信号改变就会得到不同的脉冲调制变换。这种信号的调制变换可分为脉冲幅度调制（PAM）变换、脉冲宽度调制（PWM）变换、脉冲频率调制（PFM）变换、脉冲相位调制（PPM）变换。

图6-4a是调制信号，图6-4b是等间距脉冲载波。若使载波幅度随调制信号变化，就是脉冲幅度调制，如图6-4c所示。若使脉冲载波的宽度随调制信号幅度改变，称为脉冲宽度调制，如图6-4d所示。用调制信号改变脉冲序列中每个脉冲产生的时间，则其每个脉冲的相位与未调制时的相位有一个与调制信号成比例的位移，这种调制变换称为脉冲相位调制，如图6-4e所示。进而再对光源发射的光载波进行相位调制变换，可以得到相应的光脉冲相位调制波，其表达式为

$$\Phi(t)=\Phi_0+\Phi_m\sin(\omega t-\varphi)$$

$$(t_n + \tau_d \leqslant t \leqslant t_n + t_d\tau, t_d = \frac{\tau_q}{2}[1 + M(t_n)]) \tag{6-20}$$

式中，$M(t_n)$是调制信号的振幅，τ_d为载波脉冲前沿相对于取样时间t_n的延迟时间，τ为时间常数。为了防止脉冲重叠到相邻的样品周期上，脉冲的最大延迟时间必须小于样品周期τ_q。

若调制变换信号使脉冲的重复频率发生变化，频移的幅度正比于调制变换信号电压的幅值，而与调制频率无关，则这种调制称为脉冲频率调制（PFM）变换，如图6-4f所示，脉冲调频波的表达式为

$$\Phi(t) = \Phi_0 + \Phi_m \sin[\omega t + \Delta\omega\int_0^n M(t_n)\mathrm{d}t - \varphi](t_n \leqslant t \leqslant t_n + \tau) \tag{6-21}$$

脉冲相位调制变换与脉冲频率调制变换都可以采用宽度很窄的光脉冲，脉冲的形状不变，只是脉冲相位或重复频率随调制信号的变化而变化。这两种调制变换方法都具有较强的抗干扰能力，因此在光通信中得到广泛的应用。

上述脉冲调制变换方法不仅能提高系统测量灵敏度，提高信噪比，而且能使同一个光学通道实现多路信息传输。如不同宽度的调幅脉冲波在同一根光纤中传播，在接收端设置脉宽鉴别电路，就可以把不同宽度的调幅波分离开。

6. 空间调制变换

空间调制变换是一种对光波的空间分布（二维加上时空）进行调制变换的方法。利用该方法制成的光电器件为空间光调制器。

空间调制变换是指在调制信号控制下，能对光载波的某种或某些参量或特性（如振幅或强度、频率、相位、偏振态等）的一维或二维分布进行空间和时间的调制变换，从而将信息源所携带的信息加载到光载波当中。

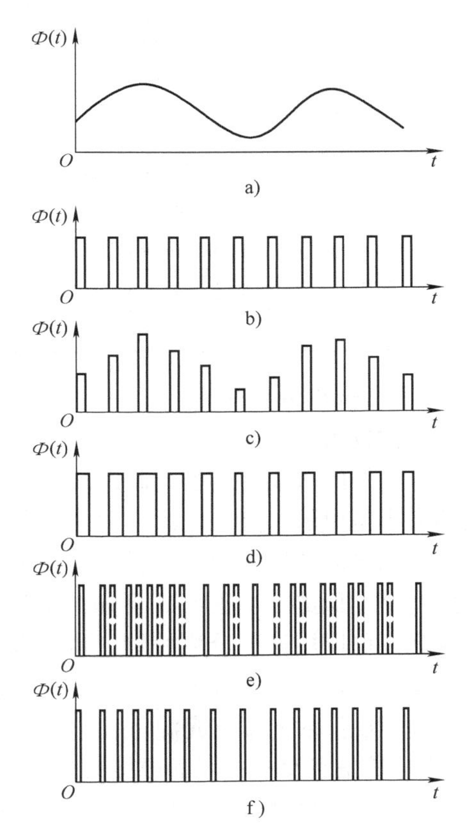

图6-4　脉冲调制变换

a）调制信号　b）等间距脉冲载波
c）脉冲幅度调制（PAM）　d）脉冲宽度调制（PWM）
e）脉冲相位调制（PPM）　f）脉冲频率调制（PFM）

由空间调制变换机理制成的空间光调制器在一维或二维排列成空间阵列单元，每个单元都可以独立接受光学信号或电信号的控制，利用各种物理效应（如泡克尔斯效应、克尔效应、声光效应、磁光效应、半导体的自电光效应、光折变效应）改变自身的光学特性，从而对照射在其上的光载波进行调制变换。换句话说，空间光调制器可以看成一块透射率或其他光学特性参数分布能够按照需要进行快速调制的透明片。

空间光调制器的基本功能就是提供实时或准实时的一维或二维光学传感器件和运算器件。在光信息处理系统中，它是系统和外界信息交换的接口。它可以作为系统的输入器件，

也可以在系统中用作变换或运算器件。作为输入器件时，其功能主要是将待处理的原始信号处理成系统所要求的输入形式，此时空间调制器作为输入传感器，可以实现电-光转换、串行-并行转换、非相干光-相干光转换、波长转换等。另外，作为处理和运算器件时，可以实现光放大、矢量-矩阵或矩阵-矩阵间的乘法、对比反转、波面形状控制等。除此之外，它还有模拟图像存储的功能。

（1）空间光调制器的类型

1）按输入控制信号的方式（寻址方式）分类。

通常有光寻址（O-SLM）和电寻址（E-SLM）两种寻址方式，对应于两类空间光调制器。在信息处理中常用的空间光调制器见表6-1。

表6-1 常用的空间光调制器（SLM）

寻址方式	SLM类型	英文名称
电寻址空间光调制器	薄膜晶体管液晶显示器	Thin-film-transistor liquid crystal display，TFT-LCD
	磁光空间光调制器	Magneto-optical SLM，MOSLM
	数字微反射镜器件	digital micromirror device，DMD
光寻址空间光调制器	液晶光阀	liquid crystal light valve，LCLV
	Pockels光调制器	Pockels readout optical modulator，PROM
	铁电液晶空间光调制器	Ferroelectric liquid crystal SLM，FLC-SLM
	微通道板空间光调制器	Microchannel SLM，MSLM

2）按读出方式分类。

若按读出的方式来区分，可分为反射式和透射式两种。透射式空间光调制器的作用类似于一个二维的薄膜片，当光通过该薄膜时在空间上调制光的模式，该二维器件上每个点调制度的大小是由那一点上光的透过率所决定的。反射式空间光调制器除了由材料每一点上的反射率控制光的调制度以外，其他与透射式的操作是类似的。由图6-5可知，反射光的实现，可以用偏振分束棱镜，也可以用半透反射镜，或者用大入射角的等边底部反射棱镜使反射光偏离光源。

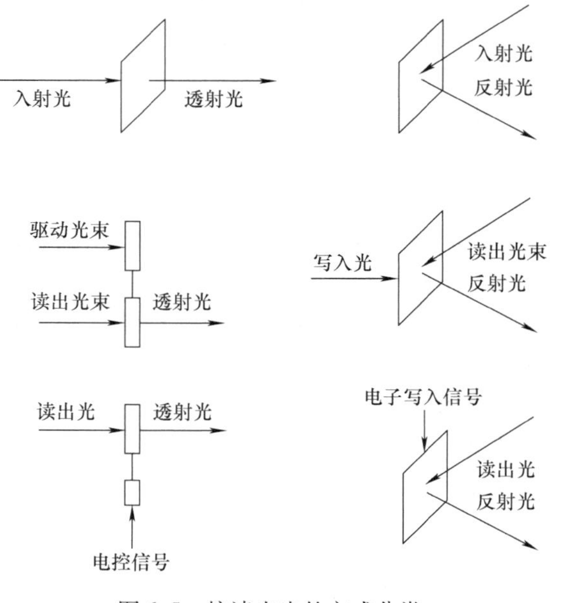

图6-5 按读出光的方式分类

3）按信息交换的界面或接口分类

在光学信息处理系统中，空间光调制器是系统和外界信息交换的界面或接口。如果按它在系统中的位置来区分，它可以用作系统的输入器件（Input-SLM，I-SLM），也可以在频谱面上作为滤波器件（Processor-SLM，P-SLM）。原则上它也可以用于系统的输出端（Output-SLM，O-SLM）。对于O-SLM利用光互连技术可进行多级联处理。DaAs DOES器件能够在同一器件中实现两种寻址方式，这是良好的电光接口器件。

（2）空间光调制器的寻址原理

空间光调制器是一个二维器件，也可以看成一个透过率受到写入信号控制的滤波器，可表示为

$$T(x, y) = T[x(t), y(t)] \tag{6-22}$$

$T[x(t), y(t)]$表示在时刻t空间光调制器在（x，y）处的复数透过率。写入信号把信息传递到SLM上相应位置，以改变SLM透过率分布的过程，称为“寻址”（Addressing）。

无论是模拟光处理还是数字光处理，其空间的分辨率和对比度是衡量光调制器的两个重要指标。空间的分辨率是以每毫米的亮暗线对数和可分辨像素中的像元尺寸来表征的。而对比度是指利用空间光调制器处理某个图像时，在该图像中相应于器件分辨率的任何空间频率都将被滤波输出。随着继续增大空间频率所出现信息量的消失与对比度通过该器件的透过率有关。对比度可以定义为

$$C = \frac{I_{\max} - I_{\min}}{I_{\max} + I_{\min}} \tag{6-23}$$

式中，I为像面上所接收的发光强度；$I_{\max}$和$I_{\min}$分别为像面上接收发光强度的最大值和最小值。

对比度的传递是空间频率f的函数，调制传递函数$T(f)$，它与位相传递函数$\theta(f)$一起产生总的光学传递函数，即

$$T_{\mathrm{OPT}} = T(f)\,\mathrm{e}^{\mathrm{j}\theta(f)} \tag{6-24}$$

三、光学变换信息的频谱

光学调制变换信息的一个重要特性是它的频谱。利用有用信息频谱和噪声频谱的差别，就可抑制噪声，提高信息检测的质量。所以在信息调制形式确定后，应清楚所要调制信息的频谱，这有利于信息后续的处理。

我们知道，周期信号$y(t)$只要满足一定条件，均可把它展开成为傅里叶级数形式，即

$$y(t) = \frac{a_0}{2} + \sum_{n=1}^{\infty}[a_n\cos(n\omega t) + b_n\sin(n\omega t)] \tag{6-25}$$

或

$$y(t) = \frac{a_0}{2} + \sum_{n=1}^{\infty}A_n\cos(n\omega t + \varphi_n) \tag{6-26}$$

式中，ω是基波角频率，简称为基频，$\omega = 2\pi/T$；A_n是第n次谐波的振幅；φ_n是第n次谐波的相位角。

这里

$$a_0 = \frac{2}{T}\int_{-T/2}^{T/2}y(t)\,\mathrm{d}t \tag{6-27}$$

$$a_n = \frac{2}{T}\int_{-T/2}^{T/2}y(t)\cos(n\omega t)\,\mathrm{d}t \tag{6-28}$$

$$b_n = \frac{2}{T}\int_{-T/2}^{T/2}y(t)\sin(n\omega t)\,\mathrm{d}t \tag{6-29}$$

$$A_n = \sqrt{a_n^2 + b_n^2},\varphi_n = \arctan\frac{b_n}{a_n} \tag{6-30}$$

由式（6-27）可知，$\frac{a_0}{2}$是信号$y(t)$在一个周期内的平均值，因此它代表不随时间变化信号的直流分量。通过傅里叶级数的展开式，我们知道任何复杂的周期信号都可以表示为直流分量与无数谐波分量之和。同时，傅里叶级数揭示了信号的频谱特性，这样可对任何的周期信号进行分解，也可以实现信号的合成。

一般来说，信号的频谱可以是连续的，也可以是离散的。当周期信号展开成傅里叶级数时，从上面公式可知，其频率只是基频的整数倍，所以周期信号的频谱总是离散的。

第二节　光载波的调制变换技术

光载波的调制变换有内调制变换与外调制变换两种。内调制变换是指从发光器的内部采取措施，使光波受到调制变换。如在 He－Ne 激光器上加轴向磁场，利用塞曼效应使光频发生分裂实现频率调制；又如改变半导体激光器的注入电流，使半导体激光器输出的光频和发光强度按注入电流的变化规律来改变。

外调制变换是在光波传播过程中进行调制变换，常用各种调制器来实现，如电光调制器、声光调制器、磁光调制器等。它们都是利用光电子物理学方法使输出光载波的振幅、偏振方向、传播方向或者频率随被测信息来改变。此外，还可以用各种机械、光学、电磁元件实现调制，如调制盘、光栅、电磁线圈等。

一、振动镜或旋转多面体法

振动镜或旋转多面体法是一种光束扫描调制器，利用振动镜的摆动或多面体的旋转对光束进行动态调制变换，进而对物体的几何尺寸或几何形貌进行测量。图6-6所示的激光扫描测径原理就是对光载波的扫描调制，利用振动镜或旋转多面体，把对被测物体扫描的时间转换为物体尺寸。图中3为振动镜或旋转多面体。当3按一定频率做振动或旋转多面体时，形成激光光束的扫描运动，光束经过物镜4后形成平行扫描光束，扫描被测物体5，再由会聚物镜6将扫描平行光束会聚到光电器件7上并转换成电信号，经过放大器8及信号处理器9

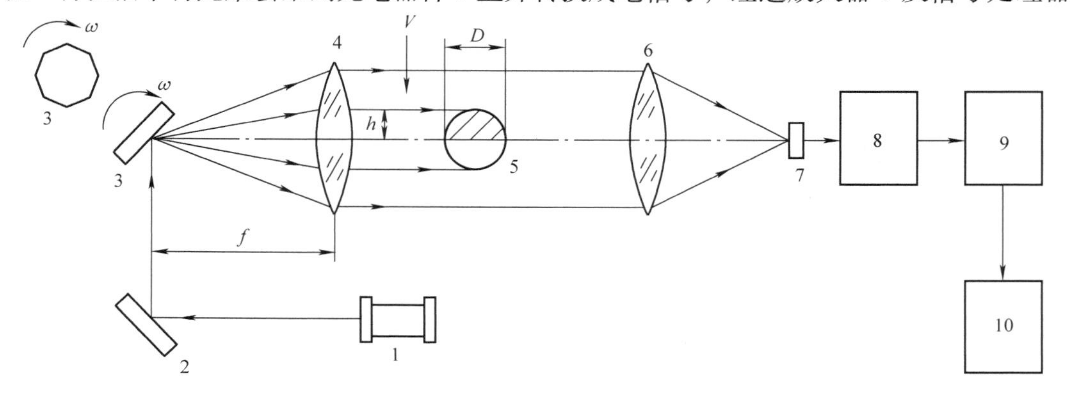

图6-6　激光扫描测径原理

1—激光器　2—固定反射镜　3—振动镜或旋转多面体　4—$f-\theta$物镜　5—被测物体　6—会聚物镜　7—光电器件　8—放大器　9—信号处理器　10—计算机及显示

后传入计算机中显示测量数据结果。当振动镜或旋转多面体以 ω 的角速度转动时，光束的角扫描运动为 $\theta=\omega t$。

扫描光束通过物镜4后，形成线扫描运动，扫描线速度是

$$V=\frac{\mathrm{d}h}{\mathrm{d}t}=\frac{\mathrm{d}(2f\theta)}{\mathrm{d}t}=2f\frac{\mathrm{d}\theta}{\mathrm{d}t}=2f\omega \tag{6-31}$$

设被测物体尺寸为 D，则

$$D=Vt=\frac{\mathrm{d}h}{\mathrm{d}t}t=2f\omega t \tag{6-32}$$

当已知 ω，只要测定 t 就可由式（6-32）求出被测物体尺寸 D。这就是光束扫描测量的基本关系式。

为了保证测量的高精度，这种光束扫描测量系统必须要满足以下三点基本要求：

1）光束应垂直照射到被测物体表面。

2）光束必须对物面做匀速直线扫描运动，即 $V=\frac{\mathrm{d}h}{\mathrm{d}t}=$ 常数。

3）扫描时间测量必须非常准确。

为了保证光束扫描时始终垂直于被测物体表面，在图6-6中的摆动振动镜（或旋转多面体）后面放置一个 $f-\theta$ 准直物镜系统，让摆动的振动镜（或旋转多面体）的投射光点位于此物镜系统的焦点上，从而使光束对被测物面上各点均能保持垂直投射，且使被测物面上的扫描长度 y 与摆动的振动镜（或旋转多面体）的转角 θ 保持线性关系，即

$$y=2f\theta \tag{6-33}$$

式中，f 为物镜的焦距，θ 为反射转角。

但是实际上的光束扫描路程 $y=f\tan(2\theta)$，只有当角 θ 很小时，才可以写成式（6-33）的表达式。由于振动镜（或旋转多面体）有一定的扫描角，所以将会带来很大的原理误差。扫描路程上的原理误差为

$$\Delta y=f\tan(2\theta)-2f\theta=2f\frac{4}{3}\theta^3+\cdots \tag{6-34}$$

为了减小该原理误差，应使物面上的长度 y 与振动镜（或旋转多面体）转角 ω 保持线性关系，为此采用如下方法：

1）像差补偿法，即将物镜设计成具有负畸变的物镜，其补偿值为式（6-34）的负值，这种物镜称为 $f-\theta$ 物镜。

2）摆动扫描镜法，即将扫描镜设计成按一定规律做摆动扫描以补偿原理误差 Δy。根据式（6-34），该扫描镜应以反正切规律摆动，但是由于反正切规律摆动比较困难，可以用正弦规律代替，因为反正弦与反正切的泰勒级数展开形式相似，只是在系数上略有差异，这样在正弦幅度上加以校正即可。

若扫描镜摆动规律为 $\theta=2A\sin(\omega t)$，则

$$y=2Af\arcsin\left(\frac{\theta}{2A}\right) \tag{6-35}$$

式中，A 为正弦扫描镜的振幅。

3）球面或非球面反射扫描法。前述两种方法结构都比较复杂，采用球面或非球面扫描系统不仅可以减少原理误差，而且结构可以简化。

图6-7所示是利用抛物面反射镜获得$f-\theta$线性扫描的原理图，激光束被摆动反射镜反射和扫描到抛物面反射镜上，当反射镜与抛物面反射镜之间距离为$0.665f$时，（f为抛物面反射镜焦距），在扫描平面得到很好的$f-\theta$线性，并且在扫描平面上弥散光斑弥散值趋近于零。

由于球面镜的制作比抛物镜更容易，可以利用球面镜的中心部分或边缘部分工作，以代替抛物镜。这时$f-\theta$线性最佳条件是反射镜与球面镜之间距离为$0.5f$（f为球面镜焦距）。

图6-8所示给出了利用球面反射镜中心部分扫描获得线性$f-\theta$的原理图。

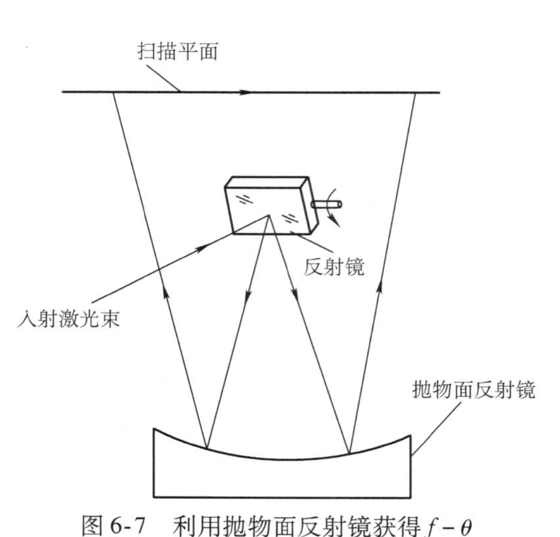

图6-7 利用抛物面反射镜获得$f-\theta$线性扫描的原理图

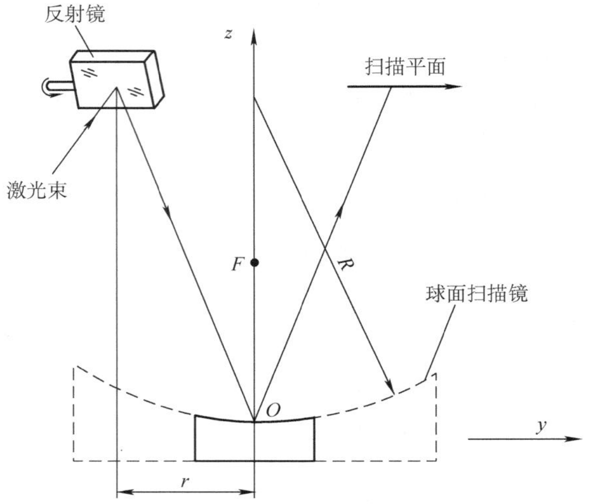

图6-8 利用球面反射镜中心部分扫描获得线性$f-\theta$的原理图

如果球面半径是R，则圆方程式为

$$z=R-\sqrt{R-r^2}$$

式中，r为扫描点在球面镜上位置距球面顶点O的距离。

设球面的焦距为f，则$R=2f$，z的展开式为

$$z=\frac{r^2}{4f}+\frac{r^4}{64f^3}+\cdots \tag{6-36}$$

式中，等号右边第一项为抛物面方程。当f很大而r很小时，等号右边第二项、第三项等高次项影响是很小的，可以认为是近似的抛物镜。

二、调制盘法

调制盘是一种发光强度调制器。调制盘是用光刻的方法在基板上光刻出许多透光和不透光的栅格，也可在金属基体上通过机械加工而获得一些透光或不透光的各种图形。通常调制盘被置于光学系统的像平面上，位于光电探测器之前。当目标像与调制盘之间有相对运动时，调制盘的透光与不透光栅格切割像点，使得通过调制盘的辐射能量变成断续输出，光电探测器接收到的是光辐射被调制成周期性的调制信号。

1. 调制盘的作用

调制盘的作用是把恒定的辐射通量变成周期性重复的光辐射通量。它的主要作用是：

①将静止的目标像调制成交流信号以抑制噪声和光源波动的影响，提高系统的检测能力；②可进行空间滤波，抑制背景噪声；③提供目标的方位空间等。

光电系统中的调制盘种类繁多，按照调制方式的不同，将调制盘分为以下几种类型：调幅式（AM）、调频式（FM）、调相式（PM）、调宽式（WM）和脉冲编码式。

按目标像点与调制盘之间相对运动的方式不同，可将调制盘的扫描方式分为旋转式、光点扫描式（即圆锥扫描式）和圆周平移式三种。无论哪一种方式都将调制盘置于光学系统的像平面上。旋转式和圆锥扫描式的调制盘中心与光学系统的主光轴重合，旋转式的调制盘绕光轴转动；圆锥扫描式的调制盘固定不动，而是利用光学系统的目标像点相对于调制盘做圆周运动。在圆周平移式中，采用调制盘绕光轴做圆周平移的扫描方式。

（1）调制盘的调频作用

在光电系统中，调制盘通常被置于光学系统的成像面上，对入射辐射进行调制和编码，再被场镜收集并均匀地投射到探测器上，而探测器将调制盘的辐射能转换成幅度和波形一定的电信号，这个电信号中包含有被测目标的特征信息。

如图6-9所示，(x, y)为被测目标物面坐标，(x', y')为像面坐标，(ξ, ζ)为调制盘坐标。这里需要指出的是：像面坐标(x', y')和调制盘坐标(ξ, ζ)同在像平面上，当调制盘与像点间相对静止时，两者重叠在一起；而当调制盘相对像点运动时，可用调制盘坐标(ξ, ζ)相对于像面坐标(x', y')的平移或转动来描述，使问题的讨论大为简化。

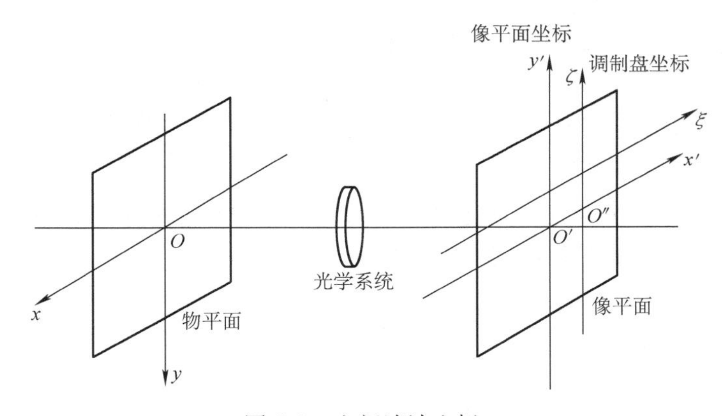

图6-9　空间滤波坐标

调制盘的图案种类繁多，但都是空间分布的周期性函数。相应的时间周期性函数可以用时间周期和时间频率来描述，空间周期函数也可以用空间周期和空间频率来描述，为此引入空间频率的重要概念。以最简单的矩形辐条式调制盘为例，其形状和圆筒上辐条式图案的平面展开图如图6-10所示。

当圆筒连续转动时，调制盘图案可看成是无限长的图案在像平面上平移。若在像平面上取坐标轴$o'x'$，而在调制盘上取坐标轴$o''\xi$，它们均与辐条垂直，在静止时两组坐标轴重合。这时，调制盘图案透光部分与不透光部分的最小重复间隔称为空间周期P，空间频率$F=1/P$则表征单位空间线度内调制盘图案的周期性变化次数。

把空间周期性与时间周期性的函数相类比，就不难得出空间周期性函数的相应概念，若空间周期为P，则空间频率$F=\dfrac{1}{P}$，空间圆频率$\Omega=2\pi F$。

本来空间频率的概念应比时间频率更为直观具体，但是其复杂性来源于空间的维数。所以空间频率不只是一个标量，而应为一个矢量，图6-11所示的二维空间周期性函数具有两个空间频率，而三维空间周期性函数有三个空间频率，如图6-12所示。若空间函数沿着x、y、z方向的空间周期为P_x、P_y、P_z，则该空间函数沿x、y、z方向的空间圆频率为

$$\Omega_x = 2\pi/P_x,\ \Omega_y = 2\pi/P_y,\ \Omega_z = 2\pi/P_z$$

相邻曲面（二维情况时为条纹）的最小间隔为空间周期，即

$$P = 2\pi/\sqrt{\Omega_x^2 + \Omega_y^2 + \Omega_z^2}$$

光电系统中常见的空间分布函数有物体的发光强度分布函数（简称为物函数）、像的发光强度分布函数（简称为像函数）和调制盘透过率函数等。

在建立了空间频率的概念后，对于一个空间函数也完全可以和时间函数一样由傅里叶变换求其空间频谱。

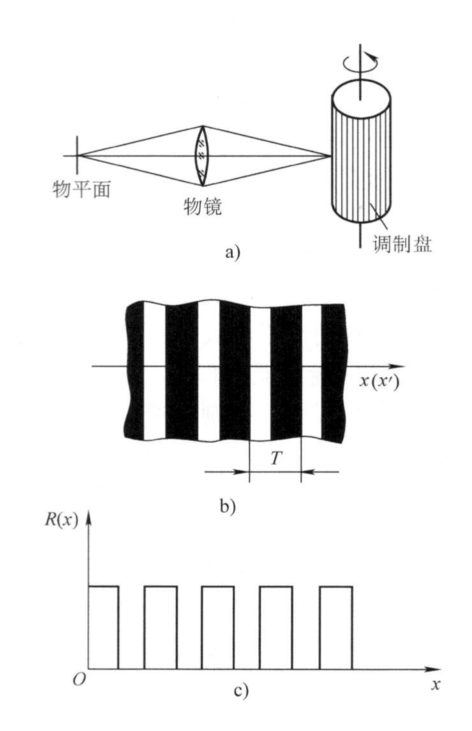

图6-10　矩形辐条式调制盘
a）辐条式调制原理图　b）辐条图案展开图　c）辐条式调制方波图

利用上面所引入的空间坐标，物平面上的目标和背景辐射可以用物函数$O(r)$（极坐标）或$O(x,y)$（直角坐标）来描述，其通过光学系统所成的像可用像函数$I(r)$或$I(x',y')$来描述。而$I(r)$与$O(r)$之间的关系可用光学传递函数来描述。

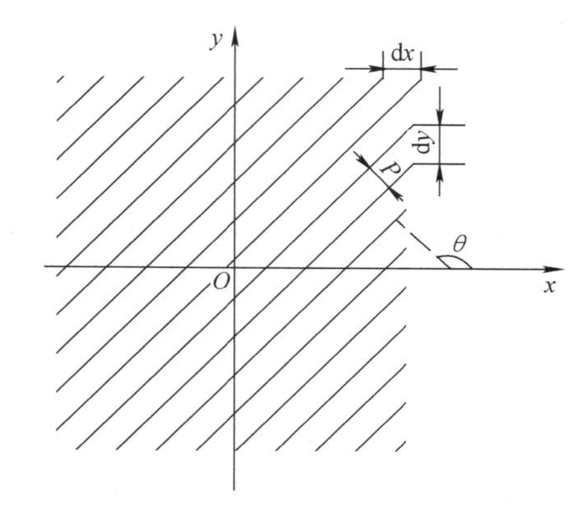

图6-11　二维空间周期性函数具有两个空间频率

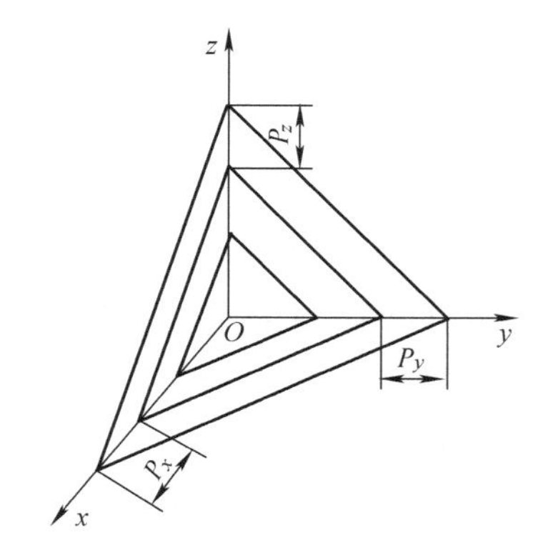

图6-12　三维空间函数的空间频率

下面讨论在像函数已知的情况下，通过调制盘的辐射通量。

调制盘的透过情况可以用透过率函数$\tau(g)$或$\tau(\xi,\zeta)$来描述。该函数在某一点(ξ,ζ)的值表示调制盘在该点上对光辐射透过率的大小。很显然，它的形式是由调制盘本身图案决定

的。透过率函数也称为孔径函数。目标和背景经光学系统后所成的像通过调制盘得到辐射通量被称为光通量函数。显然光通量函数与像面的能量分布和调制盘透过率函数有关。

如图 6-13 所示，调制盘坐标（$\xi O''\zeta$）原点 O''与像面坐标（$x'O'y'$）坐标原点 O'的距离为 r'。调制盘与像面的相对运动可用（$\xi O''\zeta$）相对（$x'O'y'$）运动来描述。而 $r' = \overline{o'o''}$可表示（$\xi O''\zeta$）坐标系相对于（$x'O'y'$）坐标系的位置。当调制盘与像点之间存在相对运动时，r'是时间的函数，即 $r' = r'(t)$，该函数形式与具体的运动方式有关。

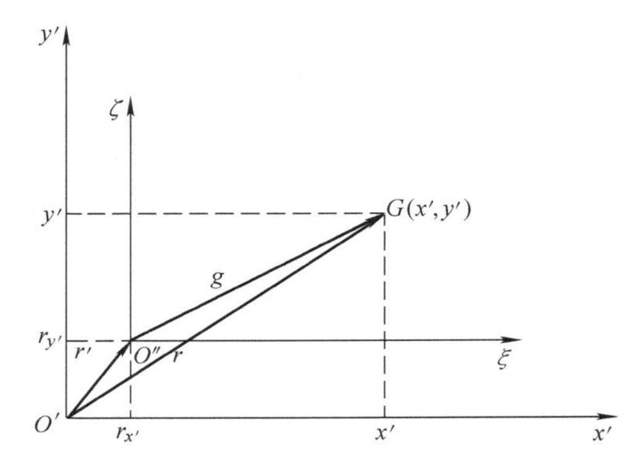

图 6-13　像面坐标与调制盘坐标

若像平面上某一点 G 在 $x'O'y'$坐标系中的坐标为 r，在 $\xi O''\zeta$ 坐标中的坐标为 g，则有

$$g = r - r' \tag{6-37}$$

G 点像的辐射通量透过调制盘的数量多少，是由该点的像函数 $I(r)$ 和透过率函数 $\tau(g)$ 的乘积所决定的，即

$$\mathrm{d}\Phi_{\mathrm{G}} = I(r)\tau(g) = I(r)\tau(r-r') \tag{6-38}$$

将上式在整个像面上积分，可得到通过调制盘的总辐射通量函数为

$$\Phi(r') = \int I(r)\tau(r-r')\mathrm{d}r \tag{6-39}$$

式（6-39）中三个变量均可以进行傅里叶变换，其变换对分别为

$$I(r) \Leftrightarrow I(F)$$

$$\tau(g) \Leftrightarrow T(F)$$

$$\Phi(r') \Leftrightarrow \Phi(F)$$

由傅里叶变换不难证明，在频域中有

$$\Phi(F) = I(F)T(F) \tag{6-40}$$

（2）调制盘的空间滤波作用

由于系统目标（例如飞机、军舰、坦克等）总是存在于背景（如大气、云层、地面物体等）之中，因此背景辐射总是不可避免地与目标辐射同时进入系统中。在红外跟踪系统中，背景辐射由于距离近甚至会比目标辐射大几个数量级，从而给系统带来很大的影响。利用目标和背景相对于系统的张角不同，即利用目标和背景空间分布的差异，调制盘可以抑制背景以突出目标，从而把目标从背景中分离出来。调制盘这种滤去背景干扰的作用称为空间滤波。

现以日出式调制盘为例来说明调制盘的空间滤波原理。如图 6-14a 所示，该调制盘的上半区为目标调制区，由透过辐射与不透过辐射的辐射状扇形条交替而成；而下半区为半透区，其透过率 $\tau = 1/2$。将调制盘置于光学系统的焦平面上，调制盘中心与光轴重合，整个调制盘可以绕光轴匀角速转动。在调制盘后面配置场镜，把辐射会聚到探测器上。

小张角目标经光学系统后，落到调制盘上就是一个很小的像点；在调制盘转动后，目标像点交替经过调制盘的扇形条纹，产生一系列的脉冲串（见图 6-14b），而脉冲的形状取决于像点相对于扇形条纹的大小。脉冲串为矩形调幅波（整形后），即载波和调制信号均为占

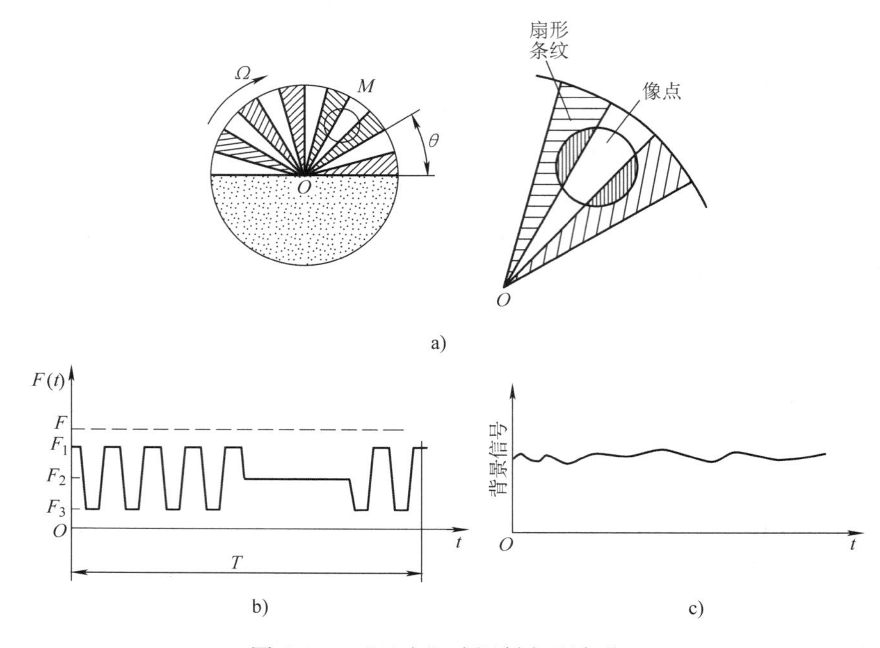

图6-14　“日出”式调制盘及波形

a）日出式调制盘图案　b）目标信号调制　c）背景信号调制波形

空比为1/2的矩形波，载波的频率由调制盘转速和调制盘扇形条分格数决定。设载波基频为ω_0，则对调幅波进行频谱分析可知，调制盘透过函数的频谱为载频ω_0，$3\omega_0$，$5\omega_0$，…两侧对称分布着调制方波的频谱Ω_0，$3\Omega_0$，$5\Omega_0$，…，如图6-15所示。而背景信号如图6-14c所示。对于小张角目标所成的像点，可近似用δ函数来描述其空间频谱，因此其频谱很宽，此时光通量函数的频谱近似为调制盘透过率函数的频谱。而大张角背景经光学系统后，在调制盘上成一个很大的像，会充满整个或大部分调制盘，调制盘转动后，输出的幅值不随时间变化或只有很小的变化，基本上是一个直流信号，其上只有很小的纹波，如图6-14c所示。从频域上看，大背景像的频谱为直流和低频分量。因此，当小目标与大背景同时成像在调制盘上时，探测器就会同时输出上述两种信号，选择中心频率和频带宽度适当的电子滤波器，就可以提取目标辐射信号而抑制背景辐射信号。调制盘这种利用目标和背景的空间频谱分布不

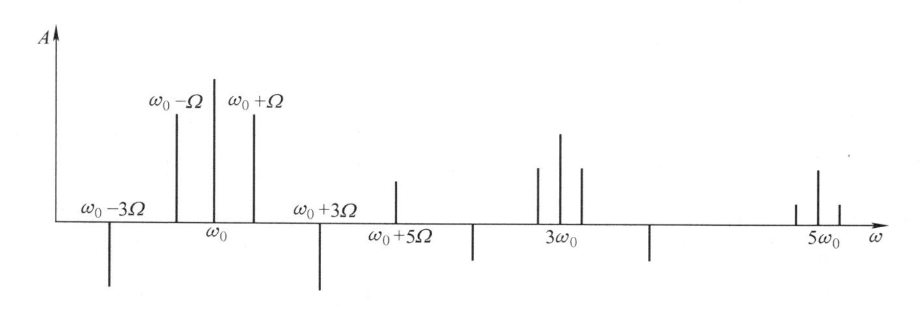

图6-15　日出式调制盘透过率函数的频谱

同而滤除背景干扰的作用称为空间滤波，而调制盘就被称为空间滤波器。

（3）用调制盘确定目标物的方位

在跟踪及制导系统中，调制盘主要用来测量目标物的方位，即把目标物的方位转换成可用信号，从而给出误差信号驱动跟踪机构来跟踪目标；此外就是上面所述的空间滤波。目标经光学系统成像后，物平面上的一点 M 对应着像平面上的一个像点 M'（见图 6-16）。目标 M 和像点 M'在物平面和像平面上的位置用极坐标（ρ，θ）和（ρ'，θ'）表示。若光学系统的焦距为f'，则有

$$\begin{cases}\rho' = f'\tan\Delta q \\ \theta' = \theta\end{cases} \tag{6-41}$$

式中，ρ'为 $x'O'y'$平面内的像点 M'至 O'点的距离，称为像点偏离量；θ'为像点方位角；Δq 为失调角，它反映了目标偏离光学系统光轴的大小。这样，像点的位置（ρ'，θ'）或（Δq，θ'）便与目标在空间的方位（Δq，θ）联系起来。

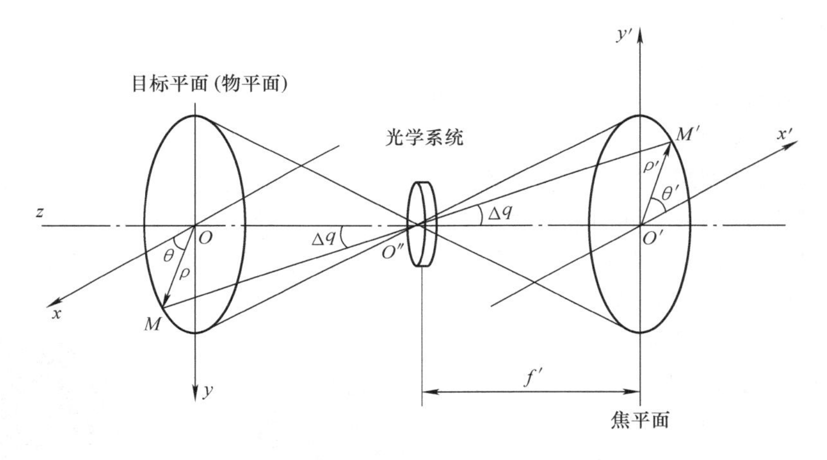

图 6-16　目标和像点的位置关系

怎样将目标像点的方位（Δq，θ'）转化为可用信号？

下面分析调制信号与像点偏离量的关系。

对于偏离量为 ρ'、方位角为 θ'的像点，如果像点尺寸不能被忽略，那么假定像点是圆形，像点上辐射照度均匀分布，设像点总面积为 S。像点的上一部分辐射功率 P_1 能透过调制盘，其面积为 S_1，像点上余下部分的辐射功率 P_2不能透过调制盘，面积为 S_2，如图 6-17a 所示。显然，P_1 与 S_1 成正比，P_2与 S_2成正比。当调制盘转过一个扇形角度后，P_1 成为不能透过调制盘的辐射功率，P_2 成为能透过调制盘的辐射功率。如果调制盘匀速转动，则在日出式调制盘的上半圆调制区内，透过调制盘的辐射功率就在 P_1和 P_2之间周期性地变化；在下半圆半透区内，透过调制盘的功率为像点总功率（P）的一半。此时调制信号的幅值应为$|P_1 - P_2|$，它与$|S_1 - S_2|$成正比。

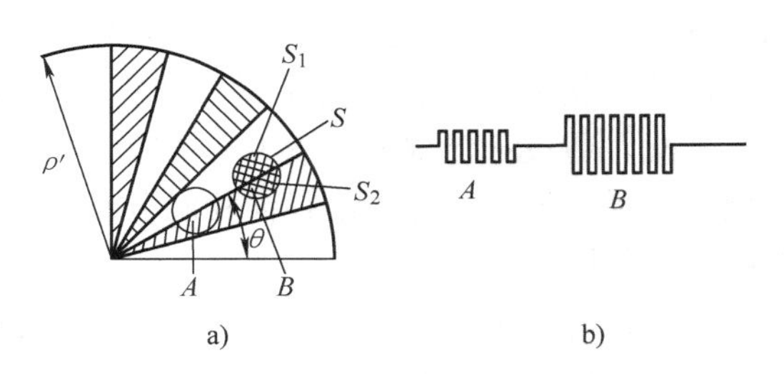

图 6-17　像点相对调制盘位置及调制波形
a）像点相对调制盘的位置　b）调制波形

为方便分析问题，引入调制深度 m 的概念，它的定义是

$$m=\frac{|P_1-P_2|}{P}=\frac{|S_1-S_2|}{S} \tag{6-42}$$

式中，P 为像点总功率，它与像点的总面积 S 成正比。调制深度 m 表征目标像点辐射功率中被调制部分所占的比重。m 越大，调制信号的幅值越大。它是目标像点（弥散斑）大小与调制盘格子尺寸的函数。

假定目标像点的面积不变，则随着像点偏离量 ρ' 增大，即像点由 A 位移到 B，则 S_1 增大，S_2 减小，调制深度 m 将逐渐增大，调制信号的幅值也逐渐增大，反之亦然。因此，这种调制盘在像点面积一定时，所得调幅信号的调制深度 m 是目标像点在调制盘上的偏离量 ρ' 的函数，即 $m=f(\rho')$。于是，就可以用调制信号的幅度来表示像点偏离量的大小。若像点的面积 S 为变值，则调制深度 m 将随着 ρ' 及 S 两个参数变化，即

$$m=f(\rho',S) \tag{6-43}$$

2. 调制盘的类型

（1）矩形辐条式调制盘（日出式调制盘）

该类型在前面叙述中已经介绍过，故不再叙述。

（2）棋盘格式调制盘

实际上，日出式调制盘很难完全滤除背景，因为背景的边缘多半是不规则的，背景内部的辐射也可能是不均匀的，同时还存在辐射面积较小的背景，这样调制盘旋转时仍会产生调制信号，这就是图6-14c中背景信号带有纹波而非直流的原因。对于图6-14a所示的日出式调制盘，如果有一条背景边缘正好与辐条平行，调制盘转动后，透明与不透明辐条一次斩割云边，就会出现很大的背景调制信号，对测量十分不利，产生这种背景调制的原因是辐条式调制盘只在垂直于辐条方向上有空间滤波作用，而在平行于辐条方向上却没有。另外，若有面积不很大的背景出现在上述日出式调制盘边缘区域，如图6-18a所示，则仍可产生调制信号，对目标信号就形成干扰。为了进一步抑制背景干扰，通过把调制盘上离中心较远的区域再做径向划分，形成沿径向相间分布的透光与不透光小区域，这就是棋盘格式调制盘，如图6-18b所示。

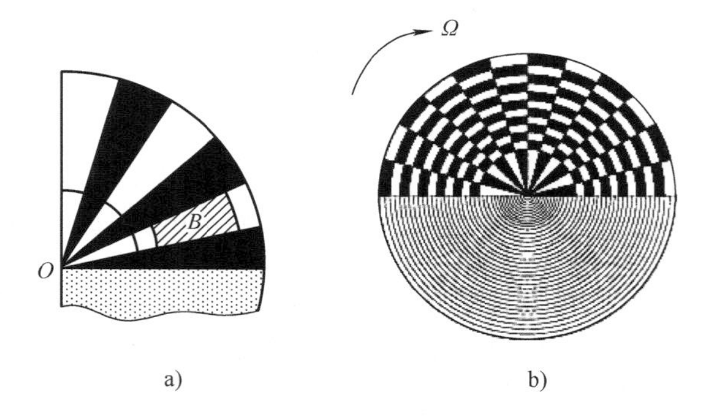

图6-18　棋盘格式调幅调制盘

a）日出式调制盘局部　b）棋盘格式调制盘

为了提高抗干扰能力，从中心到边缘，棋盘格的径向宽度逐渐减小，但各格的面积相同。显然，棋盘格式调制盘对背景的抑制能力比日出式强，其根本原因就是在非中央区域制有“黑”“白”相间的小面积分格，使面积较小的背景在此区域也能覆盖数量较多的“黑”“白”分格。

另外，为便于制作，棋盘格式调制盘的“半透明区”是由“黑”“白”相间、径向宽度相同的同心圆弧组成的（圆弧区径向宽度比目标像点线度尺寸小得多）。因而，该区域的总透过率仍保持为1/2。

（3）圆锥扫描调幅调制盘

圆锥扫描也称为光点扫描。圆锥扫描调幅调制盘的图案如图6-19所示，其最外圈是尖角形，圈内为扇形加棋盘格图案；各环带“黑”“白”格子数量不同（由内向外逐渐增多），且每环带上的“黑”“白”扇形面积相同。外圈的尖角图案用以产生调制曲线的上升段，尖角的多少取决于调制频率；内部区域的图案是按空间滤波要求考虑的。这种调制盘固定在光学系统的焦平面上而不旋转。除扫描元件外，调制盘中心在光学系统的光轴上。扫描元件（次镜和光楔）的存在使整个系统成为不共轴结构（见图6-20），它们的旋转便使目标像点在调制盘上形成光电信号扫描圆。

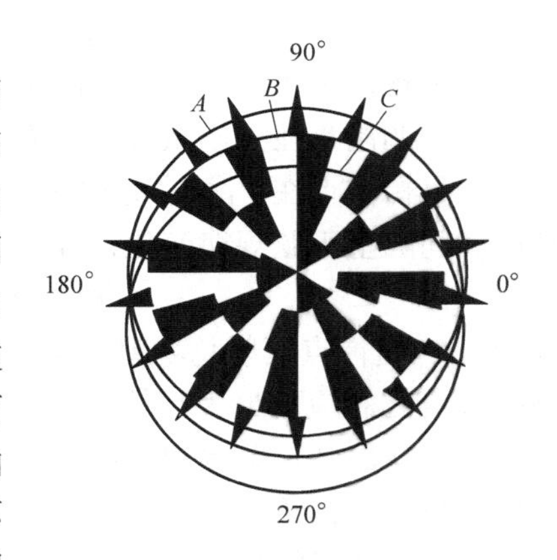

图6-19　圆锥扫描调幅调制盘

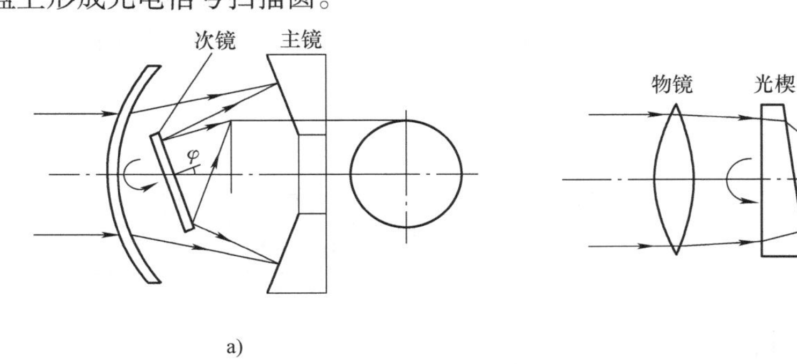

图6-20　光点扫描圆的形成

a）次镜偏轴旋转　b）光楔旋转

当目标在视场中心时，光点扫描圆与调制盘同心（见图6-19中的*A*环线），光点扫过的尖角形宽度处处相等，调制盘输出等幅光脉冲，其包络信号为零，没有有用信号输出（见图6-21a）。一旦目标偏离视场中心成像于调制盘上的*B*环线（见图6-19），则光点扫描圆相对于调制盘是偏心圆。光点扫一周时经过外圈三角形的不同部位，光点的调制深度、载波形状和频率都不断变化。调制盘输出调制光脉冲，经光电信号处理后得到如图6-21b所示的调幅波。

若目标更加远离视场中心（见图6-19中的*C*环线），则像点扫描圆部分超越调制图案区。由于在调制图案区域之外时，光点不受限制，故信号处理后出现如图6-21c那样断续的调幅波。这样，载波包络幅值就反映目标失调角。

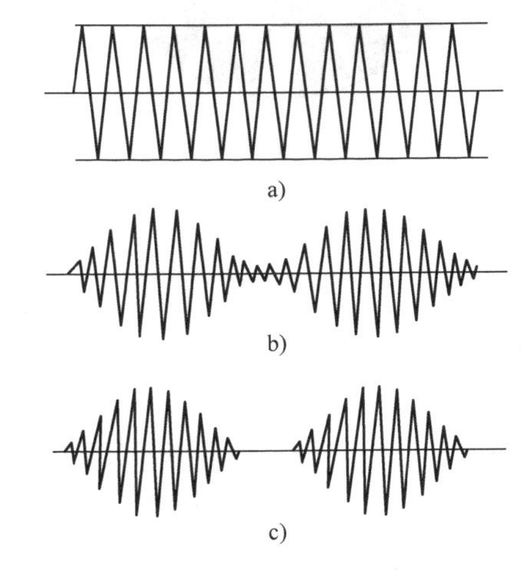

图6-21　圆锥扫描调幅调制盘输出电信号波形

a）目标在视场中心时的调幅波

b）目标偏离视场中心时的调幅波

c）目标更加偏离视场中心时的调幅波

（4）旋转调频式调制盘

图6-22a为一种旋转调频式调制盘。其图案区

分为三个环带，各环带中“透”与“不透”扇形分格数目不同——由内向外依次为8、16、32。同一环带中各扇形格对应的圆心角也不一样——从基线00′起按正弦规律变化。在实际系统中，调制盘在光学系统焦平面处，以圆频率Ω绕光轴旋转。

若目标像点在P_1处，方位角为θ，则调制盘输出的脉冲波形如图6-22b所示，矩形脉冲宽度和间隔呈正弦规律变化，即

$$\Phi_1(t)=\Phi_0\cos[\omega t+m\sin(\Omega t+\theta)] \tag{6-44}$$

式中，Φ_0是像点辐射总功率；ω是假定环带内扇形分格均匀时像点所处环带对应的载波圆频率（与之相应的最大频偏为$\Delta\omega$）；$m=\Delta\omega/\Omega$。

以上输出经过鉴频和滤波可得到如图6-22d所示的正弦信号，其与基准信号的相位角之差就是目标方位角θ。

若目标像点沿径向内移至P_2点（见图6-22a），则调制盘输出脉冲波形如图6-22c所示。与图6-22b相比，二者矩形脉冲高度一样，但宽度、间隔均不相同——这是因为P_2点所处环带内扇形分格数量与P_1的不同，因而其相应的圆频率不同，且对应的最大频偏也不一样，即$\omega_1\neq\omega_2$，$\Delta\omega_1\neq\Delta\omega_2$。

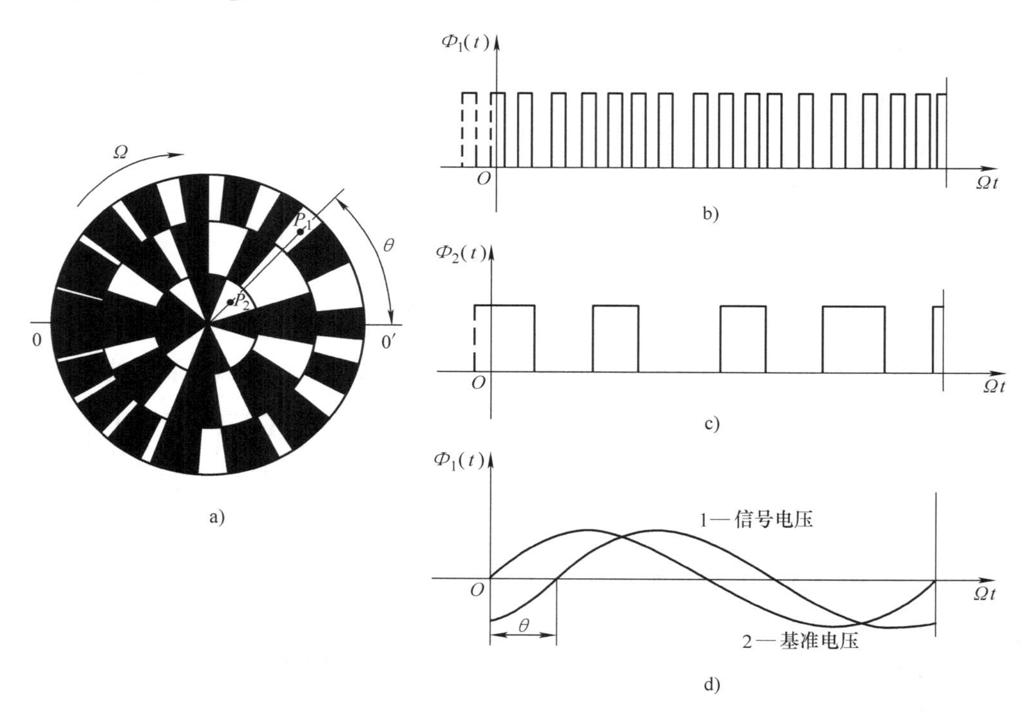

图6-22　对称滤波器的频率特性曲线

a）旋转调频式调制盘　b）目标像点在P_1处的输出波形

c）目标像点在P_2处的输出波形　d）在P_1处得到的正弦信号

若以极坐标（ρ，θ）表示任一像点在调制盘上的位置，则ω、m应视为ρ的函数。考虑到ρ与目标失调角Δq的数学关系，ω、m分别为Δq的函数，则调制盘的输出波形为

$$\Phi_1(t)=\Phi_0\cos[\omega(\Delta q)t+m(\Delta q)\sin(\Omega t+\theta)] \tag{6-45}$$

这就是与式（6-44）相应的通用表达式。它描述的是在调制盘旋转一周的过程中，其

输出矩形脉冲功率分布的时间序列。将其放大、鉴频即得到正弦形电压信号。信号电压的幅值是由 $\omega(\Delta q)$、$m(\Delta q)$ 决定，亦由失调角 Δq 决定。反过来说，由信号电压的幅值就可确定目标的失调角 Δq。

图 6-22 的示例只有三个环带，它只能以三个档次反映目标失调角。若想更准确些，应采用更多环带的图案。环带中扇形网格的划分也可按需要确定。

此种调制盘与调幅式相比较，其优点是调制效率高出几倍，加之调频信号的处理电路能更好地抑制噪声，使它有较强的抗干扰能力。其缺点是由于各环带内角度分格不匀，使空间滤波能力欠理想。另外，由于采用调频方式，使后续处理电路变得复杂，图案制作也较困难。

（5）圆锥扫描调频调制盘

图 6-23a 为一种圆锥扫描调频调制盘。其调制图案呈扇形棋盘格样式，中心位于除扫描元件之外光学系统的光轴上。它区别于上述旋转调频式调制盘的突出特点，是能连续反映目标的失调角。若目标在视场中心，则像点扫描圆 A 与调制盘同心，输出波形如图 6-23b 所示，载波频率为一常量，如图 6-23c 所示。

当目标偏离视场中心时，像点扫描圆不与调制盘同心（图 6-23a 之圆 B），像点扫过调制盘中心区时，产生的光脉冲比扫过边缘区时更密集，如图 6-23d 所示。因此，当像点扫描一周时，载波频率连续变化，如图 6-23e 所示。显然，载波波形的相位取决于像点的方位角，调频信号经过鉴频后与基准信号比较，可得到目标方位角，而由调频信号的幅值可以确定目标的失调角。

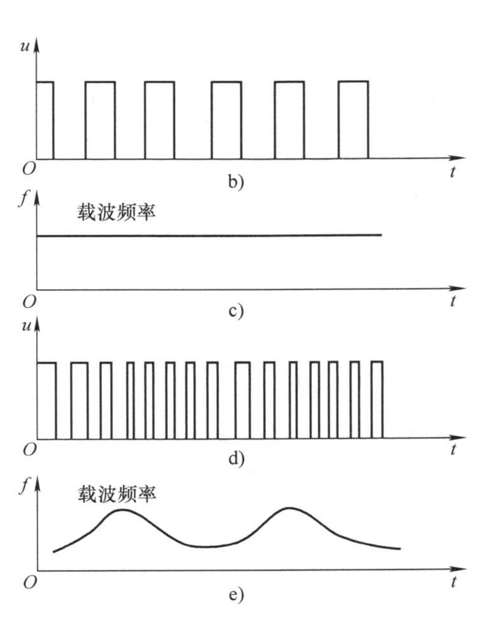

图 6-23　圆锥扫描调频调制盘

a）圆锥扫描调频调制盘　b）目标像点视场中心时扫描圆 A 的输出波形　c）扫描圆 A 输出波形的载波频率　d）目标像点偏离视场中心时扫描圆 B 的输出波形　e）扫描圆 B 输出波形的载波频率

这种调制盘具有前述圆锥扫描调幅调制盘的优点，如无“盲区”，可实现高精度跟踪等；它的主要缺点是光学系统以不共轴状态工作，这必然破坏目标像点的形状和光辐照度的均匀性，影响调制效果。

（6）脉冲编码式调制盘

图6-24为一种脉冲编码式调制盘。其旋转中心为O'，偏离系统光轴的偏离量为OO'。O是视场中心；视场范围与图中截圆W对应；在W区域内制作n对“透”与“不透”相间分布的等宽平行条带（图中$n=6$）图案，在相邻两个平行条带刻划区中间是半透光区。图中的$B'OC'$对应于空间方位，而与之正交的线段EOF对应于俯仰。设计要保证像点直径小于图中条带宽度（指刻线间距），使载波幅度不变。

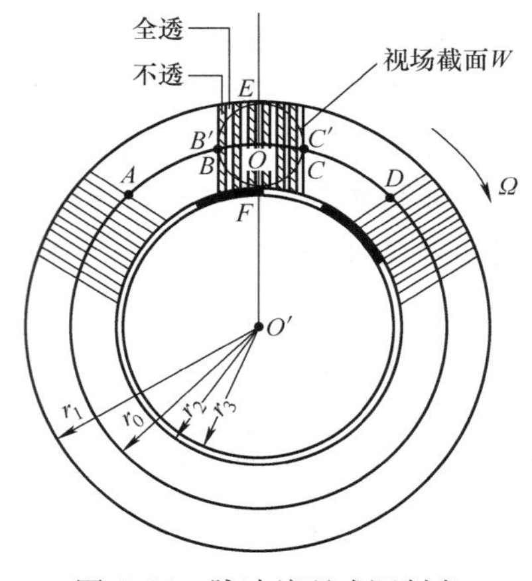

图6-24　脉冲编码式调制盘

当像点在O点时，调制盘旋转所输出波形如图6-25a所示。当像点在B'和C'点时（即目标在方位方向上偏离光轴），调制盘输出波形分别如图6-25b、图6-25c所示。可见它们的载波包络位相各不相同。将包络与基准信号比较，其位相差就能反映目标在方位上偏离光轴的量是多大。

当目标沿俯仰方向偏离光轴时，其像点将在线段EOF上移动而离开O点（见图6-26）。相应的信号波形包络如图6-27所示。这就是说，信号波形包络的脉冲宽度反映目标的俯仰位置。

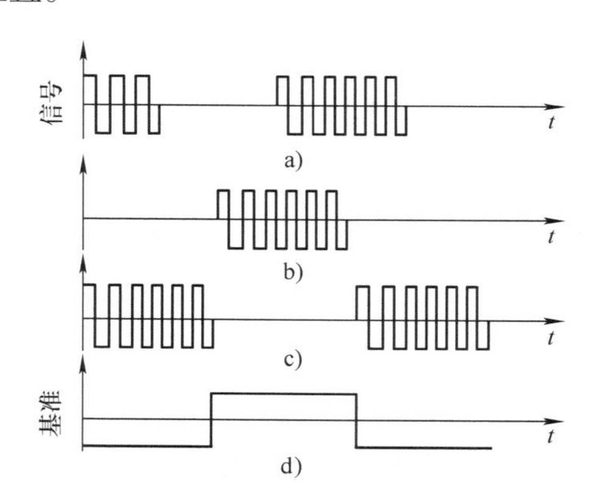

图6-25　不同方位像点信号的波形

a）目标像点在O点时的输出波形

b）目标像点在B'点时的输出波形

c）目标像点在C'点时的输出波形　d）基准信号波形

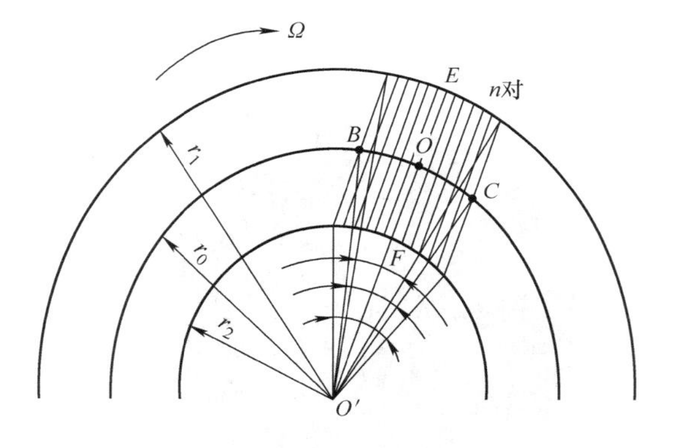

图6-26　条带组及不同半径对应的圆心角

这种调制盘没有“盲区”，精度较高。其方位、俯仰误差特性曲线在整个视场范围内单调上升，且线性较好，因而线性段较宽。对大面积背景滤除效果好，从而减小背景的干扰作用。它的缺点是调制盘图案和加工制作比较困难；对驱动电动机转动稳定性及其轴系有较高要求；当视场较大时，对探测器噪声影响较大。

（7）调相式调制盘

图 6-28 为调相式调制盘。图中以 R 为半径的圆作为分界线，把圆形图案面分为内、外两部分。在半径 R 以内，上半部是“半透”区，下半部是“透”与“不透”相间分布的等圆心角扇形带；在半径 R 之外，上、下部图案恰好与上述情况相反。调制盘以系统光轴为旋转轴而旋转。

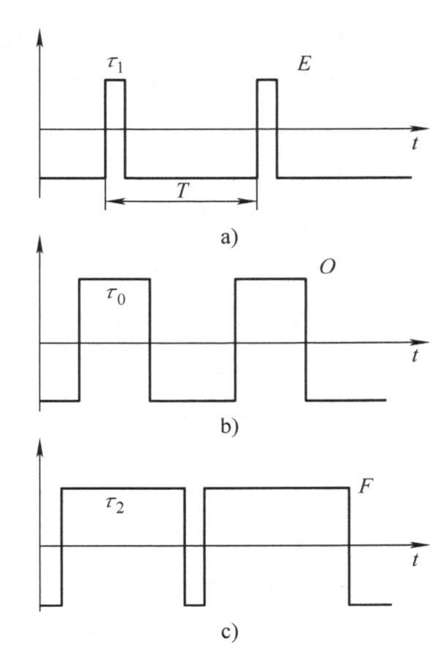

图 6-27　俯仰位置不同所对应的信号波形包络
a）在 E 点的信号波形包络线　b）在 O 点的信号波形包络线　c）在 F 点的信号波形包络线

当像点在半径 $r<R$ 的圆内时，输出波形如图 6-29a所示；若像点正好在 $r=R$ 的圆周上，则输出波形如图 6-29b所示，其幅值只有上述情况的一半。这是因为在一个周期 T 内，内侧半个像点在 $T/2$ 时间里被内部区域调制；而外侧的半个像点在剩下 $T/2$ 时间里被外部区域调制。当像点在 $r>R$ 的区域时，输出波形如图 6-29c 所示，其包络的位相正好与图 6-29a 相反。

显然，这种调制盘只能给出目标失调角属于哪一区间的信息，即给出像点是在“界内”（$r<R$）、“界上”（$r=R$）还是“界外”（$r>R$），不能具体定量说明。同时，它也不能提供关于目标方位角的信息。因此，一般需要与其他调制方式配合才能使用。

图 6-28　调相式调制盘

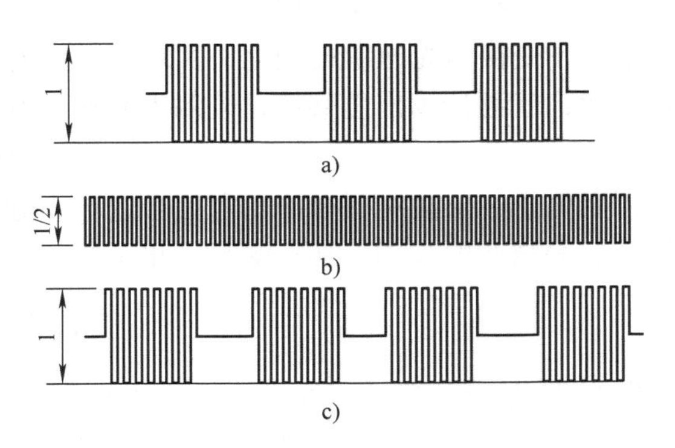

图 6-29　调相式调制盘输出电信号波形
a）目标像点在 $r<R$ 的圆内的输出波形
b）目标像点在 $r=R$ 的圆内的输出波形
c）目标像点在 $r>R$ 的圆内的输出波形

三、光栅莫尔条纹调制变换法

光栅是具有周期性空间结构或光学性能（如透射率、反射率等）的光学元件。若光栅的空间周期 $P>>\lambda$（光波波长）则称其为计量光栅，常被用作精密测量中的测量元件；若 $P\approx\lambda$ 则为衍射光栅，多用于光谱仪器中的分光元件。

计量光栅有长形和圆形两种。长形光栅像一根标尺，而圆形光栅像一个度盘。常用的计量光栅每毫米刻有20~250条线。而圆光栅常在整个圆周上刻有2700、5400、10800、21600等条线。

此外，还有偏振光栅、全息光栅等。光栅的调制作用有幅度调制和频率调制。

1. 光通量幅度调制

将两块光栅叠合在一起，并使二者栅线交成很小的夹角 θ，就可以看到如图6-30所示的莫尔条纹图案。其中黑条纹是由一系列的交叉线构成的不透光部分，而白条纹是由一系列的菱形构成的透光部分。

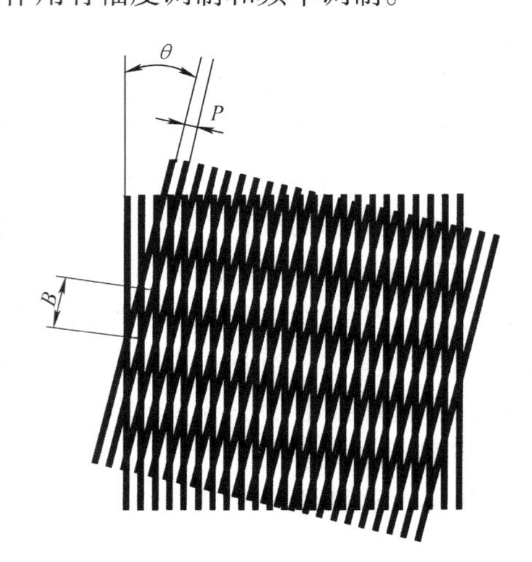

图6-30 莫尔条纹图案

当两光栅沿着垂直于栅线的方向相对移动时，莫尔条纹将沿着平行于栅线的方向移动。光栅每移动一个栅距 P，条纹就跟着移动一个条纹宽度 B。

如果在光栅后某一点观察，可看到随着光栅的移动，该点的光通量函数做明暗交替变化，即莫尔条纹把光栅位移信息转换成发光强度信号。

若照射到光栅上的光通量为 Φ，那么随着光栅的移动，莫尔条纹的光通量变化 $\Delta\Phi$ 可表示为

$$\Delta\Phi = \Phi_0 + \Phi_{\mathrm{m}}\cos\left(2\pi\frac{x}{p}\right) \tag{6-46}$$

式中，P 为光栅栅距；x 为光栅的位移；Φ_0 为直流光通量；Φ_{m} 为交变光通量幅度。

若光栅位移 x 等于光栅栅距 P 时，则 $\Delta\Phi$ 变化一个周期。这样通过光栅的调制作用，就把位移量 x 变换为光通量的变化，实现光通量的幅度调制。若用光电器件检测莫尔条纹的光通量变化，就可计算出位移值。若测得光通量变化 N 个周期，则被测尺寸 x 为

$$x = NP \tag{6-47}$$

再用电子细分法对一个周期电信号进行细分。若细分倍数为 m，用莫尔条纹计数装置计算细分后的脉冲数为 M，那么测量结果 x 为

$$x = \frac{MP}{m} \tag{6-48}$$

图6-31是最简单的一种光栅读数头示意图，它由光源、聚光镜、指示光栅、标尺光栅和光电转换器（硅光电池）组成。两块光栅刻线面相对放置，中间留有一小间隙。光源位于聚光镜的焦点上，光辐射经聚光镜后成平行光照射到光栅上，并通过光栅投射到光电转换器上。光电转换器接收到明暗变化的光信号后，转换为相应的电信号。常用的光电转换器有硅光电池、光敏二极管、光敏晶体管和光电倍增管等。

利用光栅的莫尔条纹幅度调制可以对被测信号的波数和频率进行测量，测量精度比普通的幅值法高1~2个数量级。

2. 频率调制

用衍射光栅可以实现频率调制。因为衍射光栅栅距很小，光照到衍射光栅上，就像照射到许多均匀刻划的狭缝上一样，从而产生衍射。用光栅进行频率调制的原理如图6-32所示，

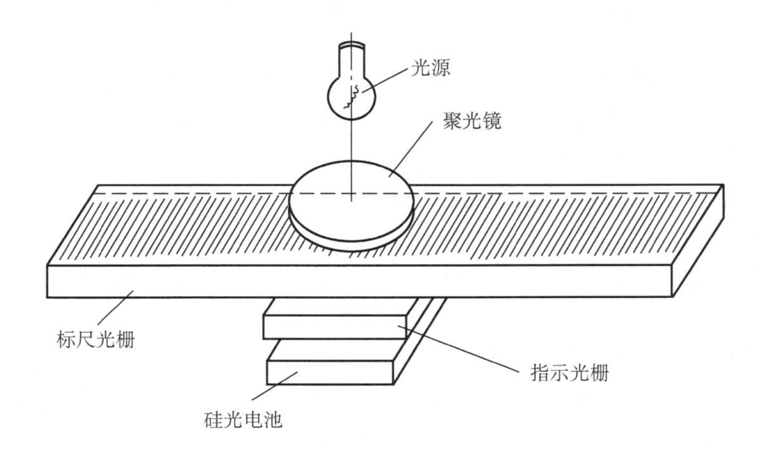

图 6-31　简单光栅读数头

衍射光栅在电动机带动下，以 ω 角速度旋转，激光经聚光镜聚焦在光栅盘的刻线上，透射光被光栅衍射分为 0 级、±1 级、±2 级等衍射光。若光照射光栅刻线处的线速度为 V，光栅刻划间距为 P，那么 1 级衍射光发生的频移 f 为

$$f=\frac{V}{P} \tag{6-49}$$

若用光电器件接收 +1 级衍射光，则光频 ν 被调制为 $\nu+f$，即实现频率调制。这种频率调制的稳定性与光栅转速的稳定性有关，调制频率可达 20MHz。

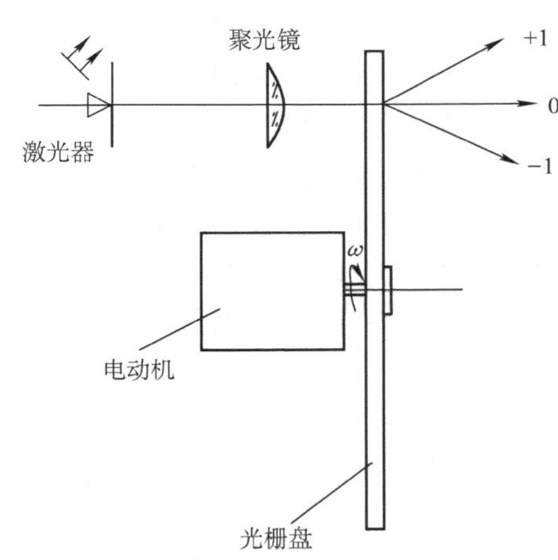

图 6-32　光栅进行频率调制的原理图

四、声光调制变换法

声光调制变换法是利用具有声光效应的声光器件对光束进行某种调制变换的方法。

1. 声光效应原理

声波在介质中传播时，会引起介质密度（折射率）发生周期性变化，可将此声波引起的介质密度周期性变化的现象称为声光栅，声光栅的栅距等于声波的波长，当光波入射于声光栅时，即发生光的衍射，这种现象称为声光效应。声光器件是基于声光效应的原理来工作的。声光器件分为声光调制器和声光偏转器两类，它们的原理、结构、制造工艺相同，只是在尺寸设计上有所区别。

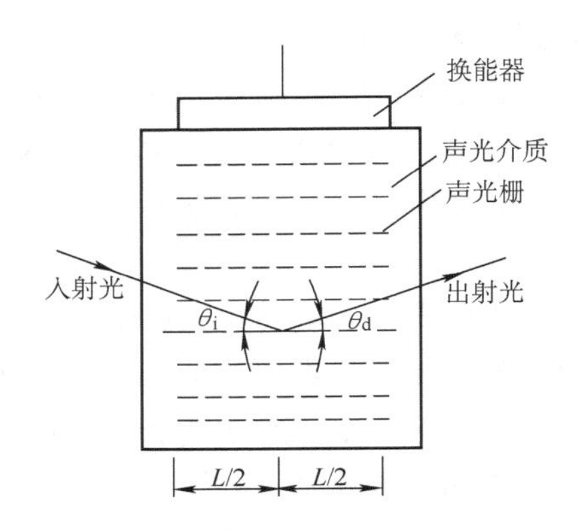

图 6-33　声光器件的基本结构

如图 6-33 所示，声光器件由声光介质和换能器两部分组成。常用的声光介质有钼酸铅晶体（PM）、氧

化碲晶体和熔石英等。换能器即超声波发生器，它是利用压电晶体使电压信号变为超声波，并向声光介质中发射的一种能量变换器。

如图6-33所示，超声场中，由于介质密度周期性的疏密分布而形成声光栅，栅距等于超声波的波长。如果有一束光以θ_i角入射于声光栅，则出射光即是衍射光。理论分析指出，当θ_i满足以下条件时，衍射光发光强度最大。

$$\sin\theta_i = N(2\pi/\Lambda)[\lambda/(4\pi)] = N[K/(2k)] \tag{6-50}$$

式中，θ_i为入射角，实际是掠射角，它是入射光线与超声波波面之间的夹角；Λ和K分别为超声波的波长和波数（$K=2\pi/\Lambda$）；λ和k分别为入射光波的波长和波数（$k=2\pi/\lambda$）；N为衍射光的级数。

如图6-34所示，若掠射角$\theta_i=0°$，即入射光平行于声光栅的栅线入射时，声光栅所产生的衍射光图案和普通光学光栅所产生的衍射光图案类似，也是在0级条纹两侧，对称地分布着各级衍射光的条纹，而且衍射光发光强度逐级减弱。这种衍射称为喇曼－奈斯衍射。理论分析指出，衍射光发光强度和超声波的强度成正比例。因此，即可利用这一原理来对入射光进行调制。若调制信号不是电信号，则首先要把它变为电信号，然后作用到超声波发生器上，使声光介质产生的声光栅与调制信号相对应。这时入射激光的衍射光发光强度正比于调制信号的强度。这就是声光调制器的原理。

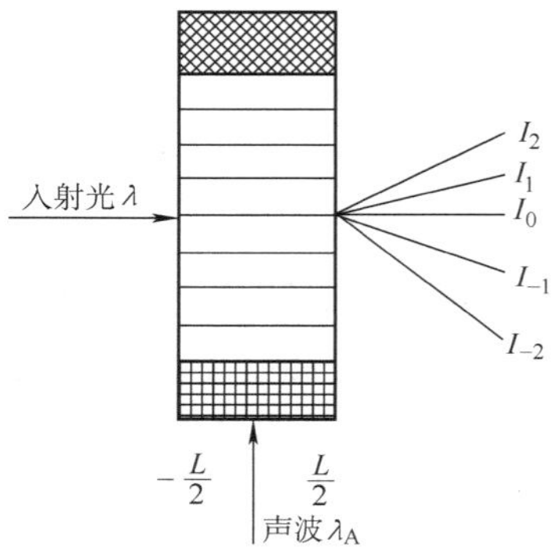

图6-34 喇曼－奈斯衍射

实现喇曼－奈斯衍射的条件是

$$L \ll \Lambda^2/(2\pi\lambda) \tag{6-51}$$

式中，L称为声光相互作用长度。

当掠射角$\theta_i \neq 0°$时，一般情况下，衍射光都很弱，只有在满足

$$\theta_i = \theta_B = K/(2k) \tag{6-52}$$

的条件下，衍射光最强。式（6-52）称为布拉格条件，θ_B称为布拉格角。此时的衍射光是不对称的，只有正一级或负一级。衍射效率（衍射光发光强度与入射光发光强度之比）可接近100%。这种衍射称为布拉格衍射，如图6-35所示。

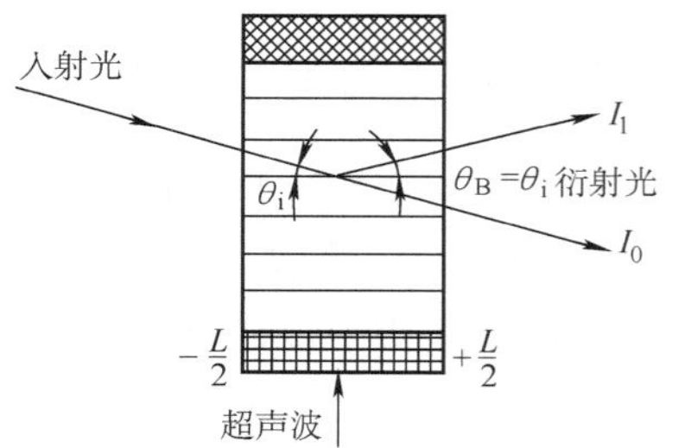

图6-35 布拉格衍射

掠射角θ_i与衍射角θ_d之和，也称为偏转角α。即

$$\alpha = \theta_i + \theta_d = 2\theta_B \approx \lambda/\Lambda = F\lambda/V \tag{6-53}$$

式中，V和F分别为超声波在介质中的传播速度和频率。

由此可知，偏转角正比于超声波的频率。故改变超声波的频率（实际是改变换能器上电信号的频率）即可改变光束的出射方向，这就是声光器件的原理。又由于一级衍射光的频率$\nu_1=\nu+F$，其中ν为光频，F为声频，因此改变声频可用于频率调制。声光调制器是光外差检测的重要调频器件。

使式（6-53）成立的条件是

$$L >> \Lambda^2/(2\pi\lambda) \tag{6-54}$$

声光调制效应有三种不同的分类方式：

1）按入射光和衍射光的偏振特性分为正常声光效应和反常声光效应两类。

正常声光效应中衍射光的偏振方向与入射光相同，因而折射率也相同。或者说，入射光如果是o光，则衍射光也是o光；反之入射光如果为e光，则衍射光也是e光。正常声光效应一般由超声纵波引起，可从各向同性介质中光的波动方程出发，利用介质应变与折射率变化之间的关系，来描述声光效应，可用声光栅来说明光在介质中的衍射。

反常声光效应中衍射光的偏振方向与入射光不同，因而折射率也不同。入射光如果是o光，则衍射光变为e光；反之入射光如果为e光，则衍射光是o光。反常声光效应一般由超声切变波，也就是横波引起，此时，就不能用声光栅来说明光在介质中的衍射现象了。

2）按声光互作用长度分，可分成喇曼－奈斯声光效应和布拉格声光效应两类。

喇曼－奈斯声光效应的声光互作用区域比较短，声光晶体相当于是一个平面光栅，它对入射光方向要求不严格，垂直入射或斜入射都可以，并能产生多级衍射光。

布拉格声光效应的声光互作用区域比较长，整个声光晶体相当于是一个体光栅，对入射光方向要求很严格，只有满足布拉格条件的入射光才能产生衍射光，并且往往只有一级衍射光。

3）按超声波的性质分，可以分成体波声光效应和表面波声光效应两类。

体波声光效应所使用的光波和超声波都是体波，它们都在晶体内部传播。声体波是由压电换能器激发出来的，光体波就是直接将激光束射入晶体。

表面波声光效应使用的是声表面波和导光波。声表面波只在晶体表面下深度为波长数量级的范围内传播，它是由叉指换能器激发出来的。导光波则是将激光束耦合进平面光波导内形成的。

2. 声光器件的特性参数

（1）声光调制器的特性参数

通过声光调制器的工作特点，通常都希望声光调制器具有强的输出光。当输入点信号的频率较高，而声光介质的长度又较长时，声光衍射只存在一级衍射光（属于布拉格衍射）。入射光的能量几乎全部转移到衍射光中，从而得到强的输出光。为了充分利用入射光的能量，还必须调整入射光束的发散角使之与声光调制器的声束发散角相匹配，从而使输入的声功率与入射光功率能比较匹配地用于声光衍射。所以，就有以下几个声光调制器的特性参数：

1）声光衍射效率。

衍射效率定义为输出衍射光的发光强度相对于入射光发光强度的比值，用百分数表示。提高布拉格声光调制器衍射效率的途径是选择声光性能指数高的声光介质，声光介质的长度足够长而宽度窄和适当增加声功率。

2）调制速度。

获得高的调制速度是声光调制器在设计和使用中所关注的问题。调制速度的描述与声光调制器的调制信号类型有关。对于脉冲型声光调制器的调制速度，一般用上升时间来描述。上升时间定义为衍射光发光强度由稳定值的10%增加到稳定值的90%所需要的时间。对于正弦型声光调制器的调制速度，一般用3dB调制带宽来描述。3dB调制带宽定义为声光的调制度传递函数下降3dB时的调制频率。

提高声光调制器调制速度的主要途径是减小声波横越光孔的渡越时间。实际上，入射光束总有一定的宽度，而超声波在介质内传播也有一定的速度，声波横越有一定宽度的光孔也需要一定的时间。在渡越时间内完成声光调制过程，所以，衍射光发光强度的变化相对于输入声强度变化的响应速度受声波渡越时间的限制。显然，减小渡越时间就能够提高调制速度。

为了减小渡越时间，可以考虑两个方面的问题，即压缩光束宽度和提高声速。压缩入射光束宽度的办法通常是采用光学会聚透镜来提供一个聚焦的入射光束。至于提高声速，这主要是通过选择声速高的声光介质和选择介质内声速高的声波波形来实现。

（2）声光偏转器的特性参数

1）可分辨容量。

声光偏转器的重要特性参量之一就是可分辨容量（点数）。偏转器的可分辨点数与偏转光的扫描角成正比关系，而与入射光束的发散角成反比关系。入射光束发散角与声束发散角之间的取值关系不同于声光调制器，要求入射光束的发散角应远小于声束的发散角。增大声束发散角与减小光束发散角的效果是增大了可分辨点数。

2）偏转时间。

通过声光衍射，光束从一个偏转方向转移到下一个偏转方向的切换时间就是偏转时间。由于声光衍射过程需要一定的时间，其实就是声波以有限的速度横越光束的时间，因此偏转时间就等于声波渡越时间。

3）光谱分辨率。

光谱分辨率定义为衍射光波长与它的通带之比。衍射光波长通常是指衍射波长响应的中心值。

3. 声光调制器件的应用

声光调制器件所产生的频移和偏转角都较小，对于非相干光来说，使用价值不大。激光的特性以及激光束能够聚焦成只受衍射限制大小的光斑，使声光调制器件可以对激光束的频率、方向、强度进行快速有效的调制控制，扩大了声光调制器件的应用领域。

声光调制器件的应用领域很广泛，其主要应用方面如下：

1）声光调制器件在激光显示与记录系统中，用于激光传真、激光印刷、激光寻址、激光打印和激光电视。

2）声光调制器件在激光器谐振腔内主要用于稳频和调 Q。

3）声光调制器件在光信号处理中用于声光频谱分析器和声光相关器。

4）声光调制器件在光电测量中用于光电外差检测和光纤传感等。此外，在军事和声场测定等邻域中也经常应用。

4. 声光调制器件的应用举例

以声光调制变换器件在稳功率激光器中的应用为例加以说明。

声光调制器件可以用来稳定激光器的输出功率，其装置如图6-36所示。这种激光器一般用于气体激光器。将声光调制器件插入谐振腔内，放置在紧靠全反镜处。整个装置分为三部分，除激光器本身外，还包括取样机构和执行机构。取样机构由取样分束板、光导管、差分放大器和宽带放大器组成。从半反镜输出的激光一部分通过取样分束板通到光导管中，实现光电转换，输出电压 $V_s(t)$ 与激光器的输出光功率成正比。$V_0(t)$ 为外加的比较信号，它随时间变化的规律和希望获得的光功率随时间变化的规律要一致。为了达到稳定光功率输出的目的，$V_0(t)$ 必须是一个不随时间变化的稳定电压。将 $V_s(t)$ 和 $V_0(t)$ 同时加到差分放大器上，其输出电压与差分电压 $V_s(t) - V_0(t)$ 成正比，经宽带放大器放大后作为调幅信号。执行机构包括振荡器、调幅器、功放器和声光调制器。振荡器产生与声光调制器中心频率相同的等幅振荡信号，将宽带放大器输出的调幅信号调制到振荡器产生的等幅振荡信号上，产生调幅后的信号经功放后驱动声光调制器。如果激光器输出的光功率超过了预期值，差分放大器将输出差分电压，产生一定功率的电信号去驱动声光调制器件，使器件产生衍射光，从而造成腔损耗，并降低激光器的输出功率。通过上述反馈作用，即可将 $V_s(t)$ 锁定在 $V_0(t)$。声光稳功率激光器使用的是零级光，它的频率和方向不受声光互作用的影响，使得受控后激光器输出的激光束特性除强度外都没有变化。

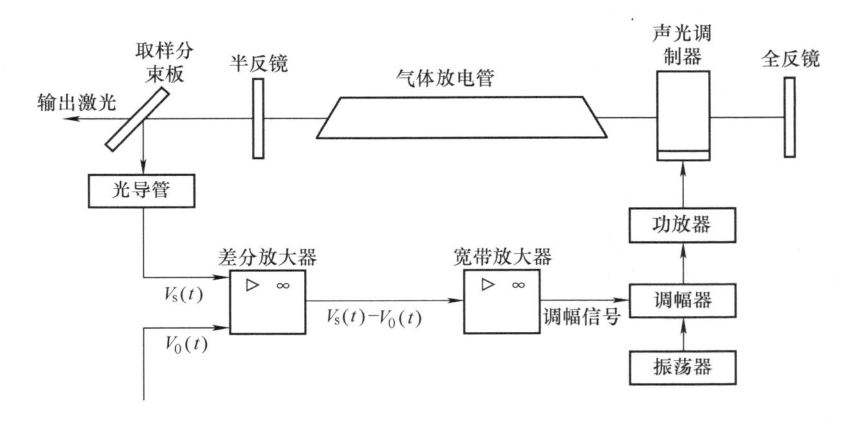

图 6-36　声光稳功率激光器装置

五、电光调制变换法

电光调制变换法的物理基础是电光效应，即某些晶体在外加电场作用下，其晶体折射率发生与电场相关的变化。当光波通过晶体时，其传输特性就在外加电场的作用下发生可控的变化。这种现象就是电光效应作用的结果。在外加电场的作用下，可以人为地改变媒介（包括晶体和各向同性媒介）的光学性质。利用这些电光材料做成的电光调制器件可以实现对光束的振幅、相位、频率、偏振态和传播方向的调制变换，使电光效应在现代光电工程中得到广泛的应用。

1. 电光调制变换原理

迄今已发现的电光效应有两种，一种是折射率的变化量与外电场强度的一次方成比例，称为泡克耳斯（Pockels）效应；另一种是折射率的变化量与外电场强度的二次方成比例，称为克尔（Kerr）效应。利用克尔效应制成的调制器，称为克尔盒，其中的光学介质为具有电光效应的液体有机化合物。利用泡克耳斯效应制成的调制器，称为泡克耳斯盒，其中的光学介质为非中心对称的压电晶体。泡克耳斯盒又分为纵向和横向调制器两种，它们在光路中的放置如图 6-37 所示。

在图 6-37a 中，当不给克尔盒加电压时，盒中的介质是透明的，各向同性的非偏振光经过起偏器P后变为振动方向平行于P光轴的平面偏振光。通过克尔盒时其振动方向不变，在光路中保持P和Q的光轴彼此垂直，到达检偏器Q时，因光的振动方向垂直于Q的光轴而被阻挡。所以Q没有光输出。当给克尔盒加电压时，盒中的介质则因有外电场的作用而具有单轴晶体的光学性质，光轴的方向平行于电场。这时，通过它的平面偏振光则改变其振动方向。所以，经过起偏器P产生的平面偏振光，通过克尔盒后，振动方向就不再与Q光轴垂直，而是在Q光轴方向上有光振动的分量，所以，此时Q就有光输出了。Q光输出的强弱，与盒中介质的性质、几何尺寸、外加电压的大小等因素有关。对于结构已确定的克尔盒来说，如果外加电压是周期性变化的，则Q光输出必然也是周期性变化的，因此即可实现对输出光偏振和强度的调制。图6-37b和图6-37c为泡克耳斯型电光调制器，其工作原理与克尔盒相同。

图6-38示出了上述几个偏振量的方位关系，其中，光的传播方向平行于z轴（垂直于纸面向里）；M和N分别为起偏器P和检偏器Q的光轴方向，二者彼此垂直；α为M与y轴的夹角，β为N与y轴的夹角，$\alpha+\beta=\pi/2$；外电场使克尔盒中电光介质产生的光轴方向平行于x轴；o光垂直于xz面，e光在xz面内。

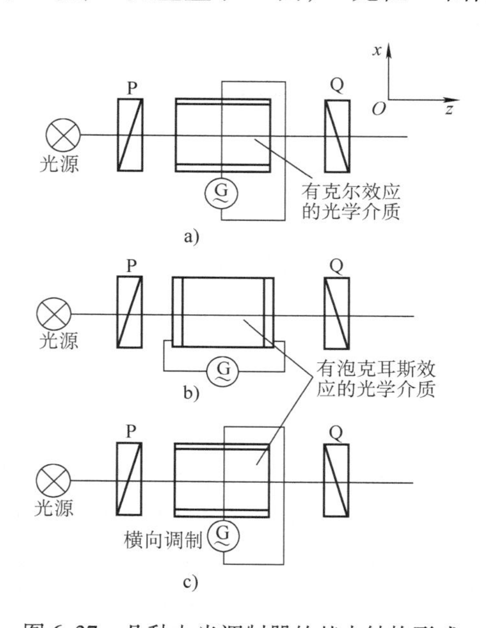

图6-37　几种电光调制器的基本结构形式

a）克尔盒　b）纵调的泡克耳斯盒

c）横调的泡克耳斯盒　P—起偏器　Q—检偏器

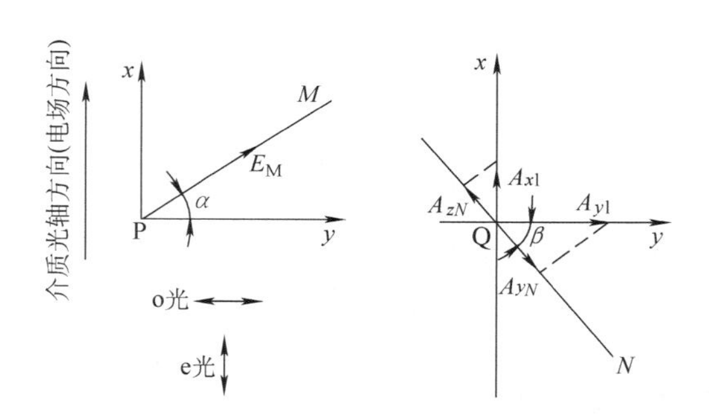

图6-38　起偏器P和检偏器Q及光传播方向等的方位关系图

设自然光经过P后所产生的平面偏振光为

$$A_M=A\sin(\omega t) \tag{6-55}$$

由于此光的传播方向垂直于介质光轴，所以，它通过介质时会产生双折射。但是，这个光的o光和e光在介质中的折射率不同，而且o光的振动方向垂直于主截面（光轴与光线所构成的平面），e光的振动方向在主截面内，所以，o光和e光在介质中的传播速度不同。这两种光在介质的输入端是同相位的，而通过一定厚度的介质达到输出端时，将要有一定的相

位差。因此，o 光和 e 光在介质输出端的光波振幅表达式为

$$A_{xl}=A\sin(\omega t)\sin\alpha \qquad (\text{e 光}) \tag{6-56}$$

$$A_{yl}=A\sin(\omega t+\phi)\cos\alpha \qquad (\text{o 光}) \tag{6-57}$$

式中，下标 l 代表介质厚度，ϕ 代表 o、e 光通过厚度为 l 的介质后所产生的相位差。

当 o、e 光达到检偏器 Q 时，只有平行于检偏器 Q 光轴 N 的分量能通过，垂直于 N 的分量则被阻挡。所以，通过检偏器 Q 的光波振幅为

$$A_{xN}=-A_{xl}\sin\beta \tag{6-58}$$

$$A_{yN}=A_{yl}\cos\beta \tag{6-59}$$

它们在 N 方向的合量为

$$A_N=A_{xN}+A_{yN}=A[\sin(\omega t+\phi)\cos\alpha\cos\beta-\sin(\omega t)\sin\alpha\sin\beta] \tag{6-60}$$

改变 P 与 Q 的相对方位设置，可以控制输出 A_N。可以证明，当 $\alpha=\beta=\pi/4$ 时输出最强，此时式（6-60）变为

$$A_{Nm}=A\sin(\phi/2)\cos(\omega t+\phi/2)=A_0\cos(\omega t+\phi/2) \tag{6-61}$$

式中，A_0 为通过检偏器 Q 光振动的振幅，$A_0=A\sin(\phi/2)$。

由于发光强度 I 正比于振幅的二次方，于是有

$$I\propto A_0^2=A^2\sin^2(\phi/2) \tag{6-62}$$

式（6-62）对于克尔盒和泡克耳斯盒都适用，其中的相位差 ϕ 随着盒中介质的不同而不同。

对于具有克尔效应的介质，理论分析指出，o 光和 e 光通过厚度为 l 的介质后，所产生的相位差为

$$\phi=2\pi kl(U/d)^2 \tag{6-63}$$

式中，k 称为克尔系数，它与介质的性质有关；U 为加到克尔盒两电极板上的电压；d 为两电极板间的距离。

可见，克尔盒中 ϕ 与 U 的二次方呈线性关系。

现对式（6-62）和式（6-63）简要分析如下：

1）如果 $U=0$，则相位差 $\phi=0$，从而通过检偏器的发光强度 $I=0$。这是不给克尔盒加电压，Q 无光输出时的情形。

2）如果 $U=d(2kl)^{-1/2}$，则 $\phi=\pi$，$I\propto A^2$。这是给克尔盒加电压，而所加的电压又满足式（6-60）的情形，这时 o、e 光的相位差为 $\phi=\pi$，Q 有最大的光输出。o、e 光相位差等于 π，相应的光程差为 $\lambda/2$，即 $(n_e-n_o)l=\lambda/2$。这时克尔盒的作用，相当于一个 1/2 波片。所以，将满足这一条件的电压称为半波电压，记以 $U_{\lambda/2}$ 或 U_π。

3）如果 $0<U<U_{\lambda/2}$，则 $0<\phi<\pi$，$I\propto A^2\sin^2(\phi/2)$。这是介于以上二者之间的情形。Q 将因 ϕ 的不同而要阻挡一部分光，Q 的光输出，将是以 $\phi/2$ 为参量，按正弦二次方的规律变化。

克尔效应的时间响应特别快，可跟得上 10^{10}Hz 的电压变化，因此可用作高速电光开关。如果加到克尔盒上的电压是由其他物理量转换来的调制信号，克尔盒的光输出就要随着信号电压而变化，这时克尔盒就是电光调制器。

克尔盒中所用的介质，多数都是液体，但也有少数是固体，如铌酸钽钾和钛酸钡晶体等。它们的半波电压一般为数千伏。表 6-2 示出了几种液体材料的克尔系数。

表 6-2 几种液体材料的克尔系数

物　质	克尔系数 $k/(\times10^{-14}m \cdot V^{-2})$	物　质	克尔系数 $k/(\times10^{-14}m \cdot V^{-2})$
苯 C_6H_6	0.67	水 H_2O	5.23
二硫化碳 CS_2	3.56	硝基甲苯 $C_7H_7NO_2$	136.85
三氯甲烷 $CHCl_3$	-3.89	硝基苯 $C_6H_5NO_2$	244.77

2. 电光调制器的主要性能参量

（1）半波电压 $U_{\lambda/2}$（或 U_π）

$U_{\lambda/2}$是使调制器光输出达到最大时所需的电压，这个电压自然是越小越好。这样既便于操作，又可减少电功率损耗和发热。

（2）透过率

调制器的光输出 I_o 与光输入 I_i 之比称为透过率。透过率的表达式为

$$I_o/I_i = \sin^2(\phi/2) = \sin^2[U\pi/(2U_\pi)] \tag{6-64}$$

对于线性调制器，要求信号不失真，调制器的透过率与调制电压应有良好的线性关系。可是从式（6-64）看，$\sin^2[U\pi/(2U_\pi)]$ 在 $U=0$ 附近并不是直线，而在 $U=U_\pi/2$附近可近似为一条直线。所以，静态工作点一般都设在 $U_\pi/2$ 附近。当 $U=U_\pi/2$ 时，泡克耳斯盒的作用相当于一个 $\lambda/4$ 波片。所以，为了使静态工作点能设在直线区，常在如图 6-39 所示泡克耳斯盒和检偏器 Q 之间插入 1 个 $\lambda/4$ 波片，这样即可得到与偏压 $U_\pi/2$ 相同的效果。图 6-40a 与图 6-40b 对比示出了泡克耳斯盒加 $\lambda/4$ 波片与不加 $\lambda/4$ 波片的区别。

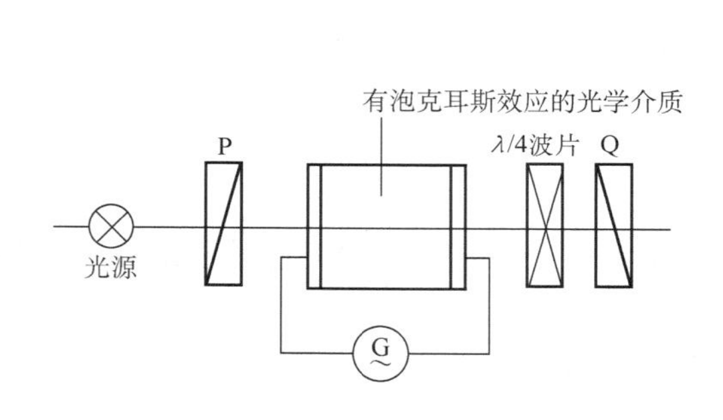

图 6-39 加 λ/4 波片的泡克耳斯盒示意图

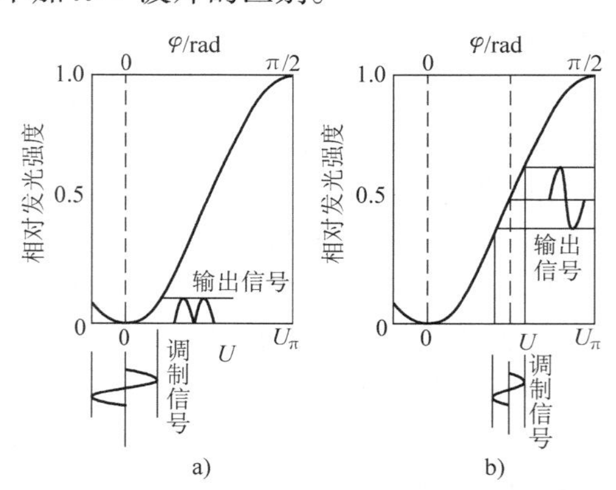

图 6-40 泡克耳斯盒加 λ/4 波片与不加 λ/4 波片的区别示意图

a）不加 λ/4 波片　b）加 λ/4 波片

（3）调制带宽 Δf

Δf 与调制器的等效电容有关，低频时 Δf 与调制功率成正比。这就要求光波在晶体中的渡越时间 t_1 要远小于调制信号的周期 T，即

$$t_1 = l/(c/n) \ll T = 1/f \tag{6-65}$$

式中，l 为晶体长度；n 为晶体的折射率；c 为真空中的光速；f 为调制频率。

因此，对于一定的调制器有一最高调制频率，即

$$f_{max} = c/(4\pi l) \tag{6-66}$$

（4）消光比

消光比的定义是检偏器的最大输出与最小输出之比，即 I_{max}/I_{min}。由于吸收、反射、散射等损耗，I_{max}总是小于入射光发光强度，而 I_{min} 与光束的发散角、晶体的剩余双折射、晶体的厚度和均匀性、电场的均匀性以及对偏振器的调整等因素有关。目前对单色、小发散角的激光束来说，消光比可达 100 ~ 10000。

3. 电光相位调制器

如图 6-41 所示，在电光晶体前面放置偏振器就能实现入射光的相位调制变换。由于电光晶体的各向异性，电光晶体的切割及其与偏振器通光方向的搭配等有很多种形式，实现的功能各异。在电光相位调制中，偏振光的偏振方向始终不变，外加电场只改变光的相位。经过相位调制器调制的光波，除原有频率分量外，新增加了许多由外电场调制频率及其谐波决定的边频分量，所以相位调制也就是频率调制，外加电场就是需要加载的信号，调制度由晶体和外电场决定。设偏振器的偏振通光方向平行于晶体的感应主轴 x'（或 y'），此时入射晶体的线偏振光不再分解成沿 x'、y'的两个分量，而是沿着 x'（或 y'）轴一个方向振动，故外电场不改变出射光的偏振状态，仅改变其相位，其变化为

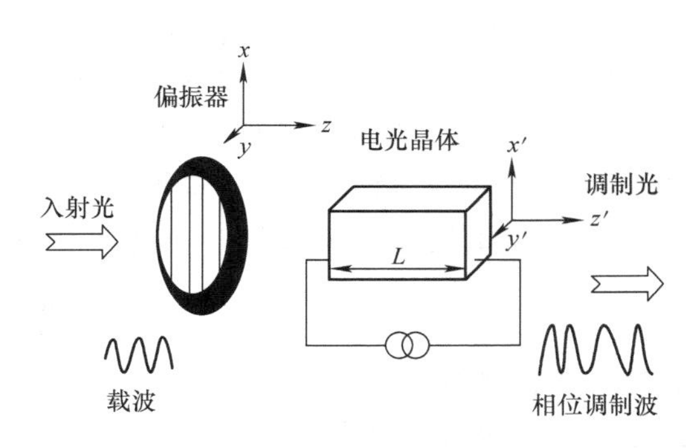

图 6-41　电光相位调制器

$$\Delta\varphi_{x'} = -\frac{\omega_c}{c}\Delta n_{x'}L \tag{6-67}$$

式中，$\Delta\varphi_{x'}$为沿 x'轴方向的相位变化量；c 为光波的光速；ω_c 为光波的圆频率；$\Delta n_{x'}$为折射率沿 x'轴方向的变化量；L 为电光晶体的长度。

因为光波只沿着 x'轴方向偏振，相应的折射率为 $n_{x'}=n_0-1/(2n_0^3\gamma_{63}E_z)$（这里 γ_{63}为电光晶体的电光系数矩阵中的系数之一，E_z 为沿 z 轴的外加电场）。若外加电场 $E_z=E_m\sin(\omega_m t)$（这里 E_m 为外加电场的振幅，ω_m 为外加电场的圆频率），在晶体入射面（$z=0$）处的光场 $E_{in}=A_c\cos(\omega_c t)$（这里 A_c 为光波的振幅），则输出光场（$z=L$）就变为

$$E_{out}=A_c\cos\left\{\omega_c t-\frac{\omega_c}{c}[n_0-1/(2n_0^3\gamma_{63})E_m\sin(\omega_m t)]L\right\}$$

略去式中相角常数项，因为它对调制效果没有影响，则上式可写成

$$E_{out}=A_c\cos[\omega_c t+m_\varphi\sin(\omega_m t)] \tag{6-68}$$

式中，m_φ称为相位调制系数，$m_\varphi=\dfrac{\omega_c n_0^3\gamma_{63}E_m L}{2c}=\dfrac{\pi n_0^3\gamma_{63}E_m L}{\lambda}$。

4. 电光强度调制器

图 6-42 是电光强度调制器原理图，电光强度（振幅的二次方）调制器比相位调制器多了一个检偏器 A。其实除两个通光方向相互垂直的正交偏振器外，最重要的差别还有电光晶体的放置方式。现在是利用通光的偏振调制，光的偏振面改变由外加电场决定。如

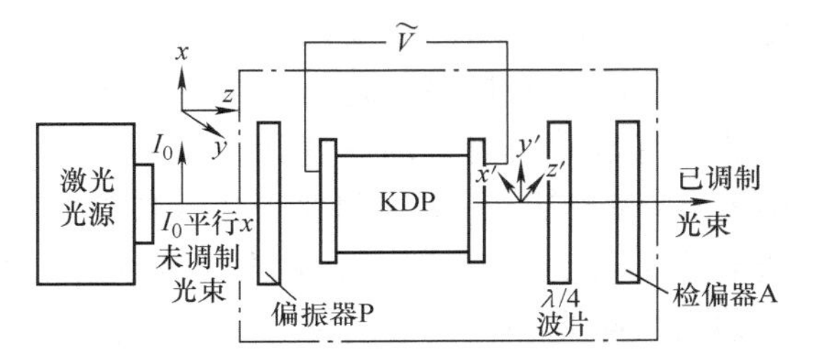

图 6-42　电光强度调制器

果外电场为零，偏振面不发生旋转，光束通不过检偏器，则输出光发光强度为零；如果外加电场电压正好使偏振面转过90°，光束完全从检偏器通过，则输出光发光强度最大，这个电压称为半波电压。电光强度调制器中的 $\lambda/4$ 波片起到光偏置作用，使调制信号的工作点位于线性调制区域。

在外加电场作用下的电光晶体犹如一块波片，它的相位延迟随外加电场的大小而变，随之引起偏振态的变化，从而使得检偏器出射光的振幅受到调制，这就是电光调制器的原理。电光晶体（如KDP类晶体）置于正交偏振器P和检偏器A之间，考虑纵向运用的情况，则KDP类晶体的感应主轴 x'、y' 与未加电场时KDP类单轴晶体的两主振动方向 x、y 成45°，且与偏振器P的透光轴成45°角。根据平行偏振光的干涉原理，输出光的强度分布为

$$I = I_0 \sin^2(2k)\sin^2\frac{\phi}{2} \tag{6-69}$$

式中，k 为比例系数，当 $k = m\pi/2$（$m = 0, \pm1, \pm2, \cdots$）时，$\sin(2k) = 0$，$I = 0$，这说明光在晶体中的振动方向与偏振器之一的透光轴一致时，干涉光发光强度为零，此位置为消光位置；ϕ 为相位差，也是相位延迟。

利用式（6-69）可知，当 $k = m\pi/4$，$\phi = (2m+1)\pi$ 时，I 为极大；通过检偏器的相对发光强度为

$$I = I_0 \sin^2\frac{\phi}{2} = I_0 \sin^2\left(\frac{\pi}{\lambda}n_0^3\gamma V\right) = I_0 \sin^2\left(\frac{\pi}{2}\frac{V}{V_{\lambda/2}}\right) \tag{6-70}$$

或

$$\frac{I}{I_0} = \sin^2\left(\frac{\pi}{\lambda}n_0^3\gamma V\right)$$

式中，γ 为高频相位延迟缩减因子，它表征因渡越时间引起峰值相位延迟的减小；V 为电场电压。

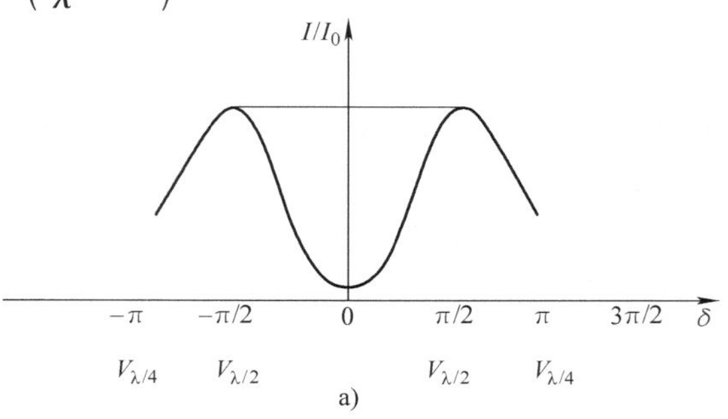

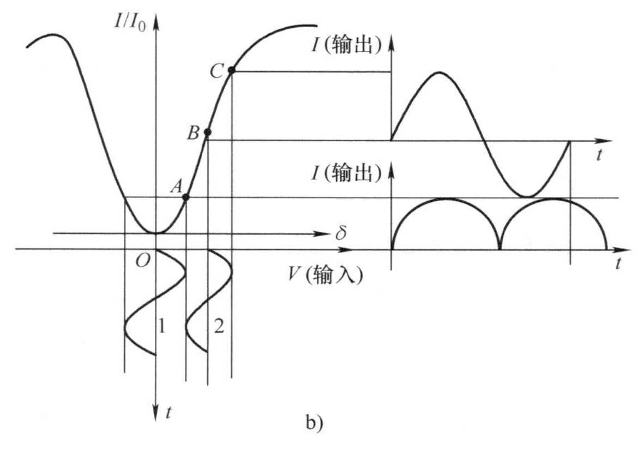

图6-43　电光强度调制器的输出特性
a）透射比曲线　b）调制特性

把透射的相对发光强度随外加电压变化关系用 $I/I_0 \sim V$（或 ϕ）曲线表示，称此曲线为晶体的透射比曲线，如图6-43a所示。当外加电压是交流调制电压信号时，它对输出光发光强度的调制作用如图6-43b所示。当调制器工作在透射比曲线的非线性部分时，输出光信号失真；工作点选在透射比曲线线性区（$\phi = \pi/2$ 附近）时，得到不失真的基频信号，其输出光发光强度的调制频率就等于外加电场的频率。调制器中 $\lambda/4$ 波片的作用是引入固定的偏置相位差 $\phi = \pi/2$（光偏置法），使调制器工作点移至透射比曲线的线性区，$\lambda/4$ 波片的快、慢轴应与电光晶体的感应主轴一致，且与P的透光轴成45°。$\lambda/4$ 波片置于电光

晶体之前或之后均可。这样，对于交流调制信号电压 $U=U_0\sin(\omega t)$，由于引入了 $\pi/2$ 的偏置相位差，P、A 之间总的相位差变为$\left(\frac{\pi}{2}+\phi\right)$，相应的透射相对发光强度为

$$\frac{I}{I_0}=\sin^2\left[\frac{\pi}{4}+\frac{\pi}{2}\frac{U_0}{U_{\lambda/2}}\sin(\omega t)\right] \tag{6-71}$$

以上电光调制变换原理可用于实现激光通信，也可用于测定高电压及用作电光开关。用电光效应实现光束偏转的器件称为电光偏转器件。

由以上分析和举例可以看出，对高质量的电光调制器主要应满足以下几方面的要求：

1）调制器应有足够宽的调制带宽，以满足高效率无畸变地传输信息。

2）调制器消耗的电功率小。

3）调制特性曲线的线性范围大。

六、磁光调制变换法

磁光效应是磁光调制变换的物理基础。某些磁光材料，通过施加外磁场控制可以改变光传播的特性，称为磁光效应。磁光效应包括法拉第效应、克尔效应、磁光双折射（Cotton－Mouton）效应等，其中最常见、最重要的是法拉第效应。

1. 法拉第效应

原来没有旋光性的透明介质，如水、铅玻璃等，放在强磁场中，可产生旋光性，这种现象称为法拉第效应。具体的现象是把磁光介质放到磁场中，使光线平行于磁场方向通过介质时，入射平面偏振光的振动方向就会发生旋转，旋转角度的大小与磁光介质的性质、光程和磁场强度等因素有关。其规律为

$$\psi=Vl\boldsymbol{H}\cos\alpha \tag{6-72}$$

式中，ψ 为振动面旋转的角度；l 为光程；$\boldsymbol{H}$ 为磁场强度；α 为光线与磁场的夹角；V 为比例常数，称费尔德常数，它与磁光介质和入射光的波长有关，是一个表征介质磁光特性强弱的参量。

表 6-3 列出了在 $\lambda=589.3\text{nm}$ 的单色光照射下几种主要磁光介质的费尔德常数。

表 6-3　在 $\lambda=589.3\text{nm}$ 的单色光照射下几种主要磁光介质的费尔德常数

物　质	T/K	V/（$\text{rad}\cdot\text{T}^{-1}\cdot\text{m}^{-1}$）	物　质	T/K	V/（$\text{rad}\cdot\text{T}^{-1}\cdot\text{m}^{-1}$）
水	293	3.81	二硫化碳（CS_2）	293	9.22
磷酸盐冕玻璃	291	3.81	磷素（P）	306	12.3
轻火石玻璃	291	4.68	石英（在垂直于石英光轴方向上）	293	4.83

不同介质，振动面的旋转方向不同。顺着磁场方向看，使振动面向右旋的，称为右旋或正旋介质，V 为正值；反之，则称为左旋或负旋介质，V 为负值。

对于给定的磁光介质，振动面的旋转方向只决定于磁场方向，与光线的传播方向无关。这点是磁光介质和天然旋光介质之间的重要区别。就是说，天然旋光性介质，它的振动面旋转方向不只是与磁场方向有关，而且还与光的传播方向有关。例如，光线两次通过天然旋光介质，一次是沿着某个方向，另一次是与这个方向相反，观察结果，振动面并没旋转。可是

磁光介质则不同，光线以相反的两个方向两次通过磁光介质时，其振动面的旋转角是叠加的。因此，在磁致旋光的情况下，使光线如图 6-44 多次通过磁光介质可得到旋转角累加。

在强磁场中放一块磁光物质 ab，ab 呈平行六面体状。其相对的两表面除留有一个很窄的缝隙外皆涂以银，如图 6-44 所示，光线从狭缝进入磁光介质，然后经过在镀银表面上的多次反射，从另一个狭缝射出。这时，出射的偏振光振动面的旋转角，将与光线在介质中多次反射的总光程成正比。

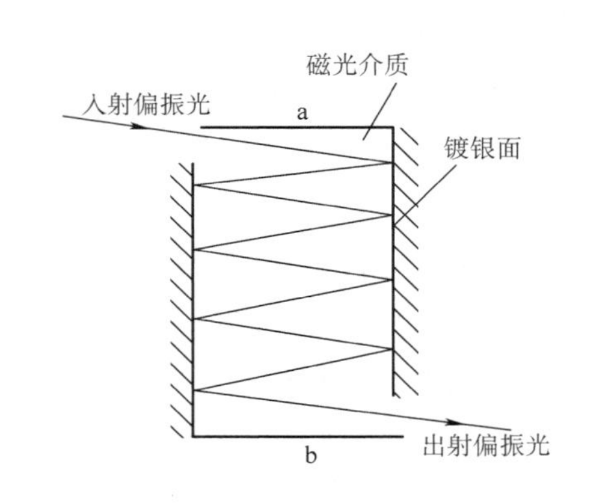

图 6-44 磁光介质旋转角的累加效应

2. 磁光器件工作原理

如图 6-45 所示，磁光调制器就是根据法拉第效应制成的。将磁光介质（铁钇石榴石 $Y_3Fe_5O_{12}$ 或三溴化铬 $CrBr_3$）置于励磁线圈中。在它的左右两边，各加一个偏振片。安装时，使它们的光轴彼此垂直。没有磁场时，自然光通过偏振器 P 变为平面偏振光通过磁光介质。达到检偏器 Q 时，因振动面没有发生旋转，光因其振动方向与检偏器的光轴垂直而被阻挡，检偏器无光输出。有磁场时，入射于检偏器的偏振光，因振动面发生了旋转，检偏器则有光输出。光输出的强弱与磁致的旋转角 ψ 有关。这就是磁光调制器的工作原理。可见磁光调制器可用于发光强度调制和相位调制。

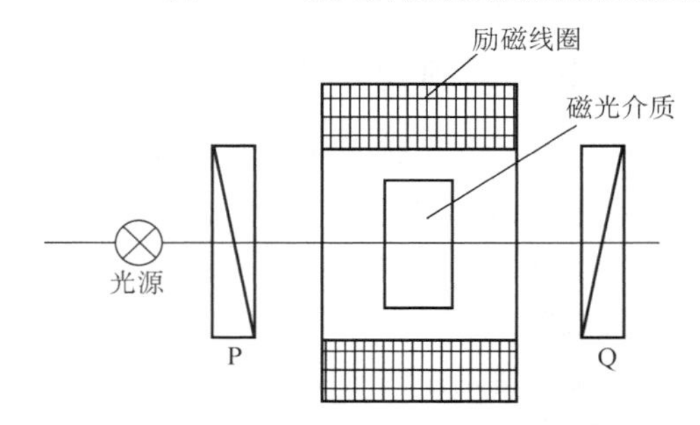

图 6-45 磁光调制器结构简图

出射光的发光强度 I 和调制度 M 可表示为

$$I = I_0 \sin\psi \tag{6-73}$$

$$M = \cos(2\psi_{\max}) \tag{6-74}$$

式中，$\psi_{\max}$ 为最大的旋转角。

这种调制器的缺点是因励磁线圈感抗较大，所以频带窄，且调制性能与介质的温度有关。

磁光隔离器也可以说是单向导光器，它也是根据法拉第效应制成的。它的结构与磁光调制器类似。将磁光材料如康宁（Corning）8363 号玻璃，放到磁通密度为 2700G（$0.27\mathrm{Wb/m^2}$）的磁场中，材料厚度为 14cm 时，旋转角可达 45°。如果首先使入口处的偏振器和出口处的检偏器的光轴方向彼此相差 45°。这时，达到检偏器的入射光，因偏振面旋转了 45°，所以能够通过检偏器。而从检偏器反射回来的光，按原路到达偏振器时，因振动面按同一方向又旋转了 45°，和原入射光相比，振动面已发生了 90°的旋转，所以不能通过偏振器。这就形成了光的单向传输系统，故称其为隔离器。

它使一束线偏振光的偏振方向在外加磁场作用下发生旋转，旋转的角度与外磁场强度成正比。因此，它的调制效果与电光偏振调制十分相似，可以做到线性调制。图 6-46 是磁光调制器的原理图。

从图 6-46 可见，磁光调制与电光调制、声光调制一样，也是把欲传输的信息转换成强度（振幅）等参量随时间变化的光载波，所不同的是，磁光调制是将电信号先转换成与之对应的交变磁场。工作物质（YAG 或掺 Ga 的 YAG 棒）放在沿轴方向 z 的光路上，它

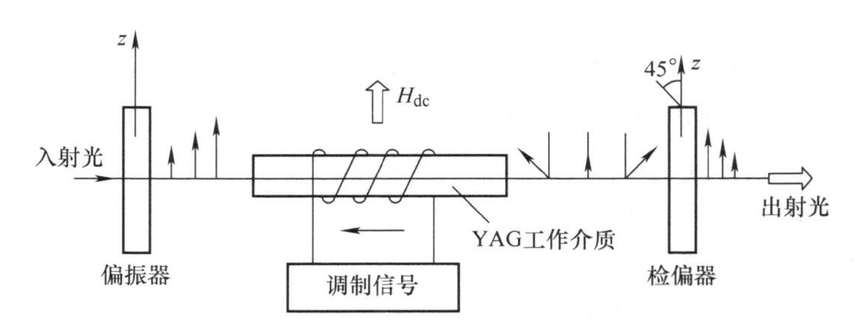

图 6-46　磁光调制器的原理图

的两端放置有偏振器、检偏器。高频螺旋形线圈环绕在 YAG 棒上，它受驱动电源的控制，用以提供平行于 z 轴的信号磁场。为了获得线性调制，在垂直于光传播的方向上加一恒定磁场 H_{dc}，其强度足以使晶体饱和磁化。当工作时，高频信号电流通过线圈就会感应出平行于光传播方向的磁场。入射光通过 YAG 晶体时，由于法拉第效应，其偏振面发生旋转，其旋转角 ψ 与磁场强度 H 成正比。因此，只要用调制信号控制磁场强度的变化，就会使光的偏振面发生相应的变化。但这里因加有恒定磁场 H_{dc}，且与通光方向垂直，故旋转角与 H_{dc} 成反比，于是

$$\psi = \psi_s \frac{H_0 \sin(\omega_H t)}{H_{dc}} \tag{6-75}$$

式中，ψ_s 为单位长度饱和法拉第旋转角；$H_0 \sin(\omega_H t)$ 是调制磁场。

如果再通过检偏器，就可以获一定强度变化的调制光。

磁光调制变换器需要的驱动功率较低，受温度影响也小，但其调制频率低（不如电光调制），因此，目前它只用在红外波段（波长 1 ~ 5μm）。

近年开发的磁光空间光调制器（MOSLM）是基于法拉第效应的电寻址器件，具有实时对光束进行空间调制的重要功能，已成为实时光学信息处理、光计算和光学神经网络等系统的关键器件。MOSLM 由磁光薄膜单元和寻址电极组成的一维或二维的像元数组及外部电路和附件构成。这里主要介绍法拉第效应在其中的应用。

图 6-47 所示为 MOSLM 工作原理示意图。当有弱电流通过寻址电极时，像元即被寻址，

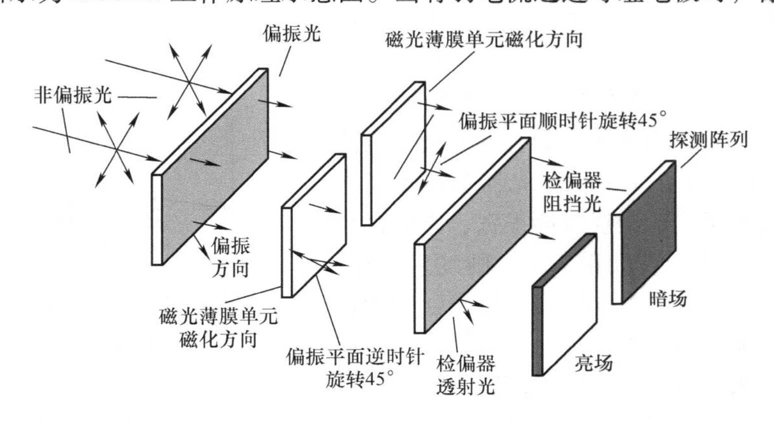

图 6-47　MOSLM 工作原理示意图

薄膜的光波垂直于薄膜表面，当线偏振光垂直薄膜入射时（即平行于磁化方向入射），线偏振光的振动面将发生旋转，即呈现磁化方向相同或相反时，光振动面将分别向两个相反方向旋转 $\pm\theta_F d$（d 为调制层厚度，θ_F为法拉第簇光系数），这表明光束通过薄膜后一般具有二值化的偏振方向。若使检偏器的透光轴方向与其中某一偏振方向垂直，则相应的光束不能通过，相应的像元处于“关”的状态；而另一个偏振方向的光束则全部（$\theta=45°$）或部分透过，即对应像元处于“开”的状态，入射到“开”像元上的光可“全部”透过。实际上，磁光薄膜单元的调制状态取决于磁化状态，也受视频编码信号的控制，从而可以实现信息的写入和读取。

磁光空间光调制器是利用对铁磁材料的诱导磁化来记录写入信息，利用磁光效应来实现对读出光的调制。有些磁性材料在外磁场的诱导下即被磁化，当撤去外磁场后，材料的磁感应强度并不恢复为零，而是仍有一个“剩磁强度”。因此，可以利用磁性材料稳定“剩磁强度”的方向“记忆”原来的外磁场方向，这就是信息的写入。由于稳定的剩磁方向有两个，所以记录的信息是二元的。若在各像元之间制作正交的编址电极，便可以记录一个二进制数字表示的二维数据数组。

在磁光空间光调制器中，对读出光的调制是通过磁光效应来实现的。即当一束线偏振光通过磁光介质时，如果存在着沿光传播方向的磁场，则由于法拉第效应，入射光的偏振方向将随着光的传播而发生旋转，旋转的方向取决于磁场的方向，这样就可以把记录在上述磁性薄膜中剩磁方向分布的信息转换成输出光偏振态的不同分布，若再通过一个检偏器，便可完成二元的振幅调制或相位调制。

七、直接调制（内调制）变换法

直接调制是光源内部进行的调制，又被称为内调制，也是目前外差检测常采用的调制方法之一。根据调制信号的类型，直接调制分为模拟调制和数字调制两种，前者是利用连续的模拟信号直接对光源进行发光强度调制，而后者是利用脉冲编码调制的数字信号对光源进行发光强度调制。直接调制应用最多的是半导体激光器（LD）和半导体发光器件（LED）。

1. 半导体激光器（LD）直接调制原理

半导体激光器是电子与光子相互作用并进行能量直接转换的器件。图6-48表示了砷镓铝双异质结（用不同的半导体材料制成，能更好地限制载流子和光波）注入式半导体激光器的输出功率与驱动电流关系曲线。半导体激光器有一个阈值电流 I_t，当驱动电流密度小于 I_t时，激光器基本不发光或者发出的光束非常弱、谱线宽度很宽、方向性较差的光；当驱动电流密度大于 I_t时，则发射激光，此时谱线宽度变窄、发射方向性强，发光强度增加幅度大，而且随驱动电流的增加会呈线性增长，如图6-49所示。若把调制信号加到激光器的电源上，就可直接调制（改变）激光器输出信号（光束）的强度，这种调制方法简单，且能工作在高频段，并能保证良好的线性工作区、带宽大。

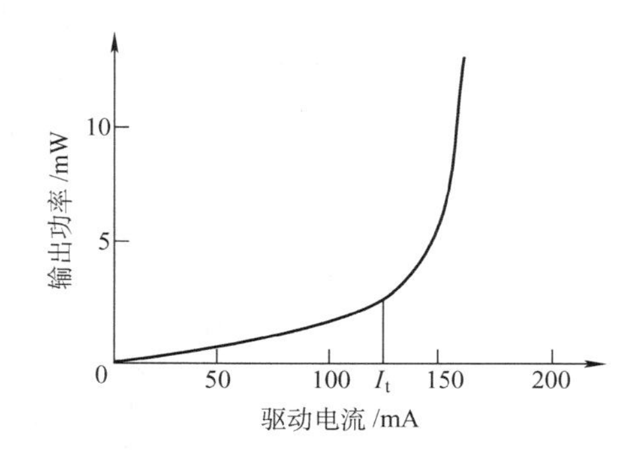

图6-48　半导体激光器的输出功率与驱动电流关系曲线

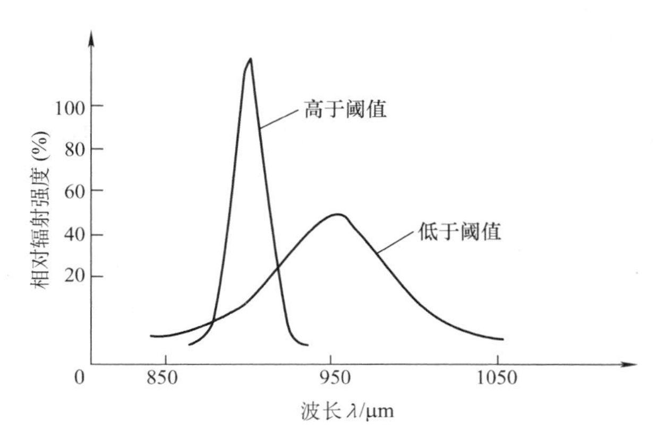

图 6-49　不同半导体激光器光谱特性

图 6-50 所示为半导体激光器调制电路原理和输出光功率与调制信号的关系曲线。为了获得线性调制，使调制的工作点处于输出特性曲线的直线部分，必须在加电流调制信号的同时再加上适当的偏置电流 I_b，就可以使输出的激光信号不失真。但这里要注意，必须把调制信号源与直流偏置隔离，以避免直流偏置对调制信号源产生影响，当频率较低时，可用电容和电感线圈串联来实现；当频率很高（ >50MHz）时，则必须采用高通滤波电路加以实现。另外，偏置电源直接影响 LD 的调制性能，通常应选择 I_b 在阈值电流附近而且略低于 I_t，这样 LD 可以获得较高的调制速率。因为在这种情况下，LD 连续发射激光信号就不需要准备时间（即延迟时间很短），其调制速率不受激光器中载流子平均寿命的限制，同时也会抑制弛豫振荡。但是 I_b 选得太大又会使激光器的消光比变坏，所以在选择偏置电流时，要综合考虑其影响。

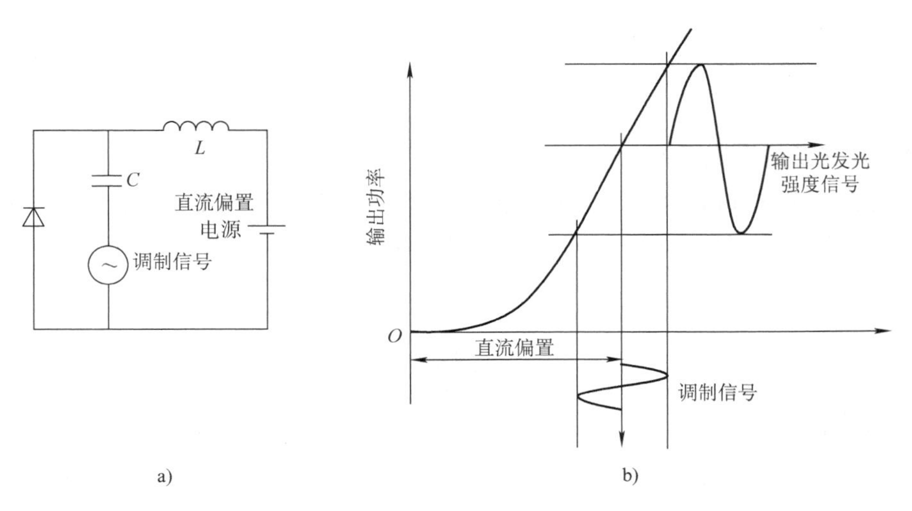

图 6-50　半导体激光器调制电路原理和输出光功率与调制信号的关系曲线

a）电路原理图　b）输出光功率与调制信号的关系曲线

半导体激光器处于连续调制工作状态时，无论有无调制信号，因有直流偏置，所以功耗较大，会引起温升，影响或损坏器件的正常工作。而双异质结激光器的出现，使激光器的阈值电流密度比同质结激光器要大大降低，可以在室温下以连续调制方式工作。

要使半导体激光器在高频调制下工作不产生调制畸变，最基本的要求是输出功率要与阈值以上的电流呈良好的线性关系；为了尽量不出现弛豫振荡，应采用带宽较窄结构的激光器。另外，直接调制会使激光器主模的强度下降，而次模的强度相对增加，从而使激光器谱线加宽，而调制所产生的脉冲宽度 Δt 与谱线宽度 Δv 之间相互制约，构成所谓的傅里叶变换的带宽限制，因此，直接调制的半导体激光器的能力受到 $\Delta t\Delta v$ 的限制，故在高频调制下宜采用量子阱激光器或其他外调制器。

发光二极管（LED）是一种冷光源，是固态PN结器件，加正电流时发光。它是直接把电能转换成光能的器件，没有热转换过程，其发光机制是电致发光，辐射波长在可见光或红外光区。发光二极管都是采用晶体材料制作，使用最广泛的是砷化镓－铝镓砷材料系。大部分器件采用异质结结构。

半导体发光二极管由于不是阈值器件，它的输出光功率不像半导体激光器那样会随注入电流的变化而发生突变，因此，LED的 $P-I$ 特性曲线线性比较好。图6-51为LED与LD的 $P_{out}-I$ 特性曲线比较，由图可见，其中 LED_1 和 LED_2 是正面发光二极管的 $P_{out}-I$ 特性曲线，LED_3 和 LED_4 是侧边发光二极管的 $P_{out}-I$ 特性曲线，可见发光二极管的 $P_{out}-I$ 特性曲线线性范围还是较大的。所以它在模拟光纤通信系统中得到广泛应用。但在数字光纤通信系统中，因为它不能获得很高的调制速率（最高只能达到100Mbit/s）而受到限制。

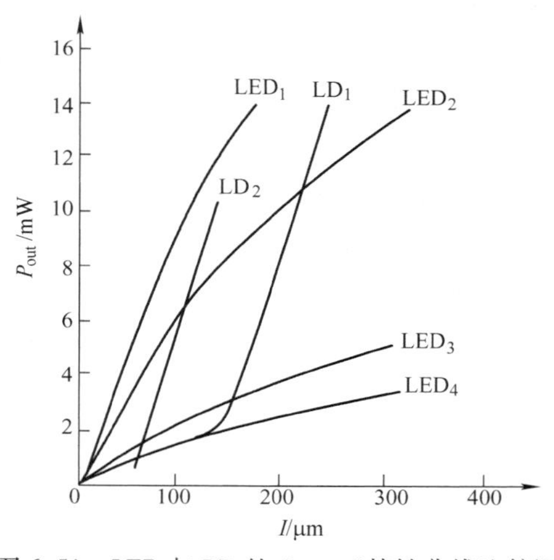

图6-51　LED与LD的 $P_{out}-I$ 特性曲线比较图

2. 半导体光源的模拟调制

无论是使用LD或LED作光源，都是施加偏置电流 I_b，使其工作点处于LD或LED的 $P_{out}-I$ 特性曲线的直线段，如图6-52所示。其调制线性好坏与调制深度 M 有关：

$$\text{LD：} M=\frac{\text{调制电流幅度}}{\text{偏置电流}-\text{阈值电流}}$$

$$\text{LED：} M=\frac{\text{调制电流幅度}}{\text{偏置电流}}$$

由图6-52可见，当 M 大时，调制信号幅度大，则线性较差；当 M 小时，虽然线性好，但调制信号幅度小。因此，应选择合适的 M 值，来满足工作的需要。另外，在模拟调制中，光源器件本身的线性特性是决定模拟调制好坏的主要因素。所以在线性要求较高的应用场合中，需要进行非线性补偿，即用电子技术来校正光源引起的非线性失真。

3. 半导体光源的脉冲编码数字调制

数字调制是用二进制数字“1”和“0”码信号对光源发出的光波进行调制的。数字信

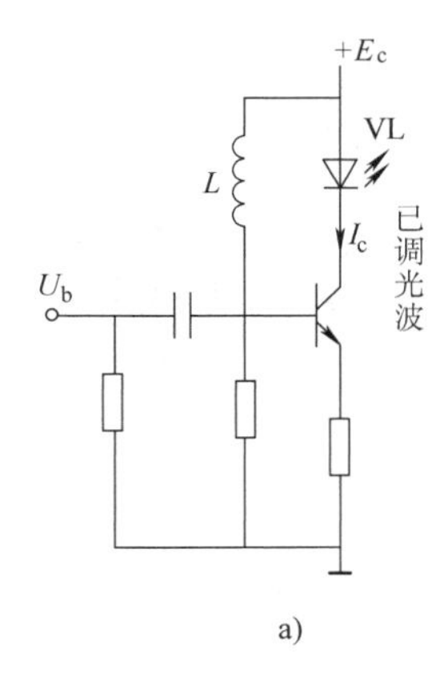

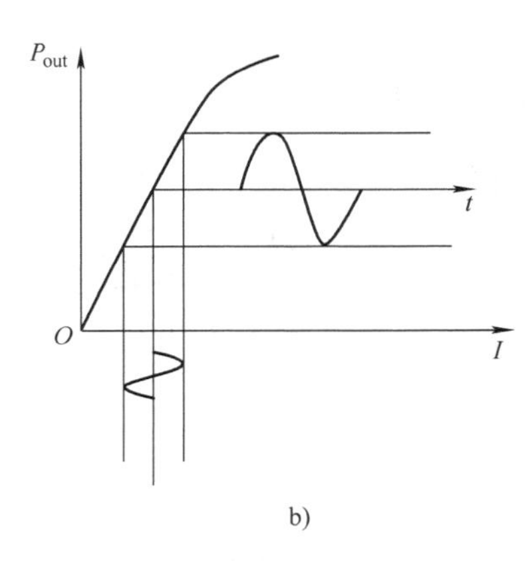

图 6-52　模拟信号驱动电路激光强度调制原理图
a）驱动电路图　b）LED 工作特性图

号大都采用脉冲编码调制，即先将连续的模拟信号通过“抽样”变成一组调幅的脉冲序列，再经过“量化”和“编码”过程形成一组等幅度、等宽度的矩形脉冲作为“码元”，其结果是将连续的模拟信号变成了脉冲编码数字信号，然后，再用脉冲编码数字信号对光源进行强度调制，其调制特性曲线如图 6-53 所示。

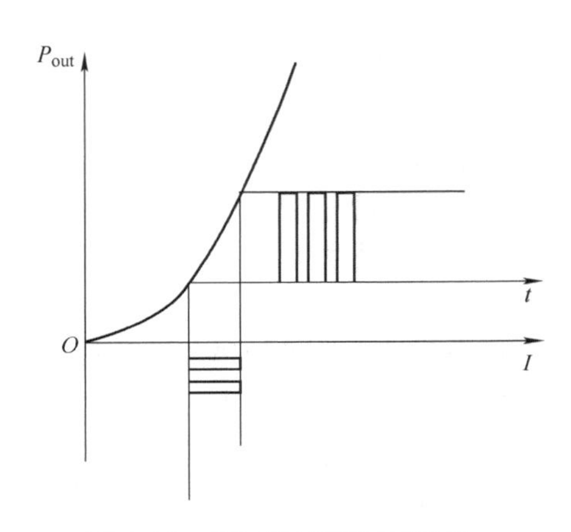

图 6-53　LED 数字调制特性图

半导体光源的脉冲编码数字调制有着非常好的应用前景。尤其在数字光通信技术中可减少噪声和失真，抗干扰能力强，对数字光纤通信系统的线性要求不高，可充分利用光源（LD）的发光功率，便于和脉冲编码电话终端、脉冲编码数字彩色电视终端、计算机终端相连接，从而组成既能传输电话、彩色电视，又能传输计算机数据的多媒体综合通信系统。

第三节　光束扫描测量技术

光束扫描技术又称为光束扫描变换，也是光束调制变换的一种表现形式。它可以用机械、压电、电子、光学和光电子学等方法来实现。根据使用目的的不同可以分为连续变化的模拟式扫描和不连续的数字扫描（在选定空间的某些特定位置上使光束的空间位置“跳变”）。

一、扫描系统分类、工作参数及方法

1. 扫描系统分类

1）按扫描方式有直线扫描、光栅扫描、圆周扫描、随机扫描、螺旋扫描等。如图 6-54

所示。

2）按扫描方法有机械扫描、光学扫描、衍射光栅扫描、电子束扫描、电光扫描、磁光扫描、声光扫描、电子机械扫描、移位电场扫描、压电扫描等。

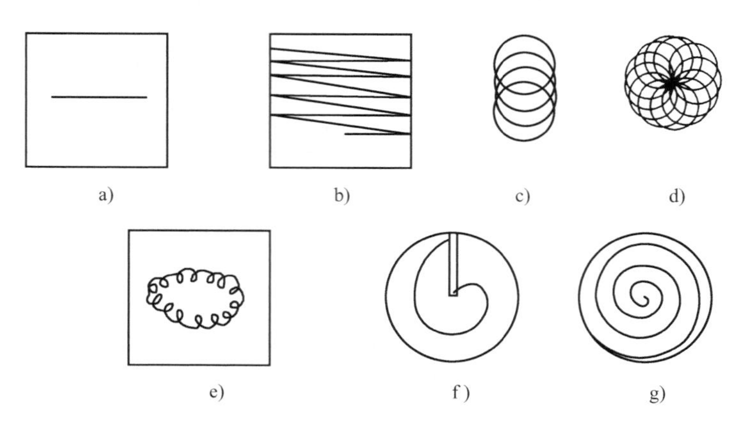

图6-54　几种扫描轨迹

a）直线扫描　b）光栅扫描　c）圆周扫描　d）圆周扫描　e）随机扫描　f）螺旋扫描　g）螺旋扫描

2. 扫描的工作参数

扫描的工作参数有扫描周期、扫描线密度、扫描线性度和动态范围、信道频带宽度、扫描数据率、扫描分辨力、扫描精度等。

以上这些参数是扫描系统的质量指标和标准，而其中最主要的指标是扫描分辨力和扫描精度。

扫描分辨力是指扫描系统分辨图像细节信息的能力，用单位长度内可能分辨的最高黑白线对数来表示，它主要由扫描线的孔径光阑和信道通频带所决定。

扫描精度是指时序电信号和空间发光强度的对应关系或者时序电信号和时空位置的对应关系不失真程度。

扫描轨迹几何形状畸变、扫描运动不均匀，会造成扫描非线性畸变，从而造成几何失真。而光电转换、电光转换、光度转换的非线性会造成灰度失真。

3. 扫描方法

（1）机械扫描

机械扫描是目前最成熟的一种扫描方法。如果只改变光束的方向，便可采用机械扫描。机械扫描技术是利用反射镜或棱镜等光学元件的旋转或振动实现光束扫描。图6-55所示为一简单的机械扫描原理装置，激光入射到可转动的平面反射镜上，当平面镜转动时，平面镜反射激光的方向就会发生改变，达到光束扫描的目的。

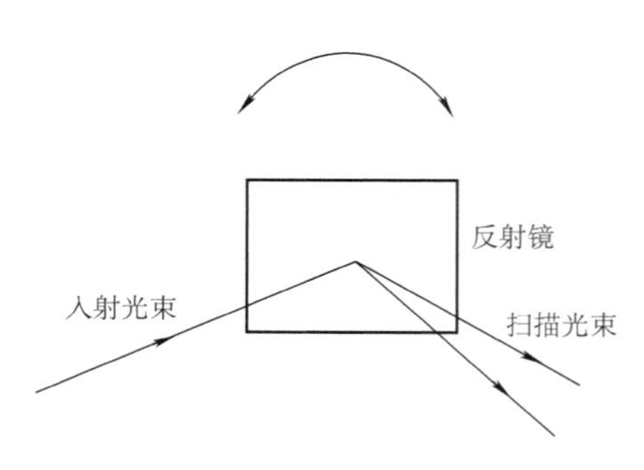

图6-55　机械扫描装置

机械扫描虽然比较原始，扫描速度慢，但是扫描角度比较大且受温度影响小，光能的损耗小，适用于各种光波的扫描。因此，机械扫描仍是一种常用的扫描方法。

图 6-56 所示的是转筒式和平板式机械扫描装置，在传真机印刷制版中得到了广泛应用。

图 6-57 所示的是机械转镜法扫描装置原理图，它是利用多面反射棱体（也称为多面转镜）对激光束进行快速反射来达到扫描目的。这种扫描方法的特点是扫描速度快、扫描角度宽、扫描精度高，可获得高的分辨力，但是它存在结构复杂、成本高等缺点。

机械扫描不仅在各种显示技术中得到应用，而且在微型图案的激光加工装置中也得到应用。

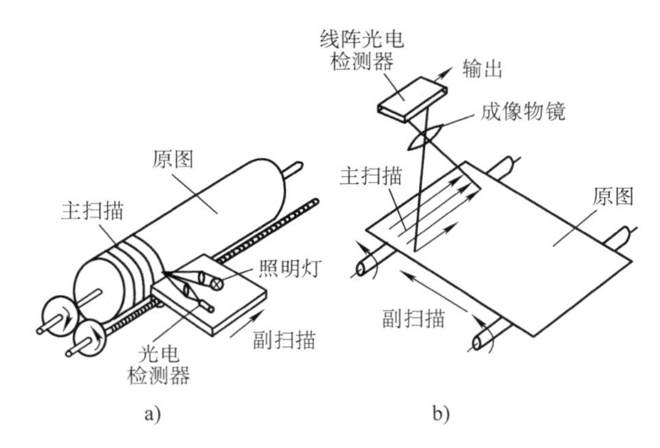

图 6-56　转筒式和平板式机械扫描装置
a）转筒式　b）平板式

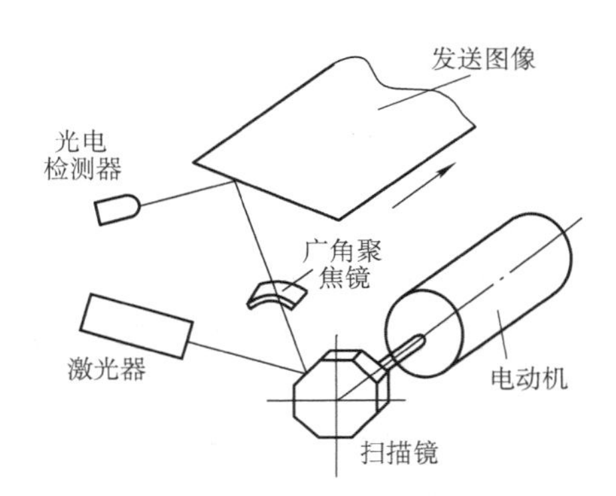

图 6-57　机械转镜法扫描装置

（2）电光扫描

电光扫描是利用电光效应来改变扫描光束在空间的传播方向，图 6-58 所示为其扫描原理图。光束沿 y 方向入射到长度为 L、厚度为 d 的电光晶体上。电光晶体的折射率 n 是坐标 x 的线性函数，即

$$n(x) = n_0 + \frac{\Delta n}{d}x \tag{6-76}$$

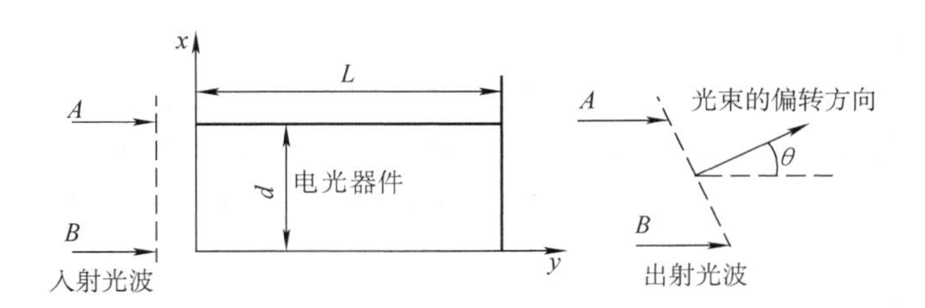

图 6-58　电光扫描原理图

式中，n_0是 $x=0$（晶体下面）的折射率；Δn 是在厚度 d 上折射率的变化量。那么在 $x=d$（晶体上面）的折射率则是 $n+\Delta n$。

当入射光束的平面波经过晶体时，光束平面波的上部（A 光线）和下部（B 光线）在经过电光晶体时的折射率不同，通过电光晶体所需的时间就不同，分别为

$$T_A = \frac{L}{c}(n + \Delta n)$$

$$T_B=\frac{L}{c}n$$

由于光线在经过电光晶体的时间不同而导致A光线相对于B光线要滞后一段距离 $\Delta y=\frac{c}{n}(T_A-T_B)$。这就意味着光波到达晶体出射面时，其光波的波阵面相对于传播轴线偏转了一个微小角度，其偏转角为

$$\theta'=-\frac{\Delta y}{d}=-L\frac{\Delta n}{nd}=-\frac{L}{n}\frac{\mathrm{d}n}{\mathrm{d}x}$$

式中，用折射率的线性变化 $\frac{\mathrm{d}n}{\mathrm{d}x}$ 来代替 $\frac{\Delta n}{d}$，这样光线射出晶体后的偏转角 θ 可以根据折射定律 $\sin\theta/\sin\theta'=n$ 来求得，式中的负号是由坐标系引起的，即 θ 由 y 转向 x 为负。因 θ 角很小，现设 $\sin\theta\approx\theta\ll1$，则

$$\theta=n\theta'=-L\frac{\Delta n}{d}=-L\frac{\mathrm{d}n}{\mathrm{d}x}\tag{6-77}$$

由此可见，只要电光晶体在电场的作用下，沿某些方向的折射率会发生变化，那么当光束沿特定方向入射时，就可实现光束扫描。光束偏转角的大小与电光晶体折射率的线性变化率成正比。

图6-59所示的是根据上述原理制成的双电光晶体（KDP）楔形棱镜扫描装置。它是由两块KDP直角棱镜组成的，棱镜的三个边分别是 x、y 和 z 轴，但两块电光晶体的 z 轴方向相反，其他两个轴的方向相同。电场沿 z 轴方向，光线沿 y 方向传播且沿 x 方向偏振。在这种情况下，上部的A线完全在上棱镜中传播，而B线则在下棱镜中传播，因电场相对于 z 轴反向，于是在上下棱镜中的折射率就产生了不同现象，使光线发生偏转。由于这种方式的电光偏转角非常小，很难达到实用的要求。为了使电光偏转角加大，而电压又不致太高，因此常将若干个KDP棱镜在光路中串联起来，构成长度为 mL、宽为 l、高为 d 的偏转装置，如图6-60所示。图中，两端的两块有一个角为 $\beta/2$，中间是若干块顶角为 β 的等腰三角棱镜，它们的 z 轴垂直于图面，棱镜的宽度与 z 轴平行，前后相邻的棱镜的光轴反向，电场沿 z 轴方向。各棱镜的折射率交替为 $n+\Delta n$ 和 $n-\Delta n$。因此光束通过扫描装置后，其总的光束偏转角为每对棱镜对光束偏转角的 m 倍。

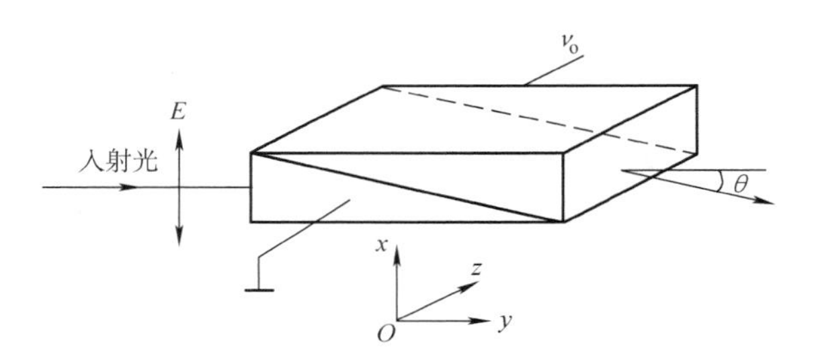

图6-59　双KDP楔形棱镜扫描器

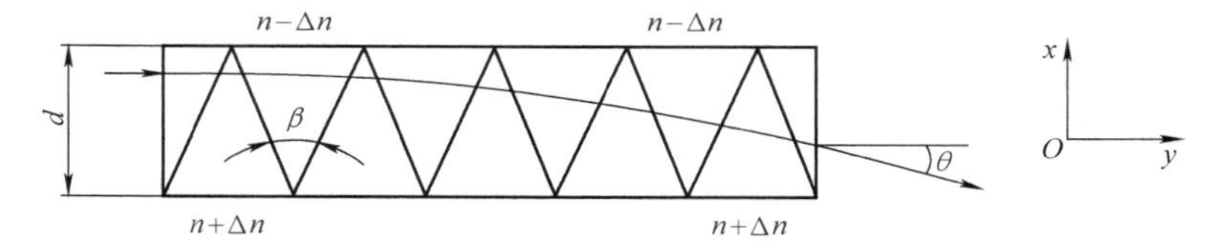

图6-60　多级棱镜扫描器

（3）电子束扫描

在电真空器件中，电子束在交变电场或磁场作用下会改变它的运动轨迹，从而实现扫描。这种扫描方式在各类型的电子摄像和显像器件中应用很普遍，被作为一种主要的扫描手段。这种类型扫描利用的是扫描电子束管的飞点扫描法，如图6-61所示。图中飞点管荧光屏上由电子束形成的光点在偏转磁场作用下形成光栅型轨迹。被测半透明软片位于光屏上，扫描光点透过软片，强度被软片内容调制，经聚光镜由光电检测器接收变成图像信号。这种方式主要用于高质量的传真和电视广播上。

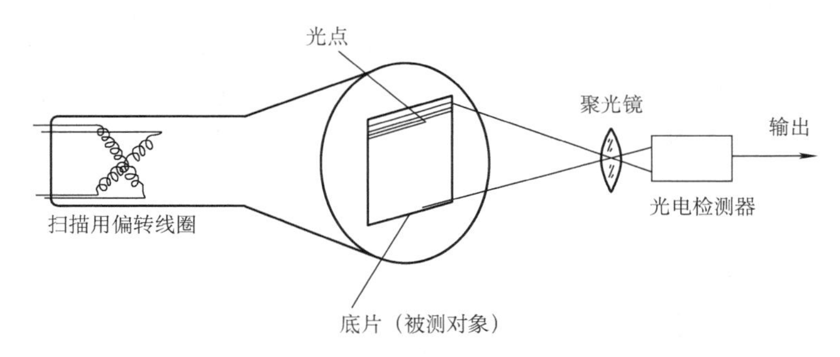

图6-61　飞点扫描装置示意图

电子束扫描的另一种扫描方式是把所要输入的图像分解成许多像点的组合。按每个点排列的信息由电子开关或机械开关依次取出，然后被放大并传送到图像显示器上，于是在成像平面上出现一个随时间变化的信息分布图。

为了实时显示由十几万到上百万个像点（像点数量由系统分辨力确定）构成的图像，理论上，扫描器件必须拥有与像点同样多的探测器件及彼此独立的放大通道。但是这种方式在工艺上很难实现。为了解决此问题，可采用逐点顺序扫描图像或景物的办法，如图6-62a所示，但它是以损失系统的灵敏度为代价的。因此，常用并联扫描和串联扫描取代逐点顺序扫描。

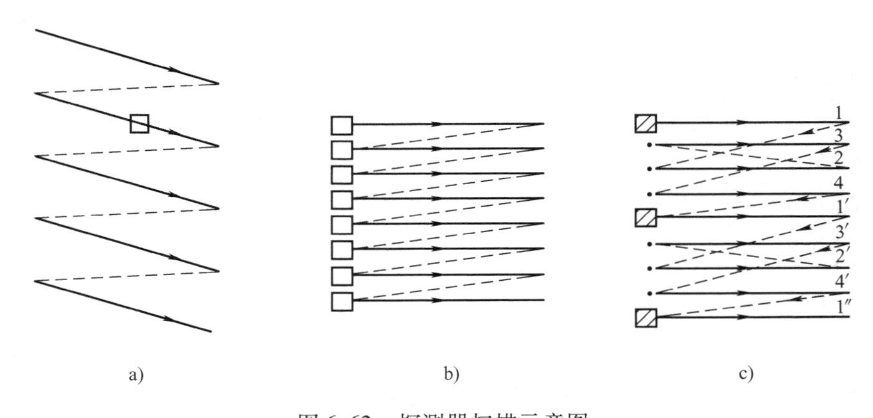

图6-62　探测器扫描示意图
a）单元逐点扫描　b）多元逐行扫描　c）多元行跳跃扫描

并联扫描时用一列探测器平行扫描图像或景物。此方法的特点是对图像或景物信息的灵敏度损失较小，并且列阵探测器中有多少行光敏元素，一次就能扫描多少行。若探测器列阵的响应速度足够快，即探测器的时间常数足够小，还可以使用并行跳跃扫描方法，也就是一个列阵探测器的每个元素在一次扫描期间隔行扫描多行。图6-62b、图6-62c是并联扫描方法的示意图。

图像扫描通常采用逐行来回扫描方式（扫描的进程时间与回程时间相同），也可以采用单程扫描方式（回程时间极短）。而对于后一种方式，短的回程时间用来传递控制指令（如黑度调节、脉冲控制等）。

串联扫描是探测器列阵置于扫描方向，图像或景物上的每一个点将先后由列阵探测器的每一个光敏元素依次扫描，如图6-63所示。图中的延迟线正确延迟从探测器光敏元素来的信息，并在延迟线的输出端以正确的相位积分。这种方式的优点在于加强了可利用的信息，信噪比可以提高 n 倍（n 为列阵探测器的元素数）。表6-4列出了并联和串联扫描方式的比较。

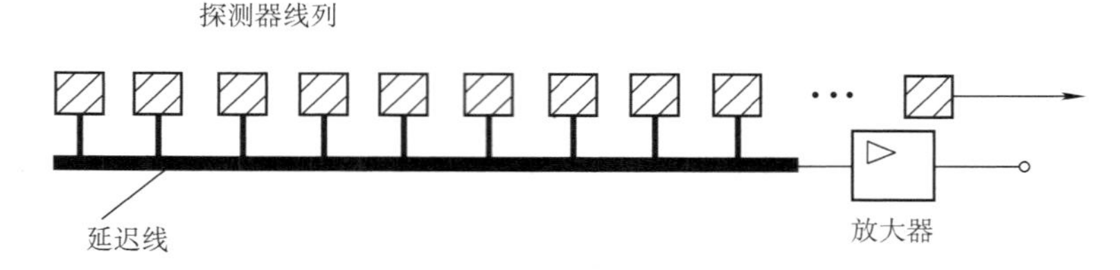

图6-63 列阵探测器串联扫描示意图

表6-4 并联和串联扫描方式的比较

并联扫描方式	串联扫描方式
探测器元素数几乎不受限制	探测器元素数有限制
扫描无效时间短	扫描无效时间长
限制电路系统带宽	带宽范围大
可进行多行跳跃扫描	不能进行多行跳跃扫描
扫描结构简单	由于扫描速度高，结构复杂
电路信号处理部分不损失分辨率	延迟中的相位差会引起扫描图像模糊，损失分辨率
前置放大器和乘法器中的电子损耗高	放大器损耗小，延迟网络损耗大
需要自动调节灵敏度	不需要自动调节灵敏度
探测器响应度不均匀性影响扫描图像质量	探测器响应度的不均匀性不重要
探测器灵敏度不均匀会产生条形图像	图像结构均匀

（4）声光扫描

声光扫描是利用声光效应实现光束扫描偏转的。声光扫描装置通过改变声波频率来改变衍射光的方向，使之发生偏转，它既可以使光束连续偏转，也可以使分离的光点扫描偏转。其扫描原理与声光调制原理相似，可以参见本章第二节中相关内容。

声光扫描装置主要性能参数有可分辨点数（决定扫描器的容量）、偏转时间 τ（其倒数决定扫描装置的速度）和衍射效率 η_S（决定偏转器的效率）。

对于一个声光扫描装置来说，不仅要看偏转角的大小，还要看可分辨点数 N。可分辨点数 N 定义为偏转角 $\Delta\theta$ 和入射光束本身发散角 $\Delta\phi$ 之比，即

$$N=\frac{\Delta\theta}{\Delta\psi}\quad(\Delta\psi=R\lambda w) \tag{6-78}$$

式中，w 为入射光束的宽度（光束的直径）；R 为常数，其值决定所用光束的性质（均匀光束或高斯光束）和可分辨判据（瑞利判据或可分辨判据）。

声光扫描装置带宽受两种因素的限制，即受换能器带宽和布拉格带宽的限制。因为当声频改变时，相应的布拉格角也要改变，其变化量为

$$\Delta\theta_B=\frac{\lambda}{2Nv_S}\Delta f_S \tag{6-79}$$

式中，λ 为光波波长；v_S为声速。

因此要求声束和光束具有匹配的发散角。声光扫描装置一般采用准直的平行光束，其发散角很小，所以要求声波的发散角 $\delta\psi\geqslant\delta\theta_B$。由于正常布拉格器件的 Q 值一般不容易做得很大，总存在一些剩余的高级衍射，此外还有各种非线性因素和驱动电源谐波分量的影响，为了避免在工作频带内出现假点，就要求工作带宽的中心频率 f_{S0} 为

$$\frac{\Delta f_S}{f_{S0}}\leqslant\frac{2}{3}=0.667$$

即

$$f_{S0}\geqslant\frac{3}{2}\Delta f_S \tag{6-80}$$

式（6-80）是设计布拉格声光偏转扫描带宽的基本关系式。

要使布拉格声光衍射扫描装置有良好的带宽特性，即能在比较大的频率范围内产生布拉格衍射，尽量减少对布拉格条件的偏离，就要求在比较宽的角度范围内提供方向合适的声波。设法使声波的波面随频率的变化发生相应的倾斜转动，使声波的传播主方向始终平分入射光方向和衍射光方向，这样声波方向自动跟踪布拉格角。

实现声波跟踪的方法一般是采用一种“列阵换能器”的装置，即将换能器分成数片，使进入声光介质的声波是各换能器发出声波的叠加合成，形成一个倾斜的波面，合成声波的主方向随声波频率的改变而改变。这种结构可以保证布拉格条件在比较大的频率范围内得到满足。

阵列换能器形式有阶梯式和平面式两种。阶梯式结构如图 6-64a 所示，它是把声光介质磨成一系列阶梯，各阶梯的高度差为 $\lambda_S/2$，阶梯的宽度为 S，各片换能器粘接在各个阶梯上，相邻两个换能器间的相位差为 π，因而每个换能器所产生的声波波面间也有 π 弧度的相位差，使在介质中传播的声波等相面随之发生倾斜转动，其转动的角度是随频率而改变的。这样就相当于改变了入射光束的角度，使之满足布拉格条件。

图 6-64b 是另一种平面式换能器，其工作原理与图 6-64a 基本相同，在这里不再赘述。

（5）振子扫描器

振子扫描器有许多种，如音叉振子、压电振子、电磁振子等。

音叉振子是利用音叉振动带动平面镜产生与音叉振动频率相同的平面镜摆动，实现光扫描。

压电振子则是利用压电陶瓷的压电效应，用压电陶瓷的伸缩带动物镜实现轴向扫描，扫

描范围一般为几十微米。

电磁振子是用电磁力来推动平面镜摆动实现扫描，或者带动物镜实现轴向扫描。

图6-65为光盘轴向调焦电磁扫描原理图。光盘焦深小于1μm，而实际光盘平面偏差可达±500μm，因此需要自动调焦系统，该系统用差动像散法检测离焦信号（即像散信号），再用恒流源驱动器驱动与物镜连在一起的线圈轴向跟踪光盘。该伺服跟踪系统实质上是一个直线电动机，用离焦量转换为相应的电流使物镜与线圈一起轴向扫描，直到调焦达到要求为止。此系统离焦量可压缩到±0.5μm以内。

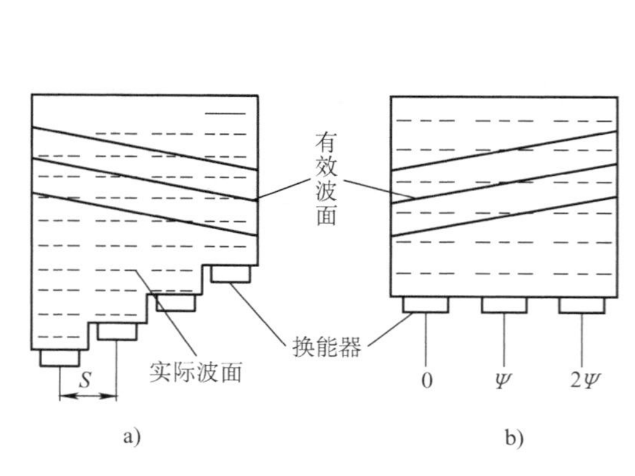

图6-64 阵列换能器
a）阶梯式 b）平面式

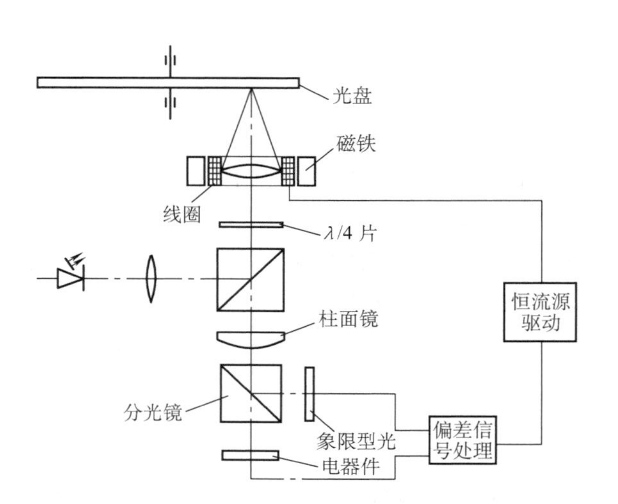

图6-65 光盘轴向调焦电磁扫描原理图

二、光束扫描测量

对于复杂的光学目标，其结构比较复杂，既可能是二维、三维图形，也有可能是其辐射与时间有关，如字符、图表、照片、工业制品、自然景物、地貌等。为了对复杂目标进行传真、录放、检测、处理、显示和存储，需要对图像数据进行采集和再现。在进行数据采集时要将被扫描物体在空间域的发光强度分布转换成时空的电信号，或者在图形再现情况下将时空电信号转换成空间发光强度分布信号。在工程上能实现这种时空（空时）转换和光电转换的最常用技术是光电扫描技术。它具有大视场范围内精确分辨图形细节的能力，即扫描方法能以窄视场的光电检测通道实现大范围的图像拾取和再现，因而既具有宽广的观察范围又有高的空间频率和灰度等级分辨能力。

1. 图像扫描的时空转换和光电转换要求

为了说明图像扫描时空转换和光电转换的过程和性质，以简单的一维直线扫描为例（见图6-66），在光学系统的像平面处有一单通道光缝和光电接收元件，以速度 v_0 扫描。像平面的照度分布为

$$E_0 = E(x_0) \tag{6-81}$$

式中，x_0 为像平面上的位置坐标。

扫描过程的运动方程式为

$$x_0(t) = v_0 t$$

这时式（6-81）就可写为

$$E_0 = E(v_0 t) \tag{6-82}$$

式（6-82）表征了空间与时间的转换关系。$1/v_0 = t/x_0(t)$ 为空时转换系数，它表示对应单位位移所需的扫描时间。取样窗口截取扫描点 x_0 处像平面发光强度，得到的光通量 $\Phi(t)$ 与坐标位置有关，就有

$$\Phi(t) = AE[x_0(t)] = AE(v_0 t) \tag{6-83}$$

式中，A 为窗口面积。

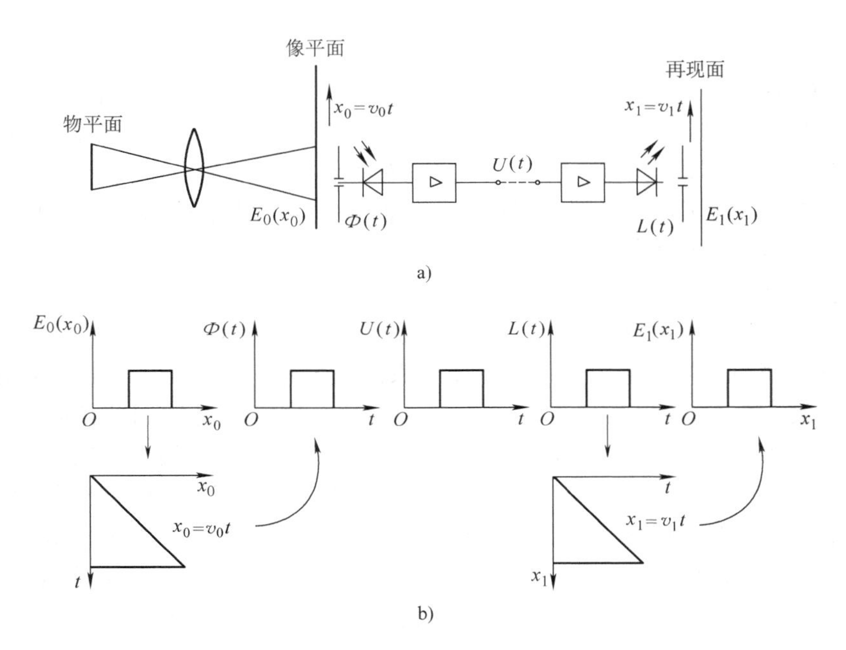

图 6-66　直线扫描示意图及信号变换
a）原理示意图　b）信号变换过程

取样窗口的光通量经光电元件转换得到的时序电信号为

$$U(t) = K_\Phi \Phi(t) = K_\Phi AE(v_0 t) \tag{6-84}$$

式中，K_Φ为光电转换系数。

这样光电元件就实现了光量电量转换，而扫描实现空时转换。此过程即为数据采集过程。

为了将图像再现，要将图像传输到显示端口上，将输出电压加到发光元器件上，这时发光元器件的发光亮度为

$$L(t) = K_L U(t) = K_L K_\Phi AE(v_0 t) \tag{6-85}$$

式中，K_L为电光转换系数。

将发光元器件及透光窗口沿再现屏幕做直线扫描运动，其运动方程为

$$x_1(t) = v_1 t \tag{6-86}$$

式中，x_1 为显示端口位置坐标；v_1 为扫描速度。

这时在屏幕上随着发光亮度 $L(t)$ 的变化，在不同位置上就形成随位置变化的照度分

布，即

$$E_1(x_1)=K_EL(t)=K_EK_\Phi K_LAE(v_0t) \tag{6-87}$$

式中，K_E为光度转换系数。

再将式（6-86）代入式（6-87）得到

$$E_1(x_1)=K_EL(t)=K_EK_\Phi K_LAE\left(v_0\frac{x_1}{v_1}\right)=KE(vx_1) \tag{6-88}$$

式中，K是扫描转换系统灰度变换因子，$K=K_EK_\Phi K_LA$；v是扫描系统坐标转换因子，$v=\frac{v_0}{v_1}=\frac{x_0}{x_1}$。

比较式（6-81）和式（6-88）可见，两者仅差灰度变换因子K和坐标变换因子v。灰度变换因子K取决于光电转换和电光转换系数、光度转换系数，这些系数都与灰度值有关。而v是扫描前后图形的尺寸比例。因此可以得到对图像扫描进行空时转换和光电转换的重要要求是图像采集与图像再现应是严格同步的，为保持图像扫描前后形状和光度的比例关系，应减少几何失真和灰度失真。

2. 激光扫描测量

图6-67为激光飞点扫描原理图，用于材料疵病检测。图中He－Ne激光器发出的激光束经L_1、L_2两透镜组成的倒置望远系统后使光束的发散角进一步压缩，形成极细（微米量级）直径的光束。在L_1和L_2透镜的焦点上放一小孔，作空间滤波用。光束经固定反射镜M_1、可调反射镜M_2和振动反射镜M_3（也可采用旋转棱镜）射向被测材料表面。由于振动反射镜M_3的摆动使光束在被测材料表面上扫描。材料两端有两个光电探测器发出扫描起始与中止的位置信号，来控制扫描电动机的换向。同时，被测材料在与扫描光束垂直方向上移动，这样两种运动配合来完成被测材料表面的检验。由于疵病的材料表面比较粗糙，它对入射光束形成散射，散射光发光强度比光滑材料表面定向反射光发光强度较弱，因此常用积分球将光能会聚于光电倍增管上。

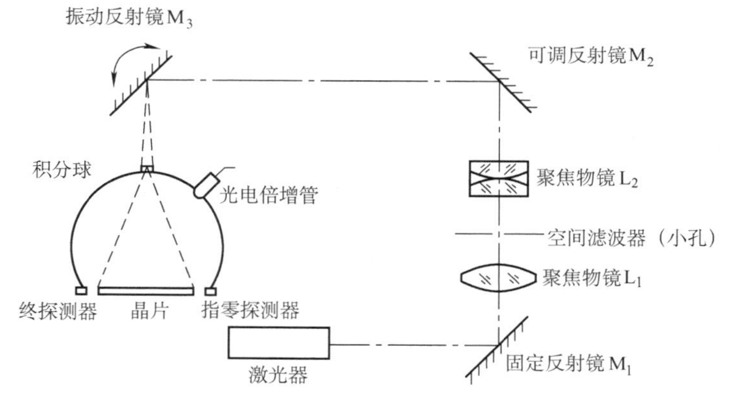

图6-67 激光飞点扫描原理图

本章第二节中图6-6所示激光扫描测径的原理已经介绍了，根据上述介绍的原理，一种实用的球面反射扫描系统如图6-68所示。它用转动的多面体实现面扫描，用平面反射镜实现光线转折，用球面反射镜扫描获得近似线性的 $f(\theta)$ 特性。被测对象可以是电缆、钢棒、玻璃棒的直径及宽度等。由式（6-32）可以看出为了测准尺寸 D 还必须精确测出时间 t，而测准时间 t 的关键是克服光束直径 d 以及工件边缘所产生的半影影响。

由图 6-69 可以看出半影影响的关键是激光束发光强度的变化。在激光扫描测径原理图 6-6 中，扫描光点扫描至被测物边缘时发光强度发生变化，该发光强度被光电器件转换为电信号，经放大器放大约 100 倍后送到信号处理器 9 与固定的比较电平比较获得方波输出。由于成像系统的光学传递函数和扫描线与被测件轮廓的孔阑效应，及检测系统的频率特性转换造成图像信号的前后边缘过渡区由理想的矩形波变成钟形波，使检测轮廓边缘带来较大误差。另外光源发光强度的波动，也会使信号触发位置发生变化。若阈值电平为恒值，那么如图 6-69 所示，当信号发光强度从 $I_{\min}$ 变到 $I_{\max}$ 时将造成 $2\Delta t$ 的时间测量误差，为了减少该误差可采用阈值浮动的比较电路，如加一个峰值电路使阈值始终保持在电压振幅的中间值，也可采用微分阈法、积分概率法等。

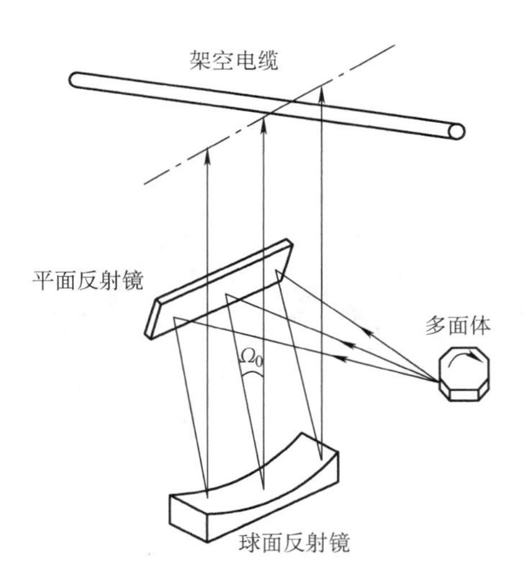

图 6-68　球面反射扫描系统原理图

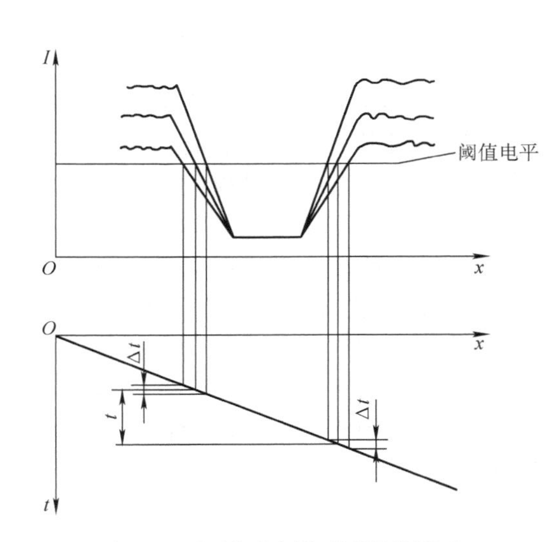

图 6-69　扫描时半影对测量的影响

激光扫描测量还有许多种，如衍射扫描法、相位扫描法、外差扫描法等，读者可参阅有关文献。

图 6-70 是激光扫描定位原理图。它不仅提高了对准精度而且极大地提高了对准效率，它用 He－Ne 激光器作为激光扫描光源，发出 2mW 功率的激光经聚光镜 2 形成光点由旋转八面体 3 实现扫描，扫描光束通过 $f-\theta$ 透镜 4 平行射出，再经屋脊形分光镜 5 分成两束，由半反半透镜 7、物镜 8，以均匀速度垂直扫描掩膜 9 和硅片 10 上的对准标记。掩膜和硅片上的衍射和反射光，再次经物镜 8、半反半透镜 7 及透镜 6 会聚到光电器件 12 上，并由光电器件 12 转换为对准与否的光电对准信号。

由于光刻定位的需要，在掩膜及硅片上都做有二维对准标记，如图 6-71 所示。

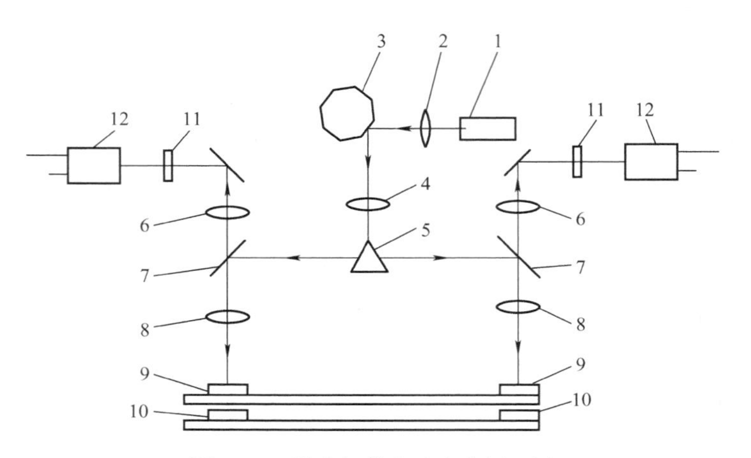

图6-70　激光扫描自动定位原理图

1—激光器　2—聚光镜　3—旋转八面体　4—$f-\theta$透镜　5—分光镜　6—透镜　7—半反半透镜　8—物镜　9—掩膜　10—硅片　11—滤光片　12—光电器件

图6-71中黑线M为掩膜上的对准标记线，W是硅片上的对准标记。在对准过程中，首先用激光束扫描掩膜和硅片上的标记，如果扫描范围内掩膜和硅片上无标记图形，激光就被垂直反射，并被图6-70中的滤光片11把光滤除，光电器件12无输出；若掩膜或硅片上有标记，扫描激光就产生衍射和漫反射，光电器件12有对准信号输出。在图6-71中硅片标记W与掩膜上的标记M，虽然能被检测到但并未对准，即W刻线未处于M刻线的中间位置，而有偏移量Δx_L或Δx_R，Δy_L或Δy_R及$\Delta\theta$。

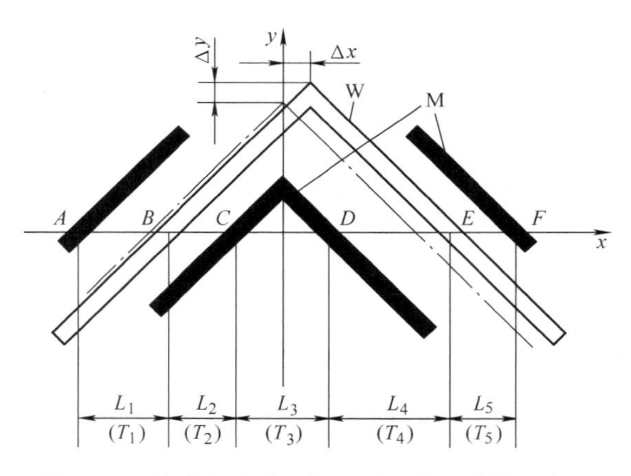

图6-71　掩膜与硅片上标记对准偏差计算示意图

$$\begin{cases}\Delta x_L(\text{或}\ \Delta x_R)=\dfrac{(L_1-L_2)+(L_4-L_5)}{4}\\[2ex]\Delta y_L(\text{或}\ \Delta y_R)=\dfrac{(L_4-L_5)-(L_1-L_2)}{4}\\[2ex]\Delta\theta=\arctan\dfrac{\Delta y_L-\Delta y_R}{l}\end{cases}\tag{6-89}$$

式中，Δx_L、Δx_R分别为左右光电显微镜测得的在x方向上掩膜与硅片的偏移量；Δy_L、Δy_R分别为左右光电显微镜测得的在y方向上掩膜与硅片的偏移量；$\Delta\theta$为硅片标记相对掩膜上标记的夹角；l为左、右标记间距。

若激光以均匀的速度扫过标记，激光束扫过AB、BC、CD、DE、EF的时间分别是$T_1\sim T_5$。根据测得的时间$T_1\sim T_5$，则可得

$$\begin{cases}\Delta x_{\mathrm{L}}(\text{或}\ \Delta x_{\mathrm{R}})=\dfrac{(T_1-T_2)+(T_4-T_5)}{4}\\[2ex]\Delta y_{\mathrm{L}}(\text{或}\ \Delta y_{\mathrm{R}})=\dfrac{(T_4-T_5)-(T_1-T_2)}{4}\end{cases}\tag{6-90}$$

则硅片在 x、y 方向的偏移量分别是

$$\begin{cases}\Delta x=-\dfrac{\Delta x_{\mathrm{L}}+\Delta x_{\mathrm{R}}}{2}\\[2ex]\Delta y=-\dfrac{\Delta y_{\mathrm{L}}+\Delta y_{\mathrm{R}}}{2}\end{cases}\tag{6-91}$$

由此可测得标记间的偏移量，根据此偏差信号驱动装有硅片的微位移工作台平移或转角，直到对准为止。

该系统八面体的转速为 1500r/min，扫描一次的时间为 5ms，在标记上扫描速度为 6.2m/s，对准精度在 ±0.3μm 以内。

图 6-72 所示为旋转定位头扫描的激光定位系统，该系统光掩膜上的定位标记为井字形，而硅片上的标记为十字形，如图 6-72b 所示。该系统的对准过程：He－Ne 激光器 1 发出的光经准直镜 2 准直成平行光，再由锥形分光镜 3 分为两路，并分别被物镜 5 会聚到掩膜 6 与硅片 7 表面，对它们进行照明。掩膜和硅片上的标记又被物镜 5 成像于具有狭缝的旋转定位

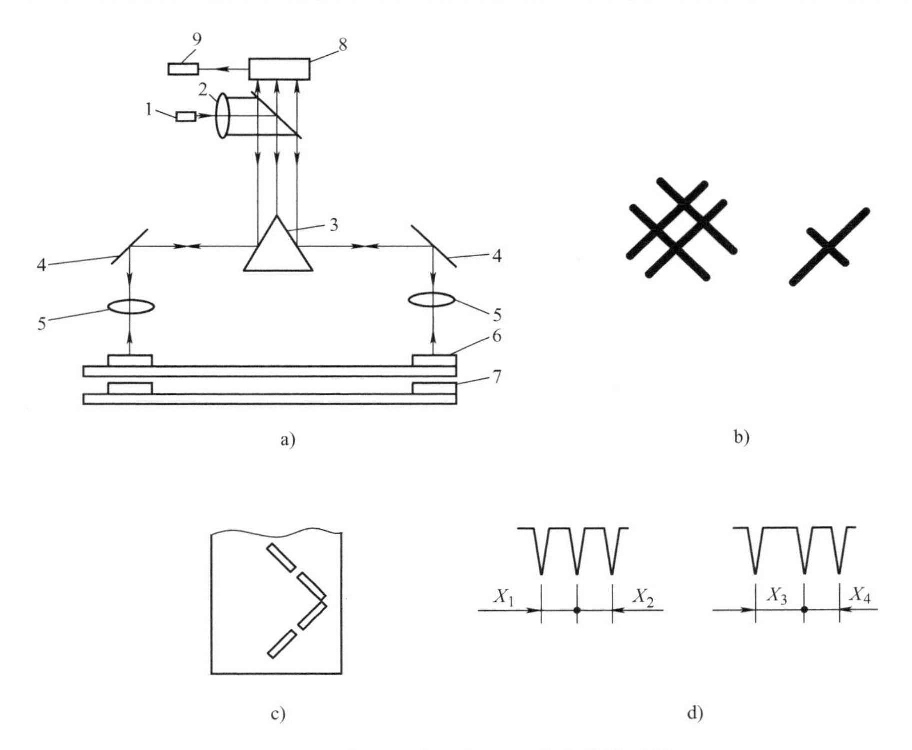

图 6-72　旋转定位头扫描的激光定位系统

a）原理图　b）标记　c）旋转定位头上的二维狭缝　d）光电信号

1—He－Ne 激光器　2—准直镜　3—锥形分光镜　4—反射镜　5—物镜

6—掩膜　7—硅片　8—旋转定位头　9—光电器件

头8上。在旋转定位头8上有两排固定的狭缝（见图6-72c），它们互成90°。当定位头旋转时就形成了对标记像的扫描，扫描信号由光电器件9输出。掩膜上的井字形标记与狭缝10相对应，硅片上十字标记与狭缝11相对应。对准时狭缝10上的光电器件输出信号，如图6-72d所示，此时，$X_1=X_2$，狭缝11上光电器件输出信号$X_3=X_4$。若$X_1\neq X_2$，则表明未对准，进而驱动电动机带动装有硅片的工作台在x和y方向移动，直到精确对准为止。

复习思考题6

1. 什么是光载波调制变换？光载波调制变换的目的是什么？
2. 光载波调制变换的方法有哪些？每一种变换的原理是什么？
3. 光载波的调制变换中外调制变换都哪些？
4. 调制盘调制变换有几种方法？叙述其原理。
5. 为什么调制盘调制变换具有空间滤波功能？
6. 举例说明声光调制变换、电光调制变换、磁光调制变换的调制变换原理。
7. 何谓莫尔条纹？用光学原理来解释为什么说莫尔条纹调制技术具有光学放大作用？
8. 何谓直接调制变换？试述半导体激光器直接调制原理。
9. 什么是光学扫描测量技术？扫描技术是如何分类的？
10. 扫描的方法有哪些？描述各种扫描方法的工作原理。它们的特点是什么？
11. 试述激光扫描测量技术的原理。举例说明。

第七章　非相干信号的光电变换与检测

第一节　光电信号变换与光电测量系统概述

在光电系统中，通常要借助于几何光学、物理光学和光电子学的方法对信号进行变换，包括将一种光量转换为另一种光量，将非光量转换为光量或将连续光量转换为脉冲光量等。这种变换的目的在于：

1）将待测信息加载到光载波上进而形成光电信号。

2）改善系统的时间或空间分辨力及动态品质，提高传输效率和检测精度。

3）改善系统的检测信噪比，提高工作可靠性。

光电信号的变换方法从光学原理来看，分为几何光学法、物理光学法和光电子学法。表7-1给出了典型的光电信号变换方法和应用范围。

表7-1　典型的光电信号变换方法与应用范围

变换方法	光学原理	应用范围
几何光学法	透射、反射、折射、散射、遮光、光学成像等非相干光学现象或方法	光开关、光学编码、光扫描、瞄准定位、光准直、外观质量检测、测长、测角、测距等
物理光学法	干涉、衍射、散斑、全息、波长变换、光学拍频、偏振等相干光学现象或方法	莫尔条纹、干涉计量、全息计量、散斑计量、外差干涉、外差通信、光谱分析、多普勒测速等
光电子学法	电光效应、声光效应、磁光效应、空间光调制、光纤传光与传感等	光调制、光偏转、光开关、光通信、光记录、光存储、光显示等

光源、光学变换系统和光电接收器件一起构成光电测量系统。如果光电系统所接收的信号完全来自于被测对象的自发辐射而不用人工光源照明，称为被动光电系统。如果信息源通过调制光源的电源电压或电流，把信息加载到光载波上，而发射调制光，或者用光电系统的光源（人工光源）照射目标再进行光电变换，然后由光电接收系统接收，称为主动光电系统。

光载波所携带的被测光信息有多种，若光信息为发光强度，即被测量加载于光载波的强度之中，不论光源是相干光源还是非相干光源，这时光电器件只直接接收发光强度变化，最后用解调的方法检出被测信息称为直接检测光电系统。若光信息加载于相干光源光载波的振幅、频率或者相位变化之中，则称为相干检测系统。如果光源是非相干光，但用光调制的方法使被测信息载荷于调制光的幅度、频率或相位之中，然后用光电的方法从调制光的幅度、频率或相位之中检测出被测信息，则仍为非相干检测。因此把直接检测光信息的发光强度（或光功率）以及检测非相干光调制频率、振幅或相位的方法统称为非相干检测。

第二节　直接检测系统的工作原理

直接检测系统简单、实用，在许多领域中都得到广泛应用。光电直接检测是将待测光信号直接入射到光检测器光敏面上，光检测器响应于光辐射强度（幅度）而输出相应的电流或电压。

一、直接检测系统的组成和原理

一种典型的直接检测系统组成框图如图7-1所示。

检测系统可经光学天线或直接由检测器接收光信号，在其前端还可经过频率滤波（如滤光片）和空间滤波（如光阑）等处理，接收到的光信号入射到光检测器的光敏面上（若无光学天线，则仅以光检测器光敏面接收光场）；同时，光学天线也接收到背景辐射，并与信号一起入射到检测器光敏面上。

假定入射的信号光电场为 $E_s(t)=A\cos(\omega t)$，（式中，A 是信号光电场振幅，ω 是信号光的频率）。平均光功率 P_s 为

$$P_s=\overline{E_s^2(t)}=A^2/2$$

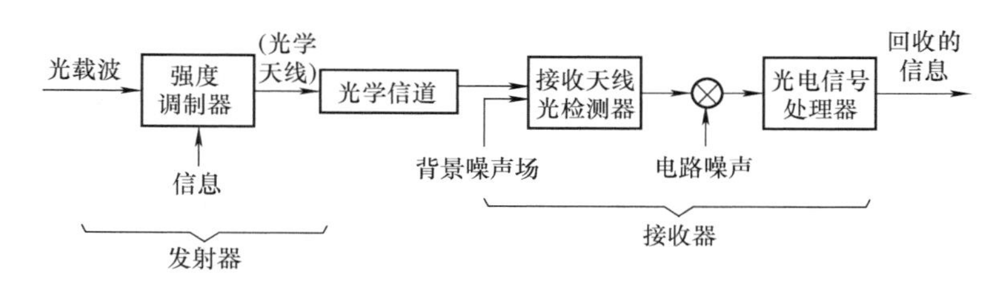

图7-1　典型的直接检测系统组成框图

光检测器输出的电流为

$$I_s=\alpha P_s=\frac{e\eta}{h\nu}\overline{E_s^2(t)}=\frac{e\eta}{2h\nu}A^2 \tag{7-1}$$

式中，e 为电子电荷；$h\nu$ 为光子能量；η 为量子效率；$\overline{E_s^2(t)}$ 表示 $E_s^2(t)$ 的时间平均值；α 为光电变换比例常数，且有 $\alpha=e\eta/h\nu$。

若光检测器的负载电阻为 R_L，则光检测器输出电功率为

$$P_0=I_s^2R_L=\left(\frac{e\eta}{h\nu}\right)P_s^2R_L \tag{7-2}$$

式（7-2）说明，光检测器输出的电功率正比于入射光功率的二次方。从这里可以看到光检测器的二次方律特性，即光电流正比于光电场振幅的二次方，电输出功率正比于入射光功率的二次方。如果入射光是调幅波，即

$$E_s(t)=A[1+\mathrm{d}(t)]\cos(\omega t)$$

式中，$\mathrm{d}(t)$ 为调制信号。

仿照式（7-1）的推导可得

$$\dot{I}_s=\frac{1}{2}\alpha A^2+\alpha A^2\mathrm{d}(t) \tag{7-3}$$

式中，第一项为直流项；若光检测器输出端有隔直流电容，则输出光电流只包含第二项，这就是包络检测的意思。

二、直接检测系统的主要参数

1. 信噪比

众所周知，任何系统都需要一个重要指标——信噪比来衡量其质量的好坏，其灵敏度的高低与此密切相关。模拟系统的灵敏度可以用信噪比表示。

设入射到光检测器的信号光功率为 P_s，噪声功率为 P_n，光检测器输出的信号电功率为 P_o，输出的噪声功率为 P_{no}，由式（7-2）可得

$$P_o + P_{no} = \left(\frac{e\eta}{h\nu}\right)^2 R_L (P_s + P_n)^2 = \left(\frac{e\eta}{h\nu}\right)^2 R_L (P_s^2 + 2P_sP_n + P_n^2) \tag{7-4}$$

考虑到信号和噪声的独立性，则输出功率信噪比为

$$(SNR)_P = \frac{P_o}{P_{no}} = \frac{P_s^2}{2P_sP_n + P_n^2} = \frac{(P_s/P_n)^2}{1 + 2(P_s/P_n)} \tag{7-5}$$

从式（7-5）讨论两种情况：

1）若 $P_s/P_n \ll 1$，则有

$$(SNR)_P \approx \left(\frac{P_s}{P_n}\right)^2 \tag{7-6}$$

这说明输出信噪比等于输入信噪比的二次方。由此可见，直接检测系统不适用于输入信噪比小于1或者微弱光信号的检测。

2）若 $P_s/P_n \gg 1$，则有

$$(SNR)_P \approx \frac{1}{2}\frac{P_s}{P_n} \tag{7-7}$$

这时输出信噪比等于输入信噪比的一半，即经光电转换后信噪比损失了3dB，这在实际应用中还是可以接受的。

从以上讨论可知，直接检测方法不能改善输入信噪比，与光外差检测方法相比，这是它的弱点。但它对不是十分微弱光信号的检测则是很适宜的检测方法。这是由于这种检测方法比较简单、易于实现、可靠性高、成本较低，所以得到了广泛应用。

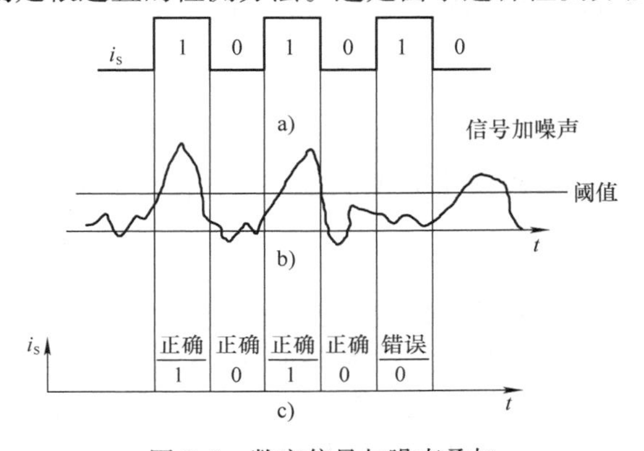

图7-2　数字信号与噪声叠加
a）无噪声信号　b）含噪声信号
c）经阈值判定后的含噪声信号

对于数字式光电系统，因为是用“0”“1”两种脉冲传输信息，当系统不存在噪声时，系统输出信号能准确复现发射的信号编码规律，如图7-2a所示。在有噪声随机叠加在信号上时，信号产生畸变，如图7-2b所示。在给定阈值条件下，脉冲高于某阈值电流（或电压）时，电路输出为脉冲高电位“1”态；低于某阈值电流（或电压）时，电路输出为脉冲低电位“0”态。由图7-2c可以看出：由于负向噪声叠加在脉冲“1”

上使输出脉冲为“0”；同样，噪声也有可能使脉冲输出“0”误变为“1”。“0”“1”码出现错误的概率称为误码率。显然，这仍然与信噪比有关。当信噪比高时，误码率就低，只是不用信号噪声功率比来衡量，而由噪声的概率分布规律考虑它超过阈值的概率来衡量。

2. 检测极限及趋近方法

如果考虑直接检测系统存在的所有噪声，则输出噪声总功率为

$$P_{no}=(\overline{i_{NS}^2}+\overline{i_{NB}^2}+\overline{i_{ND}^2}+\overline{i_{NT}^2})R_L \tag{7-8}$$

式中，$\overline{i_{NS}^2}$、$\overline{i_{NB}^2}$、$\overline{i_{ND}^2}$分别为信号光、背景光和暗电流引起的噪声；$\overline{i_{NT}^2}$为负载电阻和放大器热噪声之和。

输出信号噪声比为

$$(SNR)_p=\frac{P_o}{P_{no}}=\frac{[e\eta/(h\nu)]^2P_s^2}{\overline{i_{NS}^2}+\overline{i_{NB}^2}+\overline{i_{ND}^2}+\overline{i_{NT}^2}} \tag{7-9}$$

当热噪声是直接检测系统的主要噪声源，而其他噪声可以忽略时，可以说直接检测系统受热噪声限制，这时的信噪比为

$$(SNR)_{pT}=\frac{[e\eta/(h\nu)]^2P_s^2}{4kT\Delta f/R} \tag{7-10}$$

当散粒噪声远大于热噪声时，热噪声可以忽略，则直接检测系统受散粒噪声限制，这时的信噪比为

$$(SNR)_{pN}=\frac{[e\eta/(h\nu)]^2P_s^2}{\overline{i_{NS}^2}+\overline{i_{NB}^2}+\overline{i_{ND}^2}} \tag{7-11}$$

当背景噪声是直接检测系统的主要噪声源，而其他噪声可以忽略时，可以说直接检测系统受背景噪声限制，这时的信噪比为

$$(SNR)_{pB}=\frac{[e\eta/(h\nu)]^2P_s^2}{2e\Delta f\left(\frac{e\eta}{h\nu}P_B\right)}=\frac{\eta}{2h\nu\Delta f}\frac{P_s^2}{P_B} \tag{7-12}$$

式中，P_B为背景辐射功率，扫描检测系统的理论极限即由背景噪声极限所决定。

当入射的信号光波所引起的散粒噪声是直接检测系统的主要噪声源，而其他噪声可以忽略时，可以说直接检测系统受信号噪声限制，这时的信噪比为

$$(SNR)_{ps}=\frac{\eta P_s}{2h\nu\Delta f} \tag{7-13}$$

式（7-13）为直接检测系统在理论上的极限信噪比，也称为直接检测系统的量子极限。若用等效噪声功率 NEP 值表示，在量子极限下，直接检测系统理论上可测量的最小功率为

$$(NEP)_{min}=\frac{2h\nu\Delta f}{\eta} \tag{7-14}$$

假定检测器的量子效率 $\eta=1$，测量带宽 $\Delta f=1\text{Hz}$，由式（7-14），得到系统在量子极限下的最小可检测功率为 $2h\nu$，此结果已接近单个光子的能量。

应当指出，式（7-13）和式（7-14）是当直接检测系统做到理想状态，即系统内部的噪声都抑制到可以忽略程度时得到的结果。但在实际的直接检测系统中，很难达到量子检测极限。因为实际系统的视场不能是衍射极限对应的小视场，于是背景噪声不可能为零，任何实际的光检测器总会有噪声存在，光检测器本身具有电阻以及负载电阻都会产生热噪声，放

大器也不可能没有噪声。

但是，如果使系统趋近量子极限则意味着信噪比的改善。可行的办法就是在光电检测过程中利用光检测器的内增益获得光电倍增。例如对于光电倍增管，由于倍增因子 M 的存在，信号功率 i_s^2 在增加 M^2 的同时，散粒噪声功率也倍增 M^2 倍，于是式（7-9）变为

$$(SNR)_p = \frac{(e\eta/h\nu)^2 P_s^2 M^2}{(\overline{i_{NS}^2} + \overline{i_{NB}^2} + \overline{i_{ND}^2})M^2 + \overline{i_{NT}^2}} \tag{7-15}$$

当 M^2 很大时，热噪声可以忽略，如果光电倍增管加制冷、屏蔽等措施以减小暗电流及背景噪声，光电倍增管达到散粒噪声限是不难的。在特殊条件下，它可以趋近量子限。人们曾用光电倍增管测到 10^{-19}W 光信号功率，需要注意的是应选用无倍增因子起伏的内增益器件，否则倍增因子的起伏又会在系统中增加新的噪声源。

一般地说，在直接检测汇总，光电倍增管、雪崩管的检测能力高于光电导器件。采用有内部高增益的检测器是直接检测系统可能趋近检测极限的唯一途径。但由于增益过程将同时使噪声增加，故存在一个最佳增益系数。

3. 视场角

视场角亦是直接检测系统的性能指标之一，它表示系统能“观察”到的空间范围。对于检测系统，被测物看作是在无穷远处，且物方与像方两侧的介质相同。在此条件下，检测器位于焦平面上时，其半视场角（见图 7-3）为

$$\omega = \frac{d}{2f}$$

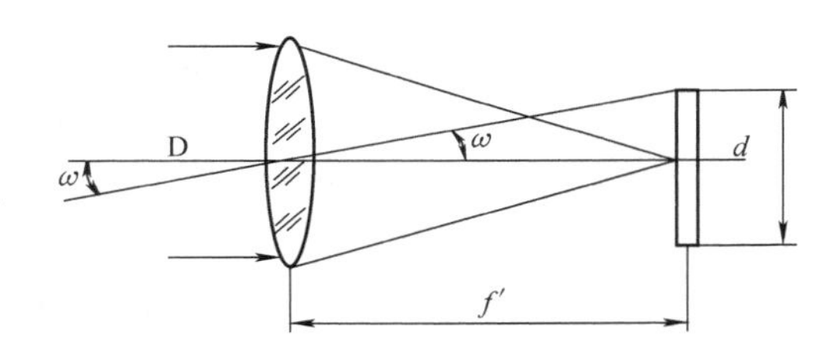

图 7-3　直接检测系统视场角

或视场角立体角 Ω 为

$$\Omega = \frac{A_d}{f^2} \tag{7-16}$$

式中，d 为检测器直径；A_d 为检测器面积；f 为焦距。

从观察范围而言，即从发现目标的观点考虑，希望视场角越大越好。但由式（7-16）可看出，若要增大视场角 Ω，可增大检测器面积或减小光学系统的焦距。这两方面对检测系统的影响都不利，第一，增大检测器面积意味着增大系统的噪声，因为对大多数检测器而言，其噪声功率和面积的二次方根成正比；第二，减小焦距使系统的相对孔径加大，这也是不允许的。另一方面视场角加大后引入系统的背景辐射也增加，使系统灵敏度下降。因此，在设计系统的视场角时要全面权衡这些利弊，在保证检测到信号的基础上尽可能减小系统的视场角。

4. 作用距离

由于光电检测系统的用途不同，光电系统灵敏度的表达形式亦不尽相同。在测距、搜索和跟踪等系统中，通常也用作用距离来评价系统的灵敏度。对于其他系统的灵敏度亦可由距离方程推演出来。

（1）被动检测系统的距离方程

设被测目标的光谱辐射强度为 $I_{v\lambda}$，经大气传播后达到接收光学系统表面的光谱辐照度

$E_{v\lambda}$为

$$E_{v\lambda}=\frac{I_{v\lambda}\tau_{1\lambda}}{L^2}$$

式中，$\tau_{1\lambda}$为被测距离L内的大气光谱透过率；L为目标到光电检测系统的距离。

入射到检测器上的光谱功率$P_{v\lambda}$为

$$P_{v\lambda}=E_{v\lambda}A_0\tau_{0\lambda}=\frac{I_{v\lambda}\tau_{1\lambda}}{L^2}A_0\tau_{0\lambda}$$

式中，A_0、$\tau_{0\lambda}$分别为接收光学系统的入射孔径面积及光谱透过率。

根据目标辐射强度最大的波段范围及所选取检测器光谱响应范围共同决定选取的$\lambda_1\sim\lambda_2$的辐射波段，可得到检测器的输出信号电压为

$$V_s=\frac{A_0}{L^2}\int_{\lambda_1}^{\lambda_2}I_{v\lambda}\tau_{1\lambda}\tau_{0\lambda}S_{v\lambda}\mathrm{d}\lambda$$

式中，$S_{v\lambda}$为检测器的光谱电压灵敏度。

令检测器的方均根噪声电压为V_n，它的输出信噪比为

$$\frac{V_s}{V_n}=\frac{A_0}{V_nL^2}\int_{\lambda_1}^{\lambda_2}I_{v\lambda}\tau_{1\lambda}\tau_{0\lambda}S_{v\lambda}\mathrm{d}\lambda \tag{7-17}$$

式中，$I_{v\lambda}$、$\tau_{1\lambda}$、$\tau_{0\lambda}$、$S_{v\lambda}$都是波长的复杂函数，很难用确切的解析式表达。通常的处理方法是对上述各量做简化处理。

1）取$\tau_{1\lambda}$为被测距离L在$\lambda_1\sim\lambda_2$区域内的平均透过率τ_1。

2）光学系统的透过率$\tau_{0\lambda}$也取在$\lambda_1\sim\lambda_2$光谱范围内的平均值τ_0。

3）把检测器对波长$\lambda_1\sim\lambda_2$内的响应度看成是一个矩形带宽，即认为$\lambda_1>\lambda>\lambda_2$的光谱灵敏度为零；而在$\lambda_1<\lambda<\lambda_2$的光谱范围内灵敏度为常值$S_v$。

4）根据物体的温度T查表，可计算出在考查波段范围内的黑体辐射强度，再乘以物体的平均辐射比率，可得到物体在$\lambda_1\sim\lambda_2$内的辐射强度I_v。

将上述各值代入式（7-17）内得到

$$\frac{V_s}{V_n}=\frac{A_0}{V_nL^2}I_v\tau_1\tau_0S_v$$

所以

$$L=\left(\frac{A_0I_v\tau_1\tau_0S_v}{V_n\frac{V_s}{V_n}}\right)^{\frac{1}{2}} \tag{7-18}$$

又由灵敏度与归一化探测度的关系可得

$$S_v=\frac{V_nD^*}{\sqrt{A_d\Delta f}} \tag{7-19}$$

将式（7-19）代入式（7-18）得到

$$L=\left(\frac{A_0I_v\tau_1\tau_0S_v}{V_n\sqrt{A_d\Delta f}}\right)^{\frac{1}{2}} \tag{7-20}$$

式中，A_d为检测器面积；Δf为系统的带宽；D^*为检测器的归一化探测度；$A_0I_v=P_0$是入射

到接收光学系统的平均功率。

在这里，为了能清楚地看出系统各部件对作用距离的影响，把调制特性考虑为对入射功率的利用系数，则式（7-20）改写为

$$L=(I_v\tau_1)^{\frac{1}{2}}(A_0\tau_0)^{\frac{1}{2}}\left(\frac{D^*}{\sqrt{A_d}}\right)^{\frac{1}{2}}\left[\frac{k_m}{\sqrt{\Delta f}(V_s/V_n)}\right]^{\frac{1}{2}} \tag{7-21}$$

式中，第一个括号是目标辐射特性及大气透过率对作用距离的影响；第二和第三个括号表示光学系统及检测器特性对作用距离的影响；第四个括号是信息处理系统对作用距离的影响。

（2）主动检测系统距离方程

主动检测系统的光源主要为激光光源。令其发射功率为 $P_s(\lambda)$，发射束发散立体角为 Ω，发射光学系统透过率为 $\tau_{01}(\lambda)$，经调制的光能利用率为 k_m，则发射机发射的功率 $P_T(\lambda)$ 为

$$P_T(\lambda)=P_s(\lambda)\tau_{01}(\lambda)k_m$$

激光在大气中传播时，能量若为按指数规律衰减，令衰减系数为 $k(\lambda)$，经传播距离 L 后光斑面积为 $S_L=\Omega L^2$，光斑 S_L 的辐射照度 E_v 为

$$E_v(\lambda)=\frac{P_T(\lambda)}{S_L}e^{-k(\lambda)L}=\frac{P_T(\lambda)}{\Omega L^2}e^{-k(\lambda)L}$$

设在距光源 L 处有一目标，其反射面积为 S_a。普通情况下把发射体看作是朗伯反射，即在半球内均匀发射，其发射系数为 γ。在此条件下，单位立体角的反射光辐射强度 $I_v(\lambda)$ 为

$$I_v(\lambda)=\frac{1}{\pi}rS_aE_v(\lambda)=\frac{P_T(\lambda)}{\pi\Omega L^2}rS_ae^{-k(\lambda)L}$$

假定接收机和发射机在一处，反射光经大气传输到接收器的过程仍遵守指数规律衰减，衰减系数仍为 $k(\lambda)$，则接收功率为

$$P(\lambda)=I_v(\lambda)\Omega'=\frac{P_T(\lambda)D_0^2}{4\Omega L^4}rS_ae^{-2k(\lambda)L}$$

式中，D_0 为光学系统接收口径；Ω' 为接收光学系统的立体角，$\Omega'=\pi D_0^2/(4L^2)$。

如果接收光学系统的透过率为 τ_{02}，则检测器上接收到的总功率为

$$P_d(\lambda)=\tau_{02}P(\lambda)=\frac{P_s(\lambda)k_mkS_aD_0^2}{4\Omega L^4}e^{-2k(\lambda)L}$$

式中，$k=\tau_{01}(\lambda)\tau_{02}(\lambda)r$。

检测器上的输出电压为

$$V_s=P_d(\lambda)S_{rv}(\lambda)=\frac{P_s(\lambda)k_mkS_aD_0^2}{4\Omega L^4}e^{-2k(\lambda)L}S_{rv}(\lambda) \tag{7-22}$$

式中，$S_{rv}(\lambda)$ 为检测器相对光谱灵敏度。

把 $S_{rv}(\lambda)=V_nD^*/\sqrt{A_d\Delta f}$ 代入式（7-22）得距离 L 为

$$L=\left[\frac{P_s(\lambda)k_mkS_aD_0^2D^*}{4\Omega(V_s/V_n)\sqrt{A_d\Delta f}}e^{-2k(\lambda)L}\right]^{\frac{1}{4}} \tag{7-23}$$

如果目标反射面积 S_a 等于光斑照射面积 ΩL^2，则式（7-23）可化为

$$L=\left[\frac{P_s(\lambda)k_mkD_0^2D^*}{4(V_s/V_n)\sqrt{A_d\Delta f}}e^{-2k(\lambda)L}\right]^{\frac{1}{4}} \tag{7-24}$$

由式（7-24）看出，影响检测距离的因素很多。发射系统、接收系统的大气特性以及目标反射特性都将影响检测距离。

前面计算距离时，在被动检测系统中，由于光谱范围较宽，把大气衰减作用以透过率τ_0表示；而在主动检测系统中，绝大多数系统以激光作光源，激光光谱较窄，衰减系数以$e^{-k(\lambda)L}$表示，这两种表示方法的物理意义是等价的。

第三节 直流或缓变光电信号的变换与检测方法

非相干光电信号按其时空特点分为随时间变化的光电信号和随空间变化的光电信号。前者的特征是信号随时间缓慢变化或周期性以及瞬时变化，发生于有限空间内，与时间有关而与空间无关，信号可表示为$F(t)$。随空间变化的光电信号发生在一定空间之内，光电信号随空间位置而改变，表示为$F(x, y, z)$，有的还同时随时间改变，表示为$F(z, y, z, t)$。

非相干光电信号的变换与检测方法如图7-4所示。

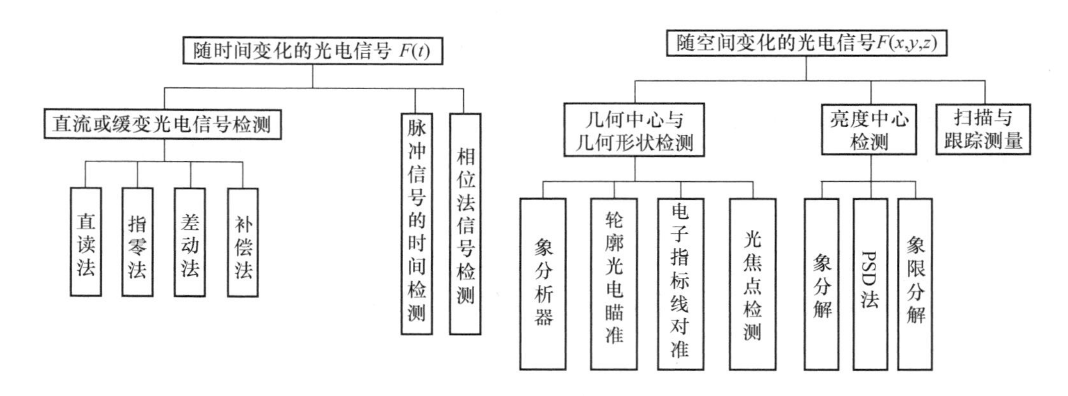

图7-4 非相干光电信号的变换与检测方法

本节将介绍直流或缓变光电信号的变换与检测方法。

这种变换的特点是利用光的透射、反射、折射、遮光或者成像的方法将被测信号直接加载到光通量的变化之中，再用光电器件检测光通量的幅值变化。它广泛用于光开关、辐射测温、测表面粗糙度、测气体或液体浓度、测透过率、测反射率等。

一、直读法

直读法是最简单的光通量幅值测量法，如图7-5所示。

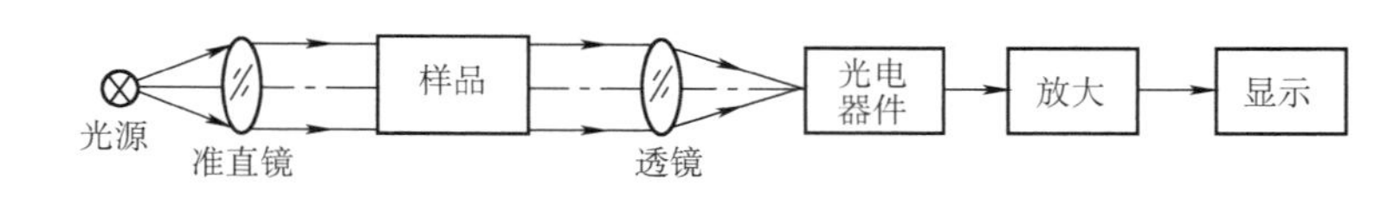

图7-5 直读法原理图

光源发出的光（光通量为Φ_0）经准直镜以平行光照射被测样件（如纯净水等），由于被测样件纯度不好或者浓度不同而产生光的吸收、散射等使光的透过率不同，若透过率为

τ，则通过样品后的光通量变为 $\Phi=\Phi_0\tau$。这样，通过光的透射实现了光学变换。该光通量经透镜会聚而被光电器件接收并转换为电信号，再经放大器放大由指示表显示出测量结果。以上过程可用图 7-6 所示的框图来表示。

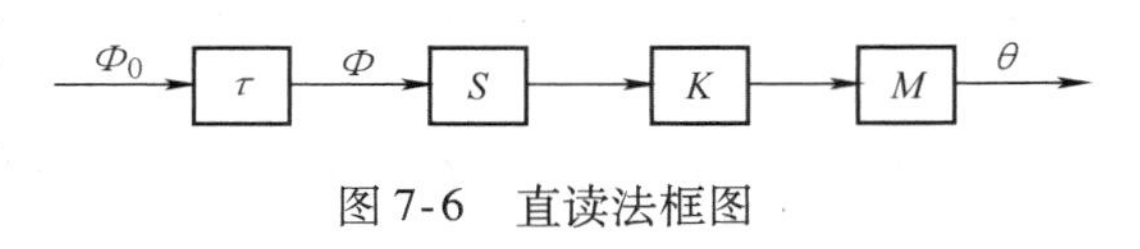

图 7-6 直读法框图

若光电检测灵敏度为 S，放大增益为 K，读数装置传递系数为 M，则指示表的输出 θ 可写为

$$\theta=\Phi_0\tau SKM=K_0\tau \tag{7-25}$$

式中，系数 $K_0=\Phi_0 SKM$。

在测量过程中应保持 K_0 不变，使 θ 与 τ 有确定的对应关系，根据 θ 便可确定被测样品的透过率 τ。从式（7-25）可以看出 K_0 与光源出射的光通量 Φ_0 有关，若 Φ_0 不稳定将直接带来测量误差。因此直读法虽然简单，但精度不高。

二、指零法

提高单通道系统测量精度最简单的方法是指零法。它利用标定好的读数装置来补偿光通量的不稳定影响，使测量系统在输出光通量为零的状态下读数。其工作原理如图 7-7 所示，这是测量磁光物质在磁场作用下偏振角的原理图。

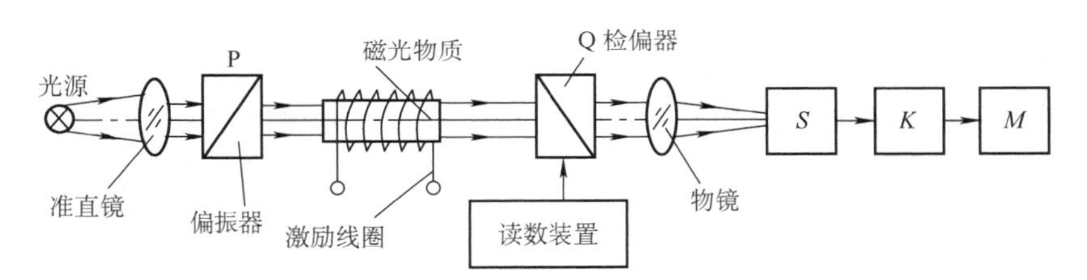

图 7-7 指零法测量偏振角原理

光源发出的光经准直镜后成为平行光，再经偏振器 P 使振动方向与 P 光轴平行的平面偏振光通过。当被检测偏振角的物（磁光物质）未放到磁场中时，光线直接射到检偏器上，而检偏器 Q 的光轴预先调节成与 P 的光轴垂直，从而在检偏器 Q 的输出端无光输出，光电器件无光通量入射，指示表指示为零。当放上被检物质后，该物质在确定磁场作用下，产生旋光性，当光通过它时使光的偏振面旋转，因而检偏器输出端有光的输出，使指示表不为零。若转动检偏器 Q，使之转角等于被检物质引起的偏振面转角时，则经过检偏器后透过的光通量又变为零，即指示表再次指零，用一个标定过的高精度读数装置读取 Q 的转角，即可测出偏振物质引起的偏振器的旋转角。以上过程可用如图 7-8 所示的框图来表示。

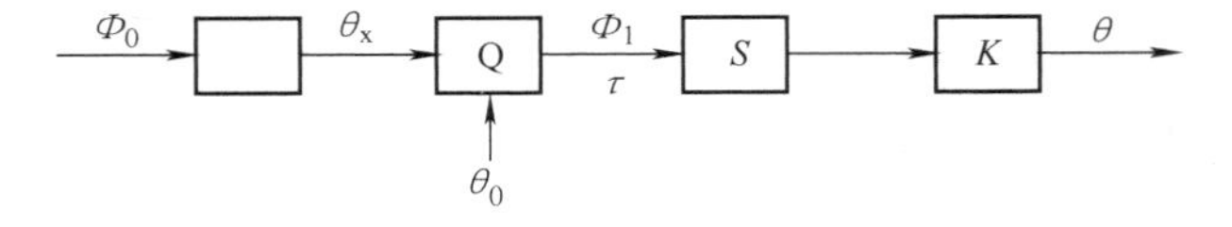

图 7-8 指零法框图

令通过偏振器的光通量为 Φ_0，该光经磁光物质以后使偏振面转过 θ_x 角，再经检偏器后，透过的光通量为 Φ_1，则 $\Phi_1=\Phi_0\tau$，τ 为检偏器的透过率，因而有

$$\theta=\Phi_0\tau SK \tag{7-26}$$

由于 $\tau=Q(\theta_x-\theta_0)$，$Q$ 为检偏器的转换因子，这样有

$$\theta_x=\tau/Q+\theta_0 \tag{7-27}$$

因为系统是输出指示为零（$\theta=0$）时读取数值，由式（7-27）可知，此时 $\tau=0$，因而读数 $\theta_0=\theta_x$。由上述原理可以看出，测量系统是在输出光通量是零情况下读数的，因而光源出射光的不稳定性对测量精度影响较小。

类似的指零法测量仪器有许多种，如用准直光管瞄准测角等。

三、差动法

为了减小单通道法入射光通量波动对测量的影响，可以采用双通道差动法和双通道差动补偿法。

为了说明差动法的原理并与单通道法相比较，仍以透过率测量为例，图7-9所示是差动法测量原理图。

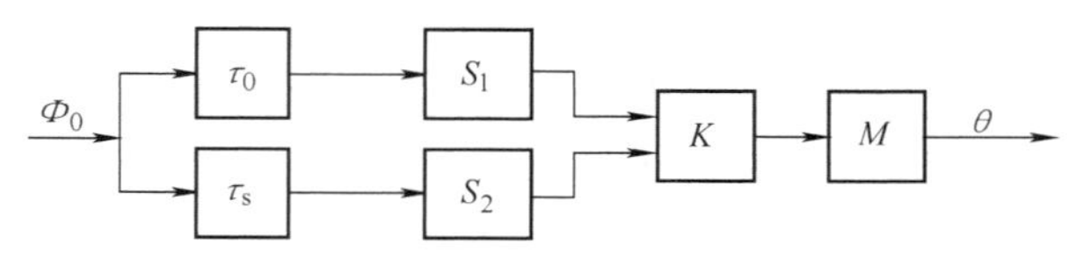

图7-9 差动法测量原理图

设标准物质透过率为 τ_0，被测物质透过率为 τ_s，入射光通量为 Φ_0，它被分为两路，一路经标准物质透过后由灵敏度为 S_1 的光电器件接收；另一路透过被测物质，由灵敏度为 S_2 的光电器件接收。两路信号经差分放大后，由指示表指示结果。这样，指示表的转角 θ 为

$$\theta=KM\Phi_0(S_1\tau_0-S_2\tau_s)$$

若两路光电灵敏度 $S_1=S_2=S$，则有

$$\theta=KM\Phi_0(\tau_0-\tau_s)S$$

若 Φ_0 有 $\pm\Delta\Phi$ 的变化，则

$$\theta=KMS[\tau_0(\Phi_0\pm\Delta\Phi_0)-\tau_s(\Phi_0\pm\Delta\Phi_0)]$$

可见差动法对光通量变化有抑制作用，同时对杂光及其他共模干扰也有抑制作用。

四、补偿法

补偿法的原理如图7-10所示。可以看出，补偿法是差动法与指零法的组合。在补偿法的测量通道中加一个透过率补偿板，通过调整该补偿板的透过率 τ_x 使输出为零，此时透过率补偿板的补偿数值即为测量结果，即当 $S_1\tau_0\Phi_0-S_2\tau_s\tau_x\Phi_0=0$ 时从透过率补偿板读数。

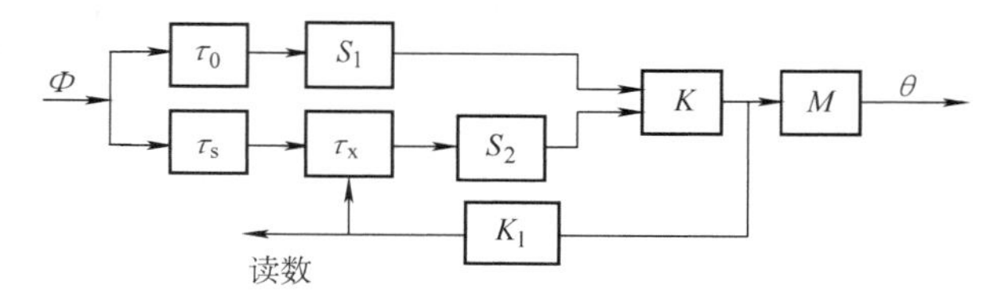

图7-10 补偿法测量原理图

若 $S_1=S_2=S$，则有 $\tau_0-\tau_s\tau_x=0$，因而有

$$\tau_s = \tau_0 / \tau_x$$

可见测量结果与 Φ_0无关，从而消除了由于光源光通量变动带来的影响。

第四节　脉冲信号的时间检测法

若光载波是脉冲式辐射，这时可用测量单个脉冲的时间延迟来测量距离，称为飞行时间法。脉冲式激光测距仪和激光雷达都是飞行时间法测距的典型应用。

一、脉冲式激光测距的原理

对于测距动态范围在几十米到几千米没有安装反射器等非合作目标，一般使用脉冲式激光测距。图 7-11 是脉冲式激光测距的工作原理。

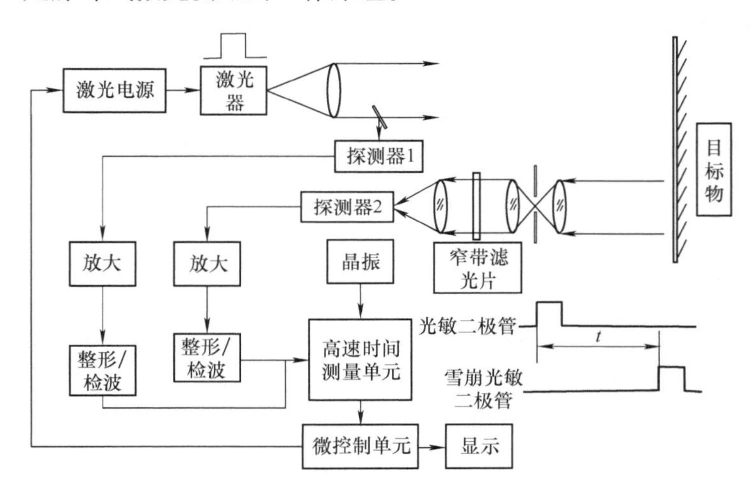

图 7-11　脉冲式激光测距的工作原理图

该系统主要由脉冲激光发射系统、光电接收系统、脉冲输入信号整形电路、测量电路、信号处理器、电源电路、时钟电路、显示电路等组成。当激光测距仪对准目标后，激光器发射出的脉冲激光（能量为几兆瓦，作用时间为几纳秒到十几纳秒，发射角为几毫弧度）经光学系统准直后，经大气传输到达待测目标。在激光脉冲发射出去的同时，其中很小一部分光经过分束后被探测器 1 接收（多采用 PIN 光敏二极管）而转换为电脉冲信号，它作为发射的参考信号，用来标定激光的发出时间，使测量单元开始计时。而射向目标的激光脉冲，由于目标的漫反射作用，一部分光从原路反射回来，进入接收系统，再经过窄带滤光片、光电探测器 2（多采用雪崩光敏二极管）、放大处理电路和整形检波电路进入时间测量单元，作为停止脉冲使计数器停止计时。通过测量发射激光脉冲的时刻和接收到激光回波信号的时刻之间的时间间隔，就可以计算出目标和激光测距仪之间的径向距离。时间间隔与待测距离的关系为

$$D = \frac{1}{2}ct$$

式中，c 为光在测量环境中的传输速度；t 为时间测量单元获取的时间间隔。

光速 c 是恒定的，故测得时间 t，便可测出距离 D。

二、时刻鉴别方法

激光脉冲飞行时间测距是通过准确测量激光脉冲发射和接收时刻来实现的，因此高精度时刻鉴别是实现激光脉冲测距的基础。脉冲激光测距的探测对象多为非合作目标，其表面形状及其表面对激光的反射率等参数对于激光测距系统来说是未知的；激光脉冲在大气中传输过程时，由于大气的物质对光波的吸收和散射，使得接收到的脉冲信号存在着衰减和畸变；激光测距系统探测距离的大小也导致了接收信号的强弱差异：因此，接收到的脉冲与发射脉冲在形状和幅值上有很大不同，很难准确地确定光脉冲回波信号的到达时刻，由此引起的测量误差称为漂移误差（Walk Error），需要专门的时刻鉴别电路对接收信号的时刻进行判定。目前时刻鉴别的方法主要有三种：前沿鉴别法（Leading Edge Discriminator，LED），过零鉴别法（又称高通容阻鉴别法 CR－High pass Discriminator）和恒定比值鉴别法（Constant Fraction Discriminator，CFD）。

1. 前沿鉴别法

前沿鉴别法也叫固定阈值时刻鉴别，是通过设置固定阈值的方式来确定脉冲信号起止时刻。如图7-12所示，当输入信号强度大于阈值 V_{th} 时，则判定为测量的起止时刻。阈值电压的设置必须为噪声不会触发虚警的最小极限。

前沿鉴别法电路比较简单，但前沿鉴别法采用固定的阈值，由于目标回波幅度的变化和脉冲前后沿的影响，对应通过阈值点的时刻变化很大，即到达时间随脉冲宽度而变化；同时，由于漂移误差的大小还与阈值的设定有关，从而导致脉冲激光测距误差的产生，如图7-12所示。由于前沿鉴别法的测量误差较大，限制了该方法的应用。

2. 过零鉴别法

过零鉴别法又称高通容阻鉴别法，如图7-13所示。该方法将接收通道输出的回波信号脉冲通过一个高通容阻滤波器，使待测信号的极值点转变为零点，双极性输出信号的过零点即为时刻鉴别的起止时刻点，通过过零比较电路来判别出激光脉冲信号的起止时刻点。这种方法对输入信号的幅度变化不敏感，只要求接收通道工作在严格的线性方式，信号不失真。它的误差主要受信号脉冲在极值附近斜率的影响，脉冲的宽窄也会直接影响检测的精确度，因此，这种方法适用于检测持续时间很短的尖峰脉冲。

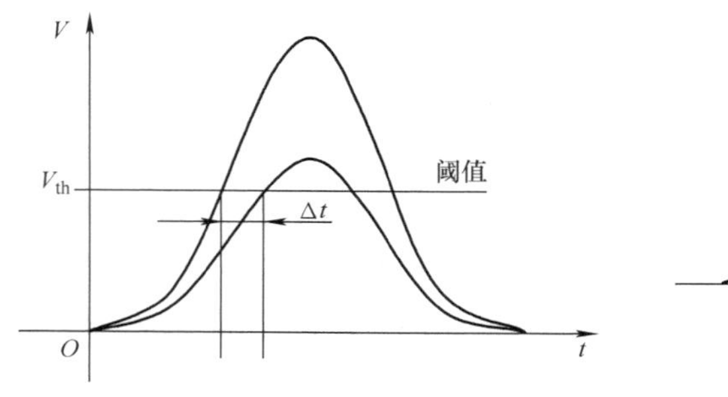

图7-12 前沿时刻的鉴别

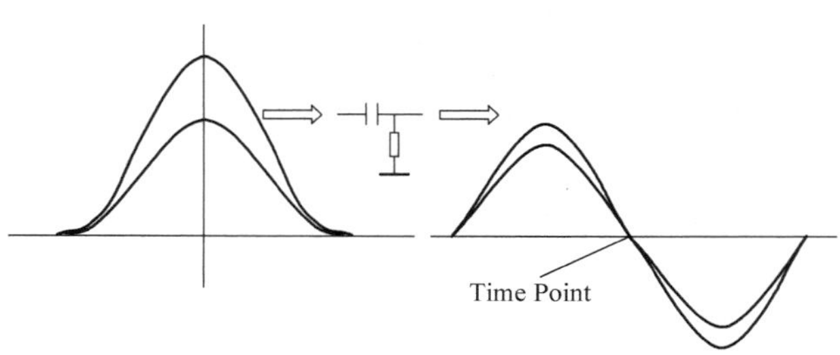

图7-13 过零时刻的鉴别

3. 恒定比值鉴别法

恒定比值鉴别法的原理如图 7-14 所示，恒定比值 F 在此处取 50%，即取脉冲上升沿中半高点到达的时刻为起止时刻。如果不考虑波形畸变和噪声等其他因素的影响，可以判定由幅度变化引起的误差 $\Delta t=0$，因此，恒定比值鉴别法能有效消除由脉冲幅值变化带来的误差。

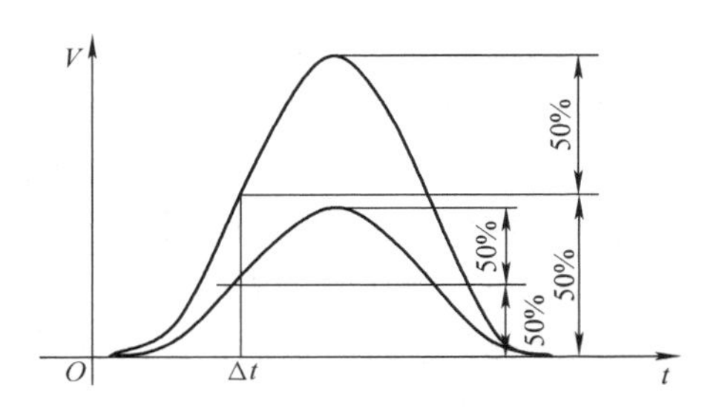

图 7-14　恒定比值鉴别法的原理

恒定比值鉴别法可以给出较高的定时性能，它的基本原理是将输入信号分为三路：选择第一路的衰减信号和第二路的反向延时信号相加产生的过零点为时刻鉴别的定时点；第三路信号为前沿预鉴别，只有当输入信号的幅值大于前沿预鉴别值时，过零点定时才能输出。根据反向信号延时量的不同，恒定比值定时又可分为两种：当延时量 t_d 满足 $t_d=(1-P)t_m$（其中 P 为第一路的信号衰减比，t_m 为定时点发生在衰减路信号达到峰值的时刻），这时称为真恒比定时。定时点在信号的 $V_T=PA$ 处（A 为输入信号最大幅度），即处于信号幅度的恒定比例点，真恒比定时适合上升时间相同但幅度不同的输入信号定时。对于幅度不同，上升时间也不同的情况，真恒比定时同样会给出较大误差，这时应选择满足的条件是

$$\begin{cases} t_d<(1-P)t_m \\ (P/t_m)t_A=(P/t_m)[t_d/(1-P)] \end{cases} \tag{7-28}$$

其中定时点 $t_A=t_d/(1-P)$，与信号幅值和上升时间无关，这时称为幅值和上升时间补偿定时（ARC），ARC 定时点发生在信号的上升沿上。为了去除噪声的误定时，预鉴别器的时刻鉴别点应该在 ARC 定时点之前，而且预鉴别阈值要尽量低，但即便如此仍不能完全避免小信号和慢信号的错误定时，所以往往在 ARC 电路中加入慢信号拒绝电路或双阈值鉴别电路，其中慢信号拒绝的原理是对于选定的 t_d 和 P，那些 ARC 定时点超前于预鉴别点的信号被视为慢信号，电路会对这类信号加以拒绝，不给出定时输出。

三、高精度时间间隔测量

在激光测距系统中，除了需要对输入系统中的开始截止脉冲进行精确的时刻鉴别外，还需要准确地计算出开始脉冲与截止脉冲之间的时间差。由于光的速度约为 3×10^8m/s，当测距的精度要求在厘米级别的时候，时间间隔就必须精确到 100ps 以内。

目前，时间间隔测量最常用的测量方法有直接计数法、模拟内插法、时间 - 幅值转换法、时间 - 数字转换法（也称之为延时线法）等。

1. 直接计数法

直接计数法，又称为电子计数法，其原理是通过计数电路记录两个间隔脉冲之间所经历的时钟周期数，即可计算出两脉冲信号间的时间差。直接计数法测量的分辨率为最小的脉冲周期，原理如图 7-15 所示。

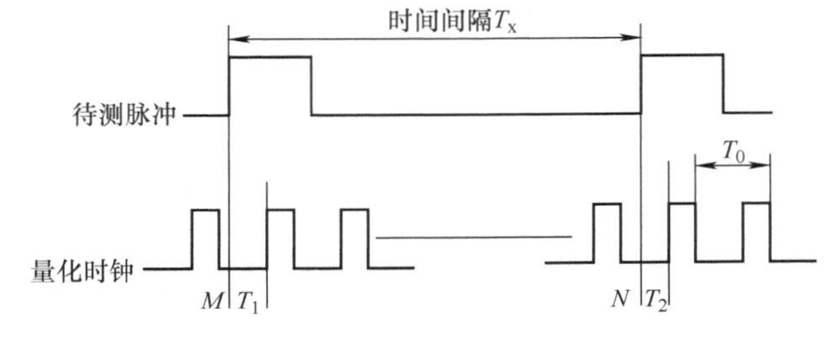

图 7-15　直接计数法测量原理

如果量化时钟频率为 f_0，对应的

周期为 $T_0=1/f_0$。量化时钟脉冲频率越高，则系统测距的分辨率越高。在待测脉冲上升沿，计数器输出计数脉冲个数为 M、N，T_1、T_2 为待测脉冲上升沿与下一个量化时钟脉冲上升沿之间的时间间隔，则待测脉冲时间间隔 T_x 为

$$T_x=(N-M)T_0+T_1-T_2 \tag{7-29}$$

直接计数法得到的是计数脉冲个数 M、N，因此直接计数法的测量误差为 $\Delta=T_1-T_2$，其最大值为一个量化时钟周期 T_0。它的产生原因是待测脉冲上升沿与量化时钟上升沿不一致，该误差称为直接计数法的原理误差。

除了原理误差之外，直接计数法还存在时标误差，其产生原因是量化时钟的稳定度 $\Delta T_0/T$。待测脉冲间隔 T_x 越大，量化时钟稳定度导致的时标误差越大。

直接计数法是一种成熟、简单的时间间隔测量方法，可以用于对时间间隔测量精度要求不高的场合。

2. 模拟内插法

模拟内插法（也称作时间间隔扩展法）在模拟法与直接计数法的基础上发展而来，其测量对象针对直接计数法中的 T_1 和 T_2，完成 T_1 和 T_2 的二次测量。

模拟法通过控制高速开关，用较大的恒流源在短时间内充电，再用小恒流源放电，由于放电电流远小于充电电流，从而放电时间也就远大于充电时间，起到“时间间隔放大的作用”。此方法的优点是测量精度理论上非常高，可达皮秒量级；但由于电容充放电过程中，充放电时间之间存在非线性现象，限制了测量范围；另外，电容充放电性能受温度的影响很大，对测量系统的温度特性要求非常苛刻。

为了克服模拟法在大测量范围条件下测量精度偏低的问题，引入了模拟内插法，其测量原理如图7-16所示。

模拟内插法要对三段时间进行测量，即 T_S、T_1 和 T_2，其中 $T_S=NT_0$，可采用直接计数法得到，T_1 和 T_2 的测量是决定精度的关键。模拟内插法的思路是对小于量化单位的时间 T_1 和 T_2 进行扩展，然后对扩展后的时间进行再次时钟计数。

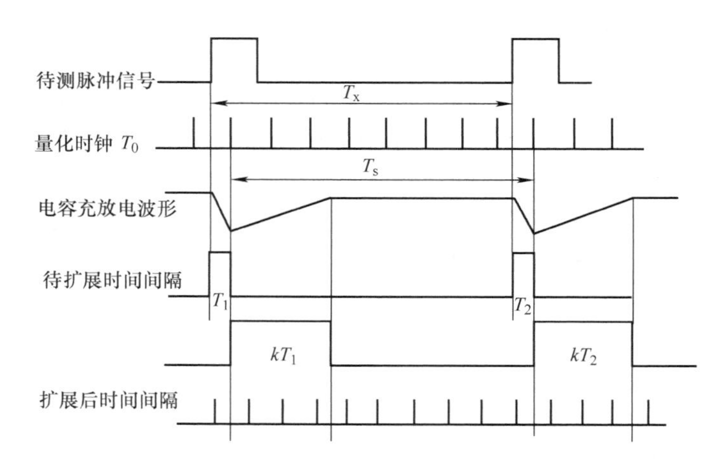

图7-16　模拟内插法测量时间间隔原理

T_1 和 T_2 的测量采用电容充放电技术，在 T_1 期间，采用恒流源 I_1 对电容 C 充电，T_1 结束

后采用恒流源 $I_2 = I_1/k$ 对电容放电，直到起始电平位置，然后保持此电平。由充放电电荷相等的原理可得

$$\frac{I_1 T_1}{C} = \frac{I_2 T_1'}{C}$$

进一步化简得到 $T_1' = kT_1$，即电容放电时间为充电时间的 k 倍。采用量化时钟对放电时间进行计时，得到计时脉冲的个数为 N_1，则可以得到 $T_1 = \frac{N_1 T_0}{k}$，同理得到 $T_2 = \frac{N_2 T_0}{k}$，结合 T_S 的大小得到

$$T_x = NT_0 + T_1 - T_2 = \left(N + \frac{N_1 - N_2}{k}\right) T_0 \tag{7-30}$$

模拟内插法虽然在计算 T_1 和 T_2 时仍存在量化误差，但是其相对大小可以缩小 $1/k$，假设 $k = 1000$，那么计数器的分辨率提高了三个数量级。模拟内插技术虽然对时钟频率要求不高，但是由于采用模拟电路，当待测信号频率较高的情况下非常容易受到噪声的干扰；连续测量时，电路反应速度存在一定的问题。

3. 时间－幅值转换法

时间－幅值转换法简称时－幅转换法（TAC），它由模拟内插法改进而来。时间－幅值转换法克服了模拟内插法转换时间过长、非线性难以控制等问题。时－幅转换的基本思想是利用电容恒流充放电时电压与时间的线性关系，把待测时间转换为电压幅度输出，再利用 A－D转换器测量电压值，完成时间细分，最后根据转换比例算出待测时间。

以电容恒流放电为例，整个转换过程包括充电、恒流放电、A－D 转换三个部分，图 7-17是时间－幅值转换法的原理。从图中可以看出，与模拟内插法不同，时间－幅值转换法放电电流源改成了高速 A－D 转换器和一个复位电路。由于 A－D 转换过程代替了电容放电过程，极大地减少了转换时间，克服了由此所造成的非线性问题。

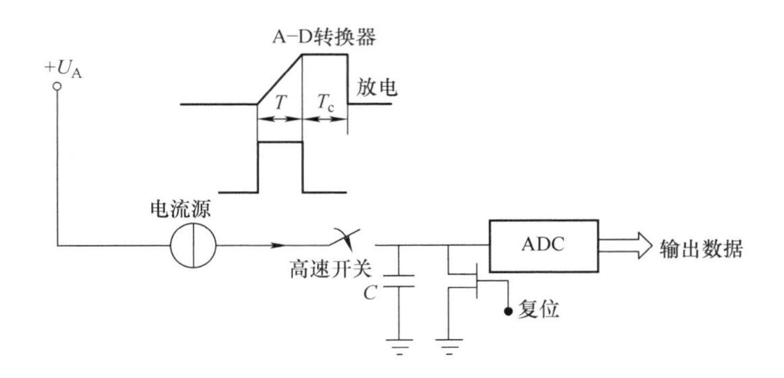

图 7-17　时间－幅值转换法测量时间间隔原理

4. 时间－数字转换法

基于时间－数字转换技术（Time to Digital Converter，TDC）的精密时间测量技术在核电子学和激光测距领域中具有广泛的应用。图 7-18 为采用 CMOS 门延迟的数字化延时线技术（Delay－line）TDC 原理。

在延迟线中，每两个基本的 CMOS 非门为一个基本延迟单元，每个非门具有相同的延时

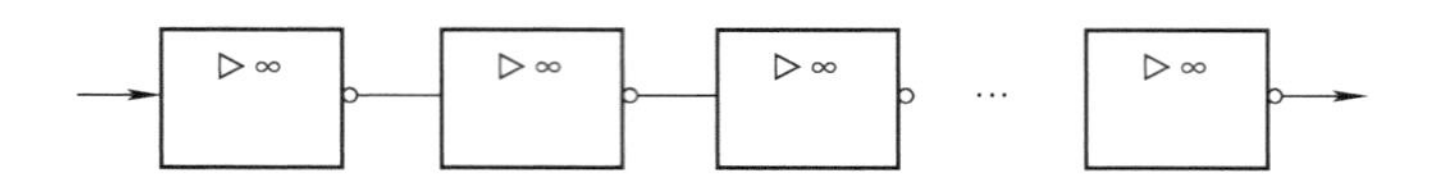

图7-18 延时线原理

时间，且该时间固定。开始脉冲信号在进入延时系统之后，沿延迟线传播。当截止脉冲来临时，开始脉冲信号已经过若干延时单元，并且到达相应抽头处的起始脉冲信号被记录入寄存器。读取寄存器中的数值即可得到开始脉冲信号从进入TDC系统到截止脉冲到达这段时间内所经过的延时单元个数（即门电路的个数）N。假设每个门电路的延时为t_0，则可求出开始脉冲和截止脉冲之间的时间间隔为

$$t = Nt_0 \tag{7-31}$$

单纯的数字延迟线方法存在较大缺陷，因为门电路延迟时间对于外界环境（温度和外加电压）的变化非常敏感。在实际TDC测量中，为保证测量精度，必须在测量中随时用高精度时间基准对其进行时校正，用于解决由于温度、电源电压的波动所引起的测量误差。数字延迟线方法原理简单，芯片设计与制作的成本低，适于批量生产。目前CMOS门电路的延时已达到小于50ps的水平，该分辨率足以满足许多高分辨率时间测量的需要。

四、脉冲激光测距动态范围分析

对于激光测距仪来说，最大测量距离是衡量系统探测性能最重要的指标之一，它反映了系统对一定特性目标的探测能力。

由于标定激光测距时往往选用理想的散射体作为被测目标，其大小、散射系数、外形尺寸、散射面与入射光的角度、背景条件等均是测试者选定的符合测试条件的理想目标，但在实际应用中，上述因素又是复杂多变的，为了方便引入目标散射截面σ的概念，它描述了目标对入射到它表面上的激光的散射能力，定义为

$$\sigma = \frac{4\pi}{\Omega}\rho_{\mathrm{T}}A_0$$

式中，Ω为目标的散射立体角；ρ_{T}为目标的平均反射系数；A_0为目标的面积。

激光测距仪的作用距离方程为

$$P_{\mathrm{r}} = \frac{P_{\mathrm{t}}G_{\mathrm{t}}}{4\pi L^2}\frac{\sigma}{4\pi L^2}\frac{\pi D^2}{4}\tau_0\tau_{\mathrm{a}} \tag{7-32}$$

式中，P_{r}为激光测距仪接收到的散射激光功率；P_{t}为激光发射功率；G_{t}为发射天线增益，$G_{\mathrm{t}}=4\pi/\theta_{\mathrm{T}}^2$（$\theta_{\mathrm{T}}$为激光发散角）；$L$为目标到激光测距仪的距离；$\sigma$为目标的散射截面；$D$为有效光学接收孔径；$\tau_0$为激光测距仪接收光路的光学效率；$\tau_{\mathrm{a}}$为双程大气透过率，真空中$\tau_{\mathrm{a}}=1$。

激光测距仪作用距离方程可以看成发射一定功率激光后的激光大气传输、目标特性、光学系统传输特性和接收机四项因子的乘积形式。对典型的两种目标：点状目标和面状目标，激光测距仪距离方程有两种相应的特殊形式。

如果接收到目标的全部回波光束，就可认为是一个面状目标。

当采用圆形光斑照射时，照射的面积为

$$dA = \frac{\pi R^2 \theta_r^2}{4}$$

散射截面（LRCS）定义为可在接收器上产生发光强度等于该物体发光强度的一个完全反射的球体横截面积，对扩展的朗伯散射目标有

$$\sigma = \pi \rho_A R^2 \theta_T^2$$

式中，ρ_A为面的平均反射系数。

于是面状目标的激光测距仪作用距离方程为

$$P_r = \frac{\pi P_t \rho_A D^2 \tau_0 \tau_a}{16L^2} \tag{7-33}$$

对于点状目标，需要考虑激光光束功率的空间分布。激光测距仪常使用TEM_{00}模的激光光源，其能量的空间分布呈高斯形。空间中某点的高斯激光光束的功率密度为

$$I_G(\theta) = \frac{2}{1-e^2}\overline{I_G}\exp\left(-\frac{2\theta^2}{\theta_T^2}\right) \tag{7-34}$$

式中，$I_G(\theta)$的单位为W/m^2；$e=2.71828$；$\overline{I_G}$为平均功率密度，$\overline{I_G}=\frac{\overline{P_t}}{A_b}$，$P_t$为激光光束在空间上的平均功率，$A_b$为距离为$L$处的激光束截面积，$A_b=\frac{1}{4}\pi(\theta_T L)^2$；$\theta/2$为目标与激光测距仪连线和激光中心光轴间的夹角。

将激光光束的功率密度空间分布计算公式（7-34）代入激光测距仪作用距离方程式（7-32），可以计算出点状目标探测激光测距仪接收到的散射激光功率为

$$P_r = \frac{2}{1-e^{-2}}\exp\left(-\frac{2\theta^2}{\theta_T^2}\right)\frac{\overline{P_t}\sigma D^2 \tau_0 \tau_a}{16\theta_T^2 R^4} \tag{7-35}$$

对比式（7-33）和式（7-35）可以看出，对于面状目标，光电探测器上接收到的激光功率与距离的二次方成反比，而对于点状目标，光电探测器上接收到的激光功率与距离的4次方成反比。

第五节　相位信号检测法

如果非相干光载波的光通量被调制成随时间周期性变化，而被测信息加载于光通量的相位之中，检测此相位值即能确定被测值，这是相位信号检测法的基本原理。相位式激光测距仪是相位信号检测法的典型应用。目前应用较多的Leica手持式测距仪其测量范围为0.3～100m，分辨力1mm，测距精度在U_{95}情况下为$\pm(1.5\sim3)$mm（满量程）。

一、相位法激光测距原理

相位式激光测距是通过测量激光调制信号在待测距离上传播往返过程中产生的相位变化量，再根据调制信号频率，计算出该相位延迟变化所代表的距离，也就是用测量相位变化的间接方法代替直接测量激光飞行时间，从而实现距离的测量。

对于近距离的测量，从速度、精度和稳定性等方面综合考虑，相位式激光测距方法优于其他的测距方法，可达到毫米级精度，但是由于相位式的激光发射功率不可能太高，所以测

量还是受到了限制。为了在确保测距精度的前提下尽可能增大测量范围，同时提高系统信噪比，一般要采用光学角反射器作为合作目标。相位式激光测距的原理如图7-19所示。

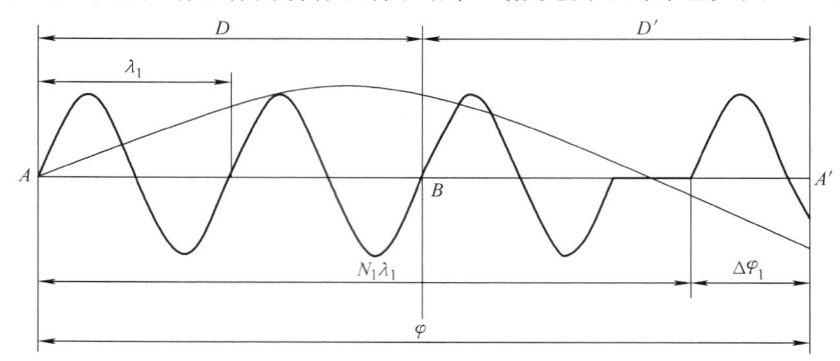

图7-19　相位式激光测距原理图

在图7-19中，A表示调制光波的发射点，B表示安置反射器的地点，A'表示所发出的调制光波经反射器反射后的接收地点。A、A'两点间的距离就是光波所走过的路程，它等于待测距离D的2倍。调制光波经过时间t后所产生的相位移φ代表了光波走过往返距离时所需的时间$2Dt$，从而相位式测距的一般公式为

$$D=\frac{c}{2}\left(\frac{\varphi}{2\pi f}\right) \tag{7-36}$$

当用较短波长（频率为f_1）的光波测量时（图中实线波），则得

$$\varphi=N_1 2\pi+\Delta\varphi_1=2\pi(N_1+\Delta N_1) \tag{7-37}$$

式中，N_1为零或正整数，$\Delta\varphi_1$为不足整周期（2π）的相位尾数，$\Delta N_1=\frac{\Delta\varphi_1}{2\pi}$。

将式（7-37）代入式（7-36），则得

$$D=\frac{c}{2}\left[\frac{2\pi(N_1+\Delta N_1)}{2\pi f_1}\right]=N_1\frac{c}{2f_1}+\Delta N_1\frac{c}{2f_1} \tag{7-38}$$

由于$\frac{c}{f_1}=\lambda_1$，令$\frac{\lambda_1}{2}=L_{s1}$，$L_{s1}$，称为单位长度（也称为测尺长度），则式（7-38）可变为

$$D=L_{s1}N_1+L_{s1}\Delta N_1 \tag{7-39}$$

式（7-39）说明，测量距离D的问题就变成了求调制波在往返距离上所经过的半波个数N_1及不足半波长L_{s1}的尾数$L_{s1}\Delta N_1$的问题。在无辅助手段情况下，整相位数较难获得，只能确定不足整周期（2π）的尾数值$\Delta\varphi_1$。在距离D大于测尺长度L_{s1}的情况下，只用具有一个测尺长度的测距仪去测量距离D，则式（7-39）将产生不定解（即产生了多值性）。如果将测尺长度增长，使得距离D小于测尺长度L_{s2}时，式（7-39）中N_1将等于零，式（7-39）将变为

$$D=L_{s2}\Delta N_2=L_{s2}\frac{\Delta\varphi_2}{2\pi} \tag{7-40}$$

此时，相位测量装置能给出确定值。因此，当待测距离较长时，为保证必需的测距精度，又不使距离测量结果产生不定解，可以在测距仪中设置几种不同的测尺频率，即相当于

设置了几把长度不同、最小分划值也不同的尺子，用它们共同测量某段距离，最短的测尺用来保证必要的测量精度，最长的测尺用于保证测量的量程；最后将各自所测的结果组合起来，就可得到单一的、精确的距离值，这就是多波长测距技术。

二、测尺的选择

在相位式激光测距系统中，不能通过单一地提高调制频率来提高测量精度，也不能无限度地提高系统的鉴相精度，可通过增加激光调制的调制频率数量，在相位法中灵活地运用多尺度技术兼顾高精度和测量量程的问题。测尺的选择方式有分散测尺、集中测尺等几种方法。

1. 分散测尺

分散测尺又称为直接测尺，是一种简单的多测尺实现方法，其基本原理为选用一系列成等比关系的频率信号分别调制激光器输出，发射到目标，检测出反射信号周期内的相位差，将这些相位差通过合理的衔接，最终得到精确的距离。

如测程为 1km 的相位式测距仪，相位检测分辨力为 1/5000，选用 15MHz、1.5MHz、150kHz 三个频率，算出相应尺长，见表 7-2。

表 7-2 测程为 1km 时的尺长与精度

频率（f_i）	15MHz(f_0)	1.5MHz(f_1)	150kHz(f_2)
尺长/m	10	100	1000
测尺精度/mm	2	20	200

假设测量某目标，用f_0所对应测尺周期内的相位差测试结果求得距离为 5.564m；用f_1测得结果为 45.67m；用f_2测得结果为 746.8m。首先把f_2所测结果与f_1所测结果进行衔接，由于f_1的精度高于f_2，100m 内的数值应以f_1为准，取f_2所测结果中的百位数字 7，十位数以下用f_1所测结果，即衔接结果为 745.67m；再把当前已衔接结果 745.67m 与f_0所测结果进行衔接，取 745.67m 中的百位与十位 74，个位数以下以f_0所测结果为准，最终测量结果为 745.564m。

分散测尺方法中各测尺结果间的衔接最为简单；各测尺间的频率相差较大，易于克服信号之间的干扰，但也使得放大器和调制器难以对各种测尺频率具有相同的增益和相移稳定性，电路实现复杂。当前，短距离（数千米）的相位式激光测距可选用这种方法，如常用的 GaAs 半导体激光测距仪。

2. 集中测尺

集中测尺又叫间接测尺，所有测尺频率选用一组数值上比较接近的频率，利用其差频作为间接测尺频率，得到与直接测尺频率方式同样的效果。集中测尺常用在较长距离的测量中，如用f_1与f_2两个频率测尺分别去测量，可得到相移分别为

$$\varphi_1 = 2\pi f_1 t = 2\pi(N_1 + \Delta N_1)$$

$$\varphi_2 = 2\pi f_2 t = 2\pi(N_2 + \Delta N_2)$$

若用频率（$f_1 - f_2$）作为激光光波的调制频率，则其相位为

$$\Delta\varphi = 2\pi(f_1 - f_2)t = 2\pi[(N_1 - N_2) + (\Delta N_1 - \Delta N_2)] = 2\pi(N + \Delta N) \tag{7-41}$$

由上述可知：$\Delta\varphi = \Delta\varphi'$。

使用f_1、f_2作为测尺频率，待测距离分别表示为

$$D = L_{s1}(N_1 + \Delta N_1) = \frac{c}{2f_1}(N_1 + \Delta N_1)$$

$$D = L_{s2}(N_2 + \Delta N_2) = \frac{c}{2f_2}(N_2 + \Delta N_2)$$

上述两式相减得

$$\frac{2D}{c}(f_1 - f_2) = N_1 - N_2 + \Delta N_1 - \Delta N_2$$

即

$$D = \frac{c}{2(f_1 - f_2)}[(N_1 - N_2) + (\Delta N_1 - \Delta N_2)] = L_{sd}(N + \Delta N) \tag{7-42}$$

式中，f 称为相当测尺频率，$f = f_1 - f_2$（f_1 与 f_2 称为间接测尺频率）；$L_{sd} = \frac{c}{2f}$称为相当测尺长度 $L_{sd} = \frac{c}{2f}$。

在长距离测距仪中，若 f_0 为基准调制频率，测距系统选择 $0.9f_0$、$0.99f_0$、$0.999f_0$…作为一组调制频率，组成具有多个调制频率的相位测距仪，见表7-3。进行测距时，由于各个调制频率相差不大，五个间接测尺频率都集中在较窄的频率范围内，这不仅可使放大器和调制器能够获得相接近的增益和相位稳定性，而且各频率对应的石英晶体也可以统一，这对仪器的生产制造是有利的。

表7-3 间接测尺频率、相当测尺频率和测尺长度

间接测尺频率	等效测尺频率 $f - f_i$	测尺长度	精 度
$f = 15$MHz	15MHz	10m	1cm
$f_1 = 0.9f$	1.5MHz	100m	10cm
$f_2 = 0.99f$	150kHz	1km	1m
$f_3 = 0.999f$	15kHz	10km	10m
$f_4 = 0.9999f$	1.5kHz	100km	100m

集中测尺由于各个频率非常接近，频率合成电路的设计难度大，相近频率的信号很容易引起严重的串扰；同时，在测距时不能同时用多个频率去调制接收处理，这会造成测量时间的增长。

三、差频测相技术

相位式激光测距系统的整体精度取决于测距相位差的测量精度。在高频下，直接测量信号的相位差比较困难，而且精度不易保证，所以相位式激光测距仪一般采用差频法进行相位测量。差频法可以降低信号的频率，扩展信号的相位周期，从而大大提高测相分辨率。同时，各测尺频率转换为统一低频信号测相后，对接收机的频率响应要求降低。对不同的调制频率，其接收放大的频率始终固定，这样有利于接收机获得高增益与高选择性。差频测相技术的原理如图7-20所示。

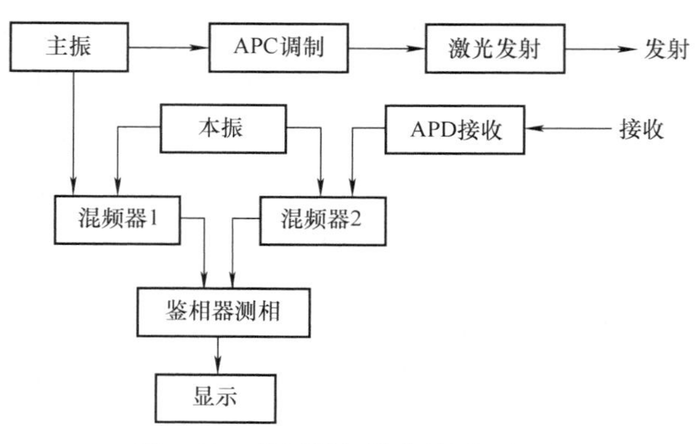

图7-20 差频测相技术的原理框图

图 7-20 中，主振和本振信号为高频正弦信号。主振和本振首先通过混频器 1 得到差频后经鉴相器进行测相，得到此时的初始相位；同时，主振信号通过 APC 调制后加载到带有直流偏量的激光器上，发射的激光光束传播后反射回光电探测器中，与本振信号进行混频得到差频信号，最后经过鉴相器进行测相得到返回相位，两个相位的差值就是激光测距的相位差。

设主振信号为 I_{l1}，则有

$$I_{l1}=A_1\cos(\omega_1 t+\varphi_1)$$

激光调制信号发射后经过距离 D 后返回信号 I_{l2} 为

$$I_{l2}=A_2\cos(\omega_1 t+\varphi_1+\Delta\varphi)$$

式中，$\Delta\varphi$ 为调制信号传输了 $2D$ 距离后的相位差。

设本振信号为 I_{e1}，则有

$$I_{e1}=A_{e1}\cos(\omega_2 t+\varphi_{e1})$$

将本振信号 I_{e1} 与主振信号 I_{l1} 进行混频，可以得到

$$\begin{aligned}I_{M1}&=I_{l1}I_{e1}\\&=A_1\cos(\omega_1 t+\varphi_1)A_{e1}\cos(\omega_2 t+\varphi_{e1})\\&=\frac{1}{2}A_1A_{e1}\cos[(\omega_1+\omega_2)t+(\varphi_1+\varphi_{e1})]+\frac{1}{2}A_1A_{e1}\cos[(\omega_1-\omega_2)t+(\varphi_1-\varphi_{e1})]\end{aligned}$$

混频后的信号包含一个高频信号和一个低频信号，通过低频滤波器可以将混频后的高频信号滤除，从而得到低频的差频信号为

$$I'_{M1}=I_{l1}I_{e1}=A_{M1}\cos[(\omega_1-\omega_2)t+(\varphi_1-\varphi_{e1})] \tag{7-43}$$

同理，将本振信号 I_{e1} 与主振返回信号 I_{l2} 进行混频，滤除高频信号后，得到低频信号。混频和低频信号分别为

$$\begin{cases}I_{M2}=I_{l2}I_{e1}=A_2\cos(\omega_1 t+\varphi_1+\Delta\varphi)A_{e1}\cos(\omega_2 t+\varphi_{e1})\\ I'_{M2}=I_{l2}I_{e1}=A_{M2}\cos[(\omega_1-\omega_2)t+(\varphi_1-\varphi_{e1})+\Delta\varphi]\end{cases} \tag{7-44}$$

用鉴相器可以把该差频低频信号的相位检测出来，然后将这两个相位相减得到的相位差仍然是之前高频调制信号的相位差，混频后的信号仅改变了频率。差频的低频频率一般在几千赫到几十千赫，通过一般的鉴相器可以很方便地测出其相位值。

将 $D=\frac{\lambda}{2}\frac{\Delta\varphi}{2\pi}$两边微分后，取其有限微量可得

$$\Delta D=\frac{\lambda}{2}\frac{1}{2\pi}\Delta(\Delta\varphi)=\frac{c}{2f}\frac{\Delta(\Delta\varphi)}{2\pi} \tag{7-45}$$

式中，$\frac{\Delta(\Delta\varphi)}{2\pi}$为相对测相精度，在一般的相位法激光测距仪中，1/1000 的测相精度是比较容易做到的。

鉴相器可以分为模拟鉴相器和数字鉴相器两大类。模拟鉴相器按工作原理可分为乘积型和叠加型两种。由于模拟鉴相器精度低，目前，在高精度的激光测距系统中通常采用数字式鉴相方法，它又包括自动数字测相法、数字互相关鉴相法、向量内积鉴相法、快速傅里叶变换 FFT 法等数种方法。

第六节 随空间变化的光电信号变换与检测方法

本节将介绍几何中心检测法、几何位置检测法与亮度中心检测法。

一、几何中心检测法

几何中心检测法用于发光强度随空间分布的光信号位置检测，又称光学目标定位。

光学目标是指不考虑对象的物理性质，只把它看成与背景有一定发光强度反差的几何形体或者景物。当几何形体由简单的点、线、面等规则形体构成时称为简单光学目标，如刻线、狭缝、十字线、光斑、方框窗口等。如果几何形体复杂，如景物、字符、图表、照片等称为复杂光学目标。

几何中心检测法一般用于简单光学目标的空间定位。光学目标和其衬底间的反差形成物体表面轮廓，轮廓中心位置称为几何中心。

通过检测与目标轮廓分布相应的像空间分布来确定物体中心位置的方法称为几何中心检测法。

1. 单通道像空间分析器

图7-21所示是确定精密线纹尺刻线定位位置的静态光电显微镜工作原理。光源1发出的光经聚光镜2、分光镜3、物镜4照亮被测线纹尺上的刻线。刻线尺5上的刻线被物镜4成像到狭缝6所在的平面上，由光电检测器件7检测光通量的变化。

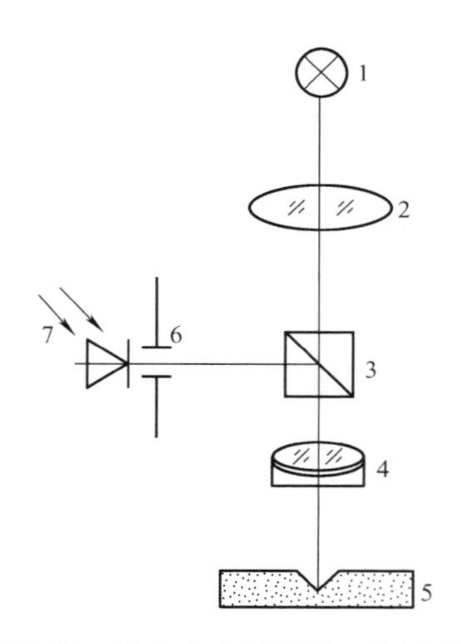

图7-21 静态光电显微镜工作原理
1—光源 2—聚光镜 3—分光镜 4—物镜 5—刻线尺 6—狭缝 7—光电检测器件

仪器设计时取狭缝的缝宽 l 与刻线5的像宽 b 相等，狭缝高 h 与像高 d 相等，如图7-22a所示。当刻线中心位于光轴上时，刻线像刚好与狭缝对齐，透过狭缝的光通量为0，即透过率 $\tau=0$。而在刻线未对准光轴时，其刻线像中心也偏离狭缝中心，因而有光通量从狭缝透过，即 $\tau\neq0$。当刻线偏离光轴较大时，其像完全偏离狭缝，此时透过率最大，光敏面照度达到 E_0。由此可以确定当刻线对准光轴时，即光通量输出为零时的状态即为刻线的正确定位位置。可以看出由刻线像与狭缝及光电器件构成的装置可以分析物（刻线）的几何位置，称之为像分析器。

若光电器件接收光通量为 $\Phi(x)$，狭缝窗口照度分布为 $E(x)$，取样窗口函数为 $h(x)$，则定位特性可用 $h(x)$ 与 $E(x)$ 的乘积求得，即 $\Phi(x)=h(x)E(x)$。在理想的情况下定位特性 $\Phi(x)$ 为

$$\Phi(x)=\begin{cases}E_0h|x| & |x|<l\\0 & x=0\\E_0hl & |x|\geqslant1\end{cases}\tag{7-46}$$

但是由于背景光、像差、狭缝边缘厚度的存在，实际上的照度分布与定位特性如图7-22中虚线所示，即当 $x=0$ 时仍有一小部分光通量输出，即

$$\Phi_{\min}=(1-\tau)E_0hl \tag{7-47}$$

式中，$\Phi_{\min}$是背景光通量，它对系统的对比度有一定影响；τ 为背景光等引起的透过率。

从以上分析，可以得到对光亮法像分析器的要求：

1）像面上设置的取样窗口（狭缝、刀口、劈尖等）是定位基准，它应与光路的光轴保持正确的位置，窗口的形状和尺寸与目标像的尺寸应保持严格的关系，窗口的边缘应陡直。

2）目标像应失真小，即像差要小，并有一定的照度分布。

3）像分析器应有线性的定位特性。

从以上的分析可以看出像分析器将目标位置调制到光通量幅值变化之中，因此它是幅度调制器，同时它又实现了刻线位置向光通量的变化，故又称位移－光通量变换器（G－O 变换器）。从式（7-47）可以看出照度的变化对定位精度影响很大，因此该系统对光源的稳定性有较高的要求。

2. 扫描调制式像分析器与静态光电显微镜

为了减小光源发光强度波动对定位精度的影响，采用扫描调制的方法将直流信号变为交流信号是一个好办法。

图 7-23 所示是扫描调制式静态光电显微镜的工作原理图，它与图 7-21 相比增加了用于调制的振动反射镜 6，从而实现像在缝上做周期性扫描运动；使透过狭缝的光通量变成连续时间调制信号，再被狭缝实现幅度调制，最后由光电检测器件得到连续的幅度调制输出，这种调制又叫作扫描调制。

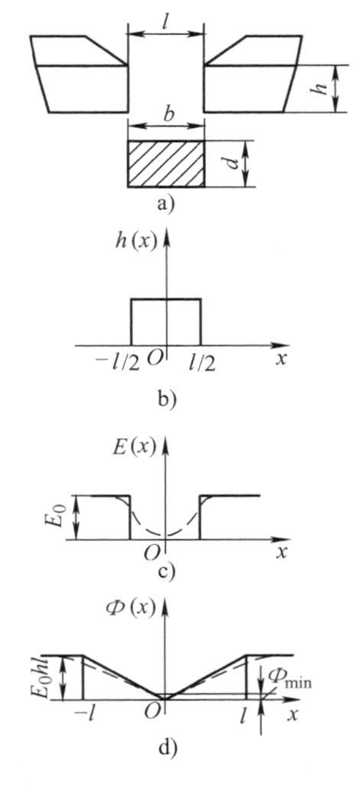

图 7-22　像分析器及其特性

a）狭缝与刻线像关系　b）窗口函数分布

c）相面照度分布　d）定位特性

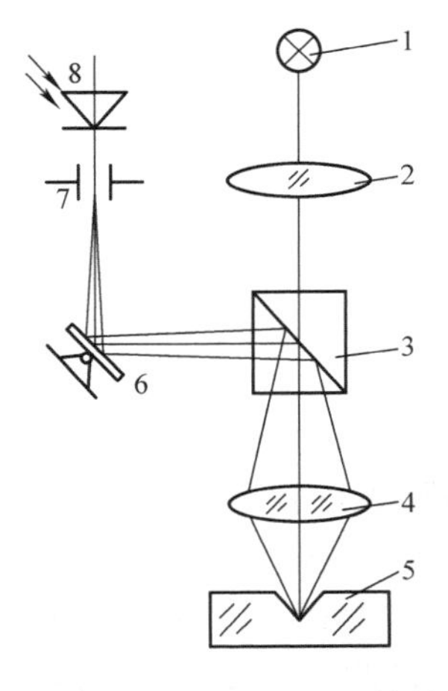

图 7-23　扫描调制式静态光电显微镜的工作原理图

1—光源　2—聚光镜　3—分光镜　4—物镜　5—刻线

6—振动反射镜　7—狭缝　8—光电检测器件

扫描调制的静态光电显微镜要求狭缝宽 l 与被定位的刻线像宽 b 相等，而在狭缝处像的振幅 A 也与它们相等。判断刻线中心是否对准光轴的依据是光通量的变化频率。图7-24给出了刻线像对准狭缝中心和偏离狭缝中心的几种情况。在对准状态下光通量变化频率是振子振动频率 f 的两倍。若刻线像的中心偏向狭缝一边（如偏右），则信号频率中含有 f 和 $2f$ 两种成分，且 $T_1 \neq T_2$，$T_1 > T_2$。若刻线像的中心偏到狭缝的另一边，波形发生变化不仅 $T_1 \neq T_2$，且 $T_1 < T_2$，利用这一特点可以判别物的移动方向，这时信号频率有 f 和 $2f$ 两种成分。因此只要使要定位的刻线在工作台上移动，一直到信号频率全部为 $2f$ 时，则刻线定位到光轴上。

由此可设计成如图7-25所示的电路框图来实现信息处理和定位指示。对于扫描调制式静态光电显微镜的设计要求如下：

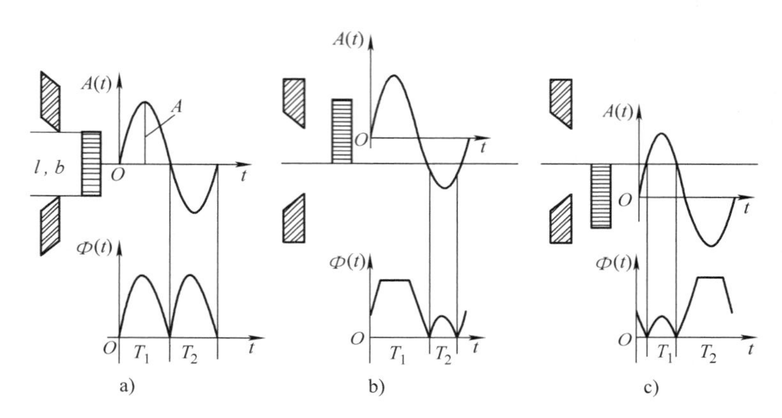

图7-24　扫描调制式像分析器的波形图

a）对准状态　b）偏右状态　c）偏左状态

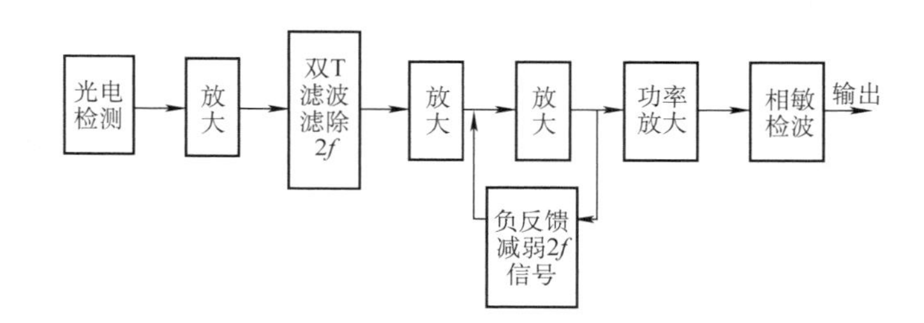

图7-25　静态光电显微镜电路框图

1）视场照度足够强，且照度均匀。

2）物镜像差小。

3）振子的振幅均匀对称、振幅稳定可靠、振幅可调。

4）狭缝边缘平直，狭缝位置正确。

这种扫描调制式静态光电显微镜的瞄准精度为0.01～0.02μm，主要用于几何量测量仪器中对物体和刻线的精密定位及用于光刻机中对硅片自动定位。

3. 差动式像分析器与动态光电显微镜

为了减小光源波动对定位精度的影响，可以将像分析器设计成差动形式。图 7-26 所示是差动式光电显微镜的原理图。当被定位的刻线在运动状态定位时称为动态光电显微镜。

光源 1 发出的光经聚光镜 2 投射到刻线 4。物体经物镜分别成像在像分析器 7 和 8 的狭缝处。狭缝 A 和 B 在空间位置上是错开放置，像先进入 A，经过$\frac{1}{3}l$后进入狭缝 B。像宽 b 与狭缝 A 及 B 的宽度 l 相等。刻线像与狭缝 A、B 及其光照特性，输出特性如图 7-27 所示。从图中可以看出，当$|x|\leqslant\frac{l}{3}$时，特性近似处于线性区，这时两路光电检测器件输出的电压差为

$$\Delta u = u_{\mathrm{A}} - u_{\mathrm{B}} = [E_0hx - (-E_0hx)]S = 2E_0hxS \tag{7-48}$$

式中，h 为狭缝高；S 为光电灵敏度。

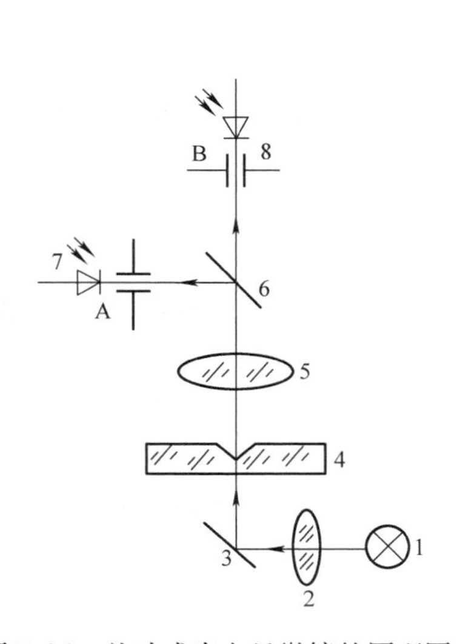

图 7-26　差动式光电显微镜的原理图
1—光源　2—聚光镜　3—反射镜　4—刻线　5—物镜
6—分光镜　7、8—像分析器

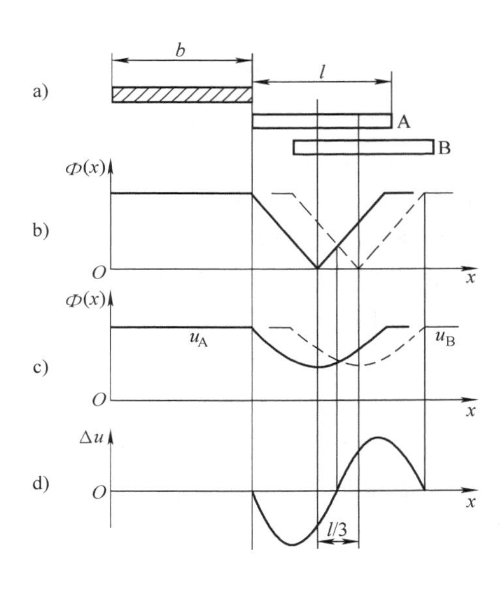

图 7-27　刻线像与狭缝 A、B 的光电特性和输出特性
a）刻线像及狭缝 A、B 相对位置　b）光照特性
c）光电器件的输出特性　d）差分输出特性

从式（7-48）可以看出，由于采用差动法，光源波动（$\Delta\Phi$）的影响大为减小，并且线性区扩大一倍，曲线斜率也增加一倍。

为了进一步改善系统的稳定性，减小直流漂移，可以将系统变为交流差动系统。

动态光电显微镜的定位精度可达 0.03 ~ 0.05μm，广泛应用于大规模集成电路光刻时光掩膜和硅片的精度对准。

二、几何位置检测法

用光电方法来确定目标物的几何位置，常用显微镜光学系统或投影光学系统、准直光学系统等将目标物成像，然后用一个和几何位置相关的指标线对成像轮廓进行瞄准，以确定物体的空间位置。如果指标线是光学分划板，称为光学对准法；如果指标线是用光电检测器件

的位置来确定的，称为轮廓光电瞄准法；如果指标线由计算机给出，则称为电子指标线法。

1. 轮廓光电瞄准法

将物的轮廓成像到由光电检测器件组成的轮廓瞄准头上，由光电检测器件相对光轴的位置来确定物的空间几何位置，称为轮廓光电瞄准法。如图7-28所示，光电瞄准头由A、B、C、D、E、F六个光电池组成，光电池A、B、C、D面积相等，且应具有相同的光电特性、伏安特性、光谱特性和温度特性。A、B、C、D四组光电池组成桥路，供桥电压为U，则流过负载电阻R_L上的电流为

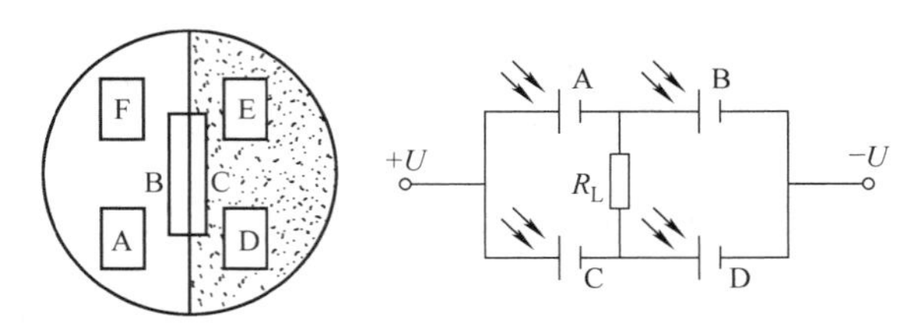

图7-28 轮廓光电瞄准

$$I_L = \frac{2U}{R_L}\left(\frac{R_A}{R_A + R_B} - \frac{R_C}{R_C + R_D}\right) \tag{7-49}$$

式中，R_A、R_B、R_C、R_D分别为A、B、C、D的电阻。

若轮廓像处于光电池B、C的交界处，则C、D处于暗态，而A、B处于亮态，由于$R_A = R_B$，$R_C = R_D$，则$I_L = 0$，指示表指零，表示已经对准。若轮廓像偏左或偏右，则$R_B \neq R_C$，I_L不为零，表示未对准。光电池E、F用于判向，当轮廓像从左到右时，则E亮F暗，反之E暗F亮。这种方法的对准不确定度约为0.5μm。

2. 电子指标线对准的CCD摄像装置

用CCD摄像法确定物体的几何位置，可用计算机生成各种电子指标线进行对准，如十字线、平行线、圆、圆弧、螺纹、齿轮齿形等，原理如图7-29所示。光源发出的光经照明光学系统对物照明，物被成像光学系统成像到面阵CCD上，经图像卡数据采集和计算机图像处理后，在计算机监视器上显示出像轮廓。在计算机上生成一个与光轴位置相关的十字线，该十字线中心与光轴同轴，或者先标定出CCD像面坐标与物坐标的关系。当物的像中心与十字线中心重合时，表明物的位置已经确定。

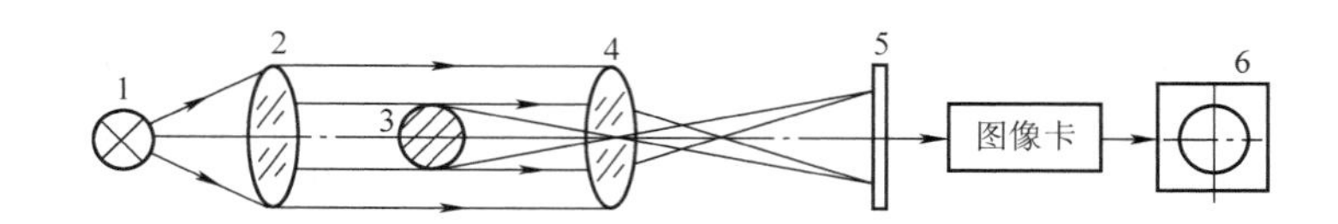

图7-29 电子准星法原理图

1—光源 2—照明光学系统 3—物 4—成像光学系统 5—CCD 6—十字线准星

当物的轮廓像在光敏面范围内时，还可用CCD测出物体尺寸，这时必须先对CCD像素进行标定。如果系统要求只需测出物体的尺寸，而不需空间位置对准时，则可以不用与光轴位置十分严格的电子指标线，而只需用鼠标给出图像处理范围即可。

用CCD或CMOS摄像机对物体的几何位置进行检测是机器视觉的重要应用，用摄像机取代人眼进行瞄准定位不仅提高了测量精度而且提高了自动化程度，由此产生了一系列的视觉测量机和万能视觉测量机，详见本书第九章。

3. 像偏移的光焦点测量法

(1) 像点轴上偏移光焦点法

光焦点法是以聚焦光斑光密度分布的集中程度来判断物轴向位置的方法，原理如图7-30所示。它以点光源对物照明，用物镜对物面上的光点成像。当物沿光轴方向位移时，像点扩散成一个弥散圆，使光照度下降。只有物准确位于物面上时，像面上才有集中的密度分布。在图7-30中点光源被聚光镜和物镜成像于物面上 A 点时它又被物镜成像于像面上 B 点。如果物镜前后移动 ΔZ，引起像面移动 $\Delta Z'$，则

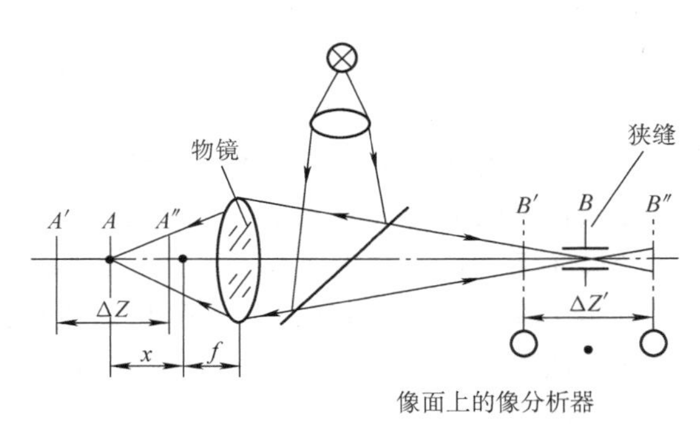

图7-30　像点轴上偏移光焦点法

$$\Delta Z' = \beta^2 \Delta Z \tag{7-50}$$

式中，β 为物镜横向放大倍数；$\beta = f/x$。则有

$$\Delta Z' = \Delta Z(f/x)^2 \tag{7-51}$$

式中，f 为物镜焦距；x 为物距。

轴上像偏移光焦点法，根据在像面附近设置像分析器的不同，又分为光缝法、刀口法、像散法等。

1）光缝法。若在像面 B 点上设置一个光缝像分析器，其光缝直径等于或小于像点光斑直径，则在 B 点信号最强，相当于图7-31中曲线①，若将像分析器沿光轴方向偏离像面，则光通量 $\Phi(Z)$ 及像面发光强度 $I(Z)$ 随之降低，如图7-31中曲线②。根据像面光通量或发光强度便可判断物是否处于物面的正确位置上。由于用光缝作像分析器，称为光缝法。

2）刀口法。若在像面 B 的光缝改放一个刀口，则称为刀口法。刀口的正确位置处于像面 B 的位置，这时像点光斑如图7-32a所示，为一圆光点；若物位于图7-30中之 A''（接近物镜），则像面后移至 B''，刀口后的光斑形状为上半圆形，如图7-32b所示，而其下半部光束被刀口挡住；若物位于图7-30中之 A' 处（远离物镜），则像面前移至 B' 处，光斑形状为下半圆形，如图7-32c所示，光束的上半部被挡住。以此便可判断物面位置和偏离方向。

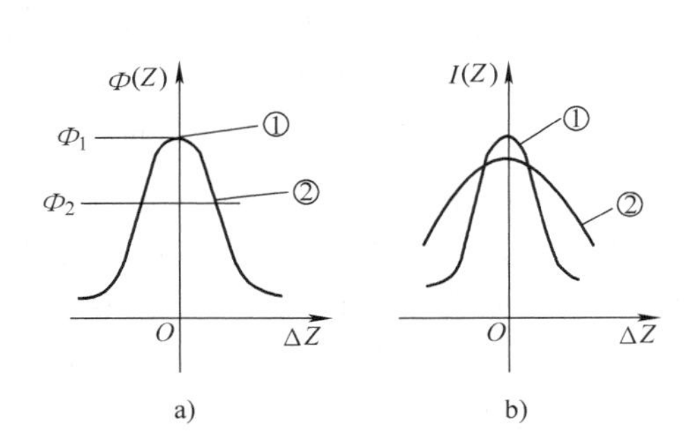

图7-31　轴向光焦点法的定位特性

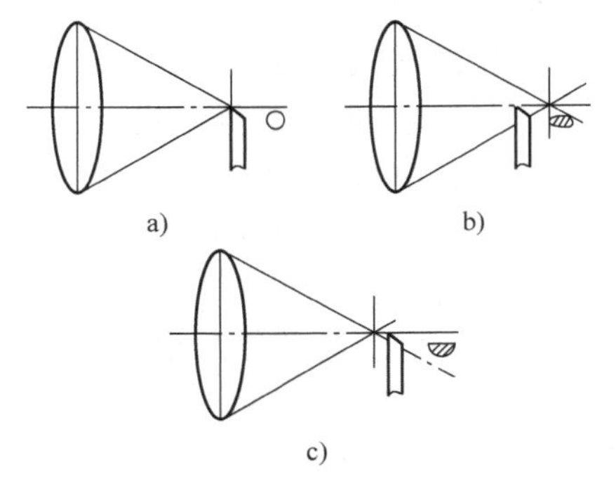

图7-32　刀口像分析器及光斑形状
a）像面 B 的位置与刀口位置重合
b）像面后移　c）像面前移

3）像散法。像散法原理如图7-33所示。半导体激光器光源发出的光经扩束准直后由偏振分光镜3将某一振动方向的偏振光反射，经λ/4片后变成圆偏振光（λ/4片的光轴与偏振光的偏振方向成45°），由物镜将光束在物面上会聚为圆光点。被物面反射的光束再次经过λ/4片后，又变成线偏振光，但偏振方向与入射时相比旋转90°，由偏振分光镜将该线偏振光全部透射，从而避免了与入射偏振光发生干涉，也防止了该光返回激光器，保证激光器工作的稳定性。透过偏振光分光镜的线偏振光，经柱面镜产生像散成像。若物位于物镜的焦面上，则物面A上的圆光斑被物镜和柱面镜成像为一个细的亮线（像面在B面）。若物靠近物镜，即在A''处，则在像面上像散为横放的椭圆，如B''面。若物面处于A'处，则在像面上像散为纵轴长、横轴短的椭圆，如B'面。根据以上像散的光强分布特点可以测出物的位置，其分辨力可达纳米级。

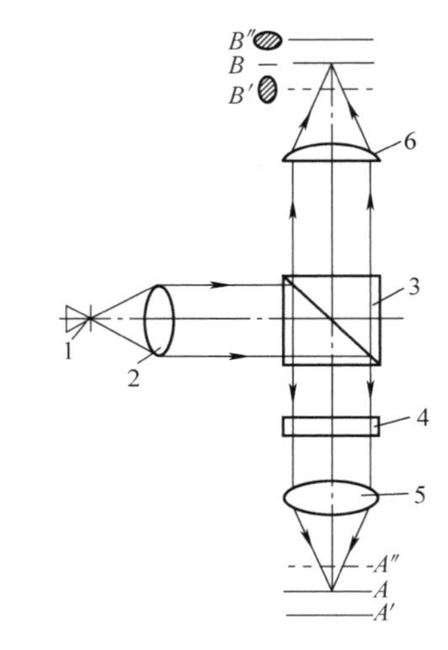

图7-33　像散法原理图
1—半导体激光器　2—整形扩束光学系统
3—偏振分光镜　4—λ/4片
5—物镜　6—柱面镜

为了消除光源波动的影响，可采用如图7-34所示的差动像散法。它是在柱面镜像面的前后对称地各放一个四象限光敏二极管来接收差动信号。若A光敏二极管各象限输出信号分别是A_1、A_2、A_3、A_4，B光敏二极管各象限输出信号分别为B_1、B_2、B_3、B_4，那么聚焦误差信号表示为

$$FES = \frac{(A_1 + A_3) - (A_2 + A_4)}{\sum_{i=1}^{4} A_i} - \frac{(B_1 + B_3) - (B_2 + B_4)}{\sum_{i=1}^{4} B_i} \tag{7-52}$$

式中，除以全光量信号是为了进一步减小光源波动、被测表面反射率波动等的影响。

图7-34中，光学杠杆L_2、L_3是为了扩大量程。因为静态法的差动像散法线性范围一般为±5μm，采用光学杠杆后，可将量程扩大10倍左右。该差动像散法还可用于动态测量，用图7-34中的线圈和磁铁组成的音圈电动机带动物镜做调焦运动，用四象限光敏二极管的输出及信号处理电路经数据采集卡由计算机或单片机给恒流源驱动电路发出控制信号，改变驱动电流使音圈电动机做直线运动带动物镜调焦，直至物面位于物镜的焦面上为止。用这种方法可以扩大量程到±1mm，该方法可用于测量表面形状和光盘定位等。

4）临界角法。临界角法是用临界角棱镜作为像分析器，其原理如图7-35所示。若物处于焦点处（A面），经物镜后出射平行光，这时两个光电接收器接收相同的发光强度，经差分放大后输出为零。若物处于A'，即靠近物镜，光经物镜后略有发散，位于光轴左侧的光束以小于临界角的入射角射到棱镜上而折射出去，位于光轴右侧的光则以大于临界角的入射角入射，光线全部反射，则VL_2的输出大于VL_1的输出，差分放大器输出正信号，反之则差分放大器输出负信号。

为了减少光源波动的影响，该系统也可以采用差动法。临界角法分辨力高（一般为1nm）但测量范围小（约3μm）。可用于测量微小尺寸、微台阶高度、表面粗糙度等。

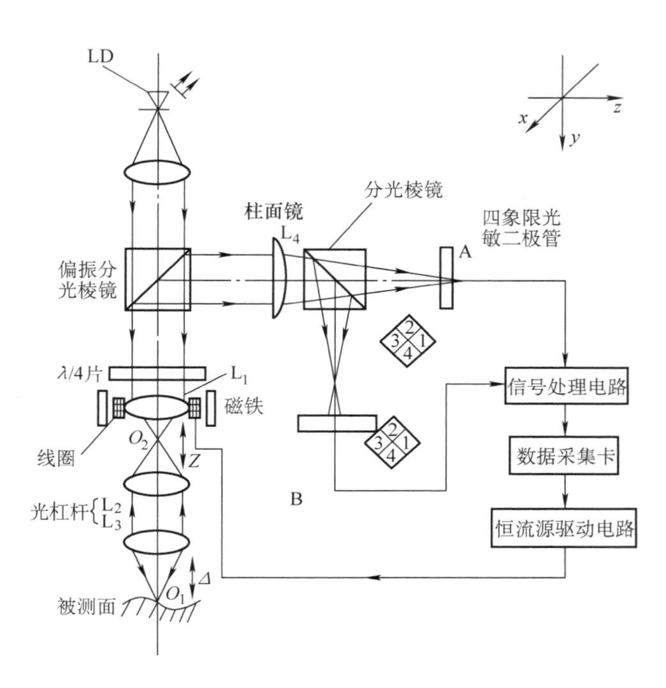

图 7-34　差动像散法测量系统原理图

5）共焦显微镜法。共焦显微镜法是用点光源照明，该点光源与被测物点和探测点三点彼此处于共轭位置，如图 7-36 所示，光源针孔、聚焦焦点及光阑孔三者共轭。由光源针孔处出射的光经偏振分光镜、λ/4 波片、物镜会聚于焦面上得到聚焦光斑，该光斑又经物镜、λ/4 波片、偏振分光镜成像于光阑针孔处，这时光电器件接收的光能最大。若物偏离焦面，则物上的光斑增大，反射后在光阑处光电器件只能接收部分光能，从而可以判别物是否处于焦面位置，并根据光阑处的位移 - 光通量特性给出物的轴向位置。

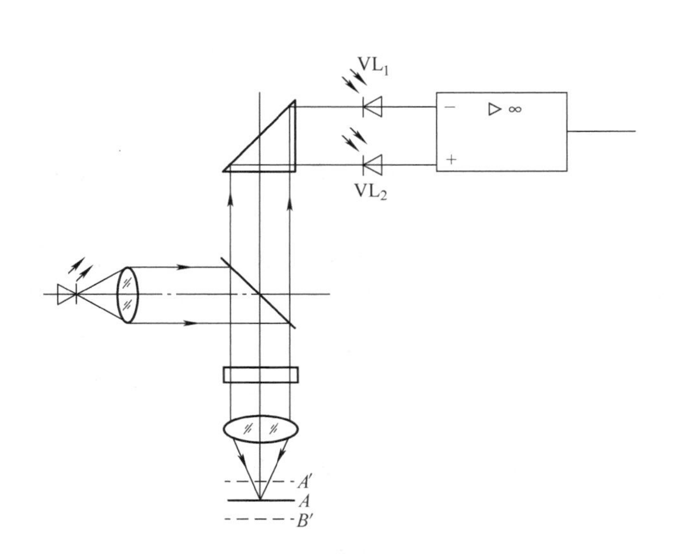

图 7-35　临界角法原理图

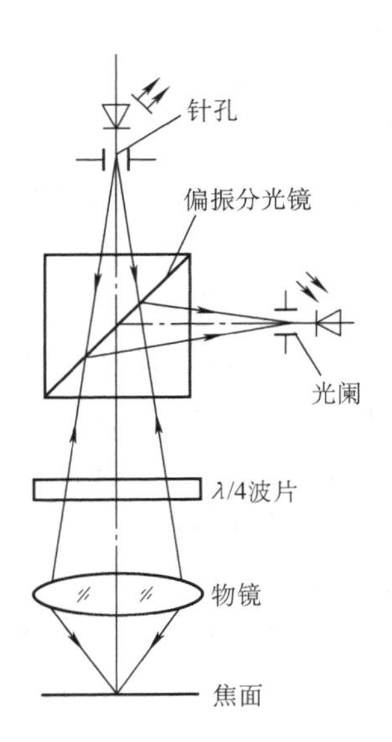

图 7-36　共焦显微镜工作原理图

由于这种共焦系统引入了针孔，光电器件只接收来自于物镜焦点处的光信号，而焦点以外的光信号大部分被光阑针孔屏蔽，因而它的横向分辨力高于普通显微镜。前面介绍的光缝法、刀口法、像散法和临界角法其显微镜的横向分辨力都服从瑞利判据，即

$$D=\frac{0.61\lambda}{NA} \tag{7-53}$$

式中，λ 为照明光波长；NA 为物镜的数值孔径。

对于共焦显微镜其横向分辨力为

$$D'=\frac{0.443\lambda}{NA} \tag{7-54}$$

共焦显微镜的轴向响应函数与普通显微镜相比也更陡，即灵敏度更高。令 $I'(z)$ 为共焦显微镜轴向响应函数，则

$$I'(z)=\left[\frac{\sin(z/4)}{z/2}\right]^4 \tag{7-55}$$

对于普通显微镜其轴向响应函数 $I'(z)$ 为

$$I'(z)=\left[\frac{\sin(z/4)}{z/2}\right]^2 \tag{7-56}$$

式中，z 为轴向位移。

共焦显微镜的纵向分辨力为

$$\delta_z\approx\frac{1.4n\lambda}{NA^2} \tag{7-57}$$

共焦显微镜的测量范围小，而且针孔位置难调，且小孔易堵塞，同时物表面倾斜和表面状况对测量有一定影响。目前已有许多公司推出商业化共焦显微镜，广泛应用于生物医学、半导体芯片等领域。

共焦显微镜已有多种产品，如德国的 Mahr 公司、日本的 Keyence 公司都生产具有不同用途的共焦式测量仪，分辨率从 1.5 纳米到几十纳米不等。

轴上位移光焦点法还有许多种，如付科棱镜法、全息刀口法、时间差法、光纤共焦显微镜法等。

（2）像点轴外偏移的光焦点法

像点轴外偏移光焦点法是一种三角方式的轴向位移测量法，简称三角法，用于从数毫米到数米距离的精密测量，应用比较多。

图 7-37 所示是接收散射光的三角法，由于其照明光垂直被测物表面入射，又称直射式三角法。半导体发光器件作为光源通过聚光镜将照明光束聚于一点 A，光点 A 的大小为数十到百微米，该光点照到物表面上后又被物镜成像于处于物镜像面上的光电检测器件（CCD 或 PSD）光敏面上。由于物镜光轴是倾斜放置的，只能接收散射光，又称为轴外偏移的散射光光焦点法。

若被测表面轴向位移为 Δz，即物点由 A 移至 A'，像点在像面上由 P 移至 P'，找出 $\overline{PP'}$ 与 Δz 的对应关系，就可得到被测距离 Δz。

为了使物光点在轴向的不同位置均能在光电检测器件的光敏面上得到清晰的像，照明光

轴、物镜光轴和光电检测器件的光敏面位置应满足的条件就是 Scheimpflug 条件。如图 7-37 所示，若照明光轴与接收物镜光轴夹角为 α，光电检测器件光敏面与物镜光轴夹角为 θ，物光点 A 与物镜主平面距离为 a，光敏面与物镜主平面距离为 b，物镜焦距 f'，则根据光学成像的高斯定理和几何三角关系，可以得到，当 $a\tan\alpha = b\tan\theta$ 时有，

$$\Delta z = \frac{\overline{PP'}\sin\theta}{\beta\sin\alpha} \tag{7-58}$$

这时照明光轴与物镜主平面延长线及光电检测器件光敏面延长线交于一点，通常在该点设置照明的光阑。

这种垂直照明的轴外偏移光焦点法结构简单、体积小、工作距离大，常用于尺寸、位移、形变、间隙、厚度、振动等参数的测量，测量范围可达几百毫米，分辨力 1μm 左右。

如果照明光轴与物镜光轴按光反射位置布局，称为反射式三角法，如图 7-38 所示，此时接收的是反射光，常用于测量物面比较光滑的物体轴向位移，它也是一种三角式测量原理的像点轴外偏移光焦点法测量仪。光源可以用半导体激光器或发光二极管，由聚光镜会聚成一个光点到物面上 A 点，当物轴向位置移动 Δz 时，光点在物面上的点为 A'，这时像点则由 P 移至 P'，那么由三角关系可以得到轴向位移 Δz 为

$$\Delta z = \frac{\overline{PP'}\cos\dfrac{\theta}{2}}{\beta\sin\theta} = \frac{\overline{PP'}}{2\beta\sin\dfrac{\theta}{2}} \tag{7-59}$$

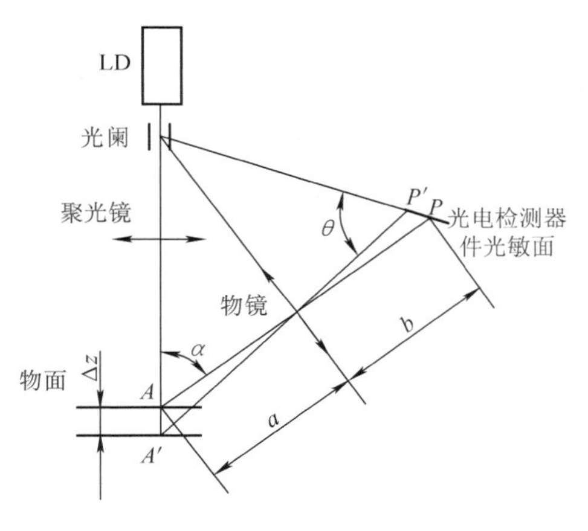

图 7-37 散射光三角法原理图

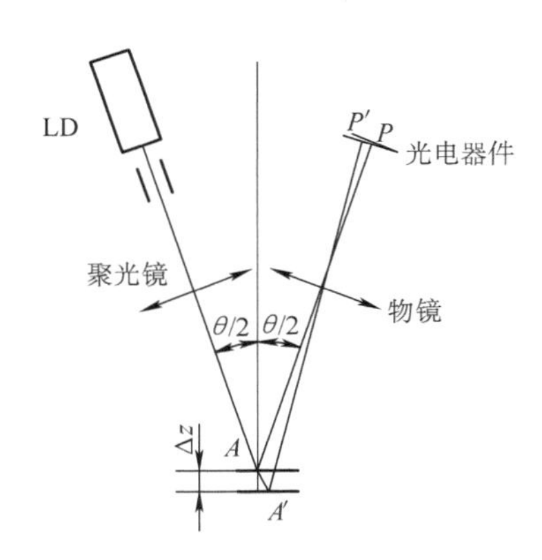

图 7-38 反射光三角法原理图

这种方法信号光比较强，分辨力比散射光三角法高，可以达到 0.1μm；测量范围则比散射光三角法小，一般为数十毫米。

光三角法的光电检测器件可以用线阵 CCD 或 PSD。一般来说 CCD 分辨力比 PSD 高，而 PSD 的响应速度较快。

散射光和反射光的三角法测量位移的传感器属于非接触测量，尤适合于测量软脆、易划伤和易磨损材料的轴向尺寸，而且测量速度快，在工业在线检测、机器人控制、生物医学制品、食品、印刷等领域的测量中得到越来越广泛的应用。用激光三角法测轴向位移还可以实现自动调焦，与视觉检测相结合可实现物体的三维测量和动态扫描测量。

激光三角法非接触测量受被测物的表面性质（颜色、加工方法等）和物面倾斜的影响较大，应加以注意。

三、亮度中心检测法

光辐射的亮度分布是光能量沿空间的分布，当物体按辐射能量相等的标准将总能量分为两部分，其中心位置称为亮度中心 B_0。这样亮度中心位置 X_{B0} 表示为

$$\int_0^{X_{B0}} B(x)\,dx = \int_{X_{B0}}^{\infty} B(x)\,dx \tag{7-60}$$

式中，$B(x)$ 为目标的亮度分布函数。

通过测量与物空间亮度分布相对应的像空间照度分布来确定目标能量中心位置的方法称为亮度中心检测法。该方法是将来自于被测目标的光辐射通量相对于系统的测量基准分解到不同象限上，然后探测在各个象限的光照度，根据它们的各自能量分布来计算目标亮度的中心位置。

1. 象限检测器法

象限检测器法使用四象限光电池或四象限光敏二极管做成光靶与光学系统相配合来检测亮度中心。在测量技术中经常用到这种方法测量直线度或位移。

图7-39所示是激光准直仪原理图。它用He－Ne激光器作光源，发出波长为0.6328μm的可见橘红色激光，用扩束望远镜获得光束直径为10mm左右的准直光束，其发散角为0.1mrad左右。该光束的光斑为一均匀圆形光斑，光斑的能量中心不随距离而变化，即任一截面上的发光强度分布有稳定的中心。这条可见的激光束作为准直测量的基准，由四象限光电池做成的光靶放在被准直的工件上，当激光束照射到四象限光电池上时，四块光电池分别产生电压 U_1、U_2、U_3、U_4（见图7-39b），若光靶表面位置垂直于光轴，光靶中心 O 与光轴重合时，$U_1=U_2=U_3=U_4$。若因被测工件有直线度偏差，将会引起激光束中心与探测光靶中心有偏离，从而产生偏差信号。若光束中心上下移动，产生 $U_y=U_1-U_3$；若光束中心左右偏离，产生 $U_x=U_2-U_4$。根据 U_y、U_x便可判断出被测件的偏移量。图7-40示出了四象限光电池接法和输出电路框图，其 $U_x=(U_1+U_4)-(U_2+U_3)$，$U_y=(U_1+$

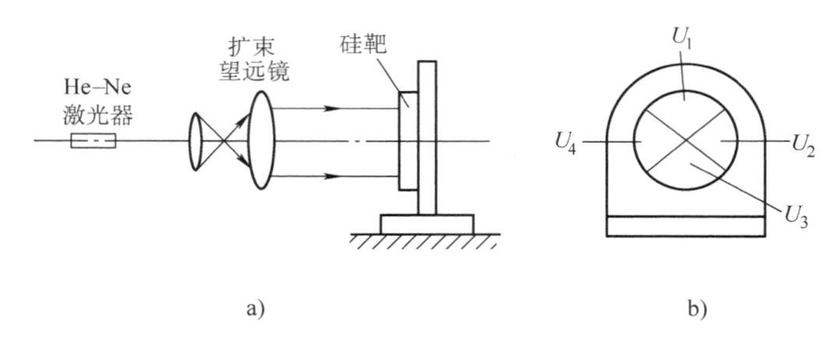

图7-39 激光准直仪原理图
a）激光准直仪 b）光靶

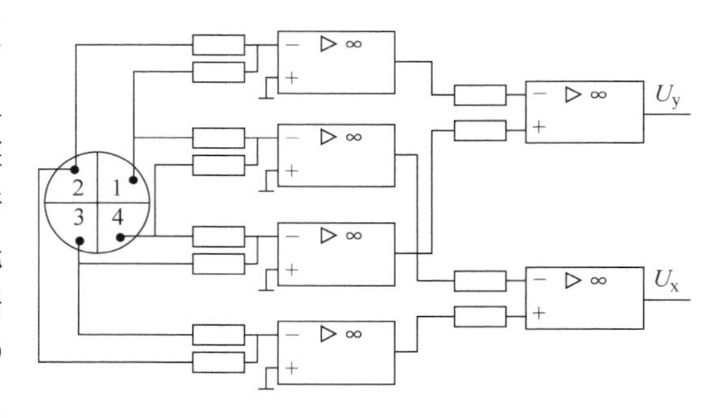

图7-40 光电池接法和输出电路框图

U_2）-（U_3+U_4）。为了进一步减少光源发光强度波动的影响，可以用式（7-61）来计算，并以此为依据设计运算电路。

$$U_x=\frac{(U_1+U_4)-(U_2+U_3)}{\sum_{i=1}^{4}U_i}$$
$$U_y=\frac{(U_1+U_2)-(U_3+U_4)}{\sum_{i=1}^{4}U_i} \tag{7-61}$$

检测亮度中心还可用二维 PSD，因为 PSD 只对能量中心敏感而与光点形状无关，因此用 PSD 作亮度中心检测元件比硅光电池更好，而且其灵敏度和分辨力更高。

2. 象限分解法

用光学元件或光导纤维可以将准直光束分解，再用分离放置的光电器件分别接收分解后的发光强度分布。图 7-41 示出了几种象限分解器。

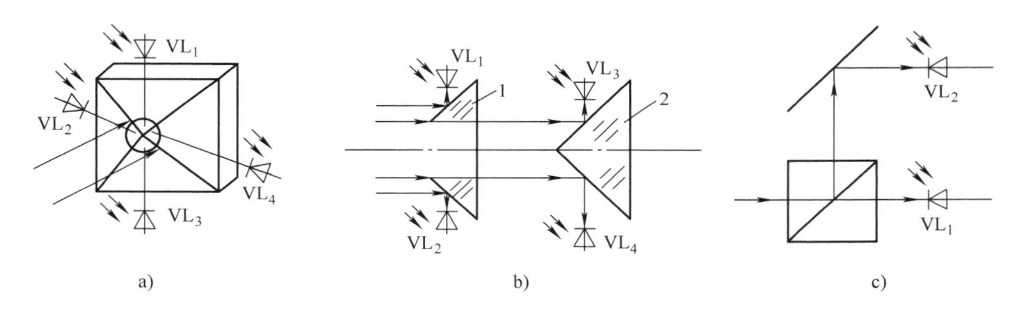

图 7-41　象限分解器
a）反射锥体分光　b）空心棱镜分光　c）棱镜分光
1—锥体　2—锥体反射镜

图 7-41a 用反射锥体分光，光束中心与锥体顶点同轴时，反射锥体将入射光束均匀地分成四部分，分别用光电器件 VL_1、VL_2、VL_3、VL_4 接收。图 7-41b 用空心棱镜分光，锥体 1 的中间开有中心孔，其直径小于光束直径，通过中心孔的光，射向锥体反射镜 2 并被分光，用 VL_3、VL_4 接收获得 θ_x 和 θ_y 信号；由空心锥体 1 反射的光被光电器件 VL_1、VL_2 接收，产生 X 和 Y 方向偏移信号。图 7-41c 是用棱镜分光，其中透射光被光电器件 VL_1 接收，产生 X 和 Y 方向的信号，反射光束由 VL_2 接收，产生 θ_x 和 θ_y 信号，实现四自由度准直测量。

此外还可以用波带片、位相板等产生亮或暗的十字线，十字光线的中心为光斑的亮度中心。

用光纤进行分束是一种简单易行的像分解方法。图 7-42 所示是光纤像分解的示意图。它用分束光纤将光分为四束，每束的输出端有光电器件接收光。

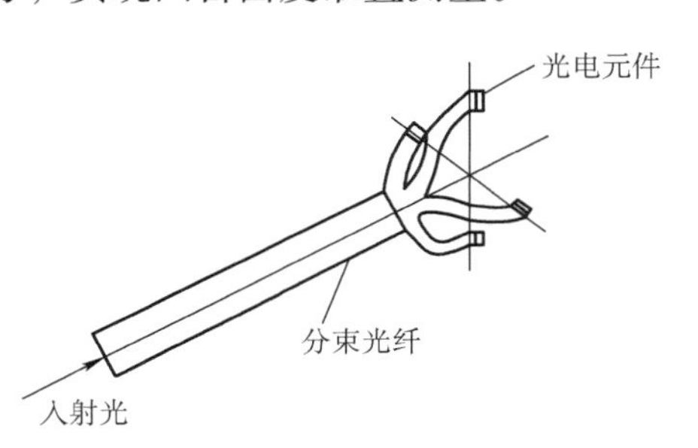

图 7-42　光纤四分束

在非相干信号的变换与检测中，对于复杂光学目标检测，其主要目的是在大视场范围内精确分辨图形的细节，因此要用光学图像扫描或跟踪的方法实现以窄视场的光电检测通道对大范围的景物或物体进行信号拾取和再现，使系统既具有宽广的观察与测量范围又有高的空间频率和灰度等级分辨力，有关的技术在第六章中已经做了介绍。

复习思考题7

1. 用公式说明直接检测的工作原理。
2. 在非相干检测中为减小光源波动对测量的影响可采用哪些方法？
3. 说明相位法和时间法测距的工作原理。
4. 影响光电测距作用距离的因素有哪些？
5. 试述像分析器的定位特性和使用要求。
6. 轴上像偏移光焦点法有哪些方法？试述像散法的工作原理。
7. 试述光三角法位移检测（像点轴外偏移光焦点法）工作原理及方法的优缺点。
8. 亮度中心检测法有哪些应用？
9. 频率法的检测精度为什么比幅值法高？举出两种用频率法测量位移的实例。
10. 什么是光学扫描测量技术？扫描技术是如何分类的？
11. 扫描的方法有哪些？描述各种扫描方法的工作原理。它们的特点是什么？
12. 试述激光扫描测量技术的原理。举例说明。

第八章　相干信号的变换与检测

干涉测量技术基于光波干涉原理，利用光电方法对光波的干涉场进行检测和处理，最终解算出被测参量。相干检测是利用光的相干性对光波所携带的信息信号进行检测，从理论上讲，它能准确检测到光波振幅、频率和相位所携带的信息。因此，与其他光电测试技术相比，光电干涉测量技术具有更高的灵敏度和精度，在现代测量技术中得到越来越广泛的应用，如利用光的相干变换与检测方法进行精密测长、测距、测速、测振动、测力、测应变以及进行光谱分析等。随着现代光学和光电子技术的发展，光电干涉测量技术必将在不同领域不断取得新的进步。

第一节　相干变换与检测的原理

一、光学干涉和干涉测量

光学测量中，常常需要利用相干光作为信息变换的载体，将被测信息载荷到光载波上，使光载波的特征参量随被测信息变化。但是由于光波波动频率很高，目前的光探测器还不能很好地探测光波本身振幅、相位、频率以及偏振等的变化。所以大多数情况下只能利用光的干涉现象，将这些特征参量转化为发光强度的变化，从而得出被测的参量。所谓光干涉是指可能相干的两束或多束光波相叠加，它们合成信号的发光强度随时间或空间有规律地变化。干涉测量的作用就是把光波的相位关系或频率状态以及它们随时间的变化关系以发光强度的空间分布或随时间变化的形式检测出来。

以双光束干涉为例，设两相干平面波的振动 $U_1(x, y)$ 和 $U_2(x, y)$ 分别为

$$\begin{cases} U_1(x,y) = a_1\exp\{-\mathrm{j}[\omega_1 t + \varphi_1(x,y)]\} \\ U_2(x,y) = a_2\exp\{-\mathrm{j}[\omega_2 t + \varphi_2(x,y)]\} \end{cases} \tag{8-1}$$

式中，a_1、a_2为光波的振幅；ω_1、ω_2为角频率；φ_1、φ_2为初始相位。

两束光合成时，所形成干涉条纹的强度分布 $I(x, y)$ 可表示成

$$\begin{aligned} I(x,y) &= a_1^2 + a_2^2 + 2a_1a_2\cos[\Delta\omega t + \varphi(x,y)] \\ &= A(x,y)\{1 + \gamma(x,y)\cos[\Delta\omega t + \varphi(x,y)]\} \end{aligned} \tag{8-2}$$

式中，$A(x, y)$ 是条纹发光强度的直流分量，$A(x, y) = a_1^2 + a_2^2$；$\gamma(x, y)$ 是条纹的对比度，$\gamma(x,y) = 2a_1a_2/(a_1^2 + a_2^2)$；$\Delta\omega$ 是光频差，$\Delta\omega = \omega_1 - \omega_2$；$\varphi(x, y)$ 是相位差，$\varphi(x,y) = \varphi_1(x,y) - \varphi_2(x,y)$。

当两束光频相同的光（即单频光）相干时，有 $\omega_1 = \omega_2$，即 $\Delta\omega = 0$，此时有

$$I(x,y) = A(x,y)\{1 + \gamma(x,y)\cos[\varphi(x,y)]\} \tag{8-3}$$

此时，干涉条纹不随时间改变，呈稳定的空间分布。随着相位差的变化，干涉条纹强度的分布表现为有偏置的正弦分布。以此为基础形成的干涉测量技术称为单频光干涉条纹检测

技术，干涉条纹的强度信息和被测量的相关参数相对应。对干涉条纹进行计数或对条纹形状进行分析处理，可以得到相应的被测信息。

当两束光的频率不同，即式（8-2）中 $\Delta\omega \neq 0$ 时，干涉条纹将以 $\Delta\omega$ 的角频率随时间波动，形成光学拍频信号，也叫外差干涉信号。如果两束光的频率相差较大，超过光电检测器件的频率响应范围，将探测不到干涉条纹信息。在两束光的频率相差不大（$\Delta\omega$ 较小）的情况下，采用光电检测器件可以探测到干涉条纹信息，并且可以通过电信号处理直接测量拍频信号的频率及相位等参数，从而能以极高的灵敏度测量出相干光束本身的特征参量，形成外差检测技术。

干涉条纹的强度取决于相干光的相位差，而后者又取决于光传输介质的折射率 n 对光的传播距离 $\mathrm{d}s$ 的线积分，即

$$\varphi = \frac{2\pi \int_0^L n\mathrm{d}s}{\lambda_0} \tag{8-4}$$

式中，λ_0为真空中光波波长；L 为光经过的路程。

对于均匀介质，式（8-4）可简化为

$$\varphi = 2\pi nL/\lambda_0 \tag{8-5}$$

对式（8-5）中的变量 L 和 n 做全微分可得到相位变化量 $\Delta\varphi$ 为

$$\Delta\varphi = \frac{2\pi}{\lambda_0}(L\Delta n + n\Delta L) \tag{8-6}$$

从式（8-6）中可以看出，光波传播介质折射率和光程长度的变化都将导致相干光相位的变化，从而引起干涉条纹强度的改变。干涉测量中就是利用这一性质改变光载波的特征参量，以形成各种光学信息。能够引起光程差发生变化的参量有很多，例如几何距离、位移、角度、速度、温度引起的热膨胀等，这些参量都会引起光波传播距离的改变；介质的成分、密度、环境温度、气压以及介质周围的电场、磁场等能引起折射率的变化。另外，从物体表面反射光波的波面分布可以确定物体的形状。因此，光学干涉技术可以用于检测非光学参量，它是一种非常有效的检测手段。能形成干涉现象的装置是干涉仪，它的主要作用是将光束分成两个沿不同路径传播的光束，在其中一路中引入被测量，产生光程差后，再重新合成为一束光，这样便得到了含有被测信息的光干涉条纹信号，又称光载波的干涉调制器。

二、干涉测量中的调制和解调

从信息处理的角度来看，干涉测量实质上是被测信息对光载波调制和解调的过程。各种类型的干涉仪或干涉装置是光载波的调制器和解调器。由干涉仪调制的调制光由探测系统解调，然后检测出所需要的信息。

下面用最常见的迈克尔逊干涉仪来说明干涉仪的调制和解调过程。图8-1和图8-2分别给出了它的原理图和等效框图。就信息传递的实质而言，实际干涉仪的结构和工作过程可以用下列方式描述：干涉仪中的单色光源是相干光载波的信号发生器，由它产生光载波信号 $U_0(a_0, \nu_0, \varphi_0)$ 被分光镜分成两路引入干涉仪中，其中，a_0为振幅，ν_0为频率，φ_0为初相位。在参考光路中，光载波作为基准，保持着原有的参量。在测量光路中，$U_0(a_0, \nu_0, \varphi_0)$ 受到被测信号的调制。如果被测信号是位移 $\delta(x)$，则引起光载波的相位变化 $\Delta\varphi$，称作

相位调制，形成 U_s（a_0，ν_0，$\varphi_0 \pm \Delta\varphi$）的调相信号；若被测信号是运动速度，则引起光载波的频率偏移 $\Delta\nu$，称作频率调制，产生 U_s（a_0，$\nu_0+\Delta\nu$，φ_0）的调频信号。这里测量光路及测量镜起到对光载波的信号调制器的作用。已调制的光载波在干涉面上和来自参考光路的参考光波重新合成，形成具有稳定干涉图样或确定光拍频率的调制干涉信号，该信号由光电检测器件接收，进而实现光信号解调。

检测 $\Delta\varphi$ 的方法称为相位检测方法；检测 $\Delta\omega=2\pi\Delta\nu$ 的方法称为频率检测法。由式（8-2）可知，相位变化 $\Delta\varphi=\varphi(x,\ y)$ 和频率变化 $\Delta\omega=2\pi\Delta\nu$ 又都引起干涉条纹发光强度的变化，检测干涉条纹的发光强度变化也可检测被测信息，称为干涉信号的光强检测法。

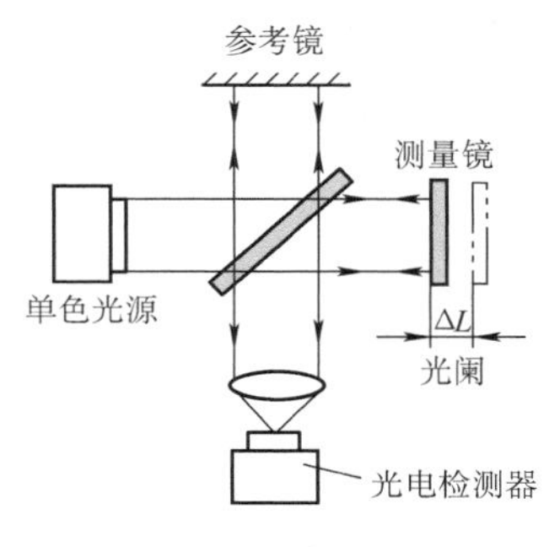

图 8-1　干涉仪原理图

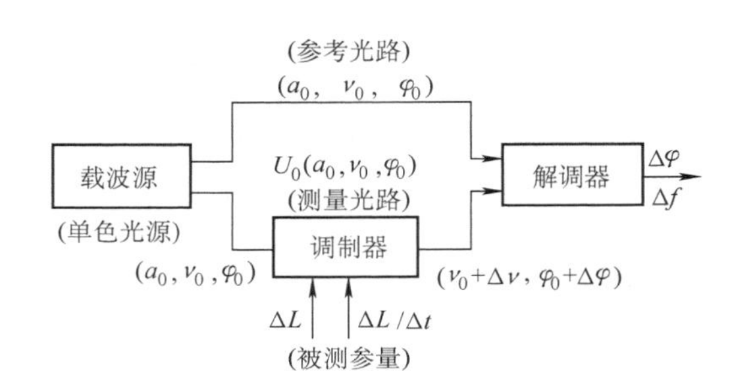

图 8-2　干涉仪的等效框图

第二节　相干信号的发光强度检测

相干信号的幅度变化表现为干涉条纹的发光强度变化，检测干涉条纹的发光强度或其随时间的变化称作干涉条纹检测。基本的条纹检测法包括干涉条纹发光强度检测法、干涉条纹比较法和干涉条纹跟踪法。

一、干涉条纹发光强度检测法

在干涉场中确定的位置上用光电器件直接检测干涉条纹的发光强度变化称为干涉条纹发光强度检测法。图 8-3a 给出了一维干涉测长的实例。测量镜 M_s 的位移 ΔL 是被测量，激光器发出的光是稳频的单色光，由分光镜反射得到参考光，由分光镜投射到移动测量镜上的是测量光，两束光载波是同频率的，分别经参考镜和测量镜反射后又在分光镜相遇，并产生干涉。由式（8-2）可知干涉条纹分布强度为

$$I(x,y,t)=a_1^2+a_2^2+2a_1a_2\cos[\varphi(t)] \quad (8\text{-}7)$$

式中，$\varphi(t)=2\pi nL(t)/\lambda_0$。

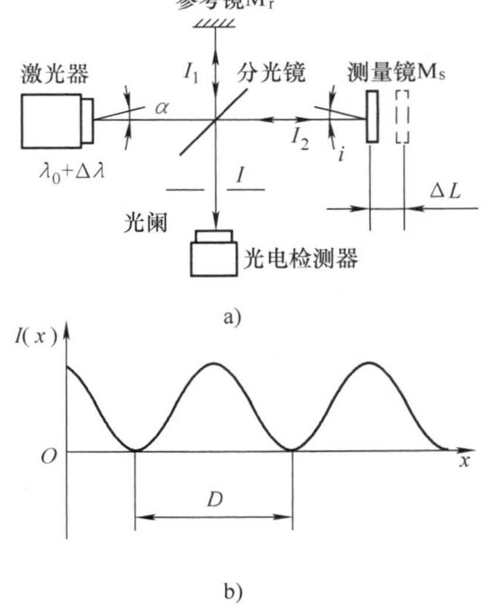

图 8-3　干涉条纹发光强度检测
a）原理图　b）波形图

当 $L(t)$ 变化时则引起 $\Delta\varphi=\frac{2\pi}{\lambda_0}n\Delta L(t)$，从而有

$$I(x,y,t)=a_1^2+a_2^2+2a_1a_2\cos\left[\varphi_0+\frac{2\pi}{\lambda_0}n\Delta L(t)\right] \tag{8-8}$$

检测出 $I(x,\ y,\ t)$ 就可以测得 $\Delta L(t)$。式（8-8）中 $a_1^2+a_2^2$ 为直流电平，可以用差动法来消除；λ_0 为单色光载波的波长，$\Delta\lambda$ 越小越好，一般要求 $\frac{\Delta\lambda}{\lambda_0}<10^{-8}$；测量过程中空气折射率变化 Δn 的影响可用补偿法来减小。

从式（8-8）可以看出，当在检测时间 τ 内 $\cos[\varphi(t)]$ 是恒定时，发光强度值是恒定的，而当 $\varphi(t)$ 随时间变化时，则合成发光强度是对 t 的积分，即

$$I(x,y,t)=a_1^2+a_2^2+2a_1a_2\frac{1}{\tau}\int_0^\tau\cos[\varphi(t)]\mathrm{d}t \tag{8-9}$$

将式（8-9）写成干涉基本公式（8-7）的形式，则有

$$I(x,y,t)=a_1^2+a_2^2+2a_1a_2\Gamma\cos\varphi_0 \tag{8-10}$$

因此有

$$\Gamma=\frac{\frac{1}{\tau}\int_0^\tau\cos[\varphi(t)]\mathrm{d}t}{\cos\varphi_0} \tag{8-11}$$

式中，比例因子 Γ 称为两光束的相干度，$0\leqslant\Gamma\leqslant1$。当 $\Gamma=1$ 时，表示在 τ 时间内相位保持不变，相干度最大；当 $\Gamma=0$ 时，表示 τ 时间内两光束不相干。

式（8-11）表明，Γ 越大，发光强度随相位的变化越明显。而当 $\Gamma=0$ 时，合成发光强度只有直流分量，与相位 φ 无关。因此相干度 Γ 是衡量干涉条纹发光强度对比度的重要指标。那么哪些因素会影响相干度 Γ 呢?

1. 光源光波的单色性

相干光源波长的非单色性 $\Delta\lambda$ 不仅直接引起测量误差，而且还会引起不同波长不同初相位的叠加，这会降低相干度。若入射光波的波长为 $\lambda_0\pm\Delta\lambda$ 且均匀分布时，其相干度 Γ_λ 为 $\Delta\lambda$ 和光程差 ΔL 的 sinc 函数，即

$$\Gamma_\lambda=\mathrm{sinc}\left(\frac{2\pi\Delta L}{\lambda_0^2}\Delta\lambda\right) \tag{8-12}$$

式（8-12）表明，光程差 ΔL 越小，单色性越好（$\Delta\lambda$ 越小），Γ_λ 值越大。当光程差 ΔL 等于单色光相干长度时，干涉条纹消失。

2. 光源光束发散角

相干光源的发散使不同光线产生不同的光程差，这将引起相位 φ 发生变化。对于平板干涉的情况，当光束发散角为 α，入射光不垂直反射镜的偏角为 i 时，可以计算出由于光束发散角引起附加光程差 ΔL 时的相干度 Γ_α 为

$$\Gamma_\alpha=\mathrm{sinc}\left(\frac{2\pi n\Delta L\alpha\sin i}{\lambda_0}\right) \tag{8-13}$$

如图 8-4 所示，这表明空间每条相干光线光程差不同会引起条纹信号交变分量的下降。

3. 孔阑效应

光电检测器把光信号转变成电信号，得到的是光敏面上发光强度的积分值。光电信号的

质量不仅取决于干涉条纹的相干度，而且取决于接收器光阑和条纹宽度之间的比例关系。在图 8-5 中，设接收光阑是 $h \times l$ 的矩形，由均匀照明光产生的平行直条纹的间距为 D，空间坐标为 x，则沿 x 向的条纹发光强度空间分布 $I(x)$ 为

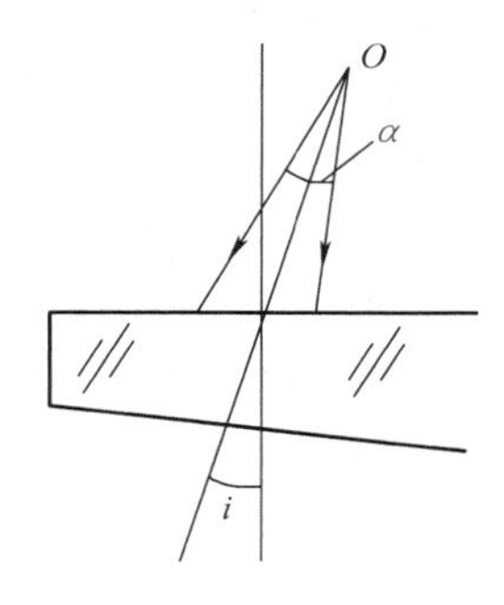

图 8-4　光束发散角影响

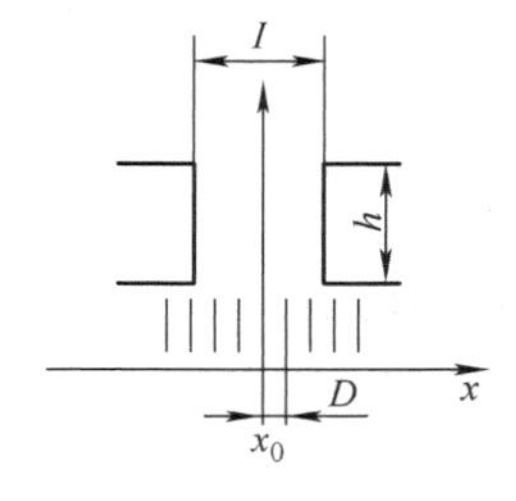

图 8-5　干涉条纹接收光阑的关系

$$I(x) = a_1^2 + a_2^2 + 2a_1 a_2 \Gamma \cos\left(\frac{2\pi}{D}x\right) \tag{8-14}$$

在任一位置 $x = x_0$ 处，光电检测器的输出 I_{s0} 为

$$\begin{aligned} I_{s0} &= S\int_{-h/2}^{h/2} \mathrm{d}y \int_{x_0-l/2}^{x_0+l/2} \left[a_1^2 + a_2^2 + 2a_1 a_2 \Gamma \cos\left(\frac{2\pi}{D}x\right)\right] \mathrm{d}x \\ &= Shl\left[(a_1^2 + a_2^2) + 2a_1 a_2 \Gamma \frac{\sin \frac{\pi l}{D}}{\frac{\pi l}{D}} \cos\left(\frac{2\pi}{D}x_0\right)\right] \\ &= Shl\left[a_1^2 + a_2^2 + 2a_1 a_2 \beta \Gamma \cos\left(\frac{2\pi}{D}x_0\right)\right] \end{aligned} \tag{8-15}$$

式中，β 称作光电转换混频效率，$\beta = \mathrm{sinc}\,\frac{\pi l}{D}$，$0 < \beta < 1$；$S$ 为光电灵敏度。

当 $l/D \to 0$、$\beta = 1$ 时，光电信号交变分量幅度最大；当 $l = D$、$\beta = 0$ 时，光电信号只有直流分量。由此可见混频效率 β 和光阑宽度与条纹宽度之比 l/D 直接影响电信号的幅值。为了增大 β 值，在 D 值确定时应减少 l 值，但这样将降低有用光信号的采集。正确的做法是使干涉区域充分占据接收光阑，通过加大条纹宽度来增大 β 值。这一结果不论对采用均匀扩束照明还是采用单束激光（光束截面强度呈高斯分布）照明，或者是采用圆孔形光阑的情况都是适用的。

二、干涉条纹比较测量法

对于如图 8-1 所示的干涉仪，如果参考光路和测量光路各自采用两束不同频率的相干光源，各自独立地组成干涉光路，使其中一束光频为已知，另一束是未知的，则对应共用测量反射镜的同一位移，两光束各自形成干涉条纹。经光电检测后形成两组独立的电信号。通过电信号频率的比较可以计算出未知光波的波长。这种对应同一位移，比较不同波长的两个光束干涉条纹的变化差异的方法称作干涉条纹比较法。从这种原理出发，设计出了许多精确测量波长的波长计。

图8-6是波长相对测量精度为10^{-7}的条纹比较法波长计原理图。已知波长为λ_r的基准波和被测波长为λ_x的被测光波由半反半透镜1分别投射到放置于移动工作台上的两个圆锥角反射镜2和3上。使两束光的入射位置分别处于弧矢和子午方向，保证它们在空间上彼此分开。每束光束的逆时针反射光和顺时针反射光在各自的光检测器D_r和D_x上形成干涉条纹。对应于工作台的同一位移，由于两束光的波长不同，产生的干涉条纹也有不同的变化周期，因而对应的光电信号显示出不同的频率。精确测量出两信号的频率比值，根据基准波长的数值即能计算出被测波长值。图8-6所示装置中频率比的测量采用了锁相振荡计数的做法。两个锁相振荡器分别与D_r和D_x输出的光电信号U_r和U_x光电信号同步，产生与λ_r和λ_x的干涉条纹同频的整形脉冲信号。其中与λ_r对应的脉冲信号经M倍频器做频率倍频，而与λ_x对应的信号则作N倍分频。利用脉冲开关由N分频信号控制M倍频信号进行脉冲计数，最后由显示器输出。被测波长为

$$\lambda_x=\frac{\lambda_r}{M}\frac{B}{N}\left(1+\frac{\Delta n}{n}\right) \tag{8-16}$$

式中，B为脉冲计数器的计数值；$\Delta n/n$是折射率的相对变化。

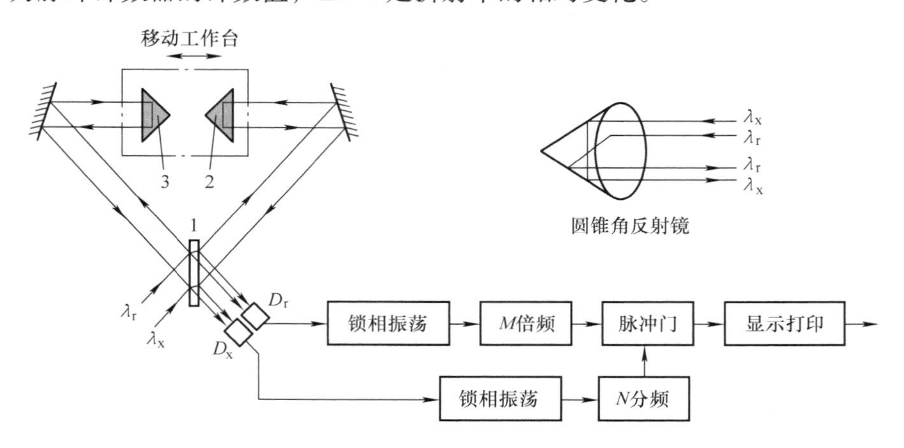

图8-6　条纹比较法波长计原理图

1—半反半透镜　2、3—圆锥角反射镜

三、干涉条纹跟踪测量法

这是一种平衡测量法。在干涉仪测量镜位置变化时，通过光电接收器实时地检测出干涉条纹的变化。同时利用控制系统使参考镜沿相应方向移动，以维持干涉条纹保持静止不动。这时，根据参考镜位移驱动电压的大小可直接得到测量镜的位移。图8-7表示了利用这种原理测量微小位移的干涉测量装置。这种方法能避免干涉测量的非线性影响，并且不需要精确的相位测量装置。但是跟踪系统的固有惯性限制了测量的快速性，因此

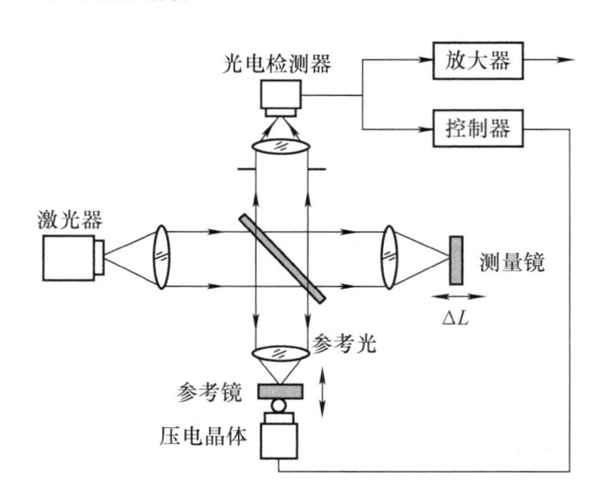

图8-7　条纹跟踪法干涉系统示意图

只能测量10kHz以下的位移变化。

第三节　相干信号的相位调制变换与检测

当相干光束的频率相同时，被测量使相干光波的相位发生变化，这个过程称为单频光波的相位调制。

一、相位调制变换的方法

1. 一次相位调制的原理

由式（8-6）可知，能引起相位变化的参量是光路长 L 和介质折射率 n。因此相位调制通常是利用不同形式的干涉仪，借助机械、光学、电子学等变换器件，将被测量的变化转换为光路长 L 和折射率 n 的变化，以用于检测几何和机械运动参量以及分析物质的理化特性。

为了定量描述被测参量对相位调制的影响，采用归一化相位响应表示在单位长度的光路内由被测参量引起的相位变化，即

$$\frac{1}{L}\frac{\mathrm{d}\varphi}{\mathrm{d}F}=\frac{2\pi}{\lambda_0}\left(\frac{\mathrm{d}n}{\mathrm{d}F}+\frac{n}{L}\frac{\mathrm{d}L}{\mathrm{d}F}\right) \tag{8-17}$$

式中，$\frac{1}{L}\frac{\mathrm{d}\varphi}{\mathrm{d}F}$为归一化相位响应；$L$ 为干涉光路长度；F 为被测参量；λ_0表示真空中光的波长；n 为介质折射率；等式右边两项分别表示折射率变化和光路长度变化引起的相位响应。

式（8-17）可以用来衡量相位调制的各种类型的光学干涉仪的工作特性。

2. 一次相位调制的常用仪器

通常作为相位调制用的光学干涉仪有迈克尔逊（Michelson）干涉仪、吉曼（Gell－Mann）干涉仪、马赫－泽德（Mach－Zehnder）干涉仪、萨古纳克（Sagnac）干涉仪和法布里－珀罗（Fabry－Pérot）干涉仪等。图8-8给出了它们的原理示意图。除了法布里－珀罗干涉仪外，前几种干涉仪均属于双光束干涉仪。干涉强度分布满足式（8-2）。

图8-8a所示的迈克尔逊干涉仪，是干涉测量中最常用的干涉仪。其特点是结构简单，条纹对比度好，信噪比高。测量反射镜 M_2固定在被测物体上，物体的位移、变形等将使测量镜发生移动。当测量镜 M_2的位移量为 Δx 时，将引起测量光路的光程发生 $2n\Delta x$ 的变化，即若 Δx 为 $\lambda/2$，则引起干涉条纹一个周期的变化，条纹的计数和被测位移之间存在比例关系。

利用迈克尔逊干涉原理制成的激光干涉仪是我国线纹尺检定基准，利用白光定位的激光量块干涉仪是我国量块尺寸传递的基准。此外还广泛地用于动态测量螺纹、丝杠螺距、测振、测变形、测温度等。它的测量分辨力可以达到 10^{-13}m 的数量级。它的缺点是输出光束可能回馈到激光器中，使激光器不能正常工作，这个问题可以通过设置偏振片等方法来解决。

图8-8b是吉曼干涉仪。它是在同样厚度的两块平行玻璃平板背面镀以反射膜，利用两玻璃表面反射形成光束的分束和再合成进行测量。由于两光路的光程差很小，利用相干性较差的光源也可以进行精密干涉测量。它主要用来测量透光物质（如气体）的折射率，如激光折射率干涉仪，可用于激光干涉测长过程中对空气折射率即时监测和修正，还可进行标准

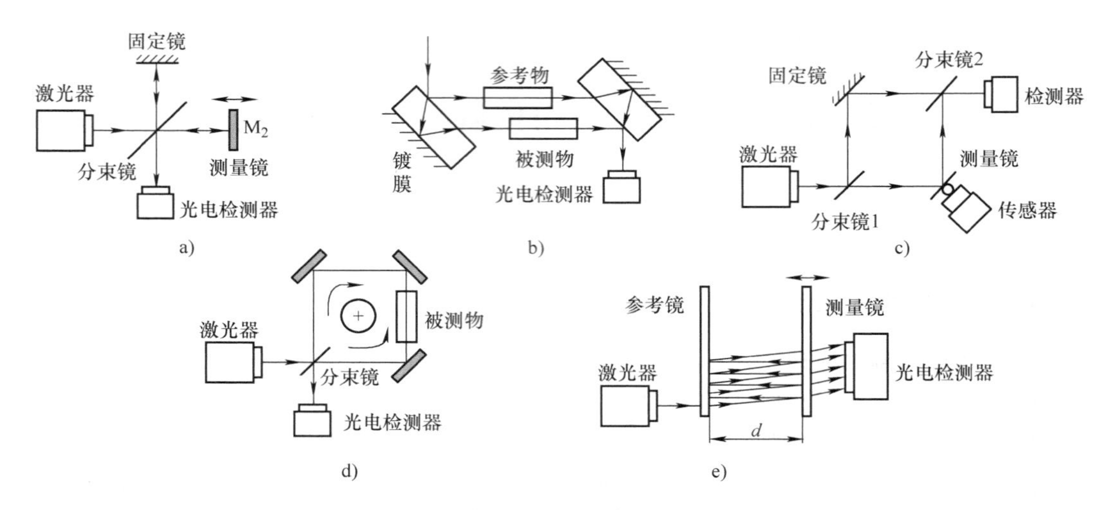

图 8-8 典型光学干涉仪原理示意图

a）迈克尔逊干涉仪 b）吉曼干涉仪 c）马赫－泽德干涉仪 d）萨古纳克干涉仪 e）法布里－珀罗干涉仪

试样和被测试样的比对，测量被测物散射、衍射和透射率等，条纹测量精度约为 $\lambda/50$。

图 8-8c 是马赫－泽德干涉仪，由两片分束镜和两片反射镜组成。输出分束镜有两束干涉光输出，可用于布置多路接收器。它回馈到激光器的散射光较少，有利于降低激光的不稳定噪声。可移动反射镜测量镜和被测物相连，引入被测位移，并实现相位调制。它可用于测量位移、振动、形变等，如测量压电陶瓷的位移特性。

图 8-8d 是萨古纳克干涉仪，它是由一个分束镜和多个反射镜组成的闭合回路。分束镜把入射光束分成两个传输方向相反的顺时针光路和逆时针光路，经过反射镜的反射后分别回到分束镜处合成为一束光。若闭合回路相对于惯性空间有一转动角速度 Ω 时，顺时针光路和逆时针光路之间将形成与转速成正比的光程差 ΔL，其数值满足关系

$$\Delta L = \frac{4A}{c}\Omega\cos\phi \tag{8-18}$$

式中，c 为光速；A 为封闭光路包围的面积；ϕ 为角速度矢量与面积法线间的夹角。

当光路平面垂直于转动方向时，式（8-18）简化为

$$\Delta L = \frac{4A}{c}\Omega \tag{8-19}$$

闭合回路的形状可以是环形、矩形、三角形等。反射镜的法向位移对两个反向光路长度的改变量相等，不引起相位的变化。萨古纳克干涉仪又称为环形激光，一般用来测量转角、转速以及磁场强度等，其测角精度可达 0.05″，影响精度的主要误差因素有频锁、零漂、频率牵引及地球自转等。

图 8-8e 是法布里－珀罗干涉仪。它包括两块互相平行的反射镜，反射镜的反射率高达95%以上。入射光在两块反射镜之间进行反射和透射，经不同次数反射的光以平行光形式透射输出，由光电检测器接收，因此是多光束干涉。若用 I_0 表示入射光的发光强度，R 表示振幅反射率，则相干光发光强度的变化可表示为

$$I=\frac{I_0}{1+\frac{4R^2}{(1-R^2)^2}\sin^2\left(\frac{\varphi}{2}\right)}=\frac{I_0}{1+F\sin^2\left(\frac{\varphi}{2}\right)} \tag{8-20}$$

式中，F 称为精细度系数，可表征干涉条纹的锐度，$F=\frac{4R^2}{(1-R^2)^2}$，如图 8-9 所示；φ 是相邻反射光束间的相位差，$\varphi=4\pi nd/\lambda_0$，$d$ 为平面镜间隔，λ_0 为真空波长，n 为反射镜间介质折射率。

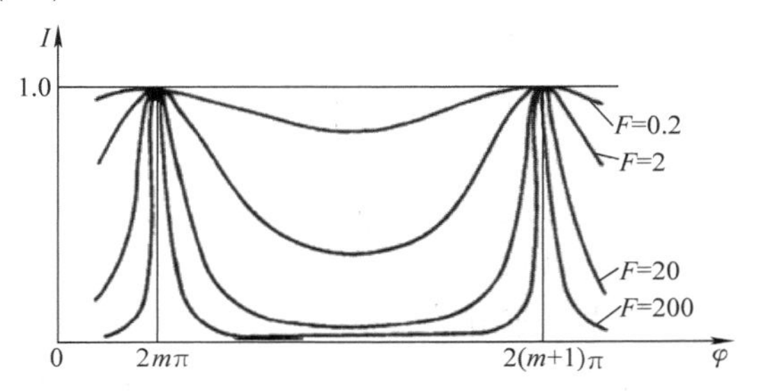

图 8-9　多光束干涉条纹分布

式（8-20）表明透射干涉光发光强度不是正弦分布，当 φ 为 2π 整数倍时，发光强度为最大值；φ 为 π 的奇数倍时发光强度为最小值。最大值和最小值的比值为 $(1+R)/(1-R)$，因此有很高的条纹对比度，是一种灵敏的传感器。由式（8-21）可以看出，被测量的调制作用可以通过改变 d 和 n 来实现，后者可以通过更换平面镜之间的气体等方式实现。因此它不仅可以用来测量粗糙度、位移，还可以用于测量形变（如桥梁、大坝、高楼的形变测量），气体的折射率测量等。由于法布里 - 珀罗干涉仪条纹对比度很高，所以它的测量分辨力可以达到 2×10^{-5}mm。

光学干涉仪的共同特点是相干光在空气中传播，环境温度的改变会引起空气折射率的扰动；大气湍流和声波干扰也会导致光程的变化，降低了工作可靠性和测量精度。为此可设计成共光路干涉仪和外差干涉仪，也可用光在光纤中传播形成光纤式干涉仪，如光纤式迈克尔逊干涉仪、光纤式马赫 - 泽德干涉仪、光纤式萨古纳克干涉仪及光纤式法布里 - 珀罗干涉仪，详见第九章第四节。

3. 波面一次相位调制

将相干光束扩束成一个平面波或其他规则波面照射到被测物体和参考镜上时，两列平面光波再相遇后是一组二维干涉图，对这幅干涉图分析可以得到被测物体表面的微细面形分布或透射介质的折射率分布，称为波面相位调制检测。其工作原理如下：

设被测物波面 $U_S(x, y)$ 的相位为 $\varphi_S(x, y)$，参考光是理想的平面波 $U_r(x, y)$，它的初始相位 φ_r 空间不变。两光波的频率相同，则

$$U_S(x,y)=a_S(x,y)\exp\{-j\varphi_S(x,y)\} \tag{8-21}$$

$$U_r(x,y)=a_r\exp\{-j\varphi_r\} \tag{8-22}$$

式中，a_S、a_r 为信号光与参考光波的振幅。

干涉场上的发光强度分布为

$$I(x,y)=a_S^2(x,y)+a_r^2+2a_S(x,y)a_r\cos[\varphi_r-\varphi_S(x,y)] \tag{8-23}$$

考虑到光路折返则有

$$\varphi_r-\varphi_S(x,y)=\Delta\varphi(x,y)=\frac{4\pi}{\lambda_0}[L\Delta n(x,y)+n\Delta L(x,y)] \tag{8-24}$$

式中，$\Delta n(x, y)$ 为折射率分布；$\Delta L(x, y)$ 为物面变形分布。

当 n 不变（$\Delta n=0$）时，有

$$\Delta\varphi(x,y)=\frac{4\pi}{\lambda_0}n\Delta L(x,y) \tag{8-25}$$

当 L 不变（$\Delta L=0$）时，有

$$\Delta\varphi(x,y)=\frac{4\pi}{\lambda_0}L\Delta n(x,y) \tag{8-26}$$

从式（8-25）和式（8-26）可以看出，如果通过干涉图分析计算出 $\Delta\varphi(x,\ y)$，就可以分别获得相应的折射率分布 $\Delta n(x,\ y)$ 和物面变形量 $\Delta L(x,\ y)$。该类仪器广泛应用于表面粗糙度测量和形变测量。

能够进行波面相位调制的干涉仪有泰曼－格林（Twyman－Green）干涉仪、林尼克（Linnik）干涉仪、米勒（Miller）干涉仪和斐索（Fizeau）干涉仪等。其中泰曼－格林干涉仪（也称迈克尔逊干涉仪）是波面相位调制中最常用的干涉仪，其原理如图8-10a所示。

林尼克干涉仪的结构和泰曼－格林干涉仪类似，其区别仅在于后者利用的是平行光的波面干涉，而前者利用会聚透镜将相干光会聚到焦平面上。

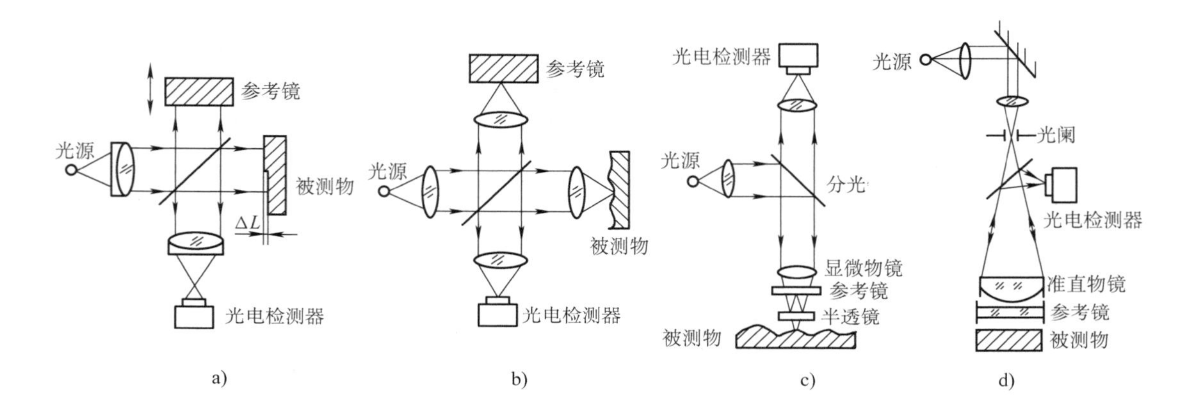

图8-10 可做波面相位调制的干涉仪

a）泰曼－格林干涉仪 b）林尼克干涉仪 c）米勒干涉仪 d）斐索干涉仪

图8-10c所示为米勒干涉仪，光源经分光镜和长工作距显微物镜照明被测物面，反射波面又经物镜成像在接收面上。在物镜和被测物间放置半透镜和参考镜，经参考镜和半透镜反射的波面作为参考光同时被成像在接收面上，与物光形成干涉条纹，用面阵CCD接收。由于所得到的干涉图是经显微物镜放大的，所以适合于微细表面的干涉测量，测量精度可以达到0.1nm，测量范围为2～3μm。

图8-10d为斐索干涉仪，激光束经聚光镜会聚在准直物镜的焦点上。由准直物镜出射的平行光垂直入射于半透半反参考镜上，其中的反射光作为参考光束经物镜会聚在干涉平面上。透射光经被测物的表面反射，再经准直物镜会聚与参考光束相遇，形成双光束干涉条纹，用面阵CCD接收。这些干涉仪所得到的平面干涉图适用于物体表面形状和粗糙度的测量以及非球面光学零件的检验等，此外能获得形状和折射率分布的干涉图还有莫尔拓扑图、全息干涉图、散斑干涉图等。精确地测定干涉图形的条纹空间分布，计算各空间位置的相位值就可以得到对应的面形。

4. 二次相位调制

干涉测量中为了自动分析干涉条纹，通常将参考光的相位随时间人为地进行调制（即二次调制），使干涉图上各点处的光学相位变换为相应点处时序电信号的相位，以进行动态

相位检测。利用扫描或阵列检测器件分别测得各点的时序变化，就能以优于 $\lambda/100$ 的相位精度和 100 线对每毫米的空间分辨力测得干涉条纹的相位分布，从而实现了实时、高精度和自动化检测。

在前面介绍的干涉仪中，如果使用压电陶瓷等驱动装置驱动参考反射镜周期性地移动，将使干涉条纹的各点上形成同样周期的正弦型强度变化（见图 8-11）。在不同位置上时序信号的初始相位与该点处被测波面的初始相位相对应。用光电方法比较各点处电信号的相位就可以计算出被测表面的形状分布。与前面介绍的对被测变量直接进行相位调制（一次相位调制）形成的干涉条纹相比，这种调相方法增加了参考镜移动所产生的附加相移，称为二次相位调制。该方法用直接测量并比较时序信号的相位来代替一次相位调制测量发光强度的空间分布法，能有效地提高测量精度。

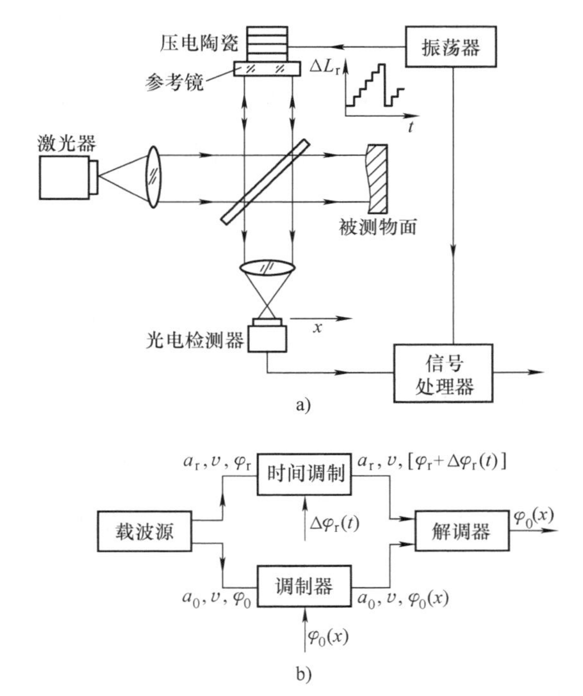

图 8-11　条纹扫描干涉法二次相位调制

a）原理图　b）方框图

二次相位调制有以下几种方法。

（1）阶梯波扫描式二次相位调制法

在工程上，为了便于数据采集，常使参考光路按阶梯波形变化，在参考镜所处的每一个阶梯位置上用 CCD 摄像机对干涉面上各点的发光强度值取样，对于每一个点，用傅里叶和式累加各个阶梯上的测量结果可拟合出正弦变化曲线。由此可得到干涉面上各点的相对相位分布。

为使讨论简单，这里只分析一维的情况。干涉面上任意一点 x 的发光强度可表示为

$$I(x)=a_0^2(x)+a_r^2+2a_0(x)a_r\cos[\varphi_r-\varphi_0(x)] \tag{8-27}$$

将式（8-27）看成是 φ_r 的余弦函数，它可以表示成有直流分量和基波分量的傅里叶级

数形式，即

$$I(x,\varphi_r)=U_0(x)+U_1(x)\cos\varphi_r+m_1(x)\sin\varphi_r \tag{8-28}$$

令 φ_r在 2π 周期内每次改变 $1/n$ 周期，共采样 p 个周期，即

$$\varphi_{rj}=j\left(\frac{2\pi}{n}\right)\quad j=1,2,3,\cdots,np \tag{8-29}$$

则与 φ_{rj}对应的干涉强度可用式（8-29）表示，此时式中 φ_r用 φ_{rj}代替。应用三角函数的正交关系，$I(x,\ \varphi_{rj})$ 的各系数表示为

$$\begin{aligned}
U_0(x)&=\frac{1}{np}\sum_{j=1}^{np}I(x,\varphi_{rj})=a_0^2(x)+a_r^2\\
U_1(x)&=\frac{1}{np}\sum_{j=1}^{np}I(x,\varphi_{rj})\cos\varphi_{rj}=2a_0(x)a_r\cos\varphi_0(x)\\
m_1(x)&=\frac{1}{np}\sum_{j=1}^{np}I(x,\varphi_{rj})\sin\varphi_{rj}=2a_0(x)a_r\sin\varphi_0(x)
\end{aligned} \tag{8-30}$$

式（8-30）是在最小均方意义上对干涉面上发光强度正弦变化的最佳拟合。由此，各点处的相位值可用两个加权平均值之比给出，即

$$\varphi_0(x)=\arctan[m_1(x)/U_1(x)] \tag{8-31}$$

这是对 p 次周期测量数据的累加平均。利用式（8-31）对每个测量点分别测得 np 个数据，可得到被测面形的相位分布图。此外，式（8-31）的计算包含着相位的符号，根据相位的连续性可去除 2π 相位的不确定性，因而可以判断面形的凸凹。这种方法测量精度可以达到 $\lambda/100$，空间分辨力决定于图像传感器件。

（2）锯齿波扫描式二次相位调制法

锯齿波扫描相位调制信号的发光强度可表示为

$$\begin{aligned}
I(x,t)&=a_0^2+a_r^2+2a_0a_r\cos[\varphi_r(t)-\varphi_0(x)]\\
&=A_1+A_2\cos(\Delta\varphi+\alpha t)
\end{aligned} \tag{8-32}$$

式中，$\varphi_r(t)$ 为锯齿波，$\varphi_r(t)=\varphi_{r0}+\alpha t$；$\Delta\varphi$ 为锯齿波初始相位与信号相位差，$\Delta\varphi=\varphi_{r0}-\varphi_0$；$A_1=a_0^2+a_r^2$，$A_2=2a_0(t)a_r$。

如果用积分型光电器件接收锯齿扫描调制波的光信号，其输出为

$$I_s(x,t)=S\int_{t_1}^{t_2}[A_1+A_2\cos(\Delta\varphi+\alpha t)]\mathrm{d}t \tag{8-33}$$

设每次积分相移中心值为 β，有

$$\begin{aligned}
I_s(x,t)&=S\frac{1}{\Delta\beta}\int_{\beta-\frac{\Delta\beta}{2}}^{\beta+\frac{\Delta\beta}{2}}[A_1+A_2\cos(\Delta\varphi+\psi)]\mathrm{d}\psi\\
&=S\frac{1}{\Delta\beta}[A_1\psi+A_2\sin(\Delta\varphi+\psi)]\Big|_{\beta-\frac{\Delta\beta}{2}}^{\beta+\frac{\Delta\beta}{2}}\\
&=KA_1+kA_2\operatorname{sinc}\frac{\Delta\beta}{2}\cos(\Delta\varphi+\beta)
\end{aligned} \tag{8-34}$$

式（8-34）的未知数分别为 A_1、A_2、$\dfrac{\Delta\beta}{2}$和 $\Delta\varphi$，可以采用多次积分数据优化求解。其中 K 表示直流放大倍数，k 表示相位放大倍数。如积分 N 次可以求得多个 $\Delta\varphi$ 值，再利用最小

二乘原理对这些值进行优化，便可求得唯一解。

二次相位调制用测量并比较时序信号的相位来代替测量发光强度的空间分布，这种方法不受幅度变化的影响，同时受波动、背景光和某些噪声的影响也减小，因此测量更稳定，测量精度可以更高。如用平面光波二次相位调制法检测非球面镜的球面形变和表面粗糙度，球面形变测量精度为 ±0.05μm，表面粗糙度测量精度可达 ±0.005μm。

二、相干调相信号的检测方法

式（8-18）是调相信号检测的基本公式，在位移测量的情况下式（8-18）可写为

$$\frac{\mathrm{d}\varphi}{\mathrm{d}F}=\frac{2\pi n}{\lambda_0}\frac{\mathrm{d}L}{\mathrm{d}F} \tag{8-35}$$

对于相位测量，应在测量过程中保持折射率 n 恒定；光载波是稳频的单频光，即 λ_0 恒定；对光载波发光强度的稳定性要求并不十分严格，这是相位检测法的突出优点。为使 λ_0 恒定应采用稳频的激光器提供光载波，一般要求$\frac{\Delta\lambda}{\lambda}\leqslant 10^{-8}$。为使空气折射率恒定，则要求测量光环境和参考光环境一致，这时温度、气压、扰动、热胀系统等对折射率的影响最小，满足这一要求的干涉仪有米勒干涉仪和斐索干涉仪。

对相位 $\Delta\varphi$ 的检测要求是检测准确且稳定性好，可采用如下方法：

1. 电子鉴相法

鉴相法是一种相位检测的常用细分方法，这种方法的不确定度小，使用灵活、方便、集成度高，适合于激光干涉信号的相位检测。鉴相是在参考光和测量光之间进行的。由干涉原理可知，当被测物体产生位移时，测量光和参考光之间的相位差将随之按比例变化，只要精确测出参考光和测量光之间的相位差，就能精确得出光程差的变化量。

数字式鉴相有较高的分辨率，工作频率 1MHz 时，可达 0.1°的分辨率，但其响应速度较慢。锁相倍频法由于受到元器件等方面因素的限制，锁相倍频数难以做得很高（一般多采用 10 倍），因此，该种方法的鉴相分辨率不可能做得很高。模拟鉴相是将测量光信号和参考光信号之间的相位差转换成调宽脉冲信号，调宽脉冲信号的宽度代表了两个信号之间的相位差。将调宽脉冲信号通过低通滤波后，输出代表两信号的直流电压。鉴相器输出的是模拟信号，分辨率高，一般可达 $2\pi/1000$，但是鉴相范围较小（$\pm 2\pi$）。为了扩大量程，增大鉴相范围，经常先对干涉信号进行分频，然后再做相位检测。这种方法虽然可以扩大量程范围，但鉴相分辨率将随分频数的增加而降低，故可以采用将模拟鉴相与数字计数结合的模数混合鉴相器。在 $\pm 2\pi$ 范围内采用模拟鉴相，当鉴相范围超出 $\pm 2\pi$ 时，利用相位整数检测电路对超过的整数相位进行加减计数，从而保证了整个测量范围内都有很高的鉴相分辨率。相敏检波法和锁相倍频法见本书第五章第七节。

2. 光程差放大法

严格地讲，光程差放大法并不是光学相位检测的方法，它是提高光学相位检测和频率检测分辨率的一种方法。

在图 8-12a 所示的一种光程差放大原理图中，M_1 为测量反射镜。当 M_1 移动 $\lambda/2$ 时，由于配置了反射镜 M_2 使得入射光经过 M_1 反射到 M_2 上，再反射回来，将光程增大了一倍，所

以在分光板 B 上反生干涉时，相当于光程差变化了 λ，出现两个条纹变化，即干涉条纹频率增加 1 倍。如果将图 8-12a 的装置改成图 8-12b 的形式，又加进一个直角棱镜，使测量光束在 M_1 和 M_4 之间形成 K 次反射（K 为偶数），那么，棱镜 M_1 的移动，反映在 M_3 和 M_4 之间的干涉光程差是棱镜 M_1 移动距离的 K 倍，即当 M_1 移动的距离为 $\lambda/2K$ 时，干涉场就有一个条纹变化，使干涉条纹倍频了 K 倍。这种技术称为光程差放大技术。在这种光程差放大的布局中，M_2 对 M_1 平移错开的距离为 a/K（a 为棱镜底边长）。

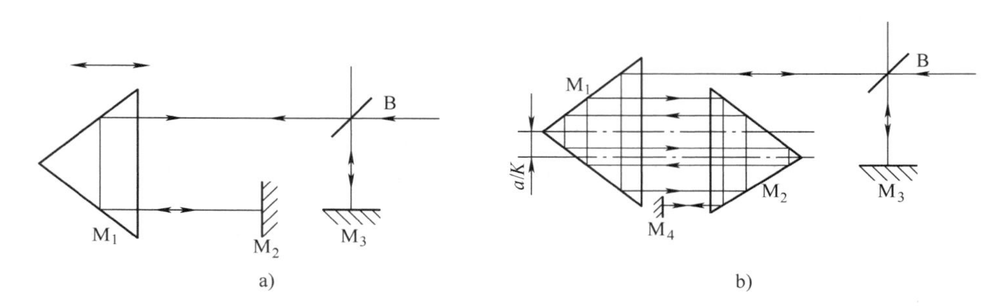

图 8-12　光程差放大原理图

3. 干涉条纹相位细分法

提高相位检测干涉仪的分辨率，除了采用光学倍频技术之外，还可利用干涉条纹的相位细分技术。可以将干涉条纹每变化一个级次，看作相位变化了 360°。从一个干涉条纹变化中得到多个计数脉冲的技术称为相位细分技术，相位细分的方法有机械相位细分、阶梯板相位细分、翼形板相位细分、金属膜相位细分和分偏振法相位细分等。

4. 干涉图分析法

由波面相位调制得到的相关干涉图是一组二维干涉图。这个经过干涉场得到的干涉图的形状是和被测表面的微细面形分布或透射介质的折射率分布相对应的，因此需要对干涉图进行分析，以获得被测物理量的信息。干涉图分析判读通常包括下面的过程：利用光电器件和扫描装置或摄像装置采集干涉场的发光强度分布；计算确定干涉图各处的条纹间距和走向；确定各坐标点处的相位值；判断相位的极性符号；对于确定的干涉系统计算干涉图对应的被测面形或折射率分布，如图 8-13 所示。

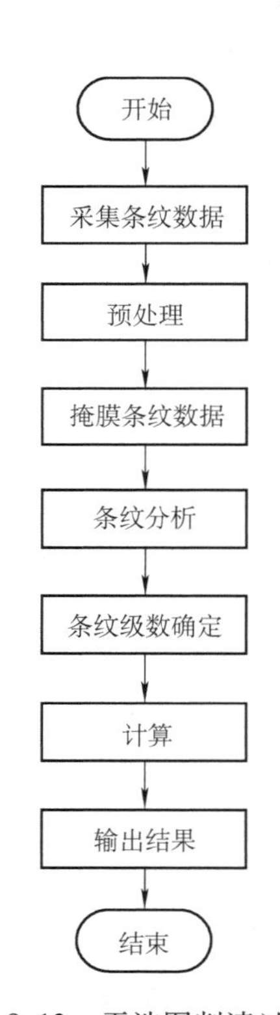

图 8-13　干涉图判读过程

常用的干涉图分析是将干涉图看成是明暗相间的条纹图样，利用常规的数字图像处理技术进行处理。基本的步骤是首先通过低频滤波消除相干噪声和进行照明背景的阴影补偿，取得振幅均匀的条纹信号。其次通过条纹边缘或峰值检测来确定条纹的中心分布和走向，称作条纹细化。然后计算条纹的间距和各点的相位值，并完成被测数值的最终计算，给出显示结果。

（1）条纹图像的预处理

条纹图像在传送和转换过程中会因引入噪声而造成图像降质。为了方便条纹提取，提高条纹图的质量，需要对降质的条纹图像进行改善处理，即预处理。其目的主要是减小噪声，提高条纹对比度。图像预处理的方法有两种：

第一种是图像增强技术。不考虑图像降质的原因，将图像中的有用信息有选择地突出，衰减不必要的信号，这种方法改善后的信号不一定和原图像一致。

第二种是图像复原技术。这种方法是根据图像降质的原因进行补偿，使之与原图像一致。

由于干涉图感兴趣的只是干涉条纹的图像，需要精确确定条纹的位置，因此通常采用条纹增强技术进行处理，包括灰度修正、平滑技术、锐化技术、图像滤波、几何校正、伪彩色处理等，应用这些技术可以有效地消除干涉条纹图像中的噪声。

（2）干涉条纹边缘检测

为了提取干涉条纹，需先对条纹边缘进行判断。从计算机视觉的角度对条纹边缘进行零交叉检测，确保干涉条纹的连续性和边缘平滑。由于干涉条纹边界是图像上灰度变化比较剧烈的地方，数学上用灰度的导数来刻划这些变化，因此边缘检测方法通常基于像素附近的数值导数，常用的是各种微分算子类边缘检测算子（如梯度算子、Sobel 算子、Prewitt 算子、Kirsh 算子、Laplacian 算子、Marr 算子、Canny 算子等）。

（3）条纹中心线的提取

提取条纹中心线（即条纹骨架）的过程包括两个步骤：提取条纹骨架和细化条纹骨架。通常采用的条纹骨架提取方法是在一个如图 8-14a 所示的 $n \times n$ 像素矩阵内局部实行二维峰值检测，分别在如图 8-14b 所示的四个方向上进行。当这四个方向中的任意两个或两个以上满足峰值条件时，就认为目标点是条纹骨架上的点。如果只考虑一个方向，许多不在条纹骨架上的点就可能被指定为骨架点，我们把这些点称为半骨架点。当提取出的条纹骨架点不连续时，就把这些半骨架点添加到骨架中去，使骨架完整。

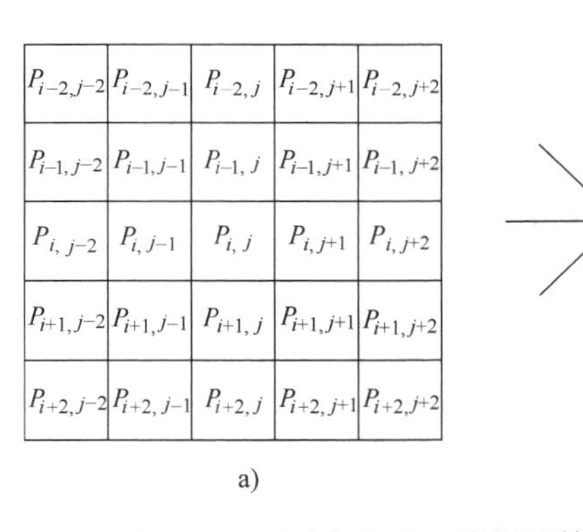

图 8-14　干涉条纹中心线提取算法

a）5×5 像素矩阵　b）峰值检测方向

许多情况下，前面所检测出来的条纹骨架非常宽，不能提取条纹中心线，必须对其进行细化。干涉条纹的细化问题在于解决骨架抽取，防止断点出现和剔除毛刺。大部分细化算法都是针对二值图像进行的，这样可以使处理简化、数据量小。有时为了在考虑灰度值信息的情况下对条纹进行细化，还采用八邻域填充和删除模板法，将条纹平滑和骨架抽取同时进行，来解决条纹提取中的分枝和断点问题。

第四节　相干信号的频率调制变换与外差检测

相干探测的另一主要方式是外差探测。外差探测在激光通信、雷达、测长、测速、测振、光谱学等方面有着广泛的应用。光外差探测的作用距离比直接探测的距离远，测量精度高。但是，外差探测对光源的相干性要求极高。由于受大气湍流等效应的影响，目前远距离外差探测在大气中应用受到限制，但在外层空间特别是卫星之间通信联系已到达实用阶段。

一、相干信号的频率调制变换

将被测信息载荷到相干载波的频率之中，这就是相干信号的频率调制变换。

为了形成外差检测的光频差，需要采用频率调制技术。根据光频差获得方式的不同，外差调频可以分为运动参量的频率调制、固定频移法频率调制和直接光频调制三种类型。

（一）运动参量的频率调制

用频率调制法对运动参量进行检测时，可用被测运动参量直接对参考光波的频率进行调制，形成与参考光有一定频差的信号光，这种频率调制方法称为参量调频法。

1. 光学多普勒效应和运动差频

运动物体能改变入射于其上光波频率的现象称作光学多普勒效应。对光学多普勒现象的分析表明：频率为f_0的单色光入射到以速度v运动的物体上，被物体散射的光波频率f_s会产生多普勒频移Δf，Δf与散射方向有关，其数值表示为

$$\Delta f = f_s - f_0 = \frac{1}{\lambda}[v(r_s - r_0)] \tag{8-36}$$

式中，v是物体运动速度矢量；$r_s - r_0$是散射接收方向r_s和光束入射方向r_0的单位矢量差，称作多普勒强度方向。

从式（8-36）可以看出，多普勒频移的大小等于散射物体的运动速度在多普勒强度方向上的分量和入射光波长的比值（见图8-15a）。当$r_s = -r_0$（见图8-15b）时，有$r_s - r_0 = -2r_0$，代入式（8-36）有

$$\Delta f = -\frac{2v}{\lambda}r_0 = \pm\frac{2|v|}{\lambda} \tag{8-37}$$

这就是迈克尔逊干涉仪用作速度测量时的情况。利用光学多普勒效应形成的运动频移可以测量物体的运动参数，包括位移、速度和加速度等，典型应用是激光多普勒速度计和流速计。

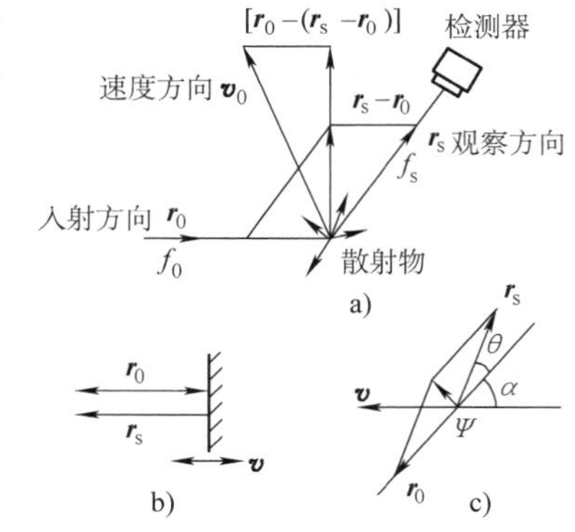

图8-15　光学多普勒效应示意图

一般情况下，若v和r_0的夹角为α，r_0和r_s的夹角为θ（见图8-15c），式（8-36）变为

$$\Delta f = \frac{2v}{\lambda}\sin\frac{\theta}{2}\sin\left(\alpha + \frac{\theta}{2}\right) \tag{8-38}$$

这是多普勒测速的基本公式。当r_0和r_s相对v对称布置并且满足$\alpha + \frac{\theta}{2} = 90°$时，式(8-38)变为简单的形式，即

$$\Delta f=\frac{2v}{\lambda}\sin\frac{\theta}{2}\tag{8-39}$$

或者

$$v=\frac{\Delta f\lambda}{2\sin\frac{\theta}{2}}\tag{8-40}$$

式（8-40）表示被测速度v和频差值Δf成正比。例如对于$\lambda=0.4880\mu m$的氩激光，当$\theta=8.5°$，被测流速$v=264m/s$时，$\Delta f=77MHz$。

多普勒测速的频率调制方式有以下三种：

（1）参考光束方式

如图8-16a所示，激光器发射的单色光经透镜分两路聚焦于流动颗粒P上。其中经反射镜M_2的光束未经颗粒散射，作为参考光束未发生频移直接入射到光电检测器上。透过半反射镜M_1的光束被颗粒散射，其中部分散射光载荷多普勒频移投射到光电检测器上。两束光经混频得到差频信号。为了保证两束光发光强度值匹配，参考光中用中性滤光片M_3调节。

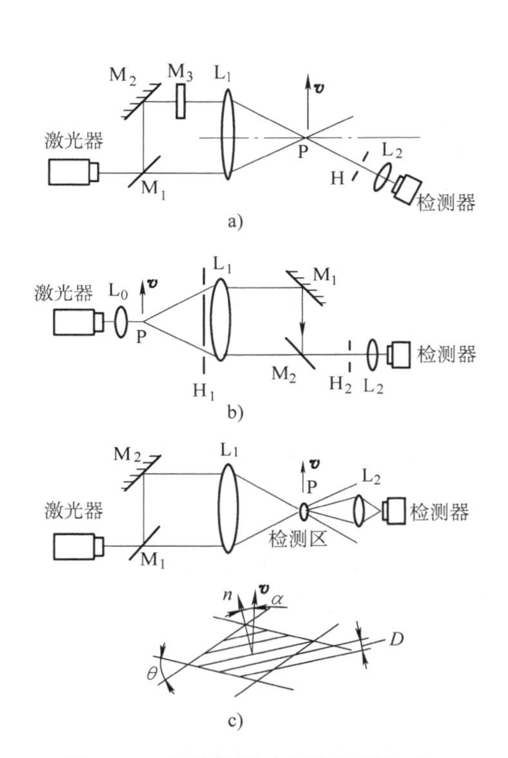

图8-16　多普勒测速频率调制方式

a）参考光束方式　b）对称互差方式

c）干涉条纹方式

（2）对称互差方式

在图8-16b的光路中，入射激光经透镜聚焦于被测颗粒P上。两束对称的散射光载荷两个对称方向的多普勒频移分别经反射镜和半反射镜后由光探测器外差接收。差频信号是由两束受不同方向多普勒运动调频的光波形成的，故称作对称互差方式。

（3）干涉条纹方式

图8-16c所示的光路中激光束经分束镜后分为两束等发光强度的平行光，由透镜会聚在测量场中。光束交叉的区域构成检测区，形成干涉条纹。条纹的形状是一组平行于入射光束角平分线的直线组，间距D是入射光束夹角θ的函数，即

$$D=\frac{\lambda}{2}\sin\frac{\theta}{2}\tag{8-41}$$

当运动颗粒与条纹法向成角通过检测区时，条纹图形将产生周期性变化，光检测器输出信号的频率与被测运动速度成正比。利用式（8-37）可得

$$f_d=\frac{v}{D}\cos\alpha=\frac{2v}{\lambda}\sin\frac{\theta}{2}\cos\alpha\tag{8-42}$$

利用上述三种调频方式可以形成许多实用的多普勒测速计。

2. 萨古纳克效应和转动差频

闭合光路的反向光路光程差随转速改变的现象称作萨古纳克效应，图8-17给出这一效

应的图解说明。可以看出，当光路以 Ω 顺时针转动时，从光路上一点 M 发出的顺时针光束 CW 在绕光路一周重新回到 M 点时要少走一段光程，而逆时针光束 CCW 却多走了一段光程，于是形成了光程差。这种光程差的量值很小，例如采用 $A=100\text{cm}^2$ 的环形光路对地球自转的速度为 $\Omega_{\text{E}}=7.3\times10^{-5}\text{rad/s}$，相应的 ΔL 仅为 10^{-11}mm。只有利用环形干涉仪或环形激光器才有可能通过检测双向光路的微小频差得到这一角速度。

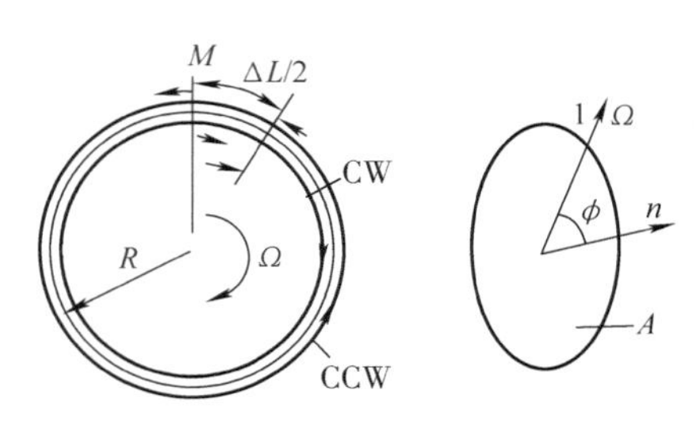

图 8-17　萨古纳克效应的转动光程差示意图

三个或三个以上反射镜组成的激光谐振腔使光路转折形成闭合环路，这种激光器称作环形激光器，如图 8-18 所示。在环形激光器中，激光束的基频纵模频率 $\nu_{00\text{q}}$ 可表示为

$$\nu_{00\text{q}}=q\frac{c}{L} \tag{8-43}$$

式中，c 为光速；L 为腔长；q 为正整数。

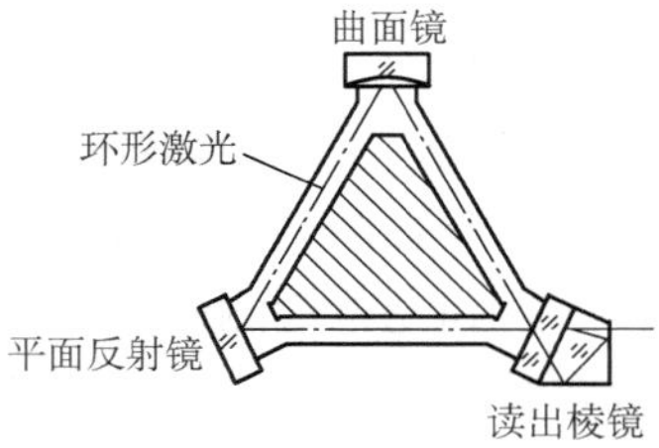

曲面镜
环形激光
平面反射镜
读出棱镜

图 8-18　环形激光器示意图

式（8-44）表明激光谐振腔长 L 和光频 ν 之间有比例关系，即

$$\frac{\Delta\nu}{\nu}=\frac{\Delta L}{L} \tag{8-44}$$

式中，$\Delta\nu$ 是与光程差 ΔL 对应的光频差，常用 Δf 表示，利用式（8-20）和式（8-44）可得

$$\Delta f=\frac{4A}{\lambda L}\Omega \tag{8-45}$$

式（8-45）即为环形激光器测量角速度的公式。为了计算实际转角 θ，可对光频差计数累加积分，其波数值 N 即为

$$N=\int_0^t\Delta f\text{d}t=\frac{4A}{\lambda L}\theta \tag{8-46}$$

这就是环形激光器的测角公式。

小型化的环形激光器及相应的光学差频检测装置组成的激光陀螺可以感知相对惯性空间的转动。在惯性导航中作为光学陀螺仪使用。此外，作为一种测角装置，它是一种以物理定律为基准的客观角度基准，有很高的测角分辨力。在 360°角度范围内有 0.05″～0.1″的测量精度。

（二）固定频移法频率调制

使用频移器件使参考光相对信号光形成一固定的频率偏移，或利用双频光源形成有一定频差的两束相干光束的频率调制方法称为固定频移法。用固定频移法可以获得本振光。

固定频差可以通过光学或光电子器件产生，通常有以下几种方法：

（1）塞曼效应激光频移

如图 8-19a 所示，利用永久磁铁或螺线管在氦－氖激光器中形成轴向磁场，它使单模激光分裂成左右圆偏振的两个分量。两偏振光存在频差，数值取决于外加磁场的强度和谐振腔的品质因数。通常，几个高斯的磁场可得到 2～3MHz 的频差。

（2）声光效应激光频移

如图8-19b所示，在声光器件中以频率为f的超声波交变信号激励换能器，在透明介质内形成折射率的周期变化。当激光平行于声光栅的栅线入射到介质内将产生0级和±1级衍射光。一级衍射光与零级衍射光频率相差$\pm f$，可分别作为参考光和信号光。声光偏频所需的控制功率较低，频差可达100MHz，变换效率为80%。

（3）旋转波片激光频移

如图8-19c所示，线偏振激光通过$\lambda/4$波片1后输出圆偏振光。再通过以Ω转动角频率旋转的半波片和固定的$\lambda/4$波片2，所输出的偏振光可得到2Ω的角频移。半波片转速由电动机控制，频差受限在2～3kHz，变换频率在90%以上。

（4）旋转光栅激光频移

如图8-19d所示，激光由透镜聚焦在衍射光栅盘的刻线上，透射光被光栅衍射分作0级和±1级衍射光。光栅盘由电动机带动旋转。若光栅上光点处的线速度为v，光栅刻线间距为d，则±1级衍射光将发生$\pm f=\nu/d$的频移。频移稳定性与转速有关。频差可达20MHz，变换效率一般为20%。

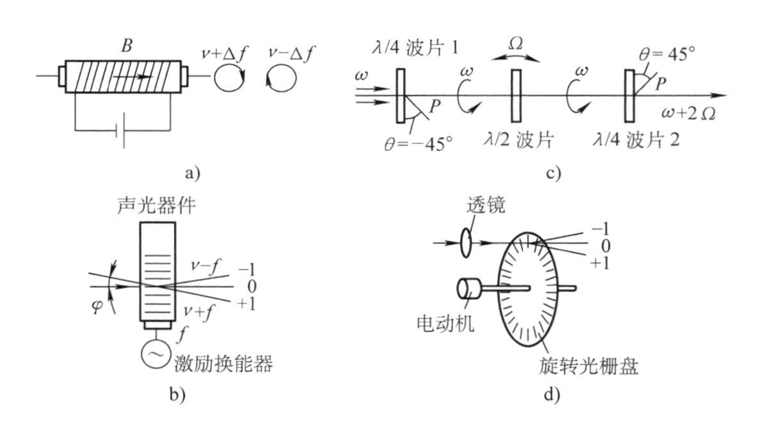

图8-19　固定频移的产生方式

a）塞曼效应　b）声光效应　c）旋转波片　d）旋转光栅

具有固定频移的外差检测装置要求有辅助的频移器或者能产生双频光的激光器以及附属的控制装置，这不仅增加了系统的复杂性，而且偏频的稳定性会直接影响测量精度的提高。

（三）直接光频调制

利用可进行频率调制的激光器（如半导体激光器）产生随时间变化的调频参考光束的频率调制方法称为直接调频法。

半导体激光器（LD）作为新型的相干光源，具有良好的工作特性。当注入电流改变时，激光器的振荡频率（或波长）能直接变化，因而可以实现直接光频调制。由波长-频率的关系

$$\lambda = c/\nu \tag{8-47}$$

可得

$$\Delta\nu = -\frac{c}{\lambda^2}\Delta\lambda = -\frac{c}{\lambda^2}\beta\Delta i = K_{\mathrm{m}}\Delta i \tag{8-48}$$

式中，K_m 称作电流频率调制系数，$K_m=-\frac{c}{\lambda^2}\beta$。

二、光学外差检测

光学外差检测是将包含有被测信息的相干光调制波和作为基准的本机振荡光波，在满足波前匹配条件下在光电探测器上进行光学混频。探测器的输出是频率为两光波光频差的拍频信号，该信号包含有调制信号的振幅、频率和相位特征。通过检测拍频信号能最终解调出被传送的信息。

1. 光学外差检测原理

光学外差检测的原理如图8-20所示。设入射信号光波的复振幅和参考光波的复振幅分别为

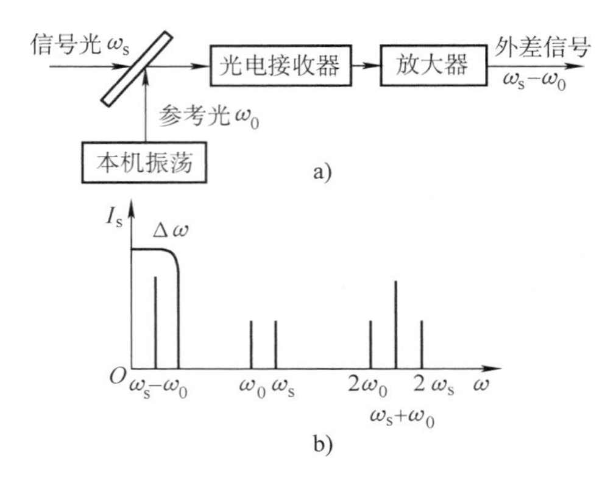

图8-20 光学外差探测原理

a）原理图 b）频谱分布图

$$\begin{cases} U_s(t)=a_s\sin(\omega_s t+\varphi_s) & (8\text{-}49) \\ U_0(t)=a_0\sin(\omega_0 t+\varphi_0) & (8\text{-}50) \end{cases}$$

式中，$\omega_s=2\pi\nu_s$ 和 $\omega_0=2\pi\nu_0$ 是两束光波的角频率；ν_s 和 ν_0 是对应的光波频率。

在光混频器上的输出发光强度为

$$\begin{aligned} I_{hs} &= S\,|U_s(t)+U_0(t)|^2 = S[U_s^2(t)+U_0^2(t)+2U_0(t)U_s(t)] \\ &= \frac{S}{2}\{a_s^2+a_0^2-a_s^2\cos(2\omega_s t+2\varphi_s)-a_0^2\cos(2\omega_0 t+2\varphi_0)- \\ &\quad 2a_0a_s\cos[(\omega_s+\omega_0)t+(\varphi_s+\varphi_0)]+2a_0a_s\cos[(\omega_s-\omega_0)t+(\varphi_s-\varphi_0)]\} \end{aligned} \tag{8-51}$$

式中，S 为探测器的光电灵敏度。

由式（8-51）可见，混频后的光电信号包含直流分量、二倍参考光频和二倍信号光频分量以及参考光和信号光的和频和差频分量。它们的频谱分布如图8-20b所示。其中的倍频项与和频项不能被光电器件接收，只有当 ω_0 和 ω_s 足够接近，使频差 $\Delta\omega=\omega_s-\omega_0$ 处于探测器的通频带范围内才能被响应。此时探测器的输出信号变成

$$I_{hs}=Sa_sa_0\cos(2\pi\Delta\nu t+\Delta\varphi) \tag{8-52}$$

式中，$\Delta\varphi$ 为双频光波的相位差，$\Delta\varphi=\varphi_s-\varphi_0$。

式（8-52）即为光学外差信号表达式。

在外差干涉信号中，参考光束（又称为本机振荡光束或简称本振光）是两相干光的振荡频率和相位的比较基准。信号光可以由本振光分束后经调制形成，也可以采用独立的相干光源保持与本振光波的频率跟踪和相位同步。前者多用于干涉测量，后者用于相干通信。不论哪种方式，由式（8-52）可知在保持本振光的 a_0、ν_0、φ_0 不变的前提下，外差信号的振幅 Sa_0a_s、频率 $\Delta\nu=\nu_s-\nu_0$ 和相位 $\Delta\varphi=\varphi_s-\varphi_0$ 可以表征信号光波的特征参量 a_s、ν_s 和 φ_s，也就是说外差信号能以时序电信号的形式反映相干场上各点处信号光波的波动性质。即使是信号光的参量受被测信息调制，外差信号也能无畸变地精确复制这些调制信号。这一点可以

用简单的调幅信号加以说明。设信号光振幅 a_s 受频谱如图 8-21a 中的调制信号 $F(t)$ 的调幅，则式（8-52）中的 $a_s(t)$ 为

$$a_s(t) = A_0[1 + F(t)] = A_0\left[1 + \sum_{n=1}^{M} m_n\cos(\Omega_n t + \varphi_n)\right] \tag{8-53}$$

式中，A_0 是调制信号的振幅；m_n、Ω_n 和 φ_n 分别是调制信号各频谱分量的调制度、角频率和相位。

将式（8-53）代入式（8-52）中，可得外差信号为

$$\begin{aligned} I_{hs} &= Sa_0A_0\left[1 + \sum_{n=1}^{M} m_n\cos(\Omega_n t + \varphi_n)\right]\cos(\Delta\omega t + \Delta\varphi) \\ &= Sa_0A_0\cos(\Delta\omega t + \Delta\varphi) + Sa_0A_0\sum_{n=1}^{M}\frac{m_n}{2}\cos[(\Delta\omega + \Omega_n)t + (\Delta\varphi + \varphi_n)] + \\ &\quad Sa_0A_0\sum_{n=1}^{M}\frac{m_n}{2}\cos[(\Delta\omega - \Omega_n)t + (\Delta\varphi - \varphi_n)] \end{aligned} \tag{8-54}$$

它的频谱分布如图 8-21b 所示。由图 8-21 及式（8-54）可见信号光波振幅上所载荷的调制信号以（$\Delta\omega + \Omega_n$）和（$\Delta\omega - \Omega_n$）双道形式转换到外差信号上去。对于其他调制方式也有类似的结果。这是直接探测所不可能达到的。

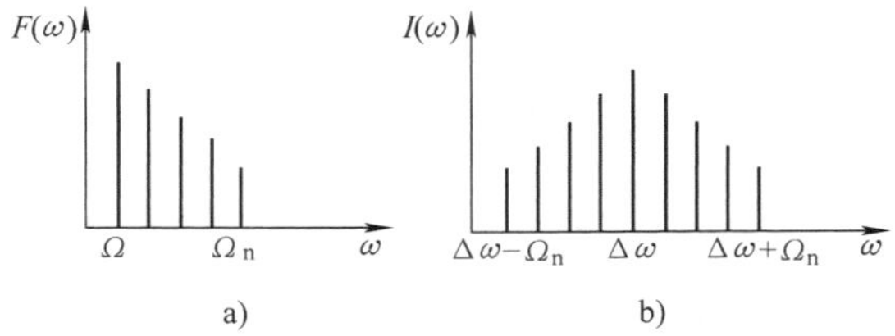

图 8-21　调幅信号及其外差信号的频谱变换
a）调幅信号频谱　b）相干探测后电信号频谱

在特殊的情况下，若使本振光频率和信号光频率相同，则式（8-54）变为

$$I_{hs} = Sa_sa_0\cos\Delta\varphi \tag{8-55}$$

式中，a_s 项也可以是调制信号。

例如在式（8-53）调幅波的情况下，由式（8-53）可得零差信号为

$$I_{hs} = Sa_0A_0\cos\Delta\varphi + Sa_0A_0\left[\sum_{n=1}^{M}\frac{m_n}{2}\cos(\Omega_n t + \varphi_n + \Delta\varphi) + \sum_{n=1}^{M}\frac{m_n}{2}\cos(\Omega_n t + \varphi_n - \Delta\varphi)\right] \tag{8-56}$$

简化计算，令 $\Delta\varphi = 0$，则

$$I_{hs} = Sa_0A_0\left[1 + \sum_{n=1}^{M} m_n\cos(\Omega_n t + \varphi_n)\right] \tag{8-57}$$

这表明零差探测能无畸变地获得信号的原形，只是包含了本振光振幅的影响。此外，在信号光不做调制时，零差信号只反映相干光振幅和相位的变化而不能反映频率的变化，这就是单一频率双光束干涉相位调制形成稳定干涉条纹的工作状态。

2. 光学外差检测的特性

光外差干涉测量具有以下优点：

1）探测能力强。光波的振幅、相位及频率的变化都会引起光电探测器的输出，因此外差探测不仅能够检测出振幅和强度调制的光波信号，而且可以检测出相位和频率调制的光波信号，是测试光波动性的一种非常有效的方法。

2）转换增益高。外差探测时经光电接收器输出的电流幅值 I_{hsm} 为

$$I_{hsm} = Sa_0 a_s = 2S\sqrt{P_0 P_s} \tag{8-58}$$

式中，P_s 和 P_0 分别是信号光和本振光的功率。

在同样信号光功率 P_s 条件下，外差探测与直接探测所得到的信号功率比为

$$G = \frac{I_{hs}^2}{I_{ds}^2} = \frac{4S^2 P_s P_0}{S^2 P_s^2} = \frac{4P_0}{P_s} \tag{8-59}$$

式中，G 称为转换增益。

相干探测中本振光的功率 P_0 远大于接收到的信号光功率 P_s，通常高几个数量级，因此 G 可高达 $10^7 \sim 10^8$ 数量级。

3）信噪比高。由式（8-58）可知，外差信号电流均方功率为

$$\bar{I}_{hs}^2 = 2\left(\frac{\eta q}{h\nu}\right)^2 P_s P_0 \tag{8-60}$$

对于受限于散粒噪声的检测器，$P_0 >> P_s$，噪声的均方功率为

$$\bar{I}_N^2 = 2q\Delta f\left(\frac{\eta q}{h\nu}\right)P_0 \tag{8-61}$$

因此，外差探测的信噪比 SNR_h 为

$$SNR_h = \frac{\bar{I}_{hs}^2}{\bar{I}_N^2} = \frac{\eta P_s}{h\nu\Delta f} \tag{8-62}$$

最小可测入射功率 P_{hmin} 可计算为

$$P_{hmin} = \frac{h\nu}{\eta}\Delta f \tag{8-63}$$

与直接探测相比，有

$$\frac{P_{dmin}}{P_{hmin}} = 2\left(\frac{I_d}{\Delta f q}\right)^{1/2} \tag{8-64}$$

通常情况下，$P_{hmin} << P_{dmin}$。这表明外差探测可以检测到更小的入射功率，因此有利于弱光信号的检测。

4）滤波性好。为了形成外差信号，要求信号光和本振光空间方向严格对准。而背景光入射方向是杂乱的，偏振方向不确定，不能满足空间调准要求，不能形成有效的外差信号。因此外差探测能够滤除背景光，有较强的空间滤波能力。

另一方面，只要两束相干光波频率是稳定的，当检测通道的通频带刚好覆盖有用外差信号的频谱范围时，则在此通频带外的杂散光即使形成拍频信号也将被滤掉。因此光学外差探测系统也具有良好的光谱滤波性能。

如果取差频信号宽度 $(\omega_s - \omega_0)/(2\pi)$ 为探测器后面放大器的通频带 Δf，即 $\Delta f = (\omega_s - \omega_0)/(2\pi) = f_s - f_0$，那么只有与本振光混频后外差信号的带宽落在此频带内所对应的杂散光才可以进入系统。其他杂散光所形成的噪声均被放大器滤除掉。

5）稳定性和可靠性高。外差信号通常是交变的射频或中频信号，并且多采用频率和相位调制，即使被测参量为零，载波信号仍保持稳定的幅度。对这种交流的测量系统，系统直流分量的漂移和光信号幅度的涨落不直接影响检测性能，能稳定可靠地工作。

3. 光学外差检测的条件

（1）光学外差检测的空间条件

在前面一节中，我们曾假设信号光束和本振光束重合并垂直入射到光混频器表面上，也就是信号光和本振光的波前在光混频器表面上保持相同的相位关系，并根据这个条件导出了通过带通滤波器的瞬时中频电流。由于光辐射的波长比光混频器的尺寸小得多，实际上光混频是在一个个小面积元上发生的，即总的中频电流等于光混频器表面上每一微分面积元所产生的微分中频电流之和。很显然，只有当这些微分中频电流保持恒定的相位关系时，总的中频电流才会达到最大值。这就要求信号光和本振光的波前必须重合，也就是说，必须保持信号光和本振光在空间上的角准直。

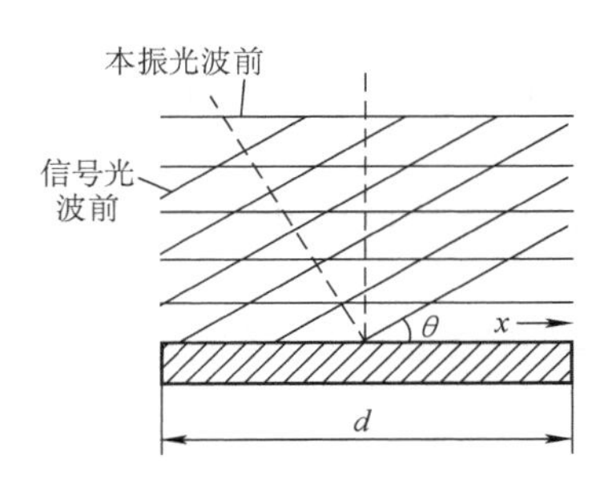

图 8-22　光学外差检测的空间关系

为了研究两光束波前不重合对外差探测的影响，假设信号光和本振光都是平面波。如图 8-22 所示，信号光波前和本振光波前有一夹角 θ。为了简单起见，假定光混频器的光敏面是边长为 d 的正方形。在分析中，假定本振光垂直入射，因此，可令本振光电场为

$$U_0(t) = a_0\cos(\omega_0 t + \varphi_0) \tag{8-65}$$

由于信号光与本振光波前有一失配角 θ，故信号光斜射到光混频器表面，同一波前到达混频器光敏面的时间不同，可等效于在 x 方向以速度 v_x 行进，所以在光混频器光敏面不同点处形成波前相差，故可将信号光电场写为

$$U_s(t) = a_s\cos\left(\omega_s t + \varphi_s - \frac{2\pi\sin\theta}{\lambda_s}x\right) \tag{8-66}$$

式中，λ_s 是信号光波长。

令 $\beta_1 = \dfrac{2\pi\sin\theta}{\lambda_s}$，则式（8-66）写为

$$U_s(t) = a_s\cos(\omega_s t + \varphi_s - \beta_1 x) \tag{8-67}$$

入射到光混频器表面的总电场为

$$U_t(t) = U_s(t) + U_0(t) \tag{8-68}$$

于是光混频器输出的瞬时光电流为

$$i_P(t) = S\int_{-\frac{d}{2}}^{\frac{d}{2}}\int_{-\frac{d}{2}}^{\frac{d}{2}}\left[a_s\cos(\omega_s t + \varphi_s - \frac{2\pi\sin\theta}{\lambda_s}x) + a_0\cos(\omega_0 t + \varphi_0)\right]^2\mathrm{d}x\mathrm{d}y \tag{8-69}$$

经中频滤波器后输出瞬时中频电流为

$$i_{IF}(t) = S\int_{-\frac{d}{2}}^{\frac{d}{2}}\int_{-\frac{d}{2}}^{\frac{d}{2}}\left\{a_s a_0\cos\left[(\omega_0 - \omega_s)t + (\varphi_0 - \varphi_s) + \frac{2\pi\sin\theta}{\lambda_s}x)\right]\right\}\mathrm{d}x\mathrm{d}y \tag{8-70}$$

令 $\beta_1 = \dfrac{2\pi\sin\theta}{\lambda_s}$，求式（8-70）的积分，得

$$i_{IF}(t) = S\int_{-\frac{d}{2}}^{\frac{d}{2}}\int_{-\frac{d}{2}}^{\frac{d}{2}}\{a_s a_0\cos[(\omega_0 - \omega_s)t + (\varphi_0 - \varphi_s) + \beta_1 x)]\}\mathrm{d}x\mathrm{d}y \tag{8-71}$$

$$i_{IF} = Sd^2 a_s a_0\cos[(\omega_0 - \omega_s)t + (\varphi_0 - \varphi_s)]\,\mathrm{sinc}\,\frac{d\beta_1}{2} \tag{8-72}$$

式中，S 是光电灵敏度。

由于$\beta_1=\dfrac{2\pi\sin\theta}{\lambda_s}$，因此瞬时中频电流的大小与失配角 θ 有关。显然当式（8-72）中的因子 $\mathrm{sinc}\,\dfrac{d\beta_1}{2}=1$ 时，瞬时中频电流达到最大值，此时要求$\dfrac{d\beta_1}{2}=0$，也就是失配角 $\theta=0$。

但是实际中 θ 角很难调整到零。为了得到尽可能大的中频输出，总是希望因子 $\mathrm{sinc}\,\dfrac{d\beta_1}{2}$ 尽可能接近于1，要满足这一条件，只有$\dfrac{d\beta_1}{2}\ll 1$，因此有

$$\sin\theta \ll \frac{\lambda_s}{\pi d} \tag{8-73}$$

失配角 θ 与信号光波长 λ_s 成正比，与光混频器的尺寸 d 成反比，即波长越长，光电混频器尺寸越小，则所容许的失配角就越大。例如光电混频器的尺寸 d 为1mm，当 $\lambda_s=0.63\mu m$ 时，$\theta\ll 41''$；当 $\lambda_s=10.6\mu m$ 时，$\theta\ll 11'36''$。因此，外差探测的空间准直要求是十分苛刻的。波长越短，空间准直要求也越苛刻。也正是这一严格的空间准直要求，使得外差探测具有很好的空间滤波性能。

（2）光学外差检测的频率条件

光外差探测除了要求信号光和本振光必须保持空间准直、共轴以外，还要求两者具有高度的单色性和频率稳定度。从物理光学的观点来看，光外差探测是两束光波叠加后产生干涉的结果。显然，这种干涉取决于信号光和本振光的单色性。一般情况下，为了获得单色性好的激光输出，必须选用单纵模运转的激光器作为光外差探测的光源。

信号光和本振光的频率漂移如不能限制在一定的范围内，则光外差探测系统的性能就会变坏。这是因为如果信号光和本振光的频率相对漂移很大，两者频率之差就有可能大大超过中频滤波器带宽，因此，光混频器之后的前置放大和中频放大电路对中频信号不能正常地加以放大。所以，在光外差探测中，需要采用专门措施稳定信号光和本振光的频率和相位。通常两束光取自同一激光器，通过频率偏移取得本振光，而信号光用调制的方法得到。

（3）光学外差检测的偏振条件

在光混频器上要求信号光与本振光的偏振方向一致，这样两束光才能按光束叠加规律进行合成。一般情况下都是通过在光电接收器的前面放置检偏器来实现的。分别让两束信号中偏振方向与检偏器透光方向相同的信号通过，以此来获得两束偏振方向相同的光信号。

4. 光学外差检测方法

（1）零差检测

参量调频中，通过检测差频信号的频率或相位可以测定被测参量值。这种方式当参考光没有频移而被测参量为零时光频差为零，故又称为零差检测，零差检测的信号流程如图8-23所示。

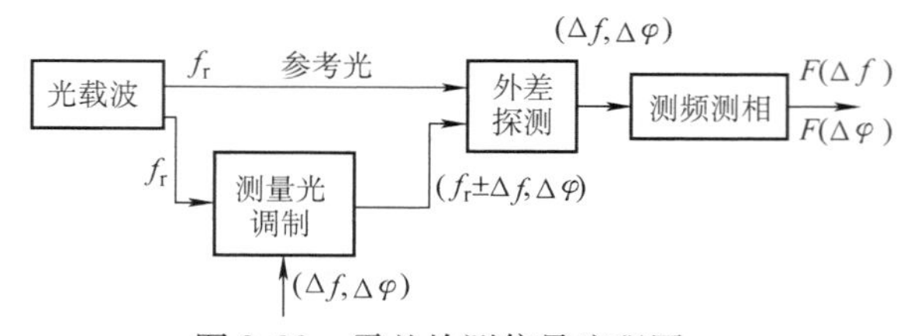

图8-23　零差检测信号流程图

对利用光学多普勒效应形成的运动频移进行差频检测，可以测量物体的运

动参数，最典型的应用就是激光多普勒速度计和流速计。当激光束照射流动的散射粒子时，被运动粒子散射的激光受粒子流动速度的频率调制，得到如式（8-37）的运动频移。为检测光学差频数值，可利用光学外差法将散射前后或不同散射方向的激光在光电检测器上混频，以获得与运动速度有关的拍频信号。这种利用光学多普勒效应和光学外差技术的测速装置称为激光多普勒测速仪。

1）多普勒测速仪的工作原理。

多普勒测速信号是一个随被测颗粒进入光束照明区而断续出现的夹有激光相干噪声的调幅调频波，有相当宽的频谱分布。它的幅度调制反映了照明激光束的径向发光强度高斯分布，频率调制的特征反映了被测颗粒速度的变化。为了消除直流发光强度分量、高斯噪声和钟形调幅包络线的影响，在只用单一接收器的情况下需要进行高频和低频滤波。在许多场合常采用差分接收。

图8-24a给出了用差分检测的多普勒信号接收系统示意图。图中，线偏振光经沃拉斯顿棱镜W分成两束正交的线偏振光，这两束光经物镜 L_1 后交叉会聚形成检测区。被测散射颗粒的运动速度为 v，它使检测区内两束偏振光 Φ_1 和 Φ_2 的角频率分别发生 $\Delta\omega_1$ 和 $\Delta\omega_2$ 的变化，同时杂乱地改变了它们的偏振方向。随后，出射光被半反半透镜H分束后，分别通过检偏器 P_1 和 P_2，检偏器的偏振面分别与发自光源的偏振光垂直和平行，两束调频光分别由探测器 VD_1 和 VD_2 接收。

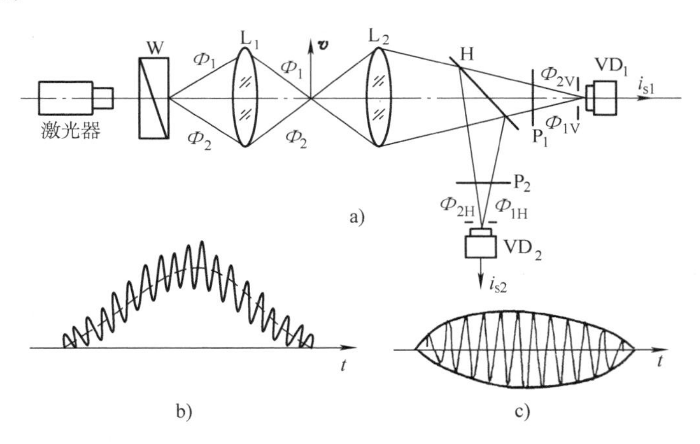

图8-24　差分检测的多普勒测速仪系统

a）原理示意图　b）多普勒信号　c）差分接收信号

设进入 VD_1 的两束垂直偏振光波 Φ_{1V}、Φ_{2V} 和进入 VD_2 的两束平行偏振光波 Φ_{1H}、Φ_{2H} 的复振幅分别为

$$\begin{cases}\Phi_{1V} = \Phi_{1H} = a_1(t)\exp[-j(\omega_0 + \Delta\omega_1)t] \\ \Phi_{2V} = \Phi_{2H} = a_2(t)\exp[-j(\omega_0 + \Delta\omega_2)t]\end{cases} \tag{8-74}$$

式中，$\Delta\omega_1 = k_1 v$ 和 $\Delta\omega_2 = k_2 v$ 分别为两束入射光的多普勒角频移；k_1 和 k_2 为比例因子。

同一方向偏振光在光电检测器上混频得到外差输出信号，分别为

$$i_{s1} = S[a_1^2(t) + a_2^2(t) + 2a_1(t)a_2(t)\cos(\Delta\omega_d t)] \tag{8-75}$$

$$i_{s2} = S[a_1^2(t) + a_2^2(t) - 2a_1(t)a_2(t)\cos(\Delta\omega_d t)] \tag{8-76}$$

式中，S 是光电检测器的灵敏度；$\Delta\omega_d$ 是两束光多普勒运动角频移的差值，表示为

$$\Delta\omega_d = \Delta\omega_1 - \Delta\omega_2 = (k_1 - k_2)v \tag{8-77}$$

把式（8-75）和式（8-76）的两个输出信号 i_{s1} 和 i_{s2} 进行差分放大，并考虑到两束正交偏振光的极性，差分放大输出电流为

$$\Delta i = i_{s1} - i_{s2} = 4Sa_1(t)a_2(t)\cos(\Delta\omega_d t) \tag{8-78}$$

检测出 Δi 便可测得 $\Delta\omega_d$，进而测得速度 v。信号波形如图 8-24b 和图 8-24c 所示。可以看出，通过差分接收使复杂的信号波形得到简化，同时保持了原有的频率特征。

2）多普勒调频信号的频差检测

通常采用多通道或扫描滤波型频谱分析仪、信号周期测量或波形计数以及相关测量的方法进行信号的频率分析。其中最典型的方法是利用频率跟踪器。

图 8-25 给出了利用频率跟踪器检测和处理多普勒信号的电子系统示意图。受频率调制的光波在检测器中进行光混频后，拍频信号经前置宽带放大器形成具有一定强度的多普勒信号 f_D。在混频器中和来自压控振荡器的本机振荡信号 f_L 相混频，得到的外差信号 $f_D - f_L$，再经中频滤波器选频，消除噪声并取其差频送到限幅器以去掉幅度调制和消除放大倍率的波动影响。限幅器的方波输出进入鉴频器，它和中频滤波器均调谐在相同的频率 f_0 上。此直流信号用积分器加以滤波，通过直流放大器反馈控制压控振荡器，形成频率跟踪闭环回路。当系统平衡时，有

$$f_D - f_L = f_0$$

或

$$f_D = f_L + f_0 \tag{8-79}$$

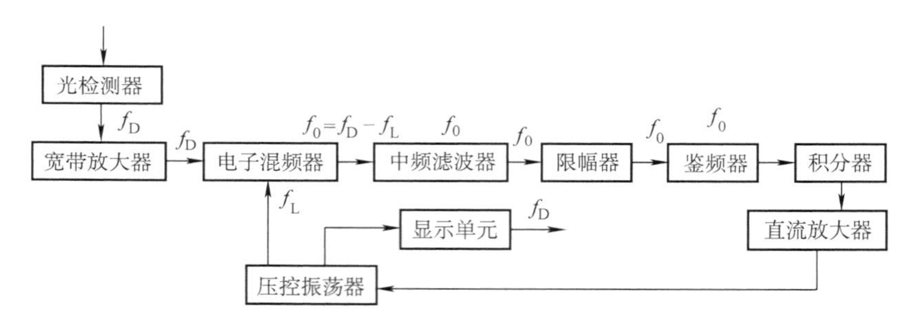

图 8-25　利用频率跟踪器检测和处理多普勒信号的电子系统示意图

式（8-79）表示，当实现频率跟踪后，压控振荡器的输出频率 f_L 被锁定在多普勒信号上，相差一个固定的值 f_0，测定该频率值 f_L，由此可计算和显示出被测流体的速度平均值或速度的变化。

由于频率接收器只接收中心频率在多普勒信号上一定带宽内的噪声，因此能较好地抑制背景噪声。此外，对多普勒频率的调制深度要求不高，在信噪比较低时也能工作，可在较大的范围（如 15MHz）内对变化的速度进行跟踪。

（2）双频干涉和外差平面干涉法

利用固定频移法进行调频时，被测信号对其中一束光波进行调频或调相，通过检测差频信号可以测定被测参量值。这种方法又称为光学超外差，信号流程如图 8-26 所示。

利用固定频移进行外差检测的典型应用是双频激光干涉仪，它的原理如图 8-27 所示。

双频激光装置 L 产生频率相差几兆赫兹的两种频率的激光 f_1 和 f_2，它们在基准光束分光镜 M_1 上分作两束。其中反射光中的 f_1 和 f_2 在光电检测器 PD_1 上混频得到两光频的差频信号作为参考信号。而透射光被偏振分光镜 M_2 反射，反射光经滤光片 F_2 得到频率为 f_2 的单频激光，它由参考用角反射镜 M_3 反射后成为干涉仪的参考光束。透过 M_2 的光束经过滤光片后得到频率为 f_1 的单频激光，经测量用角反射镜 M_4 的反射，附加了镜面运动引起的多普勒频移 Δf，以 $f_1 \pm \Delta f$ 的光频在光电检测器 PD_2 中和参考光频 f_2 相混频，得到光学差频信号 $f_2 - (f_1 \pm \Delta f) = (f_2 - f_1) \pm \Delta f$。这相当于多普勒频移 Δf 对光学差频（$f_2 - f_1$）的频率调制。将 PD_1 和 PD_2 中检测到的两路外差信号经过电信号混频或做频率计数相减运算，即可得到表征物体运动速度的光学差频信号 Δf，并有

$$\Delta f = \pm \frac{2}{\lambda} v \tag{8-80}$$

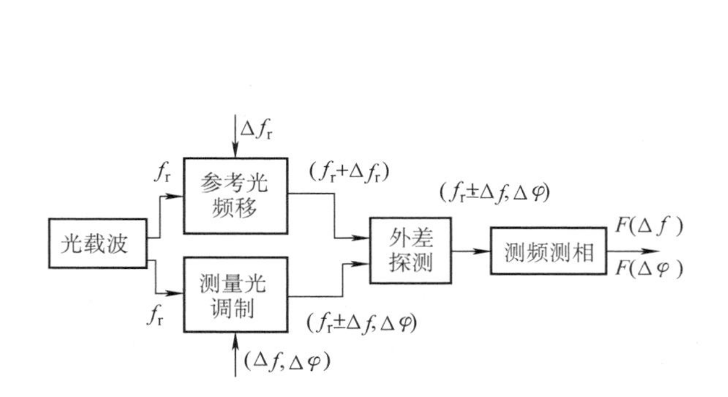

图 8-26　光学超外差探测信号流程图

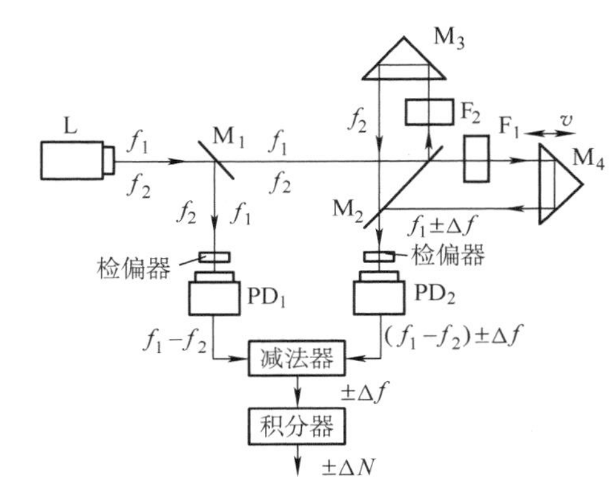

图 8-27　双频激光干涉仪原理

若用积分器累加差频信号的相位变化或者对差频信号的波数 N 计数，可得

$$N = \int_0^t \Delta f \mathrm{d}t = \int_0^t \frac{2v}{\lambda} \mathrm{d}t = \frac{2}{\lambda} \int_0^t v \mathrm{d}t = \frac{2}{\lambda} L \tag{8-81}$$

式中，L 为物体运动的位移，$L = \int_0^t v \mathrm{d}t$。

于是有

$$L = \frac{\lambda}{2} N \tag{8-82}$$

这就是双频激光干涉测量装置的测量公式。该系统的优点是整个系统的信号是在固定频率偏差 $f_2 - f_1$ 的状态下工作的，克服了普通干涉仪中采用直流零频系统所固有的复杂通道耦合、长期工作漂移等不稳定因素，提高了测量精度和对环境条件的适应能力。通常，在频差为 10～50MHz、激光稳频精度为 10^{-8} 时，能得到 0.05μm 的测长精度。

利用固定频率偏移的方法与波面相位调制相结合，使被测的反射波面各点处分别形成不同的差频信号，通过外差检测可以得到二维波面的相位分布图，图 8-28 是一种改进的泰曼－格林干涉仪平面外差干涉法的示意图，图中的干涉条纹是由两束频率稍有差别的光束形成的。在参考光路中放入一个频移器，由激光器产生的单频光束经过频移器后，角频率从原来的 $\omega_0 = 2\pi f_0$ 偏移了 $2\omega = 2(2\pi\ \Delta f)$ 角频率。此时干涉图样上任意点 x 处的光波复振幅可表

示为

$$U(x,t) = a_0(x)\exp[\mathrm{j}(\omega_0 t + \varphi_0(x)] + a_\mathrm{r}\exp\{\mathrm{j}[(\omega_0 + 2\omega)t + \varphi_\mathrm{r}]\} \tag{8-83}$$

式中，$a_0(x)$和$\varphi_0(x)$是测量光束各点处的光波振幅和相位；a_r 和 φ_r 是参考光束的振幅和相位，它们在相干平面上是均匀的。

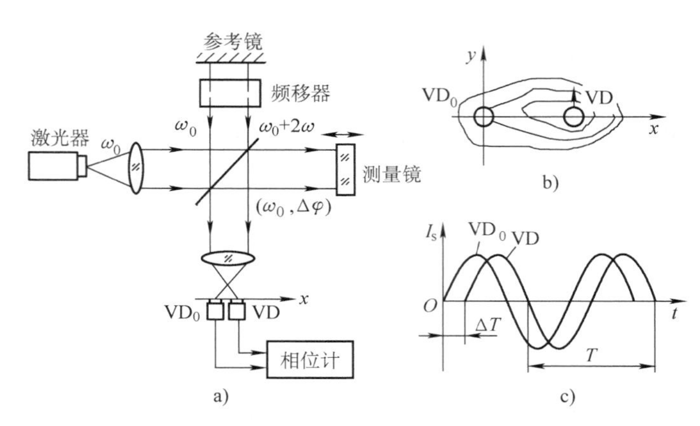

图8-28 改进的泰曼-格林干涉仪平面外差干涉法的示意图

a）原理示意图 b）探测器位置 c）波形图

在干涉平面上各点处的发光强度为

$$I(x,t) = |U(x,t)|^2 = a_0^2(x) + a_\mathrm{r}^2 + 2a_0(x)a_\mathrm{r}\cos[2\omega t + \varphi_\mathrm{r} - \varphi_0(x)] \tag{8-84}$$

从式（8-84）中可以看出，干涉平面上各点处的合成发光强度是以测量光和参考光的光频差$2\Delta f$为频率，按正弦规律随时间变化的。其中，$\varphi_\mathrm{r}-\varphi_0(x)$是两光束在没有频偏时稳定干涉条纹的空间相位，而在外差干涉仪中则转换成为时序信号的相位差。这样，在x点处放置光电检测器件就可以将光的波动转换为交变的电信号，该电信号具有$2\Delta f$的波动频率和$\varphi_\mathrm{r}-\varphi_0(x)$的初始相位。为了比较不同位置上的相位差，可选取$x=x_0$处为相位基准点，利用两个光电检测器同时测量差频信号，两个探测器在干涉图像平面上的位置如图8-28b所示，探测器的输出波形如图8-28c所示。设被测信号相对参考信号的时间延迟为ΔT，信号周期为T，则相位差为

$$\varphi_0(x) - \varphi_0(x_0) = 2\pi\Delta T/T \tag{8-85}$$

用光电检测器件拾取整个干涉场的信息，测量出各点处的相位即得到被测波面的相位分布$\varphi_0(x)$，进而能够换算出被测物体的表面形状。

外差平面干涉法具有很高的相位测量精度（$\lambda/1000\sim\lambda/100$）和空间分辨力（100线对/mm）。特别重要的是外差干涉法在原理上不是取决于两相干光束的强度而只是利用它们的相位关系。因此，相干发光强度的时间和空间变化不会影响测量结果。此外，频移装置造成光频偏移的波动对两束光的影响是相同的，不会引起相对相位的变化，这就为高精度测量提供了可靠的保证。外差干涉法在高质量光学元件的检查、干涉显微镜测量以及利用波面相位进行测量的光学系统中都获得了广泛的应用，是现代光电测量技术的重要方向。

（3）直接调频干涉测量法

在直接调频法中，被测参量对其中一束光波做二次调制，检测外差信号可解调出被测参

量值，信号流程如图 8-29 所示。具体方法有如下几种：

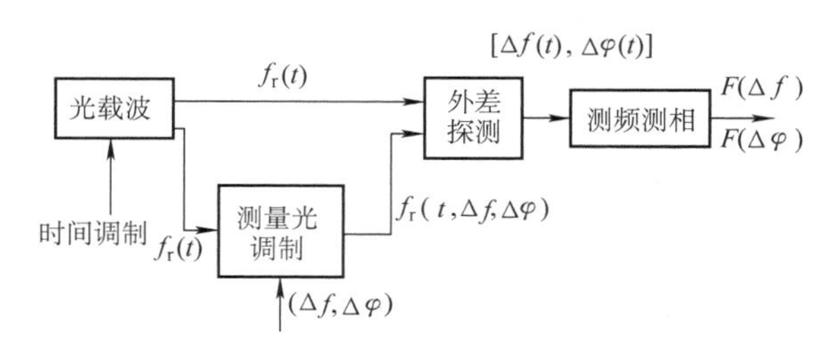

图 8-29　直接光频率调制信号流程图

1）直接调频法。

图 8-30 给出了直接调频的迈克尔逊干涉仪的基本组成和工作原理。由 LD 激光器产生的单模激光波长为 λ_0、频率为 ν_0。通过物镜准直后经光学隔离器引入干涉仪中。设参考光路长度为 L_r，被测光路长度为 L_s，光程差为 ΔL，则两束光波的相位差 φ_0 为

$$\varphi_0 = 2\pi\Delta L/\lambda_0 = 2\pi n\nu_0\Delta L/c = 2m\pi + \varphi \tag{8-86}$$

式中，$\Delta L = L_s - L_r$，φ 为半波长以下小位移时对应的相位角。

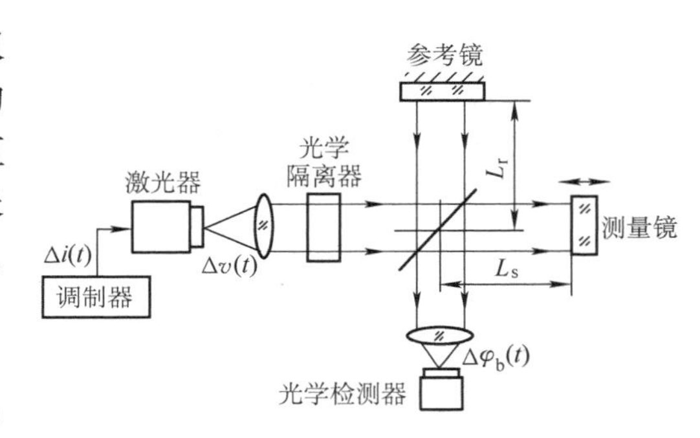

图 8-30　直接调频的迈克尔逊干涉仪的基本组成和工作原理图

被测量 ΔF 引起的相位角变化为

$$\Delta\varphi = \frac{2\pi}{c}\left(\nu_0\Delta L\frac{\partial n}{\partial F}\Delta F + n\Delta L\frac{\partial \nu_0}{\partial F}\Delta F + n\nu_0\frac{\partial \Delta L}{\partial F}\Delta F\right) \tag{8-87}$$

式（8-87）中第二项表示了光频改变 $\Delta\nu_0$ 对相位 $\Delta\varphi$ 的影响。这样当保持 LD 的温度不变，注入电流改变 $\Delta i(t)$，光频变化 $\Delta\nu(t)$ 时，引起两相干光的附加相位偏移 $\Delta\varphi_b(t)$ 为

$$\Delta\varphi_b(t) = 2\pi n\Delta\nu(t)L/c \tag{8-88}$$

此时，光电检测器的光电流为

$$i_s(t) = I_0 + i_m(t) = I_0\{1 + \gamma\cos[\varphi + \Delta\varphi_b(t)]\} \tag{8-89}$$

式中，I_0 为信号直流分量；γ 为交流分量幅值 i_m 与直流分量 I_0 的比值，即 $\gamma = i_m/I_0$。

由式（8-88）和式（8-89）可以看出，直接调频法使合成发光强度以及相应光电信号的相位随光频变化的规律进行调制，与相幅变换相比可以称作频相变换。此时，即使被测波面不随时间改变，干涉信号也将随时间改变。这样，只要测量出时间信号的相位值即可由式（8-89）求解出被测变量。

2）双频切换干涉法。

图 8-31 是采用马赫－泽德干涉仪的双频切换干涉法原理图。在波长为 857nm 的激光器中注入方形波电流对激光器做时间调制，使照明激光频率交替改变，附加相位移周期性地变为 0 或 $\pi/2$。这时，由式（8-89）的交变分量中能得到与 $\cos(\varphi+\Delta\varphi)$ 和 $\sin(\varphi+\Delta\varphi)$ 成比例的输出电流 i_{mc} 和 i_{ms}。两个取样放大器分别取样出光电检测器的输出电流，利用相位比较器

取它们的比值，可计算出被测相位 $\varphi+\Delta\varphi$ 为

$$\varphi+\Delta\varphi=\arctan\left[\frac{\cos(\varphi+\Delta\varphi)}{\sin(\varphi+\Delta\varphi)}\right]=\arctan\left(\frac{i_{ms}}{i_{mc}}\right) \tag{8-90}$$

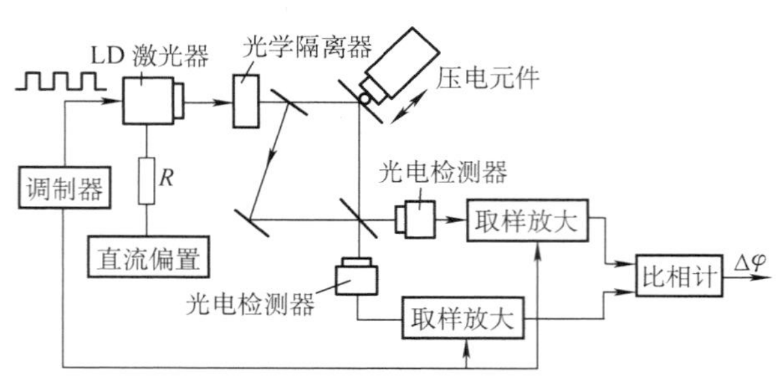

图 8-31 双频切换干涉法原理图

该系统可检测反射镜的振动（图中由压电晶体驱动）和位移。对 1kHz 的振动，振动相位的测量灵敏度为 5×10^{-5}rad/Hz。检测电路带宽为 1Hz 时，位移测量灵敏度为 7×10^{-6}。

3）线性扫描调频干涉法。

在泰曼－格林型干涉仪中，使半导体激光器的注入电流随时间成比例变化，有

$$\Delta i=\alpha t \tag{8-91}$$

将式（8-91）代入式（8-49）和式（8-89）得到相干光的调制相位 $\Delta\varphi_L$ 为

$$\Delta\varphi_L(t)=\frac{2\pi nL}{c}K_m\alpha t=K_L t \tag{8-92}$$

式中，K_L 为比例常数，$K_L=\frac{2\pi nL}{c}K_m\alpha$。

将式（8-92）代入式（8-89）可得

$$i_s(t)=I_0[1+\gamma\cos(\varphi+K_L t)] \tag{8-93}$$

从式（8-93）可以看出，输出光电流按正弦规律变化。调制信号的频率为 $f_L=\frac{nL}{c}K_m\alpha$。若检测到相干平面各点处信号的初始相位即可确定波面的相位分布。

图 8-32a 给出了利用线性扫描调制法的干涉仪示意图。采用三角形波的注入电流，使干

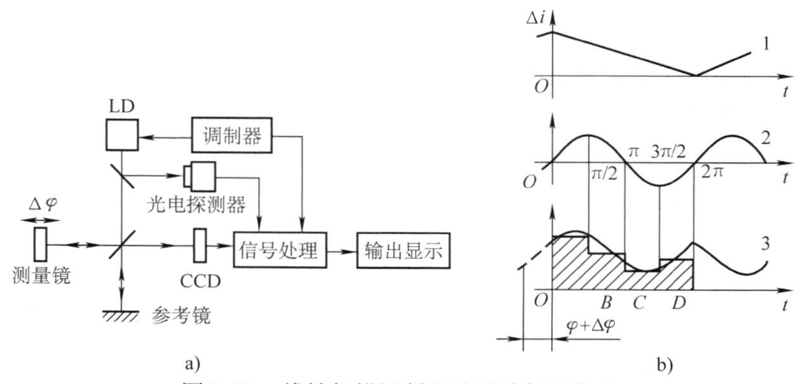

图 8-32 线性扫描调制法的干涉仪示意图

1—注入电流 2—参考信号 3—外差信号

涉条纹本身进行周期性扫描运动。伴随条纹的移动，面阵 CCD 摄像装置各个像素上的光电流输出也周期性地满足式（8-89），波形如图 8-32b 所示。控制注入电流的大小可使干涉条纹只在一个周期内移动。波形的折返点表示被测点上的初始相位 $\varphi+\Delta\varphi$。为了测定 $\varphi+\Delta\varphi$ 值，可以利用如图 8-32b 所示的四段积分法（或称四斗式）。该方法是计算在 $\Delta\varphi_L(t)=K_L t$ 分别处于 $0\sim\pi/2$、$\pi/2\sim\pi$、$\pi\sim3\pi/2$、$3\pi/2\sim2\pi$ 的四个区间内检测器输出电流的积分值，然后即可计算出被测相位 $\varphi+\Delta\varphi$ 值为

$$\varphi+\Delta\varphi=\arctan\left(\frac{A-C}{B-D}\right) \tag{8-94}$$

由于半导体激光器直接频率调制可达 10^2 MHz 数量级，所以测量时间可以很短，这有利于进行高速测量，可避免温度漂移和振动的影响。它的测量精度可达 $\lambda/50$。

还应指出，由于半导体激光器的单色性远比氦－氖激光器差，因此用半导体激光器作为光源来测距时，为了提高其测量范围，可采用相位比较、多波长干涉等方法，有关的技术可查阅相关资料。

复习思考题 8

1. 说明干涉条纹检测的基本原理。
2. 相位调制的干涉系统有哪些？请分析比较各自的特点。
3. 相位调制干涉条纹的检测方法有哪几种？举例说明应用场合。
4. 相位调制的干涉条纹发光强度检测系统若要提高相干度应考虑哪些因素？
5. 波面相位调制的原理是什么？可用作波面相位调制的干涉仪有哪些？
6. 光外差探测有什么特性？外差探测的条件有哪些？
7. 外差检测的调频方法有哪几种？举例说明应用场合。
8. 说明零差检测的原理及应用实例。

第九章　现代光电测试技术

第一节　概　　述

现代光电测试技术的发展与新光源、新光电器件及微电子技术、计算机技术的发展密不可分。自从1960年第一台氦－氖激光器出现以来，由于激光的单色性、方向性、相干性、稳定性极好，这使激光测量技术得到突飞猛进的发展。1983年第十七届国际计量大会正式通过了“米”的新定义，以饱和吸收稳频的激光辐射或以饱和吸收的激光辐射波长为基准定义米。扫描隧道显微镜和原子力显微镜开创了纳米测量的先河，但它z向测量的标定是用激光干涉仪进行的，这表明了激光干涉测量的高精度。而激光外差干涉仪被普遍认为是纳米测量的重要技术。此外，激光准直、激光全息、激光扫描、激光跟踪、激光光谱、激光多普勒技术等都显示了激光测量的巨大优越性。可以说激光测量技术是现代光电测试技术中最重要的技术。

在信息技术中，光纤传输已经成为优选的技术，光纤不仅作为光缆，而且还可以构筑网络为互联网服务。在测量方面，光纤传感器比常规传感器有许多无可比拟的优点，如灵敏度高、响应速度快、动态范围大、防电磁干扰、超高压绝缘、防燃、防爆、远距离遥测、体积小、成本低等，这使光纤测量技术已成为现代光电测量技术的发展方向之一。

视觉检测技术也是现代光电测量技术的热门技术之一。我们知道人们从外界环境获取的信息中有80%来自视觉。现代视觉检测技术不仅可以模拟人眼所能完成的功能，而且它还能完成人眼不能胜任的工作。在人眼无法响应的光谱波段，可通过相应的敏感器件形成红外、微波、超声波、X射线等图像实现检测；对人眼无法企及的远距离目标、无法分辨的微小目标、无法反应的高速变化目标都可以通过相关的视觉系统进行检测。

鉴于激光测量技术、视觉检测技术和光纤测量技术在光电测量领域的突出地位和极为明显的发展优势，本章重点介绍这三种技术。

第二节　激光测量技术

激光测量技术的应用十分广泛，如激光干涉测长、共光路激光干涉仪、激光外差干涉、激光衍射、激光测距与跟踪、激光测速、激光准直、激光全息、激光散斑测量、激光扫描、激光跟踪、激光光谱技术等。

本节主要叙述激光测量技术中比较有代表性的几种方法。

一、激光干涉测长技术

光干涉法测量长度是各种测长技术中精度最高的一种技术。用稳频的激光作光源，用光的波长作基准，用光干涉法来测量长度尺寸，是尺寸传递最重要的手段，如用于检定1m基准线纹尺和其他精密线纹尺的激光光电波长比长仪，用于检定 1m 以内一等量块尺寸的激光量块干涉仪，用于检定精密丝杠的激光丝杠检查仪等。

激光干涉测长仪由稳频的激光光源，干涉仪光学系统，安置被测件及光学系统的基座、工作台及传动装置，电子信号处理系统四大部分组成，它是光学、电子、机械、计算机相结合的高精度计量仪器。

图 9-1 是用于检定 1m 基准线纹的光电光波比长仪组成框图。它由稳频的激光光源、测量线纹尺长度的激光干涉仪、对线纹尺刻线瞄准定位的光电显微镜、用于波长修正的折射率干涉仪和信号处理电路组成。

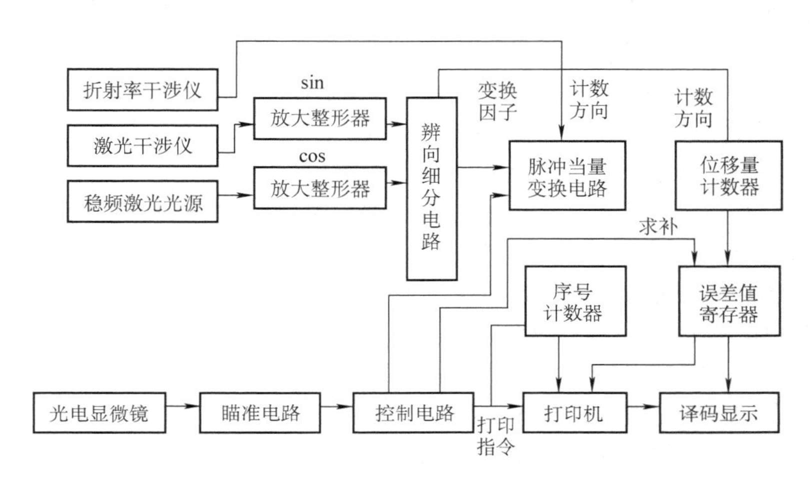

图 9-1　光电光波比长仪组成框图

图 9-2 是光电光波比长仪的光路图。测量时，被检线纹尺 2 以白塞尔点支承在仪器的工作台 3 上，工作台由钢带传动，做平稳的直线运动。

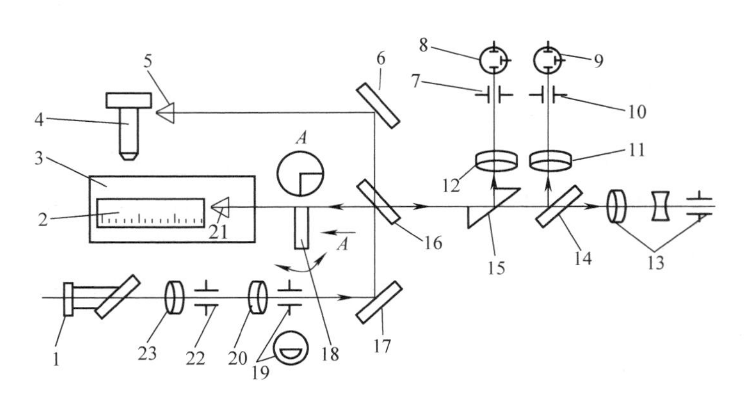

图 9-2　光电光波比长仪的光路图

1—He - Ne 激光器　2—线纹尺　3—工作台　4—光电显微镜　5—固定立体角隅棱镜　6—反射镜　7、10、22—光阑　8、9—光电倍增管　11、12—物镜　13—观察镜组　14、16—分光镜　15、17—反射棱镜　18—相移板　19—半圆光阑　20、23—扩束准直镜　21—测量角隅棱镜

干涉图样的亮暗变化取决于相干光束的光程差，光程差等于光源半波长的偶数倍时，则

形成最大亮度；若是半波长的奇数倍，则亮度最小。工作台移动时，两相干光束的光程差将随之变化，因而干涉图像就会亮暗交替变化。当工作台移动时，光电器件接收交变的发光强度信号，并输出交变信号。

若电子系统对一个干涉条纹细分 m 倍，在测量长度内位移量计数为 N，那么被测长度

$$L = \frac{N\lambda}{2mn} \tag{9-1}$$

式中，λ 为测量环境下激光波长；n 为测量环境的空气折射率。

在图9-2中，稳频的He-Ne激光器1作为干涉仪的光源，其稳频误差为 $\Delta\lambda/\lambda = \pm 5 \times 10^{-8}$。稳频激光通过扩束准直镜23将光束会聚于光阑22上（光阑22位于准直镜20的前焦面处），准直物镜20射出的光束为口径达50mm的平行光束。由于光阑22孔径很小（约为 ϕ0.2mm）所以激光器所产生的派生像将会被拦掉而不能进入干涉系统。

反射棱镜17将平行光束转向后，在分光镜16上被分成两束。参考光束经反射镜6及固定立体角隅棱镜5后按原路返回；测量光束经测量角隅棱镜21后一部分转向物镜12，另一部分未被双棱镜所挡住而继续射向分光镜14。然后再转向物镜11，此两部分光束分别经物镜12、11会聚位于其焦平面上的光阑7和10上，并分别被光电倍增管8、9所接收。

为了使上述两部分光束保持90°的相位差（以便进行可逆计数），在测量光路中放置了一块相移板18。将其适当绕与纸面相垂直的轴回转一定角度即可达到相位调整的目的。相移板18和立体角隅棱镜安置的相对位置如图9-3所示。

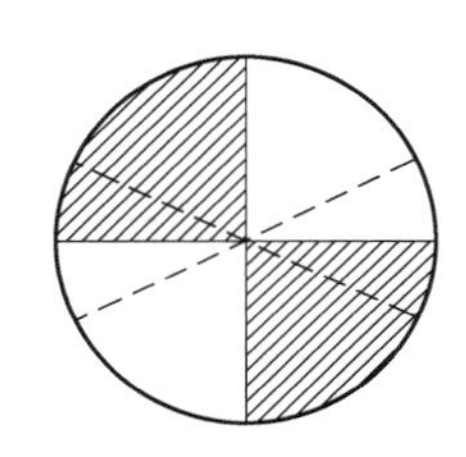

图9-3 相位板与角隅棱镜的相对位置

图中第四象限为相移板本身，第二象限为相移板经立体角隅棱镜反射后的对称像。虚线为棱镜21的棱边及其对称像。要求立体角隅棱镜的棱尖与相位板的直角顶点重合，且立体角隅棱镜的一条棱边与相位板的一个角重合。反射棱镜15为两个直角反射棱镜，其安装位置应与上述相移板及其像的位置相一致。

当要观察干涉像时，可将反射棱镜15及分光镜14移出视线，通过望远镜（观察镜组13）观察之。此望远镜还带有准直目镜以便调整干涉仪时使用。

图9-2中4为光电显微镜，用于瞄准线纹尺的刻线（对刻线定位），并发出瞄准信号。当工作台匀速运动带动被检线纹尺前进时，光电显微镜对通过其光轴的刻线发出对准信号。当线纹尺的零刻线被瞄准时，瞄准脉冲通过控制电路使脉冲当量变换电路门打开，对干涉仪输出细分后的信号进行计数。此后每当工作台带动线纹尺运动到线纹尺刻线与光电显微镜光轴对准时就将该时刻所计脉冲数送入误差储存器，记录每一毫米刻度间距内的位移计数脉冲数、误差值和序号数。

该仪器所用光电显微镜为双管差动动态光电显微镜，其工作原理在第七章第四节中已做了说明，此处不再叙述。

由式（9-1）可以看出被测位移与计数脉冲 N、激光波长 λ、测量环境的空气折射率 n 有关。

对式（9-1）做全微分，可得

$$\Delta L = \frac{\lambda}{2mn}\Delta N + \frac{N}{2mn}\Delta\lambda - \frac{N\lambda}{2mn^2}\Delta n \tag{9-2}$$

式（9-2）中第一项为计数误差，ΔN 一般为 ±1 个计数脉冲，为了减小 ΔN 的影响，可以用细分的方法（光学细分或电子细分）减小脉冲当量值。第二项为波长误差，在激光干涉仪中用稳频的方法来减小 $\Delta\lambda$，该仪器采用兰姆凹陷稳频，稳频精度为 $\pm 5\times 10^{-8}$。第三项为空气折射率变化对测量的影响，可采用修正的方法来减小它。为了修正该项误差必须测得 Δn，常采用两种方法来获得 Δn。第一种方法为计算法，即测出测量环境下的大气压、温度、湿度（用相应的传感器测试）用 Edlen 公式来计算。另一种方法是用瑞利干涉仪测出 Δn 后再进行空气折射率的修正。瑞利干涉仪的光学系统如图 9-4 所示。图中 S 为一垂直光狭缝，它与透镜 L_1 组成平行光管，L_1 之后装有狭缝型光阑 D，双狭缝的方向与 S 单狭缝的方向平行。T 是长度为 l 的真空管（两端分别用 H_1、H_2 平行玻璃平板密封）。G_1、G_2 为补偿镜，转动其中一块就能改变两支光路的光程差而使视场中的干涉条纹移动。光束经过补偿镜 G_1、G_2 和棱镜 P 之后进入观测管（该管由物镜 L_2 及圆柱形短焦距高倍目镜 L_3 组成），通过观测管可以看到干涉条纹。

由于光在真空管 T 及相同长度的测量环境内（H_1 与 H_2 内的长度为 l）空气折射率不同，而产生光程差 $\Delta=(n_0-n)l$，从而获得相互错开的平行干涉带（见图 9-4b）。通过调整补偿镜 G_2 可使上下两组干涉条纹重合，其光程差由与补偿镜连在一起的转动鼓轮上读取，从而可得到 n 值。图中 A_1、A_2 是附加玻璃补偿片，A_1 插入在上光路中，它插入光路的光程差基本上与被测光程相抵消，使白光干涉条纹再次出现，而两路干涉条纹的重合仍依靠转动补偿镜 G_2 来实现。

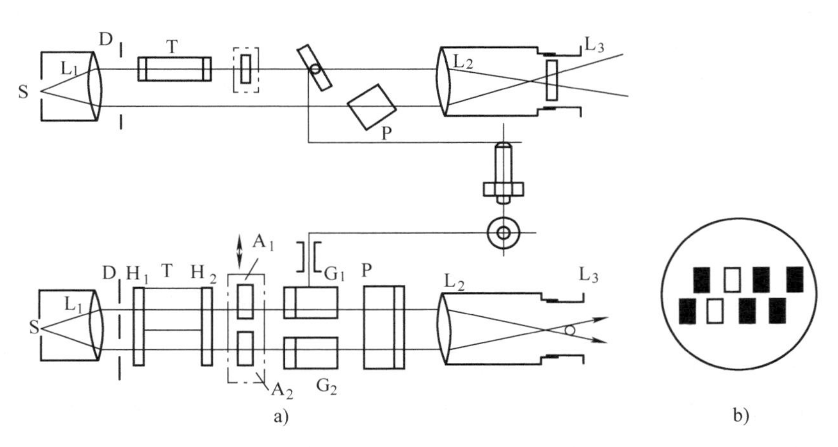

图 9-4　测量空气折射率的瑞利干涉仪光学原理图及观测的干涉带
a）瑞利干涉仪光学原理图　b）观察管中看到的干涉带

为保证位移测量干涉仪的精度，除了采用正确的干涉仪布局、波长稳频、空气折射率修正等措施之外，还应合理地设计、选择光学元器件和进行合理的结构设计。

干涉仪的光学元器件主要有分光镜、反射镜和移相器等。

该仪器用镀有分光膜的平行平板分光器分光（见图 9-5），它成本低、工艺性好，常用于光束直径较大的光学系统中。分光器设计的关键是获得对比度好的干涉条纹，因此必须合理地选择分光器上析光膜的反射率 ρ 和透射率 τ 的比例，该仪器选用 $\rho:\tau=0.9\sim1$ 的镀铬膜。由于光束在分光器界面上的反射和折射以及激光的相干性太好使得在分光器的 G 面 C

点也会产生干涉条纹，但它是有害的干涉条纹，为将有害干涉条纹与有用干涉条纹分开，分光镜的厚度应选得大一些，一般应大于10mm，并有10′左右的楔角。

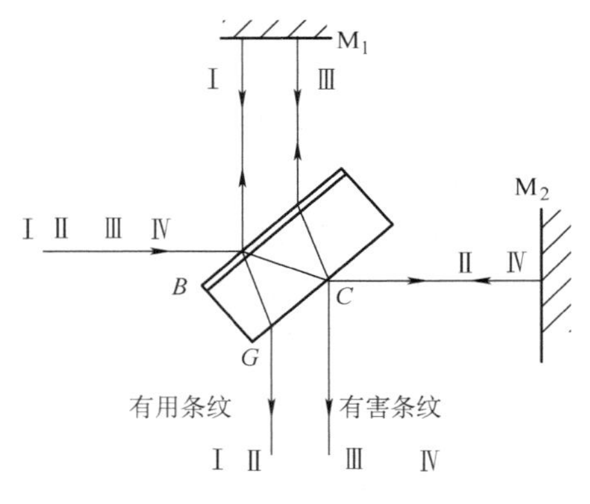

图9-5 分光器及其分光

在现代干涉仪上作为测量镜与参考镜的光反射器，一般不采用平面反射器，而是采用立体角隅棱镜反射器（三面直角棱镜），原因在于这种反射器可以降低甚至完全消除由其偏转而带来的测量误差。当此种棱镜绕一轴线转动时，均不影响出射光束的方向，其作用如同光束通过一块平行平板，这样就可以避免平面镜系统在运动中由于导轨误差引起的偏转和倾斜所造成的附加误差。

在严格要求消色差的白光干涉仪中，由于不易制造出完全补偿色差的参考立体角隅棱镜，可以采用三面直角空心反射镜作反射器。

近年来在激光测长仪和激光扫描仪中又采用一种称之为猫眼的逆向反射器，如图9-6所示。

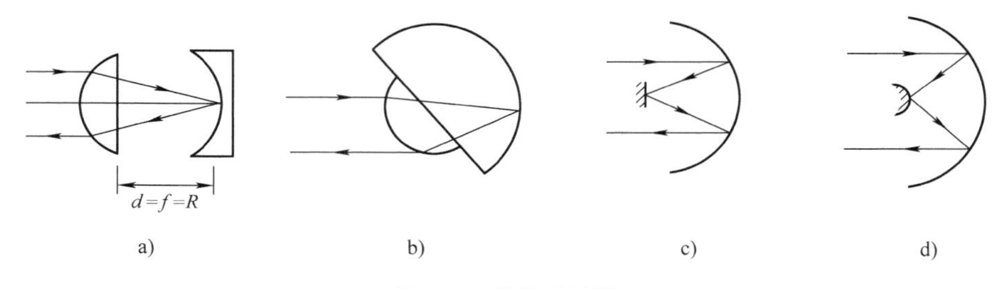

图9-6 猫眼反射器

a）凸透镜与凹面镜分立结构 b）凸透镜与凹面镜一体结构

c）凸透镜与平面镜组合结构 d）凸透镜与凹球镜组合结构

图9-6a是用凸透镜和凹面镜（也可是平面境）组成的逆向反射器，要求凹透镜的焦距f与反射器的曲率半径R及凸透镜与凹面镜的间距d相等。这时入射光线经凸透镜聚焦于凹面镜上，由凹面镜反射的光具有逆反射的特性。图9-6b是将凸透镜与凹面镜做在一起成为结构更为紧凑的猫眼逆反射器，其条件与图9-6a相同。图9-6c和图9-6d是德国莱茨公司和西门子公司用于激光测长仪上的逆反射器，前者是把平面镜放在凹球面镜的焦面上。

猫眼逆反射器制造容易，结构比较简单，而且不会引起大的偏振度变化，具有比角隅棱镜反射器更好的对比度。

激光干涉测长仪的光路布局对仪器的工作稳定性有很大影响，因为激光干涉测长仪采用麦克尔逊式干涉仪布局形式，用分光镜将稳频激光束分为测量光束与参考光束，而且两束光不是共路的，因而测量环境温度变化、气流扰动、振动等影响对测量光束与参考光束是不同的，从而会产生零位误差。虽然在光路布局时，尽量使测量光束与参考光束靠近，并尽量使其在测量环境相同的条件下工作，但毕竟达不到共光路条件，下面介绍的共光路激光干涉仪，具有更高的稳定性和精度。

二、共光路激光干涉测量技术

在干涉仪测量中应用最普遍的是麦克尔逊干涉仪、马赫－泽德干涉仪、泰曼－格林干涉仪等，其测量光路与参考光路都是分开布局的，当它们受到的温度和振动影响不同时，会造成接收面上干涉条纹的不稳定，影响高精度测量。采用共光路干涉仪会很好地解决上述问题。所谓共光路干涉仪就是干涉仪中测量光束和参考光束经过同一光路，对环境的振动、温度变化和气流变化所产生的共模干扰是相同的，可以被抑制，它不仅对测量环境要求可降低，而且会得到很高的测量精度。

共光路干涉仪不需要专门的参考表面，参考光束直接来自被测表面的一个微小区域，它不受被测表面的误差影响。当这一光束与通过被测表面的全孔径测量光束干涉时就可直接获得被测表面的缺陷信息。在这类共光路干涉仪中，干涉场中心的两支光束光程差一般为零，对光源的时间相干性要求不高。还有一类共光路干涉仪的干涉条纹是由一支光束相对另一支光束错位产生的，参考光束与测量光束均受被测表面信息影响，干涉图需经某些处理后才能得到被测表面信息，这类干涉仪被称为共光路错位干涉仪。

1. 斐索共路干涉仪

图 9-7 是斐索干涉仪原理图。激光光源发出的光被会聚到针孔光阑处，该针孔光阑又处于准直物镜的焦点上。单色光经针孔和准直物镜形成平行光直接射向参考镜和被测表面。参考镜是半反半透镜，经参考镜反射的光作为参考光，经物镜会聚在干涉平面上。透射过参考镜的光经被测件表面反射，再经准直物镜也会聚到干涉平面上，并与参考光相遇，形成干涉条纹。如果参考表面和被测表面都是理想的，两者形成等厚条纹，如果被测表面凹凸不平，则形成与被测表面相对应的弯曲条纹，对该平面干涉图做图像测量和图像分析计算就可得到被测表面的缺陷值（如表面粗糙度、球面或非球面的缺陷等）。

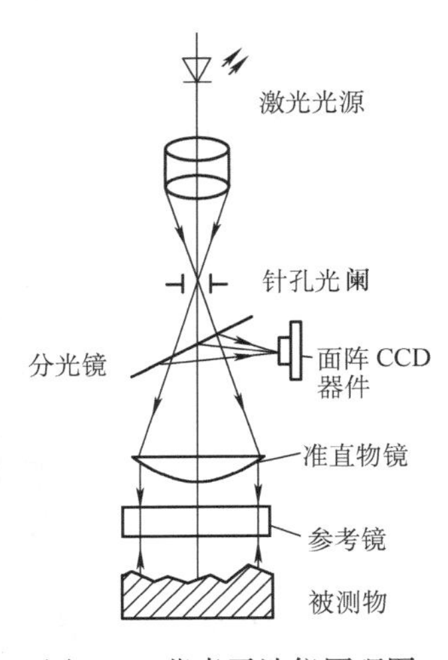

图 9-7　斐索干涉仪原理图

斐索干涉仪中针孔的离焦、分光镜的厚度、准直物镜的像差都会使出射光的准直性受到破坏，使成像质量受到影响，设计时应严格要求。参考镜常常做成 10′～20′的楔形角，以隔离其背面产生的有害反射光线。

必须指出，对斐索干涉仪来说参考面与被检测面之间的空气间隔越小，其共光路性越好。如果不能做到这一点，则只能称为准共光路干涉仪。

如果将参考镜与准直物镜做成一体，将物镜的下表面做成平面作为参考面，将物镜上表面设计成非球面以消像差，则仪器结构紧凑、调整也更加方便。

2. 米勒干涉仪

图 9-8 是米勒干涉仪原理图，它也是一种基本符合共光路布局的干涉仪。光源发出的光经整形成扩束的平行光后透过长工作距的物镜照明被测物的表面。在物镜和被测物之间放置半反半透镜和参考镜，由光源来的照明光被半反半透镜反射和透射。反射光经参考镜和物镜投射到 CCD 光敏面上，而透过半反半透镜的光经被测面反射也被物镜成像在 CCD 的光敏面

上，两束光相遇而形成干涉。由于得到的干涉图是被物镜放大的，所以该仪器垂直分辨力能达到0.1nm，水平分辨力约1.5μm，但测量范围很小，仅为几微米。

米勒干涉仪的参考光不是由物面发出的，因而它也不是完全的共光路干涉仪。

3. 散射板干涉仪

图9-9所示的散射板式共光路干涉仪原理图。由于散射板的作用，使仪器的参考光和测量光都由物面发出，而无需专门的参考表面。其工作原理是光源发出的光被会聚透镜会聚到针孔光阑上，投影物镜把针孔成像在被测凹面镜的中心点上，散射板放在被测凹面的球心处，入射光经过散射板后光束的一部分直接透过散射板到达被测表面的中心区域（即针孔成像的区域），另一部分光束经散射板散射充满被测表面的全孔径。这两支光束均又被被测表面反射后又一次经散射板投射和散射。所不同的是第一次透过散射板的会聚光第二次则被散射板散射成为参考光束；而第一次透过散射板散射的光充满被测表面并由被测表面反射后第二次再经过散射板后形成的透射光为测量光束。这两束光相遇产生干涉。由于参考光和测量光均来自于物面，二者完全为共光路，因此温度、振动和空气扰动影响都是共模干扰，可以消除，所以干涉条纹稳定，且结构简单，适合于在车间使用。

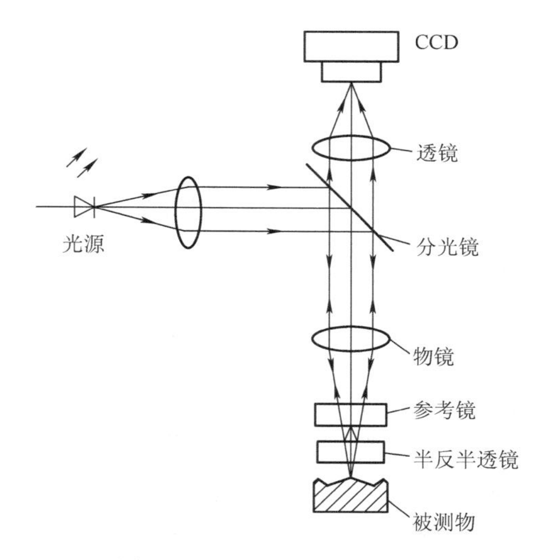

图9-8 米勒干涉仪原理图

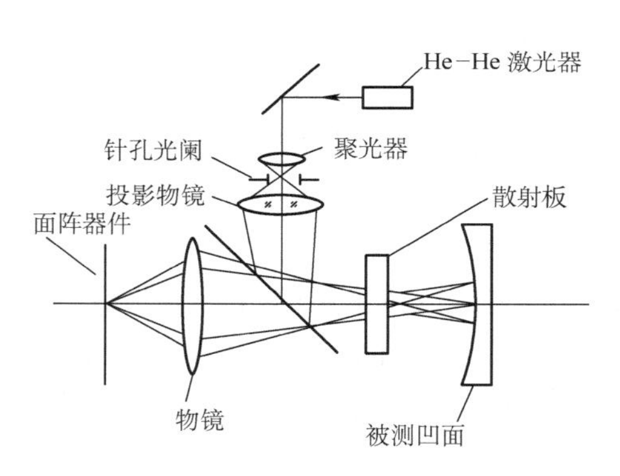

图9-9 散射板式共光路干涉仪原理图

在干涉仪的接收光敏面上，除了干涉条纹外，还有两次都直接透过散射板的光束，在像平面上形成中心亮斑，它实际上是光源经干涉后所形成的像。此外两次经散射板散射的光在像面上相遇会产生背景散斑，这两部分光都是背景信号，影响条纹的对比度，应认真对待。

散射板式共光路干涉仪的关键部件是散射板分束器，在该分束器上各散射点的相位并非像普通散射板那样为随机分布，而是具有对散射板中心反转对称的相位分布，即对散射板中心对称点都是同相点，而相邻散射点的相位成随机分布，这种散射板是在同一块全息干板上反转180°两次曝光制成的，衍射效率可达到40%。

散板干涉仪可用来检查凹面镜的面形，而且还可检查透镜像差和平面平形。但测平面面形时需加一物镜，并紧靠在被测表面前面放置。

4. 错位式共光路干涉仪

这种干涉仪的干涉图是由一支光束相对另一支光束错位产生的，如萨瓦干涉仪和渥拉斯顿棱镜干涉仪。

图9-10是渥拉斯顿棱镜分光的错位干涉仪原理图。它由He－Ne激光器、扩束镜、视场光阑和孔径光阑构成平行照明光，再经偏振器获得某一偏振方向的线偏振光，经偏振分光镜反射进入渥拉斯顿棱镜。由于渥拉斯顿棱镜的作用，o光和e光分开，分开的角度α为

$$\alpha = 2(n_e - n_o)\tan\theta \tag{9-3}$$

式中，n_e、n_o分别为o光与e光在渥镜中的折射率；θ为棱镜的棱角。

o光和e光分别被物镜会聚到被测件表面的A点和A'点，A点与A'点间距为100μm左右，其中A点正好处于安放被测件旋转工作台的回转轴线上。从被测件表面反射的光经物镜和渥拉斯顿棱镜后重新会合，经检偏器后与同一振动方向的返回光相干涉，干涉图被摄像机接收。$\lambda/4$波片的作用是防止返回光进入激光器影响激光器的稳定性。滤波片是一种中性密度滤光片，用以补偿被测表面反射率的变化。

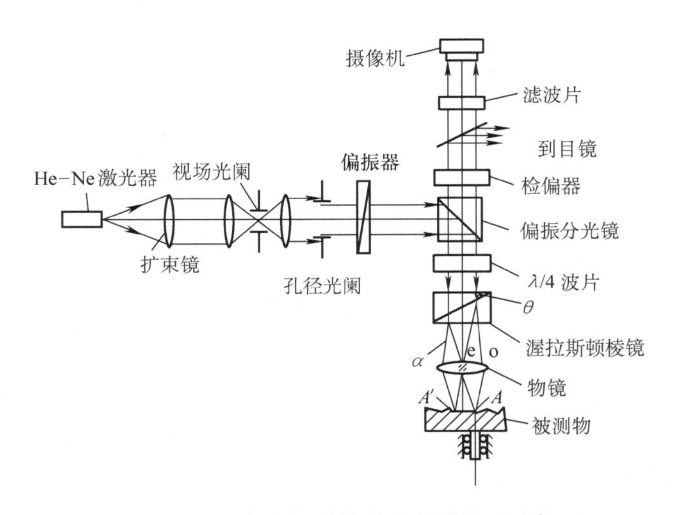

图9-10　渥拉斯顿棱镜分光的错位干涉仪

当被测件在工作台上绕轴旋转时，A点光程保持不变，而A'点将在被检表面上做圆周扫描运动，因而在扫描路径上各点的微观高度变化将引起相干两路的光程差变化，使干涉条纹的发光强度发生变化，并被摄像机转换为电信号，再经图像处理和运算便得到扫描线处的表面粗糙度参量。该仪器经物镜会聚后光点的直径为1.5～2μm，因而其横向分辨力为1μm左右，仪器的纵向分辨力为1～1.5nm。

从以上分析可以看出测量光点与参考光点均在被测件上100μm左右的小区域内，因而测量光束与参考光束是共光路的，仪器稳定性很好。

此外还可以用萨瓦分束器分光、双焦透镜分光及二元光学元件分光等，并组成相应的共光路干涉仪。

三、激光外差干涉测量技术

由于外差干涉具有高灵敏度、高信噪比、极好的滤波能力（抗干扰能力强）且检测稳

定可靠，因而它成为纳米测量技术的重要手段。将激光技术与外差干涉测量相结合，在许多领域更表现出其独特的优势。

1. 双频激光外差干涉仪

利用激光外差技术设计的干涉仪是一个交流系统，它克服了单频激光干涉仪易受发光强度波动影响的缺点，使得干涉仪不受光源波动、使用环境中气流和灰雾等引起光电信号直流漂移的影响，从而使仪器能够在工厂车间环境下稳定工作。

图 9-11 是双频激光器外差干涉仪的光学系统图。

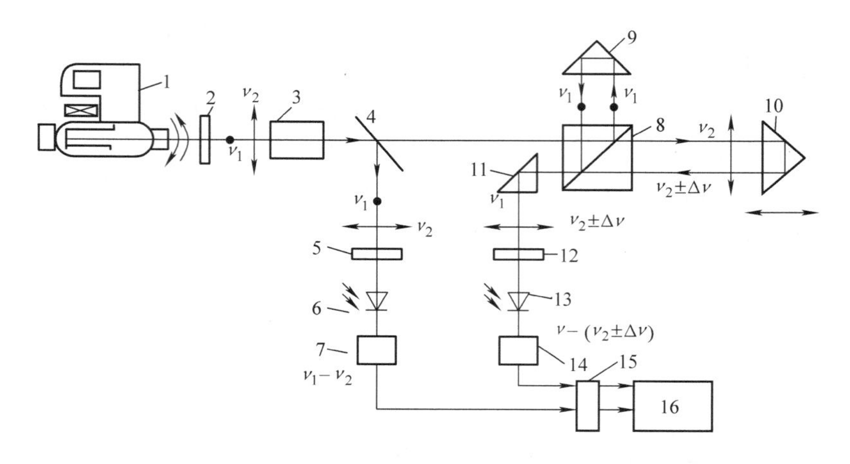

图 9-11 双频激光器外差干涉仪的光学系统图

1—He - Ne 激光器 2—λ/4 波片 3—扩束镜 4—分光镜 5、12—检偏器 6、13—光电接收器 7、14—交流前置放大器 8—偏振分光镜 9—参考角锥棱镜 10—测量角锥棱镜 11—反射镜 15—乘法器 16—计算机

干涉仪的光源为一稳频的 He - Ne 激光器，在全内腔式单频激光器上加上约 300×10^{-4}T 的轴向磁场，由于塞曼效应和频率牵引效应，激光器输出一束具有两个不同频率（双频）的左旋和右旋圆偏振光，两束光的频率差 $\Delta\nu$ 约为 1.5MHz。图中双频激光器 1 发出的双频激光束通过 λ/4 波片 2 后变成两束振动方向互相垂直的线偏振光（设 ν_1 垂直于纸面，ν_2 平行于纸面），经光束扩束镜 3 适当扩束准直后，光束被分光镜 4 分为两部分，其中一小部分被反射到检偏器 5 上，检偏器的透光轴与纸面成 45°，根据马吕斯定律（两个互相垂直的线偏振光在 45°方向上的投影，形成新的同向线偏振光并产生“拍”，其拍频就等于两个光频之差），光频差 $\Delta\nu_0 = \nu_1 - \nu_2 = 1.5$MHz，该信号由光电接收器 6 接收后，进入交流前置放大器 7，放大后的信号作为参考信号。另一部分光束透过分光镜 4 沿原方向射向偏振分光棱镜 8。偏振方向互相正交的线偏振光被偏振分光镜按偏振方向分光，ν_1 被反射至参考角锥棱镜 9，ν_2 则透过偏振分光镜 8 到测量角锥棱镜 10。这时，若测量镜以速度 V 运动（移动或振动），则由于多普勒效应，从测量镜返回光束的光频将发生变化，其频移 $\Delta\nu = \frac{2V}{\lambda}$。该光束返回后重新通过偏振分光镜 8 与 ν_1 的返回光会合，经反射镜 11 及透光轴与纸面成 45°的检偏器 12 后也形成“拍”，其拍频信号可表示为

$$\nu_1 - (\nu_2 \pm \Delta\nu) = \Delta\nu_0 \pm \Delta\nu \tag{9-4}$$

式中（9-4）正负号由动镜移动方向决定，当动镜向偏振分光器方向移动时 $\Delta\nu$ 为负，反之

为正。拍频信号被光电接收器 13 接收后，进入交流前置放大器 14，由乘法器 15 判向后被送到计算机。

计算机先将拍频信号 $\Delta\nu \pm \Delta\nu_0$ 与参考信号 $\Delta\nu_0$ 进行相减处理后，就得到所需的测量信息 Δv。

以上过程可以用下面的表达式来说明。设双频激光器输出的圆偏振光 ν_1 和 ν_2 振动方程为

$$\begin{cases} y_1(t) = a\cos(2\pi\nu_1 t) & 左旋 \\ x_1(t) = a\sin(2\pi\nu_1 t) & 左旋 \\ y_2(t) = a\cos(2\pi\nu_2 t) & 右旋 \\ x_2(t) = -a\sin(2\pi\nu_2 t) & 右旋 \end{cases}$$

经过 $\lambda/4$ 波片之后成为两个互相垂直的线偏振光。若检偏器 5 的检偏轴沿 y 轴配置时，检偏器将 $y_1(t)$ 和 $y_2(t)$ 通过，则合成信号（拍频）为

$$\begin{aligned} Y_y &= a\cos(2\pi\nu_1 t) + a\cos(2\pi\nu_2 t) \\ &= 2a\cos[\pi(\nu_2 - \nu_1)t]\cos[\pi(\nu_2 + \nu_1)t] \end{aligned}$$

由于 $\nu_1 + \nu_2$ 为 10^{14}Hz 数量级，光电器件不能响应，但差频信号 $\nu_1 - \nu_2$ 约 1.5MHz，光电器件可以响应，其输出为

$$I_y = K2a\cos[\pi(\nu_2 - \nu_1)t] \tag{9-5}$$

式中，K 为光电元件的光电灵敏度系数。

I_y 作为参考信号，经放大后送到乘法器 15。

透过分光镜 4 的光，被偏振分光镜 8 透射的光束射向运动的测量角锥棱镜 10，并产生多普勒频移 $\nu^2 \pm \Delta v$；该光与被偏振分光镜 8 反射的光束（ν_1）与由参考角锥棱镜 9 反射回来后再次在偏振分光镜上会合，并由检偏器 12 作用（检偏器主轴与 y 轴成 45°）合成信号为

$$y_t = \left\{a\cos[2\pi(\nu_2 \pm \Delta\nu)t] + a\cos\left(2\pi\nu_1 t + \frac{\pi}{2}\right)\right\}\cos45°$$

光电接收器 13 输出的信号为

$$I_c = \sqrt{2}ak\sin\left\{\frac{1}{2}[2\pi(\Delta\nu_0 \pm \Delta\nu)t + \varphi]\right\}$$

该信号经交流前置放大器 14 放大后与参考信号一起由乘法器 15 做乘积检波，并判向得到光频差 $\Delta\nu$。

设在测量角锥棱镜 10 移动的时间 t 内，由光频差 $\Delta\nu$ 引起的条纹亮暗变化次数为 N，则有

$$N = \int_0^t \Delta\nu \mathrm{d}t = \int_0^t \frac{2V}{\lambda}\mathrm{d}t = \frac{2}{\lambda}\int_0^t V\mathrm{d}t \tag{9-6}$$

式中，$\int_0^t \nu \mathrm{d}t$ 为测量距离 L。

式（9-6）还可改写为

$$L = \int_0^t \nu \mathrm{d}t = N\frac{\lambda}{2} \tag{9-7}$$

由 $\Delta\nu$ 变换为 L 的工作由计算机软件来完成，被测长度值由显示器显示。

由上述原理可以看出，当测量角锥棱镜10不动时，虽然 $\Delta\nu$ 为零，但 $\Delta\nu_0$ 一直存在，即光电接收器6一直输出一个频率为1.5MHz的交流信号，前置交流放大器避免了直流放大器棘手的直流漂移问题。一般的单频激光干涉仪，当发光强度变化达到50%时已不能正常工作，而双频激光干涉仪，即使发光强度损失90%还能正常工作。

双频激光干涉仪以美国HP公司的HP5528、HP5529最为典型，其分辨力为0.01μm，测量范围为61m，测量准确度为（$0.03\mu m \pm 10^{-7}L$），其中 L 为测量长度（单位mm）。

双频激光干涉仪配上相应的测角附件和测量直线度附件等，还可以用于角度测量和直线度测量。HP5528在±1000″范围内测角分辨力0.1″，测角不确定度±1″；测量直线度的分辨力与测量长度时相同，测量不确定度为±0.4μm。

图9-12是用双频激光干涉仪测角的光学原理图。它用一个双模块组1取代双频激光测长时使用的偏振分束器，用双角锥棱镜组2代替测长时的测量角锥棱镜和参考镜，其他部分与双频激光干涉仪测长时相同。由双频激光器和扩束镜扩束后的双频激光被双模块组下部的偏振分光镜按偏振方向分开，其中频率为 ν_2 的光透过分光镜射向角锥棱镜Ⅰ；ν_1 光被反射向上，经双模块组上部的普通角反射镜反射到角锥棱镜Ⅱ。分别由这两个角锥棱镜返回的光束在偏分光镜处重新会合，然后经反射镜反射到检偏器及光电接收器。双角锥棱镜组安放在被测物体上，当它在导轨上平移且没有摆动时，两支光路的多普勒频移 $\Delta\nu_1=\Delta\nu_2$，会合后经检偏器产生拍频，并在拍频中互相抵消，无多普勒频移值出现。如果双角棱镜组在移动过程中，由于导轨的直线度偏差而发生 θ 角的倾斜，则两棱镜的顶点在光轴方向将产生一个相对位移量 Δ。此时两路的多普勒频移 $\Delta\nu_2$ 和 $\Delta\nu_1$ 不相等，即 $\Delta\nu=\Delta\nu_1-\Delta\nu_2$，由图9-12可见 θ 与 Δ 有下列关系

$$\theta = \arcsin\frac{\Delta}{R} = \arcsin\frac{\lambda\int_0^t \Delta\nu \mathrm{d}t}{2R} \tag{9-8}$$

式中，R 为角锥棱镜间距。

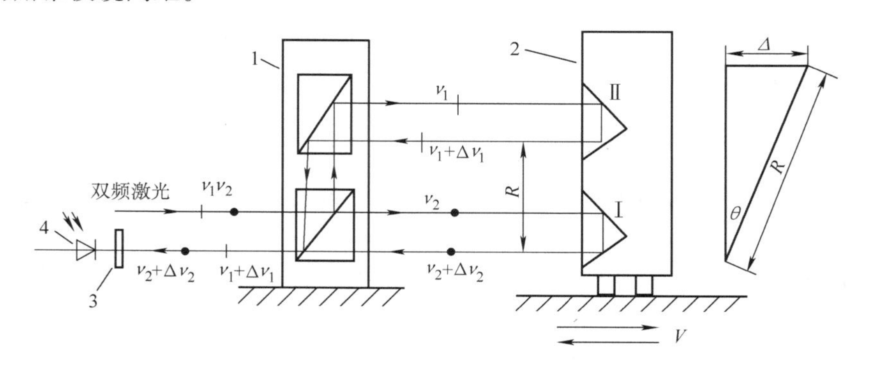

图9-12 用双频激光干涉仪测角的光学原理图

1—双模块组 2—双角锥棱镜组 3—检偏器 4—光电接收器

图9-13是用双频激光干涉仪测量以线值表示直线度的光学系统图。双频激光经 $\lambda/4$ 波片1后将圆偏振光变成线偏振光 ν_1 和 ν_2，进入渥拉斯顿棱镜3后被分开成 θ 角的两束线偏振光，分别射向直线度测量附件（双面反射镜）的两翼，并又被原路返回。返回光在渥拉

斯顿棱镜3处重新会合，经半反半透镜2和全反射镜5反射到检偏器6，两束光在检偏器6处形成拍频，并被光电检测器7接收。若双面反射镜沿光轴方向从A点平移到A'，由于ν_1和ν_2所走光程相等，所以两束光的多普勒频移$\Delta\nu_1=\Delta\nu_2$，拍频互相抵消，计算机显示的值为零。若在移动过程中，由于导轨直线度偏差而使双面反射镜自A点下落到B点，如图9-13虚线所示，于是ν_1光的光程减小2Δ而ν_2的光程增加2Δ，从而可以计算出由于导轨直线度偏差所引起的双面镜下落量为

$$AB=\frac{\lambda\int_0^t\Delta\nu\mathrm{d}t}{2\sin\dfrac{\theta}{2}}\tag{9-9}$$

双频激光干涉仪测量直线度的不确定度为±1.5μm，最大可测距离可达3m，最大下落量为1.5mm。

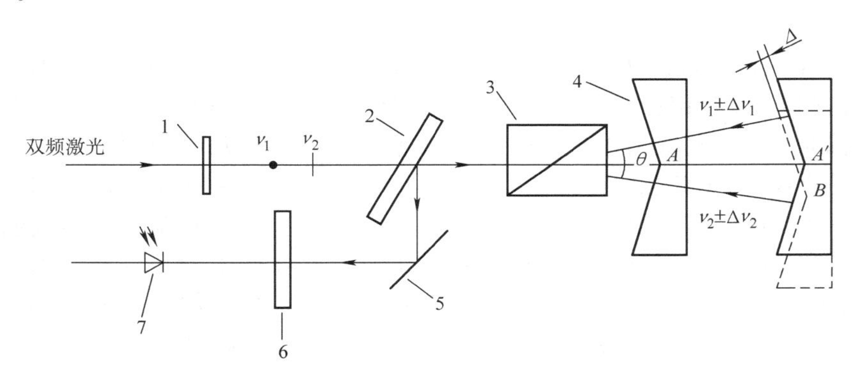

图9-13　双频激光干涉仪用于直线度测量的原理图
1—λ/4波片　2—半反半透镜　3—渥拉斯顿棱镜　4—直线度测量附件（双面反射镜）
5—全反射镜　6—检偏器　7—光电检测器

2. 激光外差表面微观轮廓仪

激光外差表面微观轮廓仪是用激光外差干涉技术测量物体表面粗糙度的仪器，其分辨力可达到0.1nm。由于光路布局是共光路形式，因而仪器抗干扰性好，并且载物台导轨直线度带来的被测表面倾斜或起伏不会对测量结果产生明显的影响，因此对工作台的导轨直线度要求可以略微降低。

图9-14为激光外差表面微观轮廓仪的原理图。由He-Ne激光器发出的激光束，被分束器BS_1分成两路，分别经声光调制器M_1和M_2及偏振器P_1、P_2（P_1光轴平行于纸面，P_2光轴垂直于纸面）后，又分别被分束器BS_2分成两部分。一部分经检偏器P_3（其光轴与P_1、P_2的光轴分别成45°）后产生拍频信号$\Delta\nu_0=\nu_1-\nu_2$（ν_1为声光调制器M_1的差频，ν_2为M_2的差频），该拍频信号被光电接收器VD_1接收转换后作为参考拍频信号。另一部分偏振光进入右边的测量干涉系统，偏振分束器PBS使平行于纸面的偏振光（ν_1）透过，垂直于纸面的偏振光（ν_2）反射。ν_1光经反射镜M_3、λ/4波片、L_1和L_2透镜后成平行细光束射到被测表面上，经表面反射后沿原路返回复经λ/4波片。由于两次通过λ/4波片（其光轴与ν_1光成45°角），故其偏振方向改变90°，最后被PBS反射并经检偏器P_4而被光电接收器VD_2接收。ν_2光被PBS反射，再经λ/4波片、反射镜M_4、BS_3及物镜L_2后会聚到被测表面，形

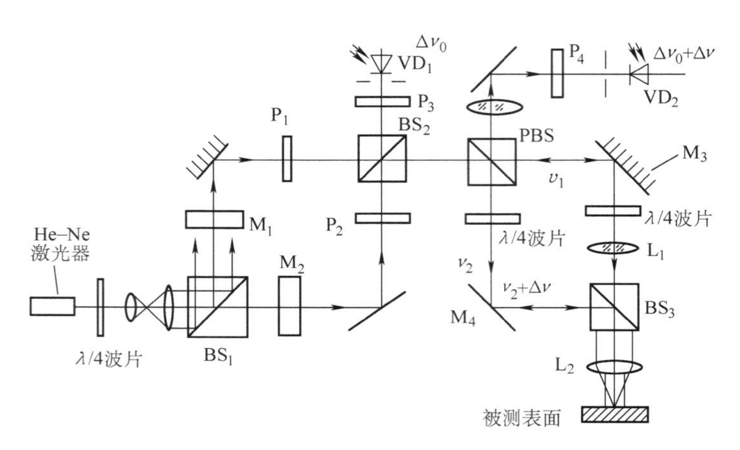

图 9-14 激光外差表面微观轮廓仪的原理图

成光学探针，ν_2 光再由被测表面反射后，也沿原路返回，复经 $\lambda/4$ 波片，偏振方向改变 90°，最后透过 PBS 及检偏振器 P_4 也被光电接收器 VD_2 接收。当安置试样的工作台沿垂直于光轴方向扫描时，ν_1 平行光束由于光照射到被测表面较大区域（只要其光束直径远大于表面微观不平的周期），因此能保持其平均相位不变，而不发生多普勒频移。会聚光束（光学探针）（ν_2）由于会聚到表面的很小一点，因此在扫描时，其相位随表面的微观高度而变，故有多普勒频移 $\Delta\nu$ 发生。这两路光经检偏振器 P_4 后产生拍频信号 $\nu_1-\nu_2\pm\Delta\nu=\Delta\nu_0\pm\Delta\nu$，$\Delta\nu$ 与被测表面的微观高低起伏有关。该拍频信号由光电接收器接收，经交流前置放大器进入混频器与由 VD_1 来的参考拍频信号混频，从而可解调出被测信号 $\Delta\nu$。计算机将根据接收到的 $\Delta\nu$ 变化，求出表面各点的微观高度差，并由此可换算出表征表面粗糙度的各个参数及表面的微观三维轮廓。

系统中采用两支声光调制器来产生差频 $\Delta\nu_0$，这主要是为了控制差频 $\Delta\nu_0$ 的大小，以便能与不同的多普勒频移 $\Delta\nu$ 相匹配。上述利用被测表面（通过工作台）沿垂直于光轴方向扫描的方法来测量表面的微观高低不平，其原理实质上与干涉测长相同，只不过是所测长度变化极为微小而已，因此其产生的多普勒频移值很小，所需的副载波差频 $\Delta\nu_0$ 也较小。

为了减小外界振动和气流等对测量的影响，测量光路与参考光路应尽量靠近并连成一体。

3. 激光外差测振仪

利用光多普勒效应的激光干涉频比法可以测速，也可以测振，如校准加速度传感器等。这种方法一般只能测量正弦波振动的振幅。在现场测振中，大量振动为非周期性随机振动而且环境干扰比较严重。采用激光外差测振仪可满足这一要求。振动的参数是振动频率和振幅，振动频率可以用多普勒效应来测出，而振幅可以用干涉测长的方法测出。

图 9-15 是美国 NASA 生产的激光外差测振仪原理图，它的光学原理与激光外差测长基本相同，不同点在于激光外差干涉测长的合作目标是放在被测件上的测量角锥镜，而激光外差测振仪则需将测量光束直接照射到被测振动体上。

由 He－Ne 激光器发出频率为 ν_0 的激光束，通过声光调制器后变成频率不同的两束光，一束频率为 ν_0，另一束频率为 $\nu_0+\nu_s$（ν_s 为声光调制器的调制频率）。频率 ν_0 的光透过偏振分光镜后经透镜会聚在被测振动体上，并由物体后向散射到光电接收器上，这一束光为测量光束，其在光电接收器上的光频为 $\nu_0 \pm \Delta\nu$（$\Delta\nu$ 为振动引起的多普勒频移）。频率为 $\nu_0+\nu_s$ 的光由分光镜射向参考反射镜 5 后原路返回作为参考光，也射至光电接收器，两支光束会合后获得拍频信号为

$$\Delta\nu' = \nu_0 + \nu_s - (\nu_0 \pm \Delta\nu) = \nu_s \pm \Delta\nu \tag{9-10}$$

只要 $\nu_s > 3\Delta\nu \sim 5\Delta\nu$，$\nu_s$ 就可满足外差干涉的副载波要求。拍频信号 $\Delta\nu' = \nu_s \pm \Delta\nu$ 被光电接收器接收并转换后，经前置放大器进入混频器及频率跟踪器。与此同时，频率 ν_s 的信号也直接由光频调制器的信号源直接输入混频器而与拍频信号混频，通过混频器混频后即可把多普勒频移 $\Delta\nu$ 解调出来。由于被测振动体是随机振动，所以多普勒频移 $\Delta\nu$ 也将随时间而变化，频率跟踪器的作用就是跟踪记录随时间而变的 $\Delta\nu$。

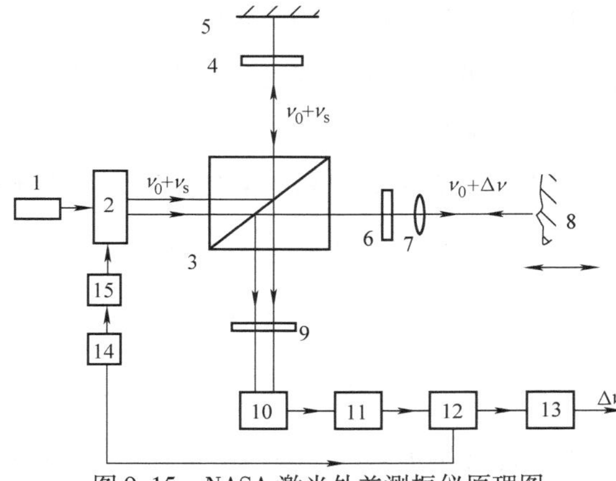

图 9-15 NASA 激光外差测振仪原理图

1—He-Ne 激光器 2—声光调制器 3—偏振分光镜 4、6—$\lambda/4$ 波片 5—参考镜 7—聚光镜 8—振动体 9—检偏振器 10—光电接收器 11—交流放大器 12—混频器 13—频率跟踪器 14—超高频信号源 15—功率放大器

由于被测振动体多为漫反射体，为了尽可能收集由漫反射表面反射的返回光，并尽量改善返回光的波面，测量光必须是会聚光。会聚光点越小，会聚透镜的口径越大，越有利于收集返回光和改善返回光波面。

图 9-16 是丹麦 DISA 公司生产的激光外差测振仪原理图。

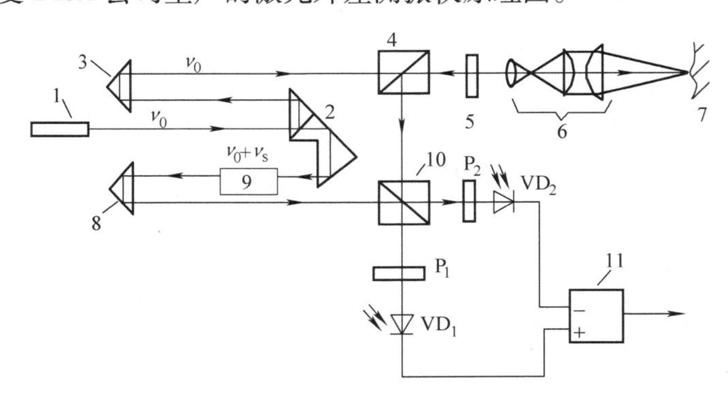

图 9-16 DISA 激光外差测振仪原理图

1—He-Ne 激光器 2—偏振分光器 3—全反射棱镜 4、10—分光镜 5—$\frac{\lambda}{2}$波片 6—物镜组 7—物体 8—全反射棱镜 9—声光调制器 11—差动放大器 P_1、P_2—检偏器 VD_1、VD_2—光电检测器

由 He-Ne 激光器 1 发出频率为 ν_0 的光经偏振分光镜 2（防止返回光进入激光器）将光线分为两路。反射光经全反射棱镜 3、分光镜 4 及 $\frac{\lambda}{2}$ 波片 5 由物镜组 6 将光束会聚于被测振

动的物体7上，由物体返回的测量光束（频率为 $\nu_0 \pm \Delta\nu$）又经$\frac{\lambda}{2}$波片5和分光镜4射至分光镜10。经偏振分光镜2透射的光被声光调制器9调制，出射频率为 $\nu_0+\nu_s$ 的参考光，适当旋转声光调制器可以使频率为 $\nu_0+\nu_s$ 的光与光轴方向一致，该光经全反射棱镜8后也射向分光镜10。转动测量光路中的$\frac{\lambda}{2}$波片5可使测量光的偏振方向与参考光的偏振方向垂直，经检偏器 P_1 和 P_2 后，在光电器件 VD_1 与 VD_2 上混频信号分别为

$$i_1 = \frac{1}{2}(I_R + I_s) + \sqrt{I_R I_s}\cos[2\pi(\nu_s \pm \Delta\nu)t] \tag{9-11}$$

$$i_2 = \frac{1}{2}(I_R + I_s) - \sqrt{I_R I_s}\cos[2\pi(\nu_s \pm \Delta\nu)t] \tag{9-12}$$

式中，I_R、I_s 分别为参考光束与测量光束发光强度。

将式（9-11）与式（9-12）相减，则可得到

$$i = i_1 - i_2 = 2\sqrt{I_R I_s}\cos[2\pi(\nu_s \pm \Delta\nu)t] \tag{9-13}$$

从而消除了信号 i_1 和 i_2 中的直流成分，提高了拍频信号的信噪比，并使灵敏度提高了一倍。拍频信号 $\Delta\nu'$用解调器解出，用频率跟踪器记录出 $\Delta\nu'$的变化。

四、激光衍射测量技术

激光衍射测量技术是利用激光照射到被测对象上产生的衍射效应进行测量的一种方法，测量参数有长度、角度、轮廓等。该方法具有简单、快速、精密、廉价的优点，缺点是绝对量程小，为0.01～1.5mm，当被测对象尺寸太小时，衍射条纹较宽，不易精确测量，当被测对象尺寸超过1.5mm时，必须采用比较法测量。

衍射测量是利用被测物与参考物之间的间隙形成衍射来完成的，光的衍射分为菲涅耳衍射和夫琅和费衍射两种。常用的衍射测量为夫琅和费衍射，图9-17是利用夫琅和费衍射测量原理图。当激光照射被测物与参考标准物之间形成的间隙时，相当于单缝远场衍射。当入射的平面波波长为 λ，入射到长度为 L、宽度为 w 的单缝上（$L>w>\lambda$），并与观察屏距离$R \gg \frac{w^2}{\lambda}$时，在观察屏上将看到十分清晰的衍射条纹。发光强度分布为

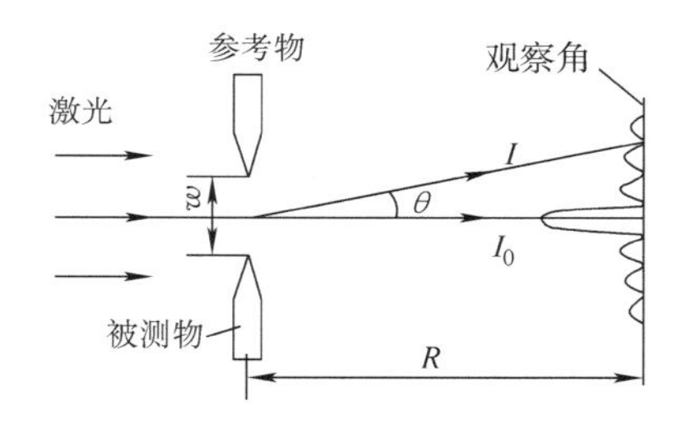

图9-17　利用夫琅和费衍射测量原理图

$$I = I_0\left(\frac{\sin^2\beta}{\beta^2}\right) \tag{9-14}$$

式中，$\beta=\left(\frac{\pi w}{\lambda}\right)\sin\theta$，$\theta$ 为衍射角，I_0 为 $\theta=0°$的发光强度。

说明衍射光发光强度随 $\sin\beta$ 的二次方而衰减。当 $\beta=\pm\pi,\ \pm2\pi,\ \pm3\pi,\ \cdots,\ \pm n\pi$ 时，$I=0$，即出现强度为零的暗条纹。测定任意一个暗条纹的位置变化就可以精确计算出间隙 w 的尺寸或尺寸变化。

1. CCD 激光测径仪

用激光衍射测量技术可以测量细丝直径，图 9-18a 是 CCD 激光衍射测径仪的原理图。He－Ne 激光器发出的光经过扩束镜组准直扩束，投射到被测细丝上，衍射光会聚到位于透镜焦平面的 CCD 像面上，通过对 CCD 采集的衍射条纹图像进行处理，可以测出细丝的直径。CCD 前放置与光轴同心的不透明掩膜，用于防止中心线的饱和。设在零级条纹两侧两条衍射条纹的最小值位置分别为 x_1、x_2，两者之间的衍射条纹数为 m，则细丝直径为

$$d = \frac{m\lambda f}{|x_1 - x_2|} \tag{9-15}$$

该系统测量范围为 0.008～0.25mm，精度可达 1/400。

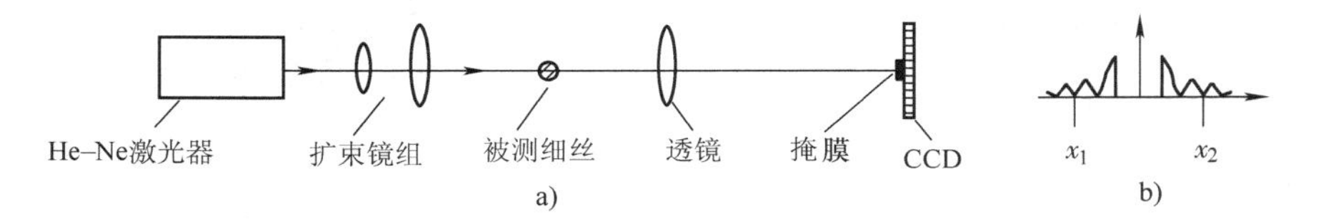

图 9-18　CCD 激光衍射测径仪的原理图
a）利用夫琅和费衍射测量细丝直径原理图　b）衍射光发光强度分布图

2. 薄带的精密测量

钟表中的游丝以及电子工业中的各种薄片，宽度在 1mm 以下，厚度比宽度小很多，一般仅几个微米，是一种柔性丝带，测量比较困难，可以采用衍射法进行测量。测量原理如图 9-19 所示。

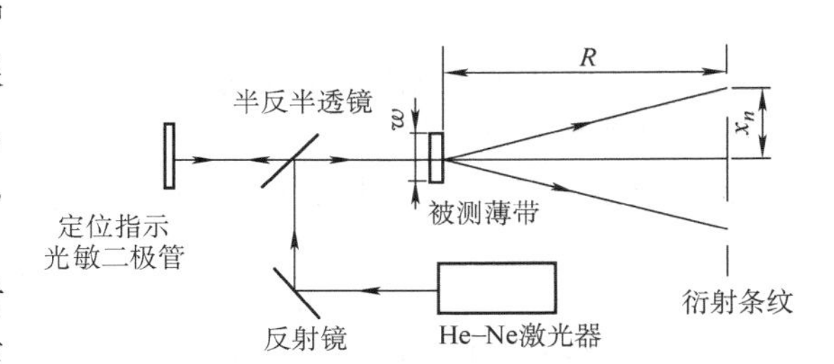

图 9-19　激光衍射法测量薄带尺寸

由 He－Ne 激光器发出的激光，经反射镜及半反半透镜反射而照射薄带，在距离为 R 的接收屏上得到随薄带宽度 w 变化的衍射条纹，测量条纹的间距，就可以求得带宽 w 为

$$w = \frac{Rn\lambda}{x_n} \tag{9-16}$$

式中，λ 为激光波长；x_n 为 n 级衍射条纹中心到中央零级条纹中心的距离。

若测出 ±1 级两个暗条纹的距离 x，则带宽为

$$w = \frac{2\lambda R}{x} \tag{9-17}$$

薄带表面对激光束不垂直，将会给测量带来误差，因此采用定位指示光敏二极管接收薄带表面的反射光，当薄带存在任何转动时，光敏二极管就指示其变动，以保证薄带的准确定位。

3. 角度的精密测量

利用衍射法可以精密测量楔角，与常规的角度测量方法相比，该方法装置简单，精度可达到接近干涉测角的量级，测量范围为 1°～10°。图 9-20 是衍射测角的原理图。He－Ne 激光器发出的激光垂直照射试件，试件上有一楔角为 α 的开孔，取 α 的角分线为 ξ 轴，垂直角

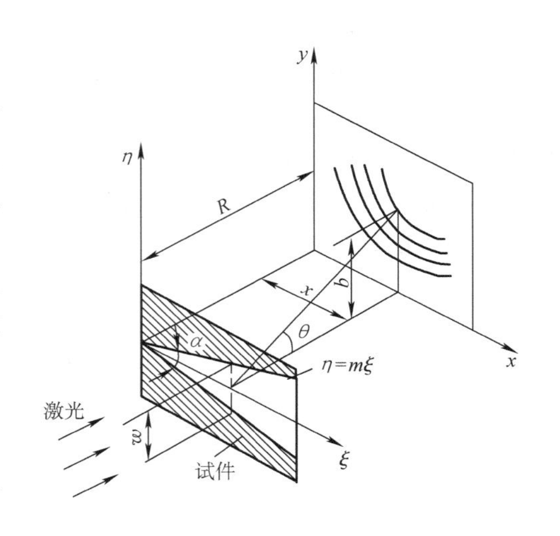

图9-20　衍射测角的原理图

分线为 η 轴。投影观察屏的坐标取 x、y 坐标轴。在缝宽为 w 的位置上，当满足 $R>>w>>\lambda$ 时，在观察屏上将看到明亮而清晰的夫琅和费衍射条纹。和狭缝直边衍射的平行直条纹不同，楔形开槽的衍射条纹是零级中央条纹扩大，呈双曲线分布的。

对缝宽为 w 的位置上，其发光强度 I 仍满足式（9-14），对于不同位置的开槽宽度，暗条纹的位置是

$$w\sin\theta = n\lambda \quad (n=\pm1, \pm2, \cdots, \pm n) \tag{9-18}$$

对远场条纹，有 $\sin\theta \approx y/R$，代入式（9-18），则

$$wy = n\lambda R \tag{9-19}$$

设楔形开槽的宽度为 $\eta = m\xi$，m 是楔角一条边的斜度，并有 $w=2\eta$，$\xi = x$

将其代入式（9-19）则有

$$xy = \frac{n\lambda R}{2m} \quad (n=\pm1, \pm2, \cdots, \pm n) \tag{9-20}$$

式（9-20）说明观察屏上的衍射条纹是对称的多排双曲线。

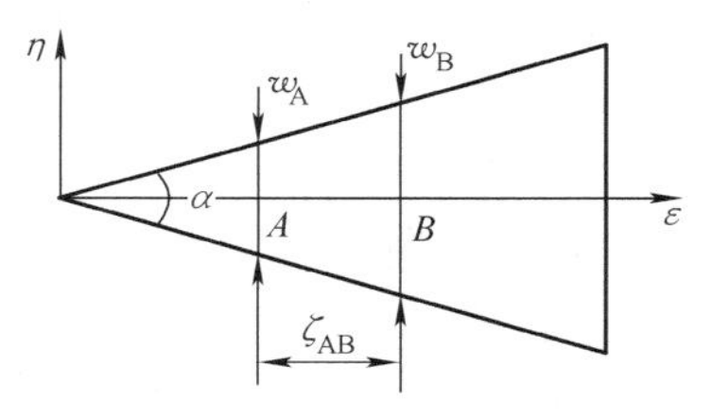

图9-21　楔槽的计算方法

楔槽的角度可以通过 ξ 轴上两点对应的缝宽 w_A、w_B 来计算（见图9-21），设两点间距离为 ζ_{AB}，则有

$$\eta\tan\frac{\alpha}{2} = \frac{w_A - w_B}{2\zeta_{AB}} \tag{9-21}$$

w_A、w_B 可以用观察屏上的衍射条纹坐标 y_A、y_B 表示，则式（9-21）可写成

$$\tan\frac{\alpha}{2} = \frac{n\lambda R}{2\zeta_{AB}}\left(\frac{1}{y_A} - \frac{1}{y_B}\right) \tag{9-22}$$

用激光衍射法还可以测量温度、压力、形变等，其基本原理都是将待测的参量转换为缝宽或间隙的测量。

五、激光测距与跟踪测量技术

1. 激光雷达与激光跟踪

激光雷达是利用激光入射到运动物体上回波产生频移的效应（即多普勒效应）来进行目标探测的。因为其工作在光频段，比毫米波高出2~4个数量级，因此分辨率比无线电和微波雷达高得多，甚至可以进行微粒探测，并且可以测量目标尺寸、形状、速度、振动及旋转速度等多种参量。其缺点是大气对激光吸收和散射比较严重，尤其是在多云、有雨雪、有雾时，激光雷达的探测距离大大减小。

激光多普勒效应测速原理如图9-22所示。

激光器L发出的频率为 ν_0 的光照射到粒子P上，一部分光经过散射进入探测器D，另一

部分未被散射的光经反射镜反射进入探测器D，由于粒子相对于光源运动，其接收到的频率为

$$\nu' = \nu_0\left(1 + \frac{\nu n\cos\alpha}{c}\right) \tag{9-23}$$

同时，粒子P相对于探测器也有运动，故探测器接收到的光频为

$$\nu'' = \nu'\left(1 + \frac{\nu n\cos\beta}{c}\right) \tag{9-24}$$

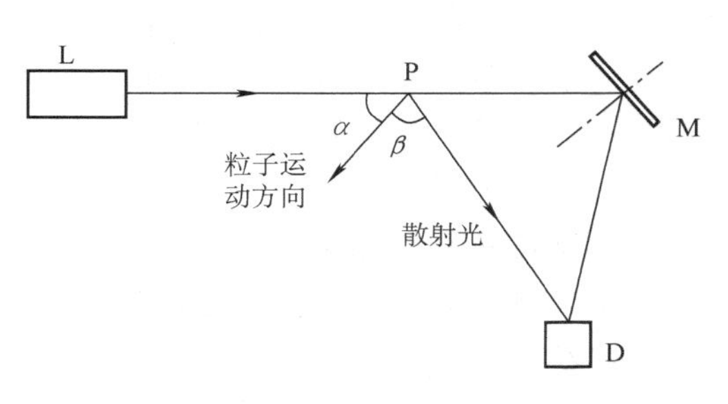

图9-22　激光多普勒测速原理

探测器上接收的是ν''和ν_0的混频信号，含有ν''、ν_0、$\nu''+\nu_0$和$\nu''-\nu_0$四种频率成分，其中前三种频率成分远远超过探测器的频响，因此不予考虑，探测器只对差频信号$\nu''-\nu_0$产生响应，根据探测到的频差大小，可以计算出粒子的运动速度。

基于多普勒双光束相干探测激光雷达的基本原理框图如图9-23所示。

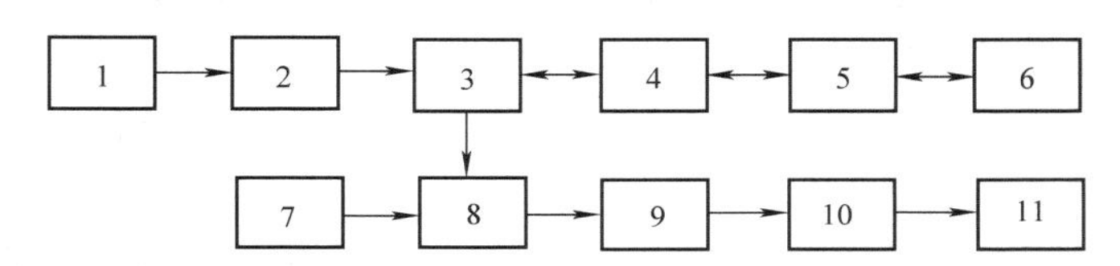

图9-23　相干探测激光雷达的基本原理框图

1—激光器　2—光束整形系统　3—发送/接收隔离开关　4—望远镜　5—光学扫描系统　6—目标
7—本机振荡器　8—光学混频器　9—光敏探测器　10—高通电子滤波器　11—信号处理器

激光器输出的光束通过整形，经发送/接收开关发往望远镜，由光学扫描系统射向目标，从目标返回的信号光束进入光学扫描系统反向通过望远镜。发送/接收隔离开关将收到的返回光波送入光学混频器，与本机振荡信号混频。通过检测本机振荡信号与返回光信号的频差，计算出目标运动速度。

上述系统激光发射和接收共用一个光学孔径，因此称为单稳态相干探测雷达，另外还有双稳态相干探测和三频相干探测雷达，在此不一一赘述。

激光跟踪系统如图9-24所示。目标返回的激光经反射式接收物镜，再经窄带滤光片后，

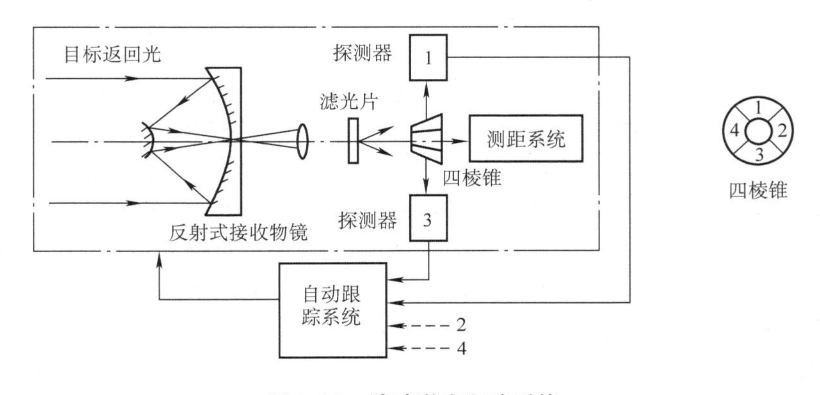

图9-24　脉冲激光跟踪系统

由四棱锥分成4束光，分别至探测器1、2、3、4，当目标在光轴上时，回波光束恰好落在四棱锥的正中心，4个探测器接收到的辐射相同，当目标偏离光轴时，4个探测器输出信号存在差异，根据该差异形成方位误差指令，控制自动跟踪系统调整光轴指向，使之对准目标。

2. 激光扫描跟踪测量

激光扫描跟踪测量用于测大尺寸，无需导轨，可测三维任意空间尺寸，是近十几年来发展的新技术。

激光扫描跟踪测量有球面法、三角法和多边形法等。球面法只用一个激光测量系统，以球坐标原理实现三维空间尺寸测量。三角法利用两个激光测量系统，采用与目标靶镜之间三角关系的直角坐标测量原理测出三维空间尺寸。多边形法则用三个或四个激光测量系统与靶镜形成多边形，不仅可以测出三维空间尺寸，而且还可以自标定和有冗余信息，不怕某一路挡光引起信号丢失。

下面以一个激光测量系统与一个目标靶镜组成的球坐标法为例说明其工作原理。图9-25是球坐标法激光跟踪测量的原理图。

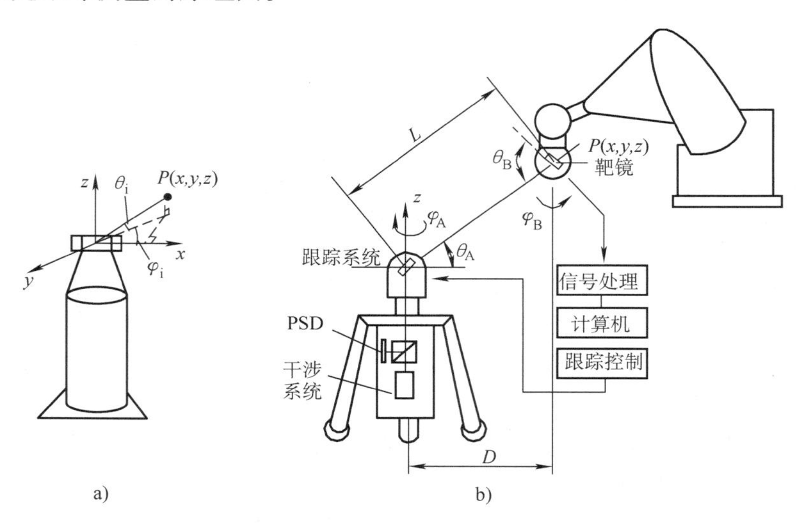

图9-25　球坐标法激光跟踪测量的原理图

a）球坐标测量原理　b）五自由度激光跟踪干涉测量系统

目标靶镜是合作目标，它与被测物相连，靶镜从理论上分析可以是反射镜、角锥镜或猫眼镜，而实际采用的多是猫眼镜，激光系统包括激光测量系统和跟踪系统。激光测量系统是一台激光测距仪，它用光干涉法精确测出激光系统与目标靶镜之间的距离L。激光跟踪系统可以精确地控制跟踪角度，在它的内、外回转轴上均装有测量转角的编码器，从而可以测出俯仰角θ_A和偏摆角φ_A（见图9-25b）。通过激光跟踪系统可将激光束导向目标靶镜的中心。在目标靶镜的后方有两个光电探测器可以提供入射光束的位置信息θ_B与φ_B，通过信号输出系统送到计算机形成跟踪控制信息，使目标靶镜的镜面始终与激光束垂直。这样在激光测量系统与目标靶镜之间距离D已知（事先测出）情况下，由L、θ_A、θ_B、φ_A、φ_B和D就可求出目标$P(x, y, z)$的位置。由于该系统有五个待定参数L、θ_A、θ_B、φ_A、φ_B，因而称为五自由度系统。其测俯仰和方位角的精度可达1″，空间测量不确定度约0.02mm。

图 9-26 是激光跟踪干涉测量的光路图。He－Ne 激光头 1 射出的激光由偏振分光镜 2 分为两束，一束向上反射，经固定角锥镜 4 反射，再入射到偏振分光镜；其反射光回到激光头的接收孔中。另一束光透射出偏振分光镜 2，经$\frac{\lambda}{4}$波片 3 后由平面反射镜反射再次经过$\frac{\lambda}{4}$波片，从而使偏振状态改变 90°，因此对偏振分光镜成为反射光，该光经角锥镜 5 反射，再次进入偏振分光镜被反射向右传输，经$\frac{\lambda}{4}$波片和分光镜 6，射向激光跟踪系统的跟踪转镜 7，由跟踪转镜 7 射向猫眼反射镜 8。经猫眼反射镜 8 反射的光线沿原路返回又一次经过$\frac{\lambda}{4}$波片，由于该光两次透过$\frac{\lambda}{4}$波片，偏振状态又转了 90°，因此对分光镜 2 成为透射光，最后也到达激光头的接收孔，并与参考光相混频后被光电元件接收，获得测距信号。由猫眼反射镜 8 反射回来的激光，被分光镜 6 反射的光被光电器件（PSD）9 接收，该信号即为跟踪偏差信号，经控制电路处理后驱动跟踪转镜 7 转动，以跟踪猫眼反射镜 8 的运动。

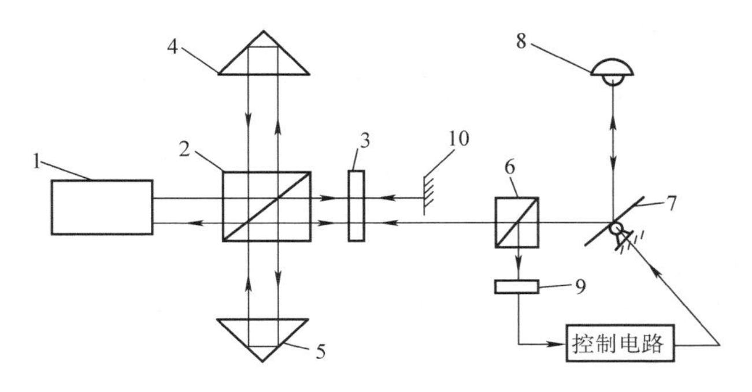

图 9-26　激光跟踪干涉测量光路图

1—He－Ne 激光　2—偏振分光镜　3—$\frac{\lambda}{4}$波片　4、5—角锥镜　6—分光镜

7—跟踪转镜　8—猫眼反射镜　9—光电器件（PSD）　10—平面反射镜

从以上分析可以看出，该系统的双频激光干涉法测距系统可以用双频激光干涉仪的激光头来代替。而激光头 1、光电器件 9、控制电路和跟踪转镜 7 及猫眼反射镜 8 是一个激光准直系统，用二维光电器件（PSD）9 测量返回光的方位，并进而控制跟踪转镜 7 来对准目标靶镜（猫眼反射镜 8）。

图 9-27 是猫眼反射镜的光路图。猫眼反射镜由前半球和后半球组成，两个半球对心胶合在一起，即猫眼前半球的像方焦点落在后半球的球面上，在该球面上镀有反射膜。这样，对于任一近轴光线，经前半球聚焦后必落在后半球的球面上，该光束被后半球反射后，经前半球出射与入射光平行的光束。

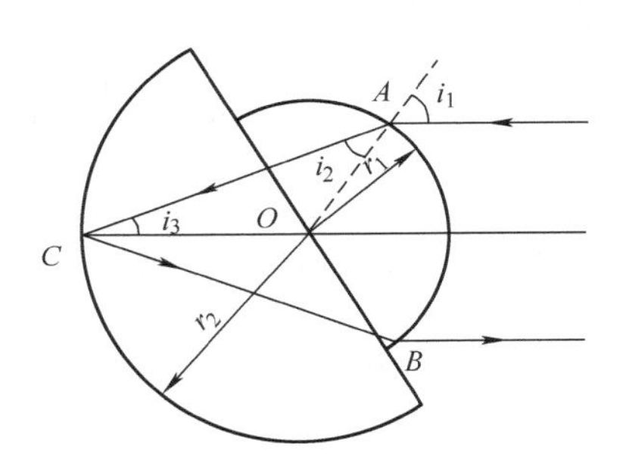

图 9-27　猫眼反射镜的光路图

图 9-27 中从 A 点入射经 C 点反射后由 B 点折射出平行光束。由图示可以看出

$$i_1 = i_2 + i_3 \tag{9-25}$$

式中，i_1 为入射角；i_2 为折射角；i_3 为后半球表面反射角。

另外由折射定律可得

$$\frac{1}{n}=\frac{\sin i_2}{\sin i_1}\approx\frac{i_2}{i_1} \tag{9-26}$$

对于三角形△AOC，应用正弦定理可得

$$\frac{OA}{OC}=\frac{r_1}{r_2}=\frac{\sin i_3}{\sin i_2}\approx\frac{i_3}{i_2} \tag{9-27}$$

由式（9-26）和式（9-27）可得

$$r_2=\frac{r_1}{n-1} \tag{9-28}$$

可见猫眼反射镜前后半径的关系由折射率决定，如果能用 $n=2$ 的材料（TaDF44）便可做成全球形猫眼反射镜，不仅结构简单，无需胶合而且接收角接近 ±90°，即为全视角猫眼镜。

六、近场光学显微技术

通常的光学显微镜不可能测出小于光波长尺寸的试样形状。这是由于光衍射效应的缘故。显微光学系统的分辨率为

$$\sigma=\frac{0.61\lambda}{NA} \tag{9-29}$$

式中，λ 为波长；NA 为数值孔径。

为了提高光学显微镜的空间分辨率，波长 λ 要短。光的波长为

$$\lambda=\frac{V}{f}=\frac{2\pi V}{f}=\frac{\lambda_0}{n} \tag{9-30}$$

式中，V 为媒质中光的速度。

由式（9-30）可知，为使光的波长变短，可以采用如下方法：①提高角频率 ω，即采用波长较短的紫外线和X射线实现；②增大媒质的折射率 n，采用油浸物镜和固体浸没透镜调高折射率；③做成损耗场。下面介绍一下损耗场。

光在介质表面产生反射和折射现象，如图9-28所示，当光从高折射率处向低折射率处照射时，若其界面与光形成的角度大于某一角度，则在其界面上所有的光都发生反射，该角度称为临界角。产生全反射时折射角 θ_t 为

$$\sin\theta_t=\frac{n_1}{n_2}\sin\theta_i>1,\ \cos\theta_t=\pm j\sqrt{\left(\frac{n_1}{n_2}\right)^2\sin^2\theta_i-1}$$

式中，θ_i 为入射角，$n_1>n_2$。

透射光电场的表达式为

$$E_t=E_{0t}\left\{\exp\left[\pm zk_2\sqrt{\left(\frac{n_1}{n_2}\right)^2\sin^2\theta_i-1}\right]\right\}\exp\left[j\left(\omega t-yk_2\frac{n_1}{n_2}\sin\theta_i\right)\right] \tag{9-31}$$

式（9-31）表示沿 y 方向行进而在 z 方向衰减的波，即在入射面内沿着界面行进，离开界面就衰减的波。这种波称为损耗波，如图 9-29 所示。损耗波的穿透深度 d 为

$$d = \frac{\lambda_0}{2\pi\sqrt{n_1^2\sin^2\theta_i - n_2^2}} \tag{9-32}$$

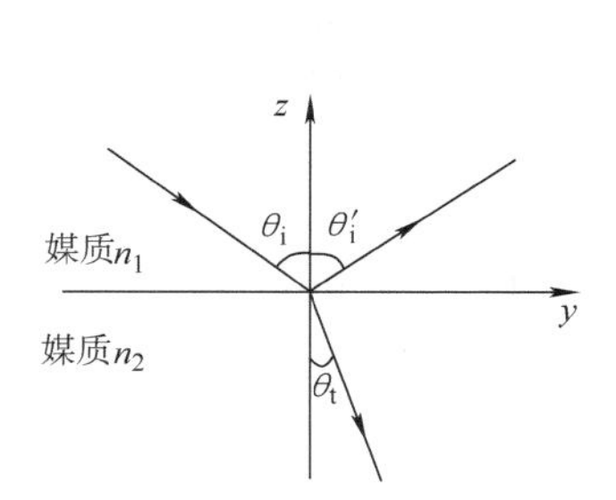

图 9-28　光的折射与反射

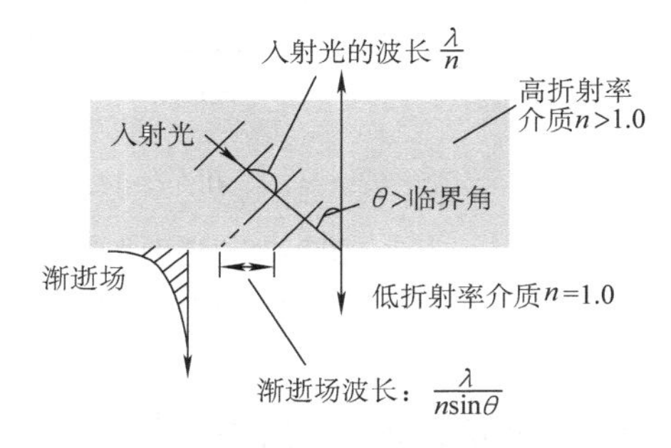

图 9-29　由于全反射产生的渐逝场

波长 λ_e 与相位速度 V_e 分别表示为

$$\lambda_e = \frac{\lambda_0}{n_1\sin\theta_i} = \frac{\lambda_1}{\sin\theta_i} = \frac{n_2}{n_1}\ \frac{\lambda_2}{\sin\theta_i} \tag{9-33}$$

$$V_e = c\frac{\lambda_e}{\lambda_2} \tag{9-34}$$

式中，λ_1、λ_2、λ_0 分别为媒介 1、媒介 2 及真空中的波长，有 $n_1\lambda_1 = n_2\lambda_2 = \lambda_0$ 的关系。

从而，损耗波的波长与高折射率媒介侧光波在界面方向的分量一致，且比空气中传播的光波长 λ_0 短。

对于因全反射在低折射率介质一侧形成的渐逝场而言，若在近场区域存在另一个高折射率介质，则渐逝场激发该高折射率介质表面的电偶极子，结果光不发生全反射，其中一部分可以入射到该高折射率介质中，这种现象叫作光子隧道效应，如图 9-30所示。

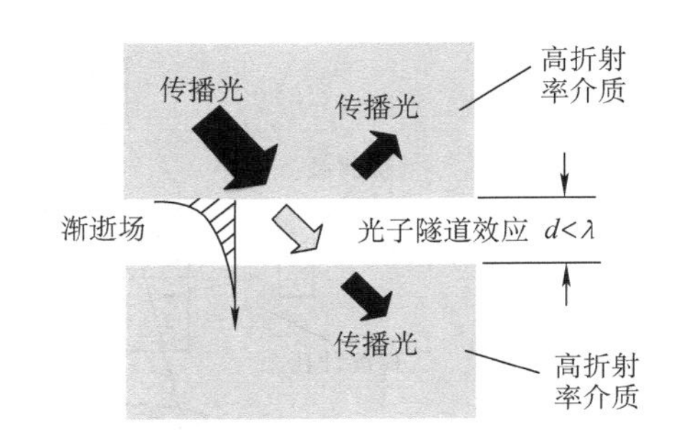

图 9-30　光子隧道效应

图 9-31a 是利用光子隧道效应的近场光学成像原理图。当入射光的入射角大于盖波片的入射角时，入射光在盖波片里发生全反射，在盖波片下面形成渐逝场。若用这种显微镜观测表面不平的试样时，由试样表面高度起伏引起隧穿光子量发生变化，可以测得表面高度分布。近场光学显微镜结构如图 9-31b 所示。激光光源发出的光经透镜耦合入光纤，经光纤探针入射到位于 $x-y$ 方向压电操作台上的样品，光纤探针离样品的距离非常近（<10nm），在针尖处激发电磁耦合振子，产生的渐逝场再由探针导入光纤，由检测器检测信号强弱，从而测量样品表面的形貌。控制系统根据信号的大小控制 z 方向压电操作台上下扫描，保持与样品表面的合适距离。近场光学显微镜的 z 向分辨率可达 0. 1nm，横向分辨率可小于 1μm。

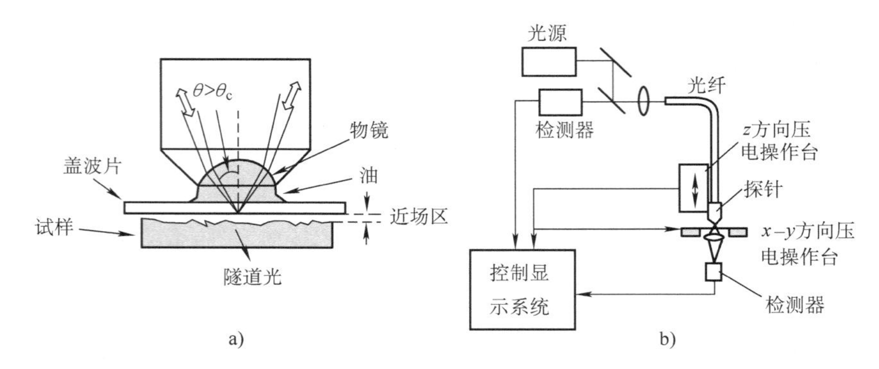

图9-31　近场光学成像原理及近场光学显微镜结构示意图

a）近场光学成像原理　b）近场光学显微镜结构示意图

七、激光共聚焦显微技术

激光共聚焦显微镜是一种测量表面二维形貌的重要手段。相对于传统的光学显微镜，它不仅可以实现二维测量，而且可以实现高精度的深度信息测量，精度可以达到纳米级。由于采用了空间滤波器限制了衍射效应，其横向分辨率也大大提高。

激光共聚焦显微镜原理如图9-32所示。激光器发出的光聚焦到光源针孔上，光源针孔位于场镜的焦点上，经光源针孔发出的光经场镜准直后，经物镜聚焦成一个非常小的光斑投射到试样表面上，如果试样表面正好位于物镜焦平面上，如图9-32a所示，聚焦光斑经试样后向散射后，经物镜、场镜聚焦到探测针孔上，位于针孔后的探测器接收到发光强度信号，此时接收到的发光强度信号是最强的。当试样表面不在物镜的焦平面上时，如图9-32b所示，投射到试样表面的是一个较大的光斑，该光斑经试样反射后，在探测针孔位置也形成一

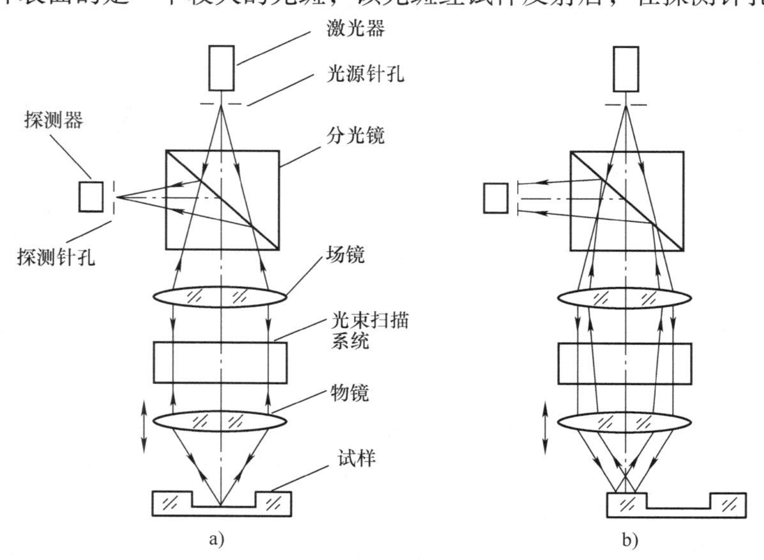

图9-32　激光共聚焦显微镜原理图

a）光束聚焦在试样表面　b）光束焦点偏离试样表面

个较大的光斑，因此，透过针孔的发光强度减弱，在探测器上探测的发光强度信号也减弱。通过物镜的上下扫描运动可以找到物镜聚焦在试样表面的位置，即探测器接收信号最强的位置。通过物镜的移动量，可以测出试样表面高度变化。由于用于聚焦到试样表面的光斑非常小，且在与物方焦点共轭的位置安装探测针孔滤波，避免了聚焦光斑外物点的反射或衍射光投射到探测器上，因此相对于通常的亮场显微镜，激光共聚焦显微镜具有更高的横向分辨率。通常激光共聚焦显微镜还具有光束扫描系统，使得聚焦光斑在物体表面实现二维平面扫描。

第三节　视觉检测技术

随着计算机技术和数字摄像技术的发展，视觉检测技术近年来发展十分迅速并得到了广泛的应用，如产品检测、生物和医学图像分析、机器人引导、遥感图像分析、指纹虹膜鉴别、国防中的目标识别和武器制导、公共场所监测等，可以说，需要人类视觉检测的场合几乎都可以用机器视觉实现检测。对于人类不可见的物体，如 X 射线、紫外线、红外线、放射线及超声波等不可见光的图像，也可用视觉检测技术实现测量，并且它还可以在人无法接近的特殊场合工作。视觉检测技术集非接触、高速、高智能、高精度、适用范围广等优点于一身，因此具有广阔的应用前景和巨大的潜力。

一、视觉检测系统的组成

视觉检测系统根据被测对象的不同有着不同的结构形式，图 9-33 是一个比较完整的视觉检测系统组成框图。

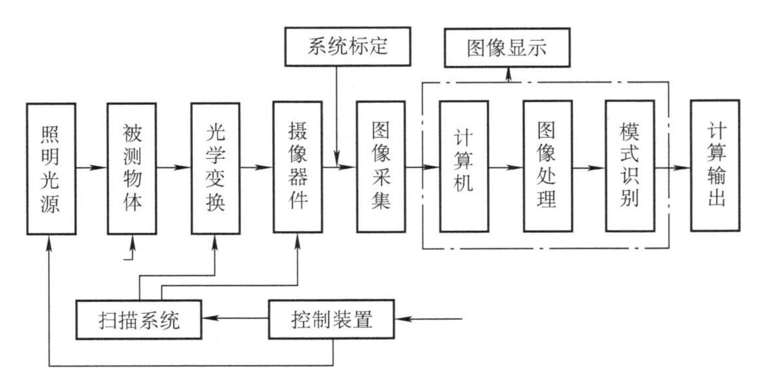

图 9-33　视觉检测系统组成框图

被测对象经过光学变换系统成像到摄像器件光敏面上。根据测量需要，被测对象被成像光学系统放大或缩小，有时需要进行扫描成像，扫描包括 3 种方式：①被测物移动而摄像系统不动；②被测物和摄像器件不动而光学系统运动；③被测物和光学系统不动而摄像器件运动。摄像器件将光信号转换为电信号，由计算机进行图像滤波、边缘提取、区域分割、模式识别等处理，并计算被测物的参数。照明光源的强度根据需要可进行调整，在三维测量中，常常不直接采集物体图像，而是将结构光投射到被测物上，摄取被物体调制的结构光图像，以获得三维信息。

二、典型视觉检测系统

视觉检测可通过非接触的方法实现物体尺寸测量、识别和外观特征的检测。

（一）一维尺寸测量

图9-34a是线阵CCD检测热轧钢丝与钢板宽度的例子。若物的尺寸为L，经放大倍数为M的物镜成像于线阵CCD上，若像的尺寸为L'，则$L'=ML$。若L'覆盖光敏元的像素为N，像素间距为P，则有

$$L = NP/M \tag{9-35}$$

因此测得N，标定了像素间距P就可求出被测尺寸。

图9-34b的测量系统没有成像物镜，必须用平行光照明，并且要求照明均匀，光源波动小，该测量系统直接检测物的挡光阴影在CCD光敏面上的位置。

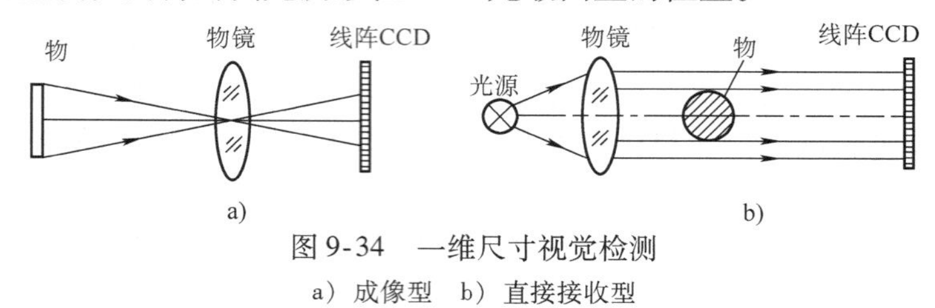

图9-34 一维尺寸视觉检测

a）成像型 b）直接接收型

图9-35是几种应用实例，图9-35a为运动物体的外径测量，如钢棒、钢管外径、拉制的玻璃管外径等。图9-35b是宽度测量，如纸张、布、钢板的宽度。图9-35c为可测工件的位置和形状测量。

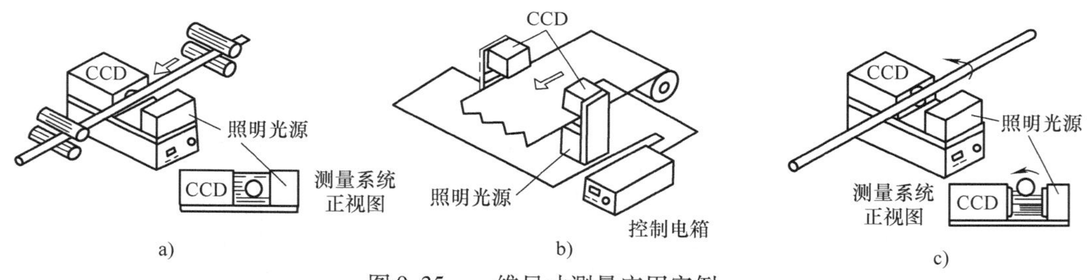

图9-35 一维尺寸测量应用实例

a）外径测量 b）宽度测量 c）位置和形状测量

这种方法简单、效率高，物体的运动速度可达500mm/s。测量范围一般在0～100mm，分辨力为0.01mm，或者更高。

（二）二维尺寸测量

用视觉检测的方法测量二维尺寸，一般采用面阵CCD对被测物进行二维成像，也可以用线阵CCD外加一维扫描运动来实现。图9-36是用线阵CCD与一维扫描实现干涉条纹检测的原理框图。

在用光干涉法测量表面粗糙度的系统中，干涉仪可以使用泰曼－格林干涉仪、林尼克干涉仪、米勒干涉仪和斐索干涉仪等。干涉条纹图像可以通过面阵CCD采集。按照粗糙度测量标准，测量区域要满足一定的取样长度要求，例如对于Ra为0.1μm的表面，其取样长度l为0.25mm。若光学系统的放大倍数为K，则在CCD光敏面处，一个取样长度被放大为$L=$

lK，若 $K=8$，则 $L=2000\mu m$。如果采用面阵 CCD，CCD 像素间距 $P=10\mu m$，那么在取样方向上 CCD 的像元数应该为 $N=\frac{lK}{P}=200$。大面阵的 CCD 价格很高，因此常常用线阵 CCD 加一维扫描来拾取干涉条纹，其原理如图 9-37 所示，线阵 CCD 在电动机的驱动下沿扫描方向运动，按相同的步距对条纹进行采样，直到完成整个取样长度的扫描。线阵 CCD 可根据分辨力要求来选取，如果系统要求分辨力为 i，扫描的干涉仪条纹数为 M，那么线阵 CCD 像素数 N 为

$$N=\frac{\frac{\lambda}{2}M}{i} \tag{9-36}$$

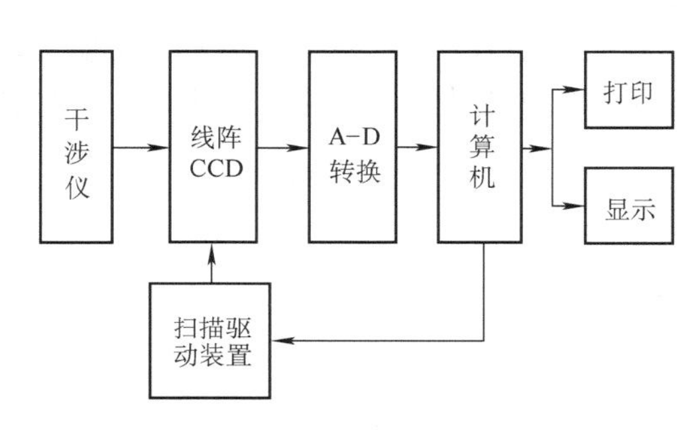

图 9-36　干涉条纹检测的原理框图

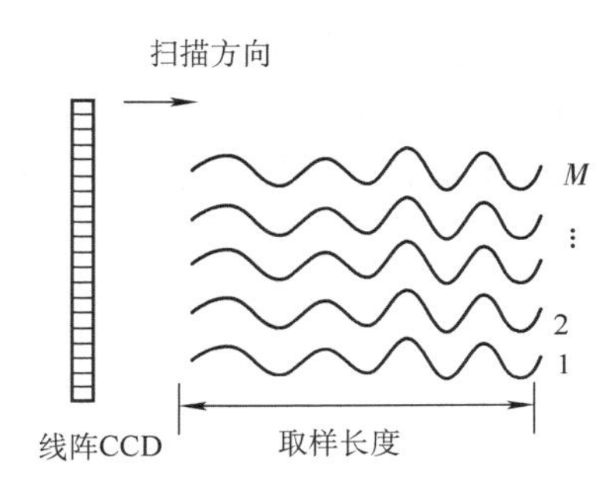

图 9-37　二维干涉条纹扫描

式（9-36）中 λ 为照明光的波长。若取 $M=5$，$\lambda=0.65\mu m$，分辨力要求为 1nm，那么 $N=1625$。线阵 CCD 的信号经过 A－D 转换卡采集到计算机，通过图像处理算法计算条纹变化幅值，从而计算被测表面粗糙度。

目前视觉检测技术中应用最为广泛的是用面阵 CCD 进行二维几何参数测量。图 9-38 是二维视觉坐标测量机原理图，被测工件放在二维玻璃工作台上。被测工件由照明光源照明，显微物镜将工件成像到 CCD 像面上，通过图像采集卡将图像送入计算机，并进行图像滤波、边缘提取、亚像素细分、边缘拟合等处理。对于较小的工件，如果能一次完全成像到 CCD 像面范围内，则对 CCD 像素当量标定后可直接计算出其几何参数，对于比较大的工件，不能一次完全成像到 CCD 像面范围内，需要利用坐标综合法，即移动二维玻璃工作台，对其各个待测区域进行成像，同时采集 x、y 方向光栅数据，设 CCD 像面坐标系内一点坐标为（x_i，y_i），此时对应的横向和纵向光栅的坐标为（X_c，Y_c），则该点综合坐标为（$X=X_c+x_i$，$Y=Y_c+y_i$）。这种测量方法的特点是不需要像传统的光学测量仪器一样将对被测件准确对准到瞄准线上，只要被测件进入 CCD 成像区域就可以测量，因而测量速度快，测量精度可优于 1μm。另外可通过图像分析的方法，通过适当的调焦函数来评价图像的对焦状态，通过电动机驱动 CCD 和物镜沿 z 向（垂直方向）导轨运动到正

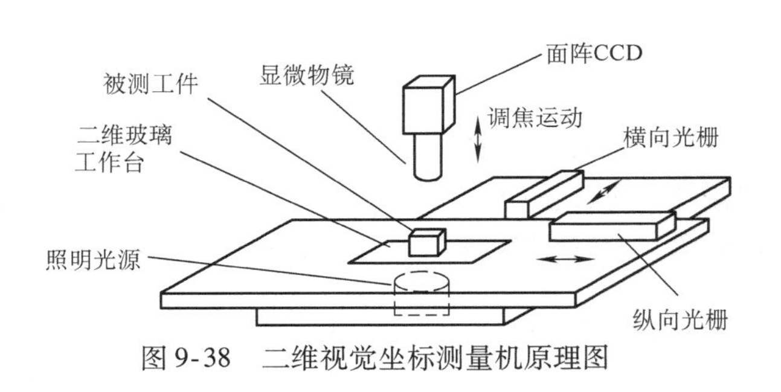

图 9-38　二维视觉坐标测量机原理图

焦位置，实现测量中的自动调焦。

（三）三维尺寸测量

由于 CCD 成像是将三维物体投射到二维平面上，因此无法测量物体的深度信息。三维视觉是在二维视觉的基础上，通过对二维图像信息的分析组合，恢复物体的深度信息。目前常见的三维视觉系统大致可分为被动三维视觉系统和主动三维视觉系统。主动三维视觉与被动三维视觉不同之处在于主动三维视觉是采用将结构光投射到物体表面，通过物体表面的高度不同而对结构光进行调制获得三维信息。而被动视觉采用自然光或普通照明光对物体进行照明。

1. 被动式三维视觉测量

被动式三维视觉测量的典型结构是双目立体视觉方式，这里以双目立体视觉为例，介绍被动式三维视觉测量原理。双目立体视觉是模仿人眼的成像方式，通过两台 CCD 摄像机对同一景物从不同位置成像，利用图像匹配技术找到两台摄像机对应点的视差，进而由视差求出景物的三维信息。双目立体视觉测量原理如图 9-39 所示。

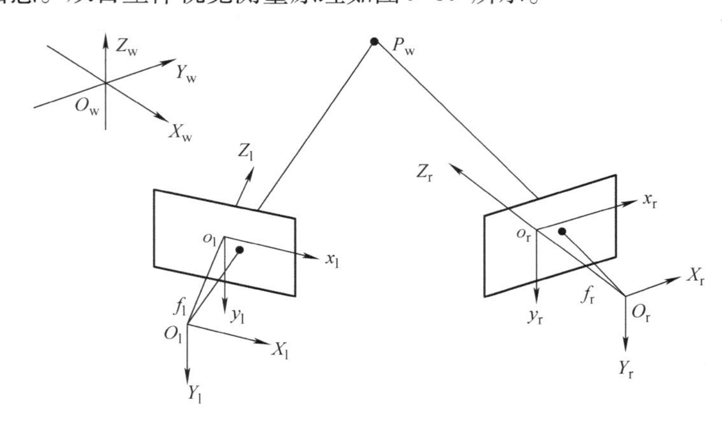

图 9-39　双目立体视觉测量原理

空间中有一点 P_w，在世界坐标系中其坐标为（X_w，Y_w，Z_w），将该点坐标转换到左右两摄像机坐标系中，其坐标分别为（X_{cl}，Y_{cl}，Z_{cl}），（X_{cr}，Y_{cr}，Z_{cr}）。若两摄像机的旋转矩阵 $\boldsymbol{R}_{view}$ 与平移矩阵 $\boldsymbol{T}_{view}$ 已知，P_w 点在两摄像机坐标系下的坐标转换关系为

$$\begin{pmatrix} X_{cr} \\ Y_{cr} \\ Z_{cr} \end{pmatrix} = \begin{pmatrix} r_1 & r_2 & r_3 & t_x \\ r_4 & r_5 & r_6 & t_y \\ r_7 & r_8 & r_9 & t_z \end{pmatrix} \begin{pmatrix} X_{cl} \\ Y_{cl} \\ Z_{cl} \\ 1 \end{pmatrix} = \begin{pmatrix} r_1 & r_2 & r_3 \\ r_4 & r_5 & r_6 \\ r_7 & r_8 & r_9 \end{pmatrix} \begin{pmatrix} X_{cl} \\ Y_{cl} \\ Z_{cl} \end{pmatrix} + \begin{pmatrix} t_x \\ t_y \\ t_z \end{pmatrix} = \boldsymbol{R}_{view} \begin{pmatrix} X_{cl} \\ Y_{cl} \\ Z_{cl} \end{pmatrix} + \boldsymbol{T}_{view} \tag{9-37}$$

若 P_w 点在左右摄像机像面上的投影点坐标分别为（x_l，y_l），（x_r，y_r）且左右摄像机的内参数矩阵已知，则 P_w 点在左右摄像机坐标系中的坐标与其对应的图像物理坐标间的转换关系可以表示为

$$\boldsymbol{Z}_{cl} \begin{pmatrix} x_l \\ y_l \\ 1 \end{pmatrix} = \begin{pmatrix} \alpha & \gamma & u_0 \\ 0 & \beta & \nu_0 \\ 0 & 0 & 1 \end{pmatrix} \begin{pmatrix} X_{cl} \\ Y_{cl} \\ Z_{cl} \end{pmatrix} \tag{9-38}$$

$$Z_{cl}\begin{pmatrix}x_r\\y_r\\1\end{pmatrix}=\begin{pmatrix}\alpha & \gamma & u_0\\0 & \beta & \nu_0\\0 & 0 & 1\end{pmatrix}\begin{pmatrix}X_{cr}\\Y_{cr}\\Z_{cr}\end{pmatrix} \tag{9-39}$$

由式（9-37）~式（9-39）可以推导出空间点在左摄像机坐标系下的坐标为

$$\begin{aligned}X_{cl} &= \frac{x_1(f_rT_y - y_rT_z)}{y_r(r_7x_1 + r_8y_1 + f_1r_9) - f_r(r_4x_1 + r_5y_1 + f_1r_6)}\\ Y_{cl} &= \frac{y_1(f_rT_y - y_rT_z)}{y_r(r_7x_1 + r_8y_1 + f_1r_9) - f_r(r_4x_1 + r_5y_1 + f_rr_6)}\\ Z_{cl} &= \frac{f_1(f_rT_y - y_rT_z)}{y_r(r_7x_1 + r_8y_1 + f_1r_9) - f_r(r_4x_1 + r_5y_1 + f_1r_6)}\end{aligned} \tag{9-40}$$

若已知左摄像机坐标系与世界坐标系之间的转换关系，即已知左摄像机坐标系到世界坐标系的旋转矩阵 $\boldsymbol{R}_{lw}$ 和平移矩阵 $\boldsymbol{T}_{lw}$，则在世界坐标系下的 P_w 点坐标为

$$\begin{pmatrix}X_w\\Y_w\\Z_w\\1\end{pmatrix}=\begin{pmatrix}r_1 & r_2 & r_3\\r_4 & r_5 & r_6\\r_7 & r_8 & r_9\end{pmatrix}\begin{pmatrix}X_{cl}\\Y_{cl}\\Z_{cl}\end{pmatrix}+\begin{pmatrix}t_x\\t_y\\t_z\end{pmatrix}=\boldsymbol{R}_{view}\begin{pmatrix}X_{cl}\\Y_{cl}\\Z_{cl}\end{pmatrix}+\boldsymbol{T}_{view} \tag{9-41}$$

由式（9-40）、式（9-41），在两摄像机全部模型参数已知的情况下，即可由空间点在两摄像机中相匹配的图像坐标计算该空间点的世界坐标。

2. 主动式三维视觉测量

主动式三维视觉测量的测量精度和可靠性较高，因此在三维测量中得到广泛应用。结构照明所采用的光源分为激光光源和普通光源两种。激光具有亮度高、方向性和单色性好、易于实现强度调制等优点，应用最为广泛。白光光源的结构照明具有噪声低、结构简单的优点，例如可方便地通过计算机生成各种各样的条纹图案在液晶显示器（LCD）上显示，经投影光学系统投影到物上，该领域的研究正受到越来越多的重视，目前 LCD 投影的主要问题是商用 LCD 的分辨力不高，难以实现高精度测量。

结构光投射到物体上的图案有光点、光条、栅格、二元编码图或其他复杂图案，尽管投射图案各不相同，但都是基于三角法测量原理，这里以单个光点投射为例说明其原理，如图 9-40 所示。

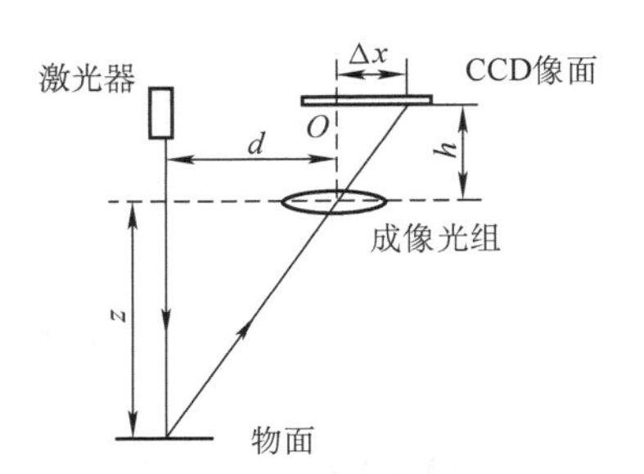

图 9-40　激光三角法原理图

激光器投射一光点到被测物面上，经物面漫反射后成像到 CCD 像面上，成像光组光轴与 CCD 像面的交点 O 设为像面坐标原点，则光点偏移量 Δx 与物面的空间深度 z 存在的对应关系为

$$z = \frac{hd}{\Delta x} \tag{9-42}$$

由式（9-42）可以看出，Δx 和 z 是非线性关系，因此在应用中，应该采用标定的方法对其进行补偿。CCD 和成像光组的摆放角度还可以有多种形式，这里不一一介绍。

图 9-41 所示的是采用光切割法对钢板焊缝、曲折和切割形状进行检测的原理图。系统由一台摄像机和两台投射光装置组成，摄像机放置位置与工作台面垂直，两台投射光装置的

光轴和工作台法线方向成一定角度。两台投射光装置投射出来的片状光互相平行，在被测面上形成两条光条。光条上每点空间位置的计算方法与三角法相同，见式（9-42）。根据投射光条的成像位置关系，可以计算出钢板的形状。

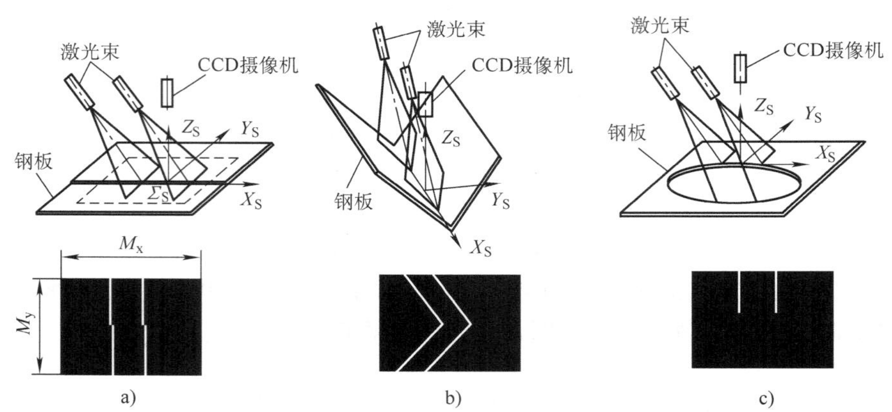

图9-41 光切割法测量焊接形状原理及其得到的图像
a）测量钢板焊缝 b）测量钢板曲折 c）测量钢板切割形状

采用片状光或者其他面状投射图案投射到物面上，可快速获得物面各点的深度信息。如图9-42所示，光学投射器将一束面条纹结构光投射于物体表面，在表面上形成由被测物体表面形状所调制的光条三维图像。该三维图像由处于另一位置的摄像机探测，从而获得光条二维畸变图像。光条的畸变程度取决于光学投射器与摄像机之间的相对位置和物体表面形状及轮廓（高度）。直观上，沿光条显示出的位移（或偏移）与物体表面高度成比例，扭曲表示了平面的变化，不连续显示了表面的物理间隙。当光学投射器与摄像机之间的相对位置一定时，由畸变的光条图像坐标便可重建物体表面形状和轮廓。光学投射器和摄像机即构成了结构光三维视觉传感器。

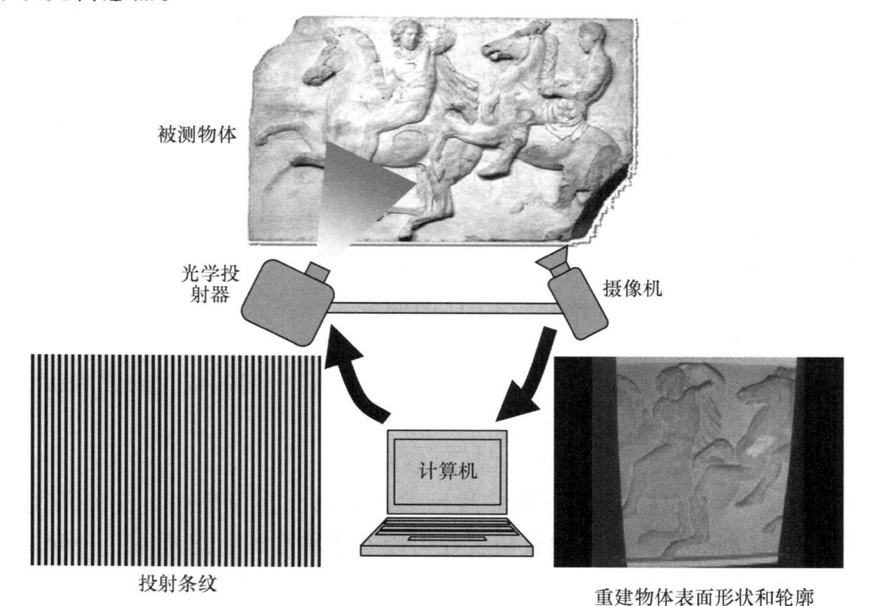

图9-42 面结构光三维视觉原理

在图9-43中，光平面在物体坐标系（工件自身坐标系）中由 O_p 点以 θ 角入射，且光平面平行于物体坐标系的 Y_g 轴，交 X_g 轴于 O_0 点（当没有物体时，投射点 O_P 在 X_g 轴上的坐标为（0，0，D_{gp}），故光平面方程为

$$Z_g = -\cot\theta X_g + D_{gp} \tag{9-43}$$

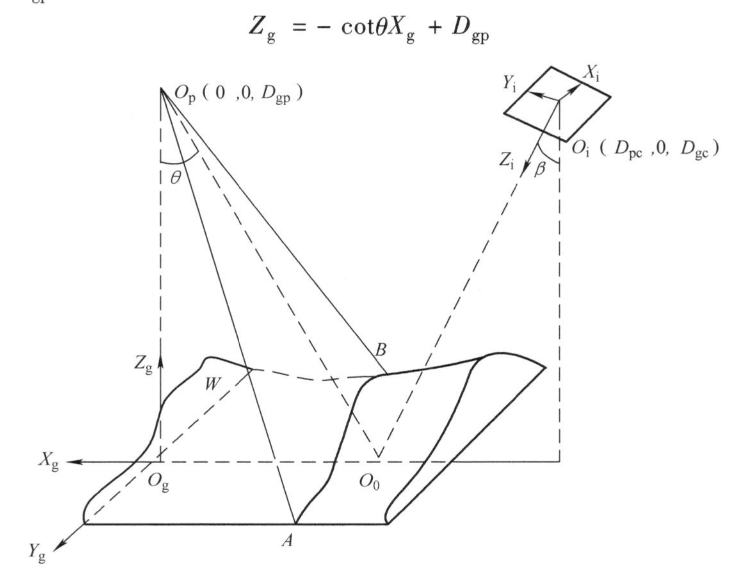

图9-43　面结构光三维视觉模型

该平面与物体 W 表面相交，形成交线 AB。设物体坐标系为 $O_gX_gY_gZ_g$，摄像机坐标系为 $O_iX_iY_iZ_i$，Z_i 为摄像机的光轴。

设 AB 曲线上任一点在物体坐标系下的坐标为（X_{gi}，Y_{gi}，Z_{gi}），在摄像机坐标系下的坐标为（X_i，Y_i，Z_i），相应的齐次坐标为 $V_0=(X_0, Y_0, Z_0, k)$ 和 $V_i=(X_i,Y_i,Z_i,1)$。由物体坐标系的齐次坐标（X_0，Y_0，Z_0，k）到摄像机坐标系的齐次坐标（X_i，Y_i，Z_i，1），其变换模型可看作是物体坐标系先平移至摄像机坐标系的像平面中心点 O_i（平移变换阵为 T_{tra}），然后绕自身的 X_g 轴旋转180°（旋转变换阵为 T_x），再绕 Y_g 轴转 β 角（旋转变换阵为 T_y），从而使摄像机的光轴在 O_iO_0 的连线上。然后再对物点进行透射变换（透射变换阵为 $P(f)$），就得到了物点的齐次像坐标（X_i，Y_i，Z_i，1）。变换关系可表示为

$$V_i = HV_0 \tag{9-44}$$

式中，H 为物点由物体坐标系到摄像机坐标系的总变换阵。

总变换阵为

$$H = P(f)T_y(\beta)T_x(180°)T_{tra} \tag{9-45}$$

式中，f 为摄像机镜头的焦距。

由于 H 可逆，故有

$$V_0 = H^{-1}V_i \tag{9-46}$$

$$\begin{pmatrix} X_0 \\ Y_0 \\ Z_0 \\ k \end{pmatrix} = H^{-1}\begin{pmatrix} X_i \\ Y_i \\ Z_i \\ 1 \end{pmatrix}$$

即

$$H^{-1}=T_{\mathrm{tra}}{}^{-1}T_{\mathrm{x}}(180^{\circ})^{-1}T_{\mathrm{y}}(\beta)^{-1}P^{-1}(f)$$
$$=\frac{1}{f^2}\begin{pmatrix} f\cos\beta & 0 & f\sin\beta-D_{\mathrm{pc}} & fD_{\mathrm{pc}} \\ 0 & -f & 0 & 0 \\ f\sin\beta & 0 & f\cos\beta-D_{\mathrm{gc}} & fD_{\mathrm{gc}} \\ 0 & 0 & -1 & -1 \end{pmatrix} \tag{9-47}$$

由式（9-47）可得齐次坐标为

$$\begin{cases} X_0=X_{\mathrm{i}}f\cos\beta+(f\sin\beta-D_{\mathrm{pc}})Z_{\mathrm{i}}+fD_{\mathrm{pc}} \\ Y_0=-fY_{\mathrm{i}} \\ Z_0=X_{\mathrm{i}}f\sin\beta-(f\cos\beta+D_{\mathrm{gc}})Z_{\mathrm{i}}+fD_{\mathrm{gc}} \\ k=-Z_{\mathrm{i}}+f \end{cases} \tag{9-48}$$

转换成直角坐标为

$$\begin{cases} X_{\mathrm{g}}=\dfrac{1}{f-Z_{\mathrm{i}}}[X_{\mathrm{i}}f\cos\beta+(f\sin\beta-D_{\mathrm{pc}})Z_{\mathrm{i}}+fD_{\mathrm{pc}}] \\ Y_{\mathrm{g}}=-\dfrac{1}{f-Z_{\mathrm{i}}}fY_{\mathrm{i}} \\ Z_{\mathrm{g}}=\dfrac{1}{f-Z_{\mathrm{i}}}[X_{\mathrm{i}}f\sin\beta-(f\cos\beta+D_{\mathrm{gc}})Z_{\mathrm{i}}+fD_{\mathrm{gc}}] \end{cases} \tag{9-49}$$

消去 Z_{i} 得投影线方程为

$$\begin{cases} X_{\mathrm{g}}=-\dfrac{1}{Y_{\mathrm{i}}}[Y_{\mathrm{g}}(f\sin\beta+X_{\mathrm{i}}\cos\beta)+Y_{\mathrm{i}}(f\sin\beta-D_{\mathrm{pc}})] \\ Z_{\mathrm{g}}=\dfrac{1}{Y_{\mathrm{i}}}[Y_{\mathrm{g}}(f\cos\beta-X_{\mathrm{i}}\sin\beta)+Y_{\mathrm{i}}(f\cos\beta+D_{\mathrm{gc}})] \end{cases} \tag{9-50}$$

由于物点又在光平面上，因此联立式（9-50）和光平面方程式（9-43），可求物坐标（X_{g}，Y_{g}，Z_{g}）为

$$\begin{cases} X_{\mathrm{g}}=\dfrac{X_{\mathrm{i}}(\Delta\cos\beta+D_{\mathrm{pc}}\sin\beta-f)+f(\Delta\sin\beta-D_{\mathrm{pc}}\cos\beta)}{X_{\mathrm{i}}(\cos\beta\cot\theta+\sin\beta)+f(\sin\beta\cot\theta-\cos\beta)} \\ Y_{\mathrm{g}}=\dfrac{f\cos\beta-\Delta+(D_{\mathrm{pc}}-f\sin\beta)\cot\theta}{X_{\mathrm{i}}(\cos\beta\cot\theta+\sin\beta)+f(\sin\beta\cot\theta-\cos\beta)} \\ Z_{\mathrm{g}}=-\cot\theta X_{\mathrm{g}}+D_{\mathrm{gp}} \end{cases} \tag{9-51}$$

式中，$\Delta=D_{\mathrm{gp}}-D_{\mathrm{gc}}$，$\tan\beta=-\dfrac{D_{\mathrm{pc}}}{D_{\mathrm{gc}}}$。

式（9-51）就是面条纹结构光的三维视觉检测模型。

（四）视觉检测系统的关键技术

1. 对照明系统的要求

照明系统是视觉检测系统中非常重要的组成部分，它对能否进行稳定、清晰、高对比度成像起着关键作用。合适的光源可以使目标信息与背景信息得到最佳分离，可以大大降低图像处理算法分割、识别的难度，同时提高系统的定位、测量精度，使系统的准确性和可靠性得到提高。在视觉检测系统中，照明系统首先应具备以下几个基本功能：

1）照亮目标，提高目标亮度。当照明系统不够亮时，会带来采集的图像对比度不高、信噪比不高和环境光对成像质量影响大等不利因素。

2）克服环境光干扰，保证图像的稳定性。

3）形成稳定、清晰、高对比度的成像效果，有利于后续的图像处理。

除此之外，在选择和设计照明系统时，还要考虑以下因素：

1）照明系统的相对光谱功率分布应与视觉检测系统的探测器光谱响应相匹配。

2）安装位置与方向应合适，保证视场有足够的照度，并且光照在摄像机成像的视场范围内尽可能均匀。

3）发光效率要高，效率不高的光源会产生大量的热量，造成能源浪费，并且光源发热越厉害，一般寿命越短。

4）照射系统的选择必须要了解被测量对象及其表面形貌的特性，即被测对象在光作用下产生的反射、透射、发射等（尤其是反射特性）。这样才能为视觉系统提供最有效的照明光源波长范围。

2. 摄像机的选取

摄像机是视觉检测系统中最关键的一个器件，在设计视觉检测系统时，最先要确定的就是摄像机。摄像机选取要考虑的第一因素是所构建系统是否是特殊需求系统，例如需要研制一台高速视觉检测系统，就要优先考虑摄像机的最大帧采集速率和数据率指标，从高速摄像机中选择合适的相机；需要对微弱光照目标和环境成像，就要优先考虑摄像机的灵敏度指标，从高灵敏度的相机如EMCCD或sCMOS中选择摄像机；要对特定光谱的目标成像，就要从特定光谱的摄像机中选择，如选择红外相机或紫外相机。

对于一般的视觉检测系统，在选取摄像机时，第一个要确定的是摄像机的空间分辨率指标，要根据对视觉检测系统的检测分辨率和视场范围指标确定摄像机的分辨率，计算方法如下：

$$\begin{cases}\text{像素数}(X\text{方向}) = \text{视场范围}(X\text{方向})/\text{分辨率}(X\text{方向})\\ \text{像素数}(Y\text{方向}) = \text{视场范围}(Y\text{方向})/\text{分辨率}(Y\text{方向})\end{cases}$$

根据以上计算方法，选择合适分辨率的摄像机即可，没必要过分追求摄像机的分辨率，从而导致不必要的系统研制成本。

第二个要确定的摄像机指标是摄像机的采集速率指标，包括帧速率和数据速率等指标。理想的情况是在摄像机采集一帧图像的时间内，摄像机与被测对象的相对位移要小于一个像素，否则采集的图像会有拖尾现象产生，并且图像数据的传输速率要小于摄像机的数据速率。若全帧速率达不到以上要求，如果摄像机有感兴趣区域（ROI）采集与传输或Binging等功能，只要能满足以上采集时间和传输速率的要求，也可以选用。

第三个要确定的摄像机指标是摄像机的光照度指标，包括摄像机所能敏感的最低照度、噪声、灵敏度、动态范围和光谱响应曲线等指标。摄像机所能敏感的最低照度必须要低于被测对象的照度，否则拍出的图像偏暗，甚至是完全漆黑一团。此外，还要综合考虑摄像机的噪声、灵敏度、动态范围和光谱响应曲线，选择合适的摄像机。

第四个要确定的摄像机指标是摄像机的动态范围和像元深度指标。摄像机的动态范围要大于被测对象照度的变化范围，否则采集的图像对比度不高，不利于后续的图像处理。摄像机的像元深度与摄像机的动态范围相对应，要有足够的位数来表征摄像机的动态范围。

最后还要确定的摄像机参数有摄像机的数据输出接口，如 USB、RJ45、CameraLink 和 Fireware（1394）等数据输出方式和重量、体积、镜头接口和固定孔位置等外形参数，以上这些技术参数也均要满足视觉检测系统总体技术指标的要求。

3. 标定技术

视觉检测技术的基本任务之一是从摄像机获取的图像信息出发计算三维空间中物体的几何信息，并由此重建和识别物体，而空间物体表面某点的三维几何位置与其在图像中对应点之间的相互关系是由摄像机成像的几何模型决定的，这些几何模型参数就是摄像机参数。在大多数条件下，这些参数必须通过实验与计算才能得到，这个过程被称为摄像机标定（或称为定标）。标定过程就是确定摄像机的几何和光学参数，摄像机相对于世界坐标系的方位。标定精度的大小，直接影响着视觉检测系统的精度。

根据是否需要标定参照物来看，摄像机标定方法分为传统的实物标定方法和摄像机自标定方法。传统的实物标定是在一定的摄像机模型下，基于特定的实验条件（如形状、尺寸已知的标定物），经过对其进行图像处理，利用一系列数学变换和计算方法，求取摄像机模型的内部参数（包括摄像机两个方向的焦距、两个方向上的比例因子、两个径向畸变系数和两个切向畸变系数）和外部参数（包括摄像机的旋转矩阵和平移矢量）；摄像机自标定方法不依赖于标定参照物的摄像机标定方法，仅利用摄像机在运动过程中周围环境的图像与图像之间的对应关系对摄像机进行标定。自标定方法非常灵活，但它并不是很成熟。因为未知参数太多，很难得到稳定的结果。一般来说，当应用场合所要求的精度很高且摄像机的参数不经常变化时，传统标定方法为首选。而自标定方法主要应用于精度要求不高的场合，如通信、虚拟现实等。

4. 图像处理技术

图像处理技术是视觉检测的核心，它的作用是从光电成像器件采集的图像中提取形状、大小和位置等信息。视觉检测中的图像处理追求的不是视觉效果，而更注重测量的效率、精度、可靠性。图像处理技术包括图像滤波、图像增强、图像恢复、图像分割、三维重建、图像压缩和图像编码等。更详尽的图像处理技术介绍，读者可以参考有关数字图像处理的教材或专著。

三、医学和生物学中的视觉检测技术

（一）视觉检测技术在医学领域的应用

1. 医学红外热成像技术

人体表温度的分布和变化与体内的血液循环、局部组织的新陈代谢、组织的热传导特性、皮肤与环境间的温度差以及皮肤的湿度等因素有关。当人体内出现组织病变、循环障碍、活性肿瘤等情况时，相应部位的红外辐射将发生变化，其系统原理如图 9-44 所示。

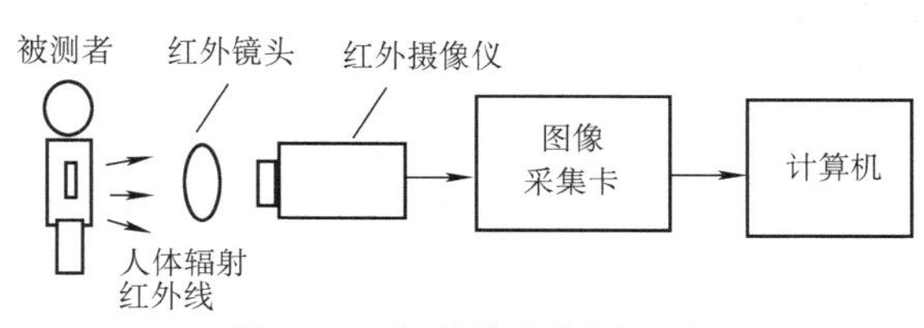

图 9-44 红外热成像原理图

通过红外镜头将要诊断部位成像到红外摄像仪的像敏面上，经过图像采集卡将图像采集到计算机，通过计算机图像分析，确定诊断部位的病变情况。这一技术目前已经成功应用于乳腺癌的普查和诊断、血管瘤或血管闭塞情况的检查等。

2. X射线数字影像设备

X射线通过人体后，由于人体各组织对X射线的吸收差异，形成X射线图像，其原理如图9-45所示。穿过人体组织的X射线投射到影像增强器上，再通过电视摄像系统采集信息。通过计算机图像增强等处理和辅助分析诊断，提高了影像的分辨力，有利于发现细微病变，从而提高了诊断的准确率。

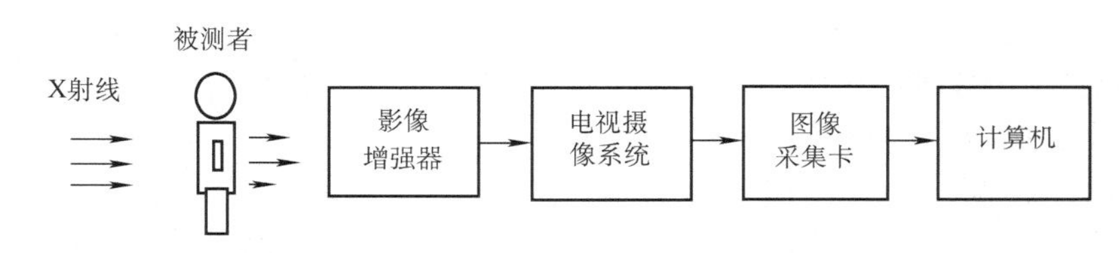

图9-45　X射线数字影像设备原理图

3. X射线计算机断层扫描（CT）

CT技术是利用被测对象在横断面上从所有角度得到的X射线数据，求出横断面上吸收系数的二维分布，并将其图像化的方法。其原理如图9-46所示，球管（X射线反射源）经准直器发射出X射线直线束，X射线经被测对象后，被放置在球管对侧的准直器和检测器接收，球管、检测器及准直器同时围绕被测对象做360°旋转，获得被测对象不同角度的X射线吸收曲线，然后使用反投影算法重建出物体内部结构的图像。设被测对象在横断面上的X射线吸收系数分布为$f(x, y)$，穿过被测对象X射线的强度为$I(s, \theta)$，X射线的入射强度为I_0，则

$$I(s, \theta)/I_0 = \exp(-\Sigma f_{ijk}\mu_{ij}) \tag{9-52}$$

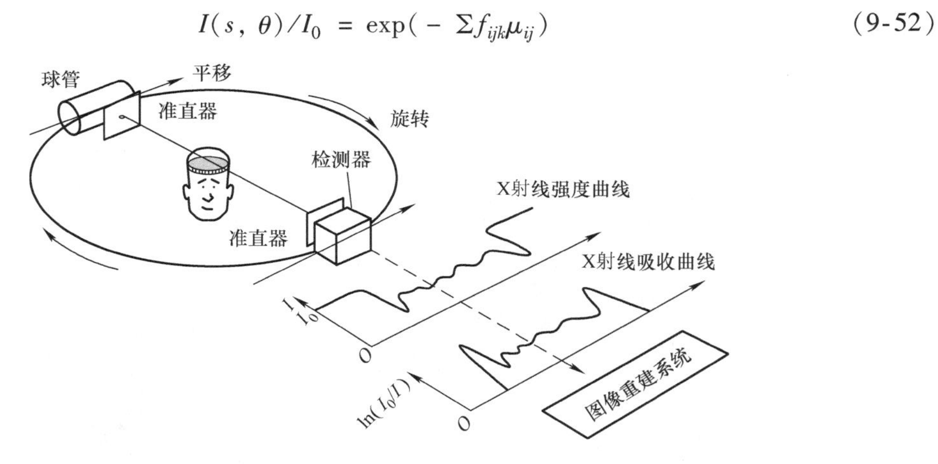

图9-46　CT投影方法原理图

式中，μ_{ij}是图像第（i，j）个像素的吸收系数；f_{ijk}为X射线束通过像素的面积和长度k成比例的系数。

对式（9-52）进行对数变换，并令$P(s, \theta) = \ln[I_0/I(s, \theta)]$，则有

$$P(s,\theta) = \sum_{s} f_{ijk}\mu_{ij} \tag{9-53}$$

式（9-53）表示旋转角度为 θ，到原点距离为 s 的 X 射线束元素上的吸收系数总和，称为投影数据。通过这个投影数据，重构横断面的吸收系数分布，从而得到 CT 图。

图 9-47 是第三代 CT 工作的原理。X 射线的覆盖范围为 30°～50°的扇形区，将被测对象全部覆盖在内。沿着内侧检测器的轨道上并行排列着 500～800 个检测器，放在 X 射线源的对面。射线源和检测器绕被测对象连续 360°旋转，实现一个断层的扫描。

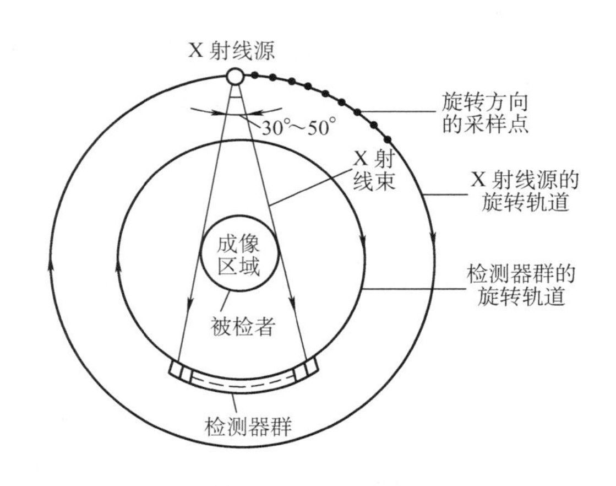

图 9-47 第三代 CT 工作的原理图

（二）视觉检测技术在生物学领域的应用

生物芯片是提取生物分子信息的一种新技术，主要用于检测多种基因或蛋白的表达水平，正在成为新世纪最主要的分子诊断手段。生物芯片是指通过机器人自动打印或光引导化学合成技术在硅片、玻璃、凝胶或尼龙膜上制造的生物分子微阵列探针。生物芯片上的探针在与经过荧光标记或经过酶标记的目标样品杂交后，产生荧光图像。杂交反应后的芯片上各个反应点的荧光位置、荧光强弱经过生物芯片检测仪检测，可获得有关的生物信息。他激式荧光检测基于荧光图像原理。如图 9-48 所示，由氙灯发射的照明光经激发窄带干涉滤光片过滤，除去其他波长的光，以降低背景光影响。标记有荧光染料的靶分子在单色光激发下产生的荧光，经发射窄带干涉滤光片由摄像镜头捕获成像在 CCD 上。计算机通过图像采集卡采集 CCD 信号并进行图像处理，

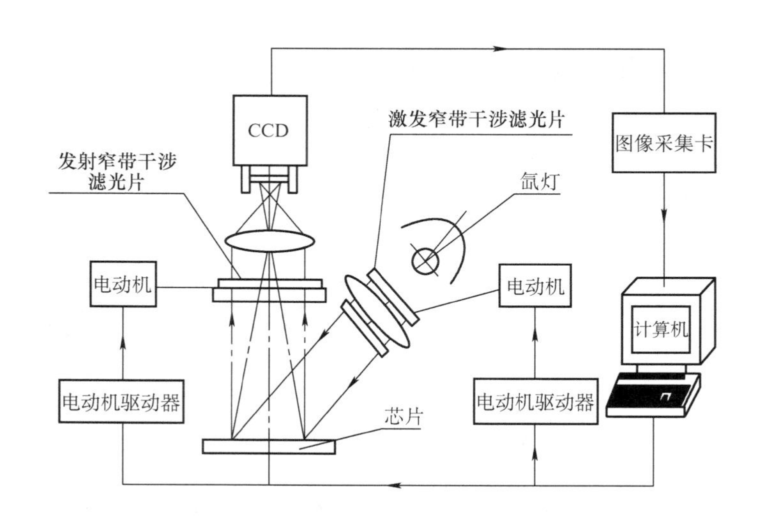

图 9-48 CCD 生物芯片检测仪原理图

计算荧光斑点的光密度、面积等参数。CCD 每次只能读取一个激发波长下的图像，对于多色荧光染料标记的芯片，通过电动机驱动器更换激发和发射窄带干涉滤光片，再次成像。

四、半导体检测中的视觉检测技术

半导体电子元器件被广泛应用于各类电子产品和通信系统中，它的外观质量主要取决于封装这一工艺技术。良好的封装可以保护芯片或晶体管少受外界环境的影响，因此封装后的元器件可以得到更加可靠的电气性能，当然也更加方便后续 PCB 上的焊接和贴装。随着计算机技术和图像处理技术的结合和发展，机器视觉被广泛应用于半导体行业各阶段的在线检测中。利用机器视觉进行检测不仅可以排除主观因素的干扰，降低劳动强度，提高生产效率，还可以对缺陷进行定量描述，具有人工肉眼检测无法比拟的优越性。

表面贴装元器件中，小尺寸封装、方形扁平封装等封装形式的引脚端面形状为矩形，需要检测的项目有①每个引脚的长度和宽度；②引脚之间的距离；③引脚的平整度，即引脚的高度差（各个引脚焊接贴合面之间的最大距离）。引脚的宽度、长度及引脚之间的间距在元器件的封装尺寸中有详细的规定。元器件焊接时，为保证每个引脚均能和 PCB 上的焊盘相接触，引脚浮高不能超过引脚厚度的两倍。相应地，各个引脚与焊接贴合面之间的距离，即引脚高度差不能超过引脚厚度的两倍。根据以上表面贴装元器件的检测要求，需要对其五个表面进行检测，五面检测系统的原理示意图如图 9-51 所示，检测系统巧妙地利用镜面成像及潜望镜式观察原理，检测芯片的五个需检测侧面 1 ~5（1 ~4 面是为了检测各侧边的引脚高度，5 面是为了检测引脚宽度、长度及间距）。五面检测系统主要包括吸取机构、U 形反光板、两个光源、待测芯片、四个平面反射镜、镜头、摄像机及工作距离调节机构。其中吸取机构负责吸取待检测芯片至检测位，检测完成后，吸取芯片离开检测位。U 形反光板安装在吸取机构上，随吸取机构一起动作，起反光作用。两个光源安装在 U 形反光板和平面反射镜之间，起照明作用。四个平面反射镜以一定角度安装在平面镜座的四面，如图 9-49b 所示，起改变光路的作用。镜头是一个大口径、大景深的镜头，安装在摄像机上，摄像机安装在工作距离调节机构上，工作时对待检测芯片成像。若要采集清晰的图像，镜头前端面离芯片之间的距离（以下称工作距离）必须合适，因此工作距离调节机构负责对摄像机和镜头进行上下调节，把摄像机和镜头调节到一个合适的工作距离。该系统最后对待检测芯片所成图像如图 9-49c 所示，一次成像即可获得表面贴装元器件五个面的图像。

五、交通领域中的视觉检测技术

目前，视觉检测技术已广泛应用于停车场和道路上行驶车辆的车牌识别。当车辆通过时，车辆检测装置受到触发，启动摄像机采集车辆图像，并将图像传至计算机，由车牌定位模块提取车牌图像，字符分割模块对车牌上的字符进行切分，最后由字符识别模块进行字符识别并将识别结果送至监控中心或收费处等应用场合。系统可以对不同底色和字符、亮度不足、褪色、倾斜、污迹严重的车牌进行识别（见图 9-50 和图 9-51），具有车牌抓拍准确率高、定位率高、字符识别率高、可识别行车速度范围广、识别时间短、识别正确率高等特点。

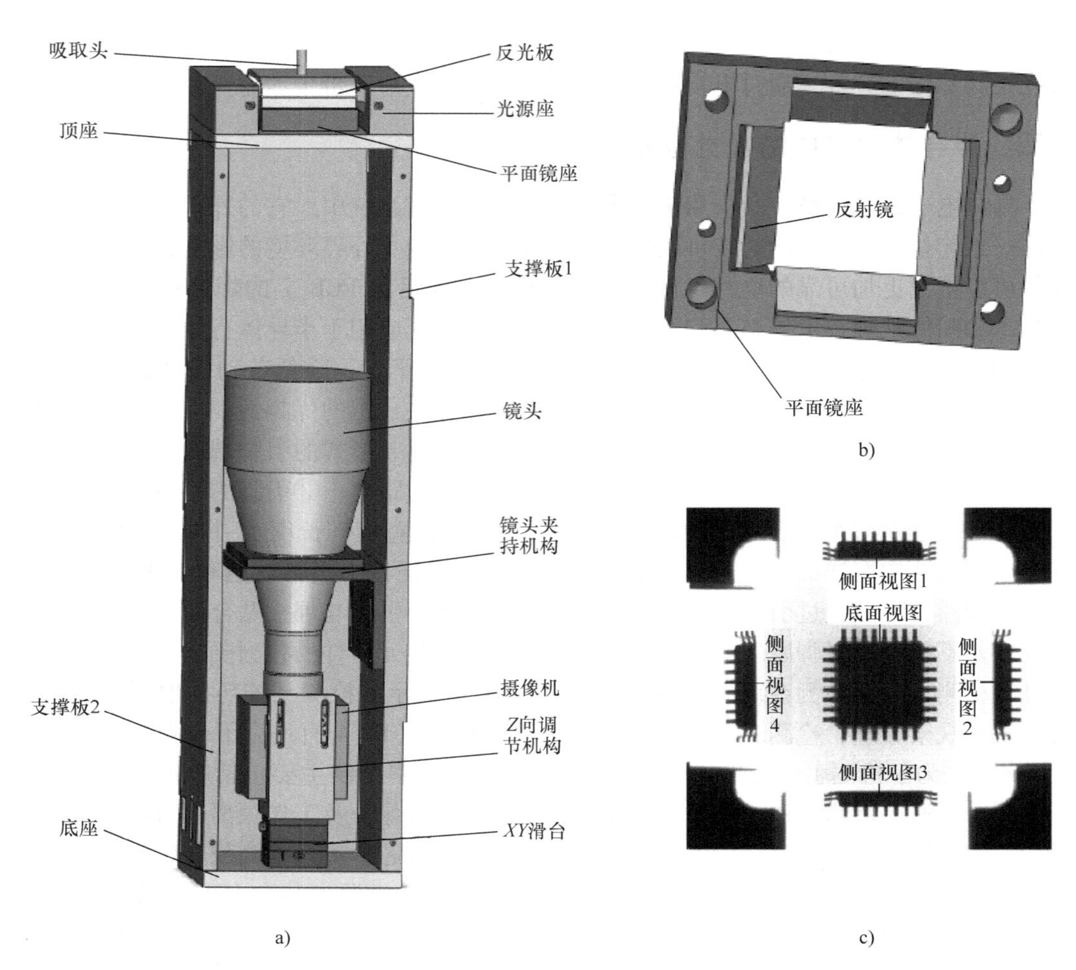

图9-49　表面贴装元器件芯片的五面视觉检测系统原理
a）检测系统结构图　b）平面镜座图　c）芯片成像图

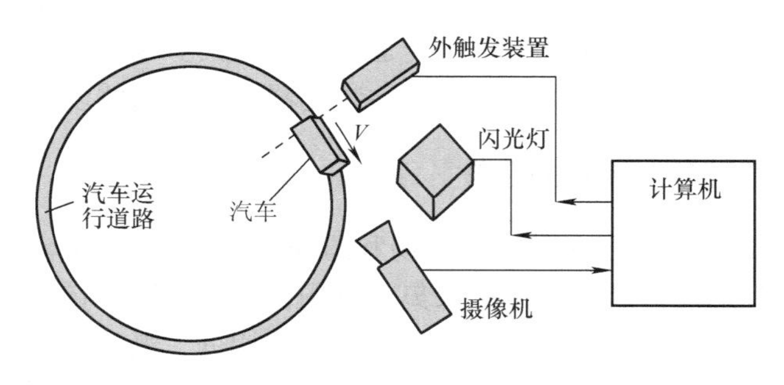

图9-50　车牌识别示意图

图9-51　车牌识别流程框图

六、光电跟踪与光电制导中的视觉技术

自动寻找目标并自动攻击目标的精确制导导弹是现代信息化战争的主要武器，其中用于对目标探测、识别和跟踪的弹载精确探测技术相当于导弹的“眼睛”。红外导引头因具有高精度、高灵敏度、高分辨率、高帧频、强抗干扰性、可自动识别目标、可昼夜工作等特点，目前已广泛应用于制导导弹和灵巧弹药中。红外成像导引头的基本功能框图9-52所示，主要由红外成像分系统、信息处理分系统和随动稳定分系统三部分组成。

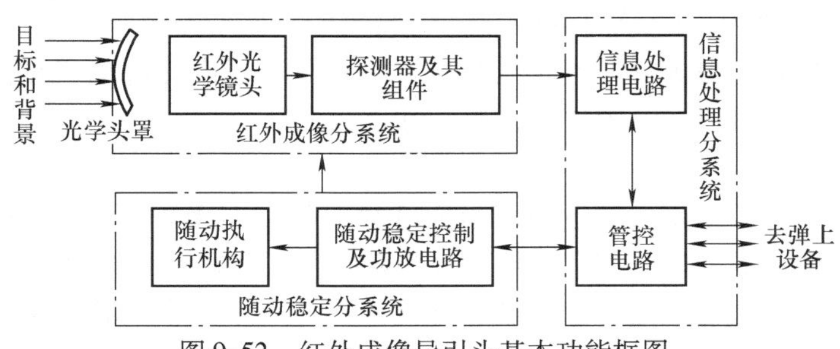

图9-52　红外成像导引头基本功能框图

红外成像分系统主要由红外光学头罩、红外光学镜头、探测器及其信号处理电路以及结构组件等组成。目标和背景的红外辐射穿过大气到达光学头罩，透过光学头罩后由红外光学镜头将其聚焦在红外探测器的光敏面上。红外探测器是构成热成像系统的核心器件，作为辐射能接收器，通过光电变换作用，将接收的辐射能转变为电信号。转变后的电信号经视频线路传送到信息处理分系统，信息处理分系统经非均匀性校正和图像预处理后得到原始红外图像，然后再通过目标识别与跟踪等图像处理，获得目标的信息，通过管控电路完成图像稳定和跟踪等功能。随动稳定分系统的主要作用是稳定成像传感器的光轴，使光轴不受飞行器姿态运动的影响，从而使成像系统能够获得清晰的图像，另外可以弥补成像传感器瞬时视场的不足，通过扫描保证成像系统有足够的搜索视场，从而使目标被覆盖在红外成像导引头的搜索视场内，保证导弹机动时不丢失目标。

第四节　光纤测量技术

一、光纤测量技术概述

光纤测量技术是20世纪70年代中期发展起来的一门新的光电测量技术，它是伴随着光纤及光通信技术的发展而逐步形成的。光纤测量技术以光波为载体，光纤为媒质来感知和传输外界被测信号。由于其具有灵敏度高、响应速度快、结构简单、体积小、重量轻、易弯曲、耐腐蚀、抗电磁干扰及抗辐射性能好、便于远距离遥测等其他测量方法不可比拟的优点，在测量中得到了广泛的应用。

（一）光纤的基本概念

1. 光纤的基本结构

光纤（Optic fiber）是光导纤维的简称，它能够将进入光纤一端的光线传送到光纤的另一端。光纤是一种多层介质结构的对称柱体光学纤维，它一般由纤芯、包层、涂覆层与护套

构成，如图9-53所示。

纤芯与包层是光纤的主体，对光波的传播起着决定性作用。纤芯多为石英玻璃，直径一般为5～75μm，材料主体为二氧化硅，其中掺杂其他微量元素，以提高纤芯的折射率。包层直径很小，一般为100～200μm，其材料主体也为二氧化硅，但折射率略低于纤芯。

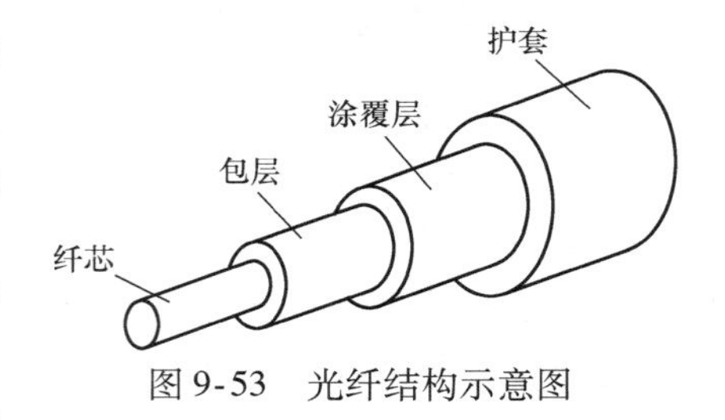

图9-53 光纤结构示意图

涂覆层的材料一般为硅酮或丙烯酸盐，主要用于隔离杂光。护套的材料一般为尼龙或其他有机材料，用于提高光纤的机械强度，保护光纤。在一些特殊场合下，可以没有涂覆层和护套，称之为裸纤。

2. 光纤的结构特征

光纤的结构特征一般采用光学折射率沿光纤径向的分布函数 $n(r)$ 来描述。对于单包层光纤，根据纤芯折射率的径向分布规律可以分为阶跃光纤和梯度光纤两种。

阶跃光纤及其纤芯折射率径向分布函数如图9-54a所示，在纤芯和包层两种介质内部，折射率均匀分布，即 n_1、n_2 均为常数，因此在纤芯与包层的分界处折射率产生阶跃变化。

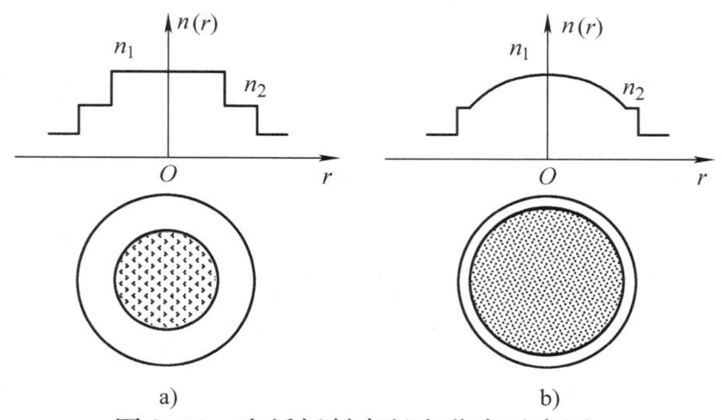

图9-54 光纤折射率径向分布示意图

a）阶跃光纤 b）梯度光纤

梯度光纤的纤芯折射率沿径向呈非线性规律递减，故亦称渐变折射率光纤。图9-54b为一种常见的梯度光纤及其折射率径向分布函数。

3. 光线在光纤中的传播

对于阶跃光纤，由于纤芯与包层的折射率均为常数，因此光线在光纤内的传播路径为折线，如图9-55所示。

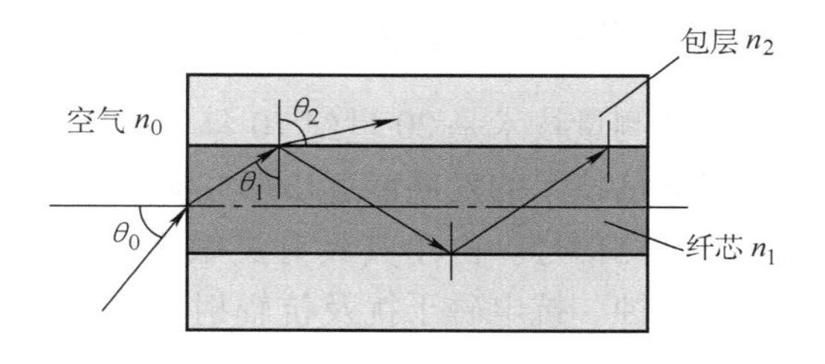

图9-55 光线在光纤内的传播

假设纤芯的折射率为 n_1，包层的折射率为 n_2，由折射定律可知，在纤芯与包层分界处，入射角 θ_1 与折射角 θ_2 存在如下关系：

$$n_1\sin\theta_1 = n_2\sin\theta_2 \tag{9-54}$$

由于纤芯折射率大于包层折射率，即 $n_1>n_2$，因此折射角大于入射角，即 $\theta_2>\theta_1$。随着入射角 θ_1 的增大，折射角 θ_2 随之增大。当折射角 $\theta_2=90°$时，折射消失，入射光线全部被反射，从而发生全反射现象。根据折射定

律，满足全反射条件的最小入射角 θ_c 为

$$\sin\theta_c = n_2/n_1 \tag{9-55}$$

当入射角 $\theta_1 > \theta_c$ 时，光线不再进入包层，而是在纤芯内不断反射并向前传播，直至从光纤另一端射出，这就是光纤的传光原理。

由图 9-55 可知，光线从外界介质（例如空气，折射率为 n_0）射入纤芯后能够实现全反射的最大入射角 θ_0 应满足

$$n_0\sin\theta_0 = n_1\sin\theta' = n_1\cos\theta_c = n_1\sqrt{1-\sin^2\theta_c} = \sqrt{n_1^2 - n_2^2} \tag{9-56}$$

式中，$n_0\sin\theta_0$ 称为数值孔径，用 NA 表示，与之对应的最大入射角 θ_0 称为张角。

数值孔径是衡量光纤集光性能的主要参数，其表征的含义在于：无论光源发射功率多大，只有入射角处于张角 θ_0 内的光线才能被光纤接收，并在光纤内部连续发生全反射，最终传播到光纤另一端。数值孔径 NA 越大，表示光纤的集光能力越强。产品光纤通常不给出折射率，而只给出数值孔径 NA，例如石英光纤的数值孔径为 $NA=0.2\sim0.4$，对应的张角为 $11.5°\sim23.6°$。

由于光纤具有一定的柔韧性，实际工作时光纤可能弯曲，从而使光线“转弯”。但是只要仍满足全反射条件，光线仍然能够继续前进，并到达光纤另一端。

（二）光纤测量的基本原理

1. 光纤测量的特点

与传统的测量技术相比，光纤测量技术有许多突出的优点：

1）由于光纤的传播媒体是光，因此，光纤测量系统具有极强的抗电磁干扰能力。此外，光波易于屏蔽，外界的干扰光很难进入光纤内部。

2）光纤测量系统是基于各种光学和光电效应工作的，因此具有灵敏度高、响应快、传输性好，在一些特殊场合具有不可替代的作用。

3）光纤主要由各种绝缘材料构成，耐腐蚀、工作可靠，适于长期使用。

4）光纤直径一般只有几微米到几百微米，结构简单、体积小。而且光纤柔韧性好，可以深入机器内部或动植物体内等常规传感器不易达到的部位进行检测。

5）光纤传感器集信号敏感与信号传输于一体，利用它很容易构成分布式测量系统。

光纤测量系统优点很多，也很突出，因此发展极快。目前光纤测量系统广泛应用于工业生产等领域，实现多种参数的测量，例如测量位移、液位、振动、压力、应变、速度、加速度、电流、电压、磁场、温度、湿度、化学物质等。

光纤测量系统一般包含对外界被测信号的感知和传输两种功能。所谓感知功能，是指被测信号的变化使得光纤中传输光波的物理特征参量（如发光强度、波长、相位、频率及偏振态等）发生变化，因此可以通过测量光参量的变化来感知外界被测信号的变化。这个过程相当于被测信号对光纤中传播的光波实施调制。所谓传输功能，是指将被外界被测信号调制过的光波通过光纤传输到光探测器进行检测，将被测信号从光波中提取出来并进行相应的数据处理。这个过程相当于对光波进行解调。因此，光纤测量技术实际上包括调制和解调两方面的内容，并且以调制为主。

2. 光纤在测量系统中的作用

基于光纤技术构成的传感器可以统称为光纤传感器。根据光纤在传感器中所起的作用以及被测信号对光波参量的调制与光纤的关系，可以将光纤传感器分为两大类：一类是利用光

纤本身的某种敏感特性或功能制成的传感器，称为功能型光纤（Functional Fiber，FF）传感器；另一类是光纤仅仅起传输光的作用，称为传光型光纤传感器，即非功能型（Non Functional Fiber，NFF）传感器。对于功能型光纤（FF）传感器，光纤同时起到信号感知和信号传输两种作用，此时光纤既是敏感元件，又是传输元件。对于非功能型光纤（NFF）传感器，光纤仅仅是传输元件，因此必须在光纤的一端或中间加装其他敏感元器件才能构成传感器。一般而言，NFF传感器的用途多于FF传感器，而且NFF传感器的制作和应用也比较容易，所以目前NFF传感器品种较多。但FF传感器的构思和原理往往比较巧妙，可解决一些特别棘手的问题，在有些领域和场合是NFF传感器所不能替代的。

对于传光型光纤传感器，通常要求其所能传输的光量越多越好，因此传光型光纤传感器主要由多模光纤构成；而功能型光纤传感器主要靠被测对象调制和改变光纤的传输特性实现信号检测，所以功能性光纤传感器一般由单模光纤构成。

3. 光纤测量中的调制技术

研究光纤测量的原理，实际上就是研究光波与外界被测参量的相互作用，即光波被外界参数调制的原理。外界信号可能引起光的强度、波长（颜色）、频率、相位、偏振态等性质发生变化，从而形成不同的调制方法。根据调制手段的不同，分别有强度调制、偏振调制、频率调制、相位调制等不同的工作原理。

（1）强度调制

强度调制是利用被测对象的变化引起敏感元器件的折射率、吸收率或反射率等参数发生变化，从而导致发光强度变化，最终实现测量。常用的强度调制方法有利用光纤的微弯损耗效应、物质的吸收特性、振动膜或液晶反射光发光强度的变化特性、物质因各种粒子射线或化学与机械的激励而发光的现象以及物质的荧光辐射或光路的遮断效应等，最终可以构成压力、振动、温度、位移、气体等参量的光纤传感器和测量系统。其优点是结构简单、容易实现、成本低，缺点是受光源强度的波动和连接器损耗变化等因素的影响较大。

（2）偏振调制

偏振调制就是利用光偏振态的变化来传递被测对象的信息。常见的偏振调制有利用光在磁场中媒质内传播的法拉第效应制成的电流、磁场传感器；利用光在电场中压电晶体内传播的电光效应制成的电场、电压传感器；利用物质的光弹效应制成的压力、振动或声传感器；以及利用光纤的双折射特性制成的温度、压力、振动等传感器。这类传感器可以避免光源强度变化的影响，因此灵敏度高。

（3）频率调制

频率调制就是利用被测对象引起光波频率的变化来进行检测。常见的频率调制有利用运动物体反射光和散射光的多普勒效应制成的速度、流速、振动、压力、加速度传感器；利用物质受强光照射时的喇曼散射效应制成的测量气体浓度传感器或监测大气污染的气体传感器；以及利用热致发光效应制成的温度传感器等。

（4）相位调制

相位调制的基本原理是利用被测对象对敏感元器件的作用，使敏感元器件的折射率或传播常数发生变化，而导致光的相位变化，然后利用干涉仪等来检测这种相位的变化，最终得到被测对象的信息。通常的相位调制方法有利用光弹效应制成声、压力或振动传感器；利用磁致伸缩效应制成电流、磁场传感器；利用电致伸缩效应制成电场、电压传感器；以及利用萨古纳克效应制成旋转角速度传感器（即光纤陀螺）等。这类传感器具有很高的相位调制灵敏度，形式灵活多样，适用于不同的测试环境，可实现电磁测量、声测量、微量蒸气元素测量及压力、温度等多种物理量的测量。但需用保偏光纤才能获得好的干涉效果，成本高。

二、强度调制型光纤测量技术

强度调制型光纤传感器是最早使用的调制方法，其特点是技术简单、工作可靠、价格低，可采用多模光纤，光纤的连接器和耦合器已经实现了商品化。光源可采用输出稳定的LED或高强度白炽灯等非相干光源。探测器一般用光敏二极管、PIN光敏二极管和光电池等。这类传感器包括基于反射原理、遮断式、微弯损耗原理、辐射损耗原理、光弹效应等的光纤传感器。

1. 反射式强度调制型光纤传感器

反射式光纤位移传感器是最基本的、结构最简单的一种非功能型光纤传感器，有人称之为“天线型”光纤传感器。其工作原理是基于光反射系数的变化，如图9-56a所示。从光源发出的光束经过入射光纤射向被测表面，经被测表面直接或间接反射，反射光发光强度经过接收光纤后由光敏元器件接收。传导到光敏元器件上的光量随反射面相对光纤端面的位移d变化，其关系如图9-56b所示。当d很小时，由于这时两光纤的光锥角重叠部分很小，因此反射到接收光纤的光量很少，到达光敏元器件的发光强度较弱；随着d的不断增加，光敏元器件的接收光量随之增大并达到最大值。图9-56b中曲线Ⅰ段，其范围窄，但灵敏度高、线性好，适于测微小位移和表面粗糙度等，测量范围通常在100μm以内。如果d继续加大，则曲线从峰值开始逐渐下降，成为Ⅱ段，其特性与Ⅰ段基本相反。对于这类光纤传感器，其发光强度响应特性曲线是传感器设计的主要依据。为了提高发光强度的耦合效率，可采用大数值孔径光纤或传光束。目前，这种传感器的测量位移范围最大为10mm，测量分辨力可达0.05μm，精度最高0.1μm。

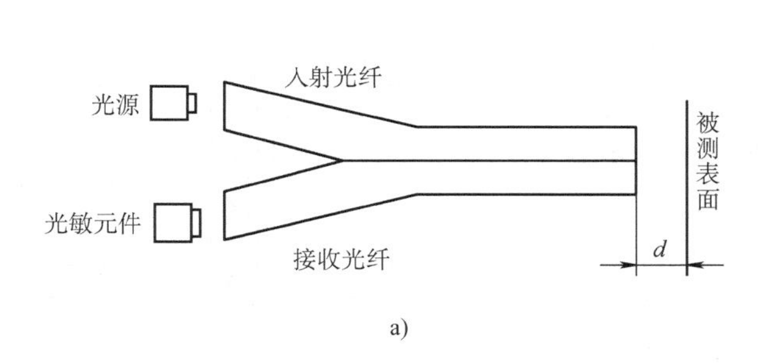

a)

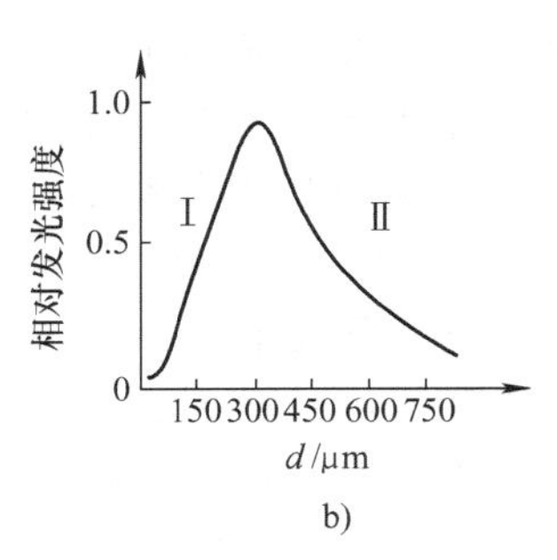

b)

图9-56　光纤传感器原理图

a）反射式位移传感器　b）位移和输出的关系

实际中，这种传感器的光纤并不像图9-56a所示那样只是单根的入射和接收光纤，而是由数百根光纤组成的光缆。入射光纤和接收光纤的组合方式主要有混合式、半球形对半分式、共轴内发射分布和共轴外发射分布四种。其中混合式的灵敏度高，而对半分式的Ⅰ区段范围最大。

反射式强度调制型光纤压力传感器的原理如图9-57所示。在图9-57a中，受力元件为液晶，光纤承担着传入和传出光线的作用，入射光纤将入射光传递到液晶面，接收光纤将液晶面反射的光线传出到探测器，入射、接收光纤均匀混合在一起，在液晶面端，光纤的受光面与液晶相对。当液晶受压力作用后，它的光散射特性发生变化，若输入光功率一定，不同压力使反射光的光通量不同。因此，反射光光通量的不同量值反映出不同的受力程度。使用光电探测器接收反射光并转换为电信号，即可得到相对应的电压或电流输出。

图9-57b中，使用薄膜片代替了液晶，压力作用于薄膜片使其产生位移。因为入射光纤的位置一定，薄膜片位置的改变会导致反射光的角度改变，使传出光纤接收的光通量发生变化。在小压力下，经精确设计，能使反射光发光强度近似正比于膜片两边的压力差。也就是说，压力的大小由反射光的强弱来代表。同样，在接收光纤的末端加上光电检测器，压力的变化就可以由电信号的形式体现出来。薄膜片式压力传感器在医学上可以用来测量血压。

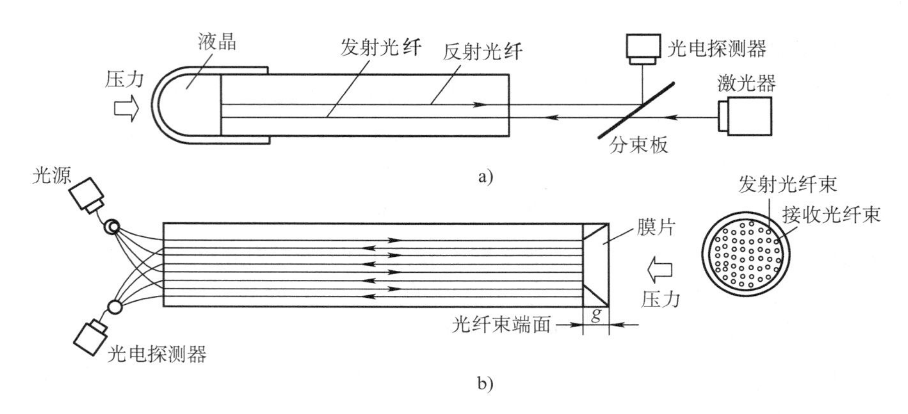

图9-57 光纤压力传感器的原理

a）液晶式 b）膜片式

2. 遮光式强度调制型光纤传感器

遮光式强度调制是用被测对象遮挡一部分光，接收光纤中的发光强度随被遮挡面积的多少而变化，因此是被测位移的函数，又称为透射式。它由带准直透镜的固定光纤、受位移控制的可动光栅（或遮光屏）和接收光纤组成，其结构如图9-58所示。两根光纤的端面之间相隔一个微小的间隙，间隙中放置一对光栅，光栅由等宽的全透射和全反射平行线无交替的栅格构成。当两个光栅发生相对移动时，光的透射强度就随之变化，通过测量透射强度的变化可以得到移动光栅位移量的大小。这类传感器已经在水听器中得到应用。若两个光栅都由间隔为5μm、宽为5μm的光栅元组成，那么透射光的发光强度将随被测位移呈周期性变化。每当光栅位移改变10μm，则透射光发光强度达到最大值。减小光栅元的宽度会使灵敏度提高，但动态范围将变小。

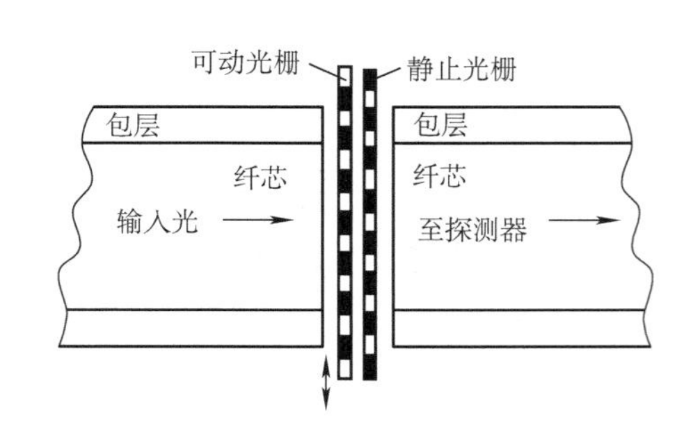

图9-58 遮光式强度调制型光纤位移传感器

用两根光纤间径向或轴向相对移动还可以做成光纤压力传感器，一种实用的多模光纤压力－位移传感器的结构和光路原理如图9-59所示。两光纤端面对光纤轴有相同的角度，斜断面抛光，以便形成全内反射。两光纤之间的距离很小，只有1～2μm，绝大部分光功率可相互耦合。当有压力作用时，两根光纤之间有相对垂直位移 x，改变间隙 x_g，光纤间的光耦合量发生变化。这种光纤传感器的灵敏度是很高的，即使间隙变化很小，相对输出发光强度也会有很大的变化。所用多模光纤芯径 d 为 50μm，位移变化 1μm 时，可得到 2% 的发光强度变化。

3. 基于微弯损耗的强度调制型光纤传感器

这类传感器属于功能型光纤传感器，它最早是由美军海军实验室的 N. Lagkos 提出的，它是根据光纤微弯时使纤芯中的光注入包层的原理构成的，基本工作原理如图 9-60 所示。传感器的敏感部分由能引起光纤发生微弯变形的装置（如一对带齿或带槽的板）构成。从模式理论考虑，光在直光纤中传播时，由于在光纤纤芯与包层的交界面上发生全内反射，所以，耦合进光纤的光将以导模的形式无损耗地传输至接收端。但当沿光纤的径向施加一定的力使敏感元器件产生位移时，光纤将发生微弯变形，破坏了全内反射的条件，致使一部分光透过包层而损耗掉。微弯程度不同，发光强度损耗的程度也不同，这样就达到发光强度调制的目的。通过接收端感受发光强度的变化，得到对应的位置信息。这种传感器可以有效地测量位移、压力、应变、振动等，尤其在智能复合材料领域的应用极为广泛。

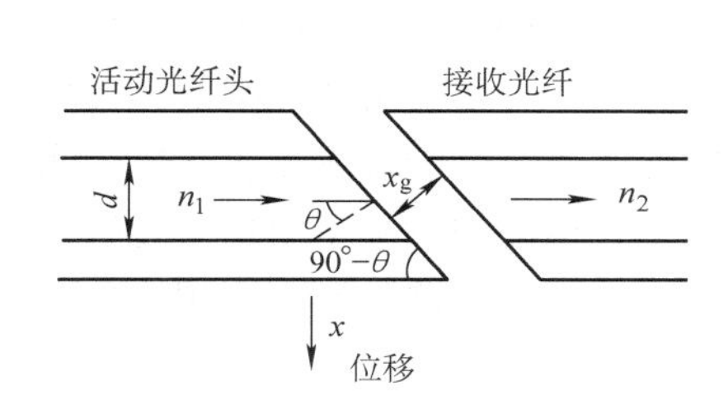

图 9-59　多模光纤压力 - 位移传感器的结构和光路原理图

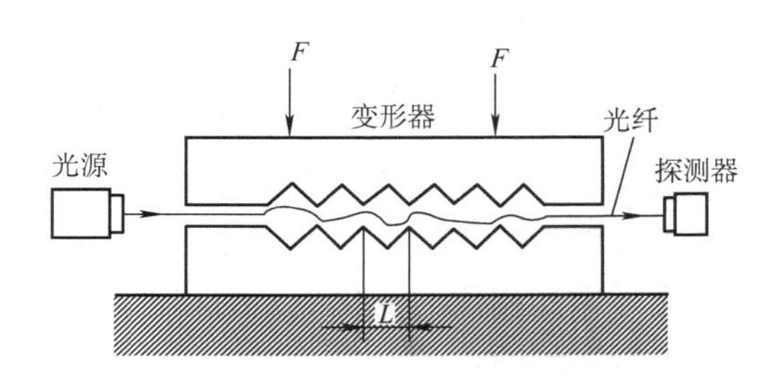

图 9-60　微弯强度调制型光纤位移传感器

4. 基于辐射损耗的强度调制型光纤传感器

光线经过不同包层材料的光纤所发生的吸收损失是不相同的，基于辐射损耗的光纤位移传感器就是基于这一原理制成的，图 9-61 给出了其工作原理。将光纤的一部分去掉包层，此时，光纤包层的折射率可以视为空气的折射率。当液体没接触光纤时，可认为没有辐射损耗（此时，仍然满足光的全内反射条件）。当位移变化引起液位上升时，由于液体的折射率较大，破坏了光的全内反射条件而使光在传输过程中产生一定的辐射损耗。这样，就可以从接收的发光强度变化量，来获得相应的位移变化量。

图 9-62 所示的是一种利用折射率变化的光纤温度传感器的结构，采用的光导纤维的纤

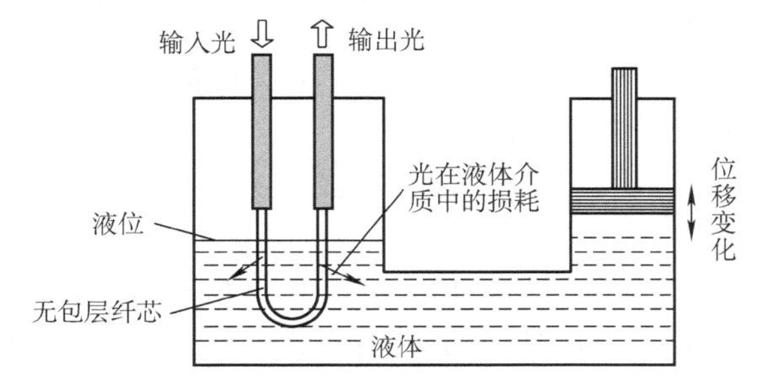

图 9-61　辐射损耗光纤传感器测量位移

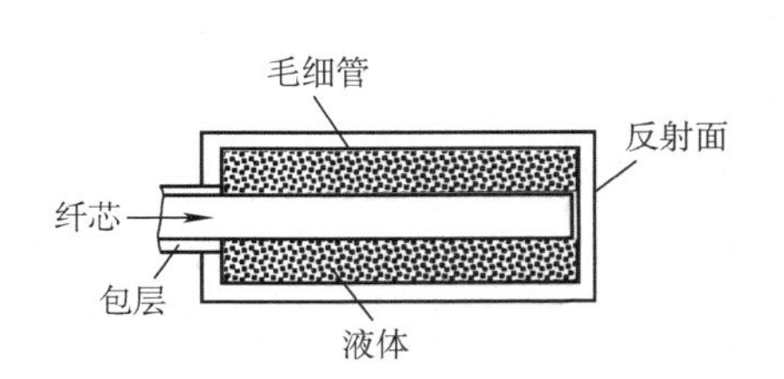

图 9-62　利用折射率变化的光纤温度传感器

芯为 SiO_2 材料，涂覆层为硅酮树脂，构成传感器时将光纤的覆盖层去掉，用对温度依赖性大的甘油等液体形成液态涂覆层，液体的折射率随温度的上升而降低。这样，温度的变化引起涂覆层折射率改变，从而引起光纤的吸收损失发生变化。通过测量反射光发光强度的变化，可以达到测温的目的。

三、相位调制型光纤测量技术

相位调制型光纤传感器利用干涉技术检测相位变化，在结构上比强度调制型光纤传感器复杂，由光源、光纤敏感头、光纤干涉仪及光探测器和相位检测等单元组成。常用的迈克尔逊（Michelson）干涉仪、马赫－泽德（Mach－Zehnder）干涉仪、萨古纳克（Sagnac）干涉仪和法布里－珀罗（Fabry－Pérot）干涉仪等都能制成全光纤型干涉仪，在干涉仪中引入光纤能使干涉仪双臂安装调试变得容易，且提高了相位调制对环境参数的灵敏度，因此可简单地采用增加信号臂光纤光程长度的办法，合理设计光纤干涉仪，使其成为紧凑实用的测量仪器。

在这些光纤干涉仪中，以一个或两个定向光束耦合器取代通常干涉仪中的分束器，光纤光程代替了空气光程，它能按一定比例将光束由一束光纤耦合到另一束光纤中，以实现光束分割和合成。由于光路的闭合避免了空气的扰动，并且不受结构空间的限制，可以组成千米数量级长度的干涉仪，因此有利于提高测量的稳定性，更适合于现场测量，接近实用化。光纤本身作为被测参量的敏感元件直接置于被测环境中，被测的位移量作用于光纤传感器，导致光纤中光相位的变化或光的相位调制。与光学干涉仪相比，这种调制作用是通过光纤的内在性能达到的。

当波长为 λ_0 的光入射到长度为 L 的光纤中时，若以其入射端面为基准，则出射光的相位为

$$\phi = 2\pi L/\lambda_0 = K_0 nL \tag{9-57}$$

式中，K_0 为光在真空中的传播常数；n 为纤芯的折射率。

可见，纤芯折射率的变化和光纤长度的变化都会引起光波相位的变化，即

$$\Delta\phi = K_0(\Delta nL + \Delta Ln) \tag{9-58}$$

1. 迈克尔逊光纤干涉仪

迈克尔逊光纤干涉仪的结构如图 9-63 所示，从激光器发出的光束被 3dB 耦合器分成两路入射到光纤，其中一路为参考臂，另一路为信号臂。两路光分别从反射镜反射回来，并经耦合器发生干涉，干涉信号输出到光电探测器。传感器信号作用于信号臂光纤，在两臂之间产生光程差，通过探测器探测干涉信号的相位就能得到该光程差的大小。每当由于传感器的作用使信号臂产生 1/2 波长的光程变化时，光电探测器的输出就从最大值变到最小值，然后再变回到最大值。采用这种技术，在 He－Ne 激光器的红光情况下，它可以检测小到 $10^{-7}\mu m$ 的位移。

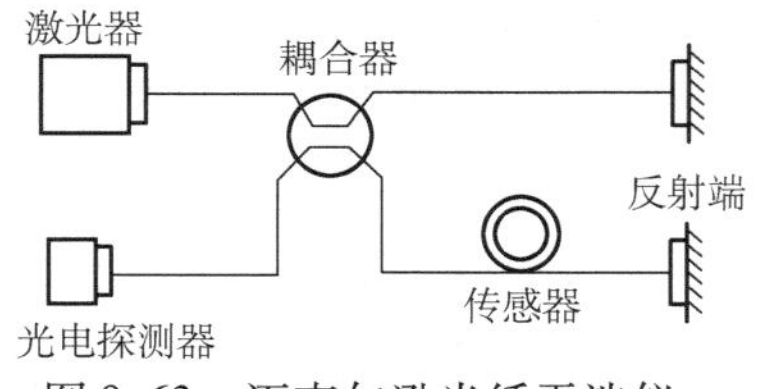

图 9-63 迈克尔逊光纤干涉仪

2. 马赫－泽德光纤干涉仪

马赫－泽德光纤干涉仪的结构如图9-64所示，光路中采用两只腐蚀或搭接的3dB耦合器。从激光器发出的光束被耦合器1分成相等的两光束，一束为信号臂，另一束为参考臂，分别耦合进一个单模光纤中。外界信号$s(t)$作用于信号臂光纤，这两束光波在耦合器2重新相干混合，由两个光电探测器分别对相干信号进行接收。因此在光源和探测器之间，该干涉仪只包含光纤元件。其优点是体积小，且机械性能稳定。这种结构也能用于小到10^{-13}m的位移检测。

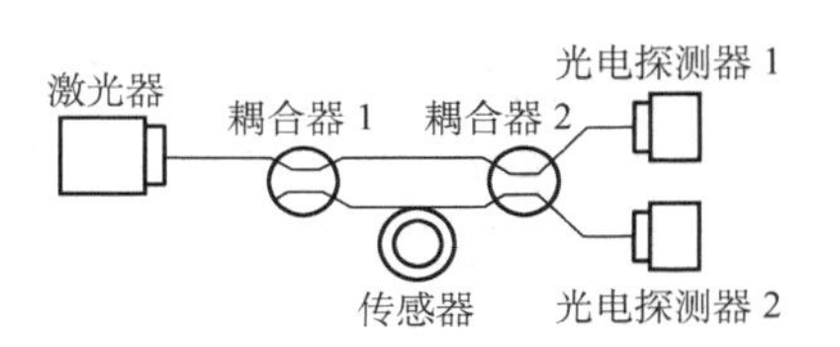

图9-64　马赫－泽德光纤干涉仪

据双光束干涉原理，两个光电探测器接收到的发光强度分别为

$$I_1 = 1/2I_0(1+\alpha\cos\phi_s) \tag{9-59}$$

$$I_2 = 1/2I_0(1-\alpha\cos\phi_s) \tag{9-60}$$

式中，I_0为激光光源发出的发光强度；α为耦合系数；ϕ_s为外界信号$s(t)$引起的相位移。

可见，两路信号的相位相反，这个特性可以用来抵消光源强度噪声的影响。式（9-59）和式（9-60）表明马赫－泽德光纤干涉仪将外界信号$s(t)$引起的相位移变换为发光强度的变化。

由马赫－泽德光纤干涉仪组成的相位调制型光纤温度传感器，是最早用于温度测量的一种光纤干涉仪，其结构如图9-65所示。干涉仪包括氦－氖激光器、扩束器、分束器、两个显微物镜、两根单模光纤（其中一根作参考臂，一根作测量臂）、光电探测器等。干涉仪工作时，由激光器发出的激光束经分束器分别送入两根长度基本相同的单模光纤，把两根光纤的输出端会合在一起，两束光即产生干涉，从而出现了干涉条纹。当测量臂光纤受到温度场的作用后，产生相位移的变化，从而引起干涉条纹的移动，干涉条纹移动的数量将反映出被测温度的变化。光电探测器接收干涉条纹的变化信息，并输入到适当的数据处理系统，即可得到测量结果。

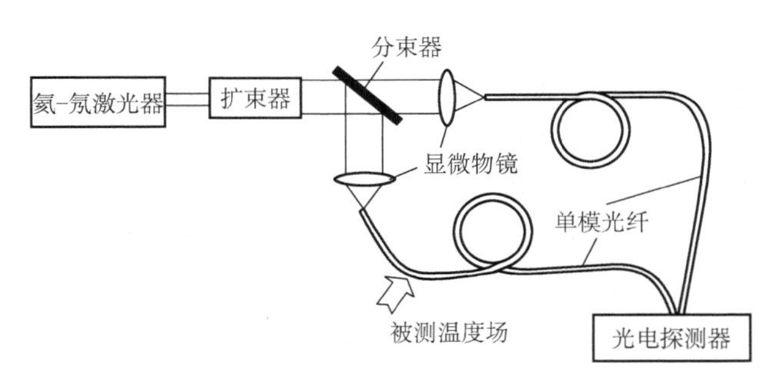

图9-65　马赫－泽德光纤温度传感器

压力和温度一样能够使光纤产生应变，从而引起光波相位的变化，因此马赫－泽德光纤干涉仪同样可以做成压力传感器，其原理与同型的光纤温度传感器基本相同。被测压力作用于测量臂光纤，压力变化引起光波相位差变化，表现为干涉条纹的变化，通过观测干涉条纹的变化得到被测压力。

马赫-泽德光纤干涉仪对于静压力测量的灵敏度是比较低的（如对于石英玻璃光纤，条纹移动的压力灵敏度为每条154kPa·m）。同时，由于干涉仪采用双臂结构，测量过程中参考臂会受温度等外界因素的变化产生扰动，影响测量精度。因此，通常采用高折射率的单模保偏光纤来做成单光纤干涉型压力传感器。

马赫-泽德光纤干涉仪还可以做成光纤干涉型电流传感器。利用磁致伸缩材料被覆或金属被覆的单模光纤作为马赫-泽德干涉仪的测量臂，在被测电流的作用下，测量臂光纤中的光波产生了相位移，根据干涉仪的原理，这将引起干涉条纹的移动，检测条纹的移动量，即可反映出被测电流的大小。

利用被覆光纤作为测量臂的全光纤马赫-泽德干涉仪的结构如图9-66所示，可以对电流的热效应或磁致伸缩效应所引起的小相移进行测量，其测量灵敏度较高，可以达到10^{-6}rad。系统光源采用半导体激光器，用光纤耦合器作为分束器，这样可使干涉仪结构紧凑、体积小、牢固可靠。这种传感器一般采用多模光纤实现小电流测量。

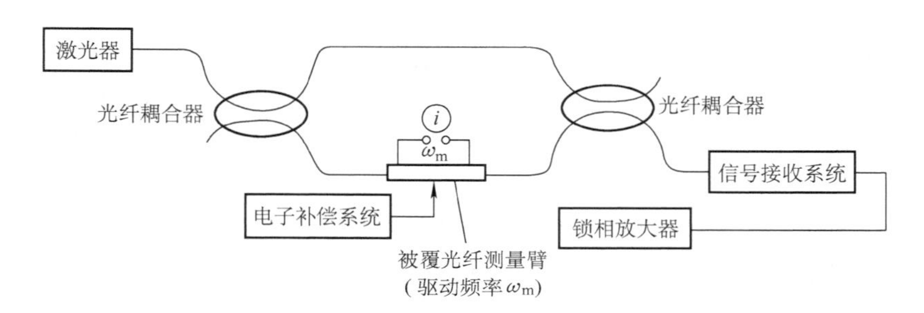

图9-66 用作电流传感器的全光纤马赫-泽德干涉仪

3. 萨古纳克光纤干涉仪

萨古纳克光纤干涉仪通常用来测量角速度或角位移，其结构如图9-67所示。激光器发出的光由1dB耦合器分成1∶1的两束光耦合进入一个多匝（多环）单模光纤环的两端，光纤两端出射光经耦合器送入探测器。

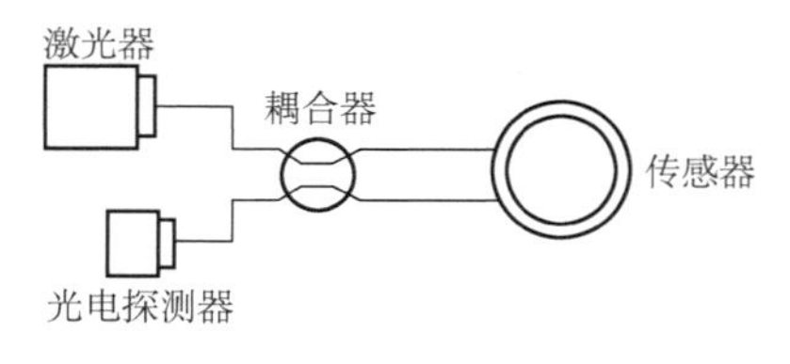

图9-67 萨古纳克光纤干涉仪

设圆形闭合光程半径为R，有两束光沿相反的方向传播，当闭合光路静止时，两光波传播的光路相同。当闭合光路相对惯性空间以转速Ω沿顺时针方向转动时（设Ω垂直于环路平面），沿顺时针和逆时针方向传播光束的光程分别为

$$L_{CW} = 2\pi R + \Delta l = 2\pi R + R\Omega t \tag{9-61}$$

$$L_{CCW} = 2\pi R - \Delta l = 2\pi R - R\Omega t \tag{9-62}$$

式中，t为光波沿光路传播一周所需的时间，$t=2\pi R/c$。

因此，在一圈光纤上，沿两相反方向传播的光波之间的时间差为

$$\Delta t = L_{CW}/c - L_{CCW}/c = 4A\Omega/c^2 \tag{9-63}$$

式中，A为光纤环围成的面积；c为光速。

如果有N个相同的光纤环，其光程差和相位变化分别为

$$\Delta L = c\Delta tN = 4A\Omega N/c \tag{9-64}$$

$$\Delta\varphi = 2\pi\Delta L/\lambda = 8\pi AN\Omega/(c\lambda) \tag{9-65}$$

式中，λ 为光波波长。

因此，利用光的干涉原理测出 $\Delta\varphi$ 后，就可以求出光纤环的转速，从而也可以得到相应的位移。

萨古纳克干涉仪的最典型应用是光纤陀螺。和其他陀螺仪（如机械陀螺或激光陀螺）相比，它具有灵敏度高、无转动部件、体积小、成本低等优点，因此已经成功应用于导航系统中。

利用光纤萨古纳克干涉仪也可以测量高压电流，即把光纤环套在载流体周围，电流产生的磁场通过法拉第效应，使经过光线的顺、逆光的偏振态产生了方向相反的偏转角。检测这两束光的偏转角，就可以求出电流的大小。这种传感器的特点是动态范围大、稳定性好，而且对环境因素不敏感。

4. 法布里－珀罗光纤干涉仪

图 9-68 为一种新型的法布里－珀罗光纤干涉仪原理图，第八章已经介绍过，与前几种双光束干涉仪不同的是法布里－珀罗干涉仪是多光束干涉仪。半导体激光器发出的光束经光纤和高隔离度的单模光纤耦合器分成两束，其中一束进入折射率匹配液中被吸收掉；另一束传到作为探测头的具有渐变折射率的自聚焦透镜（GRIN Lens），其中一部分光被自聚焦透镜端面反射，形成参考光，大部分光穿过自聚焦透镜射向被测面，经被测面反射再由自聚焦透镜接收形成信号光。两束光在自聚焦透镜端面相遇发生干涉，干涉光束经光电探测器接收，进行后续处理。

法布里－珀罗光纤温度传感器的典型装置结构如图 9-69 所示。包括氦－氖激光器、偏振器、显微物镜（20×）、压电变换器（PZT）、光电探测器、记录仪以及一根 F－P 单模光纤等。F－P 光纤是干涉仪的关键元件，它是一根两端面均抛光并镀有多层介质膜（反射率 $R=60\%\sim90\%$）的单模光纤，其纤芯直径为 4μm，材料为 SiO_2，包层直径 125μm，材料也为 SiO_2，最外层是直径为 0.9mm 的尼龙护套，光纤的长度 $l=0.1\sim100$m。F－P光纤的一部分绕在加有 50Hz 正弦电压的 PZT 上，因而光纤的长度受到调制。只有在产生干涉的各光束通过光纤后出现的相位差 $\Delta\varphi=m\pi$（m 为整数）时，输出才最大，探测器获得周期性的连续脉冲信号。当外界的被测温度使光纤中的光波相位发生变化时，输出脉冲峰值的位置将发生变化。为了识别被测温度的增减方向，要求氦－氖激光器有两个纵模输出，其频率差为 640MHz，两模的输出强度比为 5∶1。这样，根据对应于两模所输出两峰的先后顺序，即可判断外界的增减方向。

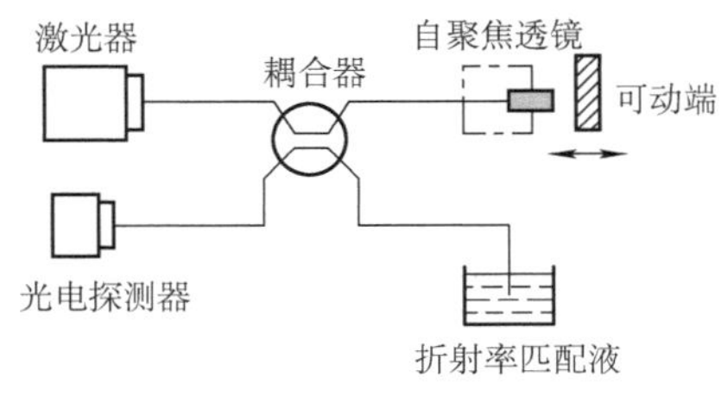

图 9-68　法布里－珀罗光纤干涉仪

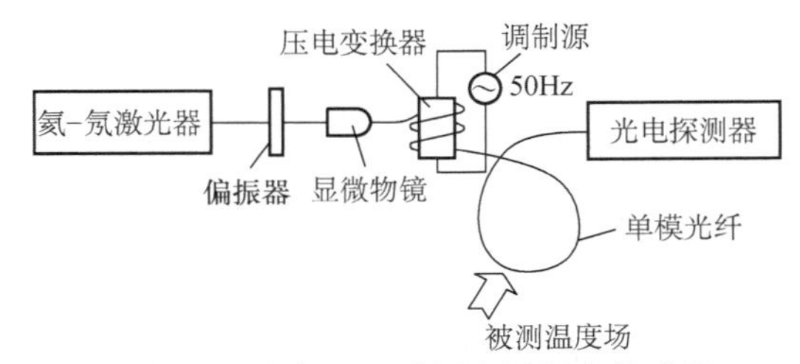

图 9-69　法布里－珀罗光纤温度传感器

四、偏振调制型光纤测量技术

高双折射单模保偏光纤的特点是它的两个正交偏振模式的传播常数相差很大，在外界因素的影响下相移变化也不同。因此利用这两个模式之间的干涉也可以对被测压力进行测量。根据这个原理就可以利用单光纤干涉仪做成单光纤偏振干涉型压力传感器。图9-70是一个单光纤干涉仪的结构。由He－Ne激光器发出的激光束经偏振器和$\lambda/4$波片后，变成圆偏振光，对高双折射单模光纤的两个正交偏振模式均匀激励。单模光纤受外界压力的作用，使光纤中这两个模式产生不同的相移，输出光合成的旋转偏振态通过一个渥拉斯顿（Wollaston）棱镜，获得两束相位相差90°的线偏振光，对这两束线偏振光进行处理，可以得出相应的相移变化，从而得到被测的压力。

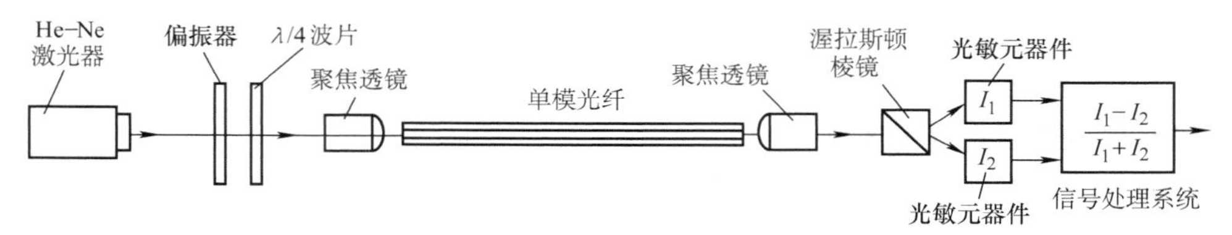

图9-70　单光纤干涉仪

偏振型单模光纤的另一种应用是根据法拉第效应来测量高压大电流。根据法拉第旋光效应，平面偏振光通过带磁性的物体时，其偏振光面将发生偏转，因此由电流形成的磁场会引起光纤中偏振光的偏转。由此，检测偏转角的大小，就可以得到相应的电流值。光纤式电流测量系统利用的就是这种原理，这是一种功能型光纤传感器，其典型应用是检测高压输电线电流的光纤电流传感器。如图9-71所示，从激光器发出的激光束经偏振器变成线偏振光，再经显微物镜耦合到单模光纤中，在电流形成的磁场作用下产生旋光效应，通过光纤的线偏振光的偏振面发生旋转。光矢量旋转的角度θ与光在物质中通过的距离L及磁场H成正比，即

$$\theta = VHL \tag{9-66}$$

式中，V为费尔德（Verdet）常数，它与磁光物质和入射光的波长有关。

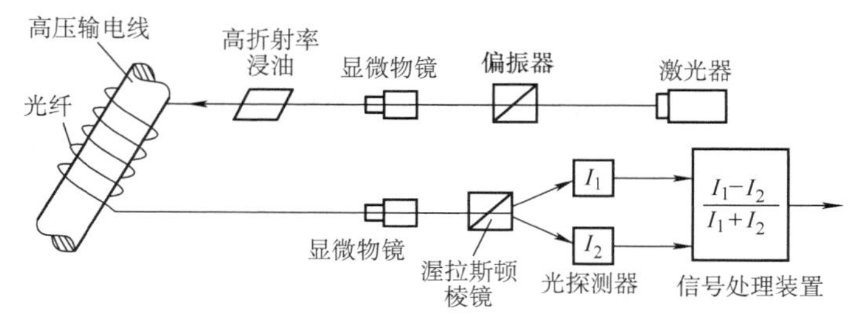

图9-71　光纤电流传感器原理图

高压输电线周围产生的磁场为

$$H = I/(2\pi R) \tag{9-67}$$

式中，I为导线中通过的电流；R为导线半径。

因此有

$$I = 2\pi R\theta/(VL) \tag{9-68}$$

只要测出θ角就可以得到导线中的电流。但目前尚无高精度测量偏振面旋转角的仪器，

因此必须将角度转换成发光强度信号再进行测量。

产生偏振面旋转后的出射偏振光，由显微物镜耦合到渥拉斯顿棱镜，分解成振动方向相互垂直的两束偏振光，调整渥拉斯顿棱镜的光轴，使之与偏振器偏振方向成45°夹角，则两束偏振光的发光强度分别为

$$I_1 = I_0 \sin^2\left(\frac{\pi}{4} + \theta\right) \tag{9-69}$$

$$I_2 = I_0 \cos^2\left(\frac{\pi}{4} + \theta\right) \tag{9-70}$$

分别将这两束光送入光探测器1和2，转换成相应的电信号，经过计算输出函数为

$$P = \frac{I_1 - I_2}{I_1 + I_2} \tag{9-71}$$

因此

$$P = \sin(2\theta) \tag{9-72}$$

这样，导线中的电流可由P乘以仪器常数$\left(\frac{\pi R}{VL}\right)$求得。

基于法拉第效应工作的光纤电流传感器具有结构简单、测量范围大、灵敏度高、与高压线不接触、可以实现无中断检测、输入输出间绝缘等诸多优点。例如将其用于15～40kV高压输电线上，可以测量0.5～2000A的电流，测量精度可达1%以上。

五、频率调制型光纤测量技术

上述强度调制、相位调制和偏振调制型传感技术的共同特点是利用光的波动性质，主要以发光强度、相位、偏振态等基本参数的变化为基础来实现调制，属于内调制。而频率调制属于外调制，光纤只起传输光信号的载波作用，而不是敏感元器件。最常见的方法是多普勒频移，大多用于测量物体运动速度和流体流量、流速等。

医学上测量血流速度通常就是采用光纤多普勒流速计来实现的，血液流速检测仪工作原理如图9-72所示。由于血液与光波接触引起散射，散射波中也存在多普勒效应，因此频差Δf为光源或接收器单独运动时的两倍，即$\Delta f = 2nv\cos(\theta/\lambda)$，式中$\theta$为光纤轴线与血管轴线的夹角。激光器发出频率为$f_0$的线性偏振光经分光器分解成两部分，一部分被布喇格盒调制成频率为$f_0 - f_1$的一束光，它入射到检测器中，f_1为声光调制频率；另一束频率为f_0的光经过以角度θ插入血管的光纤入射到被测血流，并被直径为7μm的红血球散射。经多普勒效应频移的散射光频率为$f_0 \pm \Delta f$，它与频率为$f_0 - f_1$的光在光电检测器中使用外差检波法形成频率为$f_0 \pm \Delta f$的信号。测量出Δf就可求得速度v。引入声光调制频率f_1并采用外差检波法可实现流速方向的判别。应用数字信号处理的方法，可求得多普勒

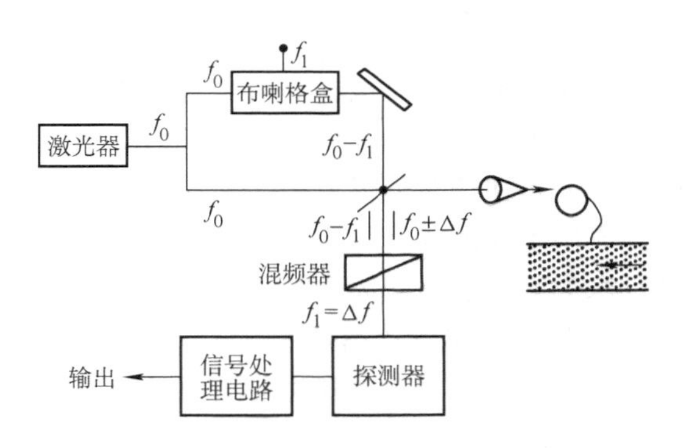

图9-72　多普勒血液流速检测仪工作原理

频率信号的功率谱密度和相关流量值，提高了测量的精度。这种多普勒流速计已应用于薄壁血管、小直径血管的血流测量。采用双光纤的探头以不同的光波长可实现不同深度的测量，得到皮肤微循环流速和较深血管的血液流速。

利用多普勒效应，还可以制成位移或振动光纤传感器，图9-73所示为一个典型的激光光纤多普勒测振系统。该系统可以测量微结构任何位置的位移或速度。在测试过程中，振动方向垂直于结构表面激光沿表面法线的方向。

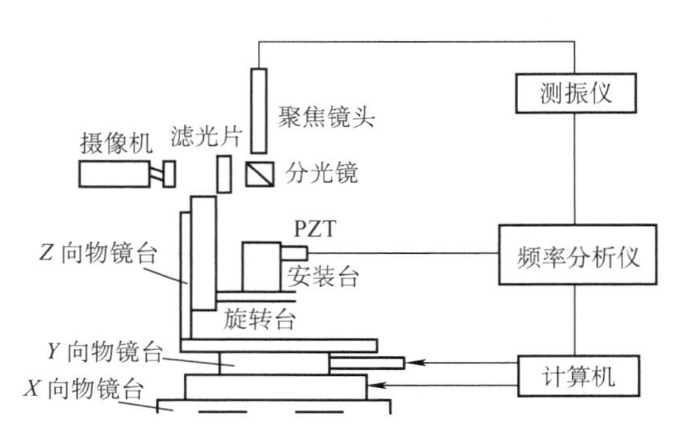

图9-73　激光光纤多普勒测振系统

此多普勒测振仪可以通过测量物体反向散射光的多普勒频移而测量物体运动速度。该套测试系统包括一套He－Ne激光源（波长为632.8nm），为干涉仪提供光源。单模光纤传送干涉仪的一条光路并收集结构表面的反射光，通过测量输出光信号的频率改变获得微结构运动信息。该套系统具有150kHz信号带宽和该范围内0.6μm/s的分辨率。

为测试结构微振动的振形，由X向和Y向物镜台构成的工作台能将光斑精确定位在微结构表面的指定位置。工作台由计算机控制，单向运动分辨率达到3.5μm。在测试中，使用带有偏距95mm变焦镜头的CCD摄像机观察被测结构及光斑在结构表面的位置，从而确定被测结构的放置方位以及测量点的绝对位置。被测结构粘附在PZT压电盘上，通过PZT压电晶体产生振动激励。PZT压电晶体由动态信号分析器直接产生正弦驱动信号。该系统已成功用于测试采用微机械加工技术加工的微悬臂梁和微桥等结构的前三阶振动模态，微悬臂梁和微桥结构尺寸均为2mm×0.2mm×3μm。

六、光纤光栅传感技术

光纤光栅是一种可以在光纤中制作光栅的新技术，利用光纤材料的光敏性（外界入射光子和纤芯内锗离子相互作用引起折射率的永久性变化），在纤芯内形成空间相位光栅，其作用实质上是在纤芯内形成一个窄带的（透射或反射）滤波或反射镜。利用光纤光栅除了可以制成用于检测温度、应力、应变、振动、加速度等参量的光纤传感器和传感网外，还可以进行水声测量以及液体参数的测量，下面分别介绍。

1. 光纤光栅温度传感器

当外界环境（温度、压力等）发生变化时，光纤光栅的栅距将随之发生变化，从而引起光纤光栅的中心波长随环境温度线性变化，通过测量光栅中心波长的变化量，就可以确定环境温度。

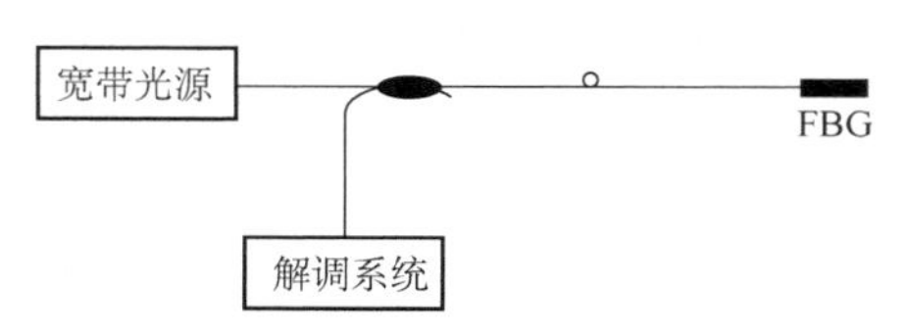

图9-74　裸光纤布喇格光栅（FBG）传感器温度测量原理

图9-74所示为用一个裸光纤布喇格光栅（FBG）传感器温度测量原理图。其中心波长为1.55μm的典型光纤布喇格光栅，在室温条件下的灵敏度是8.2～12pm/℃。

由于光纤光栅的温度系数较小，单独用它作温度传感元件，其灵敏度不高。为了提高温度灵敏度，可将光纤光栅粘贴于热膨胀系数较大的基底材料上，构成各种封装的光纤光栅温度传感器。

比较常见的粘贴基底材料的结构是板式结构，如图 9-75 所示。图 9-75a 所示是用环氧树脂胶将光纤光栅粘贴于单层聚四氟乙烯上的结构，图 9-75b 所示是将上下两层聚四氟乙烯作为夹板并用环氧树脂胶将光纤光栅贴于之间的结构。之后出现的板式结构多是在此基础上对基底材料进行改进和更换而形成的。这种传感器灵敏度很高，但因为聚四氟乙烯本身的温度使用范围为 -200 ~ 260℃，所以这种传感器无法应用于高温系统的测量。

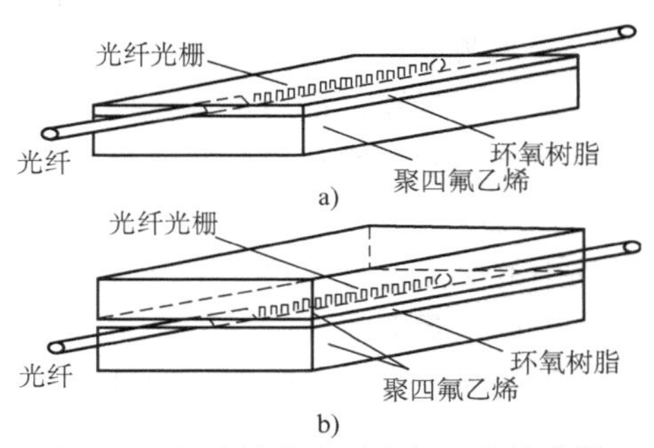

图 9-75　板式结构光纤光栅温度传感器

a）单层　b）双层

图 9-76 所示为铝槽封装结构的光纤光栅温度传感器，它是在板式结构光纤光栅温度传感器的基础上改进形成的。改进的铝槽是在铝板的中轴线上刻下一道细槽，用环氧树脂将光纤光栅封装在细槽中。4 个螺孔可以将铝盖片紧固在铝槽底板上以保护铝槽和光纤光栅，并且可以将整个温度传感器放置在需要的地方。封装时尽量保证光纤光栅平直并位于槽的底面轴线上，注入环氧树脂时要适当地加热，以增加其流动性，保证槽内充满密实，并减小形成气泡的可能性，确保树脂不溢出槽外，以便于加盖保护铝片。

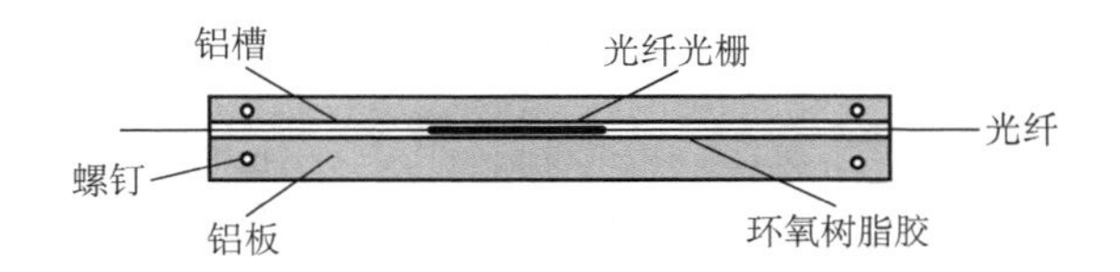

图 9-76　铝槽封装结构的光纤光栅温度传感器

另一种比较常见的粘贴基底材料的结构是对光纤光栅加上不同材质的套管，如图 9-77 所示。其中的光纤光栅采用的是长周期光纤光栅（LPG）。它在 16 ~ 20℃ 的温度灵敏度是 8.8nm/℃，比裸的长周期光纤光栅温度测量结果高 180 倍，比裸的光纤布喇格光栅高 1000 倍。

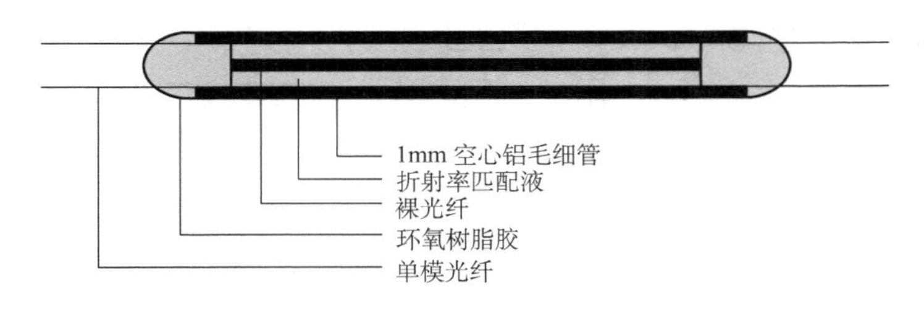

图 9-77　套管结构的光纤光栅温度传感器

2. 光纤光栅水声传感器

水声传感器，简称水听器，是在水中侦听声场信号的仪器，在军事、工业生产以及民用领域有着广泛的应用。光纤光栅型水听器具有精度高、结构简单等特点。

典型光纤布喇格光栅水听器的原理如图9-78所示。波长可调的窄带光源发出的光进入耦合器分成两束，一束经隔离器进入光环行器，其首先进入光纤布喇格光栅，反射回来的光再次进入光环行器，最后进入光探测器。

反射光发光强度与光纤布喇格光栅水听器周围的水声压成比例关系，当一个窄带的光信号作用在光敏二极管上时，产生的光电流与发光强度成正比。检测光敏二极管产生的光电流，其中的交流信号即可完全反映水听器所处声场的声压情况。这种水听器称为反射式光纤布喇格光栅水听器。

透射式光纤光栅水听器的原理如图9-79所示。光源其中心波长为1549.1nm，发光强度为3mW，光纤布喇格光栅的反射波长为1550nm，反射波长带宽为2.0nm。光纤布喇格光栅长度为24mm。

由于光纤光栅本身是近几年才出现的新型光纤器件，光纤光栅水听器提出于2000年，还处于研究阶段。因此，上述水声传感器还只是用裸光纤光栅进行的实验，技术还不是非常成熟。但现在各国对光纤光栅水声传感器的研究都很重视，可以预见，将来会有进一步的突破。

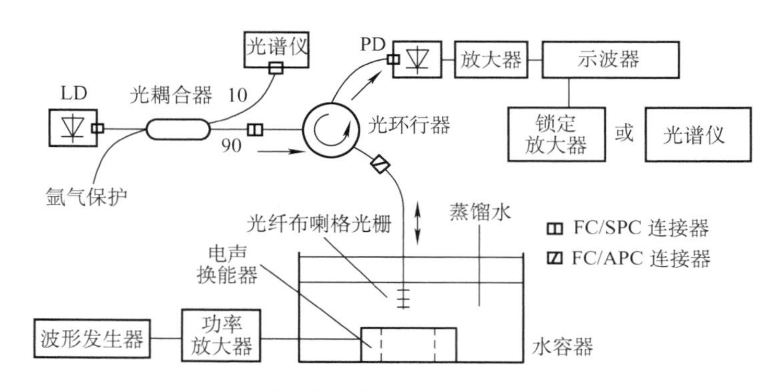

图9-78 反射式光纤布喇格光栅水听器的原理

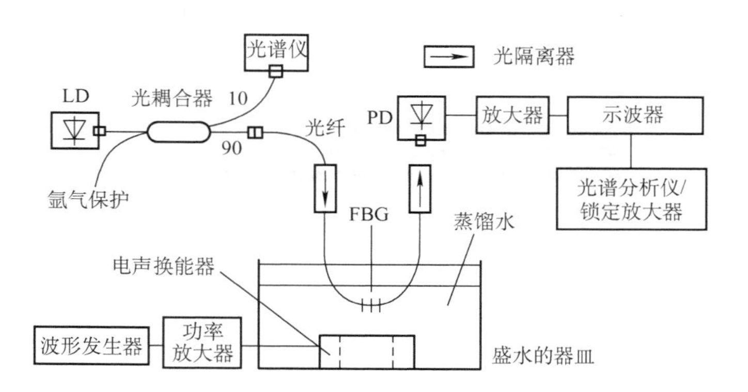

图9-79 透射式光纤光栅水听器的原理

3. 光纤光栅液体参数传感器

光纤光栅液体参数测量的最简单应用是液位测量，图 9-80 所示为一种利用液体浮力来测量液位的光纤光栅传感器。空心浮筒 F 由弹簧 SP 从上面拴住以平衡浮筒的重力。宽谱光源发出的光通过隔离器 IS 进入 3dB 的光纤耦合器，通过分光之后进入带有光栅的光纤 G，该光栅的中心波长为 1549nm。由光纤光栅反射的光再次通过光纤耦合器后进入光谱分析仪 SA。同时，用一个直尺 R 来测量液位的高度变化。光纤光栅 G 的一端固定在浮筒底端的中心位置，另一端固定在盛装液体的容器上，使之不可移动。弹簧 SP 一端吊住浮筒 F，另一端挂在液体容器的上壁。此外，还设计了一个弹簧系统，除了上方的主要弹簧之外，增加 4 个弹簧从侧面拉着浮筒使之尽可能不发生侧向的摆动。

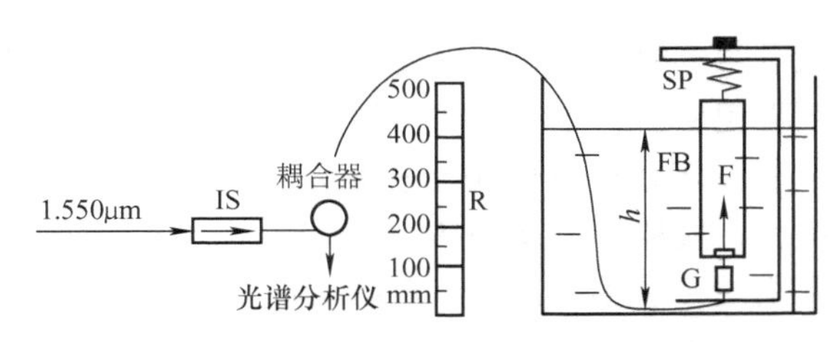

图 9-80　光纤光栅液位传感器示意图

当液体变化导致液位高度变化 Δh 时，浮筒所受到的浮力与 Δh 成比例变化。通过力学关系可以知道，光纤光栅应力的变化也与 Δh 成正比。光纤光栅波长移动量与所受应力变化成正比，因此也与 Δh 成正比。

另外一个应用是利用交叉相关技术结合光纤光栅进行液体流速测量。图 9-81 所示为光纤光栅液体流速测量系统，它由一个漩涡发生体和两个传感器组成。其原理是利用漩涡或不稳定压力场等所产生的信号延迟效应来对管道内的流速进行测量。采用放大自发辐射（ASE）光源作为整个测量系统的光源，其输出功率为 22dBm，半幅值全宽在 C 波段为 50nm。光源发出的光经过一个 3dB 耦合器进入两个 FBG 传感器（两个 FBG 都是粘贴在聚氯乙烯 PVC 管上的，PVC 管的内径为 20mm）。FBG 传感器的反射光进入马赫－泽德干涉仪。干涉仪的两端是一个 2×2 和一个 3×3 的耦合器，其两臂光程差分别为 1. 635mm 和 3. 169mm。在 3×3 的耦合器之中，3 个光纤端形成了一个三角阵列。干涉仪用来测量光波波长的移动。输入光由马赫－泽德干涉仪进行相位调制，然后由光敏二极管变为电压信号输出。6 个电压信号输出端同时由一个 A－D 转换器进行转化，形成频率为 10kHz 的输出信号，这个信号就用来计算延迟时间。

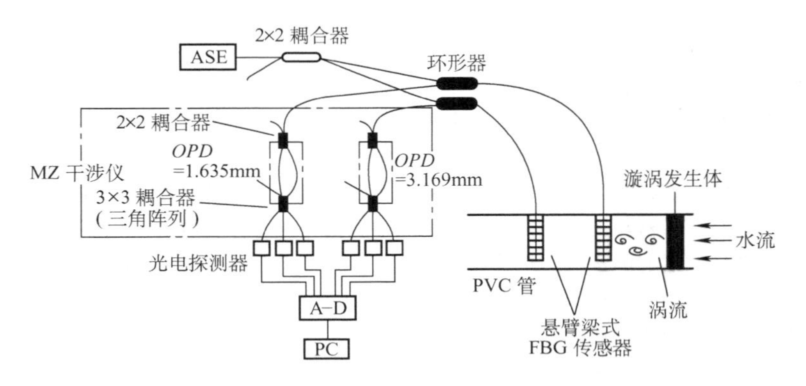

图 9-81　光纤光栅液体流速测量系统

另外一个液体参数测量的应用是利用长周期光纤光栅测量液体的折射率。其原理是利用长周期光纤光栅透射光谱的形状和位置随被测液体折射率发生变化的特性，当环境折射率较小或者很大时，对长周期光纤光栅的透射谱形状影响较小，只改变谐振峰位置。当环境折射率接近包层折射率时，对透射谱形状的影响较大。由于液体的浓度与折射率是一一对应的关系，所以该原理可以用于测量液体的浓度，实验装置如图9-82所示，所采用的传感器由单端LPG、耦合器、夹持器构成。用夹持器固定好光纤（光栅段悬空），并稍加应力使光栅呈直线。光栅一端镀银膜，另一端熔接一光纤耦合器。光纤耦合器的一端是高稳定度的SLED宽谱光源（中心波长1540nm，带宽60nm），另一端通过光谱分析仪来观察长周期光纤光栅的透射谱，第四端制成光纤截止端。镀银膜可以有效提高光在光纤单端内表面的反射率，保证损耗峰波长的测量精度。LPG的峰值损耗远大于3dB，因此可以把LPG的自干涉效应降到极小，不会产生多个损耗峰波长影响。

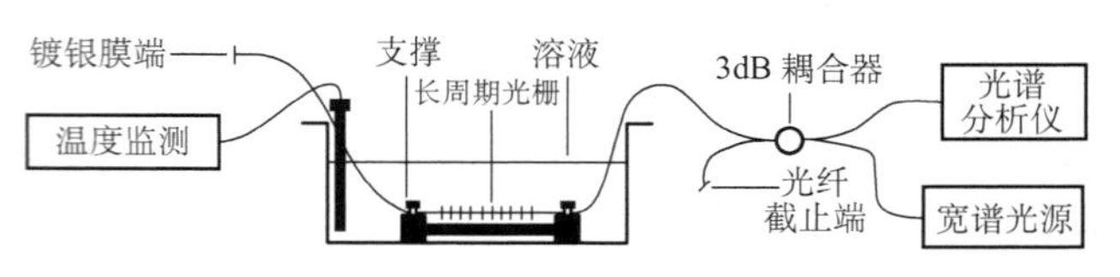

图9-82　长周期光纤光栅测量液体浓度

光纤光栅是近几年发展最快的光纤无源器件之一，研究最初主要集中在光纤布拉格光栅（Fiber Bragg Grating，FBG）。目前，周期为几十至几百微米的能实现同向模式间耦合的长周期光纤光栅（Long Period Fiber Grating，LPFG）得到了人们越来越广泛的重视。它的出现可能在光纤技术以及众多相关领域中引起一场新的技术革命。由于它具有许多独特的优点，因而在光纤通信、光纤传感、光计算和光信息处理等领域均有广阔的应用前景。

复习思考题9

1. 导出激光干涉测长的基本公式，激光干涉仪设计时应考虑哪些基本问题？
2. 共光路干涉仪有什么优点？共光路干涉仪有哪些类型？
3. 说明双频激光干涉仪的工作原理。
4. 说明激光外差测振的工作原理。
5. 如何使用激光外差干涉仪实现某机床导轨运动位移精度和直线度检测？
6. 说明激光衍射测量的原理和特点。
7. 说明基本视觉测量系统的组成，如何通过结构光实现工件三维轮廓的测量？
8. 视觉检测的核心技术有哪些？
9. 光纤的结构是怎样的？
10. 光纤测量技术有哪些优缺点？
11. 根据光纤在传感器中所起的作用，光纤传感器有哪些种类？
12. 强度调制型光纤传感器的特点是什么？有哪些应用？
13. 相位调制型光纤传感器有哪些种类？各有什么应用？
14. 偏振调制型光纤测量技术中常用的物理效应有哪些？通常用于哪些物理量的测量？
15. 频率调制型光纤传感器与其他几种调制方式的传感器相比有什么特点？有哪些应用？
16. 光纤光栅温度传感器的测量原理是什么？试举几种光纤光栅温度传感器的封装形式。
17. 说明光纤光栅水声传感器的原理。
18. 举例说明光纤光栅液体参数传感器的应用。
19. 如何用光纤传感器检测桥梁、大坝的变形？

参考文献

[1] 孙培懋，刘正飞．光电技术［M］．北京：机械工业出版社，1992.
[2] 缪家鼎，徐文娟，牟同升．光电技术［M］．杭州：浙江大学出版社，1995.
[3] 杨经国，等．光电子技术［M］．成都：四川大学出版社，1990.
[4] 高稚允，高岳．光电检测技术［M］．北京：国防工业出版社，1995.
[5] 江月松．光电技术与实验［M］．北京：北京理工大学出版社，2000.
[6] 徐金卿．光电子学［M］．南京：东南大学出版社，1990.
[7] 李庆祥，徐瑞颐．实用光电技术［M］．北京：中国计量出版社，1996.
[8] 史锦珊，郑绳楦．光电子学及其应用［M］．北京：机械工业出版社，1991.
[9] 刘振玉．光电技术［M］．北京：北京理工大学出版社，1990.
[10] 卢春生．光电探测技术及其应用［M］．北京：机械工业出版社，1992.
[11] 王清正，胡渝，林崇杰．光电探测技术［M］．北京：电子工业出版社，1989.
[12] 罗先和，等．光电检测技术［M］．北京：北京航空航天大学出版社，1995.
[13] 李志能，叶旭炯．光电信息处理系统［M］．杭州：浙江大学出版社，1999.
[14] 顾文郁．现代光电测试技术［M］．上海：上海科学技术文献出版社，1994.
[15] 杨国光．近代光学测试技术［M］．杭州：浙江大学出版社，1997.
[16] 高志允．军用光电系统［M］．北京：北京理工大学出版社，1996.
[17] 萧泽新．工程光学设计［M］．北京：电子工业出版社，2003.
[18] 强锡富．传感器［M］．北京：机械工业出版社，2003.
[19] 郁道银，谈恒英．工程光学［M］．北京：机械工业出版社，1992.
[20] 徐家骅．工程光学基础［M］．北京：机械工业出版社，1993.
[21] 贾云得．机器视觉［M］．北京：科学出版社，2000.
[22] 马颂德，张正友．计算机视觉——计算理论与算法基础［M］．北京：科学出版社，1998.
[23] Kenneth R，Castleman. 数字图像处理［M］．朱志刚，等译．北京：电子工业出版社，1998.
[24] 浦昭邦，王宝光．测控仪器设计［M］．北京：机械工业出版社，2001.
[25] 胡玉禧，安连生．应用光学［M］．合肥：中国科学技术大学出版社，1996.
[26] 何照才．光学测量系统［M］．北京：国防工业出版社，2002.
[27] 万德安．激光基准高精度测量技术［M］．北京：国防工业出版社，1999.
[28] 美国国家研究理事会．驾驭光［M］．上海应用物理研究中心，译．上海：上海科学技术文献出版社，2000.
[29] 薛实富，李庆祥．精密仪器设计［M］．北京：清华大学出版社，1991.
[30] 安毓华，刘继芳，李庆辉．光电子技术［M］．北京：电子工业出版社，2002.
[31] 朱京平．光电子技术基础［M］．北京：科学出版社，2003.
[32] 潘英俊，邹健．光电子技术［M］．重庆：重庆大学出版社，2000.
[33] 邹异松，刘玉凤，白廷柱．光电成像原理［M］．北京：北京理工大学出版社，2003.
[34] 雷玉堂，王庆有．光电检测技术［M］．北京：中国计量出版社，1997.
[35] 李庆祥，王东生，李玉和．现代精密仪器设计［M］．北京：清华大学出版社，2004.
[36] 张琢．激光干涉测量技术及其应用［M］．北京：机械工业出版社，1998.

[37] 王文生. 干涉测试技术 [M]. 北京：兵器工业出版社，1992.
[38] 殷纯永. 现代干涉测量技术 [M]. 天津：天津大学出版社，1999.
[39] 孙长库，叶声华. 激光测量技术 [M]. 天津：天津大学出版社，2001.
[40] 郑光昭. 光电信息科学与技术应用 [M]. 北京：电子工业出版社，2002.
[41] 刘瑞复，史锦珊. 光纤传感器及其应用 [M]. 北京：机械工业出版社，1987.
[42] 吕海宝. 激光光电检测 [M]. 长沙：国防科技大学出版社，2000.
[43] 贺安之，阎大鹏. 激光瞬态干涉度量学 [M]. 北京：机械工业出版社，1993.
[44] 王惠文. 光纤传感技术与应用 [M]. 北京：国防工业出版社，2001.
[45] 赵勇. 光纤传感原理与应用技术 [M]. 北京：清华大学出版社，2007.
[46] 孙圣和，等. 光纤测量与传感技术 [M]. 哈尔滨：哈尔滨工业大学出版社，2000.
[47] 赵勇. 光纤光栅及其传感技术 [M]. 北京：国防工业出版社，2007.
[48] 饶云江，王义平，朱涛. 光纤光栅原理及应用 [M]. 北京：科学出版社，2006.
[49] 李川，等. 光纤光栅：原理、技术与传感应用 [M]. 北京：科学出版社，2005.
[50] 郭凤珍. 光纤传感技术与应用 [M]. 杭州：浙江大学出版社，1992.
[51] 姚建铨，于意仲. 光电子技术 [M]. 北京：高等教育出版社，2006.
[52] 王昌明，孔德仁，等. 传感与测试技术 [M]. 北京：北京航空航天大学出版社，2005.
[53] A. R. 杰哈. 红外技术应用——光电、光电子器件及传感器 [M]. 张孝霖，等译. 北京：化学工业出版社，2004.
[54] 王永仲. 现代军用光学技术 [M]. 北京：科学出版社，2003.
[55] 明海，张国平，谢建平. 光电子技术 [M]. 合肥：中国科学技术大学出版社，1998.
[56] 泽田廉士，羽根一博，日暮荣治. 微光机电系统 [M]. 李元燮，译. 北京：科学出版社，2005.
[57] 纳米技术手册编辑委员会. 纳米技术手册 [M]. 王鸣阳，等译. 北京：科学出版社，2005.
[58] 白廷柱，金伟其. 光电成像原理与技术 [M]. 北京：北京理工大学出版社，2006.
[59] 王庆有. 光电传感器应用技术 [M]. 北京：机械工业出版社，2007.
[60] 周太明，等. 光源原理与设计 [M]. 2版，上海：复旦大学出版社，2006.
[61] 郭培源，付扬. 光电检测技术与应用 [M]. 2版. 北京：北京航空航天大学出版社，2011.
[62] 杨佩. 基于 TDC_ GP2 的高精度脉冲激光测距系统研究 [D]. 西安：西安电子科技大学，2010.
[63] 袁堂龙. 小型脉冲式激光测距系统研究 [D]. 西安：西安理工大学，2008.
[64] 程鹏飞. 大动态范围高精度激光测距关键技术研究 [D]. 北京：中国科学院大学，2014.
[65] 黄旭. 基于 TDC_ GP2 的远距离脉冲式激光测距的研究 [D]. 北京：北京交通大学，2012.
[66] 徐陵. 相位式半导体激光测距系统的研究 [D]. 武汉：华中科技大学，2006.
[67] 张啸. 手持式激光测距仪的研究与设计 [D]. 合肥：合肥工业大学，2010.
[68] 韩旭同. 便携式激光测距仪系统研究 [D]. 西安：西安电子科技大学，2014.
[69] 蔡玉鑫. 改进型相位式激光测距方法研究 [D]. 长沙：中南大学，2013.
[70] 陈祚海. 无棱镜相位式激光测距系统的设计与实现 [D]. 苏州：苏州大学，2011.
[71] 程义涛. 相位激光测距测尺研究与实现 [D]. 长春：长春理工大学，2010.